U0214297

超声导波成像理论及应用

刘增华　何存富　著

科学出版社

北　京

内 容 简 介

本书以超声导波成像技术为主线，系统介绍了多种超声导波成像理论，详细介绍了各种监/检测系统设置方案，并基于监/检测系统设置方案，介绍了各种超声导波成像方法的典型应用案例。

本书可以使读者有效掌握超声导波成像理论及应用方面的知识，对于无损检测、结构健康监测以及传感器技术等相关领域的研究人员和工程技术人员具有较高的参考价值。

图书在版编目(CIP)数据

超声导波成像理论及应用 / 刘增华，何存富著. —北京：科学出版社，2024.9

ISBN 978-7-03-078221-2

Ⅰ. ①超…　Ⅱ. ①刘…　②何…　Ⅲ. ①超声检验-无损检验-导波-超声成像-研究　Ⅳ. ①TG115.28

中国国家版本馆CIP数据核字(2024)第052855号

责任编辑：张海娜　王　苏 / 责任校对：王萌萌
责任印制：肖　兴 / 封面设计：蓝正设计

科学出版社 出版
北京东黄城根北街 16 号
邮政编码: 100717
http://www.sciencep.com

北京建宏印刷有限公司印刷
科学出版社发行　各地新华书店经销
*
2024 年 9 月第　一　版　开本：720 × 1000　1/16
2024 年 9 月第一次印刷　印张：27 1/4
字数：544 000

定价：258.00 元

(如有印装质量问题，我社负责调换)

前　言

超声导波成像技术是近年来新兴的无损检测与结构健康监测方法。超声导波由于具有衰减小、可多模态优化选取、对结构几何特性和材料属性变化敏感等特点，适用于不同类型结构中的缺陷定位与成像。本书将不同的监/检测系统和传感器布置方式，以及多种成像和识别技术用于多类型缺陷定位与成像。

为了清晰显示结构的健康状态，识别超声导波传播过程中信号包含的缺陷信息，在过去几十年里主要的超声导波成像技术包括：稀疏阵列成像技术、密集阵列成像技术和全波场成像技术。针对不同的超声导波成像技术，传感器主要有三大类布置方式。一是由一组传感器(如压电传感器和电磁声传感器等)分布固定在一定的空间位置发射和接收超声导波。根据传感器阵元之间的间距与所激发导波模态最长波长的关系，以及在检测区域内传感器阵列的布置方式，可分为稀疏传感器阵列布置和密集传感器阵列布置。稀疏传感器阵列主要用于传感器阵元所包围区域的成像检测；密集传感器阵列则主要用于阵列周围附近区域的成像检测。二是非接触可移动式的传感器(如激光和空气耦合传感器)在导波检测时，可以对结构表面进行全方位扫描，获取导波全波场信息，用于缺陷定位和成像。三是不同检测机理的传感器的组合应用，如激光和压电传感器组合的成像检测。基于不同的监/检测系统和传感器布置方式，获得用于缺陷评估的超声导波信号，通过不同的成像技术，实现板、管、杆等不同类型波导结构的无损检测与结构健康监测。

本书介绍了不同的超声导波成像技术与监/检测系统设置。读者通过书中超声导波成像实例可以更好、更快地掌握超声导波成像技术与应用。第 1 章介绍超声导波基础理论，重点介绍在板、管、杆等典型波导结构中的超声导波。第 2 章介绍超声导波传感与检测技术，包括压电式、空气耦合式、电磁声式以及激光超声式，阐述这些技术的基本原理。介绍具体成像方法之前，本书在第 3 章对各种成像方法加以梳理与分类，并给出一些导波模态的选择依据。第 4 章介绍传感器的稀疏阵列形式以及损伤概率成像方法、椭圆成像方法、圆弧成像方法与双曲线成像方法，讨论基于电磁声传感器稀疏阵列(含磁致伸缩片式传感器)、激光超声稀疏阵列的板中缺陷成像。第 5 章介绍传感器的密集阵列形式以及幅值全聚焦成像和符号相干因子算法成像，讨论基于压电传感器阵列和激光传感器阵列的板中缺陷成像。第 6 章介绍激光超声波场扫描成像技术，以及电磁声传感器、压电元件与激光超声系统结合的监/检测系统设置以及频率-波数成像算法，讨论铝板与金属环中不同类型缺陷的量化检测。第 7 章介绍空耦超声扫描系统以及基于虚拟时间反转的损伤概率成像方法，讨论复合材料板中不同形状分层的缺陷成像。第 8 章介绍应用于大型板状结构及复杂结构的稀疏阵列智能缺陷定位算法。构建板中基于距离匹配的智能缺陷定位算法、板中基于模糊控制参数的智能缺陷定位算法以及异形结构中基于优化策略的改进智能缺陷定位算法，讨论算法中不同参数对检测精度的影响。第 9 章介绍应用于大型板状结构的密集阵列智能缺陷定位算法。设计强收敛智能缺陷定位成像、模糊智能缺陷定位成像以及基于符号相干因子的搜索成像的函数模型，讨论算法中不同参数对成像结果的影响。

本书内容是作者带领的研究团队十余年来在超声导波成像技术方面研究和应用的总结。书中的内容全部来源于课题组的研究工作，参与相关研究工作的学生是于洪涛、余锋祥、孙坤明、马春雷、张婷婷、樊军伟、穆云龙、曹丽华、钟栩文、陈洪磊、鲁朝静、蒋文硕、李子明、冯雪健、柳晓宇等。刘增华教授主持书稿的梳理与撰写工作。何存富教授负责书稿的修订工作。博士研究生柳晓宇参与全书的整理和部分章节内容的撰写。另外，博士研究生鲁朝静协助整理了第 8、9 章，博士研究生陈龙协助整理了第 1～3 章。博士研究生鲁亚明、张晨琦、苏梦琦，以及硕士研究生张庆、赵航、云一帆参与了书稿的修订。在此，对他们的工作与付出表示衷心的感谢。

本书的出版得到了国家重点研发计划项目（2022YFC3005000、2018YFC0809000）、国家自然科学基金项目（12172015、11772014、51475012、11272021、50975006、52235012、12272015）的支持，同时也得到了北京工业大学领导及同仁的大力支持，在此向他们表示深深的谢意。

由于作者水平有限，书中难免存在不足之处，敬请读者批评指正。

作　者

2024 年 5 月于北京工业大学

目　　录

前言
第 1 章　超声导波基础理论……1
1.1　导波的概念……1
1.1.1　超声导波的类型……1
1.1.2　相速度与群速度……2
1.1.3　频散、模态与波结构……3
1.2　板中的超声导波……5
1.2.1　自由边界条件的板……5
1.2.2　频散方程的求解……6
1.3　管中的超声导波……9
1.3.1　轴向导波……9
1.3.2　周向导波……14
1.3.3　螺旋导波……17
1.4　杆中的超声导波……19
1.4.1　杆中的纵向模态……20
1.4.2　杆中的扭转模态……22
1.4.3　杆中的弯曲模态……23
1.5　各向异性介质中的超声导波……24
1.5.1　复合材料板频散方程……24
1.5.2　导波的偏斜效应……31
参考文献……34
第 2 章　超声导波传感与检测技术……36
2.1　压电超声传感器……36
2.1.1　原理及特性……36
2.1.2　传感器设计与控制……37
2.2　空气耦合超声传感器……39
2.2.1　原理及特性……39
2.2.2　传感器倾角对模态的影响……41
2.3　电磁声传感器……43
2.3.1　原理及特性……43
2.3.2　结构设计与应用……51

2.4　激光超声检测技术……54
2.4.1　原理及特性……54
2.4.2　导波场激光探测方法……57
2.4.3　探测参数影响……58
参考文献……60
第 3 章　超声导波成像技术概述……62
3.1　导波模态选择……62
3.1.1　基于波结构考虑……62
3.1.2　基于频散特性考虑……63
3.2　信号处理技术与兰姆波信号特征……64
3.2.1　信号处理技术……64
3.2.2　兰姆波信号特征……64
3.3　缺陷成像算法……67
3.4　智能导波成像技术……70
3.4.1　支持向量机……71
3.4.2　贝叶斯方法……71
3.4.3　神经网络……73
3.4.4　进化算法……74
参考文献……75
第 4 章　超声导波稀疏阵列成像技术……76
4.1　成像原理与算法实现……76
4.1.1　损伤概率成像方法……76
4.1.2　椭圆成像方法……79
4.1.3　圆弧成像方法……80
4.1.4　双曲线成像方法……83
4.2　基于损伤概率成像方法的稀疏阵列成像……85
4.2.1　电磁声传感器稀疏阵列铝板中缺陷成像……85
4.2.2　双匝 OSH-MPT 阵列复合材料板中缺陷成像……93
4.2.3　PPM EMAT 阵列 U 型截面起重臂中缺陷成像……106
4.3　基于椭圆成像方法的稀疏阵列成像……118
4.3.1　电磁声传感器稀疏阵列铝板中缺陷成像……118
4.3.2　双匝 OSH-MPT 阵列铝板中缺陷成像……121
4.3.3　双匝 OSH-MPT 阵列复合材料板中缺陷成像……129
4.3.4　激光超声稀疏阵列铝板中缺陷成像……133
4.3.5　压电传感器阵列复合材料板中缺陷成像……140
4.4　基于圆弧成像方法的稀疏阵列成像……148

4.5　基于双曲线成像方法的稀疏阵列成像……152
参考文献……153
第5章　超声导波密集阵列成像技术……155
5.1　阵列布置与信号采集……155
5.1.1　传感器阵列指向性……155
5.1.2　线型传感器阵列的指向性影响……156
5.1.3　密集型矩形传感器阵列的指向性影响……158
5.1.4　十字型传感器阵列的指向性影响……162
5.2　基于密集型矩形传感器阵列的成像方法……164
5.2.1　幅值全聚焦成像……165
5.2.2　符号相干因子算法成像……165
5.2.3　基于压电传感器阵列的缺陷定位检测成像……167
5.2.4　基于激光传感器阵列的缺陷定位检测成像……172
5.3　基于线型传感器阵列的成像方法……180
5.3.1　多重信号分类成像方法……180
5.3.2　基于压电传感器阵列的缺陷定位检测成像……186
5.3.3　基于激光传感器阵列的缺陷定位检测成像……191
5.4　基于十字型传感器阵列的成像方法……197
5.4.1　2D-MUSIC 成像方法……197
5.4.2　2D-MUSIC 成像方法导向矢量……199
5.4.3　2D-MUSIC 阻尼系数……201
5.4.4　基于压电传感器阵列的缺陷定位检测成像……203
5.4.5　基于激光传感器阵列的缺陷定位检测成像……208
参考文献……217
第6章　激光超声波场扫描成像技术……219
6.1　波数分析方法……219
6.1.1　频率-波数分析法……219
6.1.2　空间-频率-波数分析法……220
6.1.3　局部波数分析法……221
6.1.4　瞬时波数分析法……223
6.2　窄板分层缺陷检测……224
6.2.1　缺陷参数化建模……224
6.2.2　实验系统……228
6.2.3　频率-波数分析……231
6.2.4　空间-频率-波数分析……233
6.2.5　局部波数分析……235

6.3 薄壁金属环中分层缺陷的检测……236
6.3.1 单个分层缺陷……236
6.3.2 薄壁金属环中多个分层缺陷检测……250
6.4 基于局部波数分析的铝板中减薄缺陷检测……256
6.4.1 缺陷参数化建模……256
6.4.2 不同深度减薄缺陷定量检测有限元仿真……257
6.4.3 铝板中减薄缺陷的定量检测实验……266
6.5 基于瞬时波数分析的铝板中减薄缺陷检测……269
6.5.1 缺陷参数化建模……269
6.5.2 波场仿真信号处理……270
6.5.3 缺陷量化检测有限元仿真……272
6.5.4 缺陷量化检测实验……274
参考文献……278
第 7 章 空耦超声扫描成像技术……279
7.1 成像原理与算法实现……279
7.1.1 时间反转方法……279
7.1.2 时间反转损伤指数……280
7.1.3 虚拟时间反转方法……281
7.1.4 基于虚拟时间反转的损伤概率成像方法……282
7.2 复合材料板中兰姆波传播特性有限元仿真……283
7.2.1 复合材料板三维有限元模型……283
7.2.2 兰姆波在复合材料板中的传播特性……285
7.3 基于空耦传感器的分层缺陷检测实验……292
7.3.1 兰姆波与分层缺陷作用规律实验……292
7.3.2 不同长度的分层缺陷检测实验……294
7.4 基于虚拟时间反转的不同形状分层缺陷成像……295
7.4.1 空气耦合导波扫描检测实验系统……295
7.4.2 虚拟时间反转方法实验验证……298
7.4.3 不同损伤指数成像结果比较……299
7.4.4 不同扫描方向和步进对成像结果的影响……302
7.4.5 不同分层缺陷成像结果……305
参考文献……307
第 8 章 超声导波稀疏阵列智能成像技术……308
8.1 板中基于距离匹配的智能缺陷定位算法……308
8.1.1 成像算法基本原理……308
8.1.2 基于距离匹配的智能缺陷定位算法基本原理……312

8.1.3　有限元验证 ……317
8.1.4　实验验证……323
8.1.5　参数值对检测结果的影响……329
8.2　板中基于模糊控制参数的智能缺陷定位算法……334
8.2.1　包络峰值提取算法……334
8.2.2　基于模糊控制参数的智能缺陷定位算法原理……334
8.2.3　实验验证……339
8.2.4　参数值对定位结果的影响……343
8.3　异形结构中基于优化策略的改进智能缺陷定位算法……351
8.3.1　改进智能缺陷定位算法……351
8.3.2　有限元仿真及实验设置……353
8.3.3　螺旋导波传播特性分析……357
8.3.4　有限元及实验验证……363
参考文献……376
第9章　超声导波密集阵列智能成像技术……378
9.1　强收敛智能缺陷定位成像……378
9.1.1　强收敛智能缺陷定位成像算法原理……378
9.1.2　有限元验证……382
9.2　模糊智能缺陷定位成像……394
9.2.1　模糊智能缺陷定位成像算法原理……394
9.2.2　有限元验证……397
9.2.3　实验验证……402
9.3　基于符号相干因子的搜索成像……408
9.3.1　基于符号相干因子的搜索成像算法原理……408
9.3.2　实验验证……414
9.3.3　成像分辨率及算法执行效率讨论……420
参考文献……422

第 1 章　超声导波基础理论

体波是指在无限均匀介质中传播的波，导波则是由于介质边界的存在而产生的波。要利用超声导波来检测材料和结构，首先需要掌握超声导波在有界固体介质中的基本传播特性。本章将对常用于无损检测和结构健康监测的几种类型超声导波在有界固体中的传播特性进行讨论。

1.1　导波的概念

在一个半空间表面、两个半空间结合面或者两个以上交界面形成有一定厚度的层中传播的超声波，由于介质的不连续性将产生一次或多次反射或透射，同时伴随复杂的波形转换。各种类型的反射波、折射波和透射波等将会相互耦合，从而形成超声导波[1]。

1.1.1　超声导波的类型

根据介质的性质和结构不同，超声导波有多种类型[2]。超声导波因界面而存在，在以界面类型进行区分时，可分为上下边界薄板中传播的兰姆(Lamb)波和水平剪切(shear horizontal, SH)波，以及在半空间表面传播的表面波(也称瑞利波，Rayleigh wave)、固-固界面上传播的斯通莱(Stoneley)波、固-液界面上传播的斯科尔特(Scholte)波等。

在涉及几何结构时，主要有板、管、杆三种基本结构。板结构的薄与厚是相较于声波长而论的，当板厚与声波长相近或小于声波长时，可称为薄板，当板厚与声波长相比很大时，可称为厚板，应作为半空间或半无限介质考虑。管中和杆中主要为轴向导波、周向导波以及螺旋导波，其中，轴向导波包括弯曲、纵向和扭转三种模态，而周向导波与螺旋导波主要包括类兰姆波、SH 波和类表面波。除上述波导结构外，还存在诸多其他的波导类型，如复杂几何截面结构、多层结构(各向异性和各向同性)等。图 1.1 展示了一些典型的波导结构。

在讨论声波传播问题前，需要有假设前提：仅讨论振幅足够小且波长足够长的声波。振幅足够小指声波中的扰动量是小量，而波长足够长则是指波长远大于介质的微观粒子。在受到声波扰动时，微观粒子以大集团形式做整体运动，则宏观上可看作连续的[3]。

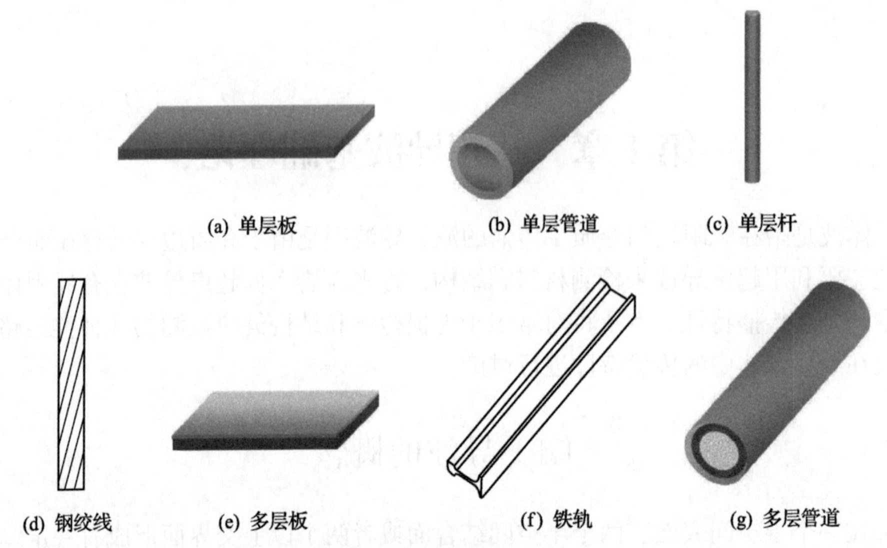

图 1.1　一些典型的波导结构

基于这一假设，可求解声波的波动控制方程。波动控制方程是关于位移的偏微分方程。虽然体波与导波有本质上的区别，但它们都服从于同一组偏微分波动控制方程。在数学求解时，如果求解域是无限的，则属于体波范畴，方程可以直接求解；导波问题的解在满足控制方程的同时，还需要满足实际的边界条件，这使得一般情况下寻找解析解十分困难，很多时候甚至找不到解析解。体波的固有模态数量有限，而导波模态有无穷种。

1.1.2　相速度与群速度

相速度与群速度是导波理论中两个最基本的概念。相速度是波包上相位固定的一点沿传播方向的速度。群速度是指弹性波的包络上具有某种特性(如幅值最大)的点的传播速度，是波群的能量传播速度。需要说明的是，导波以其群速度向前传播，其群速度与相速度有不一致的现象。

相速度的定义为

$$c_{\mathrm{p}}=\frac{\omega}{k} \tag{1.1}$$

式中：c_{p}——相速度；

k——波数；

ω——角频率。

群速度的定义为

$$c_{\mathrm{g}}=\frac{\Delta\omega}{\Delta k} \tag{1.2}$$

由式(1.1)和式(1.2)可得

$$c_g = \frac{\Delta\omega}{\Delta\left(\dfrac{\omega}{c_p}\right)} = \frac{\Delta\omega}{\dfrac{\Delta\omega}{c_p} - \omega\dfrac{\Delta c_p}{c_p^2}} = \frac{c_p^2}{c_p - \omega\dfrac{\Delta c_p}{\Delta\omega}} \tag{1.3}$$

由于 $\omega = 2\pi f$ ，式(1.3)可变换为

$$c_g = \frac{c_p^2}{c_p - (fd)\dfrac{\Delta c_p}{\Delta(fd)}} \tag{1.4}$$

式中：f——频率；

d——被测构件的厚度(或直径)；

fd——频率-厚度积(频厚积)。

式(1.4)为相速度和群速度的关系式。对于板，d 是板厚。对于自由边界圆柱体，d 是直径。

1.1.3　频散、模态与波结构

频散指受到波导几何结构特征的影响，使得在结构中传播的导波波速、模态依赖于频率，从而导致导波的几何弥散，即导波的速度随频率的不同而改变。结构材料(如高分子非金属材料)本身的物理性质(如非线性效应)，也可以产生频散，这称为物理频散。本书主要讨论前一种频散，即由波导几何结构所导致的频散。图 1.2 为在 1mm 厚铝板中的超声导波频散曲线。其中，超声导波包括兰姆波和 SH 波。图 1.2(a)为相速度频散曲线，图 1.2(b)为群速度频散曲线。

模态是质点特定模式的振动状态。从图 1.2 中可以明显地看到，单一频率一般对应有多个模态同时存在，即为超声导波的多模态现象[2]。由于模态不同，波结构和频散特性也不尽相同，对结构中不同类型、不同位置的缺陷敏感程度也不同。超声导波这一多模态特性是常规超声检测技术所没有的。在实际工程检测中，既需要避免由于多模态特性而给缺陷检测带来的困扰，也需要充分利用超声导波的多模态特性，选取合适的模态检测结构中不同类型、不同位置的缺陷，满足不同的检测需求。

波结构为位移、应力和应变等物理量沿结构厚度或径向方向的分布规律。各种模态的超声导波在不同频率下具有不同的波结构。图 1.3 为频率为 0.5MHz 时在 1mm 厚铝板中超声导波的波结构。其中，图 1.3(a)、(b)、(c)分别为 SH_0 模态、A_0 模态和 S_0 模态下超声导波的波结构。x 方向垂直于板厚方向，y 方向垂直于超声

导波传播方向，z 方向平行于超声导波传播方向。SH_0 模态仅有一个垂直于传播方向的面内非零位移分量。A_0 模态存在垂直于板厚 x 方向的离面位移和 z 方向的面内位移，并且以离面位移为主；离面位移和面内位移沿板厚方向分别呈对称分布和反对称分布。S_0 模态也存在垂直于板厚 x 方向的离面位移和 z 方向的面内位移，并且以面内位移为主；离面位移和面内位移沿板厚方向分别呈反对称分布和对称分布。

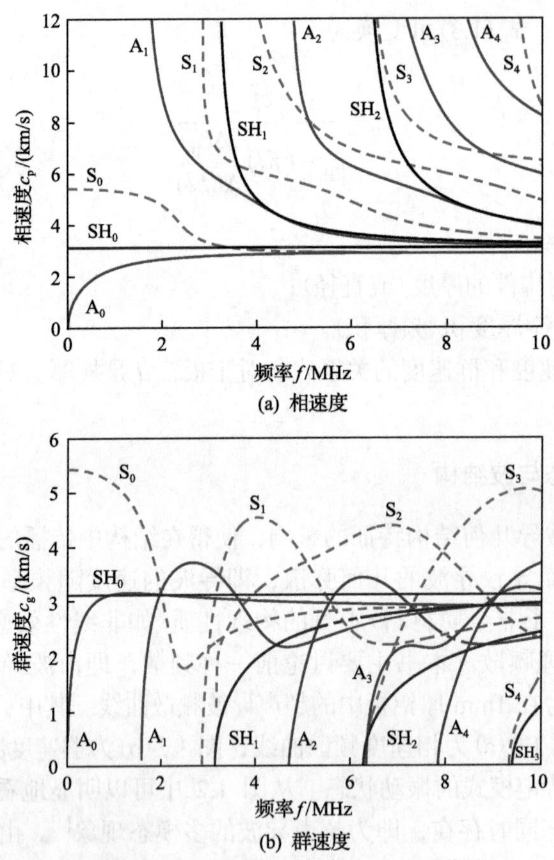

(a) 相速度

(b) 群速度

图 1.2　1mm 厚铝板中超声导波频散曲线

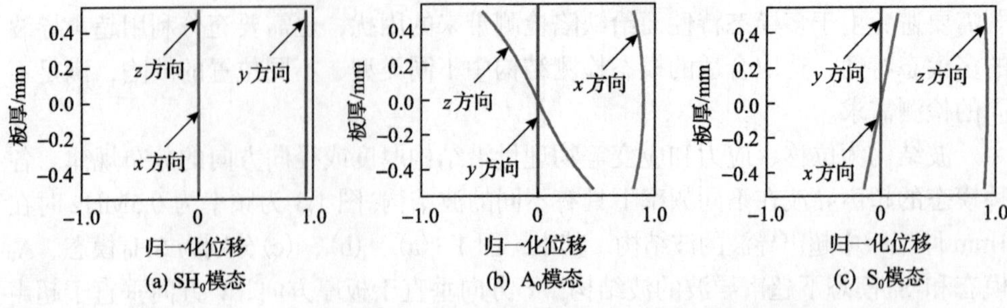

(a) SH_0模态　(b) A_0模态　(c) S_0模态

图 1.3　频率为 0.5MHz 时在 1mm 厚铝板中超声导波的波结构

超声导波特定的模态与波结构决定着其传播能力，以及对结构中不同位置、不同类型缺陷的灵敏程度和检测能力。此外，波的运动位移类型也决定了激励与接收技术的选取，例如，对于以离面位移为主的波，压电、电磁声以及激光技术都可实现激励与接收；而对于以面内位移为主的波(如 SH 波)，目前多以非接触式的电磁声技术进行激励。近年来，有学者成功研制出了专用于激励 SH 波的压电传感器，双激光干涉仪法也可以探测面内位移。

1.2　板中的超声导波

在板中，当传播的超声波波长与板厚相当，或者波长大于板厚时，必须考虑边界的影响，在边界处通常需要满足特定的应力应变条件。这种在板中传播的超声波即为超声导波。

1.2.1　自由边界条件的板

在板的某点上激发超声波，超声波传播到板的上下界面时不停地发生波形转换，在板内经过一段时间传播后，因叠加而产生“波包”，即通常说的板中的导波模态。

兰姆波是一种在自由边界的固体薄板结构中传播的弹性波，其质点运动发生在波的传播方向和垂直于板平面的方向上。兰姆波在板中传播时，板的上下表面和沿厚度方向的中部都有质点的振动，波场遍及整个板的厚度。图 1.4 给出了兰姆波模态类型，兰姆波存在对称模态和反对称模态两类模态，其根据质点相对于板的中间层做对称运动还是反对称运动来判定[4]。

每组模态根据阶数的不同，可细分为若干阶模态，分别用符号 S_i 和 A_i 表示对称模态和反对称模态，下标 $i=0,1,2,\cdots$ 表示第 i 阶模态。对于 S_i 模态，板中粒子的离面位移相对于中性面对称，如图 1.4(a)所示。因此，S_i 模态通常被描述为以压缩的形式传播。对于 A_i 模态，板中粒子的离面位移相对于中性面反对称，如图 1.4(b)所示。因此 A_i 模态通常被描述为以弯曲的形式传播。

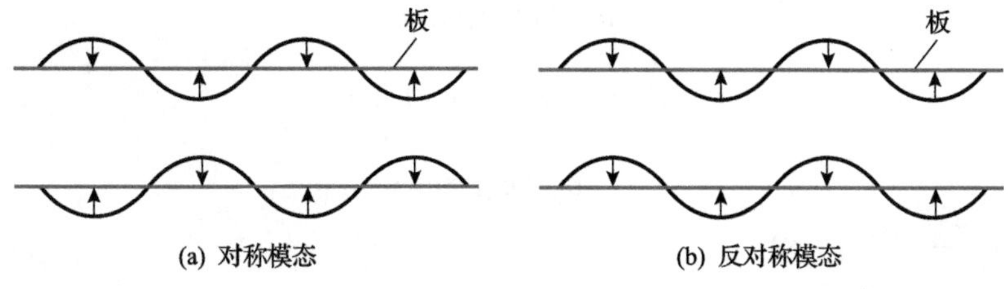

图 1.4　兰姆波模态类型

SH 波是一系列平行于板面的水平剪切振动，是沿着板面面内方向偏振的体剪切波上下反射叠加形成的。与兰姆波不同的是，SH 波各阶模态的质点运动均是面内位移。

SH 波穿透能力强，衰减小。SH 波也有对称模态与反对称模态之分，零阶的 SH 波是非频散的。近年来，使用 SH 波进行无损检测与结构健康监测的报道逐年增多。

1.2.2 频散方程的求解

1. 兰姆波频散方程

在一个各向同性均匀的薄板中，位移势函数法是导波问题最简单的解法。超声导波的波动方程可以表示为

$$\mu\nabla^2 u+(\chi+\mu)\nabla(\nabla\cdot u)+F=\rho\left(\frac{\partial^2 u}{\partial t^2}\right) \tag{1.5}$$

式中：μ——拉梅第一常量；

χ——拉梅第二常量；

F——体力；

u——位移；

ρ——板的密度。

材料的拉梅常量与材料的杨氏模量和泊松比具有如下关系：

$$\chi=\frac{\nu E}{(1+\nu)(1-2\nu)} \tag{1.6}$$

$$\mu=\frac{E}{2(1+\nu)} \tag{1.7}$$

式中：ν——泊松比；

E——杨氏模量。

对于上下表面自由的板，如图 1.5 所示，上下表面$(x_3\pm d/2=\pm h)$的边界条件为

$$u(x,t)=u_0(x,t) \tag{1.8}$$

$$\boldsymbol{P}_i=\boldsymbol{\sigma}_{ji}\cdot\boldsymbol{n}_j,\quad i,j=1,2,3 \tag{1.9}$$

$$\boldsymbol{\sigma}_{31}=\boldsymbol{\sigma}_{33}=0 \tag{1.10}$$

式中：$\boldsymbol{P}_i$——应力矢量；

$\boldsymbol{\sigma}_{ji}$——应力张量；

$\boldsymbol{n}_j$——单位矢量。

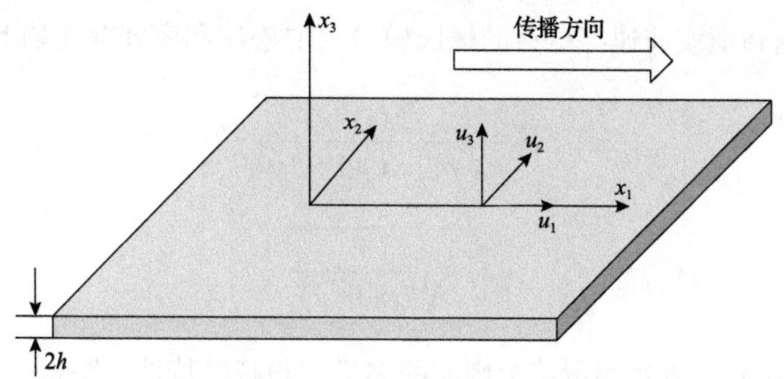

图 1.5　薄板中质点位移矢量示意图

由此得到兰姆波频散方程的表达式为

$$\frac{\tan(qh)}{\tan(ph)}=\frac{4k^2qp\mu}{(\chi k^2+\chi p^2+2\mu p^2)(k^2-q^2)} \tag{1.11}$$

考虑对称和反对称的特性，式(1.11)可分解成对称和反对称两种模态，即瑞利-兰姆(Rayleigh-Lamb)方程。

(1)对称模态：

$$\frac{\tan(qh)}{\tan(ph)}=-\frac{4k^2qp}{(k^2-q^2)^2} \tag{1.12}$$

(2)反对称模态：

$$\frac{\tan(qh)}{\tan(ph)}=-\frac{(k^2-q^2)^2}{4k^2qp} \tag{1.13}$$

其中：

$$p^2=\frac{\omega^2}{c_{\rm L}^2}-k^2 \tag{1.14}$$

$$q^2=\frac{\omega^2}{c_{\rm T}^2}-k^2 \tag{1.15}$$

$$k=\frac{2\pi}{\lambda} \tag{1.16}$$

式中：k——波数；

λ——波长；

$c_{\rm L}$——纵波波速；

$c_{\rm T}$——横波波速。

纵波波速和横波波速与材料的杨氏模量、泊松比和密度存在如下关系：

$$c_{\mathrm{L}}=\sqrt{\frac{E(1-\nu)}{\rho(1+\nu)(1-2\nu)}} \tag{1.17}$$

$$c_{\mathrm{T}}=\sqrt{\frac{E}{2\rho(1+\nu)}} \tag{1.18}$$

Rayleigh-Lamb 方程揭示了兰姆波的多模态与频散特性。各个模态的产生、幅值大小、相速度以及群速度都与激励频率、板结构的材料和厚度有关。

2. SH 波频散方程

板结构中除了兰姆波的对称模态和反对称模态以外，还存在 SH 波。SH 波对应的质点位移方向与波的传播方向垂直，并平行于板所在的平面。如图 1.5 所示，导波沿 x_1 方向传播时，SH 波对应于传播路径上的质点在 x_2 方向的板内位移。SH 波位移场可表示为

$$\frac{\partial^2 u_2}{\partial x_1^2}+\frac{\partial^2 u_2}{\partial x_3^2}=\frac{1}{c_{\mathrm{T}}^2}\frac{\partial^2 u_2}{\partial t^2} \tag{1.19}$$

根据边界条件，$x_3 \pm d/2=\pm h$ 时，$\frac{\partial u_2}{\partial x_3}=0$，可得式(1.19)的解为

$$u_2(x_1,x_3,t)=A\mathrm{e}^{-bx_3}\mathrm{e}^{\mathrm{i}(kx_1-\omega t)} \tag{1.20}$$

其中：

$$b=\sqrt{k\left[1-\left(\frac{\omega}{kc_{\mathrm{T}}}\right)^2\right]} \tag{1.21}$$

式中：A——常数。

通过亥姆霍兹(Helmholtz)分解，可得 SH 波的频散方程为

$$qh=n\pi/2 \tag{1.22}$$

当 $n\in\{0,2,4,\cdots\}$ 时为对称的 SH 模态；当 $n\in\{1,3,5,\cdots\}$ 时为反对称的 SH 模态。

SH_0 模态的相速度等于材料的横波波速，即

$$c_{\mathrm{p}}=c_{\mathrm{T}} \tag{1.23}$$

其他高阶 SH 模态的相速度均为频率-厚度积的函数。

1.3 管中的超声导波

从 20 世纪 60 年代起，人们开始对管道中传播的超声导波进行实验研究，验证超声导波管道无损检测的可能性以及可行性。根据传播方向不同，管中的超声导波可以分为三类。第一类沿管道轴向传播，称为轴向导波，主要包括纵向模态、扭转模态和弯曲模态。轴向导波主要应用于管道的长距离检测。第二类为周向导波，顾名思义，该类导波沿管道圆周方向传播。周向导波又包括周向兰姆波和周向 SH 波，适用于圆周长度较长的大口径管道结构。第三类为螺旋导波，由管道上某点激励，以激励源为中心，呈圆环波前向各个方向扩散传播。

1.3.1 轴向导波

沿管道轴向传播的超声导波(轴向导波)根据其模态对称性可分为轴对称的纵向模态、轴对称的扭转模态以及非轴对称的弯曲模态[5]。图 1.6 给出了管道中轴向导波的三种模态示意图，其中纵向模态和扭转模态的传播过程为轴对称形式，而弯曲模态是其他两种模态传播形式的叠加，传播过程为非轴对称形式。

(a) 纵向模态　(b) 扭转模态　(c) 弯曲模态

图 1.6　管道中轴向导波的三种模态示意图

相对于弯曲模态，轴对称的扭转模态和纵向模态的可激发性强，且波场分布较为简单，并可实现圆周管道 360°全范围检测。因此在对管道的实际检测中，使用最多的是扭转模态和纵向模态。弯曲模态的频散比较严重，模态数量众多且密集，并且其本身又为非对称的导波，传播特性复杂，不便于激励和信号识别，因此较少应用于管道检测。下面将对这三种模态的波动方程进行讨论。

1. 纵向模态波动方程

假定所有函数不依赖 θ，在具有坐标 r、θ 和 z 的柱坐标系中，对于如图 1.7 所示的无限长自由边界圆管，波动方程为

$$\frac{\partial^2\phi}{\partial r^2}+\frac{1}{r}\frac{\partial\phi}{\partial r}+\frac{\partial^2\phi}{\partial z^2}=\frac{1}{c_{\mathrm{L}}^2}\frac{\partial^2\phi}{\partial t^2} \tag{1.24}$$

$$\frac{\partial^2\varphi}{\partial r^2}+\frac{1}{r}\frac{\partial\varphi}{\partial r}+\frac{\partial^2\varphi}{\partial z^2}=\frac{1}{c_T^2}\frac{\partial^2\varphi}{\partial t^2} \tag{1.25}$$

其中：

$$\phi=\phi_0(r)e^{-ik_\theta z}e^{i\omega t} \tag{1.26}$$

$$\varphi=\varphi_0(r)e^{-ik_\theta z}e^{i\omega t} \tag{1.27}$$

式中：k_θ——角波数。

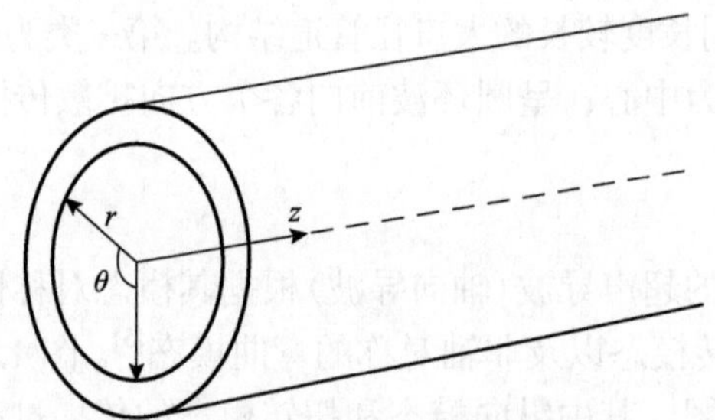

图 1.7　无限长自由边界圆管示意图

由此得到两个微分方程：

$$\frac{\partial^2\phi_0}{\partial r^2}+\frac{1}{r}\frac{\partial\phi_0}{\partial r}+\left[\left(\frac{\omega}{c_L}\right)^2-k_\theta^2\right]\phi_0=0 \tag{1.28}$$

$$\frac{\partial^2\varphi_0}{\partial r^2}+\frac{1}{r}\frac{\partial\varphi_0}{\partial r}+\left[\left(\frac{\omega}{c_T}\right)^2-k_\theta^2\right]\varphi_0=0 \tag{1.29}$$

利用分离变量法求解，解可写为

$$\phi=AJ_m(k_L r)e^{-ik_\theta z}e^{i\omega t} \tag{1.30}$$

$$\varphi=CJ_m(k_T r)e^{-ik_\theta z}e^{i\omega t} \tag{1.31}$$

式中：J_m——m 阶贝塞尔(Bessel)函数，$m=0,1,2,\cdots$；

A、C——常数。

$$k_L^2=(\omega/c_L)^2-k_\theta^2 \tag{1.32}$$

$$k_T^2=(\omega/c_T)^2-k_\theta^2 \tag{1.33}$$

利用边界条件，求出用ω表示的k_L、k_T、A和C后得到径向位移和轴向位移为

$$u_r = \frac{\partial \phi}{\partial r} + \frac{\partial^2 \varphi}{\partial r \partial z} \tag{1.34}$$

$$u_z = \frac{\partial \phi}{\partial z} - \frac{\partial^2 \varphi}{\partial r^2} - \frac{1}{r}\frac{\partial \varphi}{\partial r} \tag{1.35}$$

应力和位移的关系为

$$\sigma_{rr} = \left(\frac{u_r}{r} + \frac{\partial u_r}{\partial r} + \frac{\partial u_z}{\partial z}\right) + 2\mu \frac{\partial u_r}{\partial r} \tag{1.36}$$

$$\sigma_{rz} = \mu\left(\frac{\partial u_r}{\partial z} + \frac{\partial u_z}{\partial r}\right) \tag{1.37}$$

在径向边界 $(r=a)$ 上，应力为零，得到特征方程：

$$k_\theta^2 \frac{k_\mathrm{T} J_0(k_\mathrm{T} a)}{J_1(k_\mathrm{T} a)} - \frac{1}{2}\left(\frac{\omega}{c_\mathrm{T}}\right)^2 \frac{1}{a} + \left[\frac{1}{2}\left(\frac{\omega}{c_\mathrm{T}}\right)^2 - k_\theta^2\right]^2 \frac{J_0(k_\mathrm{L} a)}{k_\mathrm{L} J_1(k_\mathrm{L} a)} = 0 \tag{1.38}$$

代入 u_r 和 u_z 的表达式中，则得到

$$u_r = \mathrm{i}C\left[-\frac{k_\theta^2 - k_\mathrm{T}^2}{2k_\theta} k_\mathrm{T} \frac{J_1(k_\mathrm{T} a)}{J_1(k_\mathrm{L} a)} J_1(k_\mathrm{L} r) + k_\theta k_\mathrm{T} J_1(k_\mathrm{T} r)\right] \mathrm{e}^{-\mathrm{i}k_\theta z} \mathrm{e}^{\mathrm{i}\omega t} \tag{1.39}$$

$$u_z = C\left[\frac{k_\theta^2 - k_\mathrm{T}^2}{2k_\mathrm{L}} k_\mathrm{T} \frac{J_1(k_\mathrm{T} a)}{J_1(k_\mathrm{L} a)} J_0(k_\mathrm{L} r) + k_\mathrm{T}^2 J_0(k_\mathrm{T} r)\right] \mathrm{e}^{-\mathrm{i}k_\theta z} \mathrm{e}^{\mathrm{i}\omega t} \tag{1.40}$$

根据任一频率下的 c_p 值，可计算得到 k_θ，然后计算 k_L 和 k_T，从而确定位移。依据 $c_\mathrm{g} = \mathrm{d}\omega/\mathrm{d}k_\theta$，可从波数和频率之间的关系求出群速度。

2. 扭转模态波动方程

当 $u_r = 0$，$u_z = 0$ 时，u_θ 为有限值且不依赖于 θ：

$$u_\theta = u(r)\mathrm{e}^{-\mathrm{i}k_\theta z} \mathrm{e}^{\mathrm{i}\omega t} \tag{1.41}$$

只有一个运动方程：

$$\frac{\partial^2 u(r)}{\partial r^2} + \frac{1}{r}\frac{\partial u(r)}{\partial r} - \frac{1}{r^2} u(r) + \left[\left(\frac{\omega}{c_\mathrm{T}}\right)^2 - k_\theta^2\right] u(r) = 0 \tag{1.42}$$

方程的解可写为

$$u(r)=AJ_1\left(k_{\mathrm{T}}r\right) \tag{1.43}$$

其中：

$$k_{\mathrm{T}}^2=\left(\frac{\omega}{c_{\mathrm{T}}}\right)^2-k_\theta^2 \tag{1.44}$$

满足边界条件σ_{rr}和σ_{rz}都等于零，并且如果

$$\left[\frac{\partial}{\partial r}\left(\frac{k_{\mathrm{T}}r}{r}\right)\right]_{r=a}=0 \tag{1.45}$$

式(1.42)重写为

$$\frac{\partial^2 u(r)}{\partial r^2}+\frac{1}{r}\frac{\partial u(r)}{\partial r}-\frac{1}{r^2}u(r)=0 \tag{1.46}$$

其解为

$$u(r)=Br \tag{1.47}$$

可得出解为

$$\begin{cases} u_\theta=Br\mathrm{e}^{-\mathrm{i}\frac{\omega}{c_{\mathrm{T}}}z}\mathrm{e}^{\mathrm{i}\omega t}, & k_{\mathrm{T}}=0 \\ u_\theta=AJ_1\left(k_{\mathrm{T}}r\right)\mathrm{e}^{-\mathrm{i}k_\theta z}\mathrm{e}^{\mathrm{i}\omega t}, & k_{\mathrm{T}}\neq 0 \end{cases} \tag{1.48}$$

3. 弯曲模态波动方程

当函数随着r、θ和z的变化而变化时，波动方程的解为

$$u_r=U(r)\cos(n\theta)\mathrm{e}^{-\mathrm{i}k_\theta z}\mathrm{e}^{\mathrm{i}\omega t} \tag{1.49}$$

$$u_\theta=V(r)\sin(n\theta)\mathrm{e}^{-\mathrm{i}k_\theta z}\mathrm{e}^{\mathrm{i}\omega t} \tag{1.50}$$

$$u_z=W(r)\cos(n\theta)\mathrm{e}^{-\mathrm{i}k_\theta z}\mathrm{e}^{\mathrm{i}\omega t} \tag{1.51}$$

其中：

$$U(r)=C\left[-A\frac{\partial}{\partial r}J_n\left(k_{\mathrm{L}}r\right)+B\frac{\partial}{\partial r}J_n\left(k_{\mathrm{T}}r\right)+n\frac{J_n\left(k_{\mathrm{T}}r\right)}{r}\right] \tag{1.52}$$

$$V(r)=C\left[A\frac{n}{r}J_n\left(k_{\mathrm{L}}r\right)-\frac{Bn}{r}J_n\left(k_{\mathrm{T}}r\right)-\frac{\partial}{\partial r}J_n\left(k_{\mathrm{T}}r\right)\right] \tag{1.53}$$

$$W(r)=C\left[\mathrm{i}Ak_\theta J_n\left(k_{\mathrm{L}}r\right)+\mathrm{i}B\frac{k_{\mathrm{T}}^2}{k_\theta^2}J_n\left(k_{\mathrm{T}}r\right)\right] \tag{1.54}$$

沿管道轴向传播的导波模态可用符号表示如下。

轴对称扭转模态：$\mathrm{T}(0,m)$，$m=1,2,3,\cdots$

轴对称纵向模态：$\mathrm{L}(0,m)$，$m=1,2,3,\cdots$

非轴对称弯曲模态：$\mathrm{F}(n,m)$，$n,m=1,2,3,\cdots$

其中，n 表示周向阶数，m 表示模态数。m 为 n 确定后求解频散方程所得到的第 m 个解(第 m 个模态)。对于轴对称纵向模态，其位移无周向分量，即 u_θ 为零。对于轴对称扭转模态，其位移无轴向分量和径向分量，即位移只有周向分量。图 1.8 给出了外径 60mm、壁厚 3.5mm 的钢管中不同模态的群速度频散曲线，模态包括轴对称模态(纵向模态和扭转模态)以及弯曲模态。

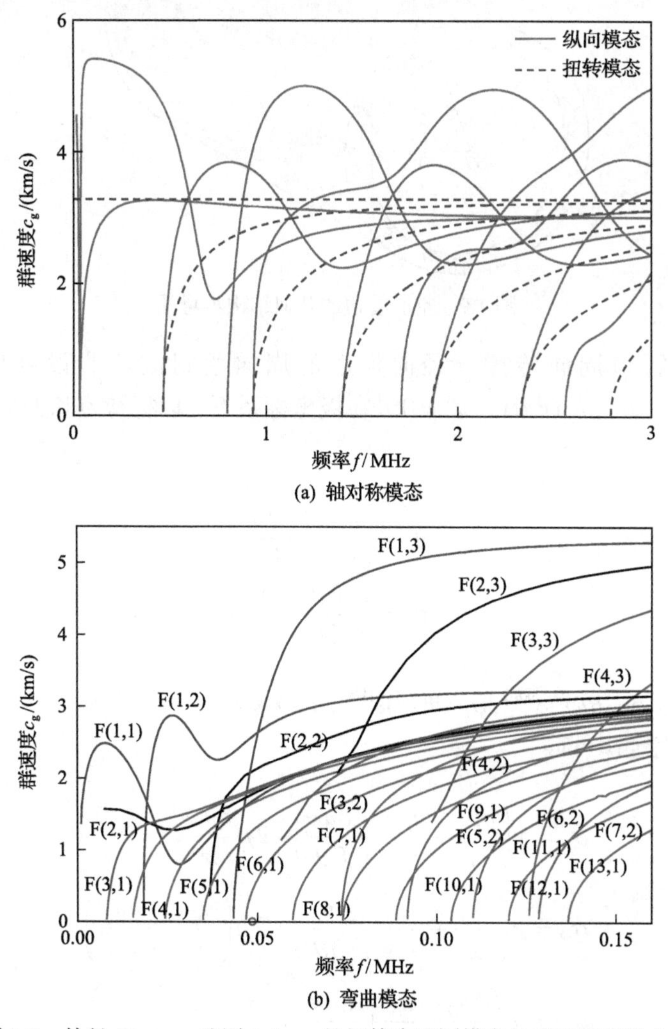

(a) 轴对称模态

(b) 弯曲模态

图 1.8　外径 60mm、壁厚 3.5mm 的钢管中不同模态的群速度频散曲线

1.3.2　周向导波

对周向导波的频散特性进行研究是利用周向导波进行管道检测的重要基础。通过对周向导波频散方程的求解，可以得到频散曲线，频散曲线则反映了周向导波的频散特性[6]。空心管道的几何结构示意图如图 1.9 所示，其中，管道内半径为 a，外半径为 b，管道的对称轴与柱坐标系中的 z 轴重合。

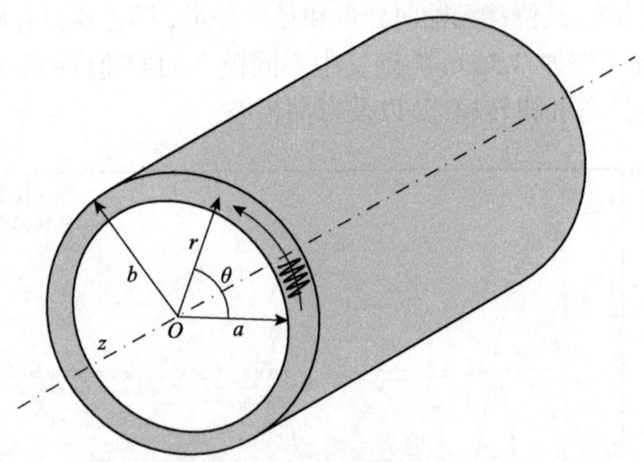

图 1.9　空心管道的几何结构示意图

对于沿管道周向传播、径向振动的周向兰姆波，假设其位移分别为 $u_r = u_r(r,\theta)$，$u_\theta = u_\theta(r,\theta)$，$u_z = 0$。在极坐标系下，以标势 φ 和矢势 $\boldsymbol{\psi}$ 表示位移如下：

$$
\begin{aligned}
u_r &= \frac{\partial \varphi}{\partial r} + \frac{1}{r} \cdot \frac{\partial \psi}{\partial \theta} \\
u_\theta &= \frac{1}{r} \cdot \frac{\partial \varphi}{\partial \theta} - \frac{\partial \psi}{\partial r}
\end{aligned} \tag{1.55}
$$

其中，势函数 $\varphi = \Phi(r)\mathrm{e}^{ikb\theta}$，$\psi = \boldsymbol{\Psi}(r)\mathrm{e}^{ikb\theta}$，$a \leqslant r \leqslant b$。

根据胡克定律可得

$$
\begin{aligned}
\sigma_r &= \chi\left(\frac{\partial u_r}{\partial r} + \frac{u_r}{r} + \frac{1}{r}\frac{\partial u_\theta}{\partial \theta}\right) + 2\mu\frac{\partial u_r}{\partial r} \\
\sigma_\theta &= \chi\left(\frac{\partial u_r}{\partial r} + \frac{u_r}{r} + \frac{1}{r}\frac{\partial u_\theta}{\partial \theta}\right) + 2\mu\left(\frac{u_r}{r} + \frac{1}{r}\frac{\partial u_\theta}{\partial \theta}\right) \\
\sigma_{r\theta} &= \mu\left(\frac{\partial u_\theta}{\partial r} - \frac{u_\theta}{r} + \frac{1}{r}\frac{\partial u_r}{\partial \theta}\right)
\end{aligned} \tag{1.56}
$$

在管道无体力的情况下，根据弹性力学理论，周向兰姆波在极坐标系下的运动方程为

$$
\begin{aligned}
&\frac{\partial \sigma_r}{\partial r}+\frac{\sigma_r-\sigma_\theta}{r}+\frac{1}{r}\frac{\partial \sigma_{r\theta}}{\partial \theta}+\rho\omega^2 u_r=0\\
&\frac{\partial \sigma_{r\theta}}{\partial r}+\frac{1}{r}\frac{\partial \sigma_\theta}{\partial \theta}+2\frac{\sigma_{r\theta}}{r}+\rho\omega^2 u_\theta=0
\end{aligned}
\tag{1.57}
$$

综合式(1.55)～式(1.57)，得到方程组的解为

$$
\begin{aligned}
&\boldsymbol{\Phi}(\bar{r})=A_1 J_{\hat{k}}\left(\frac{\hat{\omega}\bar{r}}{\kappa}\right)+A_2 Y_{\hat{k}}\left(\frac{\hat{\omega}\bar{r}}{\kappa}\right)\\
&\boldsymbol{\Psi}(\bar{r})=A_3 J_{\hat{k}}(\hat{\omega}\bar{r})+A_4 Y_{\hat{k}}(\hat{\omega}\bar{r})
\end{aligned}
\tag{1.58}
$$

式中：A_1、A_2、A_3、A_4——由边界条件确定的常数；

$J_{\hat{k}}(x)$、$Y_{\hat{k}}(x)$——$\hat{k}$ 阶第一类和第二类贝塞尔函数，$\hat{k}=\dfrac{\bar{k}}{1-\eta}=kb, \bar{k}=k(b-a), \eta=a/b$；

$\kappa=\dfrac{c_{\mathrm{L}}}{c_{\mathrm{T}}}=\sqrt{\dfrac{2(1-\nu)}{1-2\nu}}$；

$\bar{r}=r/b$；

$\hat{\omega}=\dfrac{\bar{\omega}}{1-\eta}=\omega b/c_{\mathrm{T}}, \bar{\omega}=\omega(b-a)/c_{\mathrm{T}}$。

假设管道表面应力自由，则应力边界条件为

$$
\sigma_r\big|_{r=a,b}=\sigma_{r\theta}\big|_{r=a,b}=0 \tag{1.59}
$$

将式(1.58)代入式(1.55)～式(1.57)中，再联立应力边界条件(1.59)，最终得到

$$
\boldsymbol{D}(\bar{k},\bar{\omega})\boldsymbol{A}=0 \tag{1.60}
$$

式中：$\boldsymbol{D}(\bar{k},\bar{\omega})$——关于无量纲波数 $\bar{k}$ 和无量纲角频率 $\bar{\omega}$ 的矩阵；

$\boldsymbol{A}=\left[A_1, A_2, A_3, A_4\right]^{\mathrm{T}}$。

若式(1.60)有非零解，则式(1.60)的系数行列式为零，即

$$
\left|\boldsymbol{D}(\bar{k},\bar{\omega})\right|=0 \tag{1.61}
$$

式(1.61)即为周向兰姆波的频散方程。对于每一个波数 $\bar{k}$，通过式(1.61)均能求解得到对应的角频率 $\bar{\omega}$。内径 120mm、壁厚 3mm 的空心铝管周向兰姆波频散曲线如图 1.10 所示。

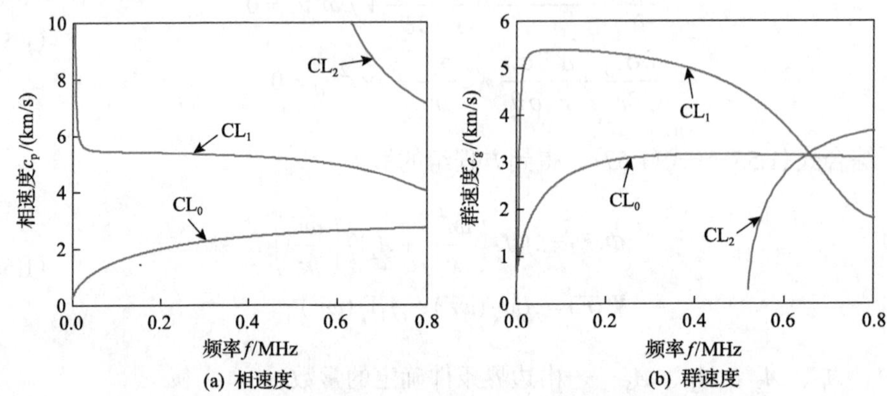

图 1.10　内径 120mm、壁厚 3mm 的空心铝管周向兰姆波频散曲线

周向兰姆波同样存在多模态特性。本书中将周向兰姆波模态表示为 CL_n（$n=0,1,2,\cdots$）。

将式(1.61)所示周向兰姆波的频散方程所得到的数值解，代入式(1.60)中可以得到非零矢量 $\boldsymbol{A}$。将 $\boldsymbol{A}$ 代入式(1.58)，并综合式(1.55)～式(1.57)可以得到特定频率下周向兰姆波模态的径向位移和周向位移的表达式如下：

$$
\begin{aligned}
U_r(r)&=\frac{1}{r}\left[\boldsymbol{A}(1)\frac{\hat{\omega}'r}{\kappa b}J_{\hat{k}'}'\left(\frac{\hat{\omega}'r}{\kappa b}\right)+\boldsymbol{A}(2)\frac{\hat{\omega}'r}{\kappa b}Y_{\hat{k}'}'\left(\frac{\hat{\omega}'r}{\kappa b}\right)+\mathrm{i}\,\boldsymbol{A}(3)\hat{k}'J_{\hat{k}'}\left(\frac{\hat{\omega}'r}{b}\right)+\mathrm{i}\,\boldsymbol{A}(4)\hat{k}'Y_{\hat{k}'}\left(\frac{\hat{\omega}'r}{b}\right)\right]\\
U_\theta(r)&=\frac{1}{r}\left[\mathrm{i}\,\boldsymbol{A}(1)\hat{k}'J_{\hat{k}'}\left(\frac{\hat{\omega}'r}{\kappa b}\right)+\mathrm{i}\,\boldsymbol{A}(2)\hat{k}'Y_{\hat{k}'}\left(\frac{\hat{\omega}'r}{\kappa b}\right)-\boldsymbol{A}(3)\frac{\hat{\omega}'r}{b}J_{\hat{k}'}'\left(\frac{\hat{\omega}'r}{b}\right)-\boldsymbol{A}(4)\frac{\hat{\omega}'r}{b}Y_{\hat{k}'}'\left(\frac{\hat{\omega}'r}{b}\right)\right]
\end{aligned}
\tag{1.62}
$$

式中：$U_r(r)$——径向位移；

$U_\theta(r)$——周向位移。

图 1.11 给出了内径 120mm、壁厚 3mm 的管道在频率 0.4MHz 时周向兰姆波的位移波结构，周向兰姆波模态的加载方式有沿管道周向加载和沿管道径向加载两种方式。若选择沿管道的周向方向进行加载，则根据 CL_0 模态的周向位移，其在整个管壁截面质点的位移呈近似反对称分布，因此在激励 CL_0 模态时需要反对称加载；反之，根据 CL_1 模态的周向位移，其在整个管壁截面质点的位移呈近似对称分布，因此在激励 CL_1 模态时需要对称加载；若选择沿管道的径向方向进行加载，则加载方式与周向加载方式类似。

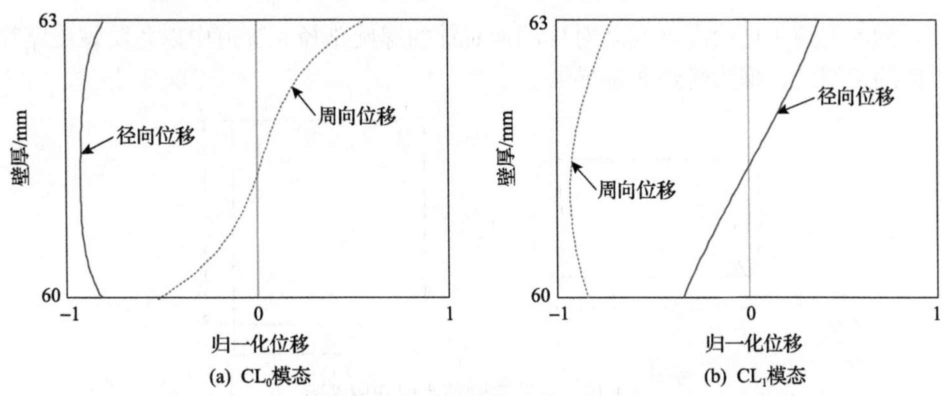

图 1.11　内径 120mm、壁厚 3mm 的管道在频率 0.4MHz 时周向兰姆波的位移波结构

1.3.3　螺旋导波

在管道结构中，假设某点激励产生某个模态的兰姆波后，波场以激励源为中心，呈圆环波前在管壁上扩散传播。这也是很多实际的传感器(如圆形压电元件、激光超声激励源、圆形线圈电磁声传感器(electromagnetic acoustic transducer, EMAT)等)所具有的常见类型的传播方式。

传播初期，波场呈现为管壁曲面上的圆环波前。由于管道结构的封闭性，随着波的不断扩散传播，圆环波前将在管道上不停地交叉重叠。为了理解此过程，可以将管道沿轴线展开成平面，如图 1.12 所示。同时，为了保证管道结构的连续性，可以在展开管道的上、下两侧复制出数个管道拓展域，它们并非真实存在，但可以很好地展示出波前在管道上反复交叉前行的现象。图 1.13 显示了展开后管道螺旋传播导波波前。图 1.13(a)在真实的管道展开面两侧各虚拟拓展两个域，波源位于管道展开面左端的正中心，假设管道中激发出某一单模态的兰姆波，波前呈圆环传播，初始时波前未扩展至管道展开线，称为零阶波前。随着波的传播，管道上半圆形的波前会在正对波源的一侧形成交叉，同时随着波前的进一步传播，在波源处再次开始交叉，且交叉点会随着波的传播不断前移。在波的整个传播过程中，圆环波前会不停地以波源和正对波源点为交叉起点，反复形成新的交叉，直到波的能量衰减为零，同时前期形成的波前和交叉点会呈现沿管道不断传播的现象，形成高阶的波前。图 1.13(b)显示了管道展开面上呈现出的三阶波前图。这里所述的波前的阶数是以波前交叉次数定义的，波前未交叉时为零阶波前，交叉 N 次为 N 阶波前。

当在管道上某点激励产生超声导波后，波传播至某接收点的路径将会有无数条，路径最短的一条是两点间沿管道面的直接连线，称为零阶螺旋路径，其他路径为绕管道传播 1 周、2 周、3 周……到达接收点，称为一阶、二阶、三阶……螺旋路径。值得指出的是，图 1.13 中只绘制出了从管道左端面看顺时针的螺旋路径，同时管道中还会存在与之对称的逆时针的螺旋路径。管道中以各阶螺旋路径传播的兰姆波，即为管道螺旋导波。

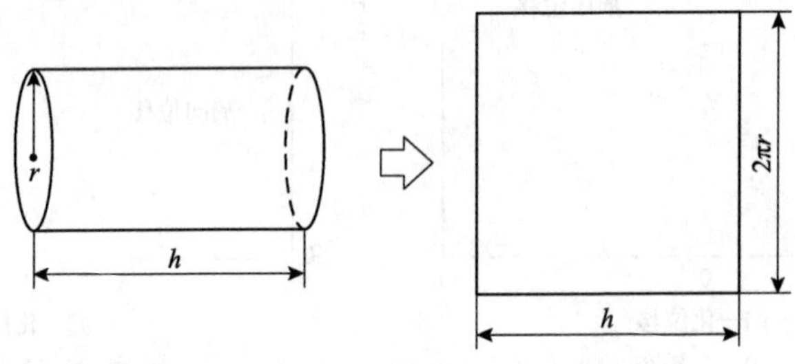

图 1.12　将管道沿轴线展开成平面

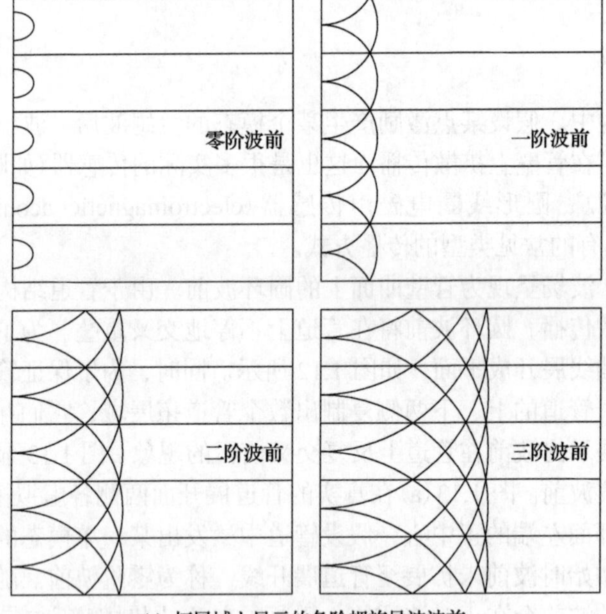

(a) 拓展域上显示的各阶螺旋导波波前

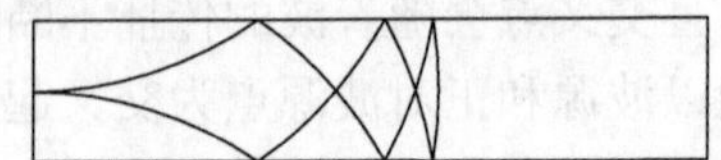

(b) 管道展开面上显示的螺旋导波波前

图 1.13　展开后管道螺旋传播导波波前图

综上所述，管道螺旋导波实质上是一种兰姆波在曲面上的传播形式，管道上某点激励产生兰姆波后，波前以圆环面扩散传播，由于管道结构的周向封闭性，产生波前反复交叉的现象，从而形成以各个角度螺旋传播的导波，即螺旋导波[7]。管道上相距任意距离的两点间，有无数条螺旋传播路径，将绕管道传播 $m(m=0,1,\cdots)$ 圈到达接收点的导波称为 m 阶螺旋导波。

1.4　杆中的超声导波

在杆中传播的超声导波存在三种模态，即纵向模态(L 模态)、扭转模态(T 模态)和弯曲模态(F 模态)[8]。本节将给出自由圆柱杆频散方程。自由圆柱杆如图 1.14 所示。

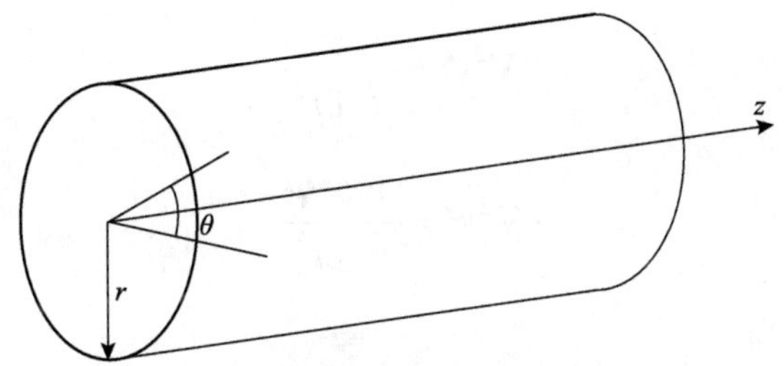

图 1.14　自由圆柱杆示意图

使用柱坐标系求解导波在无限长杆中的传播问题。其中，z 轴沿杆的轴向。应用柱坐标系下的纳维(Navier)方程，运动方程可以详尽地表达为如下形式：

$$(\chi+2\mu)\frac{\partial\varphi}{\partial r}-\frac{2\mu}{r}\frac{\partial\omega_z}{\partial\theta}+2\mu\frac{\partial\omega_\theta}{\partial z}=\rho\frac{\partial^2 u_r}{\partial t^2} \tag{1.63}$$

$$(\chi+2\mu)\frac{1}{r}\frac{\partial\varphi}{\partial\theta}-2\mu\frac{\partial\omega_r}{\partial z}+2\mu\frac{\partial\omega_z}{\partial r}=\rho\frac{\partial^2 u_\theta}{\partial t^2} \tag{1.64}$$

$$(\chi+2\mu)\frac{\partial\varphi}{\partial z}-\frac{2\mu}{r}\frac{\partial}{\partial r}(r\omega_\theta)+\frac{2\mu}{r}\frac{\partial\omega_r}{\partial\theta}=\rho\frac{\partial^2 u_z}{\partial t^2} \tag{1.65}$$

式中：φ——柱坐标系下的体积不变量；

$\omega_r,\omega_\theta,\omega_z$——旋转矢量的三个分量。

$$\varphi=\frac{1}{r}\frac{\partial(ru_r)}{\partial r}+\frac{1}{r}\frac{\partial u_\theta}{\partial\theta}+\frac{\partial u_z}{\partial z} \tag{1.66}$$

$$2\omega_r=\frac{1}{r}\frac{\partial u_z}{\partial\theta}-\frac{\partial u_\theta}{\partial z} \tag{1.67}$$

$$2\omega_\theta=\frac{\partial u_r}{\partial z}-\frac{\partial u_z}{\partial r} \tag{1.68}$$

$$2\omega_z=\frac{1}{r}\left[\frac{\partial(ru_\theta)}{\partial r}-\frac{\partial u_r}{\partial\theta}\right] \tag{1.69}$$

在杆的表面上，应力分量$(\sigma_{rr},\sigma_{r\theta},\sigma_{rz})$一定为零。

1.4.1 杆中的纵向模态

由于在杆中传播的纵向模态是轴对称的，故只具有径向和轴向位移分量，周向位移分量为零。

采用满足波动方程的势函数$\varPhi$和$\boldsymbol{\varPsi}$表示：

$$\nabla^2\varPhi = \frac{1}{c_{\mathrm{L}}^2}\frac{\partial^2\varPhi}{\partial t^2} \tag{1.70}$$

$$\nabla^2\boldsymbol{\varPsi} = \frac{1}{c_{\mathrm{T}}^2}\frac{\partial^2\boldsymbol{\varPsi}}{\partial t^2} \tag{1.71}$$

有关z轴的解为

$$\boldsymbol{\nabla}^2 = \frac{\partial^2}{\partial r^2} + \frac{1}{r}\frac{\partial}{\partial r} + \frac{\partial^2}{\partial z^2} \tag{1.72}$$

位移的分量为

$$u_r = \frac{\partial\varPhi}{\partial r} + \frac{\partial^2\varPsi_z}{\partial r\partial z} \tag{1.73}$$

$$u_z = \frac{\partial\varPhi}{\partial z} - \frac{\partial^2\varPsi_z}{\partial r^2} - \frac{1}{r}\frac{\partial\varPsi_z}{\partial r} \tag{1.74}$$

根据胡克定律，应力为

$$\sigma_{rr} = 2\mu\frac{\partial u_r}{\partial r} + \chi\left(\frac{u_r}{r} + \frac{\partial u_r}{\partial r} + \frac{\partial u_z}{\partial z}\right) \tag{1.75}$$

$$\sigma_{rz} = \mu\left(\frac{\partial u_r}{\partial z} + \frac{\partial u_z}{\partial r}\right) \tag{1.76}$$

波沿z轴传播，因此，式(1.70)和式(1.71)的解的一般形式为

$$\varPhi = G_1(r)\mathrm{e}^{\mathrm{i}(kz-\omega t)} \tag{1.77}$$

$$\varPsi_z = G_2(r)\mathrm{e}^{\mathrm{i}(kz-\omega t)} \tag{1.78}$$

分别将式(1.77)和式(1.78)代入式(1.70)和式(1.71)中，得到关于$G_j(r)(j=1,2)$的常微分方程：

$$\frac{\mathrm{d}^2G_j}{\mathrm{d}r^2}+\frac{1}{r}\frac{\mathrm{d}G_j}{\mathrm{d}r}+\left(\frac{\omega^2}{c_{\mathrm{L}}^2}-k^2\right)G_j=0,\quad j=1,2 \tag{1.79}$$

$$\frac{\mathrm{d}^2G_j}{\mathrm{d}r^2}+\frac{1}{r}\frac{\mathrm{d}G_j}{\mathrm{d}r}+\left(\frac{\omega^2}{c_{\mathrm{T}}^2}-k^2\right)G_j=0,\quad j=1,2 \tag{1.80}$$

其中：

$$\frac{\omega^2}{c_{\mathrm{L}}^2}-k^2=\alpha^2 \tag{1.81}$$

$$\frac{\omega^2}{c_{\mathrm{T}}^2}-k^2=\beta^2 \tag{1.82}$$

式(1.79)和式(1.80)是典型的贝塞尔方程，相应的解为

$$G_1(r)=AJ_0(\alpha r) \tag{1.83}$$

$$G_2(r)=BJ_0(\beta r) \tag{1.84}$$

分别将式(1.83)和式(1.84)代入式(1.77)和式(1.78)中，得到：

$$\varPhi=AJ_0(\alpha r)\mathrm{e}^{\mathrm{i}(kz-\omega t)} \tag{1.85}$$

$$\varPsi_z=BJ_0(\beta r)\mathrm{e}^{\mathrm{i}(kz-\omega t)} \tag{1.86}$$

分别将式(1.85)和式(1.86)代入式(1.73)和式(1.74)中，得到：

$$u_r=\left[AJ_0'(\alpha r)+\mathrm{i}BkJ_0'(\beta r)\right]\mathrm{e}^{\mathrm{i}(kz-\omega t)} \tag{1.87}$$

$$u_z=\left[\mathrm{i}AkJ_0(\alpha r)+\beta^2BJ_0(\beta r)\right]\mathrm{e}^{\mathrm{i}(kz-\omega t)} \tag{1.88}$$

其中：

$$J_0'(x)=-J_1(x) \tag{1.89}$$

由式(1.87)～式(1.89)，有

$$u_r=\left[-\alpha AJ_1(\alpha r)-\mathrm{i}k\beta BJ_1(\beta r)\right]\mathrm{e}^{\mathrm{i}(kz-\omega t)} \tag{1.90}$$

$$u_z=\left[\mathrm{i}AkJ_0(\alpha r)+\beta^2BJ_0(\beta r)\right]\mathrm{e}^{\mathrm{i}(kz-\omega t)} \tag{1.91}$$

令 $C=\beta B$，则式(1.90)和式(1.91)为

$$u_r=\left[-\alpha A J_1(\alpha r)-\mathrm{i}kCJ_1(\beta r)\right]\mathrm{e}^{\mathrm{i}(kz-\omega t)} \tag{1.92}$$

$$u_z=\left[\mathrm{i}AkJ_0(\alpha r)+\beta^2 BJ_0(\beta r)\right]\mathrm{e}^{\mathrm{i}(kz-\omega t)} \tag{1.93}$$

在圆柱体表面 $(r=a)$ 处，应力一定为零，即 $\sigma_{rr}|_{r=a}=0$，$\sigma_{rz}|_{r=a}=0$，可以得到：

$$\begin{aligned}&\left[-\frac{1}{2}\left(\beta^2-k^2\right)J_0(\alpha a)+\frac{\alpha}{a}J_1(\alpha a)\right]A+\left[-\mathrm{i}k\beta J_0(\beta a)+\frac{\mathrm{i}k}{a}J_1(\beta a)\right]C=0\\&\left[-2\mathrm{i}k\alpha J_1(\alpha a)\right]A-\left(\beta^2-k^2\right)J_1(\beta a)C=0\end{aligned} \tag{1.94}$$

由系数行列式为零这一条件，可得到频散方程：

$$\begin{aligned}&\frac{2\alpha}{a}\left(\beta^2+k^2\right)J_1(\alpha a)J_1(\beta a)-\left(\beta^2-k^2\right)^2 J_0(\alpha a)J_1(\beta a)\\&-4k^2\alpha\beta J_1(\alpha a)J_0(\beta a)=0\end{aligned} \tag{1.95}$$

式(1.95)即为纵向模态的 Pochhammer 频散方程。它首次发表于 1876 年，但由于其复杂性，直到 1940 年才求得它的精确解。对于式(1.95)的数值求解方法有 Muller 法、牛顿(Newton)法、二分法等多种方法，在此不进行赘述。

图 1.15 给出了自由圆柱杆中纵向模态的频散曲线，杆直径为 22mm。

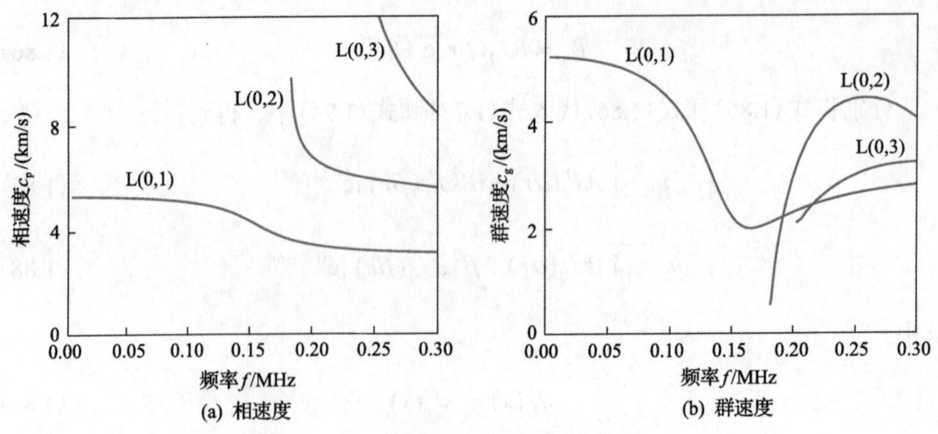

(a) 相速度　　(b) 群速度

图 1.15　自由圆柱杆中纵向模态的频散曲线

1.4.2　杆中的扭转模态

扭转模态只有角位移，径向位移与轴向位移均为零，也属于对称模态。扭转模态运动方程可表示为

$$\frac{\partial^2 u_\theta}{\partial r^2}+\frac{1}{r}\frac{\partial u_\theta}{\partial r}-\frac{u_\theta}{r^2}+\frac{\partial^2 u_\theta}{\partial z^2}=\frac{1}{c_{\mathrm{T}}^2}\frac{\partial^2 u_\theta}{\partial t^2} \tag{1.96}$$

由于仅考虑角位移，可得微分方程的解为

$$u_\theta=\frac{1}{\beta}BJ_1(\beta r)\mathrm{e}^{\mathrm{i}(kz-\omega t)} \tag{1.97}$$

式中：B——任意常数。

代入扭转模态边界条件 $\sigma_{r\theta}=0(r=a)$ 可得方程：

$$\beta aJ_0(\beta a)-2J_1(\beta a)=0 \tag{1.98}$$

可解得前三个根分别为 $\beta_1=0$、$\beta_2 a=5.136$、$\beta_3 a=8.417$，对 β 取极限，即趋近于零时，可得

$$u_\theta=\frac{1}{2}Br\mathrm{e}^{\mathrm{i}(kz-\omega t)} \tag{1.99}$$

式(1.99)即为最低阶扭转模态的表达式。自由圆柱杆中扭转模态的频散曲线如图 1.16 所示。杆中扭转导波最低扭转模态是非频散的，而较高的模态是频散的。

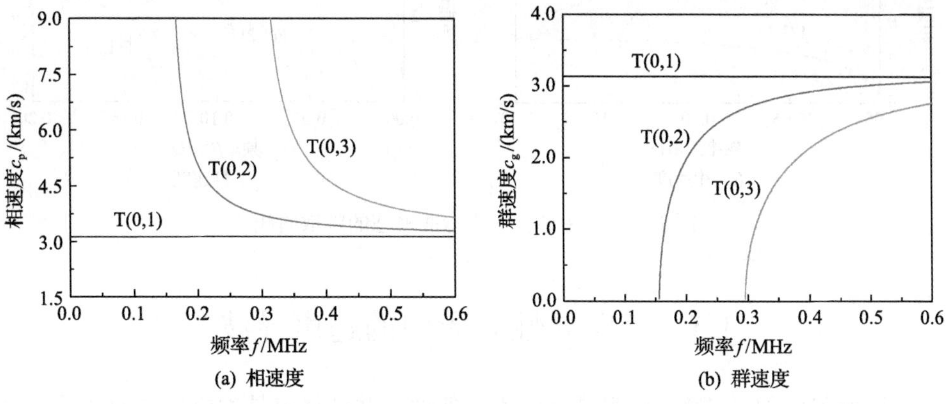

图 1.16 自由圆柱杆中扭转模态的频散曲线

1.4.3 杆中的弯曲模态

弯曲模态与圆周角 θ 有关，可以得到：

$$u_r=U(r)\cos\theta\mathrm{e}^{\mathrm{i}(kz-\omega t)} \tag{1.100}$$

$$u_\theta=V(r)\sin\theta\mathrm{e}^{\mathrm{i}(kz-\omega t)} \tag{1.101}$$

$$u_z=W(r)\cos\theta\mathrm{e}^{\mathrm{i}(kz-\omega t)} \tag{1.102}$$

将这些公式代入纳维方程中，可以得到由三个微分方程组成的包含 $U(r)$、

$V(r)$ 、$W(r)$ 的方程组。可得到最终形式为

$$U(r) = A\frac{\partial}{\partial r}J_1(\alpha r) + \frac{B}{r}J_1(\beta r) + \mathrm{i}kCJ_2(\beta r) \tag{1.103}$$

$$V(r) = -\frac{A}{r}J_1(\alpha r) + \mathrm{i}kCJ_2(\beta r) - B\frac{\partial}{\partial r}J_1(\beta r) \tag{1.104}$$

$$W(r) = \mathrm{i}kAJ_1(\alpha r) - \frac{C}{r}\frac{\partial}{\partial r}\left[rJ_2(\beta r)\right] - \frac{C}{r}J_2(\beta r) \tag{1.105}$$

为了确定频散方程，必须将位移式(1.103)～式(1.105)代入应力表达式，并且在 $r=a$ 处，σ_{rr}、σ_{rz}、$\sigma_{r\theta}$ 应全等于零。由此得到了关于 A、B、C 的由三个齐次方程组成的方程组，并由系数行列式为零这一条件可以得到频散方程。图 1.17 给出了自由圆柱杆中弯曲模态的频散曲线。

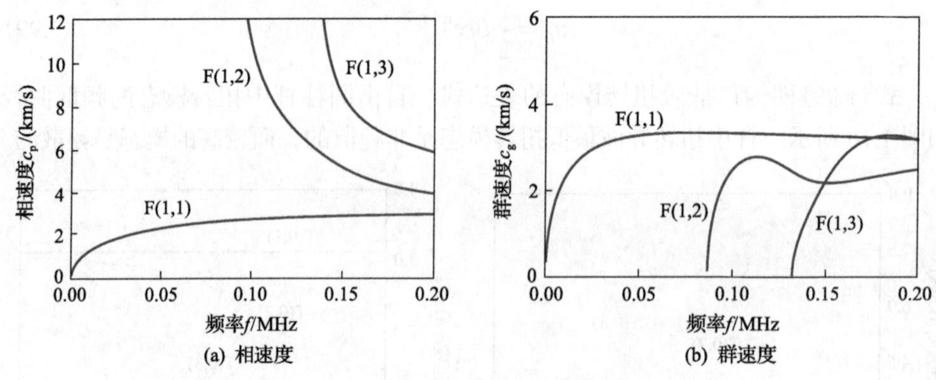

图 1.17　自由圆柱杆中弯曲模态的频散曲线

1.5　各向异性介质中的超声导波

前面所述的板、管、杆都是自由边界条件，并且材料是均质各向同性的。对于一些复杂情况(如充液管道、锚杆、包覆层等)，需要引入新的边界条件[9]，复合材料、带涂层材料等层状或各向异性材料则会明显改变超声导波的多模态与频散特性[10]。在此仅以各向异性复合材料为例进行讨论。

1.5.1　复合材料板频散方程

复合材料板通常是由单层复合材料按照一定的铺层顺序垛叠而成的，复合材料板各单层板之间紧密结合，使复合材料以多层层压结构的形式出现。为了理解和预测导波在复合材料板中的频散特性，需要建立模型来分析波在各向异性层状介质中的传播问题。因此，在建模时通常将复合材料板看作具有不同弹性性质的多层介质[11]。

复合材料板中超声波的传播受到每一层的厚度、密度和材料属性的影响。图 1.18 为复合材料板结构的坐标系示意图，x_1ox_2 为板的中平面，x_3 为板的厚度方向。

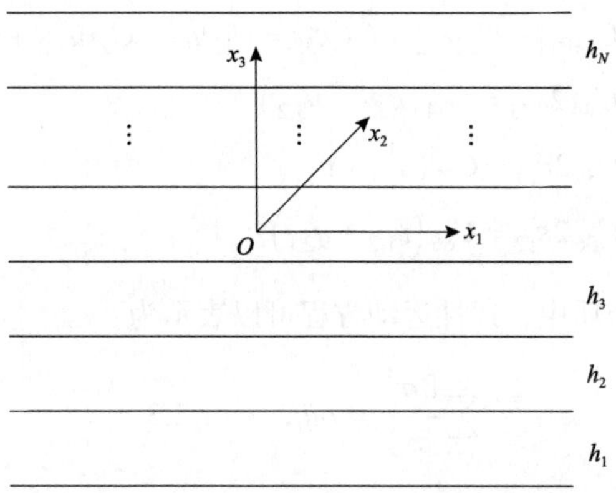

图 1.18　复合材料板结构的坐标系示意图

在各向异性复合材料中，应力应变关系可用胡克定律表示为

$$\sigma_{ij} = C_{ijkl}\varepsilon_{kl} \tag{1.106}$$

应变位移关系可表示为

$$\begin{cases} \varepsilon_{11} = u_{1,1} \\ \varepsilon_{22} = u_{2,2} \\ \varepsilon_{33} = u_{3,3} \\ \varepsilon_{23} = \dfrac{1}{2}\left(u_{2,3} + u_{3,2}\right) \\ \varepsilon_{13} = \dfrac{1}{2}\left(u_{1,3} + u_{3,1}\right) \\ \varepsilon_{12} = \dfrac{1}{2}\left(u_{1,2} + u_{2,1}\right) \end{cases} \tag{1.107}$$

对于各向异性复合材料，应力应变关系可表示为

$$\begin{bmatrix} \sigma_{11} \\ \sigma_{22} \\ \sigma_{33} \\ \sigma_{23} \\ \sigma_{13} \\ \sigma_{12} \end{bmatrix} = \begin{bmatrix} C_{11} & C_{12} & C_{13} & 0 & 0 & 0 \\ C_{12} & C_{22} & C_{23} & 0 & 0 & 0 \\ C_{13} & C_{23} & C_{33} & 0 & 0 & 0 \\ 0 & 0 & 0 & C_{44} & 0 & 0 \\ 0 & 0 & 0 & 0 & C_{55} & 0 \\ 0 & 0 & 0 & 0 & 0 & C_{66} \end{bmatrix} \begin{bmatrix} \varepsilon_{11} \\ \varepsilon_{22} \\ \varepsilon_{33} \\ 2\varepsilon_{23} \\ 2\varepsilon_{13} \\ 2\varepsilon_{12} \end{bmatrix} \tag{1.108}$$

将应变位移关系式(1.107)代入式(1.108)后，可得

$$\begin{cases}\sigma_{11}=C_{11}\varepsilon_{11}+C_{12}\varepsilon_{22}+C_{13}\varepsilon_{33}=C_{11}u_{1,1}+C_{12}u_{2,2}+C_{13}u_{3,3}\\ \sigma_{22}=C_{12}\varepsilon_{11}+C_{22}\varepsilon_{22}+C_{23}\varepsilon_{33}=C_{12}u_{1,1}+C_{22}u_{2,2}+C_{23}u_{3,3}\\ \sigma_{33}=C_{13}\varepsilon_{11}+C_{23}\varepsilon_{22}+C_{33}\varepsilon_{33}=C_{13}u_{1,1}+C_{23}u_{2,2}+C_{33}u_{3,3}\\ \sigma_{23}=C_{44}2\varepsilon_{23}=C_{44}\left(u_{2,3}+u_{3,2}\right)\\ \sigma_{13}=C_{55}2\varepsilon_{13}=C_{55}\left(u_{1,3}+u_{3,1}\right)\\ \sigma_{12}=C_{66}2\varepsilon_{12}=C_{66}\left(u_{1,2}+u_{2,1}\right)\end{cases} \tag{1.109}$$

在一个弹性体介质中，线性运动方程可以表示为

$$\sum_{j=1}^{3}\frac{\partial\sigma_{ij}}{\partial x_j}=\rho\ddot{u}_i,\quad i=1,2,3 \tag{1.110}$$

当板中的波在自由表面介质中传播时，质点位移矢量的分量

$$u_i=U_i\,\mathrm{e}^{\mathrm{i}(\omega t-|\boldsymbol{k}|\cdot x)} \tag{1.111}$$

式中：U_i——质点振动的幅值；

$\boldsymbol{k}$——波矢量。

位移量u_2和所有与x_2轴相关的量的值为零。因此，式(1.111)可写成

$$\begin{cases}\dfrac{\partial\sigma_{11}}{\partial x_1}+\dfrac{\partial\sigma_{13}}{\partial x_3}=\rho\ddot{u}_1\\ \dfrac{\partial\sigma_{31}}{\partial x_1}+\dfrac{\partial\sigma_{33}}{\partial x_3}=\rho\ddot{u}_3\end{cases} \tag{1.112}$$

把式(1.110)代入式(1.112)，有

$$\begin{cases}\rho\ddot{u}_1=C_{11}u_{1,11}+C_{13}u_{3,31}+C_{55}\left(u_{1,33}+u_{3,13}\right)\\ \rho\ddot{u}_3=C_{33}u_{3,33}+C_{13}u_{1,13}+C_{55}\left(u_{1,13}+u_{3,11}\right)\end{cases} \tag{1.113}$$

式中：$u_{k,ij}=\dfrac{\partial^2u_k}{\partial x_i\partial x_j}$。

对于板中的波，质点位移可表示为

$$\begin{cases}u_1=U_1\,\mathrm{e}^{\mathrm{i}\left(k_x x+k_z z-\omega t\right)}\\ u_3=U_3\,\mathrm{e}^{\mathrm{i}\left(k_x x+k_z z-\omega t\right)}\end{cases} \tag{1.114}$$

式中：U_1——x_1 方向上位移的幅度；

U_3——x_3 方向上位移的幅度；

k_x——x_1 方向上的波数；

k_z——x_3 方向上的波数。

综合式(1.113)和式(1.114)有

$$\begin{cases}\rho U_1\omega^2 = C_{11}k_x^2U_1 + (C_{13}+C_{55})k_xk_zU_3 + C_{55}k_z^2U_1 \\ \rho U_3\omega^2 = C_{33}k_z^2U_3 + (C_{13}+C_{55})k_xk_zU_1 + C_{55}k_x^2U_3\end{cases} \tag{1.115}$$

令 $R=\dfrac{U_3}{U_1}$，式(1.115)可转换为

$$\begin{aligned}&\frac{C_{33}C_{55}}{\rho^2}k_z^4 + \left[\frac{C_{11}C_{33}}{\rho^2} - \frac{1}{\rho^2}(2C_{55}C_{13}) + C_{13}^2 - \frac{\omega^2}{\rho k_x^2}(C_{33}+C_{55})\right]k_x^2k_z^2 \\ &+\left[\frac{C_{11}C_{55}}{\rho^2} - (C_{11}+C_{55})\frac{\omega^2}{\rho k_x^2} + \frac{\omega^2}{k_x^4}\right]k_x^4 = 0\end{aligned} \tag{1.116}$$

式(1.116)可写成如下有关 k_z 的方程式：

$$k_z^4 + Mk_x^2k_z^2 + Nk_x^4 = 0 \tag{1.117}$$

$$\begin{cases} M = \dfrac{\dfrac{C_{11}C_{33}}{\rho^2} - \dfrac{1}{\rho^2}(2C_{55}C_{13}) + (C_{13})^2 - \dfrac{\omega^2}{\rho k_x^2}(C_{33}+C_{55})}{\dfrac{C_{33}C_{55}}{\rho^2}} \\ N = \dfrac{\left(\dfrac{\omega^2}{k_x^2} - \dfrac{C_{11}}{\rho}\right)\left(\dfrac{\omega^2}{k_x^2} - \dfrac{C_{55}}{\rho}\right)}{\dfrac{C_{33}C_{55}}{\rho^2}} \end{cases} \tag{1.118}$$

$$k_{z\pm}^2 = \left(\frac{-M \pm \sqrt{M^2-4N}}{2}\right)k_x^2 \tag{1.119}$$

式中：$k_{z\pm}^2$——正负二次方根。

式(1.119)给出了 x_1 和 x_3 方向上波数的关系，将式(1.119)代入式(1.114)，可得到

$$\begin{cases} u_1 = \mathrm{e}^{\mathrm{i}(k_x x-\omega t)}\left(A\mathrm{e}^{\mathrm{i}k_{z+}z} + B\mathrm{e}^{-\mathrm{i}k_{z+}z} + E\mathrm{e}^{\mathrm{i}k_{z-}z} + F\mathrm{e}^{-\mathrm{i}k_{z-}z}\right) \\ u_3 = \mathrm{e}^{\mathrm{i}(k_x x-\omega t)}\left[R_+\left(A\mathrm{e}^{\mathrm{i}k_{z+}z} - B\mathrm{e}^{-\mathrm{i}k_{z+}z}\right) + R_-\left(E\mathrm{e}^{\mathrm{i}k_{z-}z} - F\mathrm{e}^{-\mathrm{i}k_{z-}z}\right)\right] \end{cases} \tag{1.120}$$

式中：A、B、E、F——任意常数；

$R_\pm$ 可表示为

$$R_\pm = \frac{U_3}{U_1} = \frac{\rho\omega^2 - C_{11}k_x^2 - C_{55}k_{z\pm}^2}{(C_{55}+C_{13})k_x k_{z\pm}} \tag{1.121}$$

式(1.120)由无限大介质中的体波得到，而对于板中兰姆波，需要设定约束边界条件。假定板厚为 $2h$，在 x_3 方向上板的上下表面 $z=\pm h$。板表面设为自由边界条件，即 $\sigma_{33}\big|_{z=\pm h}=0$，$\sigma_{31}\big|_{z=\pm h}=0$：

$$\begin{cases} \sigma_{33} = C_{33}u_{3,3} + C_{13}u_{1,1} = 0 \\ \sigma_{31} = C_{55}u_{1,3} + C_{55}u_{3,1} = 0 \end{cases} \tag{1.122}$$

由式(1.120)可得 x_1 和 x_3 相关方向上的位移为

$$\begin{cases} u_{3,3} = \dfrac{\partial u_3}{\partial z} = \mathrm{e}^{\mathrm{i}(k_x x-\omega t)}\Big\{R_+\left[A\mathrm{i}k_{z+}\mathrm{e}^{\mathrm{i}(k_{z+}z)} - B(-\mathrm{i}k_{z+})\mathrm{e}^{-\mathrm{i}(k_{z+}z)}\right] \\ \qquad + R_-\left[E\mathrm{i}k_{z-}\mathrm{e}^{\mathrm{i}(k_{z-}z)} - F(-\mathrm{i}k_{z-})\mathrm{e}^{-\mathrm{i}(k_{z-}z)}\right]\Big\} \\ u_{1,1} = \dfrac{\partial u_1}{\partial x} = \mathrm{i}k_x\mathrm{e}^{\mathrm{i}(k_x x-\omega t)}\left[A\mathrm{e}^{\mathrm{i}(k_{z+}z)} + B\mathrm{e}^{-\mathrm{i}(k_{z+}z)} + E\mathrm{e}^{\mathrm{i}(k_{z-}z)} + F\mathrm{e}^{-\mathrm{i}(k_{z-}z)}\right] \\ u_{1,3} = \dfrac{\partial u_1}{\partial z} = \mathrm{e}^{\mathrm{i}(k_x x-\omega t)}\left[\mathrm{i}k_{z+}A\mathrm{e}^{\mathrm{i}(k_{z+}z)} - \mathrm{i}k_{z+}B\mathrm{e}^{-\mathrm{i}(k_{z+}z)} + \mathrm{i}k_{z-}E\mathrm{e}^{\mathrm{i}(k_{z-}z)} - \mathrm{i}k_{z-}F\mathrm{e}^{-\mathrm{i}(k_{z-}z)}\right] \\ u_{3,1} = \dfrac{\partial u_3}{\partial x} = \mathrm{i}k_x\mathrm{e}^{\mathrm{i}(k_x x-\omega t)}\Big\{R_+\left[A\mathrm{e}^{\mathrm{i}(k_{z+}z)} - B\mathrm{e}^{-\mathrm{i}(k_{z+}z)}\right] + R_-\left[E\mathrm{e}^{\mathrm{i}(k_{z-}z)} - F\mathrm{e}^{-\mathrm{i}(k_{z-}z)}\right]\Big\} \end{cases} \tag{1.123}$$

将式(1.123)代入式(1.122)可得

$$\begin{aligned} \sigma_{33} = {} & C_{33}\mathrm{e}^{\mathrm{i}(k_x x-\omega t)}\Big\{R_+\left[A\mathrm{i}k_{z+}\mathrm{e}^{\mathrm{i}(k_{z+}z)} - B(-\mathrm{i}k_{z+})\mathrm{e}^{-\mathrm{i}(k_{z+}z)}\right] \\ & + R_-\left[E\mathrm{i}k_{z-}\mathrm{e}^{\mathrm{i}(k_{z-}z)} - F(-\mathrm{i}k_{z-})\mathrm{e}^{-\mathrm{i}(k_{z-}z)}\right]\Big\} \\ & + C_{13}\mathrm{i}k_x\mathrm{e}^{\mathrm{i}(k_x x-\omega t)}\left[A\mathrm{e}^{\mathrm{i}(k_{z+}z)} + B\mathrm{e}^{-\mathrm{i}(k_{z+}z)} + E\mathrm{e}^{\mathrm{i}(k_{z-}z)} + F\mathrm{e}^{-\mathrm{i}(k_{z-}z)}\right] = 0 \end{aligned} \tag{1.124}$$

$$\begin{aligned}\sigma_{31}&=C_{55}\mathrm{e}^{\mathrm{i}(k_x x-\omega t)}\Big[\mathrm{i}k_{z+}A\mathrm{e}^{\mathrm{i}(k_{z+}z)}-\mathrm{i}k_{z+}B\mathrm{e}^{-\mathrm{i}(k_{z+}z)}+\mathrm{i}k_{z-}E\mathrm{e}^{\mathrm{i}(k_{z-}z)}\\&\quad-\mathrm{i}k_{z-}F\mathrm{e}^{-\mathrm{i}(k_{z-}z)}\Big]+C_{55}\mathrm{i}k_x\mathrm{e}^{\mathrm{i}(k_x x-\omega t)}\Big\{R_+\Big[A\mathrm{e}^{\mathrm{i}(k_{z+}z)}-B\mathrm{e}^{-\mathrm{i}(k_{z+}z)}\Big]\\&\quad+R_-\Big[E\mathrm{e}^{\mathrm{i}(k_{z-}z)}-F\mathrm{e}^{-\mathrm{i}(k_{z-}z)}\Big]\Big\}=0\end{aligned}\tag{1.125}$$

消去式(1.124)中的i(保留指数中的i)和$\mathrm{e}^{\mathrm{i}(k_x x-\omega t)}$后，有

$$\begin{aligned}\sigma_{33}&=A(C_{33}R_+k_{z+})\mathrm{e}^{\mathrm{i}k_{z+}z}+B(C_{33}R_+k_{z+})\mathrm{e}^{-\mathrm{i}k_{z+}z}+E(C_{33}R_-k_{z-})\mathrm{e}^{\mathrm{i}k_{z-}z}\\&\quad+F(C_{33}R_-k_{z-})\mathrm{e}^{-\mathrm{i}k_{z-}z}+A(C_{13}k_x)\mathrm{e}^{\mathrm{i}k_{z+}z}+B(C_{13}k_x)\mathrm{e}^{-\mathrm{i}k_{z+}z}\\&\quad+E(C_{13}k_x)\mathrm{e}^{\mathrm{i}k_{z-}z}+F(C_{13}k_x)\mathrm{e}^{-\mathrm{i}k_{z-}z}\\&=A(C_{33}R_+k_{z+}+C_{13}k_x)\mathrm{e}^{\mathrm{i}k_{z+}z}+B(C_{33}R_+k_{z+}+C_{13}k_x)\mathrm{e}^{-\mathrm{i}k_{z+}z}\\&\quad+E(C_{33}R_-k_{z-}+C_{13}k_x)\mathrm{e}^{\mathrm{i}k_{z-}z}+F(C_{33}R_-k_{z-}+C_{13}k_x)\mathrm{e}^{-\mathrm{i}k_{z-}z}=0\end{aligned}\tag{1.126}$$

假定$P_\pm=C_{33}R_\pm k_{z\pm}+C_{13}k_x$，式(1.126)可写成

$$\begin{cases}\sigma_{33}(z=+h)=AP_+\mathrm{e}^{\mathrm{i}k_{z+}h}+BP_+\mathrm{e}^{-\mathrm{i}k_{z+}h}+EP_-\mathrm{e}^{\mathrm{i}k_{z-}h}+FP_-\mathrm{e}^{-\mathrm{i}k_{z-}h}=0\\\sigma_{33}(z=-h)=AP_+\mathrm{e}^{-\mathrm{i}k_{z+}h}+BP_+\mathrm{e}^{\mathrm{i}k_{z+}h}+EP_-\mathrm{e}^{-\mathrm{i}k_{z-}h}+FP_-\mathrm{e}^{\mathrm{i}k_{z-}h}=0\end{cases}\tag{1.127}$$

消去式(1.125)中的i(保留指数中的i)、$\mathrm{e}^{\mathrm{i}(k_x x-\omega t)}$和$C_{55}$后，有

$$\begin{aligned}\sigma_{31}&=Ak_{z+}\mathrm{e}^{\mathrm{i}k_{z+}z}-Bk_{z+}\mathrm{e}^{-\mathrm{i}k_{z+}z}+Ek_{z-}\mathrm{e}^{\mathrm{i}k_{z-}z}+Fk_{z-}\mathrm{e}^{-\mathrm{i}k_{z-}z}\\&\quad+AR_+k_x\mathrm{e}^{\mathrm{i}k_{z+}z}-BR_+k_x\mathrm{e}^{-\mathrm{i}k_{z+}z}+ER_-k_x\mathrm{e}^{\mathrm{i}k_{z-}z}-FR_-k_x\mathrm{e}^{-\mathrm{i}k_{z-}z}\\&=A(R_+k_x+k_{z+})\mathrm{e}^{\mathrm{i}k_{z+}z}-B(R_+k_x+k_{z+})\mathrm{e}^{-\mathrm{i}k_{z+}z}\\&\quad+E(R_-k_x+k_{z-})\mathrm{e}^{\mathrm{i}k_{z-}z}-F(R_-k_x+k_{z-})\mathrm{e}^{-\mathrm{i}k_{z-}z}=0\end{aligned}\tag{1.128}$$

令$Q_\pm=R_\pm k_x+k_{z\pm}$，式(1.128)可写成

$$\begin{cases}\sigma_{31}(z=+h)=AQ_+\mathrm{e}^{\mathrm{i}k_{z+}h}-BQ_+\mathrm{e}^{-\mathrm{i}k_{z+}h}+EQ_-\mathrm{e}^{\mathrm{i}k_{z-}h}-FQ_-\mathrm{e}^{-\mathrm{i}k_{z-}h}=0\\\sigma_{31}(z=-h)=AQ_+\mathrm{e}^{-\mathrm{i}k_{z+}h}-BQ_+\mathrm{e}^{\mathrm{i}k_{z+}h}+EQ_-\mathrm{e}^{-\mathrm{i}k_{z-}h}-FQ_-\mathrm{e}^{\mathrm{i}k_{z-}h}=0\end{cases}\tag{1.129}$$

将式(1.127)和式(1.129)写成以下矩阵形式：

$$\begin{bmatrix} P_+\mathrm{e}^{\mathrm{i}k_{z+}h} & P_+\mathrm{e}^{-\mathrm{i}k_{z+}h} & P_-\mathrm{e}^{\mathrm{i}k_{z-}h} & P_-\mathrm{e}^{-\mathrm{i}k_{z-}h} \\ P_+\mathrm{e}^{-\mathrm{i}k_{z+}h} & P_+\mathrm{e}^{\mathrm{i}k_{z+}h} & P_-\mathrm{e}^{-\mathrm{i}k_{z-}h} & P_-\mathrm{e}^{\mathrm{i}k_{z-}h} \\ Q_+\mathrm{e}^{\mathrm{i}k_{z+}h} & -Q_+\mathrm{e}^{-\mathrm{i}k_{z+}h} & Q_-\mathrm{e}^{\mathrm{i}k_{z-}h} & -Q_-\mathrm{e}^{-\mathrm{i}k_{z-}h} \\ Q_+\mathrm{e}^{-\mathrm{i}k_{z+}h} & -Q_+\mathrm{e}^{\mathrm{i}k_{z+}h} & Q_-\mathrm{e}^{-\mathrm{i}k_{z-}h} & -Q_-\mathrm{e}^{\mathrm{i}k_{z-}h} \end{bmatrix} \begin{bmatrix} A \\ B \\ E \\ F \end{bmatrix} = 0 \tag{1.130}$$

假定 $A=B$ 和 $E=F$ 即 $u_3(z)=-u_3(-z)$，得到兰姆波对称模态表达式为

$$\begin{cases} u_3(+z) = R_+A\left(\mathrm{e}^{\mathrm{i}k_{z+}z} - \mathrm{e}^{-\mathrm{i}k_{z+}z}\right) + R_-E\left(\mathrm{e}^{\mathrm{i}k_{z-}z} - \mathrm{e}^{-\mathrm{i}k_{z-}z}\right) \\ -u_3(-z) = R_+A\left(-\mathrm{e}^{\mathrm{i}k_{z+}z} + \mathrm{e}^{-\mathrm{i}k_{z+}z}\right) + R_-E\left(-\mathrm{e}^{\mathrm{i}k_{z-}z} + \mathrm{e}^{-\mathrm{i}k_{z-}z}\right) \end{cases} \tag{1.131}$$

假定 $A=-B$ 和 $E=-F$ 即 $u_3(z)=u_3(-z)$，得到兰姆波反对称模态表达式为

$$\begin{cases} u_3(+z) = R_+A\left(\mathrm{e}^{\mathrm{i}k_{z+}z} + \mathrm{e}^{-\mathrm{i}k_{z+}z}\right) + R_-E\left(\mathrm{e}^{\mathrm{i}k_{z-}z} + \mathrm{e}^{-\mathrm{i}k_{z-}z}\right) \\ u_3(-z) = R_+A\left(\mathrm{e}^{\mathrm{i}k_{z+}z} + \mathrm{e}^{-\mathrm{i}k_{z+}z}\right) + R_-E\left(\mathrm{e}^{\mathrm{i}k_{z-}z} + \mathrm{e}^{-\mathrm{i}k_{z-}z}\right) \end{cases} \tag{1.132}$$

将 $A=B$ 和 $E=F$ 代入式(1.130)可得

$$\begin{cases} AP_+\mathrm{e}^{\mathrm{i}k_{z+}h} + AP_+\mathrm{e}^{-\mathrm{i}k_{z+}h} + EP_-\mathrm{e}^{\mathrm{i}k_{z-}h} + EP_-\mathrm{e}^{-\mathrm{i}k_{z-}h} = 0 \\ AP_+\mathrm{e}^{-\mathrm{i}k_{z+}h} + AP_+\mathrm{e}^{\mathrm{i}k_{z+}h} + EP_-\mathrm{e}^{-\mathrm{i}k_{z-}h} + EP_-\mathrm{e}^{\mathrm{i}k_{z-}h} = 0 \\ AQ_+\mathrm{e}^{\mathrm{i}k_{z+}h} - AQ_+\mathrm{e}^{-\mathrm{i}k_{z+}h} + EQ_-\mathrm{e}^{\mathrm{i}k_{z-}h} - EQ_-\mathrm{e}^{-\mathrm{i}k_{z-}h} = 0 \\ AQ_+\mathrm{e}^{-\mathrm{i}k_{z+}h} - AQ_+\mathrm{e}^{\mathrm{i}k_{z+}h} + EQ_-\mathrm{e}^{-\mathrm{i}k_{z-}h} - EQ_-\mathrm{e}^{\mathrm{i}k_{z-}h} = 0 \end{cases} \tag{1.133}$$

将方程组(1.133)中第一、二方程式，第三、四方程式分别相加可得

$$\begin{bmatrix} P_+\left(\mathrm{e}^{\mathrm{i}k_{z+}h} + \mathrm{e}^{-\mathrm{i}k_{z+}h}\right) & P_-\left(\mathrm{e}^{\mathrm{i}k_{z-}h} + \mathrm{e}^{-\mathrm{i}k_{z-}h}\right) \\ Q_+\left(\mathrm{e}^{\mathrm{i}k_{z+}h} - \mathrm{e}^{-\mathrm{i}k_{z+}h}\right) & Q_-\left(\mathrm{e}^{\mathrm{i}k_{z-}h} - \mathrm{e}^{-\mathrm{i}k_{z-}h}\right) \end{bmatrix} \begin{bmatrix} A \\ E \end{bmatrix} = 0 \tag{1.134}$$

式(1.134)中，为了得到非零解，系数矩阵行列式的值为零，因此各向异性板中兰姆波对称模态的频散方程可表示为

$$\begin{aligned} &(C_{33}R_-k_{z-} + C_{13}k_x)(R_+k_x + k_{z+})\sin(k_{z+}h)\cos(k_{z-}h) \\ &-(C_{33}R_+k_{z+} + C_{13}k_x)(R_-k_x + k_{z-})\sin(k_{z-}h)\cos(k_{z+}h) = 0 \end{aligned} \tag{1.135}$$

当 $A=-B$ 和 $E=-F$ 时，基于式(1.130)，经过上述相同的矩阵转换可得各向

异性板中兰姆波反对称模态的频散方程式为

$$\begin{bmatrix} P_+\left(e^{ik_{z+}h}-e^{-ik_{z+}h}\right) & P_-\left(e^{ik_{z-}h}-e^{-ik_{z-}h}\right) \\ Q_+\left(e^{ik_{z+}h}+e^{-ik_{z+}h}\right) & Q_-\left(e^{ik_{z-}h}+e^{-ik_{z-}h}\right) \end{bmatrix}\begin{bmatrix} A \\ E \end{bmatrix}=0 \tag{1.136}$$

式(1.136)存在非零解，因此各向异性板中兰姆波对称模态的频散方程可表示为

$$\begin{aligned} &\left(C_{33}R_+k_{z+}+C_{13}k_x\right)\left(R_-k_x+k_{z-}\right)\sin\left(k_{z+}h\right)\cos\left(k_{z-}h\right) \\ &-\left(C_{33}R_-k_{z-}+C_{13}k_x\right)\left(R_+k_x+k_{z+}\right)\sin\left(k_{z-}h\right)\cos\left(k_{z+}h\right)=0 \end{aligned} \tag{1.137}$$

根据表 1.1 的 T300/QY8911 复合材料板的材料参数,图 1.19 给出了厚度 1mm 的 T300/QY8911 复合材料板的兰姆波相速度频散曲线。

表 1.1　T300/QY8911 复合材料板的材料参数

ρ/(kg/m^3)	E_1/GPa	E_2/GPa	E_3/GPa	G_{12}/GPa	G_{23}/GPa	G_{13}/GPa	ν_{12}	ν_{23}	ν_{13}
1560	135	8.8	8.8	4.47	3.45	4.47	0.3	0.34	0.3

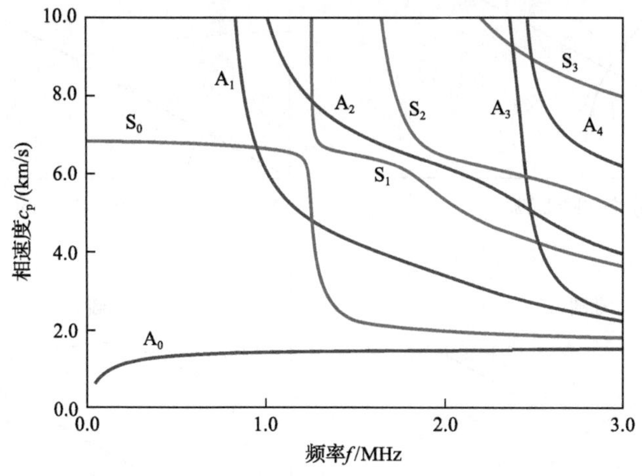

图 1.19　厚度 1mm 的 T300/QY8911 复合材料板的兰姆波相速度频散曲线

1.5.2　导波的偏斜效应

各向异性板中超声导波具有偏斜效应，使得通过导波频散方程计算得到的理论群速度与实验测定的各个传播方向上的导波群速度不一致。因此，当导波在各向异性板中传播时，应该对波的幅值和传播方向进行校准，以得到更为准确的导波在各向异性复合材料中的传播特性[12]。

1. 偏斜效应和偏斜角

在各向同性材料中，超声导波波矢方向(相速度方向)与能流方向(群速度方向)在各个方位均一致。然而，当结构和材质存在各向异性时，波矢方向与能流方向除主轴方向外在其他方向将发生偏斜，即具有偏斜效应。方向不同，超声导波的偏斜程度也不尽相同。超声导波群速度与相速度具有偏斜效应且与方向有关，这使得在某一方向实验测得的超声导波群速度与通过超声导波频散方程计算得到的理论群速度频散曲线并不完全一致。

目前各向异性板中的群速度都是通过超声导波频散曲线计算得到的，较少考虑偏斜效应导致的群速度传播方向变化，这将影响对缺陷定位的准确性。因此，当超声导波在此类材料中传播时有必要考虑这种偏斜效应引起的差异。在各向异性材料中，偏斜效应的存在，使得相速度曲面的剖面图均为非球面的。图 1.20 描述了在不同介质中传播的相速度波速面。

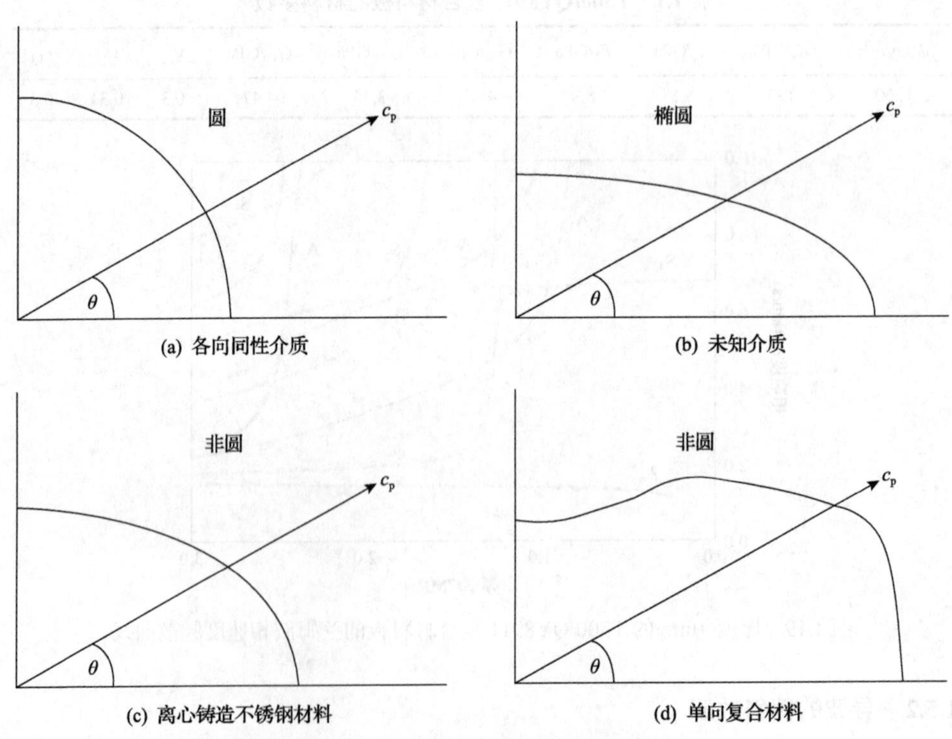

图 1.20　在不同介质中传播的相速度波速面[1]

在各向异性介质中，能量偏斜是一个非常重要的问题。基于各向异性板中超声导波模态的能量传递，偏斜角 ϕ 定义为能量传输率在 x_2 和 x_1 方向上的比值：

$$\tan\phi = \frac{\int_{-h}^{h} P_{x_2}\,\mathrm{d}x_3}{\int_{-h}^{h} P_{x_1}\,\mathrm{d}x_3} \tag{1.138}$$

式中：P_{x_1}——在 x_1 方向上坡印亭(能流)矢量的虚部分量；

P_{x_2}——在 x_2 方向上坡印亭(能流)矢量的虚部分量。

在各向异性板中，导波模态的偏斜角可定义为波矢方向与能流方向之间的夹角。

2. 超声导波群速度校准法则

对于各向异性板，由点源产生的弹性波的传播形式并不是圆形，图 1.21 为非球面波前偏斜角示意图。在超声导波传播过程中，相速度方向代表波矢的方向与波前方向垂直，群速度方向与能流方向一致。各向异性板中超声导波群速度可以通过波慢度面计算得到。对于给定了相速度关于波矢量或者角度 θ 的函数，则可绘出慢度面，慢度为超声导波模态相速度的倒数，如式(1.139)所示：

$$\text{Slowness} = \frac{1}{c_{\mathrm{p}}} \tag{1.139}$$

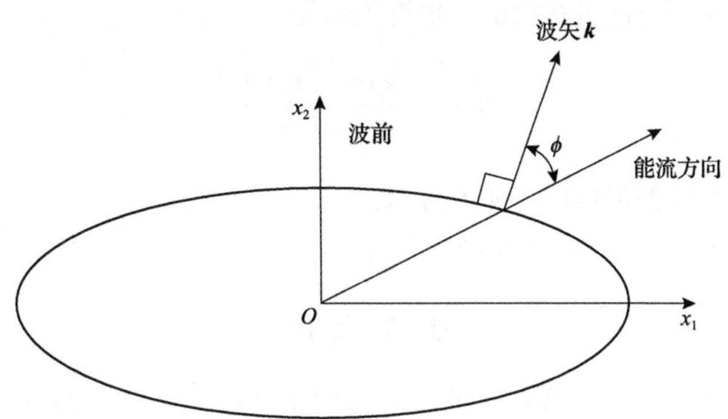

图 1.21　非球面波前偏斜角示意图

因此，超声导波模态的慢度面可以通过计算板中各个方向上特定模态相速度的倒数值得到。群速度的方向为慢度面上点切线的法线方向，相速度方向为慢度面上点与点波源连线的方向。图 1.22 展示了各向异性板中波慢度面上超声导波群速度与相速度关系。群速度 c_{g} 与相速度 c_{p} 的关系为

$$c_{\mathrm{p}} = c_{\mathrm{g}}\cos\phi \tag{1.140}$$

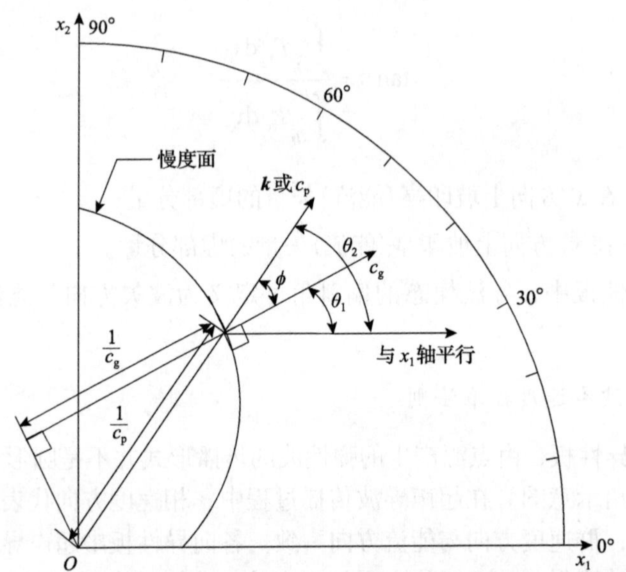

图 1.22　各向异性板中波慢度面上超声导波群速度与相速度关系

可以看出，偏斜角ϕ也为群速度传播方向与相速度传播方向之间的夹角。

在各向异性材料中，通过超声导波频散方程计算得到的群速度幅度和波矢方向，与实际板中群速度分布并不一致。如图 1.22 所示，通过慢度面中的几何关系对群速度的幅度和方向进行校准。角度关系为

$$\tan\phi = \frac{\tan\theta_2 - \tan\theta_1}{1 + \tan\theta_1 \tan\theta_2} \tag{1.141}$$

式中：θ_1——实际偏斜后的群速度方向；

θ_2——相速度方向，即波矢方向。

参 考 文 献

[1] 罗斯. 固体中的超声导波. 高会栋, 崔寒茵, 王继锋, 译. 北京: 科学出版社, 2019.

[2] 何存富, 郑明方, 吕炎, 等. 超声导波检测技术的发展、应用与挑战. 仪器仪表学报, 2016, 37(8): 1713-1735.

[3] 沈中华, 袁玲, 张宏超, 等. 固体中的激光超声. 北京: 人民邮电出版社, 2015.

[4] Rayleigh J W S, Lindsay R B. The Theory of Sound. New York: Dover Publications, 1945.

[5] 罗斯. 固体中的超声波. 何存富, 吴斌, 王秀彦, 译. 北京: 科学出版社, 2004.

[6] 李子明. 周向导波对无缝管中分层缺陷的检测研究. 北京: 北京工业大学, 2019.

[7] Lu Z J, Liu Z H, Jiang W S, et al. Intelligent defect location of a U-shaped boom using helical guided waves. Structural Health Monitoring, 2023, 22(4): 2827-2855.

[8] 孙雅欣. 锚杆结构健康状况超声导波诊断技术研究. 北京: 北京工业大学, 2007.
[9] 刘增华. 带粘弹性包覆层充液管道中超声导波传播特性及其在缺陷检测中的应用. 北京: 北京工业大学, 2005.
[10] 刘增华, 吴斌, 王秀彦, 等. 带粘弹性包覆层充液管道中的超声导波纵向模态. 声学学报, 2007, 32(4): 316-322.
[11] 余锋祥. 基于超声导波技术的复合材料板无损检测研究. 北京: 北京工业大学, 2012.
[12] 徐营赞. 基于单模态的超声 Lamb 波技术在复合材料层合板中的健康检测研究. 北京: 北京工业大学, 2014.

第 2 章　超声导波传感与检测技术

如何在物体中激励出所需要的超声导波信号，以及运用何种手段使这些信号在携带信息后再次被感知，已成为超声导波传感与检(监)测领域研究与应用的重点和热点。在无损检测与结构健康监测领域，声学信号的产生可以是主动的(如使用各种手段人为激励)，也可以是被动的(如由物体或结构件工作中产生的声发射信号)。这些声学的传感与检测技术都建立在基本的物理现象基础上，如压电效应、磁致伸缩效应、洛伦兹力机理、光声效应、光干涉效应等[1]。本章介绍几种主要的超声导波传感与检测技术，包括压电式、空气耦合式、电磁声式以及激光超声式。

2.1　压电超声传感器

2.1.1　原理及特性

压电材料具有很高的压电耦合系数，可用于电能和机械能之间的转换。当压电材料受到交变电压载荷时，会产生机械振动，并在其表面形成压力或在周围空气中形成声波。反之，结构的振荡膨胀和收缩在压电材料中产生交变电压，这种现象称为逆压电效应。几何尺寸、极化方向和电压频率都对压电材料的振动模式有影响。

应用于超声波检测的压电元件和封装的压电传感器如图 2.1 所示。封装的压电传感器的压电元件正面通常有耐磨的保护层，背衬为吸声材料，外壳多由不锈钢

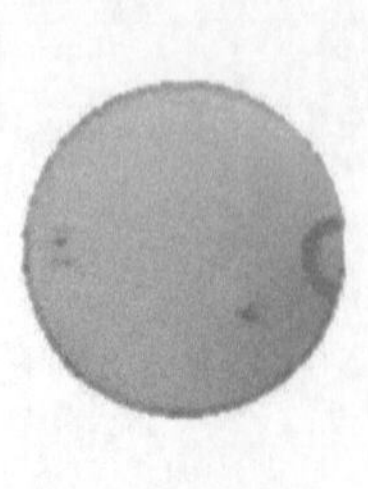

(a) 压电元件

(b) 封装的压电传感器

图 2.1　压电元件和封装的压电传感器

制成。而未封装的压电元件一般只在压电晶体上镀一层电极，适用于多阵元的分布式阵列检测或监测。常用的压电材料有石英、铌酸锂、锆钛酸铅、钛酸钡等晶体或陶瓷材料。近年来，越来越多的新型压电材料被用于导波检测的研究中，包括宏纤维复合材料(macro-fiber composite, MFC)、聚偏氟乙烯(polyvinylidene fluoride, PVDF)压电薄膜、氮化镓压电陶瓷等。与常规压电陶瓷相比，新型压电材料多具有更好的柔韧性、更高的尺寸稳定性和更稳定的压电系数。

压电传感器被电压脉冲激发，随后由超声振动导致逆压电效应，该过程中传感器有两种运动模式。其一，厚度方向产生垂直于表面的膨胀和收缩，从而形成具有类似挤压运动模式的波，这便是压力波，也就是纵波。其二，若传感器激发产生一种剪切类型的振动，则形成横波。

接触式纵波压电传感器在使用时，通常需要在被测部件表面涂抹一层耦合剂，以保证传感器在物体表面移动时，机械运动能有效传递到物体内，此类耦合剂可以是水、甘油或其他类型的流体。由于普通流体无法传播剪切波，在使用横波压电传感器时，需要特制的高黏性耦合剂或者永久性胶粘来传递剪切力。

2.1.2 传感器设计与控制

兰姆波的频散和多模态特性，使得不同模态之间的传播特性差异很大，并且对不同类型缺陷的敏感程度也不尽相同。即使是同一模态，在不同频率下对缺陷的敏感程度也有一定的差异。在兰姆波检测中模态的纯净程度对检测结果有很大的影响，通常单一模态越纯净，兰姆波与缺陷的交互作用越明显，缺陷回波信号也越容易进行分析[2]。因此，兰姆波模态的控制显得十分重要。下面介绍通过传感器设计或布置方式，激励和接收单一模态兰姆波。

1. 入射角控制方式

使用封装的压电传感器激发兰姆波，传感器的激发角度根据兰姆波模态与被测对象频厚积来确定。非垂直入射情况多使用特制的楔块来满足角度要求。楔块材料通常使用有机玻璃、聚砜、聚乙烯等，这类材料声速低、声衰减小，并且在金属薄板界面上声透射率较大，有利于声波的传输与导入。

根据实际检验条件(频率、板厚)所对应的该模态的相速度 c_{p} 和楔块材料的纵波传播速度 c_{L}，利用斯涅尔(Snell)定律可计算入射角：

$$\sin\theta=\frac{c_{\mathrm{L}}}{c_{\mathrm{p}}} \tag{2.1}$$

由于兰姆波各模态的相速度随频率变化，因此在不同频率点激发不同模态兰姆波的入射角是有差别的。即使同一模态，入射角变化范围也很大，需根据被测件相速度频散曲线与楔块材料纵波声速来计算入射角。入射角一般应选择在相速度频散曲线上选定模态相速度曲线变化较平缓的位置。

准确的入射角度选取是激发兰姆波的必要条件。入射角选择合适，可以提高兰姆波的模态单一性和信号质量。例如，入射角较大时，易激发出表面波，多适用于半无限空间或较厚(与超声波波长相比)的结构。若板材较薄(相对于入射超声波波长)，则板中主要为兰姆波。另外，在实际工作中，楔块的角度严格按理论公式设置可以得到能量相对较大(或模态较单一)的所需模态，但信号的频带有一定宽度，传感器有一定尺寸，导致入射角是有一定范围的，其他模态也易被激发并接收到。

2. 双传感器分布控制方式

根据兰姆波的波结构，通过改变双传感器的布置方式，可达到激励和接收单一模态兰姆波的目的。将双传感器布置在被测板状结构的上下表面，并给其施加对称或反对称的激励来使得某一模态的能量增强，而其他模态的能量削弱，可获得较为单一模态的兰姆波[3]。例如，可设置双压电传感器上下表面同时接收，对得到的两个接收信号进行相加或相减处理，可分别得到单一的对称模态或反对称模态。

3. 传感器结构控制方式

通过优化设计压电传感器的结构，也可以激励和接收单一模态的兰姆波。一种方法是在圆形压电陶瓷的前后分别添加前衬匹配层和后衬吸收层，使得所激发的能量主要沿着结构的厚度方向，产生以离面位移为主的反对称模态。梳状或叉指传感器结构也可以有效地实现单一模态兰姆波的激励与接收，其特点是梳齿(或叉指电极)间距等于激发导波模态的波长[4]。当传感器同时激励同频率、同相位的信号时，波的相干作用使波长等于间距的模态导波相加，而其余模态导波相消，从而激励出所需要的单一模态导波。这类传感器指向性单一，只能沿某一个方向激励出单一模态的兰姆波。圆形和环形梳状或叉指传感器阵列可以实现全方位激励较为单一模态的兰姆波。

4. 方向控制与聚焦

设计使用指向型传感器是控制导波激发方向的一种思路。指向性的导波可以通过梳状或叉指传感器获得[5]，叉指传感器的电极像交叉排布的手指一样布置在压电材料表面，电极可根据需要单面布置或双面布置。图 2.2 展示了叉指电极及叉指传感器激励的双向兰姆波波场，梳齿或叉指电极所产生的兰姆波一般具有双指向性，并且旁瓣较小。圆弧、球形以及扇形的压电元件则多用于导波声场的聚焦。

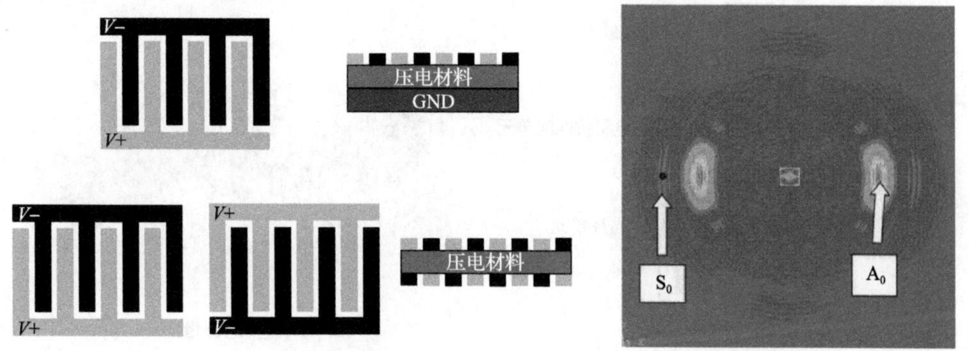

(a) 叉指电极示意图　(b) 叉指传感器激励的双向兰姆波波场

图 2.2　叉指电极及叉指传感器激励的双向兰姆波波场[5]

利用波源间的干涉与叠加原理实现方向调控，最为成熟且应用最为广泛的方法是使用相控阵。相控阵方法需要多个传感器阵元组成阵列，对每个阵元的激励幅值和相位进行调制以满足干涉条件。对于在一维波导结构中双向传播的导波(如管中的轴向导波)，实现单向调控只需要抑制其中一个传播方向的声场，因此最少仅需要两个双向传感器组成阵列即可实现一维结构中的导波单向调控。从原理上来看，利用波源间的叠加原理实现单向调控的方法并没有限定于必须使用某一类导波模态。基于波源干涉原理的相控阵方法对频率高度敏感，由于相控阵各个阵元的空间位置和延迟时间都是随着目标导波波长的变化而变化的，因此，为了实现变频的相控阵方向调控或聚焦，往往需要随着频率调整阵元之间的排布位置。

2.2　空气耦合超声传感器

2.2.1　原理及特性

空气耦合(空耦)超声传感器使用空气作为耦合介质，采用非接触超声检测方法，避免了使用耦合剂等问题[6]。由于高频超声在空气中衰减严重，目前的空耦超声传感器大多集中在 1MHz 以下的低频段。空耦超声传感器也多使用压电材料作为激励源，包括传统压电材料、新型气体基压电复合材料等。图 2.3 为某公司研制的基于新型气体基压电复合材料的空耦超声传感器。

当超声波声束以一定的倾斜角到达两种材料的界面时，声波会像光波那样发生反射和折射，同时在界面处还会有波形转换的发生。当声波折射到第二种材料时，会生成纵波和横波，在第二种材料中折射的声波再次遇到界面时也会再次发生反射和折射以及波形转换。

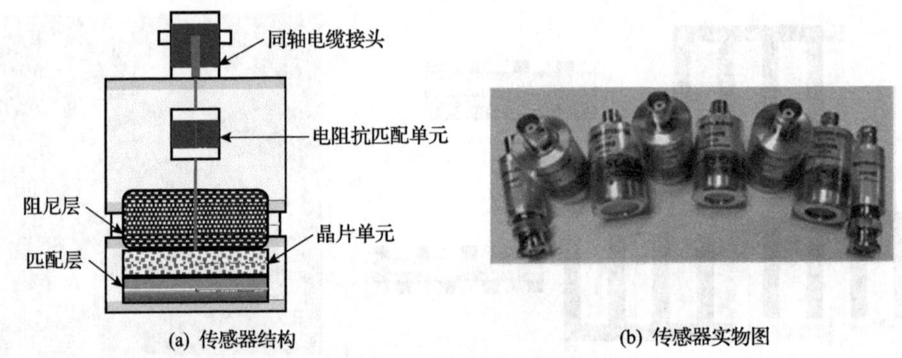

图 2.3　空耦超声传感器

对于空气耦合超声入射，不同的入射角度会导致产生导波的能量和模态不同。在图 2.4 所示空气耦合入射定律原理示意图中，为了使空气耦合超声入射到板中产生的兰姆波能量较大，应当使空气中声波的波矢在板表面的投影值与板中传播的兰姆波的波矢幅值相同，入射角为 θ 时，该关系可以表达为

$$\sin\theta = \frac{\lambda_{\mathrm{air}}}{\lambda_{\mathrm{p}}} \tag{2.2}$$

式中：λ_{air}——空气中声波的波长；
λ_{p}——兰姆波的波长。

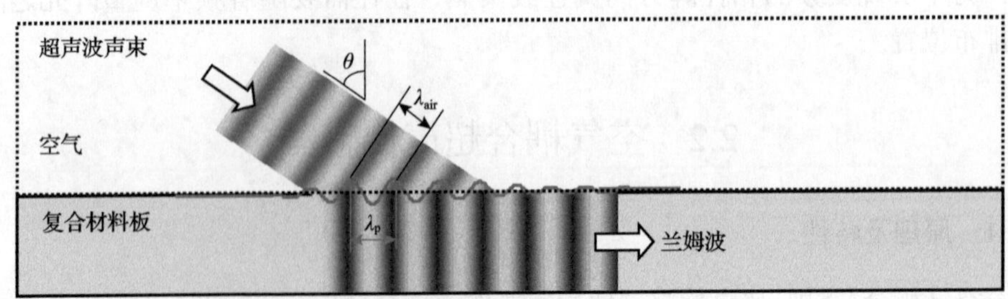

图 2.4　空气耦合入射定律原理示意图

当频率为 f 时，式(2.2)可改写为

$$\sin\theta = \frac{\lambda_{\mathrm{air}}}{\lambda_{\mathrm{p}}} = \frac{c_{\mathrm{air}}}{f}\frac{f}{c_{\mathrm{p}}} = \frac{c_{\mathrm{air}}}{c_{\mathrm{p}}} \tag{2.3}$$

式中：c_{air}——空气中的声波波速。

式(2.3)表明，空耦超声传感器入射角与空气中波速和板中超声导波相速度之间的关系同样符合斯涅尔定律。以 T300/QY8911 碳纤维/环氧树脂层合板为例，沿0°方向传播的兰姆波空气耦合入射角频散曲线如图 2.5 所示。由图 2.5 中计算结果可知，中心频率为 200kHz 时，兰姆波 A_0 模态的最佳入射角为 14°，兰姆波 S_0 模态的最佳入射角为 4°。

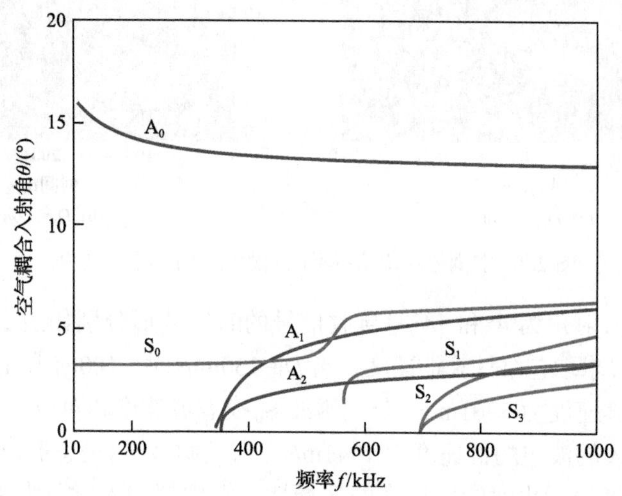

图 2.5　沿复合材料层合板 0°方向传播的兰姆波空气耦合入射角频散曲线

2.2.2　传感器倾角对模态的影响

图 2.6 为空气耦合入射角扫描实验装置示意图，实验时，让 θ_T 与 θ_R 保持相同的角度值，从 0°增大到 30°，步进角为 2°。图 2.7 是空耦超声传感器间距为 150mm 和 200mm 时得到的角度扫描结果。

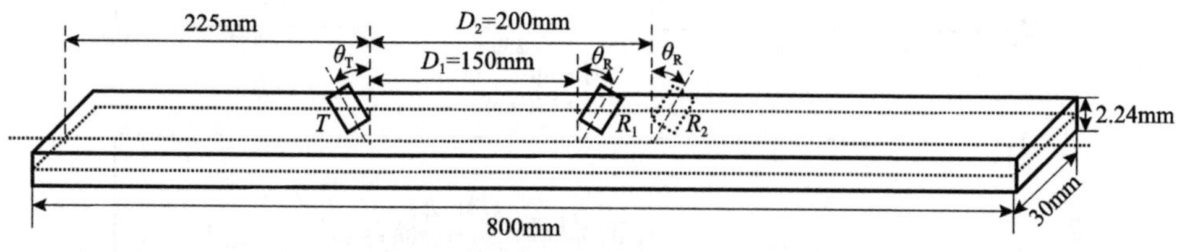

图 2.6　空气耦合入射角扫描实验装置示意图

如图 2.7(a)所示，当空耦超声入射角为 2°～6°时，100μs 和 200μs 之间出现一个比较小的波包，随着空耦超声入射角逐渐增大，波包消失。如图 2.7(b)所示，当空耦超声入射角为 12°～18°时，在 150μs 和 200μs 之间出现一个幅值比较大的波包，并且在空耦超声入射角为 14°时波包幅值达到最大值。

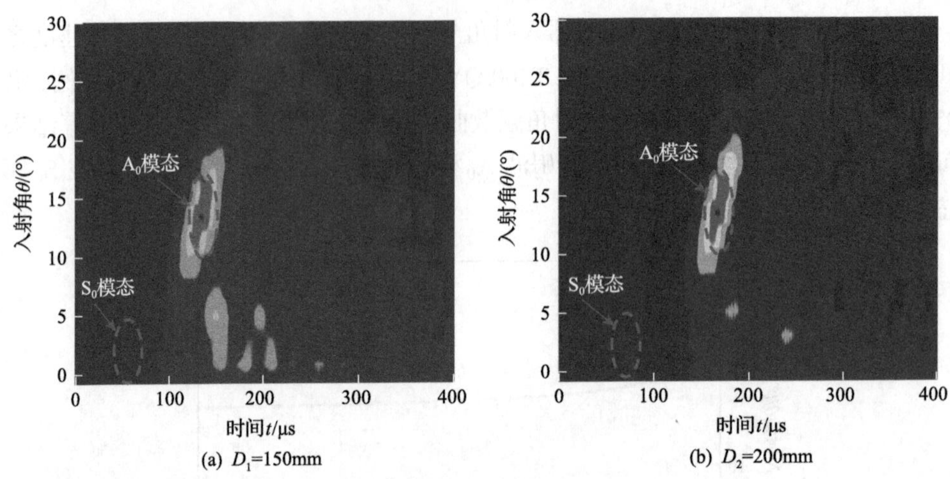

(a) D_1=150mm　(b) D_2=200mm

图 2.7　空耦超声传感器不同间距时的角度扫描结果

空耦超声入射角为 4°和 14°时接收信号的时域波形分别如图 2.8 和图 2.9 所示。对时域信号求取包络计算群速度，当 D_1=150mm 时，100μs 和 150μs 之间幅值较小的波包的群速度为 5901m/s，与兰姆波 S_0 模态群速度相对应，150μs 和 200μs 之间幅值比较大的波包的群速度为 1941m/s，与兰姆波 A_0 模态群速度相对应。空耦超声入射角度显示出对激励模态的选择性：空耦超声入射角为 14°时，可以得到幅值较大的兰姆波 A_0 模态，空耦超声入射角为 4°时，可以得到幅值较大的兰姆波 S_0 模态。兰姆波的波结构显示，A_0 模态具有较大的离面位移，S_0 模态离面位

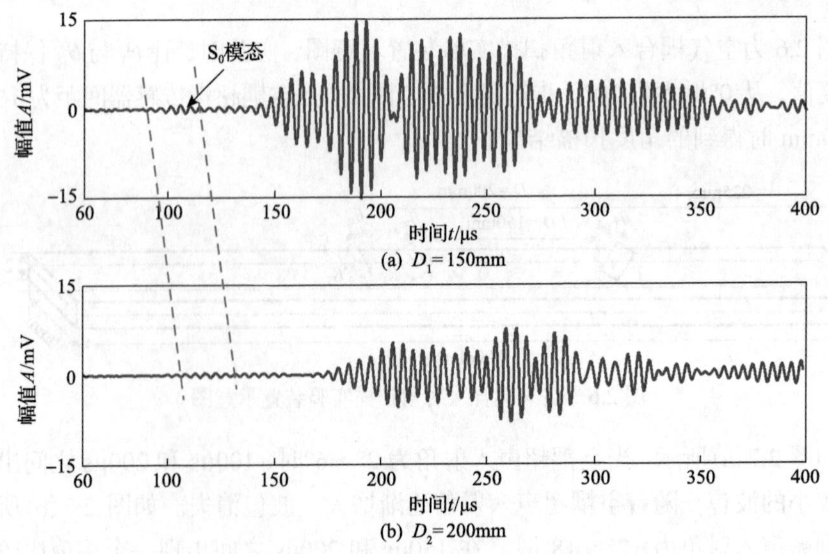

(a) D_1= 150mm

(b) D_2= 200mm

图 2.8　空耦超声入射角为 4°时接收信号的时域波形

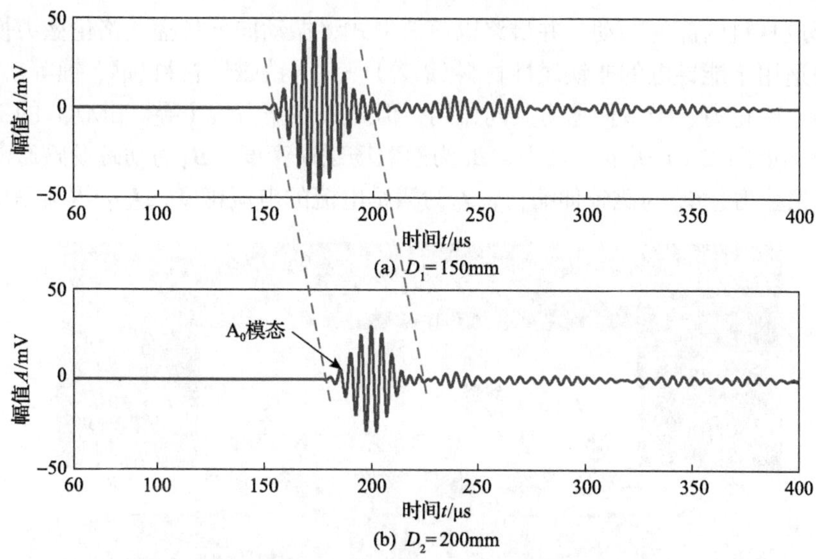

图 2.9　空耦超声入射角为 14°时接收信号的时域波形

移较小，所以空耦超声入射角为 14°时得到的兰姆波 A_0 模态的幅值比 4°时得到的 S_0 模态的幅值大，因此空耦超声传感器更适合于兰姆波 A_0 模态的检测。

2.3　电磁声传感器

电磁声传感器(electromagnetic acoustic transducer, EMAT)通常由两部分组成：线圈和磁铁(永磁铁或电磁铁)[7]，也有一些学者将被测试件视为传感器的组成部分。与传统压电超声不同，一般情况下，电磁声检测技术仅适用于对导电或导磁物体的检测。特别地，当被测试件为非导电和非导磁材料时，可在试件表面粘贴一层由具有导电或磁致伸缩特性材料制成的薄片，由线圈和磁铁组成的电磁声传感器在薄片内产生振动，振动耦合到被测试件中，从而在非导电和非导磁材料中激发出超声波[8, 9]。理解电磁场和弹性波场之间的耦合机理是十分必要的。

2.3.1　原理及特性

EMAT 的换能机理主要有洛伦兹力换能机理和磁致伸缩换能机理[10, 11]。洛伦兹力换能机理为：当通有交变激励电流的线圈靠近被测金属表面时，在金属内感应出涡流，在磁体提供偏置静磁场的作用下，金属中产生交变的洛伦兹力，这种变化的力将激发出超声波。磁致伸缩换能机理为：通有交变激励电流的线圈产生交变的动磁场，在与偏置静磁场的共同作用下，磁性材料长度和体积发生微小变化，形成材料内部的振动，并最终以声波形式将振动向外传播。洛伦兹力换能机理一般适用于能导电的非铁磁性材料(铝等)。对于铁磁性材料(钢、镍等)，由洛伦兹力、磁化力、磁致伸缩力共同作用，但磁致伸缩力占主导。EMAT 的工作原理示意图如图 2.10 所示。其中，$\boldsymbol{B}_s$ 为静磁场磁通密度；$\boldsymbol{B}_d$ 为动磁场磁通密度；$\boldsymbol{f}_L$ 为洛伦兹力；$\boldsymbol{f}_{Ms}$ 为磁致伸缩力；$\boldsymbol{J}_0$ 为激励电流的电流密度；$\boldsymbol{J}_e$ 为涡流密度。

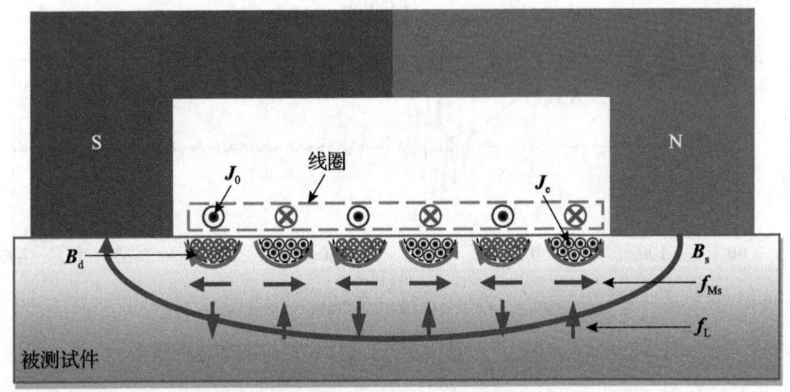

图 2.10　EMAT 的工作原理示意图

当被测试件为非导电或弱导电结构时，可将试件表面粘贴一层导电性强或磁致伸缩性材料，将声波耦合进被测试件，在被测试件中激发出导波信号。图 2.11 为 EMAT 用于复合材料板检测照片。

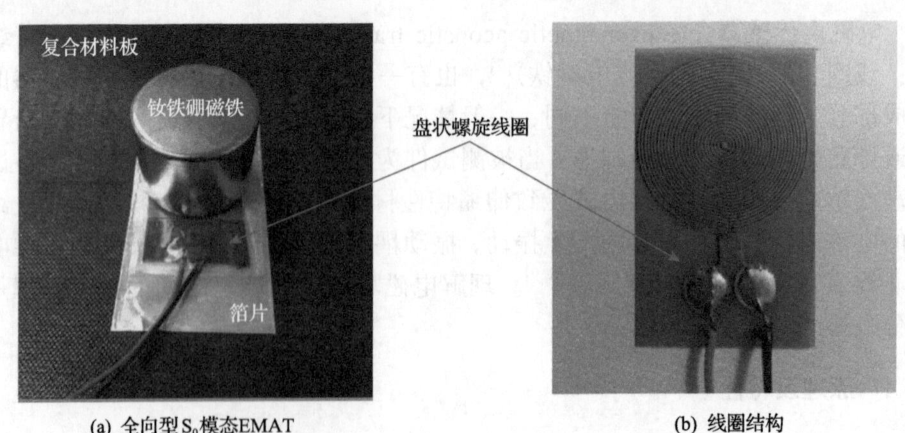

(a) 全向型 S_0 模态EMAT　　(b) 线圈结构

图 2.11　EMAT 用于复合材料板检测照片

图 2.12 为使用图 2.11 中所示全向型 S_0 模态 EMAT 在复合材料板中接收的信号。EMAT 与复合材料板的接触面上贴了一层导电的铜箔和铝箔分别测试，结果显示使用铜箔或铝箔均能激发出 S_0 模态，但使用铜箔产生的信号幅值更大。

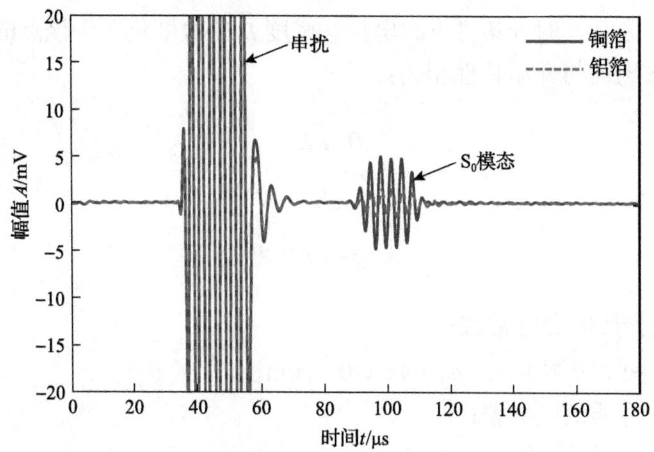

图 2.12　全向型 S_0 模态 EMAT 在复合材料板中接收的信号

对 EMAT 产生力的分析可分两个部分：试件内的电磁场、电磁场与偏置静磁场相互作用产生的体积力。电磁场理论体系的核心是麦克斯韦方程组，其微分形式为

$$\nabla \times \boldsymbol{H}=\boldsymbol{J}+\frac{\partial \boldsymbol{D}}{\partial t} \tag{2.4}$$

$$\nabla \times \boldsymbol{E}=-\frac{\partial \boldsymbol{B}}{\partial t} \tag{2.5}$$

$$\nabla \cdot \boldsymbol{B}=0 \tag{2.6}$$

$$\nabla \cdot \boldsymbol{D}=\rho_{\mathrm{e}} \tag{2.7}$$

式中：$\boldsymbol{H}$ ——磁场强度；

$\boldsymbol{J}$ ——电流密度；

$\boldsymbol{D}$ ——电位移密度；

t ——时间；

$\boldsymbol{B}$ ——磁通密度；

$\boldsymbol{E}$ ——电场强度；

ρ_{e} ——自由电荷密度。

式(2.4)表明磁场强度 $\boldsymbol{H}$ 的旋度等于该点的电流密度 $\boldsymbol{J}$ 与位移电流密度 $\partial \boldsymbol{D}/\partial t$ 之和，即全电流密度。式(2.5)是法拉第电磁感应定律的微分形式，说明电场强度 $\boldsymbol{E}$ 的旋度等于该点磁通密度 $\boldsymbol{B}$ 的时间变化率的负值。式(2.4)和式(2.5)表示了能量的电场—磁场—电场转换过程。式(2.6)是磁通连续性原理的微分形式，说明磁通密度 $\boldsymbol{B}$ 的散度恒等于零，即磁力线是无始无终的。式(2.7)是静电场高斯定律的推广，表示在时变条件下，电位移密度 $\boldsymbol{D}$ 的散度仍等于该点的自由电荷密度。电场和磁场均与介质特性相关：

$$\boldsymbol{D}=\varepsilon \boldsymbol{E} \tag{2.8}$$

$$\boldsymbol{B}=\mu_0(\boldsymbol{H}+\boldsymbol{M}) \tag{2.9}$$

$$\boldsymbol{J}=\gamma \boldsymbol{E} \tag{2.10}$$

式中：ε——介质的介电常数；

μ_0——真空磁导率，$\mu_0=4\pi\times10^{-7}\,\text{H/m}$；

γ——介质的电导率；

$\boldsymbol{M}$——磁化强度。

介质的绝对磁导率 μ 的定义为

$$\mu=\frac{|\boldsymbol{B}|}{|\boldsymbol{H}|} \tag{2.11}$$

相对磁导率 μ_{r} 为绝对磁导率与真空磁导率的比值，计算式为

$$\mu_{\mathrm{r}}=\frac{\mu}{\mu_0}=1+\frac{|\boldsymbol{M}|}{|\boldsymbol{H}|} \tag{2.12}$$

1. 洛伦兹力换能机理

适用于非铁磁性导电材料检测的 EMAT 的换能机理只有洛伦兹力换能机理。以用于非铁磁性导电的铝板检测的 EMAT 为例进行洛伦兹力换能机理的分析。当 EMAT 工作时，洛伦兹力是由激励电流产生的交变磁场、涡流产生的交变磁场和外界施加的静磁场三者相互作用而产生的。EMAT 在铝板中激发洛伦兹力的过程可由麦克斯韦方程组和洛伦兹力公式描述。

EMAT 的工作原理如图 2.10 所示，被测试件以铝板为例。电流密度为 $\boldsymbol{J}_0$ 的激励电流，在铝板中感应出磁通密度为 $\boldsymbol{B}_{\mathrm{d}}$ 的交变动磁场和涡流密度为 $\boldsymbol{J}_{\mathrm{e}}$ 的涡流。由式(2.4)可知，传导电流和变化的电场都产生磁场，而当线圈激励电流的频率 f 与试件的介电常数 ε 的乘积远小于试件的电导率 γ 时，可以忽略位移电流的影响。用于铝板检测的 EMAT 的工作频率为 100kHz～20MHz，铝板的介电常数 $\varepsilon_{\mathrm{Al}}$ 为 8.85×10^{-12}F/m，铝板的电导率 γ_{Al} 等于 3.774×10^{7}S/m，计算得到 EMAT 的工作频率与铝板的介电常数之积的数量级为 10^{-4}，远小于铝板的电导率，可以忽略铝板中位移电流的影响。式(2.4)可以简化为

$$\nabla \times \boldsymbol{H}_{\mathrm{d}} = \boldsymbol{J}_0 \tag{2.13}$$

因此，用于铝板检测的 EMAT 的磁场与电场之间的换能关系式为

$$\boldsymbol{B}_{\mathrm{d}} = \mu_{\mathrm{r,Al}} \boldsymbol{H}_{\mathrm{d}} \tag{2.14}$$

$$\nabla \times \boldsymbol{E}_{\mathrm{e}} = -\frac{\partial \boldsymbol{B}_{\mathrm{d}}}{\partial t} \tag{2.15}$$

$$\boldsymbol{J}_{\mathrm{e}} = \gamma_{\mathrm{Al}} \boldsymbol{E}_{\mathrm{e}} \tag{2.16}$$

式中：$\mu_{\mathrm{r,Al}}$——铝板的相对磁导率；

$\boldsymbol{H}_{\mathrm{d}}$——铝板中感应动磁场强度；

$\boldsymbol{E}_{\mathrm{e}}$——感应电场强度；

γ_{Al}——铝板的电导率。

激励电流在铝板中感应出与发射电流频率一致的交变磁场，并进而在导体表面集肤深度层内感生出与线圈电流方向相反、频率相同的涡流。涡流与激励电流感应产生的动磁场和来自永磁铁的静磁场相互作用产生洛伦兹力。洛伦兹力的计算公式为

$$\boldsymbol{f}_{\mathrm{L}} = \boldsymbol{f}_{\mathrm{Ld}} + \boldsymbol{f}_{\mathrm{Ls}} = \boldsymbol{J}_{\mathrm{e}} \times \boldsymbol{B}_{\mathrm{d}} + \boldsymbol{J}_{\mathrm{e}} \times \boldsymbol{B}_{\mathrm{s}} \tag{2.17}$$

式中：$\boldsymbol{f}_{\mathrm{Ld}}$——动磁场洛伦兹力；

$\boldsymbol{f}_{\mathrm{Ls}}$——静磁场洛伦兹力；

$\boldsymbol{f}_{\mathrm{L}}$——总洛伦兹力。

在洛伦兹力作用下，试件表面就会产生周期性的弹性形变和振动。当这种振动能量以波的形式沿试件传播时，就完成了超声波的激励。EMAT 接收过程中，当反射回波行进到传感器下方时，质点振动切割 EMAT 产生的静磁场，在试件内引发感应电动势和涡流，并进而导致传感器附近的磁场发生变化；接收线圈处于变化的磁场中，线圈内感生出电压，通过检测该电压即可获得缺陷回波的信息。

2. 磁致伸缩换能机理

当被测试件为铁磁性材料时，EMAT 基于磁致伸缩和洛伦兹力两种换能机理激励接收超声波。与基于洛伦兹力换能机理的 EMAT 相比，基于磁致伸缩效应的 EMAT 换能原理与被测试件的磁化特性和磁致伸缩特性密切相关。铁、钴、镍及其众多合金以及含铁的氧化物均属铁磁性材料。

材料的磁特性一般通过磁通密度 $\boldsymbol{B}$ 与磁场强度 $\boldsymbol{H}$ 的关系曲线等表达，图 2.13 为铁磁性材料的磁特性曲线。图 2.13 中的 a 点表示在无外加磁场时铁磁性材料对

外处于磁中性状态；随着磁场强度 $\boldsymbol{H}$ 的增加，磁通密度 $\boldsymbol{B}$（曲线 *apb*）先缓慢上升，继而迅速增长，其后增长趋于平稳，在磁场强度增至 $\boldsymbol{H}_{\mathrm{s}}$ 时，达到材料的饱和磁通密度 $\boldsymbol{B}_{\mathrm{s}}$，曲线 *ab* 称为初始磁化曲线。当磁场强度从材料的磁饱和状态点逐渐减小至零时，磁通密度 $\boldsymbol{B}$ 沿曲线 *bc* 下降，当磁场强度 $\boldsymbol{H}$ 减小到零时，磁感应强度为 $\boldsymbol{B}_{\mathrm{r}}$ 并不为零，出现磁滞现象。当继续施加与初始磁化强度方向相反的磁场至磁场强度为 $\boldsymbol{H}_{\mathrm{c}}$ 时，磁通密度 $\boldsymbol{B}$ 消失，消除剩磁。$\boldsymbol{H}_{\mathrm{c}}$ 称为矫顽力，它的大小反映铁磁性材料保持剩磁状态的能力，曲线段 *bcd* 称为退磁曲线；继续增加反向磁场强度，材料将被磁化至反向饱和点 *e*，此时的磁场强度为 $-\boldsymbol{H}_{\mathrm{s}}$。当磁场强度从 $-\boldsymbol{H}_{\mathrm{s}}$ 逐渐变至 $\boldsymbol{H}_{\mathrm{s}}$ 时，相应的磁通密度 $\boldsymbol{B}$ 则沿曲线 *efgb* 变化。重复上述磁场的变化过程，磁通密度沿着 *bcdefgb* 这个闭合曲线变化，该曲线称为主磁滞回线。

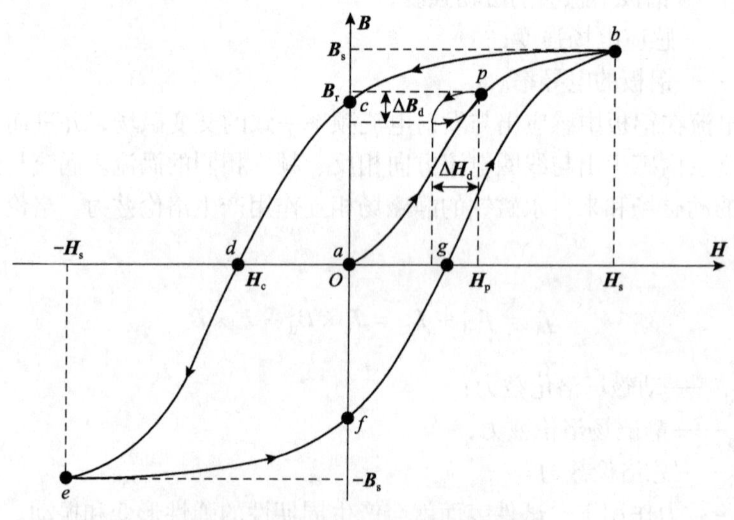

图 2.13　铁磁性材料的磁特性曲线

当一个小的动磁场 $\boldsymbol{H}_{\mathrm{d}}$ 叠加在一个磁场强度为 $\boldsymbol{H}_{\mathrm{p}}$ 的偏置静磁场上时，将在磁特性曲线中产生一个小的滞环。滞环的特性与偏置静磁场大小和动磁场的大小以及频率有关。在基于磁致伸缩效应的 EMAT 中，铁磁性材料的磁化问题正对应一个动磁场叠加到一个偏置静磁场的情况。

铁磁性材料相邻原子之间由于电子自旋而产生原子磁矩，原子磁矩克服热运动的无序效应按区域自发平行排列、有序取向，按不同的小区域分布。这种自发磁化的小区域，称为磁畴，各个磁畴之间的交界面称为磁畴壁。在无外磁场作用时，磁畴交互排列对外为磁中性。当有外磁场作用时，磁畴间的平衡被破坏，磁畴总体极化方向将转向外磁场方向。磁畴偏转使得材料尺寸发生微小的变化，这种现象称为磁致伸缩效应。图 2.14 为铁磁性材料磁致伸缩特性示意图。当铁磁性材料被磁化时，材料沿着磁化方向伸长或缩短，在未达到饱和磁化状态时，体积几乎不变，称为线性磁致伸缩；饱和磁化后主要产生体积磁致伸缩。与线性磁致伸缩相比，体积磁致伸缩很小，因此在测量和研究中常将其忽略。

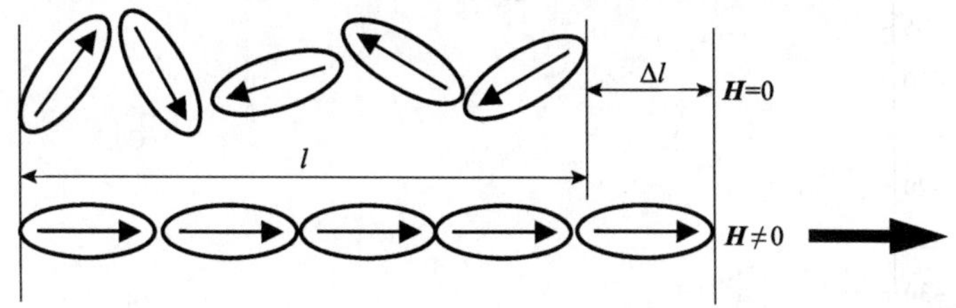

图 2.14　铁磁性材料磁致伸缩特性示意图

线性磁致伸缩系数定义为

$$\lambda_{\mathrm{Ms}}=\frac{\Delta l}{l} \tag{2.18}$$

式中：λ_{Ms}——磁致伸缩系数；

l——铁磁性材料尺寸；

Δl——铁磁性材料尺寸变化量。

根据磁致伸缩基本理论，在磁各向同性的铁磁性材料中，磁致伸缩系数 λ_{Ms} 和磁化强度 $\boldsymbol{M}$ 的关系为

$$\lambda_{\mathrm{Ms}}=\frac{3}{2}\lambda_{\mathrm{s}}\left(\frac{\boldsymbol{M}}{\boldsymbol{M}_{\mathrm{s}}}\right) \tag{2.19}$$

式中：$\boldsymbol{M}_{\mathrm{s}}$——饱和磁化强度；

λ_{s}——饱和磁致伸缩系数。

将式(2.13)代入式(2.19)，得到铁磁性材料在外加磁场 $\boldsymbol{H}$ 作用下的磁致伸缩系数 λ_{Ms} 为

$$\lambda_{\mathrm{Ms}}=\frac{3\lambda_{\mathrm{s}}}{2\boldsymbol{M}_{\mathrm{s}}^{2}}(\mu_{\mathrm{r}}-1)^{2}\boldsymbol{H}^{2} \tag{2.20}$$

多晶铁、钴和镍的磁致伸缩曲线如图 2.15 所示。钢材的磁致伸缩系数一般处于 10^{-6} 量级，镍的磁致伸缩系数一般处于 10^{-5} 量级。磁致伸缩型 EMAT 对高磁致伸缩系数材料的检测具有较高的换能效率。因此，在磁致伸缩型 EMAT 的设计中，常采用镍带、铁钴合金带等具有高磁致伸缩系数的材料作为磁致伸缩力传递的介质，粘贴或者固定在待测结构表面构成一种新型的磁致伸缩贴片传感器(magnetostrictive patch transducer, MPT)。这种 MPT 可以将 EMAT 的应用范围扩展到非导电非金属材料检测中，扩大了 EMAT 的适用范围。

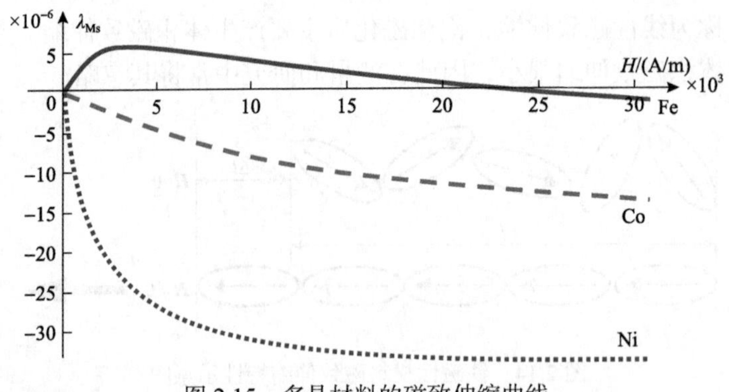

图 2.15　多晶材料的磁致伸缩曲线

铁磁性材料可以类比于压电材料得到磁场和弹性场的耦合关系为

$$\boldsymbol{S}_i=\boldsymbol{S}_{ij}^{\mathrm{H}}\boldsymbol{\sigma}_j+\boldsymbol{d}_{ki}^{\mathrm{Ms}}\boldsymbol{H}_k \tag{2.21}$$

$$\boldsymbol{d}_{ki}^{\mathrm{Ms}}=\left.\frac{\partial \boldsymbol{S}_i}{\partial \boldsymbol{H}_k}\right|_{\boldsymbol{\sigma}} \tag{2.22}$$

式中：$\boldsymbol{S}_i$——应变；

$\boldsymbol{S}_{ij}^{\mathrm{H}}$——恒定磁场下的柔性系数矩阵；

$\boldsymbol{\sigma}_j$——恒定磁场下的应力矩阵；

$\boldsymbol{d}_{ki}^{\mathrm{Ms}}$——压磁应变系数矩阵；

$\boldsymbol{H}_k$——动磁场强度分量；

i, j——变量下标，取值为 1～6；

k——变量下标，取值为 1～3。

当给处于无应力状态的铁磁性材料一个外加磁场时，产生的应变为

$$\boldsymbol{S}_i=\boldsymbol{d}_{ki}^{\mathrm{Ms}}\boldsymbol{H}_k \tag{2.23}$$

可以产生相同应变的应力为

$$\boldsymbol{\sigma}_c=\boldsymbol{c}_{ij}^{\mathrm{H}}\boldsymbol{S}_i \tag{2.24}$$

式中：$\boldsymbol{c}_{ij}^{\mathrm{H}}$——恒定磁场下的刚度系数矩阵。

因此，产生磁致伸缩的等效应力为

$$\boldsymbol{\sigma}_c=\boldsymbol{c}_{ij}^{\mathrm{H}}\boldsymbol{d}_{ik}\boldsymbol{H}_k \tag{2.25}$$

当外加磁场以较高的频率变化时，材料应变滞后于动磁场的变化，将会在材

料中产生应力场 $-\boldsymbol{\sigma}_c$，该应力即为磁致伸缩应力。因此，可以将磁致伸缩应力表示为

$$\boldsymbol{\sigma}_i^{\mathrm{Ms}} = -\boldsymbol{c}_{ij}^{\mathrm{H}} \boldsymbol{d}_{jk} \boldsymbol{H}_k = -\boldsymbol{e}_{ik} \boldsymbol{H}_k \tag{2.26}$$

式中：$\boldsymbol{e}_{ik}$——逆压磁应力系数。

则可得

$$\boldsymbol{e}_{ik} = \boldsymbol{c}_{ij}^{\mathrm{H}} \boldsymbol{d}_{jk}^{\mathrm{Ms}} = -\left.\frac{\partial \boldsymbol{\sigma}_i^{\mathrm{Ms}}}{\partial \boldsymbol{H}_k}\right|_{\varepsilon} \tag{2.27}$$

应力、应变和磁场之间的本构方程为

$$\boldsymbol{\sigma}_i = \boldsymbol{c}_{ij}^{\mathrm{H}} \boldsymbol{S}_j - \boldsymbol{e}_{ik} \boldsymbol{H}_k \tag{2.28}$$

在自由应力状态下，磁致伸缩力可以表示为

$$\boldsymbol{f}_{\mathrm{Ms}} = -\nabla\left(\boldsymbol{e}^{\mathrm{T}} \boldsymbol{H}\right) \tag{2.29}$$

式中：$\boldsymbol{e}=[\boldsymbol{e}_{ik}]$。

当铁磁性材料的尺寸发生变化时，将引起磁畴的偏转和偏移，进而在材料内部产生压磁效应，这种现象称为逆磁致伸缩效应。基于磁致伸缩效应和逆磁致伸缩效应，EMAT 完成了在铁磁性材料中激励和接收超声波。

2.3.2　结构设计与应用

EMAT 具有非常好的可设计性，通过改变线圈形状或者静磁场的配置形式，即可激发出不同类型的导波模态[12-14]。

1. *磁铁*

通过对磁铁结构以及充磁方向的设计，可产生与试件表面垂直、平行或其他特定形式的偏置磁场。图 2.16 为 EMAT 常用磁体结构示意图。

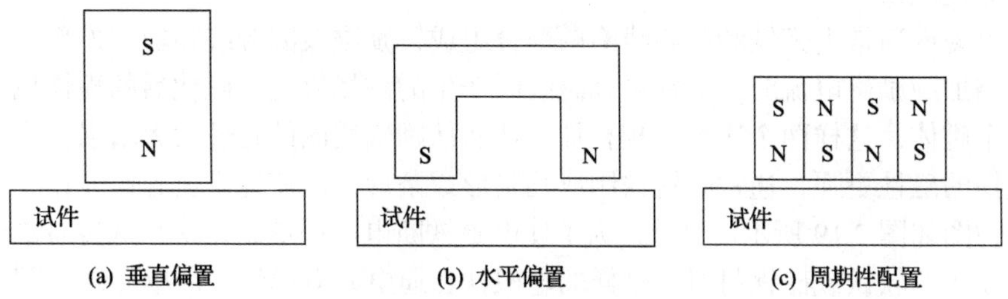

图 2.16　EMAT 常用磁体结构示意图

1) 永磁铁

考虑结构紧凑性，EMAT 通常选用永磁铁提供偏置磁场。钕铁硼磁铁因其具有体积小、重量轻和磁性强的特点，同时兼具良好的机械特性且性价比高，被广泛用作 EMAT 的磁铁。常用永磁铁实物图见图 2.17。但是钕铁硼磁铁也具有居里温度点低、温度特性差、易腐蚀等不足之处。

(a) 圆形永磁铁　(b) 长方体永磁铁　(c) 圆环形永磁铁

图 2.17　常用永磁铁实物图

2) 柔性磁铁

柔性磁铁是一种由多种工艺制成的磁铁，其具有柔性、弹性、可扭曲的优点。柔性磁铁实物图见图 2.18。相对于刚性磁铁，柔性磁铁具有柔韧性，可弯曲贴合于带有一定弧度的待测试件，使用时不易磨损传感器。

图 2.18　柔性磁铁实物图

3) 电磁铁

电磁铁通常由轭铁和励磁线圈两部分组成，励磁线圈缠绕在轭铁外部。当励磁线圈加载励磁电流时，轭铁被励磁线圈产生的磁场磁化。磁化后的轭铁也变成了一个磁体，这样两个磁场互相叠加，从而使励磁线圈的磁性大大增强。为了使电磁铁的磁性更强，通常将轭铁制成马蹄形或条形，以使轭铁更容易磁化。电磁铁实物图如图 2.19 所示。另外，为了使电磁铁断电立即消磁，铁心材料通常选用消磁较快的软铁或硅钢材料。这样的电磁铁在通电时有磁性，断电后磁性随之消失。电磁铁所产生的磁场与电流大小、线圈匝数及中心的轭铁有关。在设计电磁

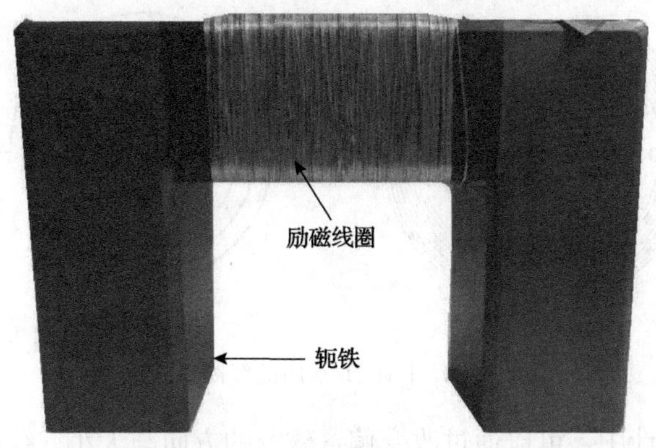

图 2.19　电磁铁实物图

铁时，应注意线圈的分布和轭铁的选择，并利用电流大小来控制磁场。电磁铁具有以下优点：电磁铁的磁性有无可以用通、断电流控制；磁性的大小可以用电流的强弱或线圈的匝数来控制；也可通过改变电阻控制电流大小，然后通过电流大小控制磁性大小；它的磁极可以通过改变电流的方向来控制等。

永磁铁和电磁铁均能产生不同形式的磁场。在磁路选择时，当无须调整磁场方向及大小时，多选用永磁铁；当需要调整磁场大小时，可选用电磁铁。

2. 线圈

EMAT 常用的线圈结构形式多样，主要有回折线圈、跑道线圈、蝶形线圈、螺旋线圈等，如图 2.20 所示。回折线圈与永磁铁或电磁铁组合，可在非铁磁性材料试件内产生兰姆波，在铁磁性材料试件内产生兰姆波和声表面波，实际产生的超声导波模态与线圈的尺寸、动静磁场配置有关。跑道线圈与周期性阵列配置的永磁铁组合，可以在试件内部产生兰姆波和 SH 波，且产生的超声导波模态与线圈的尺寸、动静磁场配置有关。螺旋线圈、蝶形线圈和跑道线圈分别与永磁铁或电磁铁组合，可以在试件内部产生体波，用于对被测试件的厚度测量等。

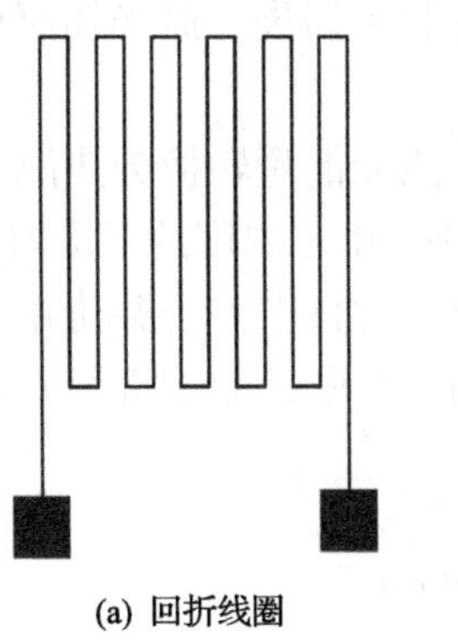

(a) 回折线圈

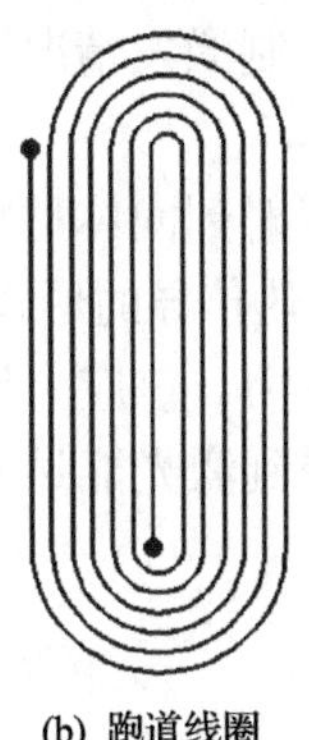

(b) 跑道线圈

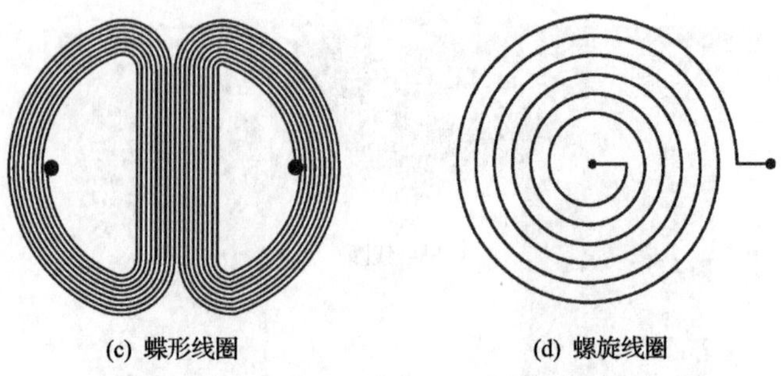

图 2.20　EMAT 常用的线圈结构

在 EMAT 设计中，可以通过改变偏置磁场的方向与大小、线圈的形状与尺寸以及激励电流的频率与幅值等参数，控制其产生超声波的类型和能量强弱。利用 EMAT 产生不同类型的超声波，根据不同类型的超声波传播特性不同，实现对材料内部组织结构的改变及不同类型缺陷的检测。

2.4　激光超声检测技术

光声效应最早由贝尔于 1880 年发现，1963 年，White 将激光引入光声领域，提出了用脉冲激光激发声波。激光超声利用聚焦(光斑一般为毫米或亚毫米级)的短脉冲(一般为纳秒级脉冲)激光作用于被测物表面使其局部温度升高，产生瞬时的热膨胀或微弱熔蚀，进而形成超声波。接收信号也多采用光学方法，以实现对被测物的非接触检测。激光超声具有非接触、宽频带、多模态、高空间分辨率，无材料限制等特点[15]。

2.4.1　原理及特性

由激光激励超声导波，在原理上与激光激励其他超声波并无不同，都属于空间三维热弹性力学问题。由温度变化产生的应力、应变，可以利用热弹性力学原理求解。在热弹机制激发情况下，不考虑材料损失，激光辐照点遵循热弹性耦合方程。

当脉冲激光照射到固体材料表面时，激光能量转换为热能，被照射区域的温度迅速升高，并以热传导的形式向四周扩散。由于温度的不均匀分布会在材料内部局部区域产生热应力，该应力作为激励源使材料中粒子振动并产生超声波[16, 17]。超声波信号幅值受到激光能量密度的影响。其中，能量密度 P 可表示为

$$P=\frac{E_{\mathrm{L}}}{4\pi r_0^2 t_0} \tag{2.30}$$

式中：P——激光能量密度；

r_0——激光半径；

t_0——激光脉冲宽度；

E_L——入射激光的能量。

激光能量密度不同，对物体表面的作用就会有所不同。激光超声激发原理如图 2.21 所示，根据照射在样品表面激光能量密度的大小，激光激励超声的机制分为热弹机制和烧蚀机制。热弹机制激发超声波时，能量未达到材料损伤阈值，样品表面不会损伤，仅会使样品表面产生膨胀，从而引起弹性应力，产生超声波；

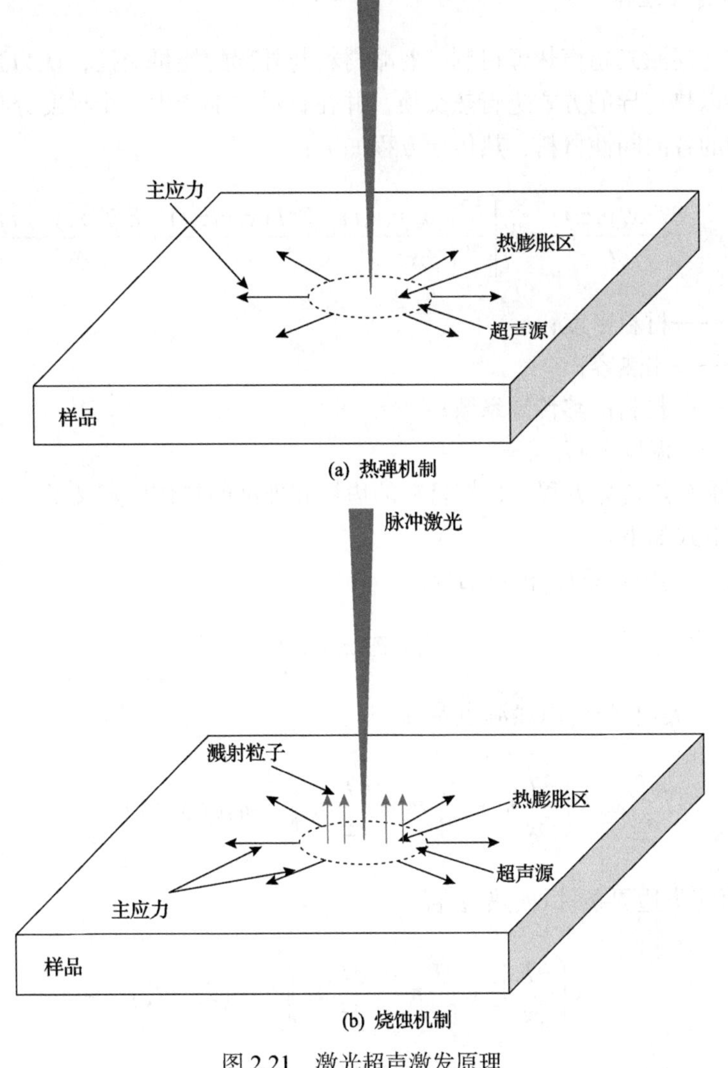

图 2.21　激光超声激发原理

而激光能量密度较高时，照射到样品表面使其产生熔融、气化、等离子体等现象，而表面材料的熔蚀、喷溅等引起对材料表面的主应力，从而激发超声波，这就是烧蚀机制。

热弹机制和烧蚀机制在激励超声波的原理上有差别。当入射激光能量密度超过材料损伤阈值时，烧蚀机制和热弹机制同时存在，并且烧蚀机制占主导地位；当激光能量密度较低时，仅存在热弹机制。严格来说，激光在烧蚀机制下产生超声波不属于无损检测的范畴，这是因为激光能量密度过高会使被测结构表面损伤。因此本书着重介绍热弹机制下产生的超声波。

1. 热传导理论

基于上述激光超声热弹机制，忽略材料与外部的能量交换，认为激光与材料之间主要以热传导的方式进行热交换，并在材料内部产生一个梯度分布的热场。对于均匀的各向同性材料，热传导方程如下：

$$\rho C\frac{\partial T(x,y,z,t)}{\partial t}=K\left[\frac{\partial^2 T(x,y,z,t)}{\partial x^2}+\frac{\partial^2 T(x,y,z,t)}{\partial y^2}+\frac{\partial^2 T(x,y,z,t)}{\partial z^2}\right] \tag{2.31}$$

式中：ρ——材料密度；

C——比热容；

K——材料的热传导系数；

T——温度分布。

为了求解热传导方程，根据材料的边界和外部的热作用定义了三种热边界条件，具体形式如下。

(1)第一类边界条件(温度边界)：

$$T\big|_s=T_s(x,y,z,t) \tag{2.32}$$

(2)第二类边界条件(热流边界)：

$$K\left(\frac{\partial T}{\partial x}n_x+\frac{\partial T}{\partial y}n_y+\frac{\partial T}{\partial z}n_z\right)\bigg|_s=q_s(x,y,z,t) \tag{2.33}$$

(3)第三类边界条件(换热边界)：

$$K\left(\frac{\partial T}{\partial x}n_x+\frac{\partial T}{\partial y}n_y+\frac{\partial T}{\partial z}n_z\right)\bigg|_s=h\left(T_f-T_s\right) \tag{2.34}$$

式中：T_s——周围介质温度；

q_s——热流密度；

h——热系数；

T_f——固体表面温度。

基于上述热传导理论，当激光作用在材料表面时，表面附近的介质吸收激光辐射的能量，通过热扩散渗入材料内部，形成一个温升不均匀的温度场，并以热膨胀的形式作用在材料内部，由此作为激励源在固体中产生超声波。

2. *热应变及位移场*

为求解弹性固体中质点的振动位移，先要求解热传导方程得到温度的分布，并将温度场作为载荷作用于固体力学场，将超声波的振动位移场用纳维-斯托克斯(Navier-Stokes)方程表示：

$$(\chi+2\mu)\nabla(\nabla\cdot\boldsymbol{U})-\mu\nabla\times\nabla\times\boldsymbol{U}-\alpha(3\chi+2\mu)\nabla\boldsymbol{T}(x,y,z,t)=\rho\frac{\partial^2\boldsymbol{U}}{\partial^2 t} \tag{2.35}$$

式中：α——热膨胀系数；

$\boldsymbol{U}$——位移分布。

式(2.35)能够表示热场和固体力学场的相互耦合关系。结合边界条件和初始条件，求解式(2.35)即可获得热弹机制下激光在弹性固体中激发超声波时材料中的温度分布情况，并由温度分布进一步得到材料中的应力、应变和位移分布情况。

2.4.2　导波场激光探测方法

使用激光探测导波场具有显著的优点。非接触光探测不会干扰导波场的传播，聚焦光斑可快速移动，并且拥有高的空间分辨率，另外，激光探测的频带非常宽，可探测直流以至上百兆赫兹的超声波，这是其他探测手段难以做到的。然而，激光探测也有一个明显的缺点，由于信号探测依赖于反射光，当物体表面质量不佳或散射严重时，其灵敏度下降明显。

根据探测原理，激光探测超声波大致可分为强度调制技术和相位(或频率)调制技术。基于强度调制的激光探测又可大致分为泵浦-探针技术、光偏转技术、表面栅衍射技术。一般来说，强度调制技术的灵敏度不如相位(或频率)调制技术，因此，这类方法较少用于无损检测。

导波场检测常用的双光束零差(迈克耳孙)干涉仪、光外差干涉仪、法布里-珀罗干涉仪、双波混合干涉仪等均基于相位(或频率)调制技术，拥有更高的灵敏度。由于光学的频率太高，现有的光电探测器无法直接记录光学相位，只能记录强度信息，因此，这类方法需要对光束进行调制，将相位信息转换为强度，再通过解调获取相位，具体原理及实施方法此处不过多介绍，读者可参阅相关书籍。

2.4.3 探测参数影响

1. 激光功率密度对温度场的影响

图 2.22 为不同激光能量辐射中心处的温度变化。图中激光能量分别为 10mJ、20mJ、50mJ、100mJ，光斑半径均为 600μm，脉冲上升时间均为 10ns。已知铝的熔点为 933K，沸点约为 2600K。从图 2.22 中可以看出，当激光能量为 20mJ 时，辐射中心达到的最高温度约为 700K，小于铝板的熔点(933K)，随着脉冲激光能量的增加，铝板表面达到的最高温度逐渐升高，当激光脉冲能量为 100mJ 时，铝表面温度达到 2200K，温度较高，造成铝表面损伤。因此，脉冲激光能量应控制在功率密度低于 $16MW/cm^2$(激光能量为 20mJ 时，功率密度约为 $16MW/cm^2$)，以免对材料表面造成损伤。

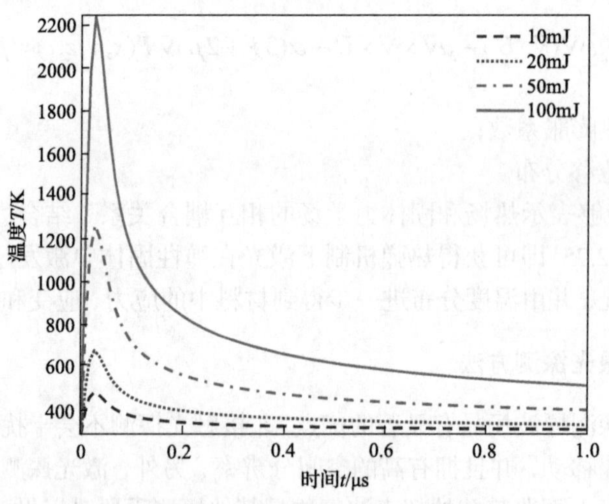

图 2.22　不同激光能量辐射中心处的温度变化

2. 激光脉冲光斑半径对位移场的影响

激光脉冲的光斑半径也会影响激光激励超声波的特性，图 2.23 为不同激光半径下激发的兰姆波。

图 2.23 中激光聚焦光斑半径分别为 0.6mm、0.4mm、0.2mm、0.1mm，材料厚度均为 0.2mm，激光能量均为 10mJ，脉冲上升时间均为 10ns，图 2.23(a)和(b)为光斑中心 10mm 处接收到的兰姆波的时域信号和频域信号。从图 2.23(a)可以看出，随着光斑半径的减小，兰姆波峰值幅度逐渐增大，这是由于光斑半径的减小导致辐射区域功率密度增大，提高了激发效率。图 2.23(b)给出了不同光斑半径兰

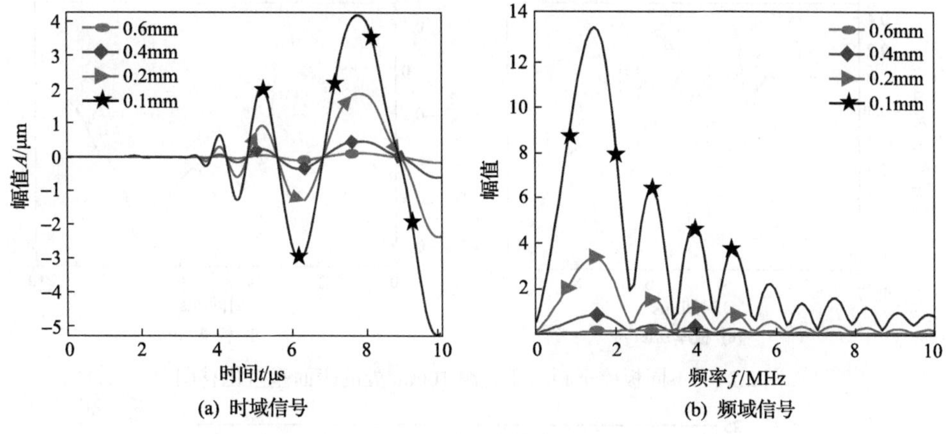

(a) 时域信号　(b) 频域信号

图 2.23　不同光斑半径下激发的兰姆波

姆波信号的频谱，可看出其频谱成分的差异，随着光斑半径变小，高频成分能量变大，更容易激发出高频成分。

3. 金属板的厚度对位移场的影响

不均匀分布的温度场将导致材料的热膨胀，随之产生瞬态热应力，并逐渐向材料内部传播激发出超声波。当材料较薄时，超声波在上下界面反射形成兰姆波。

图 2.24 为不同板厚下距离激光源 10mm 处的表面垂直位移图，其中板厚分别为 0.2mm、0.5mm、1mm、2mm。

图 2.24 中，图(b)、(c)、(d)相较于图(a)的波形更加复杂，并逐渐失去了兰姆波的特性，这是由于随着板厚的增加，在相同的脉冲激励下，频厚积变大，会激励出更高阶的模态，不同模态波形的叠加使波形失去光滑的特性。当材料厚度远大于超声波波长时，波形会向表面波转化。图 2.25 是板厚为 10mm、激励和接收距离分别为 20mm 和 25mm 处的表面垂直位移。从图 2.25 中可以明显看到无频散现象的表面波，同时由于激光点源激励，表面波表现为双极性波形。

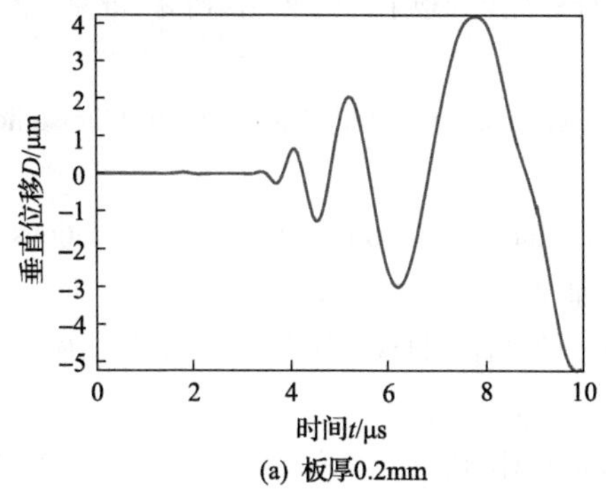

(a) 板厚0.2mm

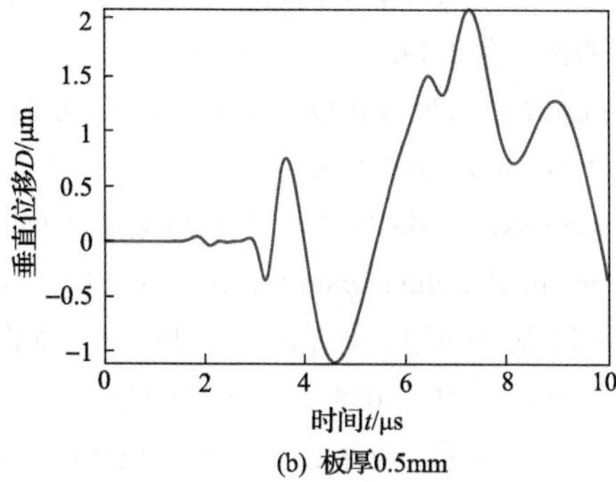

(b) 板厚0.5mm

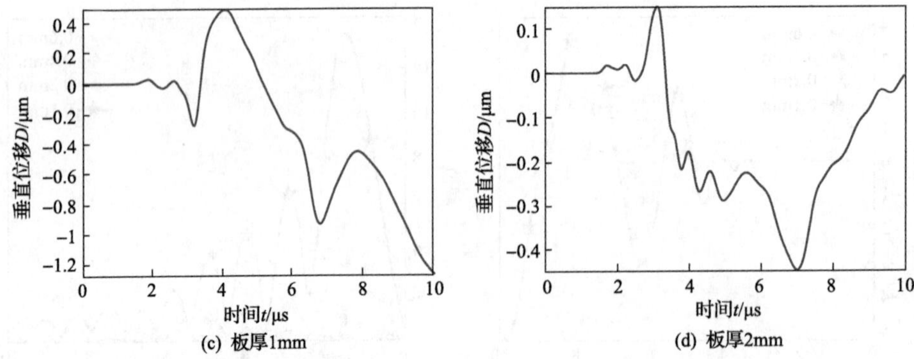

图 2.24 不同板厚下距离激光源 10mm 处的表面垂直位移图

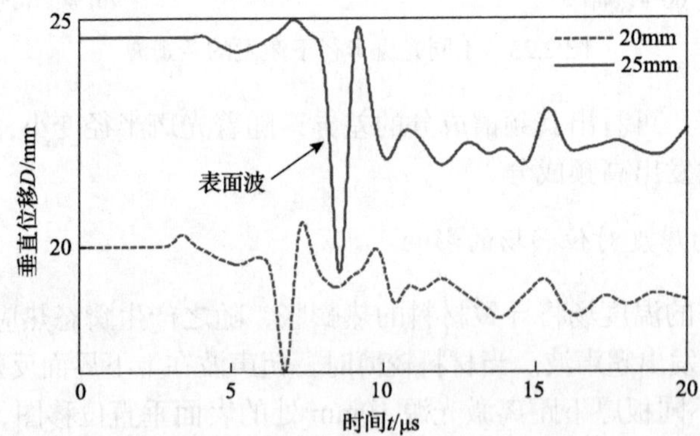

图 2.25 板厚为 10mm、激励和接收距离分别为 20mm 和 25mm 处的表面垂直位移

参 考 文 献

[1] 徐春广, 李卫彬. 无损检测超声波理论. 北京: 科学出版社, 2020.

[2] 刘增华, 王娜, 何存富, 等. 基于压电陶瓷片的 Lamb 波单模态激励及缺陷检测的实验研究. 北京工业大学学报, 2011, 37(10): 1453-1458.

[3] 徐营赞. 基于单模态的超声 Lamb 波技术在复合材料层合板中的健康检测研究. 北京: 北京工业大学, 2014.

[4] Rose J L, Pelts S P, Quarry M J. A comb transducer model for guided wave NDE. Ultrasonics, 1998, 36(1): 163-169.

[5] Stepinski T, Mańka M, Martowicz A. Interdigital Lamb wave transducers for applications in structural health monitoring. NDT & E International, 2017, 86: 199-210.

[6] 刘增华, 樊军伟, 何存富, 等. 基于概率损伤算法的复合材料板空气耦合 Lamb 波扫描成像. 复合材料学报, 2015, 32(1): 227-235.

[7] 刘增华, 赵欣, 何存富. 超声导波电磁声传感器的设计与应用. 北京: 科学出版社, 2022.

[8] Liu Z H, Zhong X, Xie M, et al. Damage imaging in composite plate by using double-turn coil

omnidirectional shear-horizontal wave magnetostrictive patch transducer array. Advanced Composite Materials, 2017, 26: 67-78.

[9] 李艾丽. 用于金属板检测的水平剪切模态电磁声换能器的研制. 北京: 北京工业大学, 2020.

[10] 钟栩文. 基于全向性 SH 波电磁声传感器阵列的板中缺陷成像技术研究. 北京: 北京工业大学, 2017.

[11] 刘增华, 樊军伟, 何存富, 等. 基于全向型 S_0 模态磁致伸缩传感器的无参考缺陷成像方法研究. 机械工程学报, 2015, 51(10): 8-16.

[12] 刘增华, 谢穆文, 钟栩文, 等. 超声导波电磁声换能器的研究进展. 北京工业大学学报, 2017, 43(2): 192-202.

[13] 谢穆文. 用于金属板导波检测的电磁声传感器的研制. 北京: 北京工业大学, 2017.

[14] Liu Z H, Lu Z J, Jiang W S, et al. Damage imaging of a U-shaped boom using improved periodic permanent magnet electromagnetic acoustic transducers. Nondestructive Testing and Evaluation, 2023, 38: 977-1005.

[15] 柳晓宇. 基于激光超声导波的金属板腐蚀缺陷量化检测方法研究. 北京: 北京工业大学, 2023.

[16] 陈龙, 刘星, 詹超, 等. 金属箔材弹性常数的激光超声测量方法. 中国激光, 2020, 47(11): 127-135.

[17] 张婷婷. 基于 2D-MUSIC 算法的 Lamb 波阵列检测技术研究. 北京: 北京工业大学, 2019.

第3章 超声导波成像技术概述

直观、准确的成像技术不仅提高了检测结果的说服力，也有利于降低检测人员的工作难度和劳动强度。超声导波成像技术是本书讨论的中心内容。为了使读者对导波成像技术有一个整体的了解，本章首先介绍一些导波成像中的模态选择依据，以及常用的信号处理技术。随后，基于检测中传感器排布、信号采集方式及信号特征，将现有导波成像算法分为稀疏阵列检测成像、密集阵列检测成像、层析检测成像以及波场检测成像四个方面进行介绍。最后，对智能导波成像技术的一些基本概念进行阐述。

3.1 导波模态选择

面对具体的检测对象，选择何种导波模态实现缺陷或损伤的定位和识别是一个基本的问题。这需要清楚地了解模态传播特性，并基于检测问题和需求优化选取导波模态。许多研究已经证明，特定模态的导波对特定类型的损伤敏感。在特定应用中选择哪种导波模态取决于许多因素，包括所需的分辨率、要检测的缺陷或损伤类型、结构中波的衰减水平和传感器类型。导波模态和激励频率的选择依据包括六个基本因素：频散、衰减、灵敏度、可激发性、可探测性和选择性。通过优选导波模态和激励频率来提高检测能力和灵敏度。

3.1.1 基于波结构考虑

导波的模态较多，在特定频率下，每个模态具有确定的波结构特征。模态的位移、速度、应力、应变、衰减以及能量在厚度方向都有一定的分布。从波结构角度分析导波与损伤的相互作用，可从传播能力、位移分布等方面加以考虑。

以裂纹检测为例，可以选择能量主要集中在外表面的模态来提高浅表裂纹的检测灵敏度；如果裂纹较深或者穿透到另一面，则需要选择在厚度方向上相应位置有能量分布的模态。例如，在进行钢轨表面裂纹的导波检测时，根据裂纹所在位置如轨头、轨底或轨腰，激发相应模态，用于裂纹检测。

在板类结构中，以面内位移为主的导波，典型的如 S_0 模态，其能量被限制在结构内，因此衰减较小，对垂直方向类型缺陷敏感，如撞击损伤、体裂纹等。而以离面位移为主的导波，典型的如 A_0 模态，其在传播过程中会将能量泄漏给周围介质，对腐蚀、分层、脱黏、表面裂纹等更为敏感，虽然这类波衰减较大，但离面位移易于被探测，往往在信号上表现出更大的幅值，信噪比也更高。

很多结构在使用时表面可能有液体，抑或浸没其中，因此会有大量能量泄漏到液体中，从而干扰测量信号，并且剪切运动也无法在非黏性液体中传播。当结构中的导波为只有面内位移的水平剪切模态时，能量不会泄漏到周围的非黏性液体中。在另一种情况下，有时希望导波模态有一定能量泄漏到液体中，同时为了保证最后接收到的信号质量，能量也不宜泄漏过多，因此可采用以面内位移为主，同时具有一定离面位移的导波模态。

3.1.2 基于频散特性考虑

1. 考虑不连续性缺陷的低频散模态

频散是导波的固有特性。在长距离传播过程中，各种模态波形会因频散而展宽，而在波传播过程经过不连续性缺陷时，展宽信号复杂程度提高，这使得缺陷的解释变得困难。在这种情况下，选用低频散的导波就显得十分必要。以板类结构为例，常用的包括低频厚积下的 S_0 模态，以及非频散的 SH_0 模态。

S_0 模态在低频范围内具有较低的频散和衰减。此外，S_0 模态具有最快的群速度，因此可以首先被接收。这些特性将有利于信号的分析和解释。因此，采用 S_0 模态进行板的不连续损伤检测十分有效。即使在相同的超声导波模态下，不同的频率也具有不同的传播特性，如频散、各向异性速度分布等。因此，在确定传感器的条件下，有必要选择合适的激励频率。

接收信号中的第一个波形可以确认为直达 S_0 模态，因为这是低频范围内(未出现高阶模态的情况下)最快的兰姆波模态，同时，为了提高 S_0 模态对结构中不连续点的灵敏度，应尽可能提高激励频率。

2. 考虑厚度变化的高频散模态

在板类结构的兰姆波频散曲线中，当材料一定时，某一模态的群速度和相速度与频厚积相对应。当频率一定时，板厚的变化会引起兰姆波相速度的改变。基于此，在减薄或分层缺陷的表征中，兰姆波的模态和工作频率的选择应遵循以下原则：应使得在所选工作频率下，板中含有尽量少的兰姆波模态，避免干扰模态的出现；应使得在所选工作频率下，所选模态兰姆波的群速度(或相速度)随板厚变化的频散曲线在无损伤板厚下有较大的斜率，以使得兰姆波对板厚变化敏感。

低频厚积下，A_0 模态的相速度随频厚积的变化会发生更大的改变。因此，对于特定中心频率下的 A_0 模态，不同厚度板中 A_0 模态的相速度会有更为明显的区别。所以，针对减薄或分层类缺陷，基于频率-波数分析技术，A_0 模态比 S_0 模态具有更高的检测灵敏度。因此，可选择 A_0 模态为检测模态。

在频率 f 一定时，相速度 c_{p} 的改变会引起波数 k 的改变。由于相速度不便于直接测量，因此可根据兰姆波波场信号的波数变化间接得到板厚的变化情况。

空间-频率-波数分析算法实现板类结构中减薄缺陷的量化检测中，为获取更精确的效果，选择的检测频率与模态需要对结构厚度变化敏感且相邻模态之间的波数要有一定差异。在这种情况下，波数灵敏度与模态距离两个指标是常用的选择标准，针对这一部分内容，在第 6 章将有详细介绍。

3.2 信号处理技术与兰姆波信号特征

3.2.1 信号处理技术

传统信号处理技术仅能对超声信号中的部分特征参数进行提取，例如，用于信号峰值提取的希尔伯特(Hilbert)变换，频谱分析的快速傅里叶(Fourier)变换，信号时频特征分析的短时傅里叶变换、连续小波变换、Wigner-Ville 变换、希尔伯特-黄(Hilbert-Huang)变换等。以傅里叶变换、连续小波变换、Chirplet 变换为代表的经典信号处理算法是一类以核函数和分析信号内积运算为定义的信号分析方法，其中 Chirplet 变换融合了 Chirp 瞬时频率可调特性及窗函数的包络调制功能，可用于导波检测信号的时频分析、波形分解、参数化特征提取技术等方面的研究。参数化信号特征表征技术(稀疏分解技术)是近年发展起来的一种新型信号处理技术，基于启发式迭代算法和特定的核函数模型对超声检测信号的幅值、频率、渡越时间、瞬时频率等多个特征参数进行同步提取，分解得到超完备的、反映信号本质特征的参数。近年针对现代超声检测信号特征快速提取的需要，国内外无损检测研究领域的专家和学者从参数化表征核函数模型构建和智能分析算法设计及优化等方面对超声信号参数化表征技术进行了大量的研究。

经典参数化信号表征核函数是基于高斯窗调制的线性三角函数，包括用于加博(Gabor)变换的高斯窗调制的正弦函数模型；用于 Chirplet 变换的高斯窗调制的线性 Chirp 模型。受核函数线性相位特性的影响，该类模型在超声频散信号表征的应用中仍存在一定的制约性。

用于超声信号特征参数提取的智能分析算法主要有匹配追踪算法、连续参数估计法、最大似然估计法、期望最大化算法、高斯-牛顿迭代类算法、进化算法等。

3.2.2 兰姆波信号特征

兰姆波信号特征参数主要有幅值、频率、渡越时间、瞬时频谱、相位等。兰姆波无损检测技术研究中通过信号处理算法提取检测信号的特征参数，再由成像算法、模式识别模型对提取的特征参数进行处理，实现结构缺陷的定位成像或类型识别。深入了解兰姆波检测信号特征对开展检测信号处理技术的研究与应用具有重要的意义[1]。

由检测仪器、传感器和波导结构组成的兰姆波检测系统是一个线性系统。在距离激励源点x处检测得到的兰姆波信号u可表示为时间-空间函数式(3.1)。由式(3.1)看出信号的相位受波数-距离积影响，而信号包络是所有频率成分频谱幅值调制的结果：

$$u(x,t)=\sum_{i=1}^{n}A_i\cos\left(k_i x-\omega_i t\right) \tag{3.1}$$

式中：A_i——角频率ω处的频谱幅值；

n——信号频率成分数目；

i——信号频率成分标识。

汉宁窗调制信号具有频谱能量集中、频谱泄漏小的特点，其调制的中心角频率为ω、持续时间为T的正弦信号$e(t)$属于窗函数调制的单分量信号，常被用作兰姆波缺陷检测和结构健康监测研究中的激励信号，可表示为

$$e(t)=0.5\left[1-\cos\left(\frac{\omega}{T}t\right)\right]\sin(\omega t) \tag{3.2}$$

通过对比波形及其傅里叶频谱来分析兰姆波频散对检测信号频率谱的影响。图 3.1 为最低阶兰姆波模态传播 1000mm 后的对比分析图。图 3.1(a)为 1000mm 处由激励信号、S_0模态和A_0模态波包组合而成的模拟信号。激励信号为汉宁窗调制的中心频率f_c为 140kHz、持续时间为 5 周期的正弦信号。同激励信号相比，S_0模态波包的持续时间相对于激励信号的变化较小；A_0模态波包的持续时间有明显的增加，并且包络峰值偏离中心位置。图 3.1(b)为信号的傅里叶频谱对比图，图中各波包的频谱曲线很好地重合在一起。频谱图中各波包的上下截止频率f_U和

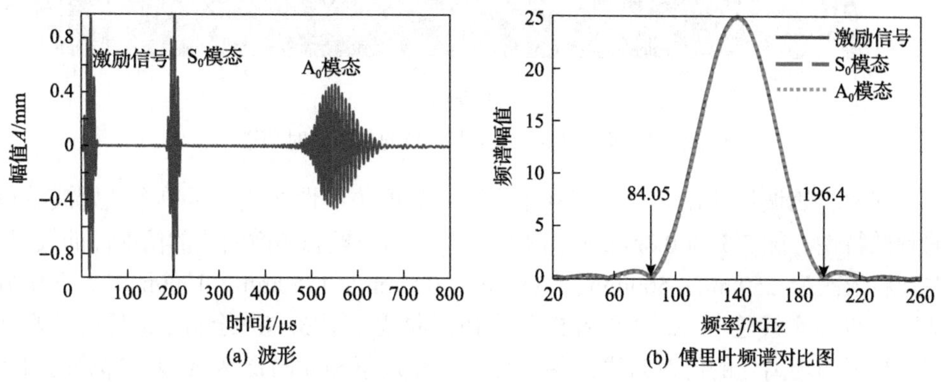

图 3.1　最低阶兰姆波模态传播 1000mm 后对比分析图

f_L 均分别为 196.4kHz 和 84.05kHz。综合观察显示兰姆波频散会同时影响信号的相位和包络形式，但不会改变信号的频谱特征。

通过对比波形及其时频谱来分析兰姆波频散对检测信号瞬时频率谱和包络的影响。图 3.2 显示了不同距离 A_0 模态信号的包络和时频谱，包括 200mm、500mm、1000mm 和 3000mm。由 cmor3-3 小波变换得到各波包的时频谱，图中弯曲的虚线为 A_0 模态频散曲线在相应传播距离处的仿射曲线，计算公式为 $x/c_g+0.5T$。波包时频谱分布同仿射曲线吻合很好。不难推测兰姆波检测信号波包的时频谱分布的斜率受频散曲线和传播距离的综合影响：信号的瞬时频率具有非线性特征，并且非线性程度随着传播距离的增加而增加；群速度频散曲线的扭曲越严重或传播距离越远，仿射曲线的斜率越小。同时，图 3.2 显示波包的频谱能量位于激励信号的傅里叶频谱上下截止频率之间，包络峰值处瞬时频率值等于激励信号中心频率；随着传播距离的增加，信号包络峰值逐渐偏离中心位置，偏离程度随着传播距离的增加而增加，即包络的非对称率随传播距离的增加而增大；较大的非对称率对应较高的瞬时频率斜率。

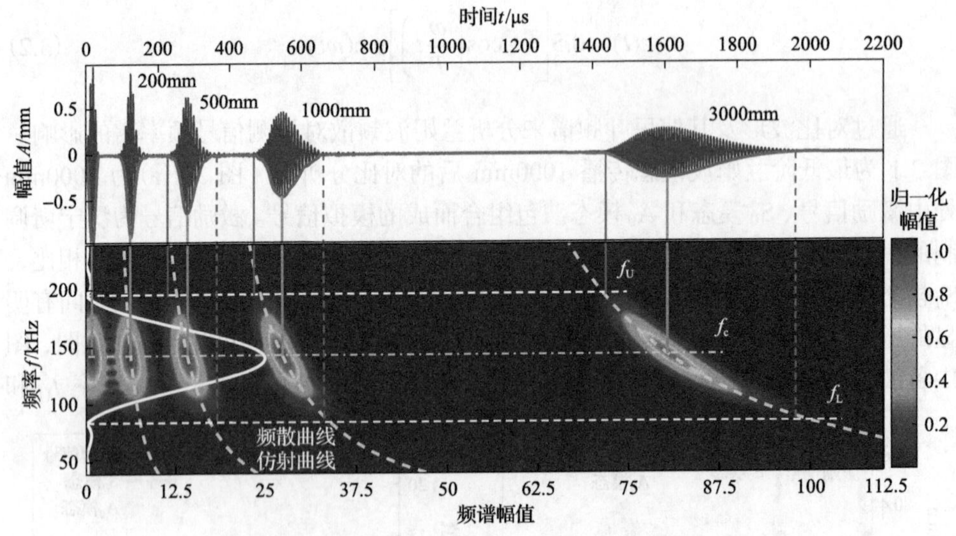

图 3.2　不同距离 A_0 模态信号的包络和时频谱

观察兰姆波群速度频散曲线在不同距离处的仿射性曲线分析单个兰姆波波包的频散特性。图 3.3 为 0.8mm 厚铝板中低阶兰姆波模态频散曲线的仿射性曲线（从左到右依次为 250mm、500mm、750mm、1000mm、1250mm、1500mm），图中分别用虚线和实线绘制 A_0 模态和 S_0 模态仿射曲线。图 3.3(a)绘制了最低阶兰姆波模态在不同距离处的仿射曲线，在 1MHz·mm 以下和 4MHz·mm 以上部分的曲线的斜率较其他区域具有较规则的变化。图 3.3(b)为汉宁窗调制的中心频率为 140kHz

的 5 周期正弦信号频谱覆盖区域低阶兰姆波模态仿射曲线，图中，调制信号频谱曲线为点画线。A_0 模态和 S_0 模态的仿射曲线分别具有负向斜率和正向斜率，该瞬时频率特征是兰姆波检测信号参数化表征核函数需要具备的基本特性。

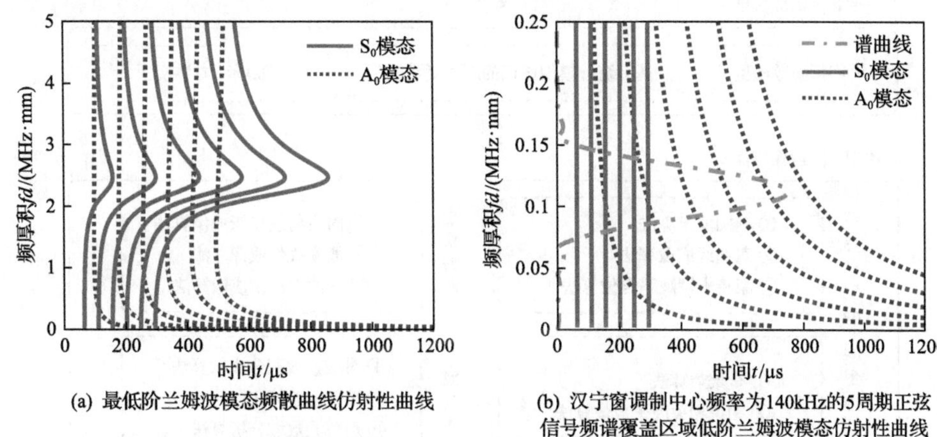

(a) 最低阶兰姆波模态频散曲线仿射性曲线　(b) 汉宁窗调制中心频率为140kHz的5周期正弦信号频谱覆盖区域低阶兰姆波模态仿射性曲线

图 3.3　0.8mm 厚铝板中低阶兰姆波模态频散曲线仿射性曲线
(从左到右依次为 250mm、500mm、750mm、1000mm、1250mm、1500mm)

3.3　缺陷成像算法

成像算法是基于兰姆波在结构中传播特性相关的时间-空间物理映射关系，将由各空间分布位置处检测到的兰姆波信号的幅值或相位信息映射到结构空间上，实现缺陷定位成像。采用基于渡越时间原理或波束指向性的缺陷成像算法函数模型，将经过或未经处理的一维或二维兰姆波信号特征信息映射到二维或三维结构空间域来实现缺陷的定位和尺寸成像的算法称为兰姆波缺陷成像算法。图 3.4 为兰姆波缺陷成像算法基础架构图。缺陷成像检测所用的信号特征包括时间、波形、幅值相关特征、相位相关特征和波数相关特征等。成像算法函数模型主要分为解析函数模型、基于统计模型修正的解析函数模型和波场动力学模型三大类。依据检测中接收信号的空间分布形式或检测阵列形式，采用不同的成像函数模型进行信号分析实现缺陷定位或尺寸成像。基于信号接收阵列形式，缺陷成像算法可以大体分为 4 类：稀疏阵列检测成像算法、密集阵列检测成像算法、层析检测成像算法和波场检测成像算法[1]。

1. 稀疏阵列检测成像算法

在稀疏阵列中相邻传感器之间有较大的间隔，成像分析中处理的基本参数为兰姆波检测信号的渡越时间和幅度。典型的稀疏阵列检测成像算法有椭圆成像算

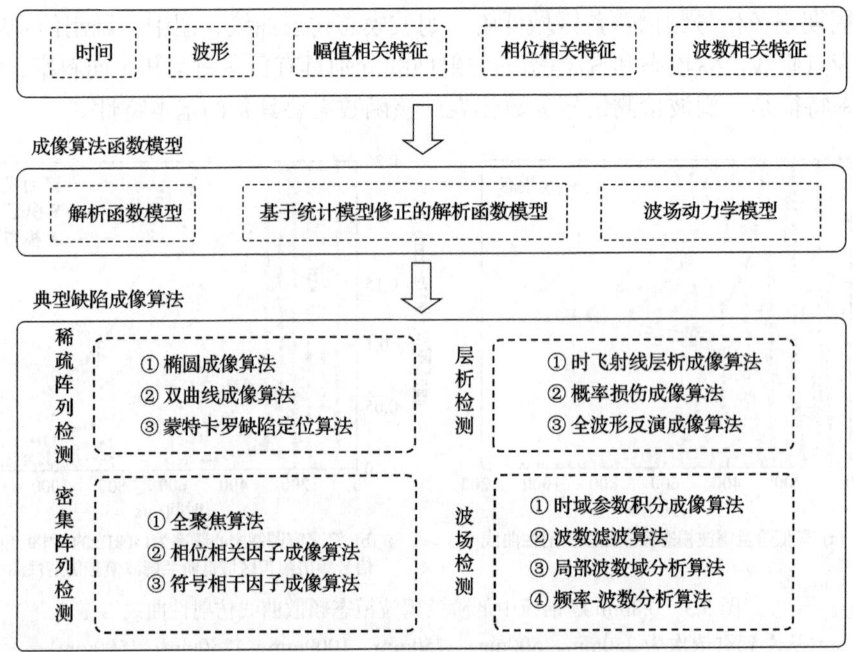

图 3.4　兰姆波缺陷成像算法基础架构图

法、双曲线成像算法及基于蒙特卡罗算法进行空间位置定位分析的蒙特卡罗缺陷定位算法。椭圆成像算法和双曲线成像算法分别将缺陷散射信号映射到以检测传感器为焦点的椭圆和双曲线路径上。分析时从现场检测信号中减去基准信号得到缺陷散射信号，然后将各检测获得的缺陷散射信号进行组合得到检测区域像素密度分布，实现缺陷定位。椭圆成像算法和双曲线成像算法均存在幅值全加和全乘两种形式。研究显示，两类成像算法的成像精度随着传感器阵元数目的增加而增加。此外研究人员提出许多辅助信号处理算法，用于提升稀疏阵列检测成像算法的成像精度，例如，散射信号归一化以消除不同路径对缺陷检测敏感性的差异，采用小波系数(如复 Morlet 小波)表征缺陷信息，采用温度补偿技术提高检测质量，对复合材料板中波数指向性进行修正，基于统计方法提取缺陷信息等。

2. 密集阵列检测成像算法

密集阵列检测中相邻阵元之间的距离小于一个波长，阵列形式有线性阵列、圆形阵列、矩形阵列、星形阵列等[2, 3]。典型的密集阵列检测成像算法有全聚焦算法(total focusing method, TFM)、相位相关因子(phase coherence factor, PCF)成像算法和符号相干因子(sign coherence factor, SCF)成像算法。TFM 依据检测信号幅值信息进行成像，其对波场剖面、信号信噪比和导波的频散特性较敏感；而且叠加回波会使 TFM 产生栅瓣效应，降低成像分辨率。TFM、PCF 和 SCF 成像算法基于信号相位信息进行缺陷定位成像，具有更高的横向分辨率和信噪比兼容性。SCF 成像算法实现过程简单快捷，可以和现行基于波束分析的技术结合提高缺陷检测的分辨率。相较于 TFM，基于 SCF 的成像技术对兰姆波的频散敏感性低。此外，研究人员将不同的成像技术进行组合以增强检测成像效果，例如，将 TFM 和不同极性成像技术或 SCF 组合、将 TFM 和多切趾极性(multi-apodization polarity, MAP)技术组合。

3. *层析检测成像算法*

层析检测成像通过分析扫描路径中兰姆波的衰减、速度变化、模态转换等实现关注区域的检测。检测阵列结构几何形式灵活，可以快速实现高质量的缺陷定位或尺寸成像。典型的层析检测成像算法有：时飞射线层析成像算法、概率损伤成像算法和全波形反演成像算法。时飞射线层析成像算法依靠渡越时间差进行成像；概率损伤成像算法依据虚拟时间反转算法或信号相关性参数计算得到的信号损伤概率值进行成像，典型代表有虚拟时间反转层析成像算法和损伤概率重构算法(reconstruction algorithm for the probabilistic inspection of damage, RAPID)。RAPID 可结合不同的形状因子对不规则缺陷实现成像。全波形反演(full waveform inversion, FWI)成像算法基于迭代优化算法对弹性波场模型进行分析实现成像，算法目标是重构和速度相关的表征缺陷的数学模型，分析中首先构建一个速度模型，然后基于迭代算法对速度模型进行优化，减小模型检测信号同数值模型数据之间的差异。克服了层析检测成像中信号低频效应对检测的影响。

另外，现有兰姆波层析检测成像算法多基于射线理论进行缺陷检测信号分析，检测中缺陷的几何尺寸需要大于波长，并且大于菲涅尔区域的宽度。多缺陷反射波的叠加会导致信号渡越时间计算结果偏离真实值，此时射线理论失效；几乎所有的分析均假设激励和检测传感器之间的射线传播是基于直线的，在各向异性介质层析扫描检测中需要采用弯曲射线假设对层析扫描路径进行修正。

4. *波场检测成像算法*

兰姆波传播的波场数据中包含了丰富的缺陷信息，需要进行深度挖掘[4, 5]。波场分析技术的发展过程实质是从波场数据中不断深入挖掘缺陷信息的过程。波场分析技术缺陷检测主要经历了三个发展阶段。在波场中，兰姆波的传播特性以及因缺陷存在波场信号的传播异常可被直观看出，根据波场信号传播异常定性判别缺陷的有无，这是波场分析技术的第一阶段。第二阶段是缺陷信息的提取。通常，缺陷的体积较小，缺陷散射信号能量较弱，极易被能量较强的入射信号淹没，使得不易从原始波场信号中直接识别出缺陷；或者缺陷散射信号和入射信号相互作用，使得缺陷附近的波场信号较混乱，不易识别出缺陷的具体位置。因此首先需要对原始波场信号进行预处理，削弱入射信号或其他与缺陷无关的信息，只保留缺陷信息。最后在波场中可以看到较为纯净的缺陷散射信号，结合能量法最终实现缺陷的突出显示。第三阶段是缺陷的定量检测。在前两个阶段对原始波场信号传播特性的揭示和对波场信号预处理的基础上，运用先进的缺陷成像算法（如局部波数估计算法、波数自适应滤波成像算法）可实现缺陷尺寸及深度的定量评估。

上述研究成果主要是基于波场数据直接运用能量法对缺陷成像，或者是先利用一些信号预处理算法保留缺陷信息然后运用能量法进行缺陷成像。值得注意的是，上述方法可用于缺陷识别以及大小的评估，但无法对缺陷深度进行定量评估。缺陷的存在会引起板结构厚度的变化，对于特定模态和中心频率下的兰姆波信号在经过缺陷时则体现为波数的改变。

波场检测是利用激光超声检测技术中激光束的高空间分辨率特性对检测区域进行扫描得到波场信号。研究中可以基于压缩感知算法或将二进制搜索技术和压缩感知算法结合的方式提升波场信号的获取效率。波场信号成像算法主要有时域波场成像算法和波数域波场成像算法两种。时域波场成像算法采用均方根或累计能量法对波场幅值信息进行分析，观察缺陷反射成分，代表算法有时域参数积分成像算法。波数域波场成像算法采用多维傅里叶变换或加窗多维傅里叶变换将波场信号由时间-空间域转换到空间-波数域、频率-波数域或空间-频率-波数域进行缺陷尺寸的精确成像，代表算法有波数滤波算法、频率-波数分析算法、空间-频率-波数分析算法、空间波数滤波算法、局部波数域分析算法等。

3.4 智能导波成像技术

在结构完整性评价中，缺陷识别主要分为特征提取和分类器设计两个步骤。特征提取采用时频和时域分析技术，包括动态小波指纹、小波变换（如连续小波变换（continuous wavelet transform, CWT）、离散小波变换（discrete wavelet transform, DWT）和小波包分解）、统计特征。然而，使用这些技术进行特征提取的处理可能非常耗时，并且不能确保特征数据最适合于映射结构的状态。此外，这些方法的可用数据集可能会导致过度训练。因此，人们开发了许多技术来优化特征提取过程。主成分分析（principal component analysis, PCA）是用于特征约简的最广泛的线性映射技术之一。非线性映射技术遵循最小化初始和检测/监测特征空间点间距离差异的标准来降低维数，包括 Sammon 映射、自组织地图和生成地形图。本节将重点介绍在结构完整性评估中比较受关注的模式识别模型，如支持向量机、贝叶斯方法、神经网络以及进化算法。

3.4.1　支持向量机

支持向量机(support vector machine, SVM)是一种监督学习分类器，它利用核函数在高维特征空间中形成假设空间进行线性和非线性分类。支持向量机原理示意图如图 3.5 所示。核函数可能是线性的、多项式的、S 形的或自定义的核函数。给定一组属于两个类别的训练样例，SVM 训练算法建立一个模型，将这些样例分配到一个类别或另一个类别。在这种情况下，支持向量机是一种非概率二元线性分类器，在实际应用中并不常见。对于非线性分类和回归问题，输入数据被映射到另一个使用非线性映射函数 ϕ 和正常线性支持向量机的线性可分空间。最小二乘支持向量机(least squares support vector machine, LS-SVM)是支持向量机的改进版本，可以提高复杂问题的收敛速度。LS-SVM 的通式可表示为

$$y(\boldsymbol{x}) = \boldsymbol{w}^{\mathrm{T}}\phi(\boldsymbol{x}) + b \tag{3.3}$$

式中：$\phi(\cdot)$——非线性映射函数；

$\boldsymbol{w} \in \mathbf{R}^n, b \in \mathbf{R}$——模型参数。

SVM 在存在噪声的情况下是一种鲁棒的分类器，并且比人工神经网络(artificial neural network, ANN)计算效率更高。

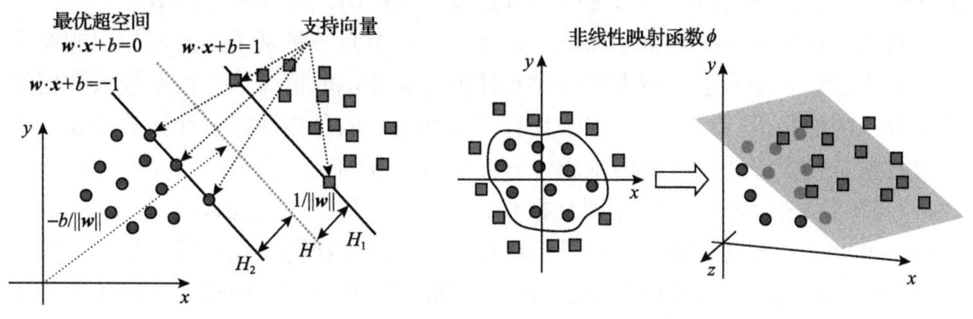

图 3.5　支持向量机原理示意图

3.4.2　贝叶斯方法

贝叶斯(Bayes)定理通过似然函数将先验信息和对相关参数的观测相结合，以更新感兴趣参数的分布，其中模型参数 u 可以使用观测数据 θ 进行更新，表示为

$$q(u) \propto p(u)p(\theta \mid u) \tag{3.4}$$

式中：$p(u)$——模型参数 u 的先验分布；

$p(\theta|u)$——似然函数；

$q(u)$——更新参数 u 的后验分布。

贝叶斯方法是一种概率检测技术，它能够考虑损伤检测/监测中测量不确定性、模型参数不确定性等不确定性，它是一种基线裂纹尺寸量化模型，也可用于更一般和更复杂的结构。利用试验数据得到了模型参数的先验分布。多元回归模型中参数的后验分布和 θ 的后验分布表示为

$$q(\theta|x_1,x_2,\cdots,x_n)\propto p(\theta)\left(\frac{1}{\sqrt{2\pi}\sigma_\varepsilon}\right)^n\cdot\exp\left\{-\frac{1}{2}\sum_{i=1}^{n}\left[\frac{x_i-M(\theta)}{\sigma_\varepsilon}\right]^2\right\} \tag{3.5}$$

式中：$M(\theta)$——描述信号特征和损伤信息之间关系的参数化模型；

σ_ε——误差项的标准偏差。

利用模型预测与现场观测的差异，利用贝叶斯成像方法(Bayesian imaging method, BIM)构建似然函数。该结构被离散成许多小单元，每个单元被分配一个相关的损伤概率，如位置和大小。结合参数的先验信息，可以得到参数的整体后验分布。利用马尔可夫链蒙特卡罗方法生成的样本估计各参数的边际后验分布。给定参数样本，使用落入每个单元的样本数量与样本总数的比例计算每个单元的损伤概率。根据损伤概率分布可以构造直接表示损伤位置和大小的图像。

高斯混合模型(Gaussian mixture model, GMM)是一种基于无监督学习的概率静态不确定性表征方法。该方法在没有任何先验知识的情况下，根据输入数据的概率分布的性质进行组织。该方法具有对不确定性的鲁棒性好、计算效率高、模型参数数量较少等优点。采用主成分分析法对提取的受激兰姆波的多统计特征参数进行降维，然后使用 GMM 训练损伤识别系统，提取了包括均方根(root mean square, RMS)、方差、偏度、峰度、峰峰值和 K 因子在内的几个统计特征参数，作为 GMM 处理的兰姆波识别模型的输入。Qiu 等[6]提出了一种时变边界条件下飞机机翼损伤评估的在线更新高斯混合模型，其公式表示为

$$\phi(\boldsymbol{f}_r|\boldsymbol{\mu},\boldsymbol{\Sigma})=\sum_{i=1}^{C}\omega_i\phi_i(\boldsymbol{f}_r|\boldsymbol{\mu}_i,\boldsymbol{\Sigma}_i) \tag{3.6}$$

$$\phi_i(\boldsymbol{f}_r|\boldsymbol{\mu}_i,\boldsymbol{\Sigma}_i)=\frac{1}{(2\pi)^{d/2}}\exp\left[-\frac{1}{2}(\boldsymbol{f}_r-\boldsymbol{\mu}_i)^{\mathrm{T}}\sum_{i=1}^{C}(\boldsymbol{f}_r-\boldsymbol{\mu}_i)\right] \tag{3.7}$$

式中：$\boldsymbol{f}_r$——样本集中的一个 d 维样本，其中 $\boldsymbol{f}_r=\{\boldsymbol{f}_1,\boldsymbol{f}_2,\cdots,\boldsymbol{f}_d\}^{\mathrm{T}}$，$r=1, 2,\cdots,k$，$\boldsymbol{f}=\{\boldsymbol{f}_1,\boldsymbol{f}_2,\cdots,\boldsymbol{f}_k\}$ 是由 k 个独立随机样本组成的随机样本集；

$\boldsymbol{\mu}_i$，$\boldsymbol{\Sigma}_i$，ω_i——第 i 个高斯分量的均值矩阵、协方差矩阵和混合权值，

$i=1, 2,\cdots,C$；

C——高斯分量的个数；

$\phi_i\left(\boldsymbol{f}_r \mid \boldsymbol{\mu}_i,\boldsymbol{\Sigma}_i\right)$——每个高斯分量的概率密度，是一个 d 维高斯函数。

3.4.3　神经网络

神经网络由人工神经元构成的布局组成，这些神经元称为节点。相邻层中的这些节点以不同的强度(权重)相互连接。权重值高表示连接强，反之亦然。图 3.6 是一个三层神经网络的原理图，其中三层神经网络及其前向传播和反向传播分别绘制在图 3.6(a)、(b)和(c)中。节点有三种类型：输入节点、隐藏节点和输出节点。除了输入层外，每个节点都有一个传递函数，用于将输入数据传递到相邻布局中的连接节点。神经网络分类器中使用的典型传递函数有单位阶跃(阈值)、S 形函数、分段线性函数和高斯函数。神经网络的训练包括前向传播和反向传播。在前向传播过程中，输入节点将特征数据输入模型。信息以激活值的形式呈现，其中每个节点都有一个值，值越高，激活程度越高。基于权值、抑制或激励函数以及传递函数，激活值在节点间传递，对每个节点的激活值求和，然后根据其传递函数对该值进行修改。激活值通过网络以及隐藏层，直至到达输出节点。然后利用梯度下降算法对输出值与实际值之间的差值(误差)进行反向传播，直到满足一个停止阈值。诊断效率和精度高度依赖于网络结构。传统的人工神经网络已被用于缺陷识别，如焊接缺陷、复合材料结构分层、复合材料板结构健康监测等。

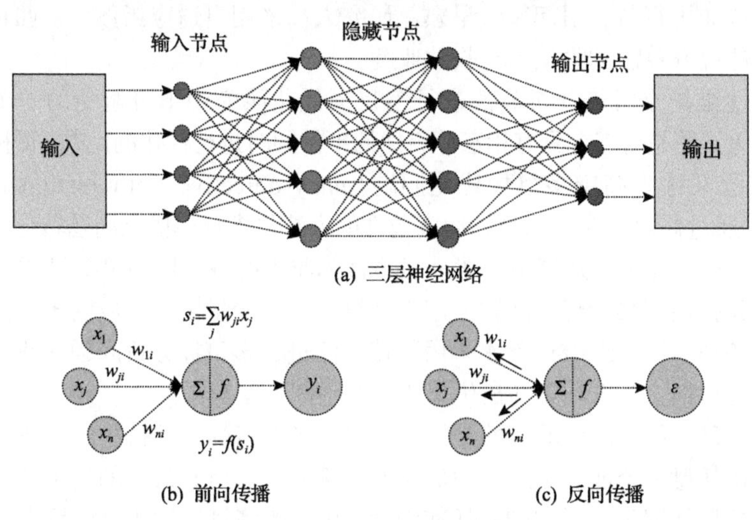

图 3.6　三层神经网络原理图

得益于神经网络的灵活配置，研究人员开发了多种用于结构完整性评估的神经网络。概率神经网络(probabilistic neural network, PNN)将贝叶斯决策策略与概率密度函数的 Parzen 非参数估计器相结合，其中概率神经网络的解释是以概率密度函数形式进行的。用于对模式进行分类决策策略的一个公认规范是，它们将“预期风险”降至最低。

3.4.4 进化算法

进化算法通过模拟自然界生物的进化策略进行数学问题分析，目标函数和约束函数可以是非线性、不可微或不连续的，具有无须求偏导、原理简单、并行执行、搜索效率高等优点。相对于数值计算方法，可用于连续值或约束集分析和变化环境问题的计算；易于同传统分析技术或先验知识结合提升方案在解状态空间的搜索和分析能力。其在优化、设计、建模等一系列计算任务中有着大量运用，并且能用于解决人类专家不熟悉领域中的问题。进化算法主要包括粒子群算法、蚁群算法、蜂群算法、布谷鸟搜索算法、遗传算法等，在无损检测研究领域中被应用于超声信号特征参数分析、材料属性反演、传感器优化设计及检测阵列优化等方面[7-10]。

遗传算法是进化算法的一种，通过模拟自然界生物遗传特性进行工程数学问题的分析，有经典遗传算法和差分进化算法两种主要形式。算法在应用中需要结合具体的工程问题进行优化函数模型及约束条件的设计；在执行中需要关注收敛性及多样性维护两个方面的问题。

遗传算法是一种非约束优化算法，传统的交叉、变异操作在约束优化问题分析中会形成非可行解，引起算法早熟。研究人员采用自适应函数、双曲正切函数等多种办法提升算法的收敛率与收敛速度。

多样性维护是智能分析算法进行多目标优化研究中不可避免的一个问题。多目标优化问题是对多个具有相互冲突性的事件同时进行优化的问题，目标数大于 4 个的问题又称为高维多目标优化问题(many-objective optimization problem, MOOP)。通过修改适应度函数和约束条件的方法将多目标优化问题转化为单目标问题进行分析，在单次运算中查找一组多目标非支配解。1896 年，法国经济学家 Pareto 最先提出多目标优化问题，用于计算多决策变量函数对应的多目标函数的优化解。1985 年，Schaffer 首次采用遗传算法进行多目标分析问题的研究。多目标维护方法包括：基于帕累托最优集法、解空间分割算法。

求解多目标优化问题的目的是找到一组在各个目标上的折中解，决策者从该解集中选择任意一个或多个解作为最终的决策方案。所有最优的折中解构成该问题的帕累托最优解集，形成帕累托前沿面。90%的多目标优化算法旨在分析问题的真实帕累托前沿，70%的元启发方法是基于进化算法的。当目标维数超过 4 时，基于帕累托的多目标优化算法难以收敛甚至不收敛。种群非支配解的数目随目标维数的增加迅速上升，此时帕累托支配关系对最优解的选择压力骤减。

基于解空间分割的算法将研究目标分解成一组相关的单目标问题，通常采用权重向量及其欧氏距离确定各单目标问题之间的领域关系，通过协作的方式优化所有单目标问题。算法强调从领域中选择父个体，通过交叉操作产生新的个体，并在领域中按一定的规则更新种群。进化过程中某一子问题的高质量解对应的基因信息就会迅速扩散至领域内其他个体，以加快种群的收敛速度。

参 考 文 献

[1] 陈洪磊. 参数化兰姆波检测信号处理与缺陷定位算法研究. 北京: 北京工业大学, 2020.

[2] 刘增华, 马春雷, 陈洪磊, 等. 密集型矩形阵列参数对激光 Lamb 波成像的影响分析. 振动与冲击, 2020, 39(14): 87-93.

[3] 陈洪磊, 刘增华, 吴斌, 等. 基于密集阵列的参数化 Lamb 波检测技术研究. 机械工程学报, 2021, 57(20): 20-28.

[4] Liu Z H, Feng X J, He C F, et al. Quantitative rectangular Notch detection of laser-induced Lamb waves in aluminium plates with wavenumber analysis. Transactions of Nanjing University of Aeronautics and Astronautics, 2018, 35(2): 244-255.

[5] 刘增华, 冯雪健, 陈洪磊, 等. 基于波数分析的激光 Lamb 波缺陷检测试验研究. 机械工程学报, 2018, 54(18): 23-32.

[6] Qiu L, Yuan S F, Chang F K, et al. On-line updating Gaussian mixture model for aircraft wing spar damage evaluation under time-varying boundary condition. Smart Material Structures, 2014, 23(12): 125001.

[7] Chen H L, Liu Z H, Wu B, et al. An intelligent algorithm based on evolutionary strategy and clustering algorithm for Lamb wave defect location. Structural Health Monitoring, 2021, 20(4): 2088-2109.

[8] Liu Z H, Lu Z J, Jiang W S, et al. Damage imaging of a U-shaped boom using improved periodic permanent magnet electromagnetic acoustic transducers. Nondestructive Testing and Evaluation, 2023, 38(6): 977-1005.

[9] Chen H L, Liu Z H, Gong Y, et al. Evolutionary strategy-based location algorithm for high-resolution Lamb wave defect detection with sparse array. IEEE Transactions on Ultrasonics, Ferroelectrics, and Frequency Control, 2021, 68(6): 2277-2293.

[10] Liu Z H, Chen H L. Application and challenges of signal processing techniques for Lamb waves structural integrity evaluation: Part B-defects imaging and recognition techniques//Structural Health Monitoring from Sensing to Processing. London: IntechOpen, 2018: 87-115.

第4章　超声导波稀疏阵列成像技术

本章主要介绍基于稀疏阵列的不同成像算法对板中缺陷进行成像定位的方法。在此基础上介绍基于电磁声传感器稀疏阵列、磁致伸缩 EMAT 稀疏阵列(含 MPT 阵列)、激光超声稀疏阵列的铝板和复合材料板中的缺陷成像检测。

4.1　成像原理与算法实现

稀疏传感器阵列所需分布于结构中的传感器单元数量较少，利用有限的传感器单元可实现缺陷的有效识别和定位，具有大范围缺陷检测的可能性，在超声导波板中缺陷检测与成像技术中具有较好的应用潜力[1, 2]。

4.1.1　损伤概率成像方法

损伤概率成像方法的传感路径网络及成像原理[3]见图 4.1。以传感器 T_i 作为激励源、T_j 作为接收源为例，记为 $T_i \to T_j$。由于检测区域内每个离散坐标点出现损伤的概率值与它到每个激励和接收散射路径有关，将 $T_i \to T_j$ 传感路径上损伤指数值通过加权分布函数映射到整个待测区域中所有离散点上，定义任意离散点 (x, y) 出现损伤的概率值为 $\mathrm{DI}_{ij} E\left(R_{ij}(x, y)\right)$，所有离散点 (x, y) 映射完成即可得到单元成像结果 $P_{ij}(x, y)$。若传感器阵列单元的个数为 N，则共有 $A_N^2 = N(N-1)$ 条传感路径和 $N(N-1)$ 个单元成像结果，通过数据融合方法(见 4.1.3 节)对每个离散点 (x, y) 相应幅值进行相加或相乘，即可得到幅值全加成像结果 $P_{\mathrm{Add}}(x, y)$ 和幅值全乘成像结果 $P_{\mathrm{Mul}}(x, y)$：

$$P_{\mathrm{Add}}(x, y) = \sum_{i=1}^{N} \sum_{j=1, j \neq i}^{N} P_{ij}(x, y) = \sum_{i=1}^{N} \sum_{j=1, j \neq i}^{N} \mathrm{DI}_{ij} E\left(R_{ij}(x, y)\right) \tag{4.1}$$

$$P_{\mathrm{Mul}}(x, y) = \prod_{i=1}^{N} \prod_{j=1, j \neq i}^{N} P_{ij}(x, y) = \prod_{i=1}^{N} \prod_{j=1, j \neq i}^{N} \left(\mathrm{DI}_{ij} E\left(R_{ij}(x, y)\right) + C\right) \tag{4.2}$$

式中：N——传感器的数量；

P_{ij}——传感器 T_i 激励、T_j 接收时基于损伤概率成像方法的成像结果；

DI_{ij}——传感路径 $T_i \to T_j$ 下的损伤因子，其大小表征损伤状况；

$E\left(R_{ij}(x,y)\right)$——加权分布函数在离散点$(x,y)$上的映射结果；

C——常数。

若有一个路径上的单元成像结果中某个像素点为 0，无论其余传感路径上该单元成像结果中该像素点为何值，通过幅值全乘法融合的成像结果中该像素点值依然为 0。由于远离缺陷传感路径会使缺陷位置处像素点值可能为 0，造成缺陷定位出现偏差，所以在利用幅值全乘法时，需要给所有传感路径上单元成像结果加一个常数C，避免了上述情况的出现，从而实现缺陷的有效定位。

加权分布函数 E 的自变量 $R_{ij}(x,y)$ 是通过散射路径与直达波路径之比减 1 来定义：

$$R_{ij}(x,y)=\frac{\sqrt{\left(x_i-x\right)^2+\left(y_i-y\right)^2}+\sqrt{\left(x_j-x\right)^2+\left(y_j-y\right)^2}}{\sqrt{\left(x_i-x_j\right)^2+\left(y_i-y_j\right)^2}}-1 \tag{4.3}$$

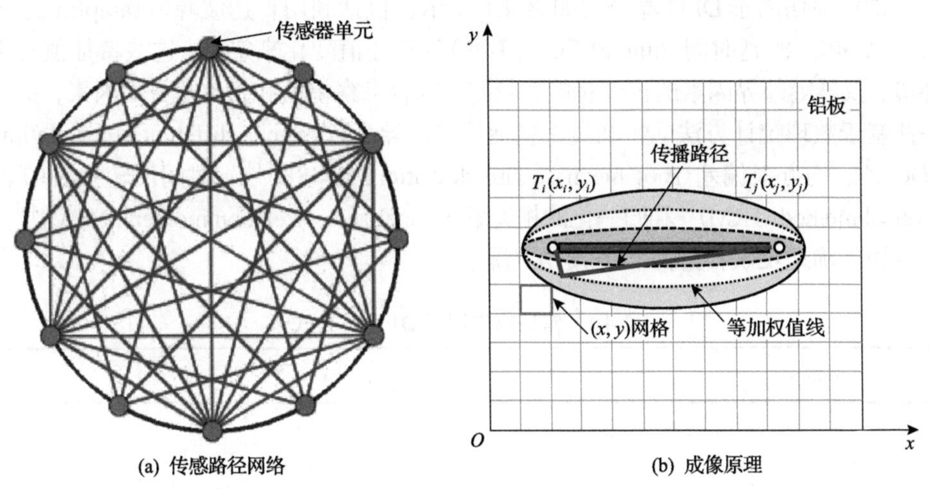

(a) 传感路径网络　(b) 成像原理

图 4.1　损伤概率成像方法的传感路径网络及成像原理示意图

关于加权分布函数的定义，采用式(4.4)进行表征[4, 5]，利用参数β确定成像椭圆的大小以及椭圆内各像素点损伤指数的衰减程度。通过多次实验测试，β取 0.08：

$$E\left(R_{ij}(x,y)\right)=\begin{cases}1-\dfrac{R_{ij}(x,y)}{\beta}, & R_{ij}(x,y)\leqslant\beta\\ 0, & R_{ij}(x,y)>\beta\end{cases} \tag{4.4}$$

图 4.2 为 DI_{ij} 取 1 时，加权分布函数在任意离散点中的映射结果，可以看出直达路径上存在缺陷的权值最大，并且距离直达路径越远的椭圆轨迹，存在缺陷的权值就越小。

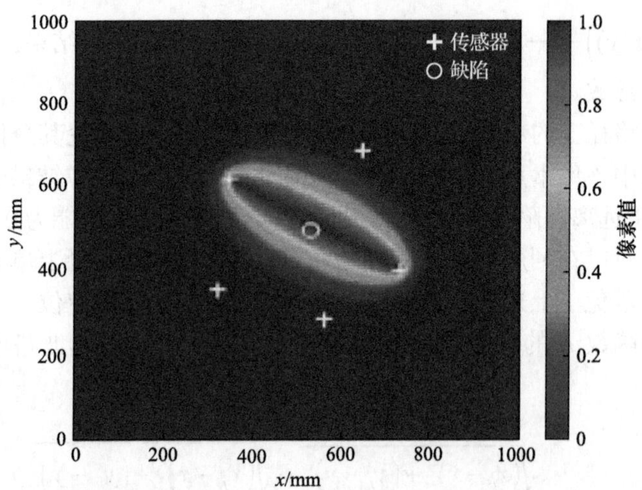

图 4.2　加权分布函数在任意离散点中的映射结果

常见损伤因子 DI 计算公式如表 4.1 所示，包括利用直达波峰值(amplitude of peak, AOP)、渡越时间(time of flight, TOF)等特征值变化来定义，这些特征值对于环境、仪器等外界因素的抗干扰能力较差。综合考察幅值和相位两方面因素，提取一些基于数理统计方法的特征量，包括信号差异系数(signal difference correlation, SDC)[3]、均方根偏差(root mean square deviation, RMSD)[4]、时间反转方法(time reversal method, TRM)[5]和归一化的相关矩(normalized correlation moment, NCM)[6]，能更加准确地反映传感路径的损伤状况。

表 4.1　常见损伤因子 DI 计算公式

名称	表达式	
AOP	$\mathrm{DI}=A_1-A_2$	(4.5)
AOP+TOF[7]	$\mathrm{DI}=(A_1-A_2)(T_{F1}-T_{F2})$	(4.6)
RMSD[4]	$\mathrm{DI}=\int[f_2(t)-f_1(t)]^2\mathrm{d}t\Big/\int[f_1(t)]^2\mathrm{d}t$	(4.7)
TRM[5]	$\mathrm{DI}=1-\left\lvert\int_{t_0}^{t_1}I(t)V(t)\mathrm{d}t\right\rvert\Big/\sqrt{\int_{t_0}^{t_1}I^2(t)\mathrm{d}t\int_{t_0}^{t_1}V^2(t)\mathrm{d}t}$	(4.8)
SDC[3]	$\mathrm{DI}=1-\mathrm{Cov}(f_1,f_2)\big/(\sigma_{f_1}\sigma_{f_2})$	(4.9)
NCM[6]	$\mathrm{DI}=\dfrac{\int_0^T\tau^n\lvert r_{xy}(\tau)\rvert\mathrm{d}\tau\int_0^T\tau^n\lvert r_{xx}(\tau)\rvert\mathrm{d}\tau}{\int_0^T\tau^n\lvert r_{xx}(\tau)\rvert\mathrm{d}\tau}$	(4.10)

4.1.2　椭圆成像方法

椭圆成像方法如图 4.3 所示，T_1、T_2 和 T_3 为传感器，D_1 为缺陷，每个传感器的工作方式都为一激一收，当传感器 T_1 发出的信号遇到缺陷 D_1 时，有一部分散射信号被传感器 T_2 接收到。在时域信号中，可以得到从传感器 T_1 激励出超声波到遇到缺陷 D_1 散射被传感器 T_2 接收的时间 t。利用频散曲线求得所产生模态的群速度 c_{g}，基于渡越时间法，计算出缺陷 D_1 到传感器 T_1 和 T_2 的距离和为

$$d = c_{\mathrm{g}} t \tag{4.11}$$

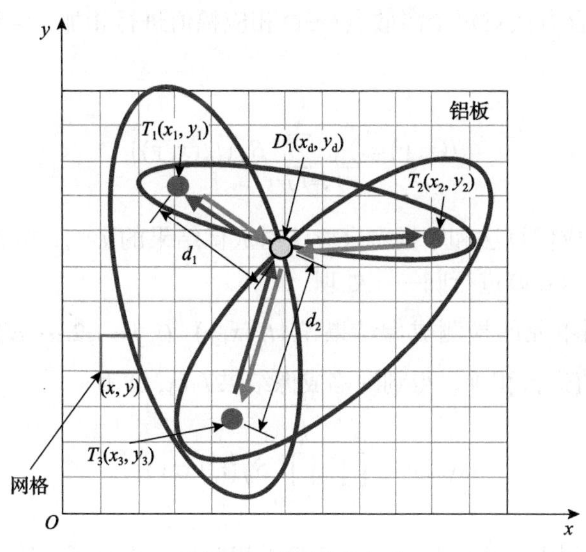

图 4.3　椭圆成像方法

由椭圆的定义可知，缺陷位于以传感器 T_1 和 T_2 为焦点且到两焦点距离和为 d 的椭圆轨迹上，利用多组不同位置的传感器对，可形成多个椭圆轨迹，它们的交点为缺陷存在的位置。此即为椭圆定位的原理，在此基础上，发展出了椭圆成像方法。

首先将板结构分割成如图 4.3 所示的离散单元，传感器 T_i 发出的信号从坐标点为 (x_i, y_i) 处开始传播至板中每个离散点 (x, y)，再次被传感器 T_j 接收的时间 $t_{ij}(x, y)$ 为

$$t_{ij}(x, y) = t_0 + \frac{\sqrt{(x_i - x)^2 + (y_i - y)^2} + \sqrt{(x_j - x)^2 + (y_j - y)^2}}{c_{\mathrm{g}}} \tag{4.12}$$

式中：t_0——激励信号包络峰值对应的时间点。

为了去除直达波以及端面反射信号对成像效果的影响，往往需要将有损状况下采集的信号与健康状况下采集的信号做差，获取散射信号 $s_{ij}(t)$，并取包络得到包络幅值信号 $S_{ij}(t)$。将检测信号 $t_{ij}(x,y)$ 时刻对应的包络幅值 $S_{ij}(t)$ 赋值给板中每个离散点 (x,y)，得到传感器 T_i 激励、T_j 接收时的检测成像结果 $S_{ij}\left(t_{ij}(x,y)\right)$。一组传感器只能判断缺陷所在椭圆的轨迹。为了确定缺陷的位置，需要将多组传感器检测成像结果进行融合，才能实现缺陷的定位。如果共有 N 个传感器，将任意两个传感器 T_i 激励、T_j 接收作为一个单元，那么共有 $A_N^2 = N(N-1)$ 组单元成像结果，利用数据融合方法对每个离散点 (x,y) 相应幅值进行相加，得到缺陷成像结果 $I(x,y)$ 为

$$I(x,y) = \sum_{i=1}^{N} \sum_{j=1, j\neq i}^{N} S_{ij}\left(t_{ij}(x,y)\right) \tag{4.13}$$

为对比不同成像算法和数据融合方法对成像结果的影响，方便阈值的统一选取，将成像结果 $I(x,y)$ 进行归一化处理。

对所有阵列单元的检测成像结果 $S_{ij}\left(t_{ij}(x,y)\right)$ $(i,j=1,2,\cdots,N)$ 中每个离散点 (x,y) 的相应幅值进行相乘，得到缺陷成像结果 $I_2(x,y)$ 为

$$I_2(x,y) = \prod_{i=1}^{N} \prod_{j=1, j\neq i}^{N} S_{ij}\left(t_{ij}(x,y)\right) \tag{4.14}$$

幅值全乘法利用乘法运算极大地消除干扰信号，提高了缺陷位置对比度，但需注意，幅值全乘法可能出现缺陷漏检，这是因为如果有一个传感器没有接收到缺陷反射回波，则无论其他路径扫查结果为多少，该阵列单元检测成像结果 $S_{ij}\left(t_{ij}(x,y)\right)$ 对应的板中每个单元幅值为零，通过相乘，成像结果均为零。因此，可以增加阵列单元数量，降低漏检可能。

4.1.3 圆弧成像方法

圆弧成像方法如图 4.4 所示，T_1、T_2 和 T_3 为传感器，D_1 为缺陷，每个传感器的工作方式都为自激自收，当传感器 T_1 发出的信号遇到缺陷 D_1 时，缺陷 D_1 会相当于新波源，沿 360°方向发出散射信号，有一部分散射信号沿着原路径返回，再次被传感器 T_1 接收到。在时域信号中，可以得到从传感器 T_1 激励出超声波到遇到缺陷 D_1 散射后再次接收的时间 t，利用频散曲线求得所产生模态的群速度 c_{g}，基

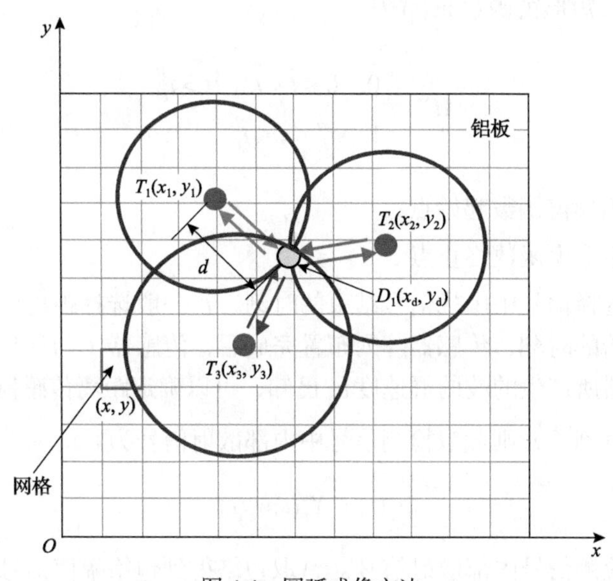

图 4.4　圆弧成像方法

于 TOF，计算出传感器 T_1 到缺陷 D_1 的距离为

$$d = c_g t / 2 \tag{4.15}$$

缺陷位于以传感器 T_1 为圆心以距离 d 为半径的圆周上，利用在不同位置的多个传感器，可以形成多个圆轨迹，它们的交点为缺陷存在的位置，此为圆弧定位的原理。

首先，将板结构分割成如图 4.4 所示的离散单元，单元越小，图像分辨率越高，数据处理量越大，在保证成像质量的前提下，选择合适的单元尺寸来提高检测效率。第 i 个传感器 T_i 发出的信号从坐标点为 (x_i, y_i) 处开始传播至板中每个离散点 (x, y)，再次被传感器 T_i 接收的时间 $t_i(x, y)$ 为

$$t_i(x, y) = t_0 + \frac{2\sqrt{(x_i - x)^2 + (y_i - y)^2}}{c_g} \tag{4.16}$$

式中：t_0——激励信号包络峰值对应的时间点；

c_g——超声导波在待测结构中传播的群速度。

通过对传感器 i 采集的原始信号 $x_i(t)$ 进行预处理，降低噪声对有效信号的影响，提取包含损伤信息的信号 $X_i(t)$。在此，时域波形由三部分组成：串扰信号、内部散射信号和端面反射信号。为了消除串扰信号和端面反射信号对缺陷成像结

果的影响，定义矩形窗函数 $w_i(t)$ 为

$$w_i(t)=\begin{cases}0, & 0\leqslant t<t_i^a,\ t>t_i^b \\ 1, & t_i^a\leqslant t\leqslant t_i^b\end{cases} \tag{4.17}$$

式中：t_i^a——矩形窗函数起始点；

t_i^b——矩形窗函数终止点。

t_i^a 一般选择信号中串扰信号结束的时刻。t_i^b 一般选择距离传感器 i 最近端面反射回波开始的时刻，传感器阵列布置完成后，传感器 i 与最近边界的距离即可确定，传感器所产生的波的群速度 c_g 已知，可以确定距离传感器 i 最近端面反射回波开始的时刻 t_i^b，则截取检测信号中内部散射信号为

$$s_i(t)=X_i(t)w_i(t) \tag{4.18}$$

对截取的检测信号内部散射信号 $s_i(t)$ 取包络得到包络幅值信号 $S_i(t)$，将检测信号在 $t_i(x,y)$ 时刻对应的包络幅值 $S_i(t)$ 赋值给板中每个离散点 (x,y)，得到传感器 i 的检测成像结果 $S_i\left(t_i(x,y)\right)$。一个传感器只能判断缺陷所在圆的轨迹，为了确定缺陷的位置，需要将多个传感器检测成像结果按照以下三种方法进行数据融合，使缺陷的特征信息较为清晰地显现出来，从而进行板中的缺陷定位检测及成像。

1. 幅值全加法

对所有传感器的检测成像结果 $S_i\left(t_i(x,y)\right)(i=1,2,\cdots,N)$ 中每个离散点 (x,y) 相应的幅值相加，得到缺陷成像结果 $I(x,y)$ 为

$$I(x,y)=\sum_{i=1}^{N}A_iS_i\left(t_i(x,y)\right) \tag{4.19}$$

式中：N——传感器阵列单元的数量；

A_i——对不同传感器性能差异进行补偿的系数，取幅值归一化系数。

$$A_i=1/\max\left(S\left(t_i(x,y)\right)\right) \tag{4.20}$$

幅值全加法简单有效，运算速度快，能较好地反映大面积损伤，但成像结果中往往存在一些干扰，容易产生赝像，降低缺陷处幅值在成像结果中的对比度。

2. 幅值全乘法

将所有传感器的检测成像结果 $S_i\left(t_i(x,y)\right)(i=1,2,\cdots,N)$ 中每个离散点 (x,y) 相

应的幅值相乘，得到缺陷成像结果 $I(x,y)$ 为

$$I(x,y)=\prod_{i=1}^{N}A_iS_i\left(t_i(x,y)\right) \tag{4.21}$$

幅值全乘法利用乘法运算使得干扰信号得到极大地消除，提高了缺陷位置对比度，但如果有一个传感器没有接收到缺陷反射回波，则无论其他路径的扫查结果为多少，该传感器检测成像结果 $S_i\left(t_i(x,y)\right)$ 对应的板中每个单元幅值都为零，通过相乘，缺陷信息就可能丢失，出现缺陷漏检的可能。

3. 幅值加乘组合法

对所有传感器的检测成像结果 $S_i\left(t_i(x,y)\right)(i=1,2,\cdots,N)$ 中每个离散点 (x,y) 的相应幅值进行相加与相乘组合运算，定义乘法数为 m，即将 N 个成像结果 $S_i\left(t_i(x,y)\right)$ 中的任意 m 个相乘，将得到的 C_N^m 个乘积再相加，得到缺陷成像结果 $I(x,y)$。当 $m=1$ 时，成像结果与幅值全加法结果相同。当 $m=N$ 时，成像结果与幅值全乘法结果相同。以乘法数 $m=2$ 为例，将 N 个成像结果 $S_i\left(t_i(x,y)\right)$ 中的任意两个相乘，将得到的 C_N^2 个乘积相加，得到缺陷成像结果 $I(x,y)$ 为

$$I(x,y)=\sum_{i=1,\,j>i}^{N}A_iS_i\left(t_i(x,y)\right)\times A_jS_j\left(t_j(x,y)\right) \tag{4.22}$$

幅值加乘组合法可以通过优化乘法数 m，有效克服幅值全加法和幅值全乘法的缺点，综合了幅值全加法和幅值全乘法各自的优点，一定程度上提高了检测结果的可靠性。

为便于量化板中每个单元的能量值，对不同数据融合方法进行比较，对最后成像结果 $I(x,y)$ 作归一化处理，使其分布在 0～1。为了去除噪声信息，提高缺陷位置对比度，在成像算法中引入阈值常数 K，得到最终成像结果 $I_T(x,y)$ 为

$$I_T(x,y)=\begin{cases}0, & I(x,y)\leqslant K\\ I(x,y), & I(x,y)>K\end{cases} \tag{4.23}$$

当成像结果 $I(x,y)\leqslant K$ 时，$I_T(x,y)=0$，当成像结果 $I(x,y)>K$ 时，$I_T(x,y)=I(x,y)$。

4.1.4　双曲线成像方法

双曲线成像方法如图 4.5 所示，T_1、T_2 和 T_3 为传感器，D_1 为缺陷，每个传感器的工作方式都为一激一收。将三个传感器作为一个单元，一个作为激励源，另

外两个作为接收源。传感器 T_1 发出的信号与缺陷 D_1 相互作用后，散射信号分别被传感器 T_2 和 T_3 接收到。在时域信号中，可以得到从传感器 T_1 激励出超声波到遇到缺陷 D_1 散射被传感器 T_2 接收的时间 t_1，从传感器 T_1 激励出超声波到遇到缺陷 D_1 散射被传感器 T_3 接收的时间 t_2。利用频散曲线求得所产生模态的群速度 c_{g}，通过渡越时间，计算出缺陷 D_1 到传感器 T_2 和传感器 T_3 的距离差为

$$d = c_{\mathrm{g}} \left| t_2 - t_1 \right| \tag{4.24}$$

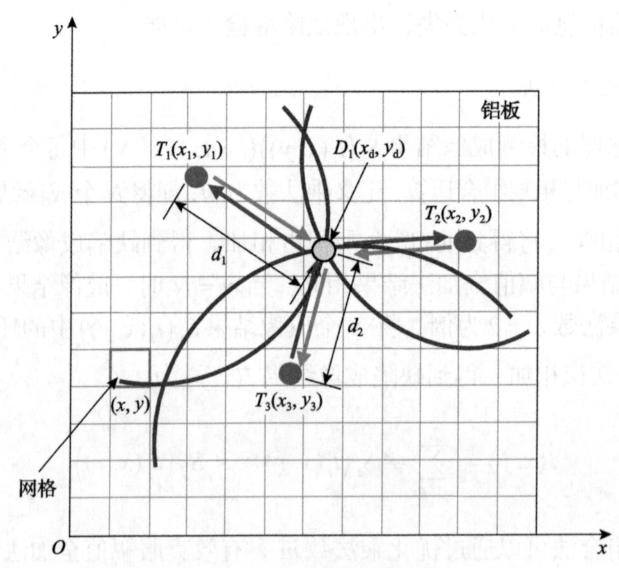

图 4.5　双曲线成像方法

由双曲线的定义可知，缺陷位于以传感器 T_2 和 T_3 为焦点且到两焦点距离差为 d 的双曲线轨迹上，利用在不同位置的多个传感器，可以形成多个双曲线轨迹，则它们的交点为缺陷存在的位置，此为双曲线定位的原理。

假设传感器 T_k 作为激励，传感器 T_i 和 T_j 获取的散射信号分别为 $s_{ki}(t)$ 和 $s_{kj}(t)$，其信号的长度为 t_L，记散射信号 $s_{ki}(t)$ 和 $s_{kj}(t)$ 的互相关系数为 $r_{ki,kj}(t)$，信号 $s_{kj}(t)$ 和 $s_{ki}(t)$ 的互相关系数为 $r_{kj,ki}(t)$，其长度变为散射信号的两倍，即 $2t_L$，分别取包络得到互相关系数包络幅值信号 $R_{ki,kj}(t)$ 和 $R_{kj,ki}(t)$。首先将铝板分割成如图 4.5 所示的离散单元，传感器 T_k 从点 (x_k, y_k) 发出信号传播至铝板中离散点 (x, y) 后再被传感器 T_i 接收的时间为 $t_{ki}(x, y)$，传感器 T_k 从点 (x_k, y_k) 发出信号传播至铝板中离散点 (x, y) 后再被传感器 T_j 接收的时间为 $t_{kj}(x, y)$，而 $t_{ki}(x, y)$ 与 $t_{kj}(x, y)$ 的时间差 $\Delta t_{ij}(x, y)$ 为

$$\Delta t_{ij}(x,y)=\frac{\sqrt{\left(x_i-x\right)^2+\left(y_i-y\right)^2}-\sqrt{\left(x_j-x\right)^2+\left(y_j-y\right)^2}}{c_{\mathrm{g}}} \tag{4.25}$$

当 $\Delta t_{ij}(x,y)<0$ 时，将 $|\Delta t_{ij}(x,y)|$ 时刻对应的包络幅值 $R_{ki,kj}(t)$ 赋值给铝板中每个离散点 (x,y)，得到部分单元成像结果 $R_{k-ij}\left(t_0+|\Delta t_{ij}(x,y)|\right)$；当 $\Delta t_{ij}(x,y)>0$ 时，将 $\Delta t_{ij}(x,y)$ 时刻对应的包络幅值 $R_{kj,ki}(t)$ 赋值给铝板中每个离散点 (x,y)，得到另一部分单元成像结果 $R_{k-ij}\left(t_0+|\Delta t_{ij}(x,y)|\right)$。如果共有 N 个传感器，将任意三个传感器 T_i、T_j、T_k 作为一个成像单元，其中 i、j 和 k 互不相同，那么共有 $A_N^3=N(N-1)(N-2)$ 组成像单元结果，通过数据融合方法对每个离散点 (x,y) 的相应幅值进行相加，得到缺陷成像结果 $I(x,y)$ 为

$$I(x,y)=\sum_{k=1}^{N}\sum_{\substack{i=1\\ i\neq k}}^{N}\sum_{\substack{j=1\\ j\neq i\\ j\neq k}}^{N}R_{k-ij}\left(t_0+|\Delta t_{ij}(x,y)|\right) \tag{4.26}$$

4.2　基于损伤概率成像方法的稀疏阵列成像

本节将介绍电磁声传感器、双匝全向型水平剪切磁致伸缩贴片传感器（omnidirectional shear-horizontal magnetostrictive patch transducer, OSH-MPT）、周期性永磁铁电磁声传感器（periodic permanent magnet electromagnetic acoustic transducer, PPM EMAT）等不同稀疏阵列单元结合损伤概率成像方法对铝板、复合材料板以及 U 型截面伸缩起重臂中的缺陷成像。

4.2.1　电磁声传感器稀疏阵列铝板中缺陷成像

本节基于稀疏 EMAT 阵列的缺陷检测技术，同时兼备 EMAT、稀疏阵列的双重优势。选择能够有效激励和接收单一兰姆波模态的 EMAT 作为稀疏阵列单元，搭建基于 EMAT 阵列的缺陷检测实验系统，结合损伤概率成像方法在铝板中模拟缺陷的定位成像。

1. 实验设置

图 4.6 为一激一收模式时实验系统示意图，包括高能超声激励接收系统 Ritec-RAM-5000、计算机、前置放大器、激励传感器、接收传感器、数字示波器等。

全向型 S_0 模态洛伦兹力型传感器阵列分布及波传播路径如图 4.7 所示，T_i 和 D_1 分别表示传感器阵列单元和缺陷，传感器阵列单元和缺陷个数分别为 5 和 1，

在铝板表面粘接钢柱来模拟缺陷。钢柱的直径为 30mm，高为 60mm。

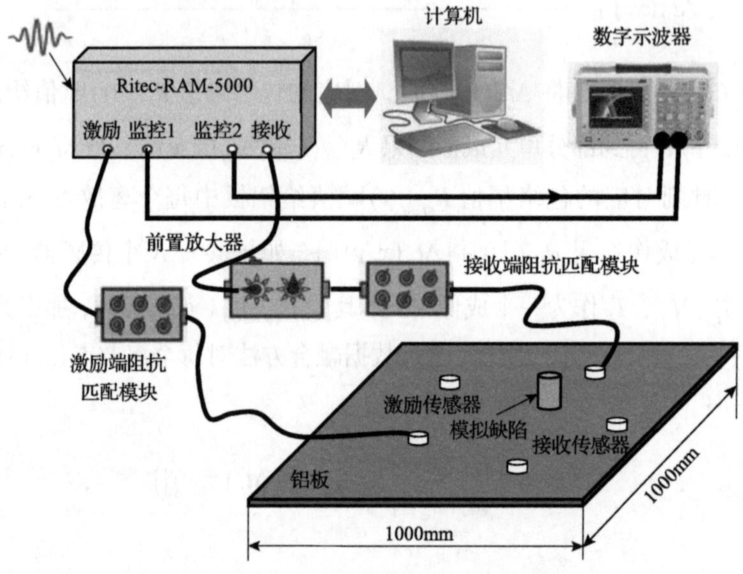

图 4.6　一激一收模式时实验系统示意图

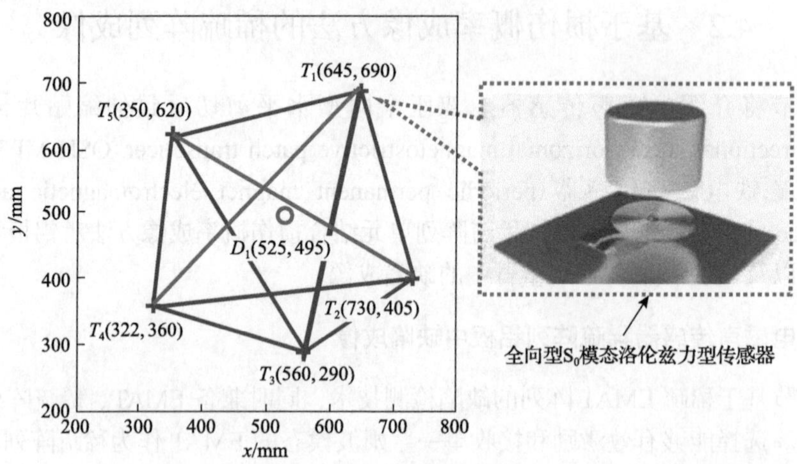

图 4.7　全向型 S_0 模态洛伦兹力型传感器阵列分布及波传播路径

铝板的长×宽×高为 1000mm×1000mm×1mm，密度为 2700kg/m^3，泊松比为 0.3。图 4.8 为 1mm 厚铝板中导波的频散曲线。传感器阵列单元选择一种非接触 EMAT——全向型 S_0 模态洛伦兹力型传感器。全向型 S_0 模态洛伦兹力型传感器结构如图 4.9 所示，选用印制电路板（printed-circuit board, PCB）印刷环形双层螺旋线圈，外径为 24mm，但内径接近 0mm，磁铁的直径×厚度为 25mm×20mm，材料为钕铁硼，其表面磁感应强度为 4300Gs（1Gs=10^{-4}T）。利用通有交变电流的线圈在待测铝板中感应出涡流，磁铁提供一个垂直向下的偏置静磁场，基于右手定则，在导体中产生沿着径向作用的洛伦兹力，从而可在铝板中激励和接收兰姆波。

由于螺旋线圈的外径 D 为 24mm，内径 d 接近 0mm，其理论中心频率 f_c 为 226kHz。实验中激励信号为汉宁窗调制的中心频率为 230kHz 的 5 周期正弦信号。从图 4.8 的频散曲线中可得到 230kHz 处 S_0 模态的理论群速度为 5425m/s。

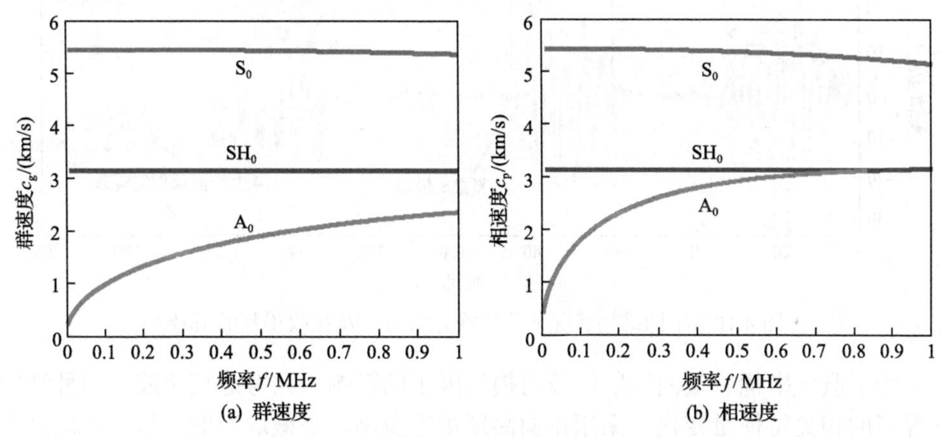

图 4.8　1mm 厚铝板中导波的频散曲线

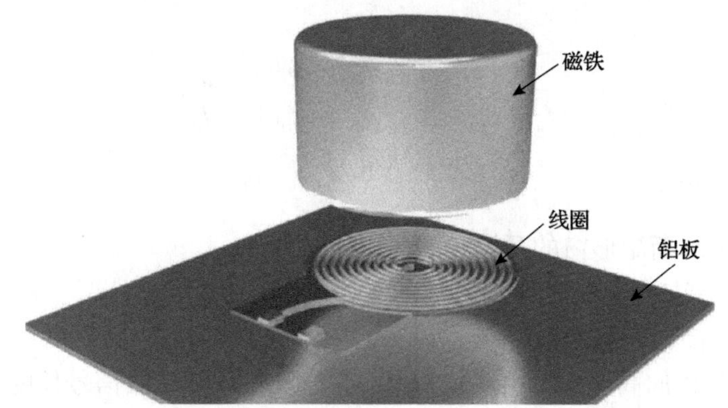

图 4.9　全向型 S_0 模态洛伦兹力型传感器结构示意图

下面利用稀疏 EMAT 阵列，结合多种类型的损伤因子，基于损伤概率成像方法实现铝板结构中模拟缺陷的检测。

2. 基于多种典型损伤因子的成像结果

实验中，通过在铝板表面粘接模拟缺陷和不粘接模拟缺陷来模拟结构损伤和健康两种状况，图 4.10 为不同结构状况下传感器 T_1 激励、T_2 接收得到的信号。以结构健康状况下采集信号为例，基于渡越时间法，计算出接收信号中虚线椭圆 2 处波包对应的波速为 5322m/s，与 230kHz 时 S_0 模态的理论群速度 5425m/s 较为吻合，虚线椭圆 3 和 4 处的波包分别为铝板右端面反射的 S_0 模态和上端面反射的 S_0 模态，说明该全向型 S_0 模态洛伦兹力型传感器可以产生单一 S_0 模态。

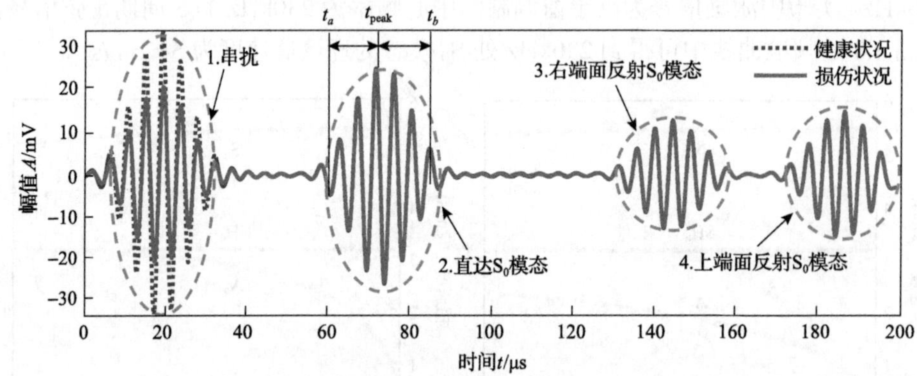

图 4.10　不同结构状况下传感器 T_1 激励、T_2 接收得到的信号

为了避免串扰、端面反射回波对损伤因子的影响，只考虑直达波在两种结构状况下的相关特征量变化，采用正向高斯矩形窗函数来截取散射信号。正向高斯矩形窗函数的表达式为

$$f_w=\begin{cases}\mathrm{e}^{-(t-t_a)^2/(2\sigma^2)}, & 0<t<t_a\\ 1, & t_a\leqslant t<t_b\\ \mathrm{e}^{-(t-t_b)^2/(2\sigma^2)}, & t\geqslant t_b\end{cases} \tag{4.27}$$

式中：t_a——高斯矩形窗的开始时刻；

t_b——高斯矩形窗的结束时刻；

σ——高斯函数系数。

图 4.11 为正向高斯矩形窗函数波形，其时间长度与接收信号长度一致。由于 S_0 模态在低频时频散非常小，截取接收信号时间窗宽度 ΔT 为激励信号的宽度：

$$\Delta T=T/f_T \tag{4.28}$$

式中：f_T——激励信号的中心频率；

T——激励信号的周期数。

实验中激励信号的周期数为 5，关于峰值点不对称，根据实验中采用的波形，定义高斯矩形窗函数的左边界 t_a 和右边界 t_b 取值如下：

$$t_a = t_{\text{peak}} - 9/(4f_T) \tag{4.29}$$

$$t_b = t_{\text{peak}} + 11/(4f_T) \tag{4.30}$$

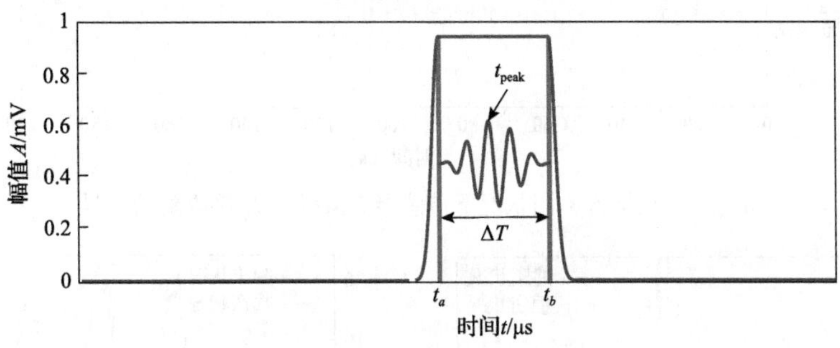

图 4.11　正向高斯矩形窗函数

利用正向高斯矩形窗函数截取图 4.10 中不同状况下的检测信号，得到的直达波信号如图 4.12(a)所示。图 4.12(b)中显示了 65～95μs 的时域信号，可以看出结构有无粘接模拟缺陷状况下直达波几乎没有差别。由图 4.12 可以看出，由于 $T_1 \rightarrow T_2$ 路径距离模拟缺陷很远，结构中有无粘接模拟缺陷对于检测中直达波的影响非常小，甚至可以忽略。

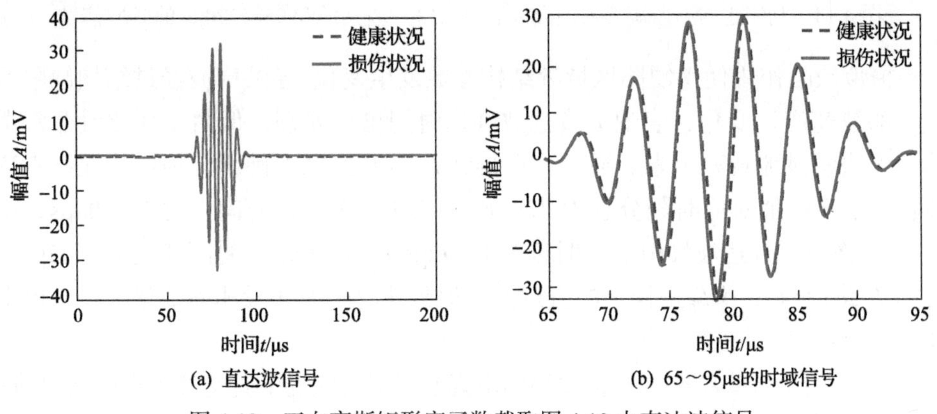

图 4.12　正向高斯矩形窗函数截取图 4.10 中直达波信号

为了与距离模拟缺陷较远的 $T_1 \rightarrow T_2$ 路径进行对比分析，选择一组与距离模拟缺陷较近的 $T_1 \rightarrow T_4$ 路径进行实验，图 4.13 为结构在两种状况下传感器 T_1 激励、T_4 接收到的信号。图 4.14 为利用正向高斯矩形窗函数截取图 4.13 中的直达波和 95～120μs 的时域信号。

从图 4.13 和图 4.14 中可以看出相较于健康状况下，结构在损伤状况下直达波信号幅值出现了明显衰减。

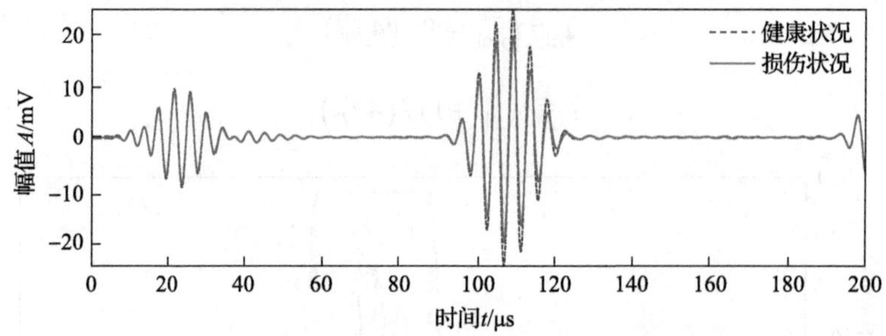

图 4.13　在结构不同状况下传感器 T_1 激励、T_4 接收到的信号

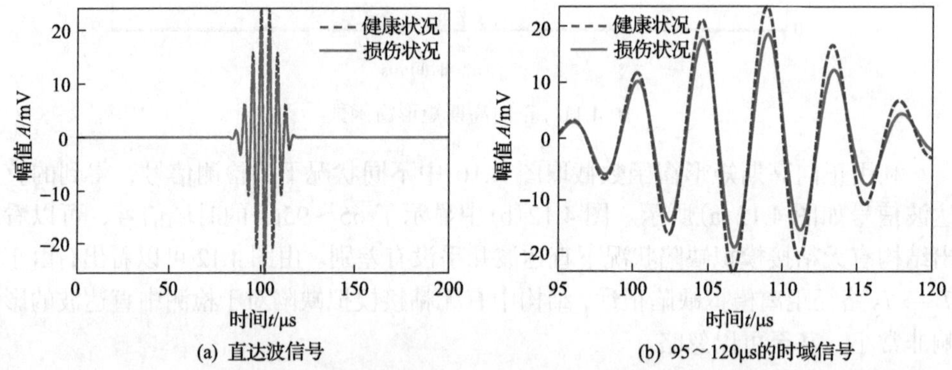

图 4.14　利用正向高斯矩形窗函数截取图 4.13 中直达波和 95～120μs 的时域信号

模拟缺陷作用使得缺陷区域处结构参数发生变化，导致声波经过结构缺陷区域处的波速产生变化，表现为直达波到达时间出现差别，但由于变化量非常微弱，无法明显地观察出来。通过计算得到 $T_1 \rightarrow T_4$ 路径上健康与损伤状况下直达波包络最大峰值对应时刻分别为 109.00μs 和 108.92μs，时间变化为 0.08μs；而 $T_1 \rightarrow T_2$ 路径下直达波峰值对应时刻为 80.92μs 和 80.90μs，时间变化为 0.02μs。$T_1 \rightarrow T_4$ 路径与 $T_1 \rightarrow T_2$ 路径下的直达波峰值到达时间变化量相差 3 倍，可以得出如下结论：

(1) 相较于健康状况，模拟缺陷的出现使得损伤状况下直达波到达时间提前；

(2) 距离模拟缺陷越近，直达波到达时间的变化量就越大。

基于上述结论，结合多条路径的扫查，可实现缺陷定位。以直达波幅值变化表征传感路径损伤状况，根据表 4.1 得到基于幅值变化的损伤因子柱状图如图 4.15(a) 所示，可以看出 $T_1 \rightarrow T_4$ 路径和 $T_2 \rightarrow T_5$ 路径上损伤因子的值比其他传感路径的值要大。由图 4.15(a) 中可以看出，$T_1 \rightarrow T_4$ 路径和 $T_2 \rightarrow T_5$ 路径距离缺陷较近，所以直达波幅值变化较明显，对应的路径损伤因子值较大；结合由式(4.1)、式(4.3)和式(4.4)所定义的损伤概率成像方法与由式(4.5)获得的损伤因子，得到成像结果如图 4.15(b)所示，其中符号“+”和“o”分别表示传感器和缺陷预置的位置(余同)。

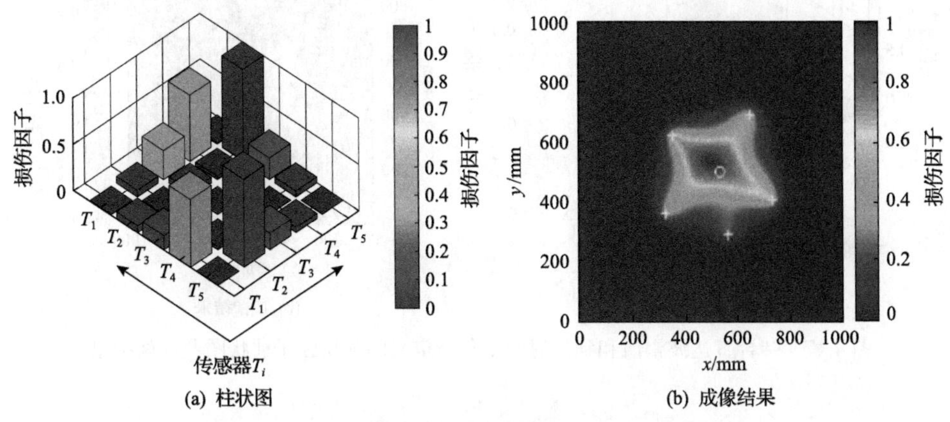

(a) 柱状图　(b) 成像结果

图 4.15　基于幅值变化的损伤因子柱状图及成像结果

在此基础上，列举了其他几种典型的损伤因子的柱状图和成像结果，图 4.16 为基于直达波到达时间变化所定义的损伤因子柱状图和成像结果，图 4.17 为利用式(4.6)，结合直达波幅值和到达时间变化所定义损伤因子柱状图和成像结果，图 4.18 为利用式(4.7)定义的 RMSD 损伤因子柱状图和相应的成像结果，图 4.19 为利用式(4.9)定义的 SDC 损伤因子柱状图和相应的成像结果。从上述图中都可以看出当模拟缺陷位于扫描路径附近时，对应的传感路径损伤因子值较大；基于不同类型的损伤因子，结合损伤概率成像方法都能有效实现缺陷的检测成像。

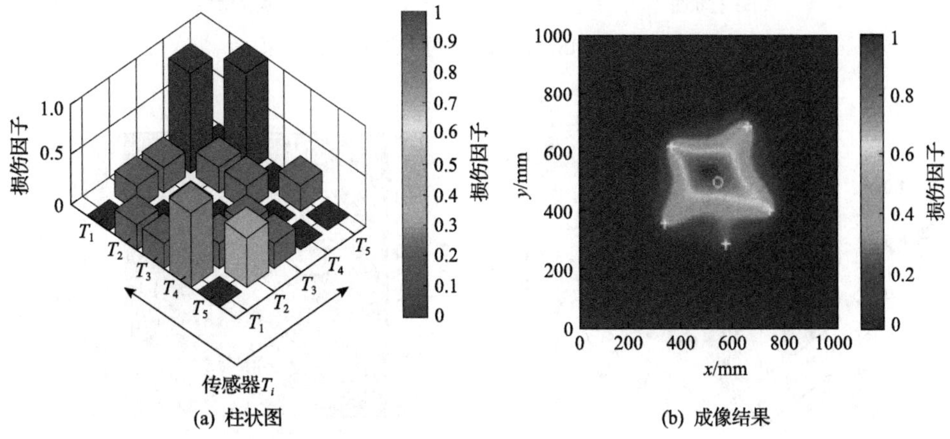

(a) 柱状图　(b) 成像结果

图 4.16　基于直达波到达时间变化所定义的损伤因子柱状图及成像结果

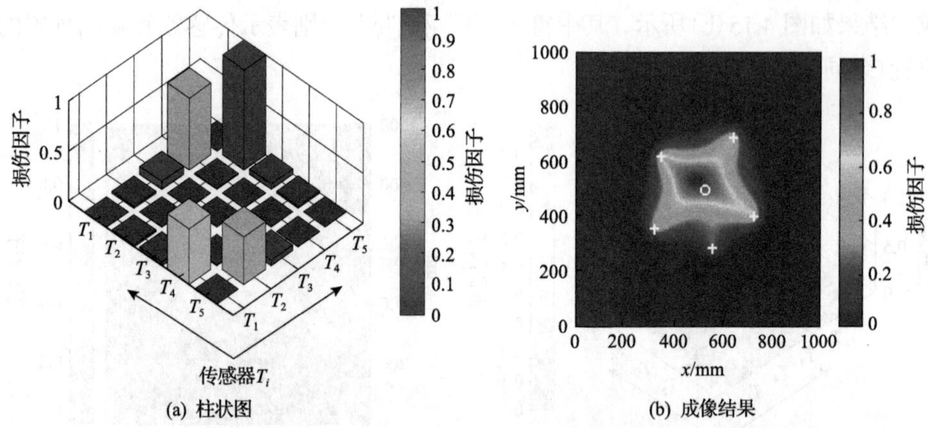

(a) 柱状图 (b) 成像结果

图 4.17 结合直达波幅值和到达时间变化所定义的损伤因子柱状图及成像结果

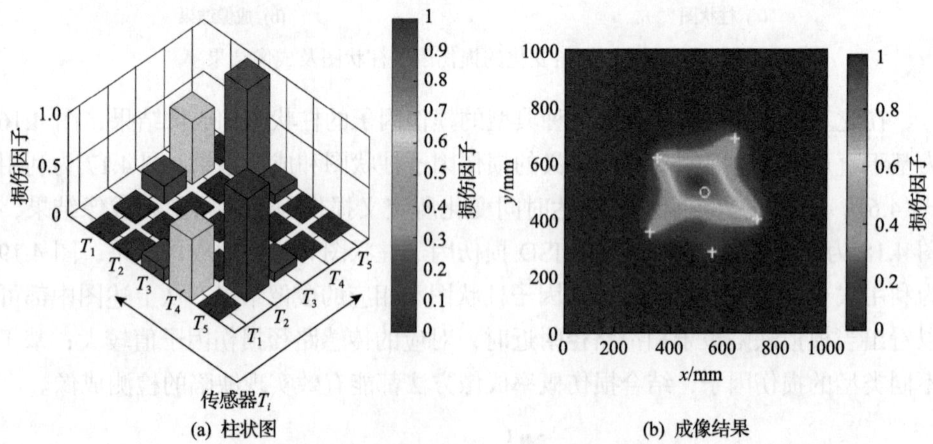

(a) 柱状图 (b) 成像结果

图 4.18 RMSD 损伤因子柱状图及成像结果

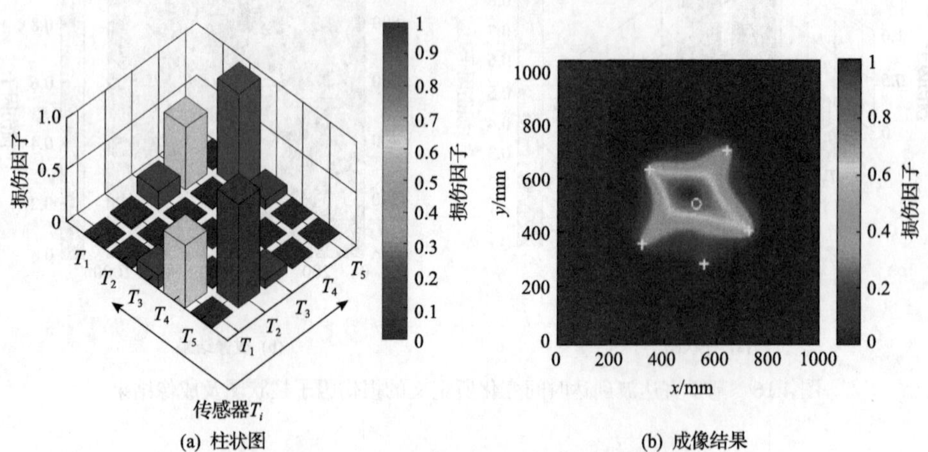

(a) 柱状图 (b) 成像结果

图 4.19 SDC 损伤因子柱状图及成像结果

4.2.2　双匝 OSH-MPT 阵列复合材料板中缺陷成像

本节基于双匝 OSH-MPT 阵列结合 RAPID 方法，建立了对于复合材料板的缺陷成像检测方法。双匝 OSH-MPT 阵列在复合材料板中产生出 SH_0 波，截取相同范围基准信号和缺陷信号中 SH_0 模态的直达波，通过确定合理的 β 值、选择合适 DI_{ij} 值的计算方法、消除阵列概率值分布不均影响、选取阈值、提取缺陷信息，实现复合材料板的缺陷成像检测。

1. 双匝 OSH-MPT 结构原理

双匝 OSH-MPT 由圆柱磁铁、塑料支撑套和线圈组成。通过环氧树脂耦合剂将组装完成的线圈中有镍片的一侧粘接在待测板上，圆柱磁铁为常用的钕铁硼磁铁，磁铁通过塑料支撑套与线圈产生一定的提离距离。双匝 OSH-MPT 实物图见图 4.20。其中，图 4.20(a)为线圈照片，图 4.20(b)为双匝 OSH-MPT 粘接在待测板上的整体照片。

(a) 线圈照片

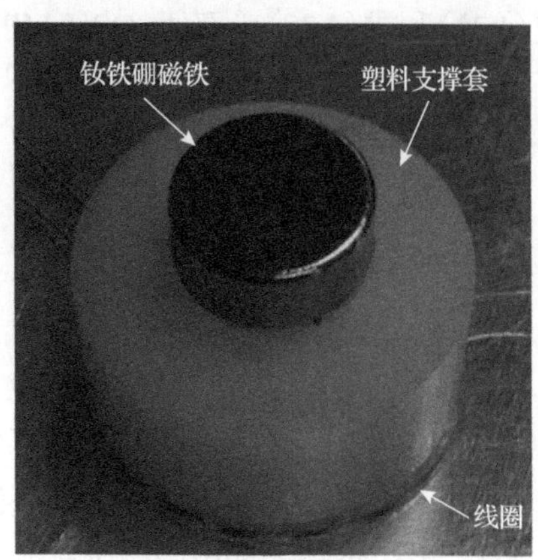

(b) 整体照片

图 4.20　双匝 OSH-MPT 实物图

双匝 OSH-MPT 线圈绕制示意图如图 4.21 所示，采用直径为 0.2mm 的铜漆包线手工绕制。环形镍片放置于绕线薄片与线圈中间，绕线薄片采用不导电的环形有机玻璃片，绕制的线圈将镍片与有机玻璃片组合成一体。环形有机玻璃片上有 $2k$ 个均匀分布的圆孔，记每个圆孔为 $K_i(i=1,2,\cdots,2k)$，此处 $k=8$。首先绕制第一圈如图 4.21(a)所示，铜漆包线首先穿进 K_1 孔，沿箭头在 K_1 孔中绕制两匝后穿过 K_2 孔到达 K_3 孔绕制两匝，按照此规律绕制到第 K_{2k} 孔后穿过 K_1 孔到达 K_2 孔进行第二圈绕制，如图 4.21(b)所示。绕制完成后，每个孔都对应双匝线圈，线圈通电后，这样的绕制方式能够使环形有机玻璃片上、下表面的电流方向沿径向一致向外或向里。

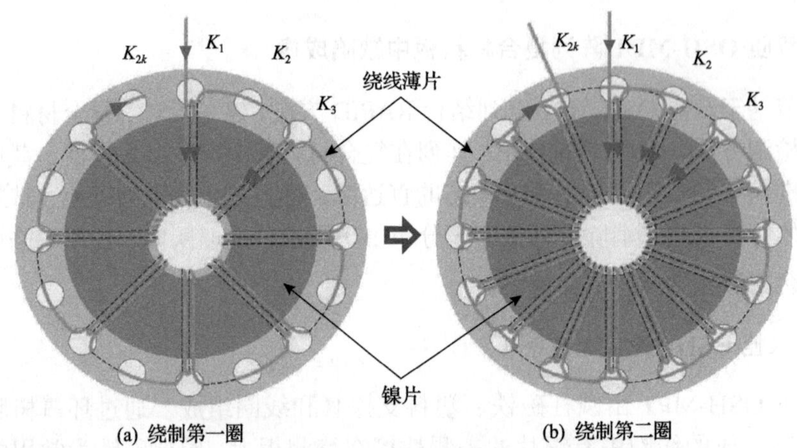

图 4.21　双匝 OSH-MPT 线圈绕制示意图

选择厚度为 0.1mm 的镍片，使环形镍片尽可能地贴合待测板。环形镍片内外径大小与双匝 OSH-MPT 的理论中心频率有关。环形镍片内半径 r_i 和外半径 r_o 满足式(4.31)和式(4.32)，双匝 OSH-MPT 的理论中心频率 f_T 与内外半径的关系满足式(4.33)：

$$r_\mathrm{i} = \frac{\lambda}{4} \tag{4.31}$$

$$r_\mathrm{o} - r_\mathrm{i} = \frac{\lambda}{2} \tag{4.32}$$

$$f_T = \frac{c_\mathrm{p}}{\lambda} = \frac{c_\mathrm{p}}{4r_\mathrm{i}} = \frac{3c_\mathrm{p}}{4r_\mathrm{o}} \tag{4.33}$$

式中：c_p——传感器理论中心频率对应 SH_0 模态的相速度；

λ——传感器理论中心频率对应 SH_0 模态的波长。

当双匝 OSH-MPT 应用于成像检测时，需要粘接在待测板上布置成阵列，因此设计时应尽量减小传感器尺寸，减小对待测板结构性能的影响。但传感器越小，加工制作难度越大，所以综合考虑，设计环形镍片外半径 r_o 为 9mm，内半径 r_i 为 3mm。根据式(4.31)可计算出 λ 为 12mm。

双匝 OSH-MPT 其他结构参数如下：圆柱磁铁底面直径为 8mm，高 5mm。圆柱磁铁提离距离为 4mm。有机玻璃片直径略大于镍片直径，其外半径为 12.5mm，厚度为 1mm。有机玻璃片上 16 个小孔的直径为 3mm，各小孔沿中心对称布置，每个小孔中心与有机玻璃片中心的距离为 10.5mm，中心孔直径为 4mm。

2. 实验设置

RAPID 成像实验系统示意图如图 4.22 所示，包含一台计算机、高能超声激励接收系统 Ritec-RAM-5000 及配套的前置放大器、接收端阻抗匹配模块、激励端阻抗匹配模块、数字示波器 DPO4054、双匝 OSH-MPT 阵列。

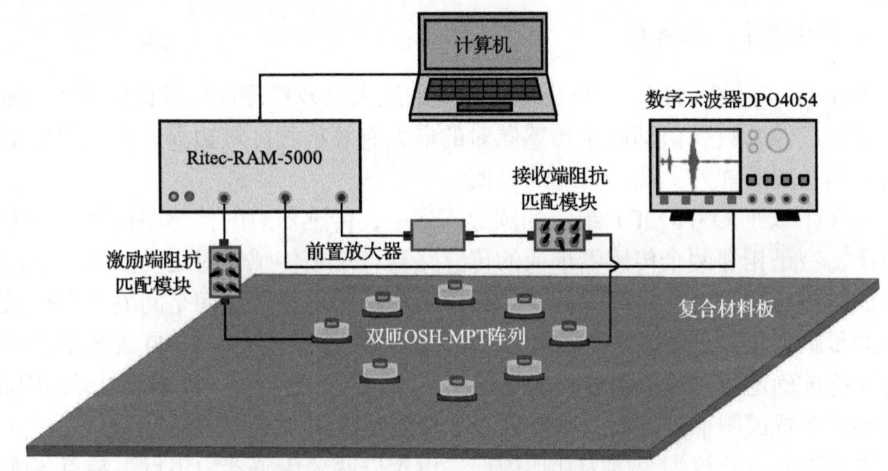

图 4.22　RAPID 成像实验系统示意图

待测试样为 16 层的准各向同性碳纤维复合材料板 T300/QY8911，铺层方式为$[(0/45/90/-45)_2]_S$，板的长×宽×高为 1000mm×1000mm×2.24mm，每层厚度为 0.14mm。

双匝 OSH-MPT 阵列在复合材料板中的布置示意图如图 4.23 所示，小十字表示双匝 OSH-MPT，采用 8 个双匝 OSH-MPT 组成直径为 500mm 的圆形阵列，通过环氧树脂耦合剂粘接在复合材料板上。图 4.23(a)为双匝 OSH-MPT 阵列在复合材料板中的实际位置，以图中左下角为坐标原点，阵列中心位于(560,544)mm。

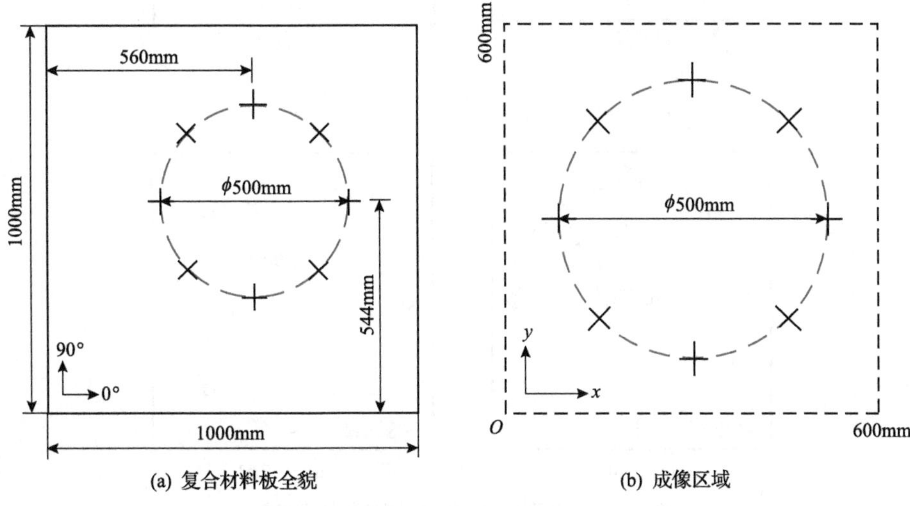

图 4.23　双匝 OSH-MPT 阵列在复合材料板中的布置示意图

如图 4.23(b)所示，虚线部分为成像区域，设定为 600mm×600mm。后续编写成像算法时以成像区域的左下角为坐标原点，阵列中心位于(300,300)mm。

3. 损伤概率成像系数

当 $R_{ij}(x,y)=\beta+1$ 时，可形成传感器对的最大有效检测区域的椭圆边界，确定损伤概率成像系数 β 值即确定传感器对的最大有效检测区域边界大小。需根据实验所采用的圆形阵列，选择合理的 β 值。

在 8 个双匝 OSH-MPT 组成的圆形阵列中，传感器对的传感路径类型分为四种情况，一是相邻两个传感器形成的传感路径；二是传感器对之间间隔一个传感器形成的传感路径；三是间隔两个传感器形成的传感路径；四是间隔三个传感器形成的传感路径。当某点存在缺陷时，需要对多对传感器的 RAPID 成像结果进行融合才能准确定位。对于圆形阵列的外部区域，融合数量少，检测效果差。因此，当传感器布置成圆形阵列时，其阵列有效检测范围限于环形内部。

根据阵列有效检测范围为环形内部，设定以两个传感器为焦点，端点与圆形阵列边缘相切形成传感器对 ij 的最大有效检测区域椭圆边界。图 4.24 为根据四种

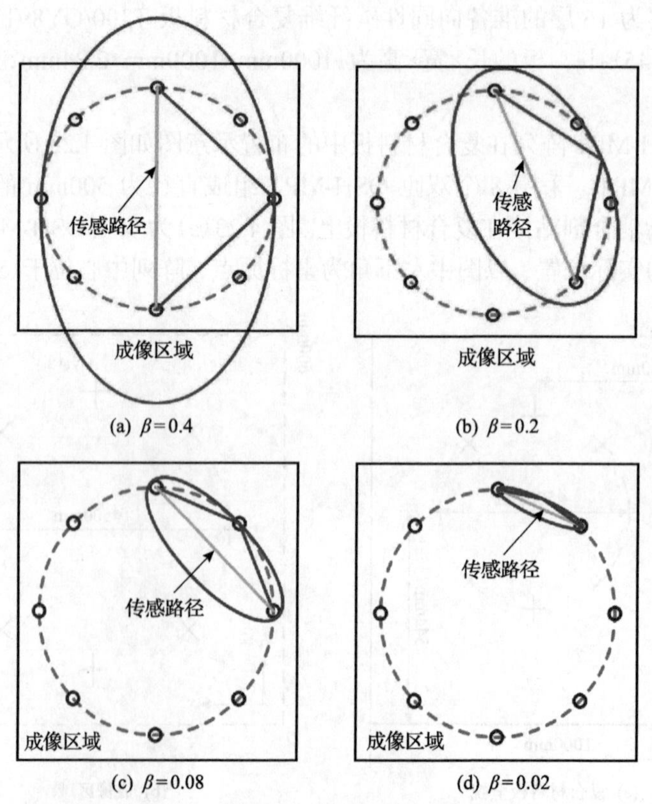

图 4.24　不同类型的传感路径确定的 β 值

不同类型的传感路径确定的β值。图中椭圆为该传感路径对应有效检测区域边界，圆圈表示传感器，边框为设定的成像区域。图 4.24(a)为间隔三个传感器的传感器对形成的传感路径，计算出的$\beta = 0.4$；图 4.24(b)为间隔两个传感器的传感器对形成的传感路径，计算出的$\beta = 0.2$；图 4.24(c)为间隔一个传感器的传感器对形成的传感路径，计算出的$\beta = 0.08$；图 4.24(d)为相邻两个传感器形成的传感路径，计算出的$\beta = 0.02$。

接下来进一步选择合适的β值。图 4.25 为$\beta = 0.02$和$\beta = 0.08$时形成的阵列有效检测范围。当$\beta = 0.02$时，其阵列有效检测范围在阵列内存在检测盲点(如图中指出的三角区域)。当$\beta \geqslant 0.08$时，阵列内不存在检测盲点。

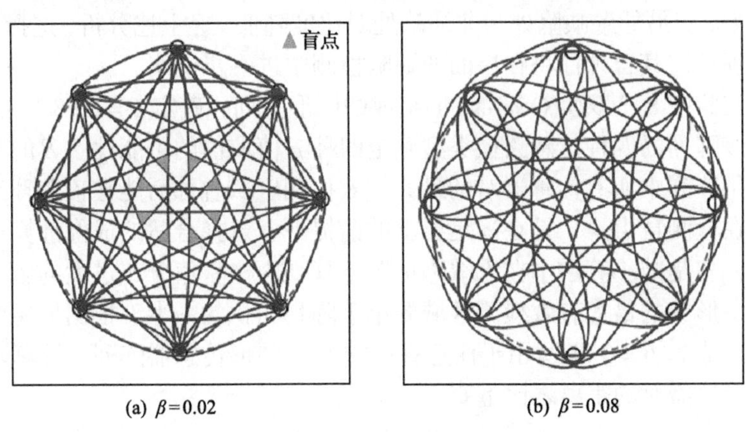

(a) $\beta=0.02$　(b) $\beta=0.08$

图 4.25　不同β值时阵列有效检测范围

图 4.26(a)、(b)、(c)和(d)是不同β值下传感路径概率值分布，一一对应图 4.24(a)、(b)、(c)和(d)。当$\beta \geqslant 0.2$时，图中单条传感路径所形成的最大有效检测区域覆盖一半以上的阵列面积，红色区域(彩图请扫书后二维码)过大。因为缺陷成像最终是由多条传感路径的成像结果融合而成的，红色区域过大，表现为即使在没有缺陷的情况下阵列内概率值也过大。当存在缺陷时，由于阵列内本身

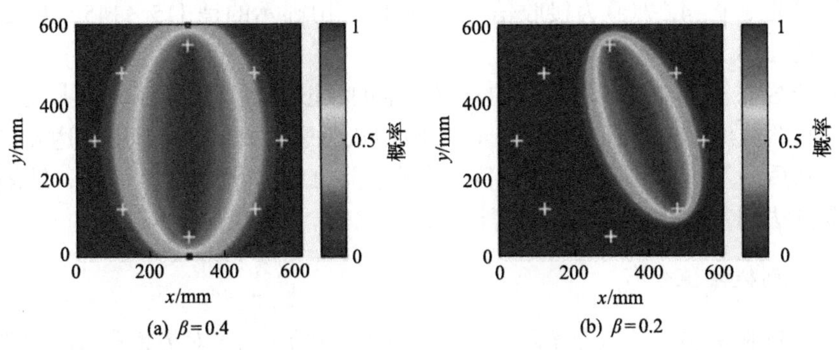

(a) $\beta=0.4$　(b) $\beta=0.2$

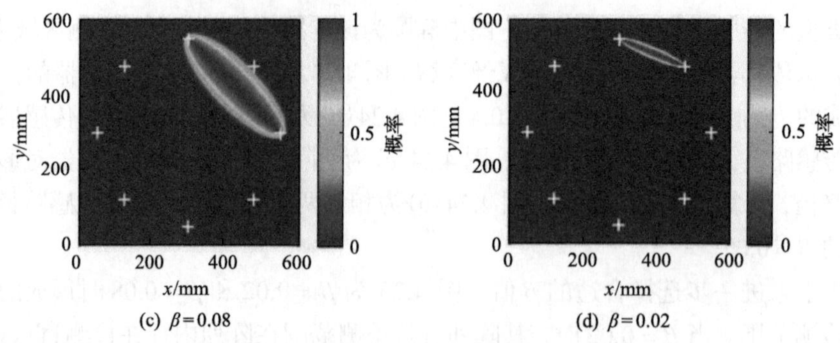

(c) $\beta=0.08$　　(d) $\beta=0.02$

图 4.26　不同 β 值下传感路径概率值分布

概率值过大，容易导致缺陷处与非缺陷处对比度降低。经上述分析，选择 $\beta=0.08$ 更具有合理性，其合理性将在后面的缺陷检测中进一步说明。

根据实验中 8 个双匝 OSH-MPT 组成的圆形阵列，确定 $\beta=0.08$。总结如下，首先根据该阵列的四种传感路径类型确定四种 β 值取值的可能性。β 的取值需要满足：一是阵列中所有传感器对的最大有效检测区域叠加后能够覆盖环形内部区域，不存在检测盲点；二是在满足要求的前提下，选择合适的成像计算量，提高成像速度；三是减小算法中在无缺陷情况下阵列内概率值分布过大的影响，每条传感路径所形成的最大有效检测区域要小于阵列面积的一半。根据上述要求，选择合理的 β 值。$\beta=0.08$ 适用于任意直径的 8 个圆形传感器阵列，计算四种 β 值时，各个传感器对的距离之比不变。

4. 成像差异系数计算

RAPID 的差异系数即损伤因子 DI_{ij} 主要用来比较缺陷信号和基准信号。本节采用三种方法计算 DI_{ij} 值，均方根偏差（RMSD，见式(4.7)）、时间反转方法（TRM，见式(4.8)）和信号差异系数（SDC，见式(4.9)）。

截取基准信号和缺陷信号进行对比。以基准信号截取为例，图 4.27 为由一对双匝 OSH-MPT 在无缺陷情况下产生的接收信号与 115～145μs 的 SH_0 模态直达波波形，图 4.27(a)为接收信号，图 4.27(b)显示的是 115～145μs 的 SH_0 模态直达波波形。

由于 SH_0 模态在复合材料板中具有一定的频散效应，波形在时域上变长，截取部分直达波波形，截取范围如图 4.27(b)中灰色区域所示。先找出直达波幅值峰值点，然后向左边截取 9/8 周期长度，向右截取 11/8 周期长度。同理，缺陷信号的截取方法同基准信号，截取同等长度进行比较。

5. 阵列概率值分布

RAPID 阵列概率值分布不均现象如图 4.28 所示，当多对传感器形成的单元像

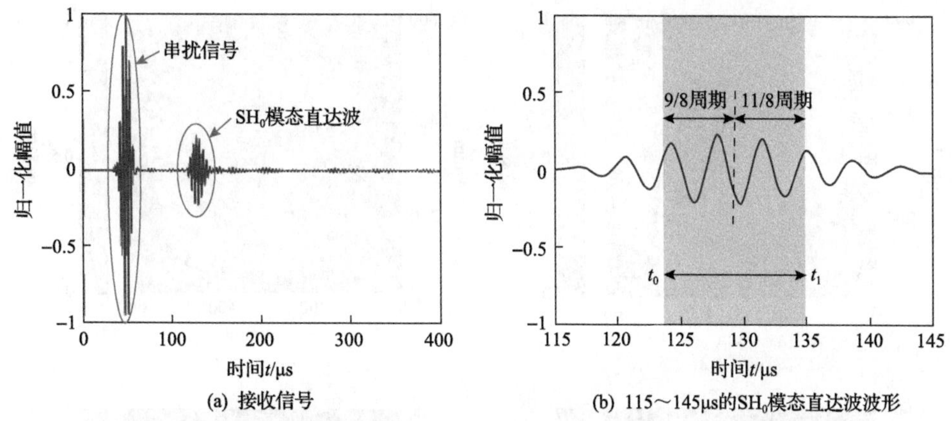

(a) 接收信号　　(b) 115～145μs的SH_0模态直达波波形

图4.27　一对双匝OSH-MPT在无缺陷情况下产生的接收信号与115～145μs的SH_0模态直达波波形

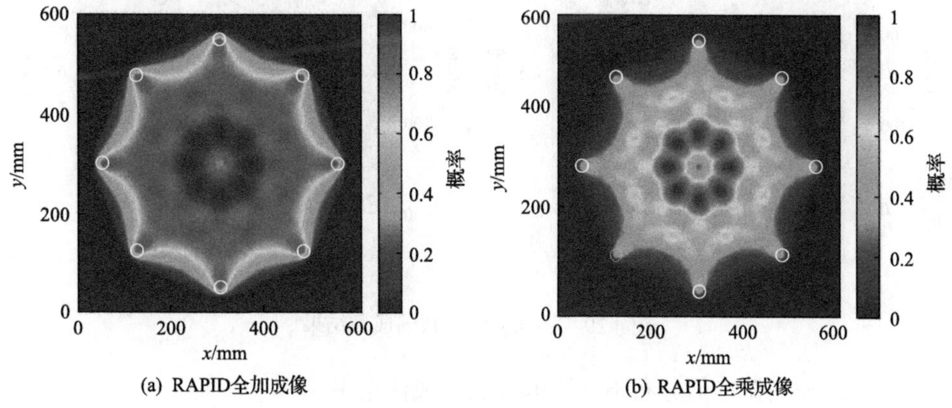

(a) RAPID全加成像　　(b) RAPID全乘成像

图4.28　RAPID阵列概率值分布不均现象

进行融合时，会呈现即使在无缺陷情况下阵列内概率值仍有分布不均(图中红色越深，表示值越大)的现象。图4.28(a)为RAPID全加成像，图4.28(b)为RAPID全乘成像。图中颜色分布不一致，由中心点到外边界颜色深浅相间。这种概率值分布不均的现象是RAPID中的固有现象，不因DI_{ij}值不同或β值不同而消失，在一定程度上影响成像准确性。

6. 成像结果与分析

1)不同概率损伤成像系数下的成像结果

概率损伤成像系数β分别为0.4、0.2、0.08和0.02。以SDC作为A_{ij}的计算方法为例，比较不同β值下缺陷成像结果如图4.29所示。当$\beta = 0.4$和$\beta = 0.2$时，阵列内红色区域较大，定位出的缺陷位置对比度低。当$\beta = 0.02$时存在检测盲区，缺陷定位不准确。当$\beta = 0.08$时，能弥补上述取值的劣势，缩小了缺陷定位范围，提高了定位准确度，验证了β值选择0.08的合理性。

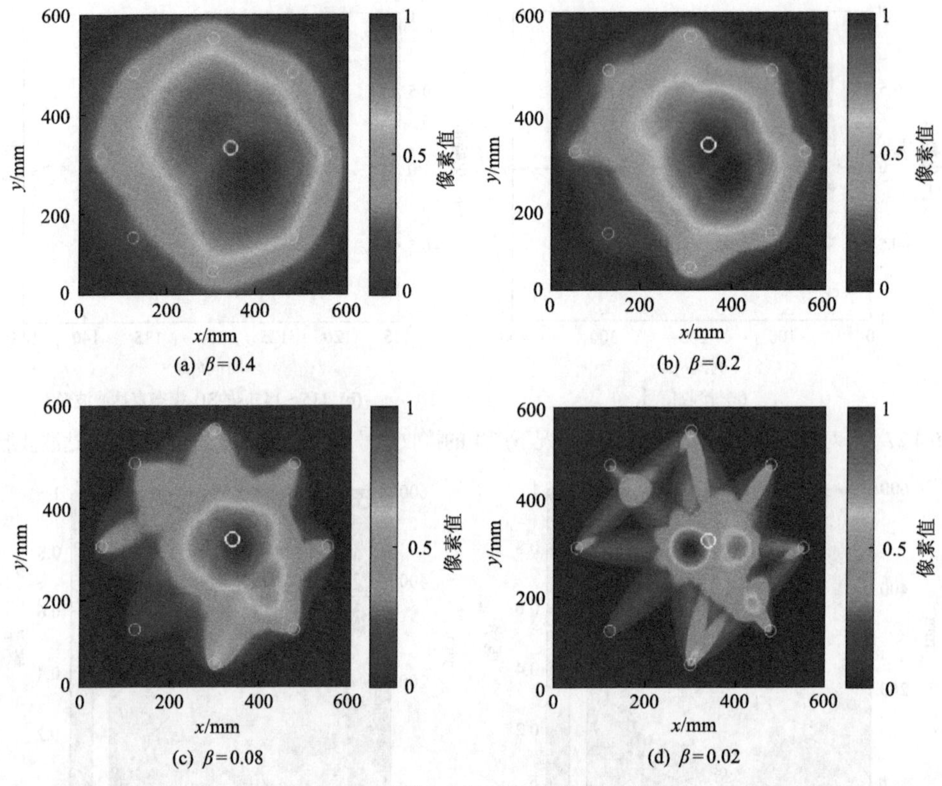

图 4.29　不同 β 值下缺陷成像结果

2）消除阵列概率值分布不均影响前后的成像结果

阵列概率值分布不均是 RAPID 固有的，既然不能消除阵列概率值分布不均现象，那么可以通过提高缺陷对比度来消除阵列概率值分布不均对成像准确性的影响。在无缺陷情况下，理论上差异系数 A_{ij} 为 0，但实际情况下，受外部干扰的影响，A_{ij} 往往不为 0。设定最大值与最小值的平均值 A_{avg} 并代入成像公式，生成阵列概率值分布不均的图像，A_{avg} 为一定值，不因传感路径的改变而变化，同时图 4.28 的阵列概率值分布不均现象不发生变化。分别针对 RAPID 全加成像和 RAPID 全乘成像，提出消除阵列概率值分布不均影响的方法。在有缺陷情况下生成一种含实际差异系数的原像图，对于 RAPID 全加成像，提出原像减去阵列概率值分布不均像；对于 RAPID 全乘成像，提出原像除以阵列概率值分布不均像，从而消除阵列概率值分布不均现象对成像造成的影响，提高成像准确性。

以 SDC 计算差异系数为例，图 4.30 为消除阵列概率值分布不均影响前后 RAPID 全加成像对比图，图 4.30(a)为消除影响前成像结果，图 4.30(b)为消除影响后成像结果。

图 4.31 为消除阵列概率值分布不均影响前的概率值曲线，对应图 4.30(a)的

RAPID 全加成像。图 4.31(a)为各点 x 轴坐标概率值，图 4.31(b)为各点 y 轴坐标概率值，最高值点分别为定位出缺陷中心的 x 轴坐标、y 轴坐标。

图 4.32 为消除阵列概率值分布不均影响后的概率值曲线，对应图 4.30(b)的 RAPID 全加成像。实际缺陷中心坐标为(339,315) mm，消除影响前定位出缺陷中心坐标为(352,304) mm，消除影响后定位出缺陷中心坐标为(338,312) mm。

图 4.33 为消除阵列概率值分布不均影响前后 RAPID 全乘成像对比图。消除影响前定位出缺陷中心坐标为(353,309) mm，消除影响后定位出缺陷中心坐标为(337, 312) mm。

综上可得，分别对 RAPID 全加成像和 RAPID 全乘成像采用消除阵列概率值分布不均影响的方法，能够提高缺陷定位的准确度和对比度。

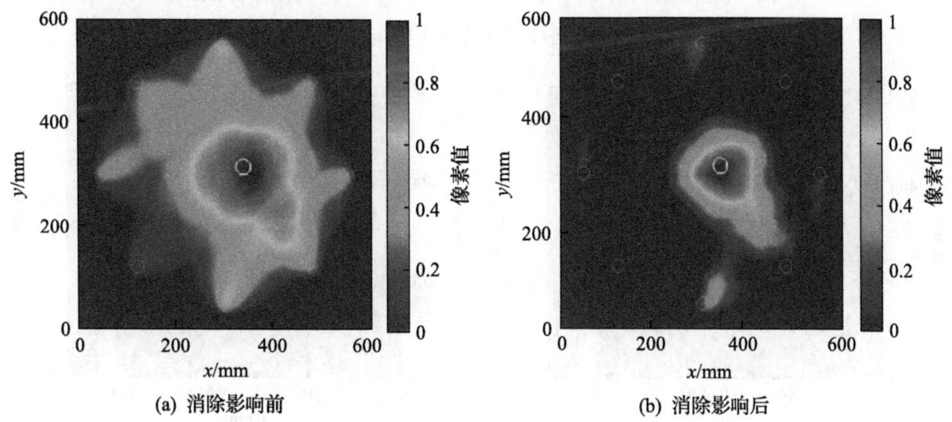

图 4.30　消除阵列概率值分布不均影响前后 RAPID 全加成像对比图

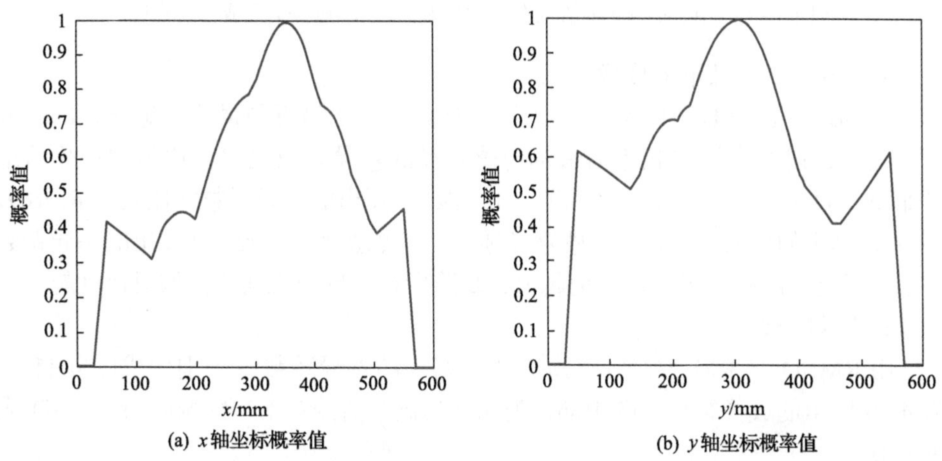

图 4.31　消除阵列概率值分布不均影响前的概率值曲线

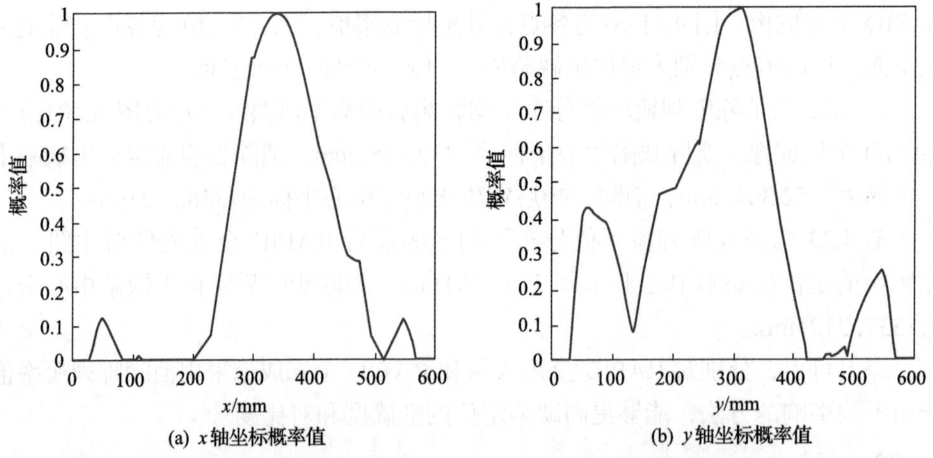

图 4.32　消除阵列概率值分布不均影响后的概率值曲线

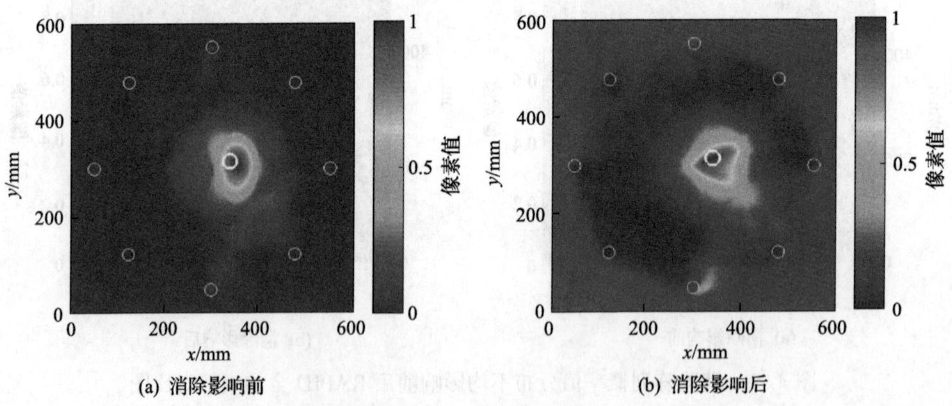

图 4.33　消除阵列概率值分布不均影响前后 RAPID 全乘成像对比图

3）不同差异系数下的成像结果

用 SDC、RMSD、TRM 三种方法，计算离缺陷最近与最远传感路径的差异系数之比，以及离缺陷相近与最远传感路径的差异系数之比，比值归一化后结果如图 4.34 所示。从图 4.34 中可知，由 SDC 计算出的差异系数之比大于 RMSD、TRM 计算出的比值。缺陷离传感路径越远，检测敏感度越低，计算出的差异系数越小。因此，图中差异系数比值越大，缺陷所在区域与无缺陷区域对比度越高，越有利于缺陷检测。

用 RMSD、TRM 方法计算所有传感路径的差异系数，分别生成图 4.35 和图 4.36 所示的成像结果。图中都是消除阵列概率值分布不均影响后的 RAPID 成像结果。

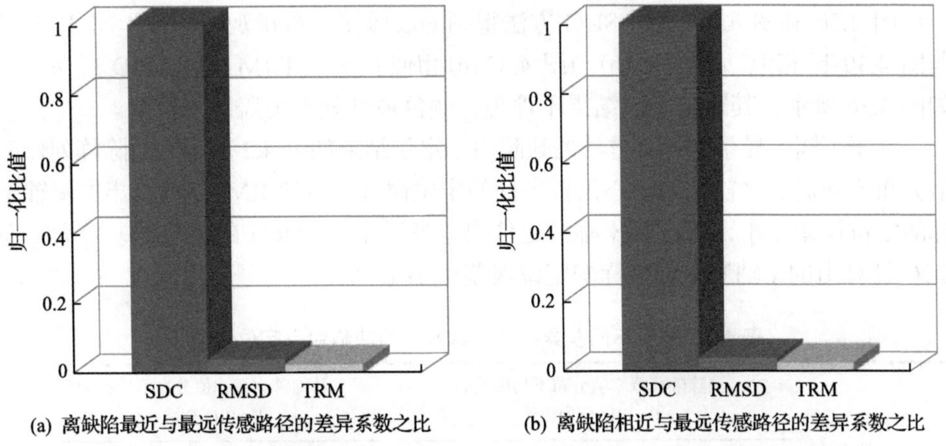

(a) 离缺陷最近与最远传感路径的差异系数之比　(b) 离缺陷相近与最远传感路径的差异系数之比

图 4.34　不同传感路径差异系数之比

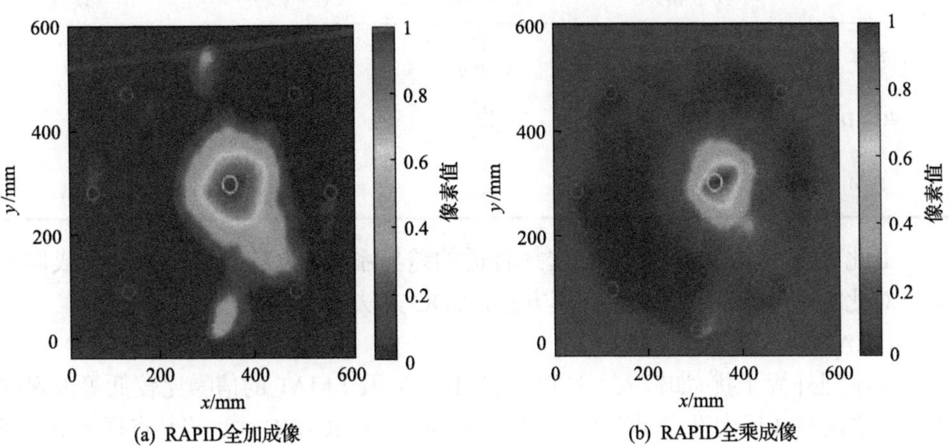

(a) RAPID全加成像　(b) RAPID全乘成像

图 4.35　基于 RMSD 的 RAPID 成像结果

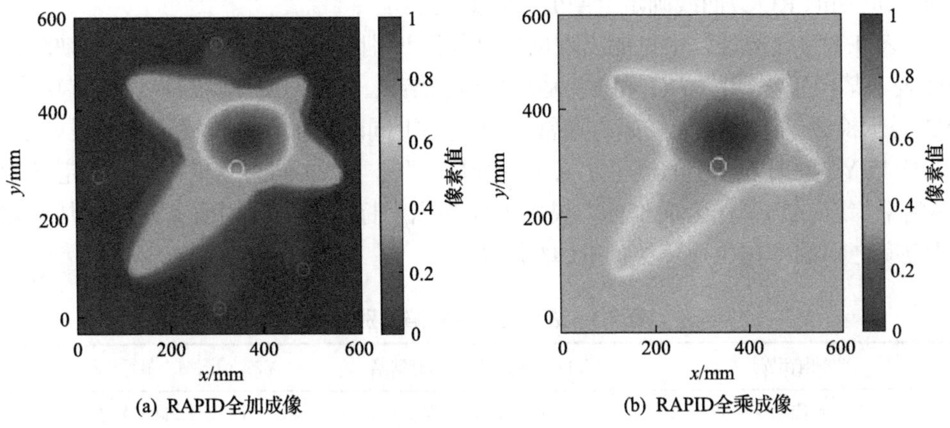

(a) RAPID全加成像　(b) RAPID全乘成像

图 4.36　基于 TRM 的 RAPID 成像结果

图 4.30 和图 4.33 是用 SDC 方法得到的成像图。直接观察图像，图 4.35(a)与图 4.30(b)相似，图 4.35(b)与图 4.33(b)相似。基于 TRM 的 RAPID 成像结果如图 4.36 所示，其缺陷定位结果不理想，颜色最红处不覆盖缺陷位置。

基于不同差异系数计算方法的缺陷中心定位结果如表 4.2 所示。消除阵列概率值分布不均后，比较缺陷中心位置坐标的定位误差。虽然 RMSD 计算出的 y 轴坐标的定位误差较小，但 x 轴坐标的定位误差高于 1%，TRM 的定位误差较大，而 SDC 计算出的 x 轴和 y 轴坐标的定位误差均小于 1%。

表 4.2　基于不同差异系数计算方法的缺陷中心定位结果

差异系数 DI_{ij} 计算方法	消除阵列概率值分布不均影响后 RAPID 全加成像		消除阵列概率值分布不均影响后 RAPID 全乘成像	
	x 轴坐标（定位误差）	y 轴坐标（定位误差）	x 轴坐标（定位误差）	y 轴坐标（定位误差）
SDC	338 (0.2%)	312 (0.9%)	337 (0.5%)	312 (0.9%)
RMSD	346 (2.1%)	315 (0%)	349 (2.9%)	316 (0.3%)
TRM	361 (6.5%)	371 (17.8%)	359 (5.9%)	370 (17.5%)

由此可得，在 RAPID 中，选择合适的差异系数 DI_{ij} 计算方法能提高成像质量。对比本书介绍的三种 DI_{ij} 计算方法，SDC 方法更为合适。

4) RAPID 成像阈值选取

考虑到外界干扰(如输入、环境)的变化，以及 EMAT 的信噪比较低等因素的影响，往往在成像中设定阈值来提高成像精确度。在 RAPID 中，当某点概率值大于阈值时，认定该点处存在缺陷。下面将介绍运用接受者操作特性(receiver operating characteristic, ROC)曲线确定 RAPID 成像阈值。

表 4.3 为成像过程中可能出现的四种缺陷识别情况，P1 表示某位置有缺陷，P2 表示某位置无缺陷。Y1 和 Y2 是缺陷检测结果，Y1 表示检测结果显示有缺陷，Y2 表示检测结果显示无缺陷。通常“P1 与 Y1 同时发生”的概率定义为灵敏度，“P2 与 Y2 同时发生”的概率定义为特异度，“P2 与 Y1 同时发生”的概率定义为误判率。以误判率作为横坐标，灵敏度作为纵坐标，在不同阈值下，由误判率和灵敏度之间的变化生成算法的 ROC 曲线。

表 4.3　成像过程中缺陷识别情况

缺陷识别	Y1：检测结果显示有缺陷	Y2：检测结果显示无缺陷
P1：某位置有缺陷	P1 与 Y1 同时发生	P1 与 Y2 同时发生
P2：某位置无缺陷	P2 与 Y1 同时发生	P2 与 Y2 同时发生

生成 ROC 曲线之前，需要先划分缺陷区域和非缺陷区域。如图 4.37 所示，定义缺陷区域是与模拟缺陷底面相切的正方形，在此区域内，若检测出缺陷，属于“P1 与 Y1 同时发生”的情况。若在边框外、成像区域内检测出缺陷属于“P2 与 Y1 同时发生”的情况。

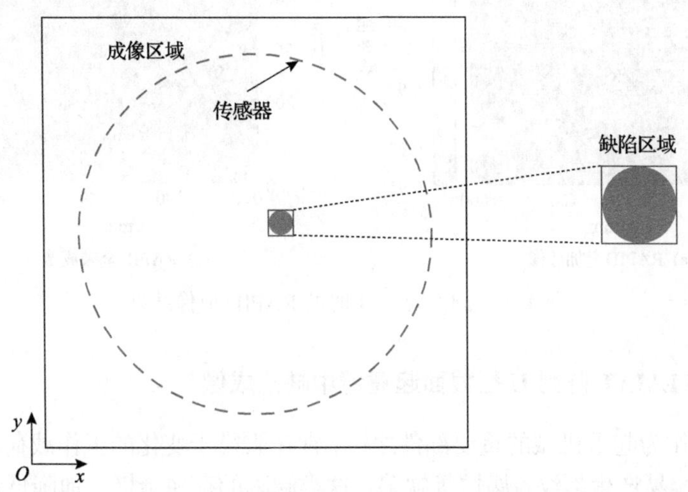

图 4.37　缺陷区域和非缺陷区域划分(缺陷区域外的其他成像区域为非缺陷区域)

图 4.38 为基于 RAPID 生成的 ROC 曲线。阈值在 0～0.9 间隔 0.1 取点，在 0.9～1 内间隔 0.01 取点生成 ROC 曲线。ROC 曲线越靠近(0,100%)点，算法越优，曲线上最靠近(0,100%)的点则为在 RAPID 中选择的最优阈值。图中放大了曲线靠近左上角的部分，当阈值取 0.91 时，最靠近(0,100%)点。

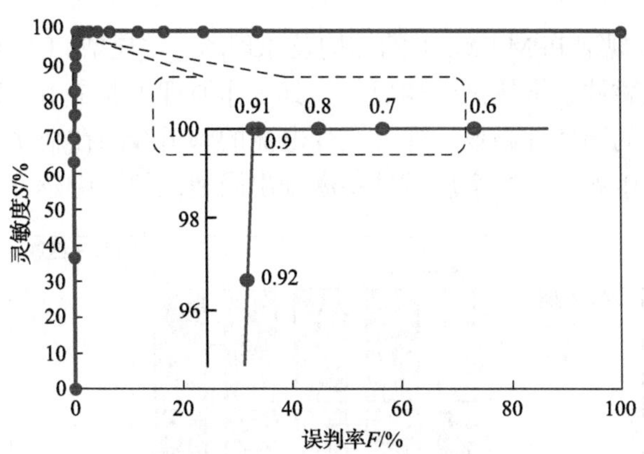

图 4.38　基于 RAPID 生成的 ROC 曲线

图 4.39 为阈值取 0.91 时 RAPID 的成像结果，从图中可以看出，成像阈值的

使用大大缩小了定位范围，使缺陷位置明显。

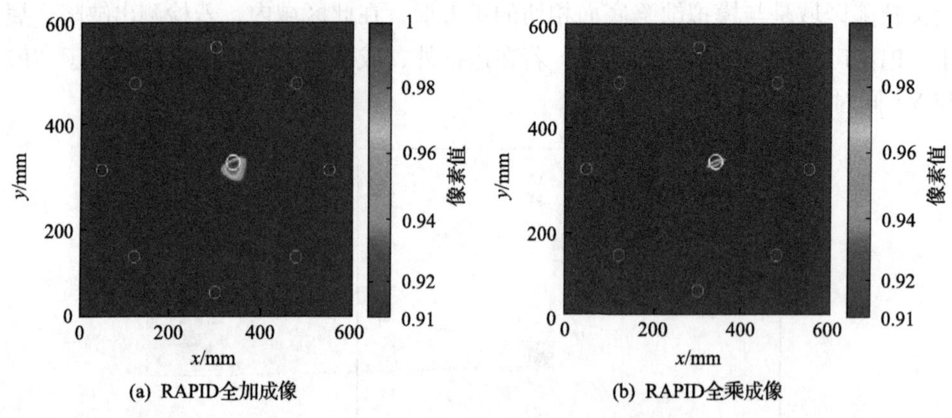

(a) RAPID全加成像　(b) RAPID全乘成像

图 4.39　阈值为 0.91 时的 RAPID 成像结果

4.2.3　PPM EMAT 阵列 U 型截面起重臂中缺陷成像

起重臂作为起重机械的重要部件之一，常年服役于变化的工作载荷和复杂的工作条件下，容易产生裂纹、腐蚀等缺陷。这类缺陷的存在会极大地降低起重臂的结构强度。本节将介绍 PPM EMAT 磁铁的基本原理，以及两种类型的 PPM EMAT 磁铁作为稀疏阵列单元结合损伤概率成像算法对 U 型截面起重臂中缺陷的定位成像[8,9]，并分析不同传感器阵列及不同差异系数（DI_{TR} 值和 DI_{L2} 值）对于定位成像效果的影响。

1. 常规型 PPM EMAT 结构原理

图 4.40 为常规型 PPM EMAT 的结构及原理图。常规型 PPM EMAT 是由跑道线圈、周期性永磁铁、金属试件构成的。其工作原理主要是由周期性永磁铁提供垂直于金属试件的周期性磁场，通有交变电流的跑道线圈在金属试件中激发与电流方向相反的感生涡流，在金属试件中激励出周期性的洛伦兹力。在一定的激励

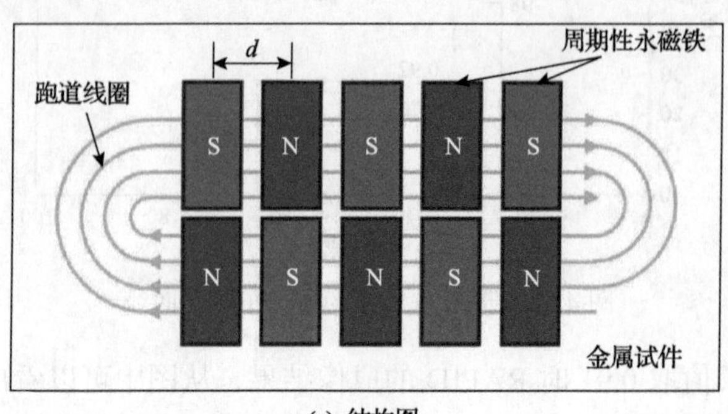

(a) 结构图

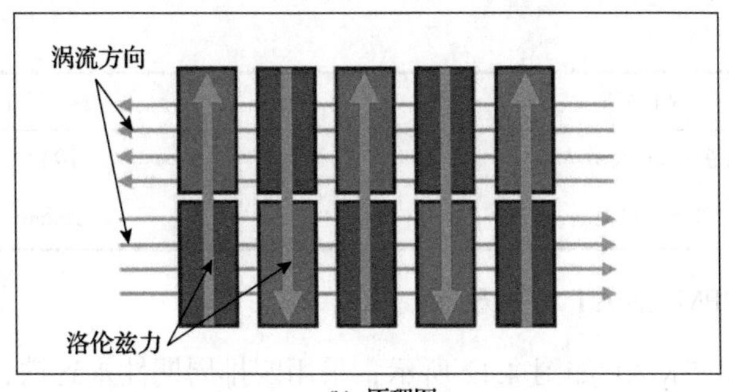

(b) 原理图

图 4.40　常规型 PPM EMAT 的结构及原理图

频率和磁铁间距下，在金属试件中激励出一定波长的 SH_0 模态，其中要满足磁铁间距 d 等于在金属试件中激励出的 SH_0 模态波长 λ 的一半，即 $d=\lambda/2$。

图 4.41 为常规型 PPM EMAT 照片。图 4.41(a)是该传感器中所采用的 10 组并排的周期性永磁铁，用于提供周期性磁场；图 4.41(b)是由柔性印刷电路制作的跑道线圈，用于激励感应涡流；图 4.41(c)是通过 3D 打印的外壳结合周期性永磁铁和跑道线圈所组成的传感器实物图。表 4.4 为中心频率为 220kHz 的常规型 PPM EMAT 相关结构参数。

(a) 周期性永磁铁

(b) 跑道线圈

(c) 传感器

图 4.41　常规型 PPM EMAT 照片

表 4.4　中心频率为 220kHz 的常规型 PPM EMAT 相关结构参数

结构参数	规格/尺寸
磁铁尺寸 $L\times W\times H$	7mm×15mm×5mm
磁铁数量 N_m	20 块

续表

结构参数	规格/尺寸
跑道线圈回折数 N_{coil}	20 匝
线圈宽度 W_{coil}	20mm

2. 改进型 PPM EMAT 结构原理

改进型 PPM EMAT 如图 4.42 所示，采用四排周期性永磁铁，相邻排之间的倾斜角为 2.5°，每排有五组周期性永磁铁。图 4.42(a)为采用柔性印刷电路制作的改进型跑道线圈；图 4.42(b)为周期性永磁铁以及利用橡胶材料制作的传感器骨架，用于支撑周期性永磁铁并且具有一定的柔韧度；图 4.42(c)为装配完成的传感器实物图。表 4.5 为改进型 PPM EMAT 结构参数。常规型 PPM EMAT 能在起重臂结构中激励出纯净的 SH_0 模态，但其声场辐射范围较小，能量较为集中，指向角在传感器左右两侧 ±20°范围内；改进型 PPM EMAT 声场辐射范围更大，能量分布更加均匀，其指向角在传感器左右两侧 ±30°范围内。

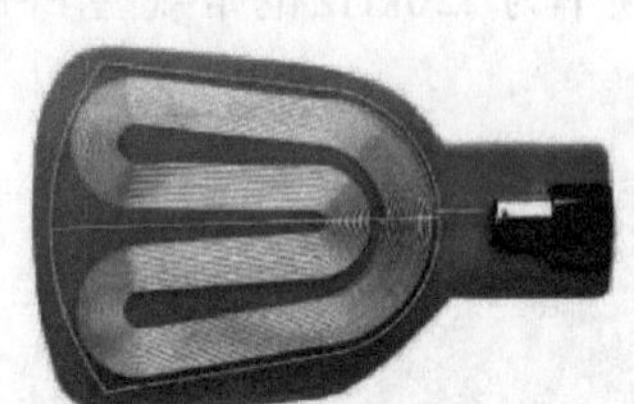
(a) 改进型跑道线圈

(b) 周期性永磁铁与传感器骨架

(c) 传感器实物

图 4.42　改进型 PPM EMAT

表 4.5　改进型 PPM EMAT 结构参数

结构参数	规格/尺寸
磁铁尺寸 $L\times W\times H$	7mm×15mm×5mm
磁铁数量 N_m	20 块
磁铁倾斜角度 θ_{mag}	2.5°
跑道线圈回折数 N_{coil}	20 匝
线圈宽度 W_{coil}	20mm
线圈倾斜角度 θ_{coil}	2.5°

3. 实验设置

采用图 4.43 所示的 EMAT 激励采集实验布置。利用 RPR-4000 高能超声激励接收系统对激励端 EMAT 进行激励并将接收端 EMAT 的信号进行放大，通过 MDO4054C 型混合域示波器对放大的信号进行采集；激励传感器和接收传感器均与阻抗匹配盒相连接，目的是实现传感器和连接线之间的阻抗匹配，使得设备到传感器之间的传输效率最大化。传感器分别采用常规型 PPM EMAT 和改进型 PPM EMAT。

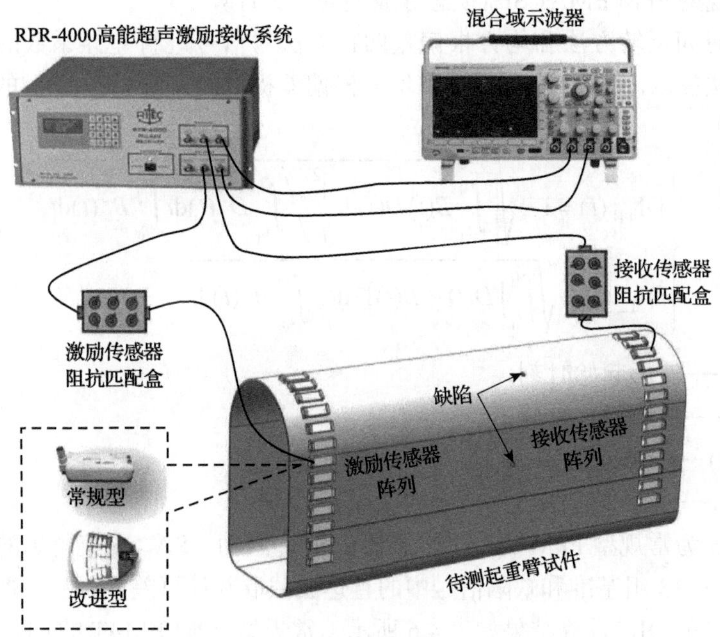

图 4.43　EMAT 激励采集实验布置

激励/接收传感器阵列布置如图 4.44 所示，激励传感器中心距离起重臂左端面

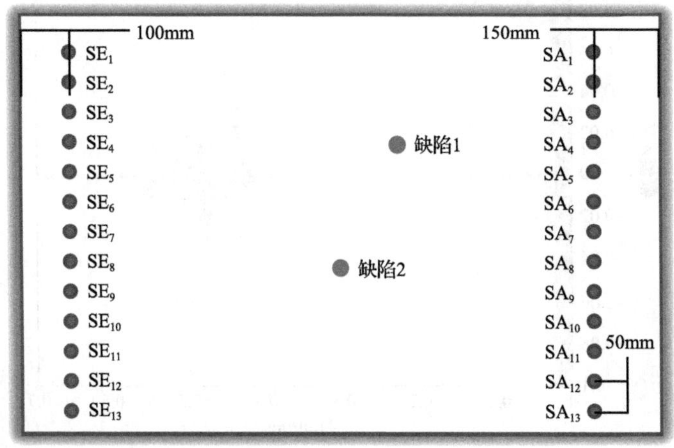

图 4.44　传感器阵列布置

100mm，接收传感器阵列中心距离起重臂右端面 150mm，相邻两传感器的中心距离为 50mm。激励采集方式同样采用一激多收形式，每类传感器各采集 13×13=169 组数据。

4. 常规型 PPM EMAT 的损伤成像结果

1）常规型 PPM EMAT SH_0 模态导波差异系数计算

采用时间反转方法和均方根偏差两种方法对信号进行差异系数的提取。时间反转方法提取的差异系数 DI_{TR} 和均方根偏差提取的差异系数 DI_{L2} 的计算表达式为

$$\begin{cases} DI_{TR}(t)=1-\sqrt{\left[\int_{t_0}^{t_1}B(t)D(t)\mathrm{d}t\right]^2\Big/\int_{t_0}^{t_1}D^2(t)\mathrm{d}t\int_{t_0}^{t_1}B^2(t)\mathrm{d}t} \\ DI_{L2}(t)=\sqrt{\int_{t_0}^{t_1}\left[D(t)-B(t)\right]^2\mathrm{d}t\Big/\int_{t_0}^{t_1}B^2(t)\mathrm{d}t} \end{cases} \tag{4.34}$$

式中：t_0——波形起始时刻；

t_1——波形截止时刻；

$D(t)$——缺陷信号；

$B(t)$——基准信号。

图 4.45 为常规型 PPM EMAT 传感器由 SE_{13} 激励、SA_{12} 采集得到的超声导波波形，对 13×13 组基准和缺陷信号中的直达波截取并计算差异系数，得到常规型 PPM EMAT 的 DI_{L2} 计算结果如表 4.6 所示，常规型 PPM EMAT 的 DI_{TR} 计算结果如表 4.7 所示。

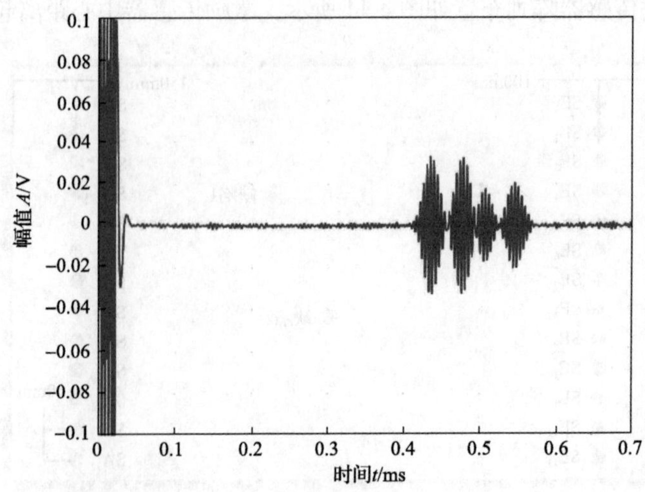

图 4.45　常规型 PPM EMAT 传感器 SE_{13} 到 SA_{12} 路径上的超声导波波形

表 4.6　常规型 PPM EMAT 的 DI_{L2} 计算结果

编号	SE_1	SE_2	SE_3	SE_4	SE_5	SE_6	SE_7	SE_8	SE_9	SE_{10}	SE_{11}	SE_{12}	SE_{13}
SA_1	0.12	0.09	0.18	0.10	0.37	0.65	0.32	0.42	—	—	—	—	—
SA_2	0.10	0.14	0.13	0.12	0.23	0.53	0.39	0.53	0.12	—	—	—	—
SA_3	0.12	0.56	0.69	0.18	0.14	0.51	0.51	0.41	0.34	0.28	—	—	—
SA_4	0.18	0.53	0.81	0.62	0.17	0.18	0.43	0.23	0.26	0.13	0.21	—	—
SA_5	0.65	0.10	0.23	0.24	0.13	0.11	0.23	0.27	0.30	0.31	0.24	0.39	—
SA_6	0.30	0.12	0.32	0.17	0.08	0.09	0.12	0.31	0.23	0.20	0.43	0.43	0.34
SA_7	0.44	0.34	0.21	0.28	0.15	0.14	0.09	0.30	0.20	0.42	0.51	0.51	0.41
SA_8	0.24	0.44	0.21	0.18	0.27	0.07	0.18	0.12	0.55	0.51	0.43	0.27	0.19
SA_9	—	0.18	0.34	0.41	0.39	0.42	0.21	0.64	0.62	0.53	0.18	0.24	0.20
SA_{10}	—	—	0.45	0.29	0.28	0.23	0.43	0.43	0.67	0.17	0.18	0.17	0.27
SA_{11}	—	—	—	0.33	0.33	0.37	0.51	0.27	0.34	0.31	0.10	0.09	0.22
SA_{12}	—	—	—	—	0.27	0.35	0.29	0.29	0.32	0.32	0.12	0.13	0.14
SA_{13}	—	—	—	—	—	0.41	0.37	0.14	0.29	0.24	0.14	0.15	0.10

表 4.7　常规型 PPM EMAT 的 DI_{TR} 计算结果

编号	SE_1	SE_2	SE_3	SE_4	SE_5	SE_6	SE_7	SE_8	SE_9	SE_{10}	SE_{11}	SE_{12}	SE_{13}
SA_1	0.01	0.01	0.03	0.01	0.08	0.17	0.05	0.13	—	—	—	—	—
SA_2	0.02	0.01	0.01	0.01	0.06	0.15	0.08	0.12	0.01	—	—	—	—
SA_3	0.01	0.18	0.18	0.02	0.01	0.12	0.13	0.09	0.06	0.04	—	—	—
SA_4	0.05	0.23	0.27	0.17	0.03	0.06	0.09	0.04	0.03	0.01	0.02	—	—
SA_5	0.21	0.04	0.03	0.03	0.01	0.01	0.03	0.06	0.05	0.04	0.03	0.08	—
SA_6	0.25	0.01	0.05	0.02	0.01	0.01	0.01	0.04	0.03	0.02	0.08	0.11	0.07
SA_7	0.26	0.03	0.03	0.06	0.02	0.03	0.01	0.05	0.02	0.07	0.10	0.14	0.13
SA_8	0.03	0.08	0.02	0.03	0.02	0.01	0.03	0.02	0.14	0.10	0.03	0.07	0.03
SA_9	—	0.02	0.07	0.08	0.14	0.09	0.02	0.18	0.17	0.01	0.04	0.04	0.02
SA_{10}	—	—	0.09	0.05	0.07	0.04	0.13	0.09	0.19	0.01	0.02	0.01	0.04
SA_{11}	—	—	—	0.04	0.06	0.11	0.10	0.11	0.07	0.06	0.01	0.01	0.05
SA_{12}	—	—	—	—	0.04	0.06	0.05	0.04	0.05	0.04	0.01	0.01	0.01
SA_{13}	—	—	—	—	—	0.09	0.06	0.03	0.04	0.03	0.01	0.02	0.01

常规型 PPM EMAT 的声场能量主要集中于±20°范围内，当超过此范围时导波信号能量过小，在进行差异系数计算时，对超过范围的导波数据进行剔除，因此在表 4.6 和表 4.7 中部分路径上的差异系数为空值。

2) 常规型 PPM EMAT SH_0 模态损伤概率重构成像

将表 4.6 中基于常规型 PPM EMAT 下的 SH_0 模态 DI_{L2} 值分别通过幅值全加法和幅值全乘法进行数据融合成像，得到了图 4.46 所示的常规型 PPM EMAT DI_{L2} 值下损伤概率重构成像结果。由 DI_{L2} 值成像结果可知，常规型 PPM EMAT 在提取 DI_{L2} 值下的成像效果较差。幅值全加法成像的结果显示，在缺陷 1、缺陷 2 附近产生了两处损伤概率值的聚焦，定位精度存在较大的偏差；幅值全乘法成像的结果显示，在缺陷 2 附近产生了损伤概率值的聚焦，但在缺陷 1 附近并未产生聚焦。

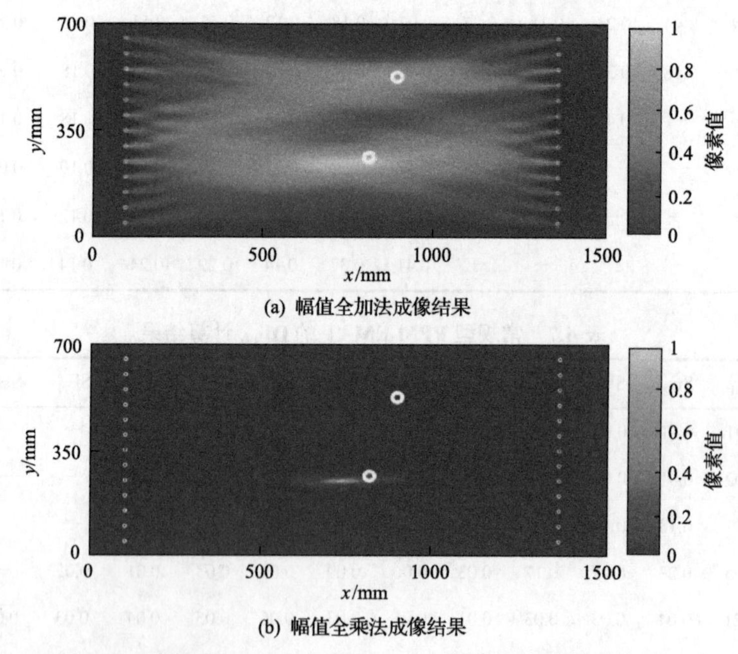

图 4.46　常规型 PPM EMAT DI_{L2} 值下损伤概率重构成像结果

将表 4.7 中常规型 PPM EMAT 下的 SH_0 模态 DI_{TR} 值结合式(4.1)和式(4.2)进行数据融合成像，得到了图 4.47 所示的常规型 PPM EMAT DI_{TR} 值下损伤概率重构成像结果。由 DI_{TR} 值成像结果可知，常规型 PPM EMAT DI_{TR} 值的成像效果好于图 4.46 中 DI_{L2} 值的成像效果，幅值全加法成像和幅值全乘法成像均在缺陷 1 和缺陷 2 附近形成聚焦，但两成像的定位存在较大的偏差。

常规型 PPM EMAT 的声场能量较为集中，指向角较小，声场辐射范围较小，致使在该阵列形式下部分接收传感器无法采集到较好的直达波信号，从而导致部分路径上的差异系数缺失，最终造成常规型 PPM EMAT 下的成像定位精度发生较大的偏差。

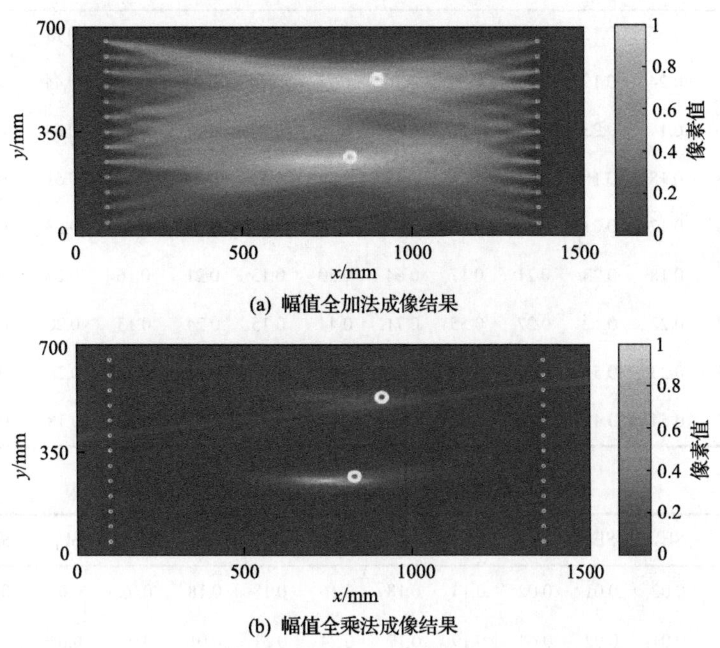

图 4.47　常规型 PPM EMAT DI_{TR} 值下损伤概率重构成像结果

5. 改进型 PPM EMAT 的损伤成像结果

1)改进型 PPM EMAT SH_0 模态差异系数计算

按图 4.44 中 EMAT 激励采集实验布置方式，对改进型 PPM EMAT 激励和接收的 SH_0 模态信号进行采集，共采集基准和缺陷信号各 13×13 组，然后按照与前面常规型 PPM EMAT 对 DI_{L2} 和 DI_{TR} 差异系数相同的方法进行计算，得到改进型 PPM EMAT 的 DI_{L2} 计算结果如表 4.8 所示，改进型 PPM EMAT 的 DI_{TR} 计算结果如表 4.9 所示。

表 4.8　改进型 PPM EMAT 的 DI_{L2} 计算结果

编号	SE_1	SE_2	SE_3	SE_4	SE_5	SE_6	SE_7	SE_8	SE_9	SE_{10}	SE_{11}	SE_{12}	SE_{13}
SA_1	0.23	0.20	0.13	0.24	0.53	0.61	0.55	0.64	0.63	0.22	0.21	0.13	0.24
SA_2	0.13	0.17	0.17	0.22	0.64	0.65	0.63	0.75	0.15	0.14	0.31	0.21	0.20
SA_3	0.12	0.54	0.66	0.61	0.59	0.61	0.25	0.21	0.18	0.26	0.21	0.14	0.13
SA_4	0.55	0.51	0.64	0.54	0.18	0.19	0.13	0.17	0.19	0.17	0.20	0.10	0.14

续表

编号	SE_1	SE_2	SE_3	SE_4	SE_5	SE_6	SE_7	SE_8	SE_9	SE_{10}	SE_{11}	SE_{12}	SE_{13}
SA_5	0.51	0.56	0.15	0.13	0.21	0.21	0.17	0.18	0.13	0.20	0.21	0.29	0.17
SA_6	0.61	0.24	0.19	0.23	0.24	0.10	0.15	0.16	0.23	0.18	0.44	0.65	0.61
SA_7	0.10	0.14	0.23	0.17	0.26	0.17	0.19	0.24	0.71	0.40	0.64	0.41	0.54
SA_8	0.18	0.18	0.18	0.11	0.18	0.15	0.21	0.61	0.81	0.57	0.51	0.18	0.21
SA_9	0.23	0.17	0.21	0.13	0.22	0.16	0.39	0.64	0.64	0.45	0.23	0.16	0.17
SA_{10}	0.10	0.18	0.23	0.21	0.17	0.64	0.50	0.13	0.21	0.16	0.24	0.21	0.15
SA_{11}	0.17	0.22	0.12	0.27	0.55	0.71	0.44	0.15	0.24	0.13	0.20	0.17	0.13
SA_{12}	0.25	0.23	0.54	0.62	0.47	0.62	0.18	0.17	0.25	0.24	0.26	0.15	0.17
SA_{13}	0.32	0.54	0.41	0.44	0.23	0.22	0.13	0.21	0.23	0.22	0.18	0.16	0.23

表 4.9　改进型 PPM EMAT 的 DI_{TR} 计算结果

编号	SE_1	SE_2	SE_3	SE_4	SE_5	SE_6	SE_7	SE_8	SE_9	SE_{10}	SE_{11}	SE_{12}	SE_{13}
SA_1	0.02	0.02	0.01	0.02	0.14	0.18	0.16	0.18	0.18	0.02	0.01	0.01	0.02
SA_2	0.01	0.01	0.02	0.04	0.19	0.17	0.24	0.31	0.01	0.01	0.04	0.02	0.01
SA_3	0.01	0.14	0.23	0.22	0.20	0.15	0.03	0.01	0.02	0.04	0.02	0.01	0.01
SA_4	0.21	0.15	0.19	0.15	0.02	0.01	0.01	0.01	0.02	0.01	0.01	0.01	0.01
SA_5	0.23	0.21	0.01	0.01	0.02	0.02	0.02	0.02	0.01	0.01	0.01	0.04	0.01
SA_6	0.10	0.03	0.02	0.02	0.01	0.01	0.01	0.01	0.02	0.02	0.09	0.17	0.16
SA_7	0.01	0.01	0.02	0.01	0.02	0.01	0.01	0.03	0.22	0.10	0.17	0.11	0.14
SA_8	0.02	0.02	0.03	0.01	0.01	0.01	0.02	0.18	0.24	0.14	0.10	0.01	0.02
SA_9	0.02	0.01	0.01	0.01	0.03	0.01	0.09	0.20	0.19	0.09	0.02	0.01	0.03
SA_{10}	0.01	0.02	0.04	0.02	0.01	0.19	0.11	0.01	0.02	0.01	0.01	0.01	0.01
SA_{11}	0.01	0.02	0.01	0.03	0.16	0.22	0.08	0.02	0.03	0.01	0.02	0.02	0.01
SA_{12}	0.03	0.04	0.23	0.18	0.12	0.20	0.01	0.01	0.04	0.05	0.05	0.01	0.01
SA_{13}	0.06	0.18	0.11	0.12	0.02	0.03	0.01	0.04	0.01	0.01	0.01	0.03	0.02

改进型 PPM EMAT 的声场能量主要集中于±30°范围内，且在该范围内的信号能量较为均衡，因此在该成像阵列范围内，相较于常规型 PPM EMAT 能够更加全面地采集到各路径上的导波信号，从而计算出完整的差异系数。

2）改进型 PPM EMAT SH_0 模态损伤概率重构成像

将表 4.8 中改进型 PPM EMAT 激励采集的 SH_0 模态 DI_{L2} 值分别通过幅值全加法和幅值全乘法进行数据融合成像，得到了图 4.48 所示的改进型 PPM EMAT DI_{L2} 值下损伤概率重构成像结果。由成像结果可知，改进型 PPM EMAT 在 DI_{L2} 值下的成像结果较好，采用幅值全加法和幅值全乘法均能对缺陷 1 和缺陷 2 进行较为准确的定位成像，但幅值全乘法的聚焦效果更好。

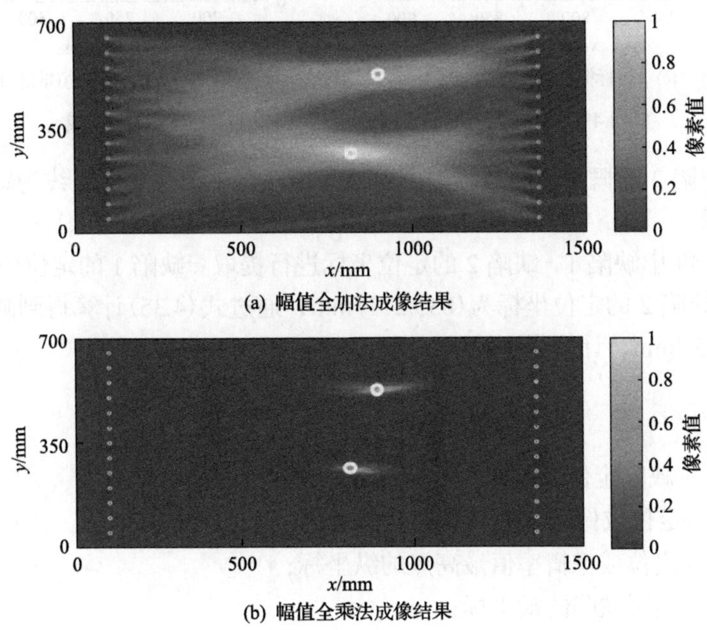

(a) 幅值全加法成像结果

(b) 幅值全乘法成像结果

图 4.48　改进型 PPM EMAT DI_{L2} 值下损伤概率重构成像结果

对图 4.48(a)中改进型 PPM EMAT DI_{L2} 值幅值全加法成像结果中缺陷 1、缺陷 2 的 x 方向和 y 方向损伤概率值进行提取，得到了图 4.49 所示的幅值全加法成像中

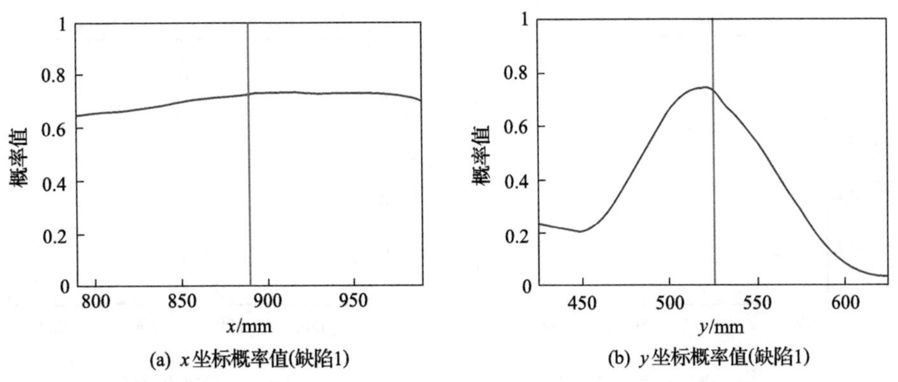

(a) x 坐标概率值(缺陷1)　(b) y 坐标概率值(缺陷1)

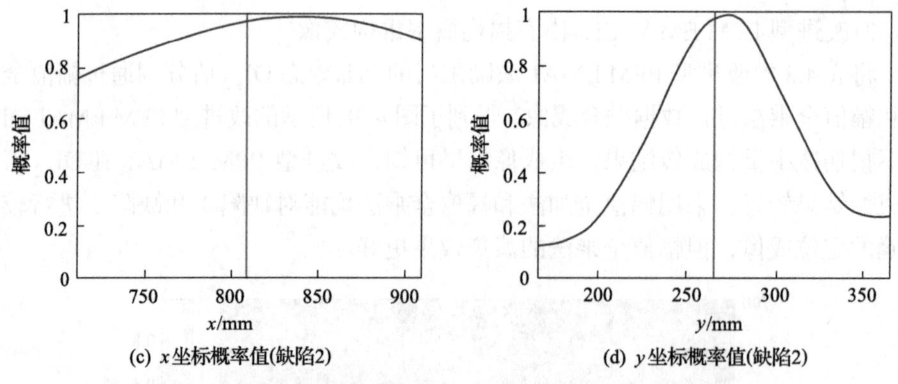

(c) x坐标概率值(缺陷2)　　(d) y坐标概率值(缺陷2)

图 4.49　幅值全加法成像中缺陷 1 和缺陷 2 的概率值曲线

缺陷 1 和缺陷 2 的概率值曲线。图中曲线为损伤概率值分布，竖线为缺陷中心点的实际坐标。

对图 4.49 中缺陷 1、缺陷 2 的定位坐标进行提取：缺陷 1 的定位坐标为(915, 519) mm，缺陷 2 的定位坐标为(833,271) mm；通过式(4.35)计算得到缺陷 1 的定位误差为 25.7mm，计算得到缺陷 2 的定位误差为 23.8mm：

$$E_{\mathrm{d}}=\sqrt{\left(x_{\mathrm{l}}-x_{\mathrm{r}}\right)^{2}+\left(y_{\mathrm{l}}-y_{\mathrm{r}}\right)^{2}} \tag{4.35}$$

式中：E_{d}——缺陷定位误差；

x_{l}——定位成像概率值最高点的横坐标；

y_{l}——定位成像概率值最高点的纵坐标；

x_{r}——实际缺陷的横坐标；

y_{r}——实际缺陷的纵坐标。

对图 4.48(b)中改进型 PPM EMAT $\mathrm{DI}_{\mathrm{L2}}$ 值幅值全乘法成像结果中缺陷 1、缺陷 2 的 x 方向和 y 方向损伤概率值进行提取，得到了图 4.50 所示的幅值全乘法成像中缺陷 1 和缺陷 2 的概率值曲线。

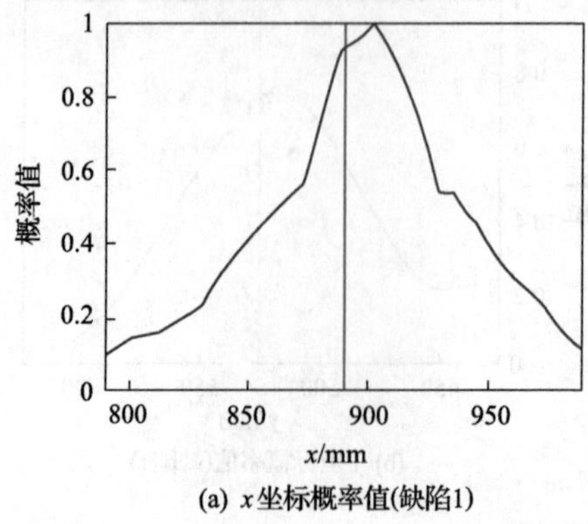

(a) x坐标概率值(缺陷1)

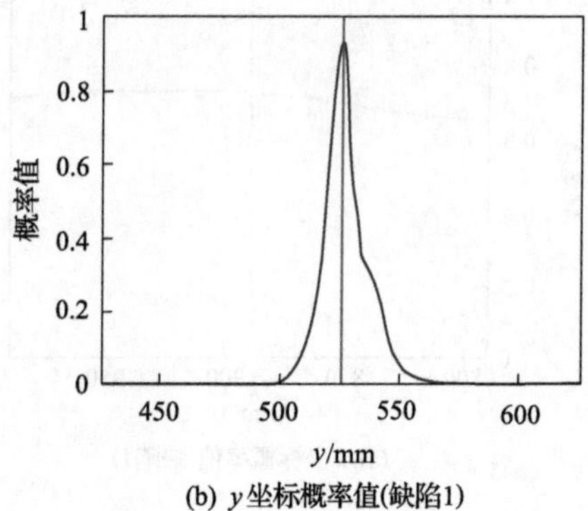

(b) y坐标概率值(缺陷1)

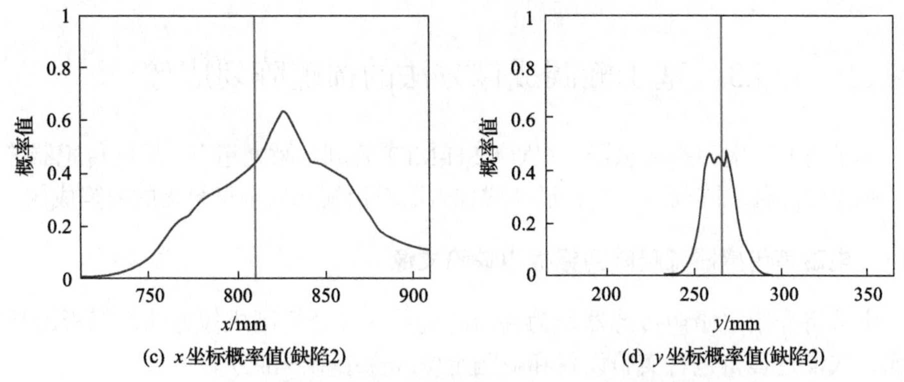

(c) x 坐标概率值(缺陷2)　　(d) y 坐标概率值(缺陷2)

图 4.50　幅值全乘法成像中缺陷 1 和缺陷 2 的概率值曲线

对图 4.50 中缺陷 1、缺陷 2 定位坐标进行提取：缺陷 1 的定位坐标为(902, 525)mm，定位误差为 12.0mm；缺陷 2 的定位坐标为(827,268)mm，定位误差为 17.3mm。与图 4.49 中幅值全加法成像结果相比，幅值全乘法成像中缺陷定位误差更小，定位更加准确。

将表 4.9 中改进型 PPM EMAT 下的 SH_0 模态 DI_{TR} 值，经数据融合后得到了图 4.51 所示的改进型 PPM EMAT DI_{TR} 值下损伤概率重构成像结果。由成像结果可知，采用 DI_{TR} 值幅值全加法能够对缺陷 1 和缺陷 2 实现定位成像，而采用幅值全乘法只对缺陷 2 实现了定位成像，未能对缺陷 1 进行成像。

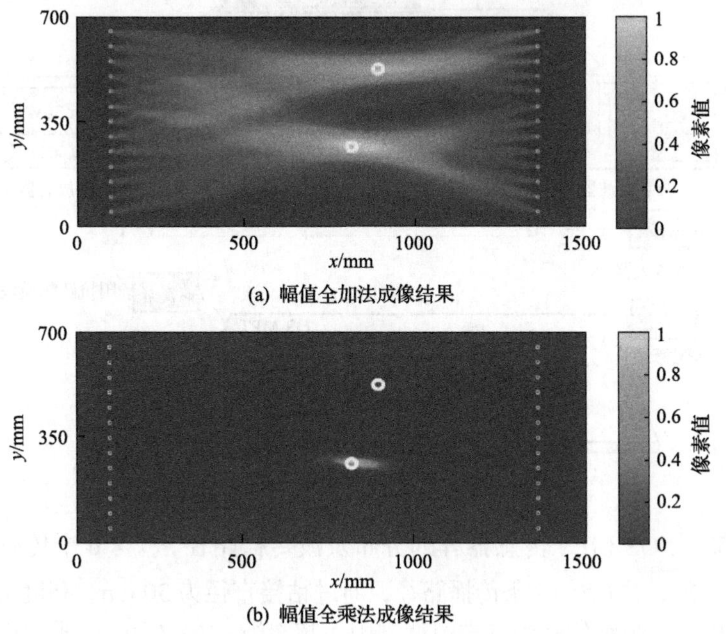

(a) 幅值全加法成像结果

(b) 幅值全乘法成像结果

图 4.51　改进型 PPM EMAT DI_{TR} 值下损伤概率重构成像结果

4.3 基于椭圆成像方法的稀疏阵列成像

本节将介绍电磁声传感器、双匝 OSH-MPT 阵列、激光超声、压电传感器等不同传感器作为稀疏阵列单元结合椭圆成像方法对铝板和复合材料板的缺陷成像。

4.3.1 电磁声传感器稀疏阵列铝板中缺陷成像

本节将介绍电磁声传感器作为稀疏阵列单元结合椭圆成像方法对铝板的缺陷成像，成像过程将包含实验设置和缺陷定位成像结果两部分。

1. 实验设置

首先，搭建实验系统如图 4.52 所示，包括计算机、AG33220A 函数发生器、Ultra2020 功率放大器、DPO4054 数字示波器、Ritec 前置放大器、阻抗匹配模块。稀疏传感器阵列的阵元选择全向型 S_0 模态磁致伸缩型传感器(omni-directional S_0 mode magneto-strictive patch transducer, OS-MPT)，采用与 4.2.1 节中相同的传感器结构参数。

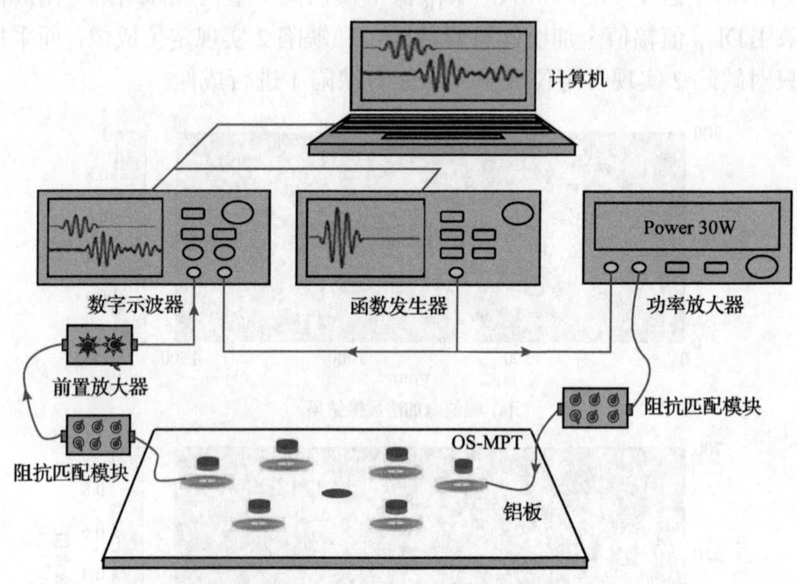

图 4.52　实验系统示意图

图 4.53 为 OS-MPT 传感器阵列分布及波传播路径，包含 6 个传感器阵列单元，即 $T_1 \sim T_6$，共 $C_6^2=15$ 条传播路径，通过粘接直径为 30mm、高度为 60mm 的钢柱模拟缺陷，激励信号为汉宁窗调制中心频率为 420kHz 的 5 周期正弦信号。

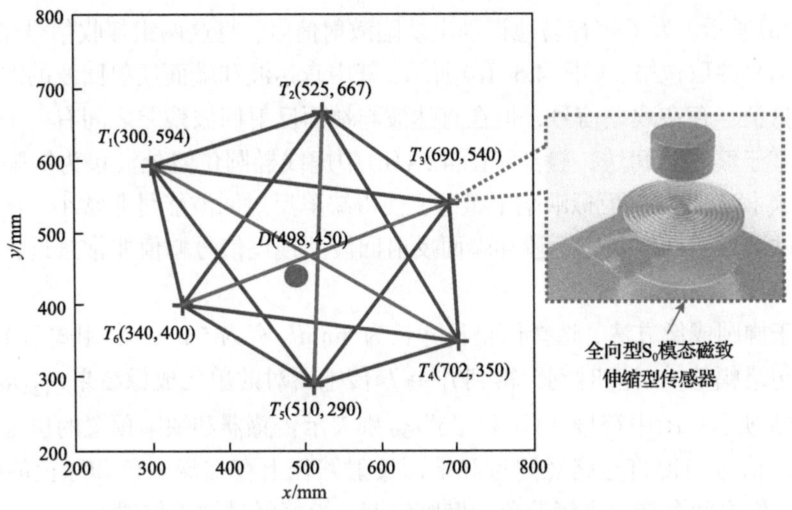

图 4.53　OS-MPT 传感器阵列分布及波传播路径

2. 缺陷定位成像结果

有基准信号的缺陷反射回波识别如图 4.54 所示，以传感器 T_1 激励、T_2 接收为例，其直达路径距离缺陷较远，在铝板有无模拟缺陷两种状况下采集到的信号如

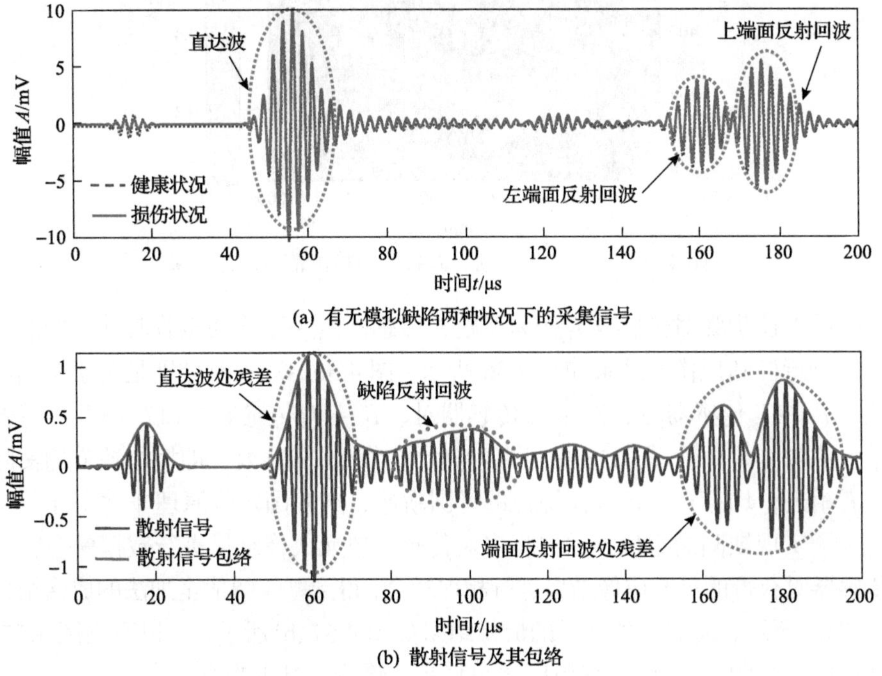

图 4.54　有基准信号的缺陷反射回波识别

图 4.54(a)所示。为了较容易地识别出缺陷散射信号，将这两组接收信号作差，得到散射信号并取包络，如图 4.54(b)所示，其中直达波和端面反射回波的波包并没有完全抵消，存在残差信号，但在直达波与端面反射回波残差之间有一个明显的波包，基于渡越时间法，验证了图 4.54(b)中虚线椭圆位置处波包为缺陷反射回波。但 S_0 模态对粘接模拟缺陷不敏感，使得缺陷反射回波能量非常小，从而散射信号中缺陷反射回波与直达波和端面反射回波处残差信号幅值非常接近，无法凸显出缺陷反射回波。

基于椭圆成像方法，选择网格尺寸长为 5mm、宽为 5mm，利用式(4.12)计算所提取包络幅值的对应时刻，得到 $T_1 \to T_2$ 传感器对的单元成像结果 $S_{12}\left(t_{12}(x,y)\right)$ 如图 4.55 所示。图中符号“+”和“o”分别表示传感器和缺陷预置的位置，可以看出残差信号使得直达路径附近和端面反射路径上存在深红色和绿色的椭圆轨迹，在它们之间存在一个淡蓝色的椭圆轨迹，恰好经过缺陷位置。

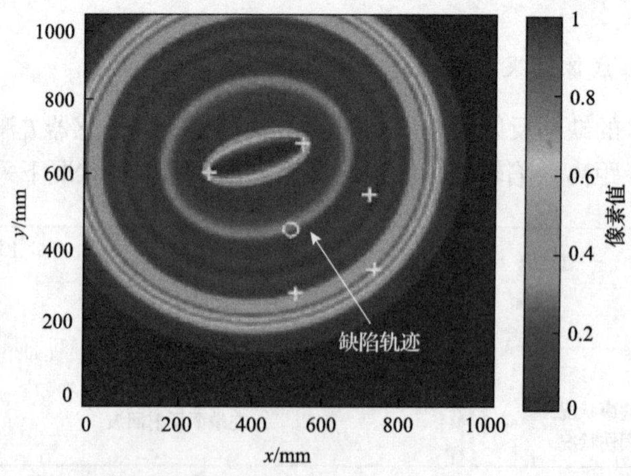

图 4.55 传感器 T_1 激励、T_2 接收时检测信号成像结果

按照上述步骤对传感器 T_1 作为激励，传感器 $T_3 \sim T_6$ 作为接收时获得的散射信号依次进行椭圆成像，结果如图 4.56 所示。图 4.56(a)～(d)分别是基于椭圆成像方法，$T_1 \to T_3$ 传感器对、$T_1 \to T_4$ 传感器对、$T_1 \to T_5$ 传感器对和 $T_1 \to T_6$ 传感器对的单元成像结果。从图 4.56 中可以看到，在符号“o”处，即模拟缺陷的实际位置或者附近，均存在红色或淡绿色的椭圆轨迹，与椭圆定位原理非常吻合。

为了实现缺陷的定位，需要将多对传感器单元成像结果进行数据融合，将所有传感器对获得的单元成像结果进行相加融合，得到基于幅值全加法的成像结果如图 4.57(a)所示，阈值化处理后的成像结果如图 4.57(b)所示，可以看出图 4.57(a)中红色区域和图 4.57(b)中绿色区域与真实缺陷位置基本吻合。

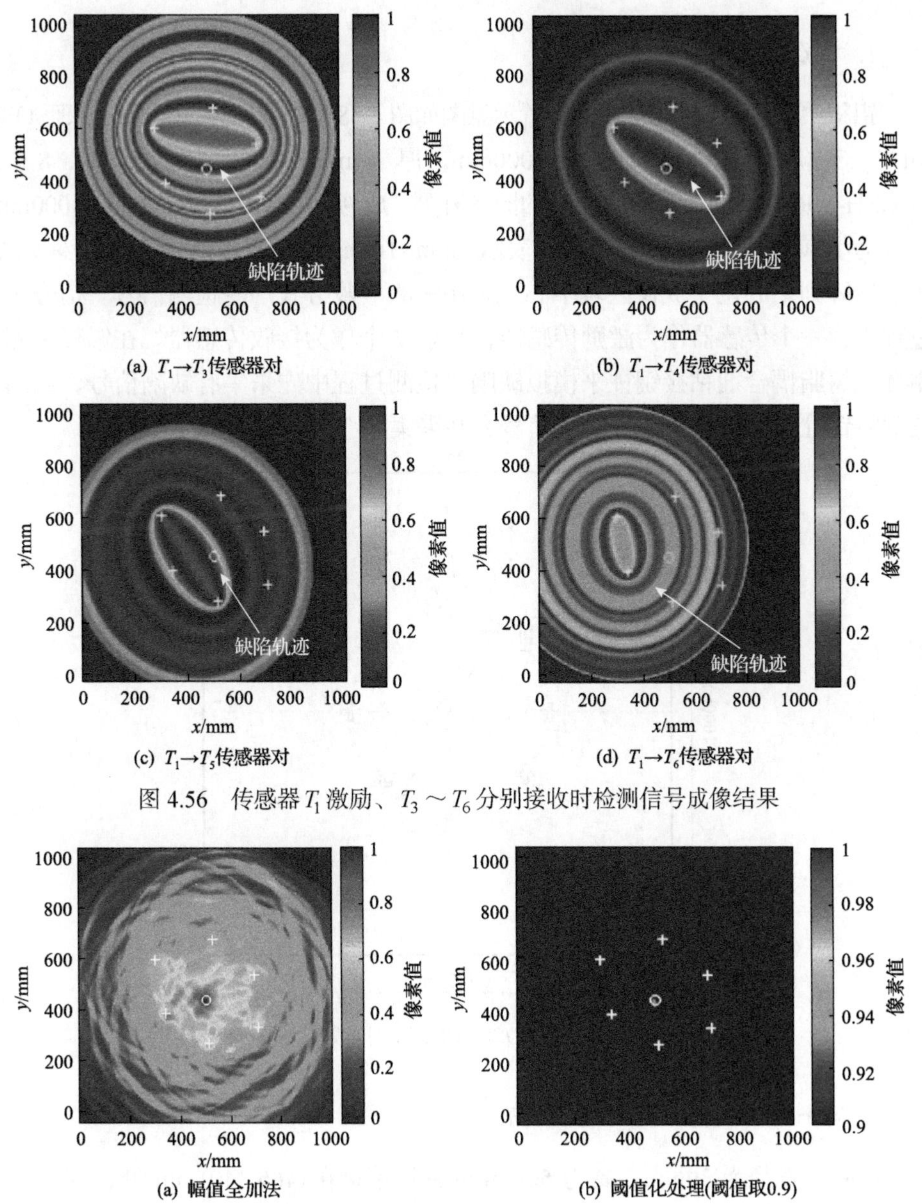

图 4.56　传感器 T_1 激励、$T_3 \sim T_6$ 分别接收时检测信号成像结果

(a) 幅值全加法　(b) 阈值化处理(阈值取0.9)

图 4.57　椭圆定位方法的成像结果

4.3.2　双匝 OSH-MPT 阵列铝板中缺陷成像

本节将介绍双匝 OSH-MPT 作为稀疏阵列单元结合椭圆成像方法对铝板的缺陷成像。成像过程将包含实验设置、同一尺寸不同位置的模拟缺陷成像、不同尺寸不同位置的模拟缺陷成像以及基于通用阈值的成像结果。

1. 实验设置

铝板中双匝 OSH-MPT 阵列布置示意图如图 4.58 所示，图中“✚”表示双匝 OSH-MPT。实验采用长 1000mm、宽 1000mm、厚 1mm 的铝板作为检测试样，8 个双匝 OSH-MPT 布置成直径 400mm 的圆形阵列。成像区域设定为 1000mm×1000mm，划分为 1000000 个网格，每个网格表示 1mm×1mm 的区域，以左下角为坐标原点。传感器阵列中心位于成像区域中心。采用一激一收方式产生检测信号。信号采集过程中，一个传感器作为激励传感器，其余 7 个作为接收传感器。在铝板一侧利用环氧树脂耦合剂粘接钢柱来模拟缺陷。检测过程中先采集有缺陷信号，后用解胶剂将钢柱去除后，采集无缺陷信号，共采集 8×7×2=112 组信号。

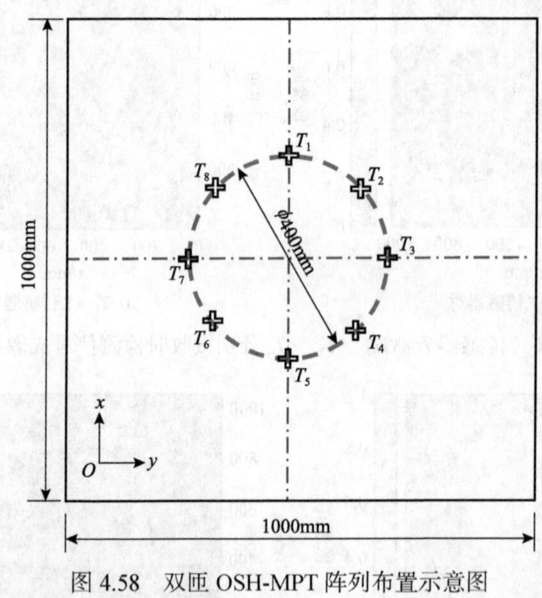

图 4.58　双匝 OSH-MPT 阵列布置示意图

2. 同一尺寸不同位置的模拟缺陷成像

将底面直径为 30mm、高为 50mm 的钢柱粘接在(465,440)mm 处，部分不同传感器对成像结果如图 4.59 所示。图中椭圆轨迹颜色越红，表示成像值越大，若缺陷位于这种类型的椭圆轨迹，说明该传感器定位准确。“o”表示模拟缺陷位置，“+”表示双匝 OSH-MPT 位置。

值得注意的是，图 4.59 中只是部分传感器对的成像结果，实际中同时存在其他传感器对定位准确的情况，将所有传感器对单元成像的结果进行叠加，生成图 4.60(a)所示的椭圆成像结果。

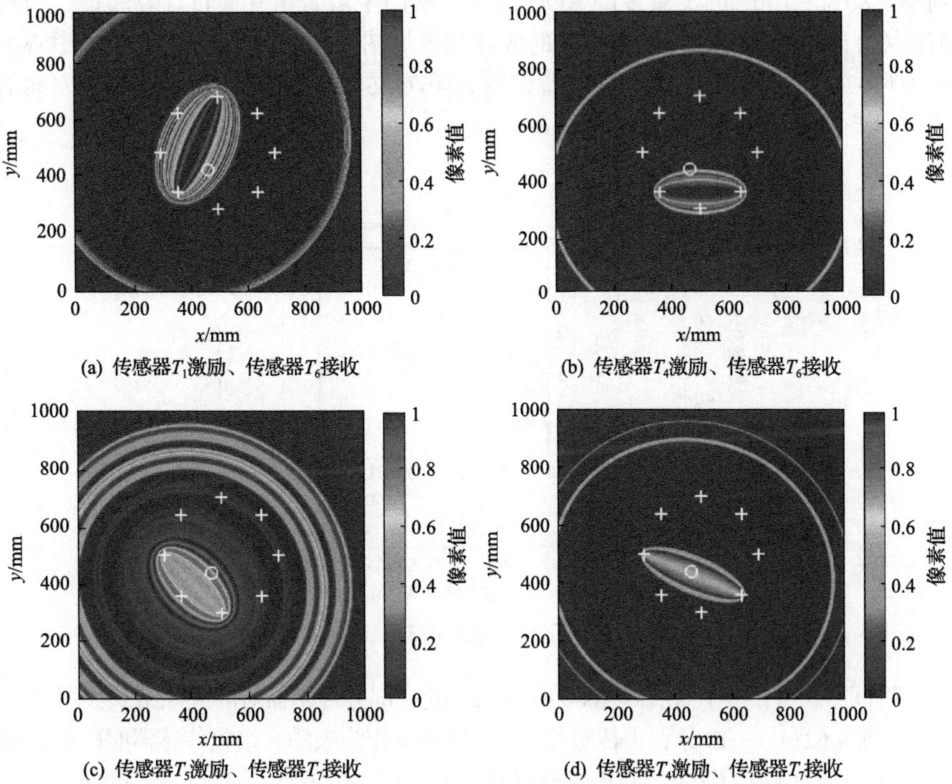

(a) 传感器T_1激励、传感器T_6接收　　(b) 传感器T_4激励、传感器T_6接收

(c) 传感器T_5激励、传感器T_7接收　　(d) 传感器T_4激励、传感器T_7接收

图 4.59　位于(465,440) mm 的 ϕ30mm 模拟缺陷不同传感器对的成像结果

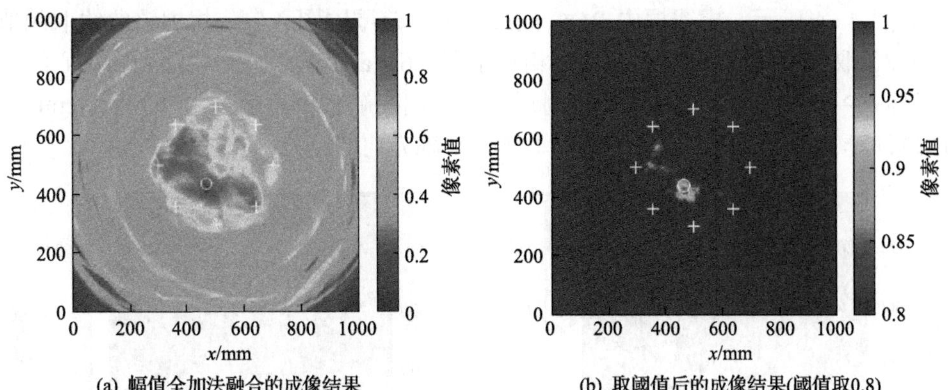

(a) 幅值全加法融合的成像结果　　(b) 取阈值后的成像结果(阈值取0.8)

图 4.60　位于(465,440) mm 的 ϕ30mm 模拟缺陷椭圆成像

根据图 4.60(a)的成像结果，设置阈值为 0～1，每次增加 0.1，共计 11 个数据生成椭圆成像 ROC 曲线。图 4.61 中实线为 ROC 曲线，圆点代表部分阈值点。为了方便观察 ROC 曲线离左上角最近距离的点，虚线框里显示 0%～20%的误

判率、80%～100%的灵敏度的 ROC 曲线，从图中可看出并通过计算验证，当阈值取 0.8 时，距离最近。取阈值后的成像结果见图 4.60(b)，定位出的缺陷中心坐标为(467,411) mm，x 轴方向的定位误差为|467–465|/465×100%=0.4%，y 轴方向的定位误差为|411–440|/440×100%=6.6%。

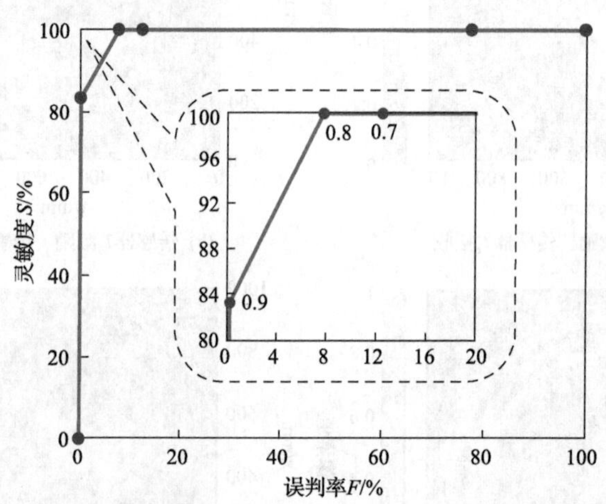

图 4.61　位于(465,440) mm 的 ϕ30mm 模拟缺陷椭圆成像 ROC 曲线

将同一尺寸的钢柱粘贴在(600,445) mm 处，部分传感器对的成像结果如图 4.62 所示。图 4.62(a)～(d)分别为传感器 1～传感器 4 作为激励或接收传感器时的单元成像结果，图中颜色为红色的轨迹均经过缺陷处，这 4 个传感器对定位较为准确。

全部单元成像叠加后结果如图 4.63 所示，根据图 4.63(a)结果生成的 ROC 曲线如图 4.64 所示，虚线框内 ROC 曲线显示的范围同图 4.61。根据该曲线取阈值为 0.8，取阈值后生成图 4.63(b)。相对于图 4.63(a)而言，传感器阵列内中心红色区域减少，主要集中在模拟缺陷附近。定位出的缺陷中心坐标为(609,428) mm，通过计算，x 轴方向的定位误差为 1.5%，y 轴方向的定位误差为 3.8%。

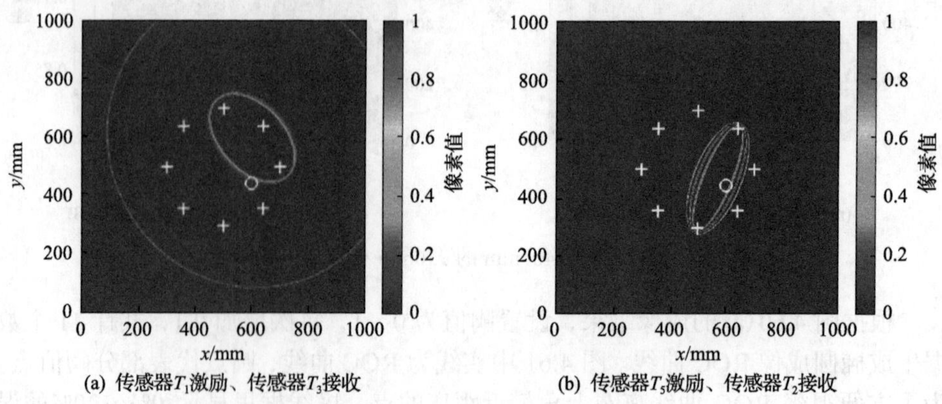

(a) 传感器T_1激励、传感器T_3接收　(b) 传感器T_5激励、传感器T_2接收

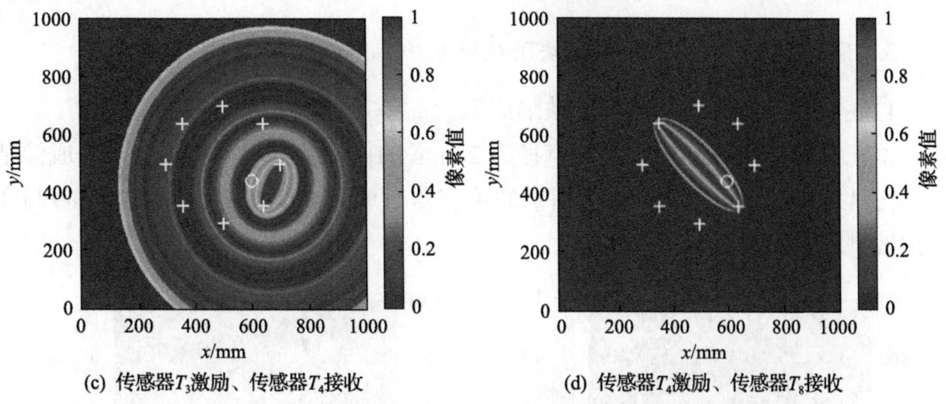

图 4.62　位于(600,445)mm 的ϕ30mm 模拟缺陷不同传感器对成像结果

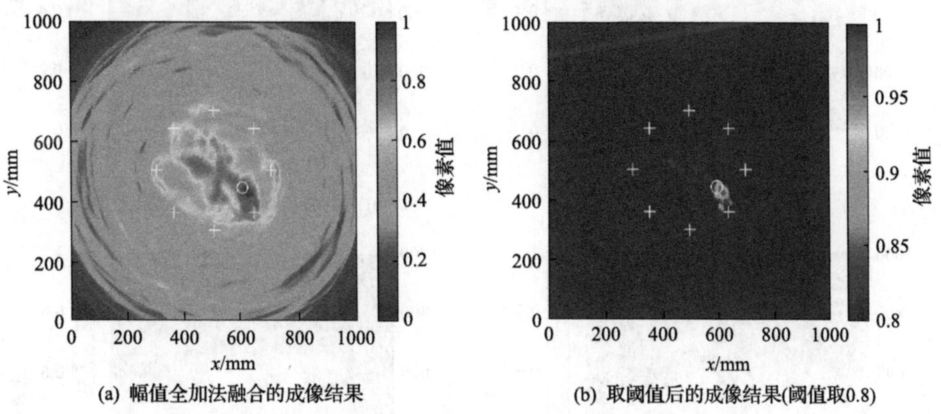

图 4.63　位于(600,445)mm 的ϕ30mm 模拟缺陷椭圆成像

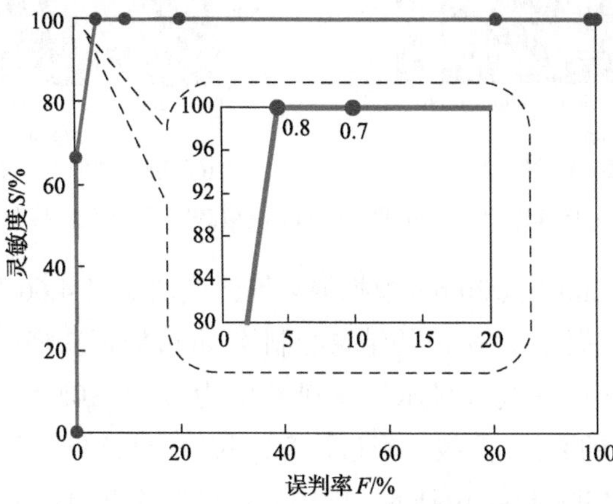

图 4.64　位于(600,445)mm 的ϕ30mm 模拟缺陷椭圆成像 ROC 曲线

3. 不同尺寸不同位置的模拟缺陷成像

1) 底面直径为 20mm 的模拟缺陷成像

位于(440,559) mm 处的底面直径为 20mm 的模拟缺陷不同传感器对的成像结果如图 4.65 所示。图 4.65 中所列举的传感器对单元成像定位出的缺陷位置与实际位置基本吻合。

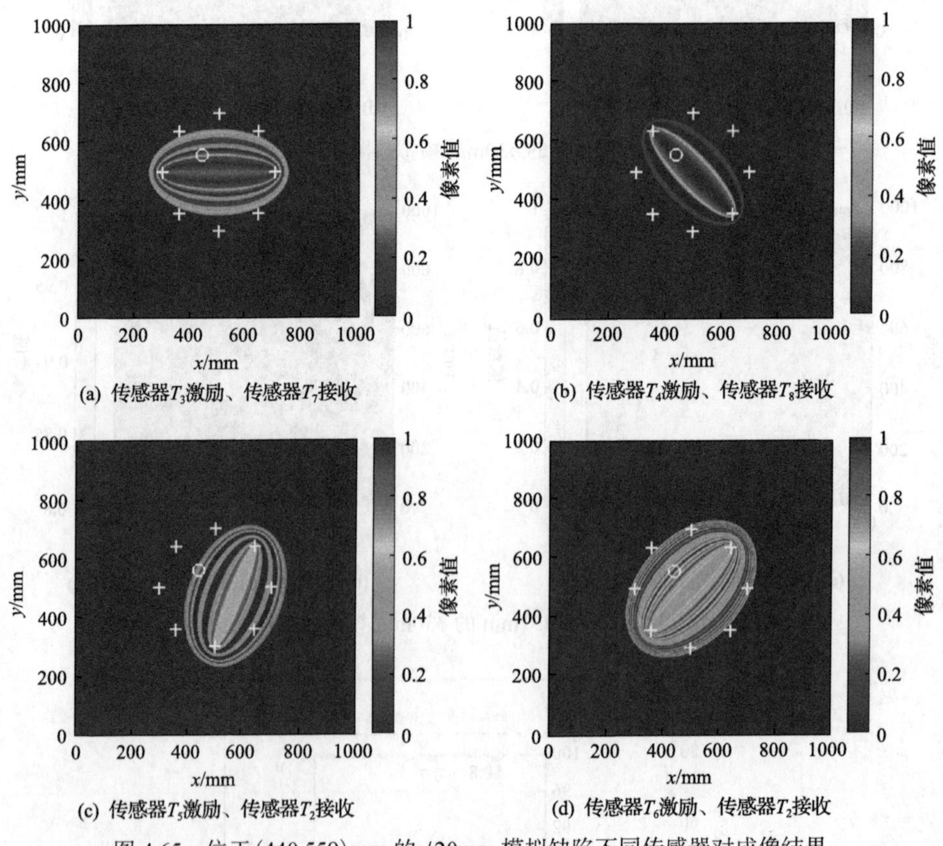

(a) 传感器T_3激励、传感器T_7接收　(b) 传感器T_4激励、传感器T_8接收

(c) 传感器T_5激励、传感器T_2接收　(d) 传感器T_6激励、传感器T_2接收

图 4.65　位于(440,559) mm 的 ϕ20mm 模拟缺陷不同传感器对成像结果

位于(440,559) mm 的 ϕ20mm 模拟缺陷椭圆成像如图 4.66 所示。设缺陷区域为 20mm×20mm，根据图 4.66(a)的结果绘制 ϕ20mm 模拟缺陷椭圆成像 ROC 曲线如图 4.67 所示。图中虚线框显示了 x 轴范围为 0%～30%误判率、y 轴范围为 70%～100%灵敏度的 ROC 曲线。经过计算，阈值为 0.7 的点最接近(0,100%)点，取阈值后成像结果如图 4.66(b)所示。图中颜色最红的点为定位出的缺陷中心，位于(441,553) mm。x 轴方向的定位误差为 0.23%，y 轴方向的定位误差为 1%。定位误差较小，但阵列内非缺陷处存在成像值较大的区域，缺陷对比度较低，阈值

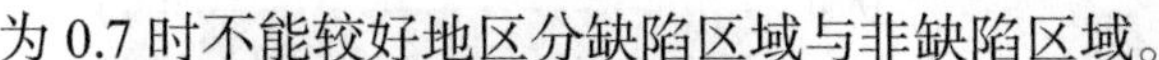
为 0.7 时不能较好地区分缺陷区域与非缺陷区域。

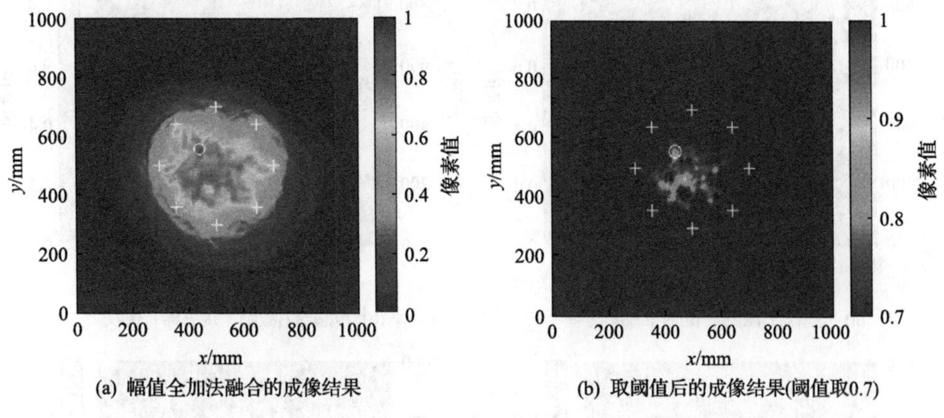

图 4.66 位于(440,559) mm 的 ϕ20mm 模拟缺陷椭圆成像

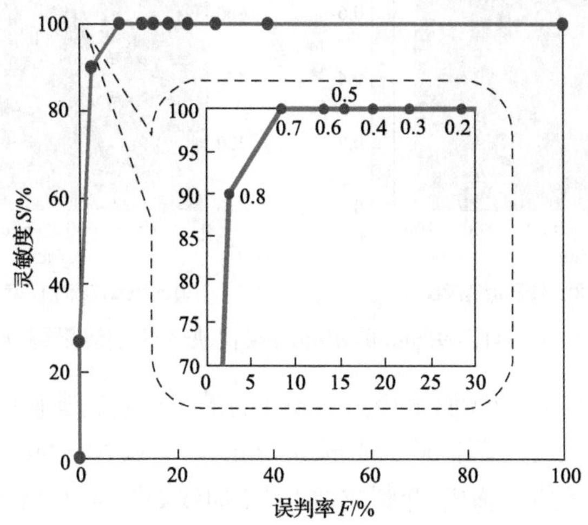

图 4.67 位于(440,559) mm 的 ϕ20mm 模拟缺陷椭圆成像 ROC 曲线

2) 底面直径为 10mm 的模拟缺陷成像

将底面直径为 10mm 的钢柱置于板中(541,409) mm 处，传感器对单元成像结果见图 4.68。对比图 4.68(a)与(b)、图 4.68(c)与(d)，可以看出其成像图相似，缺陷都位于颜色为红色的椭圆轨迹。另外，通过验证多个尺寸模拟缺陷不同传感器对的定位结果发现，在传感器对单元成像中，传感器 T_i 激励、传感器 T_j 接收与传感器 T_j 激励、传感器 T_i 接收的单元成像结果类似。当传感器 T_i 激励、传感器 T_j 接收对缺陷定位准确时，传感器 T_j 激励、传感器 T_i 接收也能定位准确，即认定为该传感器对定位效果良好。

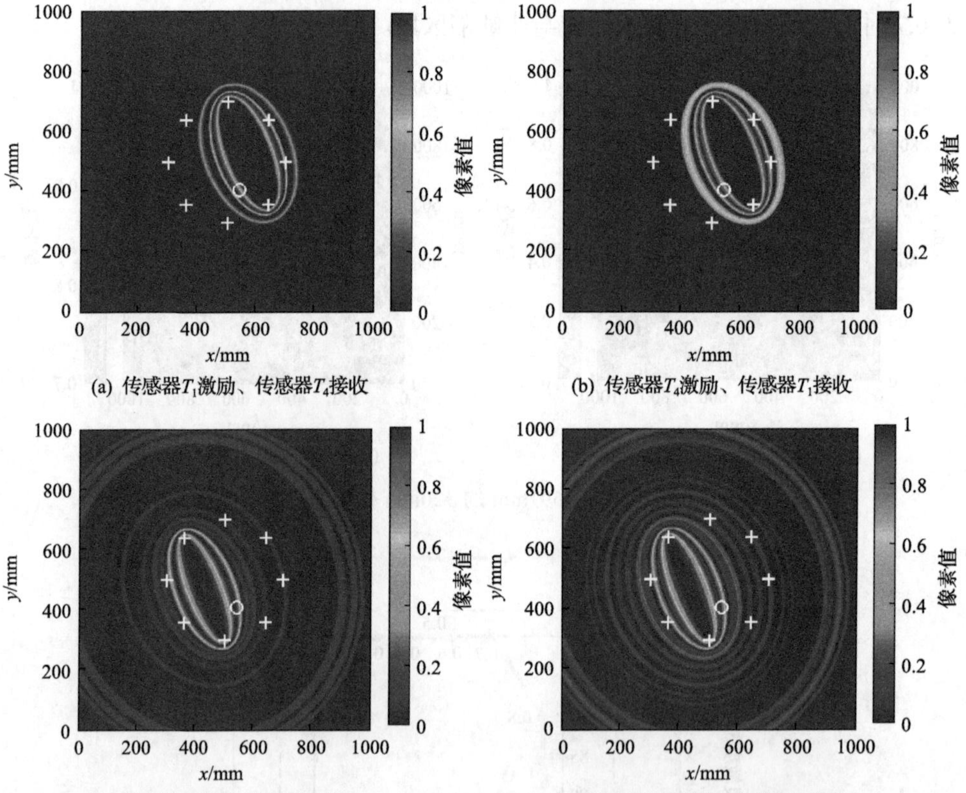

(a) 传感器T_1激励、传感器T_4接收　　(b) 传感器T_4激励、传感器T_1接收

(c) 传感器T_5激励、传感器T_8接收　　(d) 传感器T_8激励、传感器T_5接收

图 4.68　位于(541,409) mm 的 ϕ10mm 模拟缺陷不同传感器对成像结果

位于(541,409) mm 的底面直径为 10mm 的模拟缺陷椭圆整体成像如图 4.69 所示，根据缺陷大小设置缺陷区域为 10mm×10mm。依据图 4.69(a)的结果，绘制出底面直径为 10mm 的模拟缺陷椭圆成像 ROC 曲线如图 4.70 所示。图中虚线框显

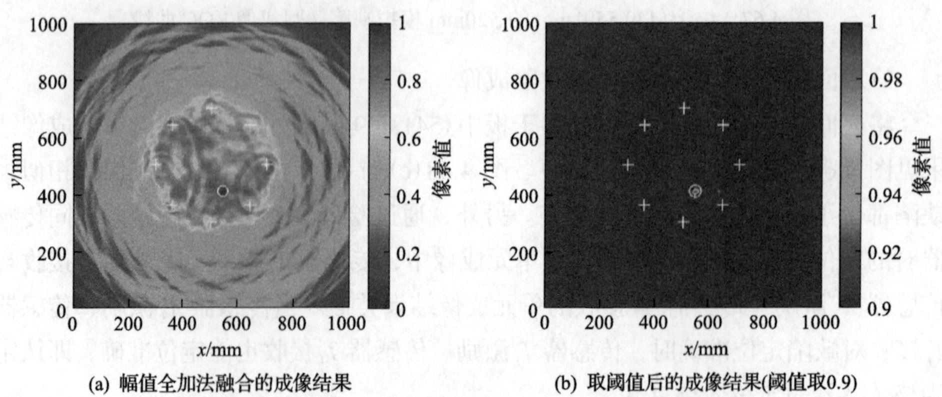

(a) 幅值全加法融合的成像结果　　(b) 取阈值后的成像结果(阈值取0.9)

图 4.69　位于(541,409) mm 的 ϕ10mm 模拟缺陷椭圆成像

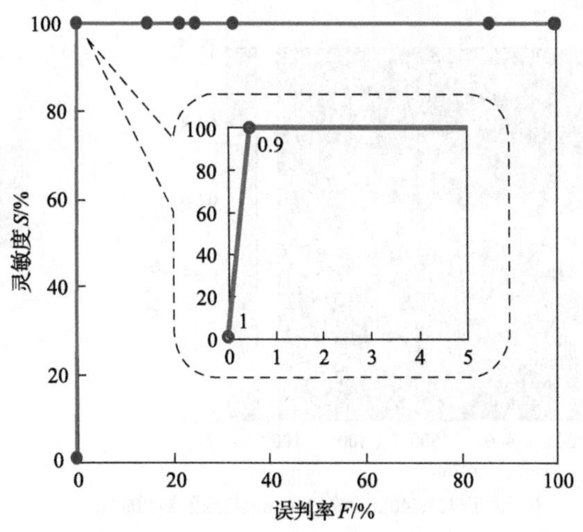

图 4.70　位于(541,409)mm 的 ϕ10mm 模拟缺陷椭圆成像 ROC 曲线

示的是 x 轴范围为 0%～5%的误判率、y 轴范围为 0%～100%的灵敏度的 ROC 曲线。从图 4.70 中可看出，0.9 为合适的阈值，取阈值后成像结果如图 4.69(b)所示，定位出的缺陷中心坐标为(542,405)mm。计算出 x 轴方向的定位误差为 0.18%，y 轴方向的定位误差为 0.98%。

4. 基于通用阈值的成像结果

运用阈值可以提高缺陷定位对比度，根据上述取阈值后的成像结果，取阈值后的成像图 4.60(b)、图 4.63(b)、图 4.66(b)、图 4.69(b)定位出的缺陷处的颜色为红色区域与其他区域对比明显，但仍有些非缺陷区域颜色明显，较难辨识是否存在缺陷。并且缺陷成像均根据实际缺陷大小划分缺陷区域绘制 ROC 曲线，但在实际检测中缺陷大小未知。

基于椭圆成像方法的双匝 OSH-MPT 阵列检测缺陷最小尺寸为 10mm，以能检测出缺陷最小尺寸的 ROC 曲线求出的阈值作为通用阈值。从图 4.69(b)中可以看出缺陷定位对比度较高，根据图 4.70 设定通用阈值为 0.9。取通用阈值的不同尺寸模拟缺陷椭圆成像结果见图 4.71。图 4.71(a)和(b)为不同位置处底面直径均为 30mm 的模拟缺陷的成像结果，图 4.71(c)为底面直径为 20mm 的模拟缺陷的成像结果。从图 4.71 所示结果来看，颜色为红色和浅蓝色的区域都在实际缺陷位置处及其附近，因此该通用阈值具有可行性。

4.3.3　双匝 OSH-MPT 阵列复合材料板中缺陷成像

本节将介绍双匝 OSH-MPT 作为稀疏阵列单元结合椭圆成像方法对复合材料板的缺陷成像，成像过程包含实验设置、不同方向上 SH_0 模态群速度分布以及成像结果。

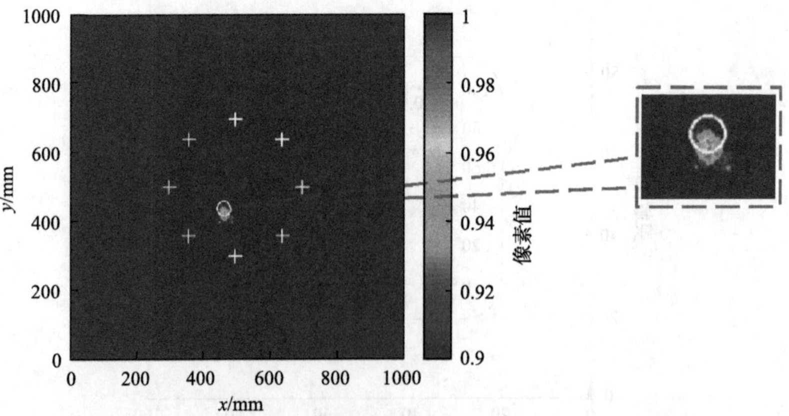

(a) 位于(465,440)mm的ϕ30mm模拟缺陷椭圆成像

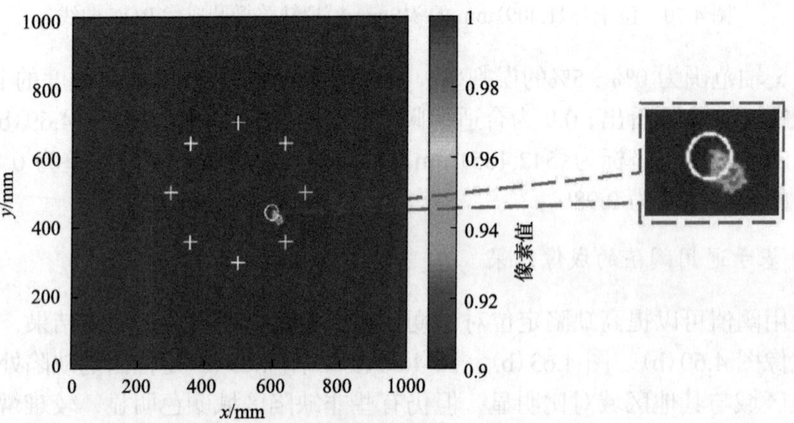

(b) 位于(600,445)mm的ϕ30mm模拟缺陷椭圆成像

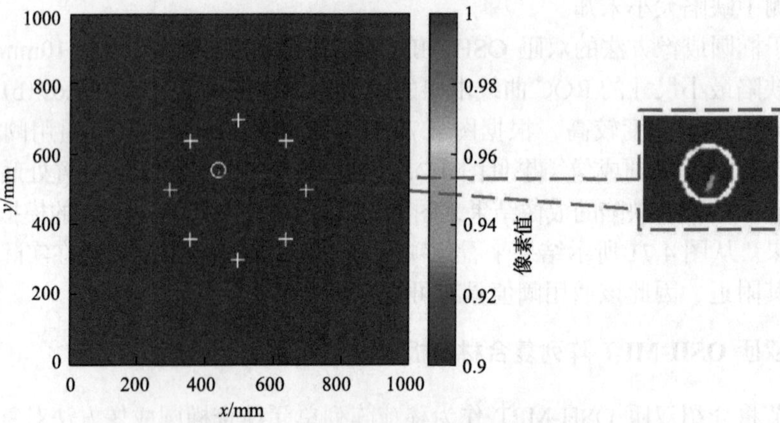

(c) 位于(440,559)mm的ϕ20mm模拟缺陷椭圆成像

图 4.71　取通用阈值的不同尺寸模拟缺陷椭圆成像结果

1. 实验设置

成像区域设置与复合材料板的大小一致，为 1000mm×1000mm，双匝 OSH-MPT 阵列在复合材料板一侧的布置与 4.3.2 节中相似，布置直径为 500mm 的圆形阵列，阵列中传感器个数根据实验需求进行设定。

2. 不同方向上 SH_0 模态群速度分布

与铝板相比，复合材料板具有各向异性的特点，导致 SH_0 模态的传播速度随着传播方向的改变而发生变化，不为一个定值。群速度是椭圆成像中的重要参数，需要计算出复合材料板中各个方向上 SH_0 模态实际群速度值代替均一的 c_g 值进行成像。

图 4.72 为计算 360°方向上 SH_0 模态群速度的传感器布置，图中圆圈表示双匝 OSH-MPT。一个双匝 OSH-MPT 置于传感器阵列中心，作为激励传感器。其他 24 个传感器与中心相距 250mm，作为接收传感器。测试角度为 0°～360°，设 15°为测试步长，采集信号计算 SH_0 模态实际群速度值。

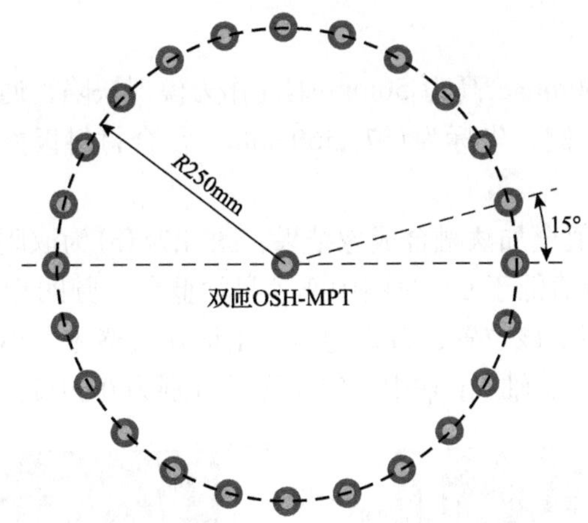

图 4.72　计算 360°方向上 SH_0 模态群速度的传感器布置

测量 360°方向上 SH_0 模态群速度结果见图 4.73。符号“o”为该方向的实际群速度，根据图中 24 个数据做出群速度分布曲线，见图中连接各实际群速度的曲线。实际得出 SH_0 模态群速度范围为 3000～4000m/s。实验中碳纤维复合材料板的铺层方式为$[(0/45/90/-45)_2]_s$，各向异性特征不明显，导致图中显示各个方向上群速度值相差不大。若采用各向异性突出的复合材料板，测量不同方向上 SH_0 模态群速度值更有助于提高成像准确性。图 4.73 中的这些数据点是从实验中测得的，比理论值更合适于实际缺陷检测。

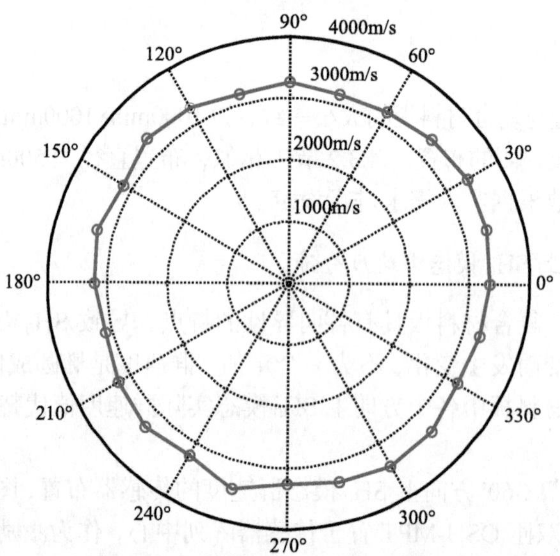

图 4.73　实验测得的 SH_0 模态群速度分布

3. 成像结果

将底面直径为 30mm、高为 50mm 钢柱作为模拟缺陷，通过环氧树脂耦合剂粘接于复合材料板一侧，坐标为(577,560) mm。复合材料板模拟缺陷椭圆成像结果如图 4.74 所示。

图 4.74(a)为幅值全加法融合成像结果，图 4.74(b)为取阈值 0.9 后的成像结果。取阈值后，成像值低于 0.9 时图中颜色呈深蓝色。圆圈为实际缺陷位置，成像值高的点完全布满了该位置，较好地定位出该缺陷整体大小。定位出缺陷中心坐标为(573,553) mm，x 轴、y 轴中心定位误差分别为 0.69%、1.25%。

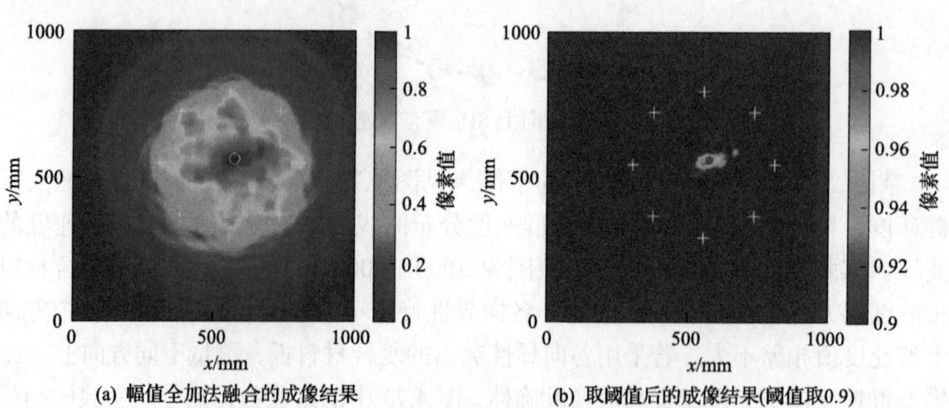

(a) 幅值全加法融合的成像结果　　(b) 取阈值后的成像结果(阈值取0.9)

图 4.74　复合材料板模拟缺陷椭圆成像结果

4.3.4 激光超声稀疏阵列铝板中缺陷成像

本节将介绍脉冲激光作为稀疏阵列单元结合椭圆成像方法对铝板的缺陷成像，成像过程包含实验装置、原始检测信号处理以及成像结果。

1. 实验装置

基于激光超声的阵列实验系统如图 4.75 所示。以脉冲激光源为激励阵元，双波混频干涉仪为接收阵元，激励传感器、接收传感器分别通过运动轴控制其移动，接收到的信号通过数字示波器实时监控。铝板尺寸为 1000mm×1000mm×0.8mm，脉冲激光激励源光斑半径约为 0.6mm，激励传感器与铝板表面的距离保持在 60mm，接收传感器与铝板表面的距离保持在 45mm。为了消除脉冲激光激励源产生的空气冲击波，激励源和接收源分别位于铝板的两侧。实验选取 6 个点作为激光阵元，并在铝板表面粘接钢柱来模拟缺陷。

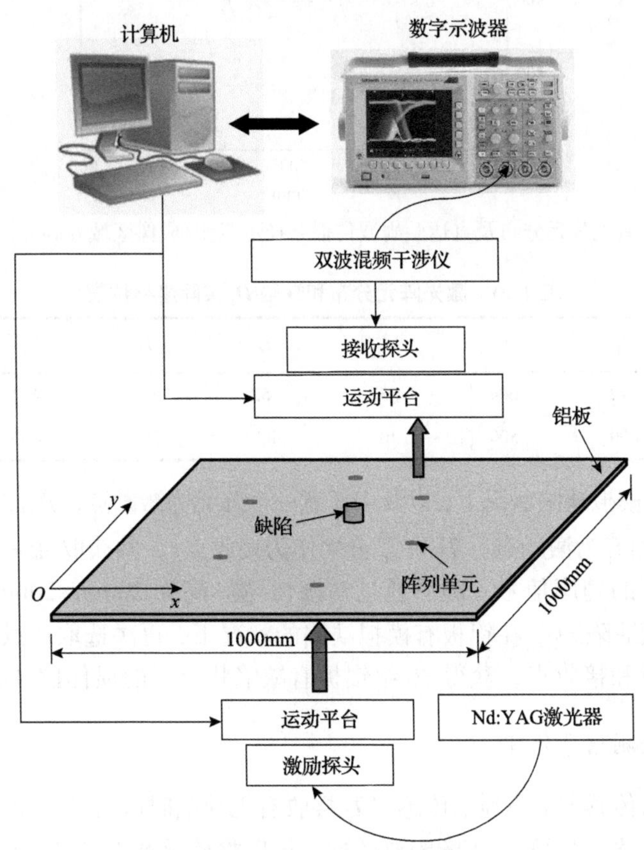

图 4.75　基于激光超声的阵列实验系统

图 4.76 为激励接收激光阵元分布及直达兰姆波传播路径示意图，成像区域为 600mm×600mm 的矩形区域，图中阵元所示位置并不代表实际传感器所在位置。表 4.10 为激光阵元分布和缺陷 D_1 实际坐标位置。如图 4.76 所示，实验中共有 6 个阵列单元 T_1～T_6，组成分布式激光阵列，并画出阵元激励接收的直达兰姆波传播路径，可看到模拟缺陷 D_1 位于 T_1 和 T_5 、T_2 和 T_5 、T_3 和 T_6 、T_4 和 T_6 路径附近。

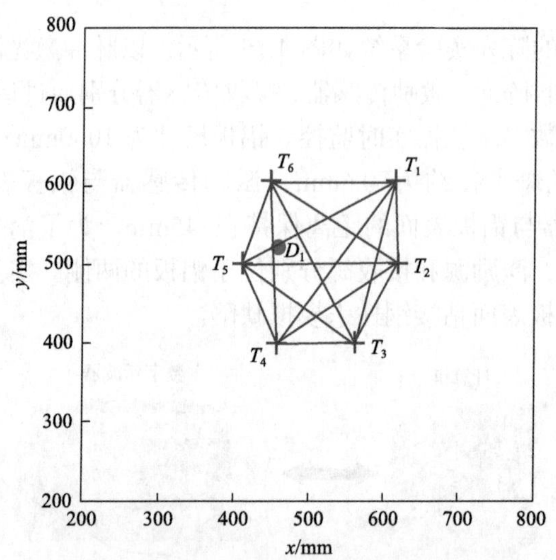

图 4.76　激光阵元分布及直达兰姆波传播路径示意图(成像区域 600mm×600mm)

表 4.10　激光阵元分布和缺陷 D_1 实际坐标位置

坐标	T_1	T_2	T_3	T_4	T_5	T_6	D_1
x/mm	602	604	552	453	402	452	460
y/mm	600	500	400	400	500	600	533

在铝板无模拟缺陷状况下，以其中任意一个阵元为激励点，分别以其他 5 个阵元为接收点(如 T_1 为激励点，T_2 ～ T_6 分别作为接收点)，共获取 $A_6^2 = 6\times(6-1)$ =30 组无损状况下的健康信号。随后通过粘接长×宽×高为 20mm×20mm×150mm 的钢柱作为模拟缺陷 D_1，在铝板有模拟缺陷的状况下，再次选取任意两个阵元 T_i 、T_j 作为激励点和接收点，获得 30 组铝板有缺陷状况下的损伤信号。

2. 原始检测信号处理

图 4.77 为传感器 T_1 激励、传感器 T_2 接收有无缺陷时域信号对比图。如图 4.76 所示，T_1 和 T_2 路径与缺陷 D_1 的距离较远，可以将传感器 T_1 激励、传感器 T_2 接收的直达波信号和缺陷信号分离开。如图 4.77 所示，以传感器 T_1 激励、传感器 T_2 接

收为例，分析采集到的铝板有无模拟缺陷两种状况下的信号，对比其原始接收到的信号。通过人眼观察，从接收到的原始信号中并不能直观识别出缺陷信息，需要借助连续小波变换算法，提取特定单频率下的信号识别缺陷。

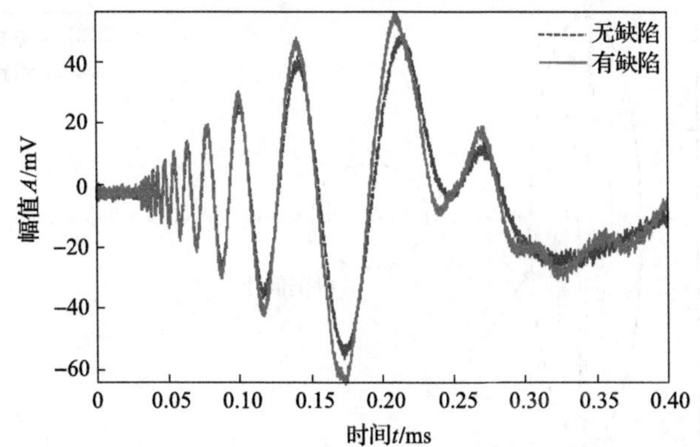

图 4.77　传感器 T_1 激励、传感器 T_2 接收有无缺陷时域信号对比图

图 4.78 为有无缺陷状况下的小波系数频谱对比图，图 4.78(a)为无缺陷状况下小波系数频谱图，图 4.78(b)为有缺陷状况下小波系数频谱图。对比图 4.78(a)和(b)可直观判断出铝板有无缺陷存在，并能看出有缺陷状况下的缺陷信息的频率成分。从图 4.78(b)中可以看出，缺陷信号在低频下能量较高，因此选取频率为 100kHz，截取有无模拟缺陷两种状况下信号的小波系数频谱图。

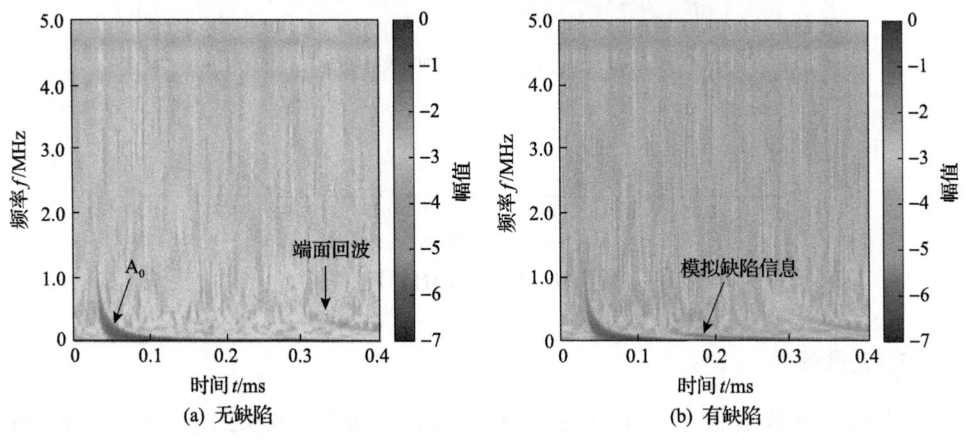

图 4.78　有无缺陷状况下的小波系数频谱对比图

图 4.79 为 100kHz 下有无缺陷状况小波系数信号对比图。如图 4.79 所示，第一个幅值较大的波包为直达波信号，有无缺陷两个状况下均存在直达波。第二个波包在有无缺陷两个状况下存在明显差异，可以明显识别出椭圆虚框内的缺陷信号。为了较为容易地识别出缺陷信号，将这两组接收信号作差，得到散射信号并

取包络，图 4.80 为 100kHz 下散射信号包络图。如图 4.80 所示，直达波的波包并没有完全抵消，存在残差信号，但在直达波之后有一个明显的波包，此波包为缺陷散射回波，其余的小波包为噪声信号。

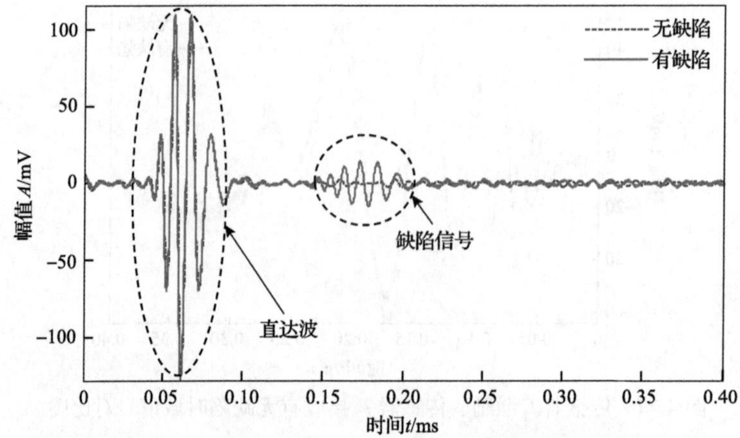

图 4.79　100kHz 下有无缺陷状况小波系数信号对比图

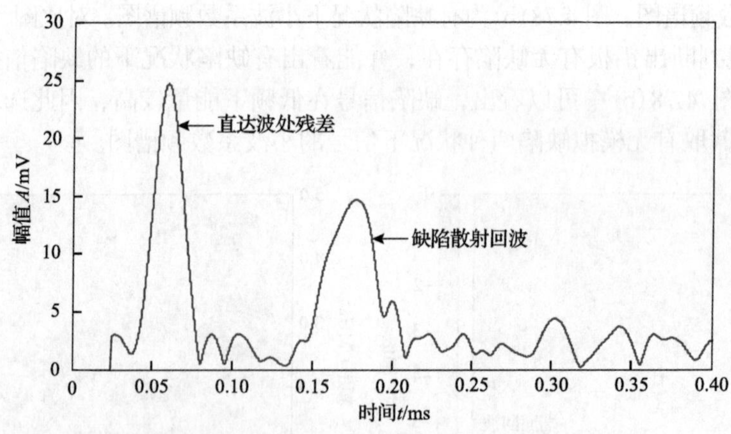

图 4.80　100kHz 下散射信号包络图

3. 成像结果

图 4.81 为传感器 T_1 激励、传感器 T_2 接收时检测信号成像结果。如图 4.81 所示，基于椭圆成像方法，选择网格尺寸(长×宽)为 2mm×2mm，得到 $T_1 \to T_2$ 传感器对的单元成像结果 $S_{12}\left(t_{12}(x,y)\right)$，其中符号“+”和“o”分别表示传感器和缺陷预置的位置，可以看出残差信号作用使得直达路径附近存在颜色为红色的椭圆轨迹，而端面反射路径上存在一个绿色的椭圆轨迹，在它们之间也存在一个颜色为绿色的椭圆轨迹，恰好经过缺陷 D_1 位置。

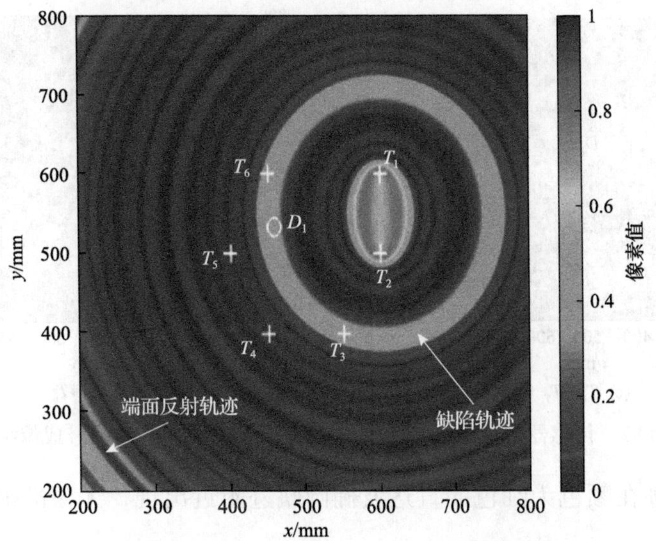

图 4.81　传感器 T_1 激励、传感器 T_2 接收时检测信号成像结果

按照上述步骤对传感器 T_1 激励、传感器 T_3～T_6 分别接收时获得的散射信号依次进行椭圆成像，图 4.82(a)～(d)分别是基于椭圆成像方法，$T_1 \to T_3$、$T_1 \to T_4$、$T_1 \to T_5$ 和 $T_1 \to T_6$ 的单元成像结果。从图 4.82 中可以看到，在直达波路径处，由于直达波残差信号的存在，均有一个颜色为红色的椭圆轨迹。而在符号“o”，即模拟缺陷的实际位置或者附近，均存在颜色为红色、黄色或浅蓝色的椭圆轨迹，与椭圆定位原理非常吻合。

从图 4.82 中可以看出，当缺陷远离直达波路径时，直达波的残差、缺陷散射信号所对应的椭圆轨迹不存在干涉，缺陷定位效果较好。在图 4.82 中，由于缺陷位于直达路径附近，在接收信号中直达波的残差和缺陷散射信号产生叠加，

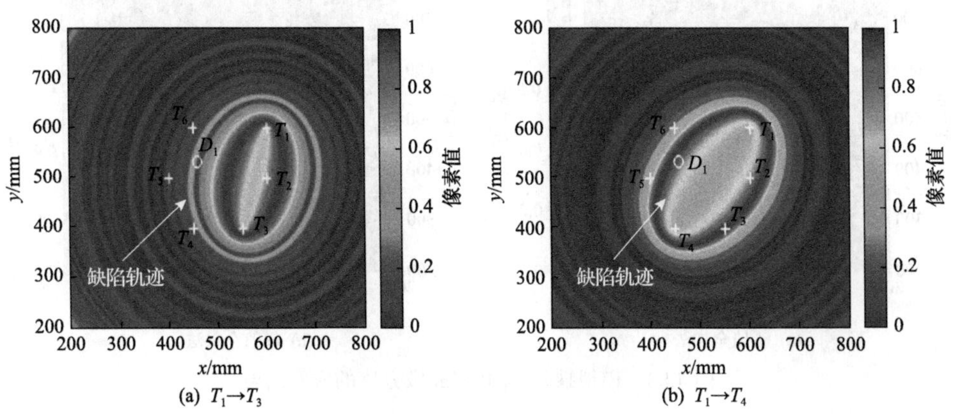

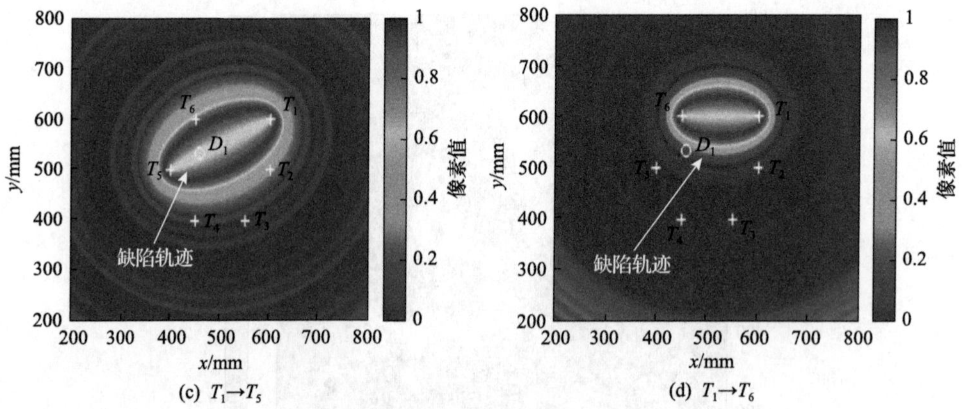

图 4.82　传感器 T_1 激励、传感器 $T_3 \sim T_6$ 分别接收时检测信号成像结果

使得缺陷轨迹在颜色为红色的直达波椭圆轨迹附近出现，无法准确地定位缺陷所在轨迹。

为了实现缺陷的定位，需要将多对阵元成像结果进行数据融合，依据式(4.13)和式(4.14)，将 30 组阵元获得的单元成像结果进行相加、相乘融合，分别得到基于幅值全加法成像结果[图 4.83(a)]和幅值全乘法成像结果[图 4.83(b)]。

图 4.83 为模拟缺陷 D_1 椭圆成像方法的成像结果，从图 4.83(a)和(b)中均可以看到一个颜色最红的区域，该位置的坐标位置在(460,533)mm 附近，而模拟缺陷 D_1 的坐标位置为(460,533)mm，这说明通过对多组阵元成像结果的数据融合，可以识别出缺陷具体区域。图 4.83(a)所示结果的对比度较差，图 4.83(b)中缺陷成像位置的对比度较好，但仍看出图中颜色最红的区域与真实缺陷位置虽是基本吻合的，但存在一些偏差。

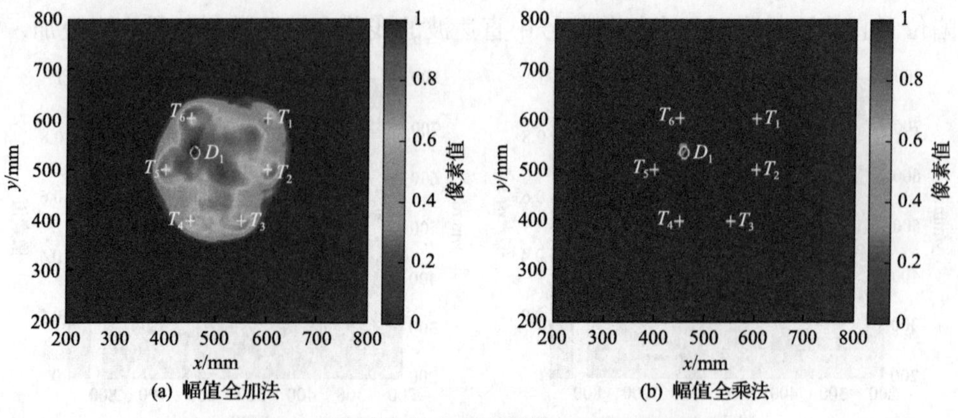

图 4.83　模拟缺陷 D_1 椭圆成像方法的成像结果

更改缺陷位置坐标为 D_2 (498,502) mm，图 4.84 为模拟缺陷 D_2 的激励接收阵元分布及直达兰姆波传播路径示意图，图中阵元所示位置并不代表实际传感器所在位置。激励接收传感器的坐标位置不变，缺陷 D_2 位于 T_3 和 T_6、T_2 和 T_5 路径附近。

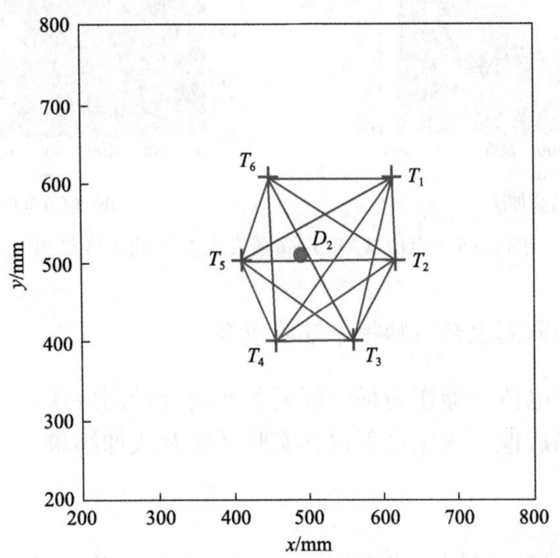

图 4.84　模拟缺陷 D_2 的激励接收阵元分布及直达兰姆波传播路径示意图（成像区域 600mm×600mm）

表 4.11 为激光阵元分布和缺陷 D_2 实际坐标位置。缺陷 D_2 的检测实验装置与缺陷 D_1 检测的设置一致，缺陷 D_2 模拟仍然采用长×宽×高为 20mm×20mm×150mm 的钢柱粘接在铝板表面。分别采集无缺陷和有缺陷两种状况下的 6 个阵元的原始信号，并通过相减得到缺陷 D_2 的散射信号。

表 4.11　激光阵元分布和缺陷 D_2 实际坐标位置

坐标	T_1	T_2	T_3	T_4	T_5	T_6	D_2
x/mm	602	604	552	453	402	452	498
y/mm	600	500	400	400	500	600	502

图 4.85 为缺陷 D_2 椭圆成像方法的成像结果，图 4.85(a)为幅值全加法成像结果，图 4.85(b)为幅值全乘法成像结果。运用椭圆成像原理以及数据融合算法，分别对多组阵元成像结果进行数据融合。

从幅值全加法成像结果[图 4.85(a)]和幅值全乘法成像结果[图 4.85(b)]中可以看出，真实缺陷 D_2 位置与图中颜色最红的区域基本吻合，但仍存在一些偏差。

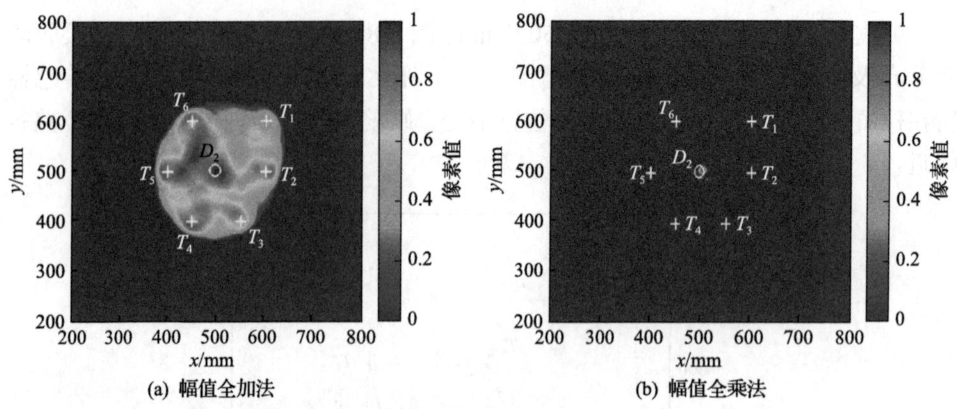

图 4.85　模拟缺陷 D_2 椭圆成像方法的成像结果

4.3.5　压电传感器阵列复合材料板中缺陷成像

本节将介绍压电传感器作为稀疏阵列单元结合椭圆成像方法对 T300/QY8911 复合材料板的缺陷成像，成像过程包含实验系统及成像结果。

1. 实验系统

复合材料板的纤维铺层方式为$[(0/45/90/-45)_2]_S$，共 16 层，每层的厚度均为 0.14mm，该板的几何尺寸为 1000mm×1000mm×2.24mm。图 4.86 为复合材料板的检测实验系统。其中，传感器为圆柱型压电传感器，能够在低频段激励出较为纯

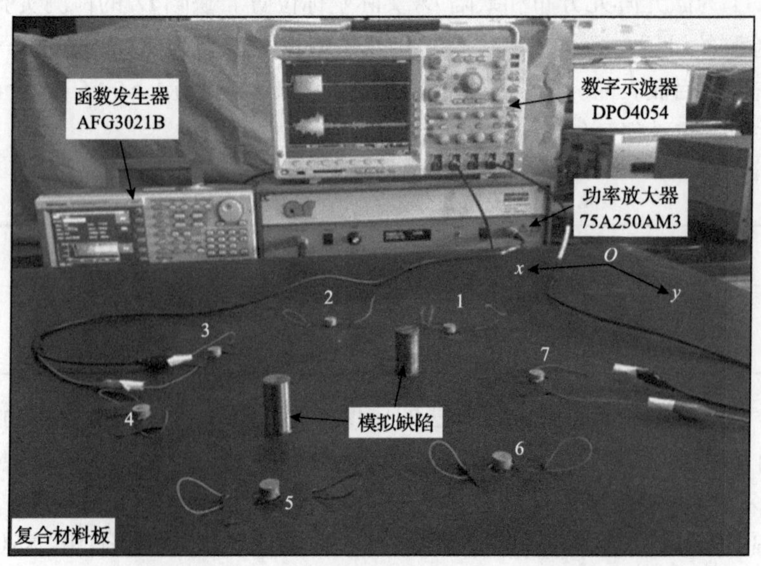

图 4.86　复合材料板的检测实验系统

净的兰姆波 A_0 模态。激励信号采用具有一定带宽的线性调频 Chirp 信号，信号频带为 30～1000kHz，时宽为 100μs。传感器阵列由 7 个圆柱型压电传感器组成，把 2 个钢柱用环氧树脂耦合剂粘接在复合材料板上作为模拟缺陷，其高度均为 40mm、直径为 20mm。建立复合材料板的坐标系如图 4.86 所示，传感器阵列和模拟缺陷在复合材料板中的位置坐标如表 4.12 所示。

表 4.12　传感器阵列和模拟缺陷在复合材料板中的位置坐标

编号	*x*/mm	*y*/mm
传感器 1	398	398
传感器 2	515	350
传感器 3	642	418
传感器 4	678	543
传感器 5	586	669
传感器 6	437	662
传感器 7	362	538
模拟缺陷 1	465	490
模拟缺陷 2	575	590

按照图 4.86 所示的检测实验系统对带有模拟缺陷的复合材料板进行检测，激励接收的方式为一个传感器激励时其他 6 个传感器依次接收，以此类推共可得到 42 组检测信号。将这些包含模拟缺陷信息的响应信号，通过与无缺陷的基准响应信号作差，可得到包含缺陷信息的损伤信号。利用椭圆成像方法和数据融合方法进行板中缺陷的成像检测。

2. 成像结果

对布置在 T300/QY8911 复合材料板上传感器阵列得到的 42 组损伤信号运用椭圆成像方法和数据融合方法进行处理，可更为明显地显示出缺陷处的信息，从而实现复合材料板中缺陷的二维成像定位检测。

图 4.87 为激励频率为 60kHz、检测只有模拟缺陷 1 时，基于不同数据融合方法的成像结果。图 4.87 中符号“+”表示激励、接收传感器的位置即所布置的传感器阵列，符号“o”表示模拟缺陷的实际位置。由成像结果可以看出，当复合材料板中有模拟缺陷 1 时，运用兰姆波成像检测技术可有效地检测及定位复合材料板中的缺陷。对不同数据融合方法的成像结果进行比较可以发现：幅值加乘组合方法的成像结果既保留了较高幅值，又具有较高的对比度，兼顾了幅值全加法、幅值全乘法两者的优点。图 4.88 为模拟缺陷 1 的幅值加乘组合成像结果在 *x*、*y*

两个方向上的最大幅值分布，图中虚线所示为模拟缺陷实际中心位置，实线为不同坐标下的幅值变化，其最大值为检测结果的缺陷中心位置，此时检测结果定位缺陷的中心位置为(465,494)mm，与实际位置的误差为(0,4)mm。因模拟缺陷直径为 20mm，检测中心位于缺陷所在区域，可以精确地检测出缺陷位置，成像结果也具有较高的分辨率。

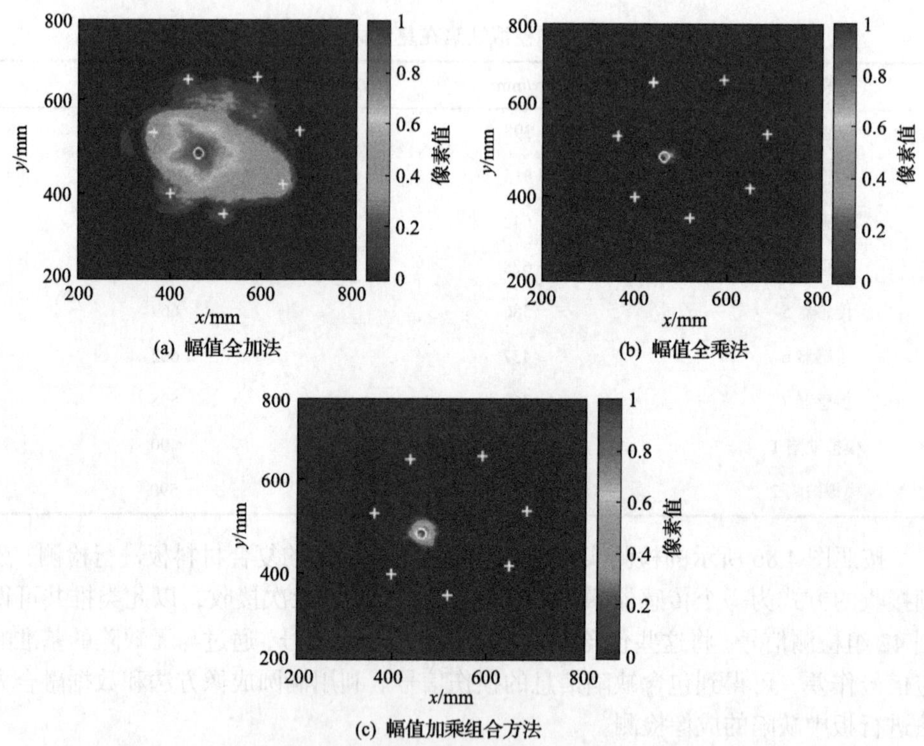

图 4.87　基于不同数据融合方法模拟缺陷 1 的成像结果

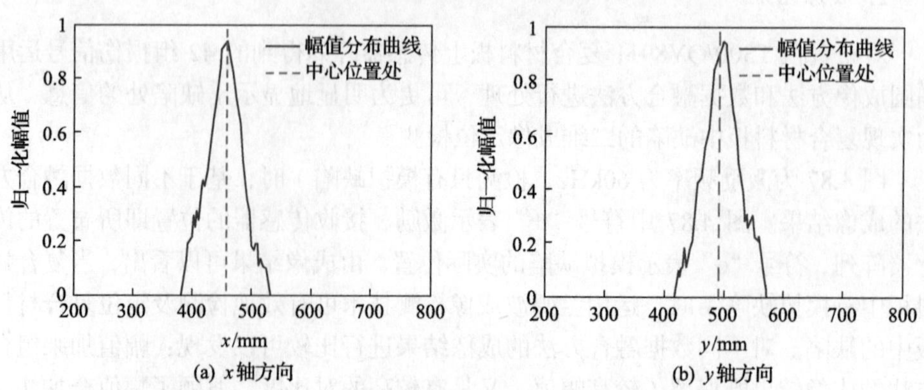

图 4.88　模拟缺陷 1 的幅值加乘组合成像结果在 x、y 两个方向上的最大幅值分布

图 4.89 为激励频率 60kHz、只有模拟缺陷 2 时，基于不同数据融合方法的成像结果，从结果中可以看出三种数据融合方法都可以有效地定位缺陷区域，幅值全加法的幅值较高但对比度较低，幅值全乘法的分辨率高但幅值很低，幅值加乘组合方法同时具备二者的优点。图 4.90 为模拟缺陷 2 的幅值加乘组合成像结果在 x、y 两个方向上的最大幅值分布，此时检测缺陷的中心位置为(576,590) mm，与实际位置的误差为(1,0) mm，可有效定位缺陷。因此，两组检测结果表明，单个缺陷兰姆波成像检测技术可有效地定位缺陷位置。

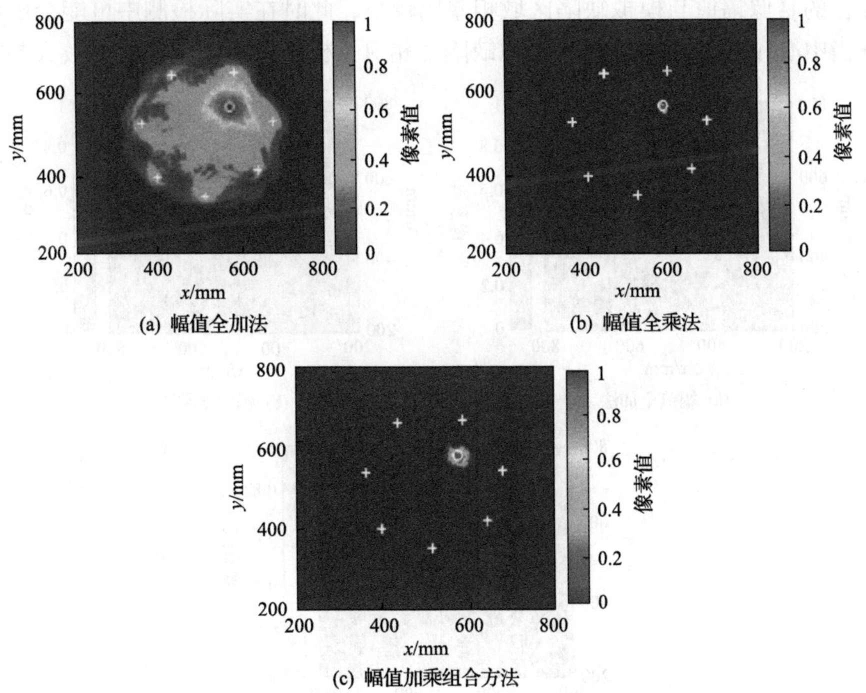

图 4.89　基于不同数据融合方法模拟缺陷 2 的成像结果

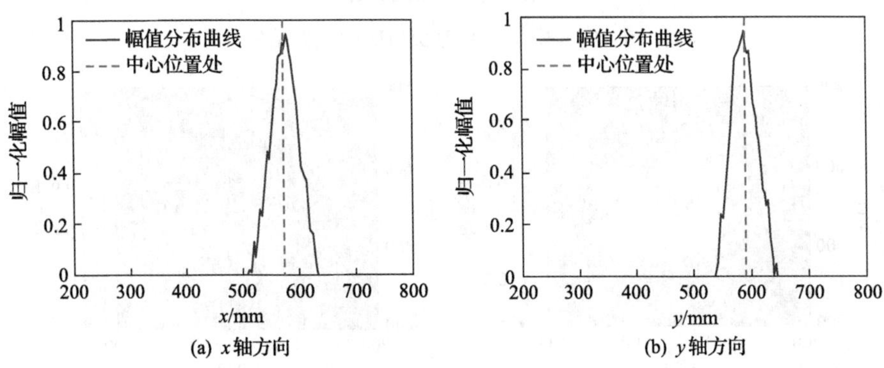

图 4.90　模拟缺陷 2 的幅值加乘组合成像结果在 x、y 两个方向上的最大幅值分布

图 4.91～图 4.93 为采用 Chirp 响应信号提取出中心频率分别为 55kHz、60kHz、65kHz 的等效汉宁窗调制的正弦信号检测两个模拟缺陷时，基于不同数据融合方法的成像结果。其结果与复合材料板中只有一个模拟缺陷时的成像结果相比较，可以发现定位准确度较低，并存在赝像。

从中心频率为 55kHz 的成像结果可以看出，模拟缺陷 2 相对于模拟缺陷 1 幅值差距较大，虽然没有赝像，但是在实际检测中若阈值选择不合理可能会造成模拟缺陷 2 被忽略；当中心频率为 60kHz 时，可以有效定位两个模拟缺陷，但是中间存在的赝像幅值与模拟缺陷区域相差比较小，此时在实际检测中可能会出现误检；当中心频率为 65kHz 时，模拟缺陷 2 相对于模拟缺陷 1 的幅值有较大差距，

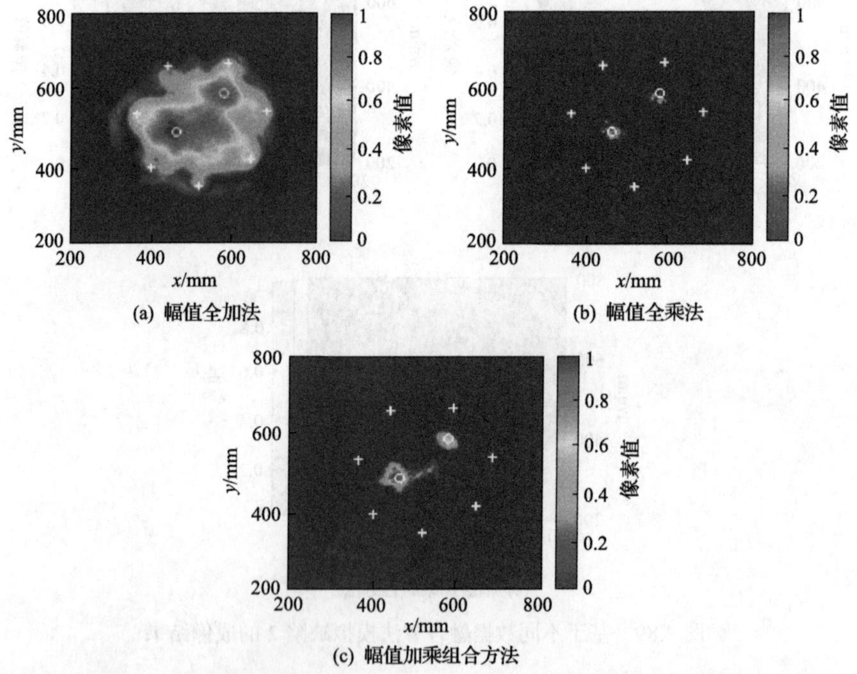

(a) 幅值全加法　(b) 幅值全乘法

(c) 幅值加乘组合方法

图 4.91　中心频率为 55kHz 的成像结果

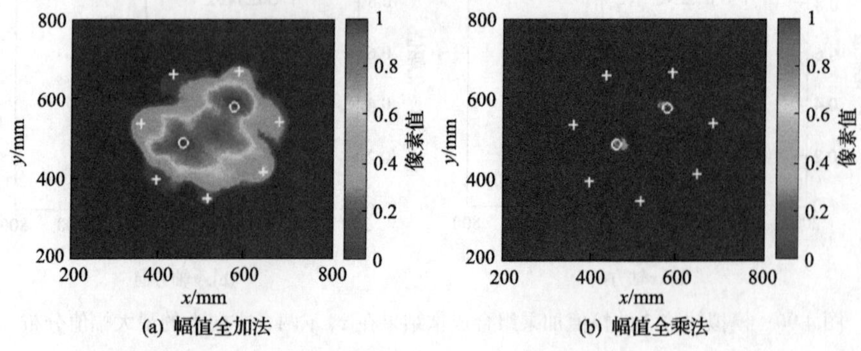

(a) 幅值全加法　(b) 幅值全乘法

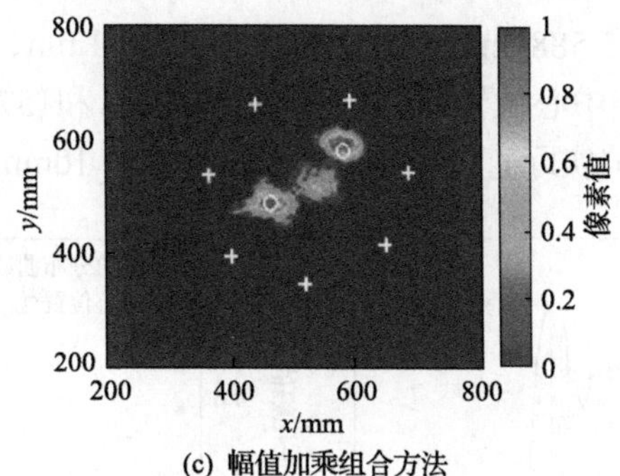

(c) 幅值加乘组合方法

图 4.92　中心频率为 60kHz 的成像结果

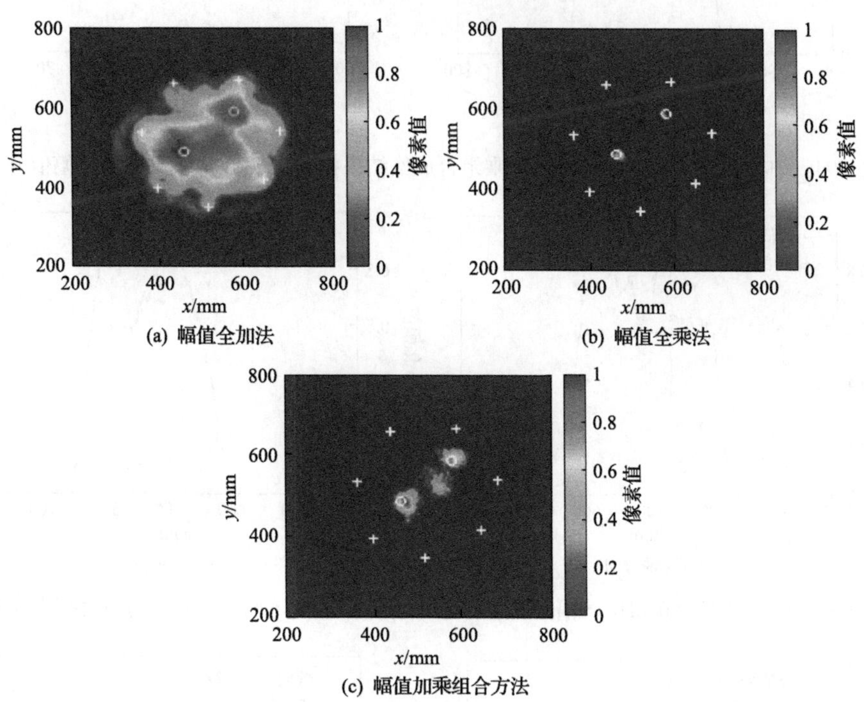

(a) 幅值全加法

(b) 幅值全乘法

(c) 幅值加乘组合方法

图 4.93　中心频率为 65kHz 的成像结果

并且缺陷之间还伴有赝像，此时对其检测结果进行分析会更加困难。

图 4.94～图 4.96 分别是中心频率为 55kHz、60kHz 和 65kHz 时的幅值加乘组合成像结果在 x、y 两个方向上的最大幅值分布。图中的虚线位置是缺陷实际中心位置，实线为不同坐标下的幅值变化，最大值为检测出缺陷的中心位置。从图中可以看出，最大值变化不明显，两个模拟缺陷的检测结果有一定差异。当中心频率为 55kHz 时，检测结果定位缺陷中心位置分别为(453,494)mm 和(576,586)mm，此时最大误差为 12mm；当中心频率为 60kHz 时，检测结果定位缺陷中心位置分别

为(476,491)mm 和(575,588)mm，此时最大误差为 11mm；当中心频率为 65kHz 时，检测结果定位缺陷中心位置分别为(470,490)mm 和(575,589)mm，此时最大误差为 5mm。模拟缺陷实际直径为 20mm，即半径为 10mm，此时检测结果中最

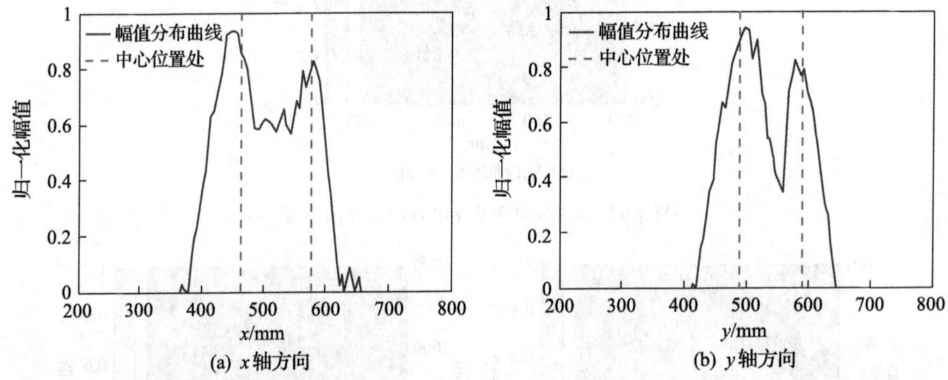

(a) x 轴方向　(b) y 轴方向

图 4.94　中心频率为 55kHz 的幅值加乘组合成像结果在 x、y 两个方向上的最大幅值分布

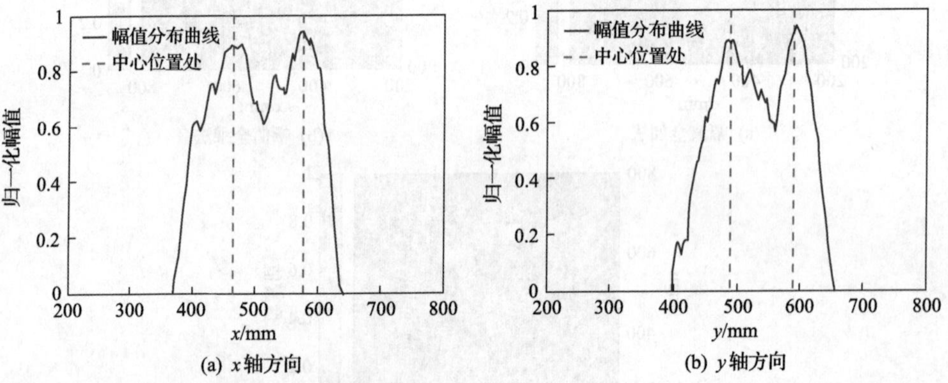

(a) x 轴方向　(b) y 轴方向

图 4.95　中心频率为 60kHz 的幅值加乘组合成像结果在 x、y 两个方向上的最大幅值分布

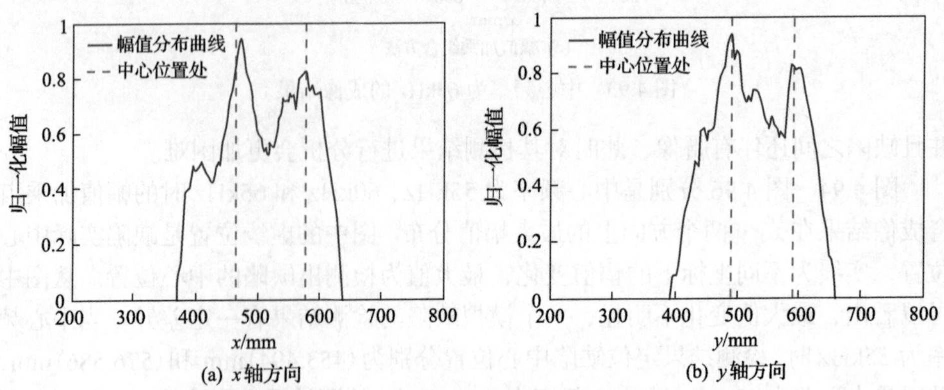

(a) x 轴方向　(b) y 轴方向

图 4.96　中心频率为 65kHz 的幅值加乘组合成像结果在 x、y 两个方向上的最大幅值分布

大误差超出模拟缺陷所覆盖范围。因此，对于多个缺陷的检测，单一频率点的成像结果不足以对缺陷位置进行精确定位。

在复合材料板的缺陷检测中，超声兰姆波与缺陷交互作用较复杂，当有多个缺陷时，对其分析将更加困难，并且不同中心频率对缺陷的敏感程度也不尽相同，所以在检测未知缺陷时，成像结果可能会出现不敏感缺陷与赝像难以区分的情况，并且相较于单个模拟缺陷的定位精度也有很大的不足。

虽然不同频率下兰姆波与缺陷的敏感程度不尽相同，但最终缺陷定位结果都位于缺陷实际位置附近，只是不同缺陷处的幅度大小有区别。因此对多个频率下的数据进行融合后，缺陷定位结果的误差应更小，定位于多个缺陷实际位置处的幅度应更加接近，不至于被忽略。

以上述提取的三个中心频率下的检测结果为基础，对所得数据一起进行处理，即对 3 组不同中心频率共 126 组散射信号进行数据融合，多频率数据融合后的成像结果如图 4.97 所示。与图 4.91～图 4.93 相比，成像结果的分辨率、对比度和缺陷定位精度都有了很大的提升。其中幅值加乘组合成像结果的预期效果最为明显。如图 4.97(c)所示，幅值加乘组合方法的成像结果中两个缺陷处的颜色、大小几乎相同，分辨率也更高，并且与缺陷实际位置的吻合度更高。图 4.98 为多频率数据融合后幅值加乘组合成像结果在 x、y 两个方向上的最大幅值分布。图中的虚线表

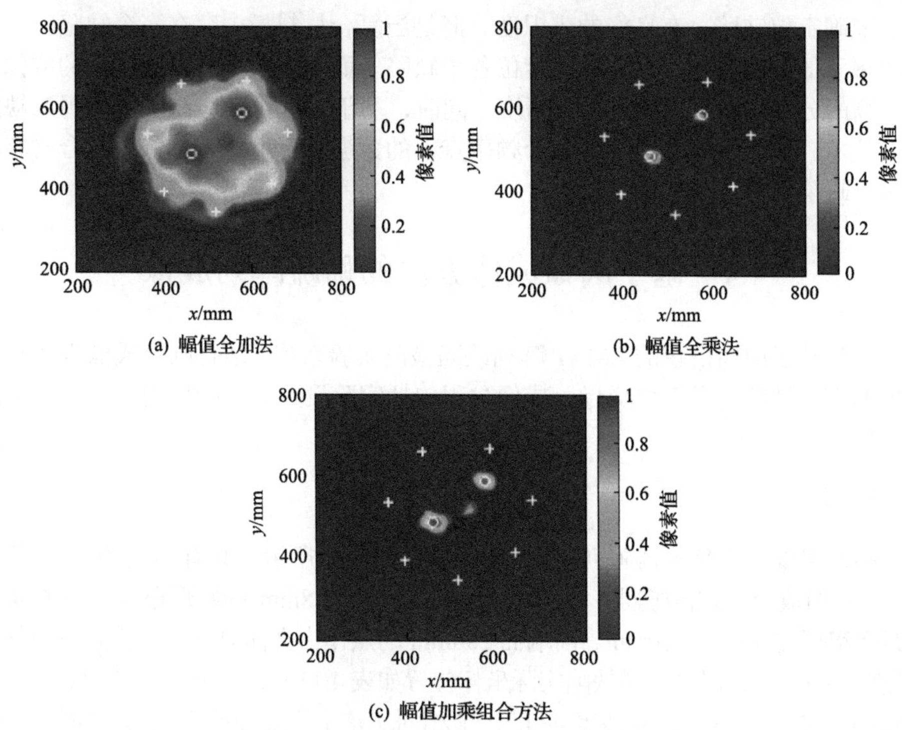

(a) 幅值全加法

(b) 幅值全乘法

(c) 幅值加乘组合方法

图 4.97　多频率数据融合后的成像结果

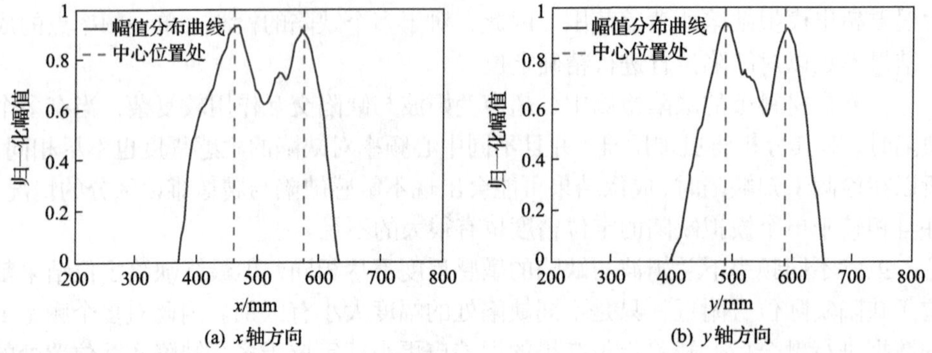

(a) x 轴方向

(b) y 轴方向

图 4.98　多频率数据融合后幅值加乘组合成像结果在 x、y 两个方向上的最大幅值分布

示缺陷实际中心位置，实线为不同坐标下的幅值变化，最大值为检测出缺陷的中心位置，此时检测结果定位缺陷的中心位置分别为(463,490) mm 和(575,590) mm，即检测误差分别为(2,0) mm 和(0,0) mm，可以准确定位两个模拟缺陷。还可以明显地看到 x、y 轴方向最大幅值分布与模拟缺陷的实际位置和幅度几乎完全一致，与图 4.94～图 4.96 所示结果相比，缺陷定位的误差和两个缺陷的幅度差距，都有很大程度的降低。

由上述结果可知，当复合材料板中只有单个缺陷时，单一频率下的检测结果可以准确定位缺陷，有良好的辨识度。但是当复合材料板中存在多个缺陷时，单一频率下的检测结果不足以准确定位各个缺陷。而对多频率数据融合后的成像具有更高的分辨率、对比度和定位精度。同时，基于 Chirp 信号激励的兰姆波缺陷成像技术，通过对解调得到的多个频率点下的数据进行融合，可实现复合材料板上多个缺陷精确的成像定位检测。

4.4　基于圆弧成像方法的稀疏阵列成像

本节基于前面搭建的 EMAT 阵列缺陷检测实验系统，结合圆弧成像方法对铝板中的模拟缺陷进行定位成像，成像过程包括实验设置、原始检测信号处理和成像结果。

1. 实验设置

圆弧成像实验传感器阵列布置示意图如图 4.99 所示，共有 6 个传感器单元 T_1～T_6，组成分布式传感器阵列，缺陷为一个直径为 8mm 的圆形通孔。以图 4.99 中距离铝板的左端面 100mm、前端面 200mm 的点作为坐标原点，传感器阵列分布(示意图，并非实际位置)和缺陷实际坐标位置如表 4.13 所示。成像区域为 800mm×800mm 的矩形区域，实验装置与 4.2.1 节相同。基于磁致伸缩机理的全向型 S_0 模态 EMAT 实验测得中心频率为 375kHz。为了提高传感器检测缺陷的能力，可在一定程度上提高检测频率，减小导波的波长，提高缺陷检测敏感性，选择直达波 S_0 模态归一化幅值约为中心频率处幅值 80%时对应的激励频率(420kHz)为成像检测的频率。

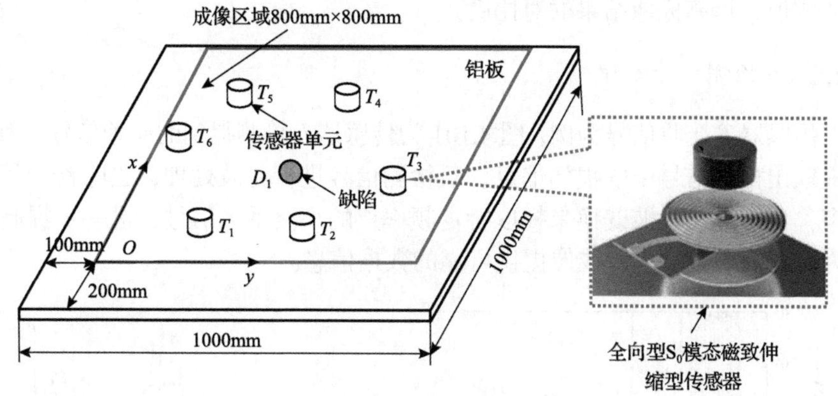

图 4.99　圆弧成像实验传感器阵列布置示意图

表 4.13　传感器阵列分布和缺陷实际坐标位置

坐标	T_1	T_2	T_3	T_4	T_5	T_6	D_1
x/mm	270	380	545	555	405	255	400
y/mm	295	215	325	485	570	495	390

圆弧成像实验流程如图 4.100 所示。采用自激自收的方式得到 6 组不同路径

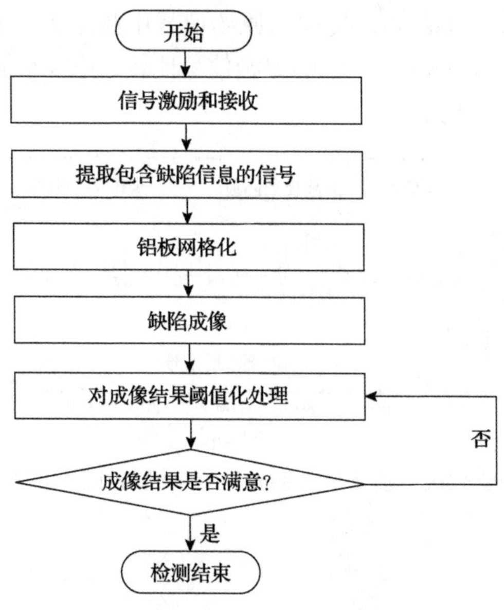

图 4.100　圆弧成像实验流程

下的检测信号，利用滤波、连续小波变换方法对原始检测信号进行处理，提高信噪比，提取包含缺陷信息的有用信号，将待测结构铝板划分成足够多的大小均匀的网格，结合圆弧成像方法和数据融合技术实现对铝板中缺陷的成像，通过设定合理的阈值，提高成像结果的对比度。

2. 原始检测信号处理

以传感器 T_1 接收信号为例，图 4.101 为传感器 T_1 检测得到的原始信号。为了能准确提取出检测信号中的损伤信息，对检测信号进行滤波处理，去除检测信号中的噪声，利用连续小波变换来提取特定频率点的小波系数信号，进一步提高信噪比，为后续缺陷定位以及成像提供可靠的数据信息。

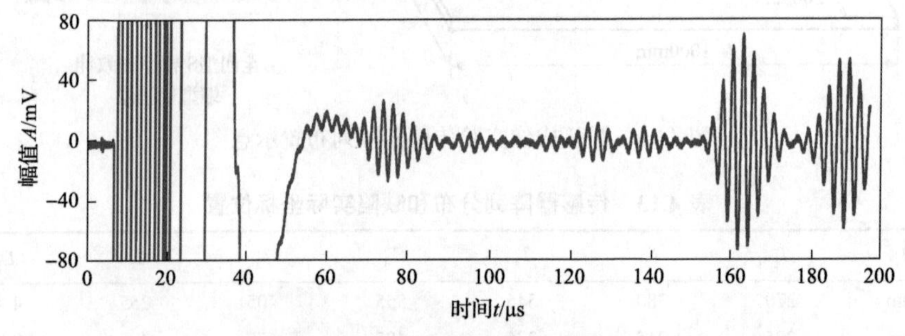

图 4.101　传感器 T_1 的原始信号

在利用带通滤波器对图 4.101 所示的原始信号进行滤波的基础上，结合连续小波变换，选取母小波 Gaus9，提取出原始信号中频率为 420kHz 的小波系数信号，如图 4.102 所示。与图 4.101 中的原始信号比较，连续小波变换能够有效剔除检测信号中的噪声等干扰信息。

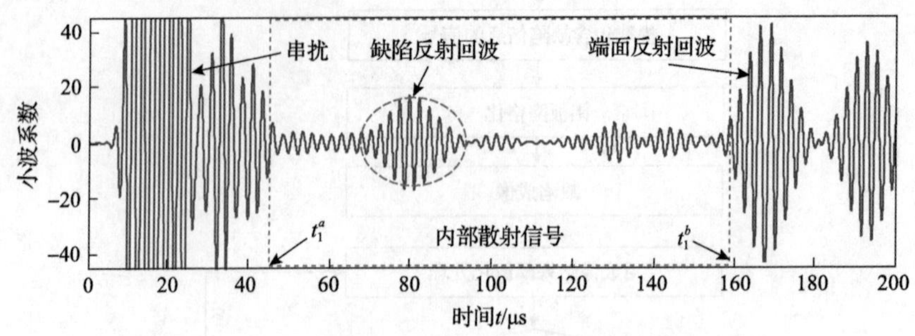

图 4.102　连续小波变换后的传感器 T_1 原始信号

3. 成像结果

为了消除端面反射回波以及串扰信号对缺陷成像结果的影响，利用矩形窗函数截取检测信号内部的散射信号。由于检测系统本身以及自激自收检测方式的原因，如图 4.101 所示，在传感器 T_1 检测时域波形中紧随串扰信号的一段波形出现了一定的畸变。在实际成像过程中，将截取信号的矩形窗函数时间起始点 t_1^a 进行修正，置于畸变结束时刻，终止点 t_1^b 不变，如图 4.102 所示，使用修正后的矩形窗函数截取检测信号内部的散射信号。

通过多次不同单元网格尺寸测试，选择网格尺寸(长×宽)为 5mm×5mm。图 4.103 为实际截取的传感器 T_1 检测的内部散射信号对应的成像结果，符号“+”和“o”分别表示传感器和缺陷预置的位置。由图 4.103 可以看出颜色为红色的轨迹刚好经过缺陷的位置，而且该传感器有效检测区域呈现圆环状，环内和环外都为检测盲区，即传感器附近区域和边界以外的区域为检测盲区。

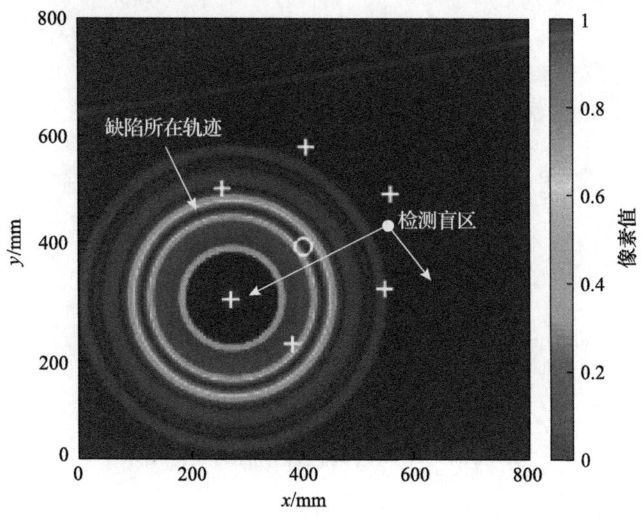

图 4.103　传感器 T_1 检测信号成像结果

为了实现缺陷定位，将多组传感器检测结果按照幅值全加法、幅值全乘法和幅值加乘组合方法三种不同的方法进行数据融合，将成像结果归一化到 0～1，得到不同数据融合方法下的成像结果如图 4.104 所示。图 4.104(a)～(c)分别为幅值全加法、幅值全乘法和乘法数 $m = 2$ 时幅值加乘组合方法得到的结果。从图 4.104 中可以看出，对于单缺陷检测，幅值全加法的成像结果赝像较多，幅值全乘法的检测精度较高，幅值加乘组合方法成像结果介于两者之间。

因此，利用圆弧成像方法，可以有效实现缺陷的定位成像。但圆弧成像方法中的成像数据为检测信号中截取的内部散射信号，每一个传感器的有效区域呈现如图 4.103 所示的环状。为提高圆弧成像方法的鲁棒性，可以在结构边界布置一定数量的传感器或增加传感器分布密度，减小甚至消除检测盲区。

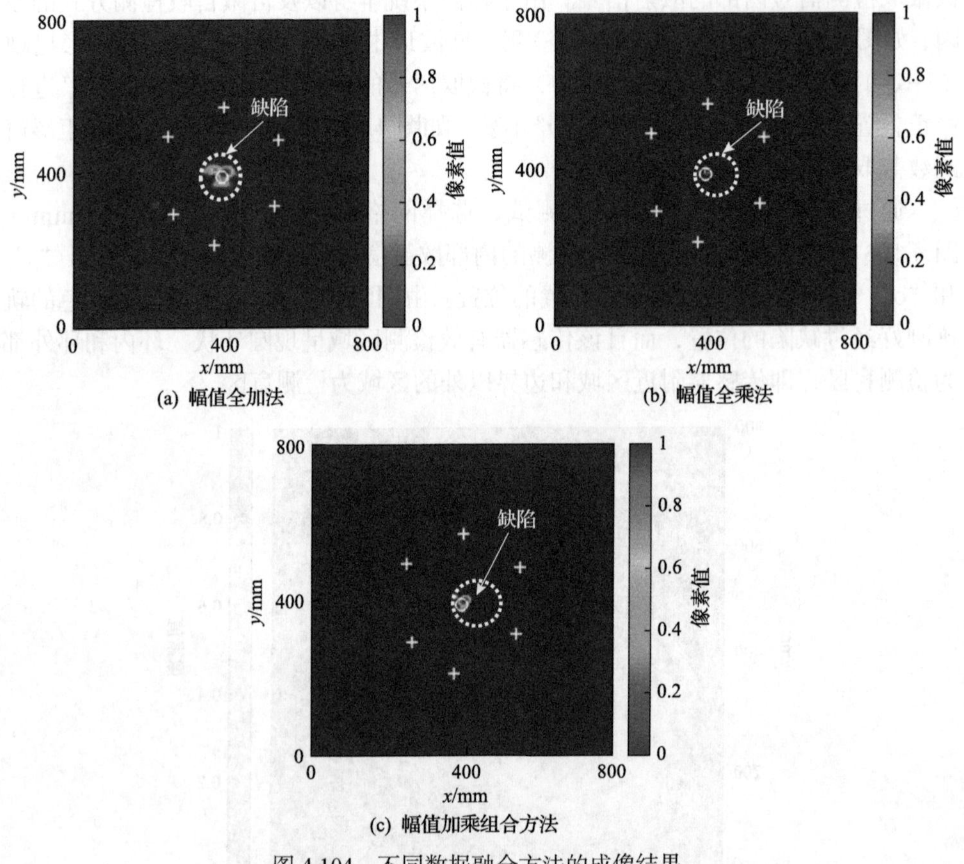

(a) 幅值全加法

(b) 幅值全乘法

(c) 幅值加乘组合方法

图 4.104　不同数据融合方法的成像结果

4.5　基于双曲线成像方法的稀疏阵列成像

以传感器 T_1 激励、传感器 T_2 和 T_3 接收的一组检测信号为例，选择网格尺寸(长×宽)为 5mm×5mm，根据式(4.25)，得到基于双曲线成像方法的单元成像结果 $R_{1-23}(t_0+|\Delta t_{23}(x,y)|)$，如图 4.105 所示。图 4.105 中符号“+”和“o”分别表示传感器和缺陷预置的位置，可以看出缺陷位置处存在一个颜色为绿色的双曲线轨迹。同样，一组数据无法实现缺陷的定位。根据式(4.19)，将不同传感器组合产生的成像结果进行数据融合，得到基于幅值全加法的成像结果如图 4.106(a)所示，阈值化处理后成像结果如图 4.106(b)所示，可以看出成像结果幅值最大的点的位置与真实缺陷位置非常吻合。

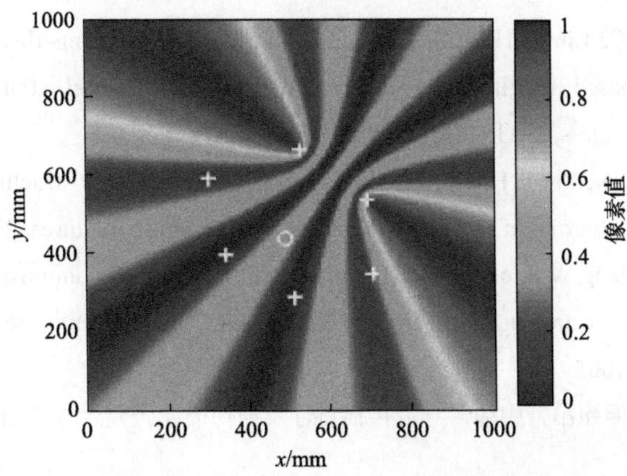

图 4.105　传感器 T_1 激励、传感器 T_2 和 T_3 接收时检测信号成像结果

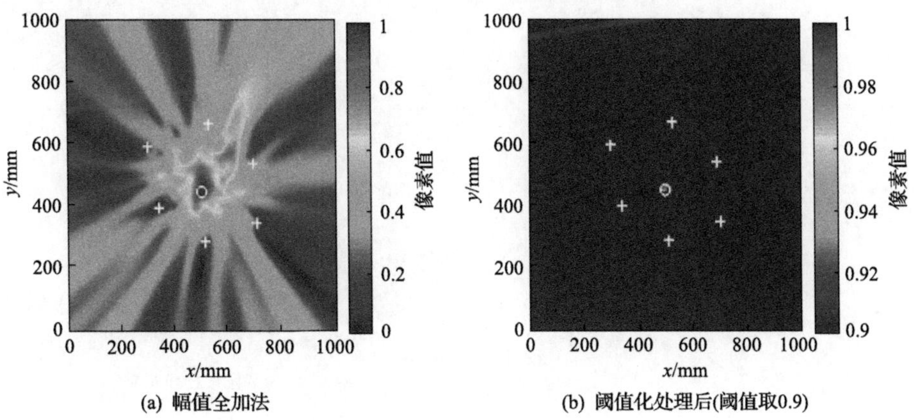

图 4.106　双曲线成像结果

参 考 文 献

[1] 樊军伟. 基于 EMAT 阵列的板结构超声导波检测方法研究. 北京: 北京工业大学, 2015.

[2] 徐营赞. 基于单模态的超声 Lamb 波技术在复合材料层合板中的健康检测研究. 北京: 北京工业大学, 2014.

[3] Hay T R, Royer R L, Gao H D, et al. A comparison of embedded sensor Lamb wave ultrasonic tomography approaches for material loss detection. Smart Materials and Structures, 2006, 15(4): 15(4): 946-951.

[4] Park S, Yun C B, Roh Y, et al. PZT-based active damage detection techniques for steel bridge components. Smart Materials and Structures, 2006, 15(4): 957-966.

[5] Sohn H, Park H W, Law K H, et al. Damage detection in composite plates by using an enhanced time reversal method. Journal of Aerospace Engineering, 2007, 20(3): 141-151.

[6] Tse P W, Liu X C, Liu Z H, et al. An innovative design for using flexible printed coils for magnetostrictive-based longitudinal guided wave sensors in steel strand inspection. Smart Materials and Structures, 2011, 20(5): 055001.

[7] Yuan S F, Liang D K, Shi L H, et al. Recent progress on distributed structural health monitoring research at NUAA. Journal of Intelligent Material Systems and Structures, 2008, 19(3): 373-386.

[8] Liu Z H, Lu Z J, Jiang W S, et al. Damage imaging of a U-shaped boom using improved periodic permanent magnet electromagnetic acoustic transducers. Nondestructive Testing and Evaluation, 2023, 38(6): 977-1005.

[9] 蒋文硕. U 形截面伸缩吊臂中超声导波传播特性及损伤成像研究. 北京: 北京工业大学, 2022.

第 5 章　超声导波密集阵列成像技术

本章介绍多种传感器密集阵列形式[1]与密集传感器阵列特性。并以压电元件和激光传感器为阵元构成密集型传感器阵列，结合幅值全聚焦成像、符号相干因子算法、多重信号分类(multiple signal classification, MUSIC)成像算法等缺陷定位算法对板中不同缺陷进行定位识别。

5.1　阵列布置与信号采集

本节介绍传感器阵列的指向性，以及阵元间距与阵元数量对密集型线型传感器阵列[2]、矩形传感器阵列[3]与十字型传感器阵列[4]指向性的影响。

5.1.1　传感器阵列指向性

不同的传感器阵列对于不同方向的检测聚焦度是不同的，从而对不同方向缺陷的敏感度是不一样的，传感器的分布也会很大程度上影响缺陷成像的质量。这是由传感器阵列的声场指向性决定的。指向性是传感器辐射声场的一个重要特征参量，其是指发射响应(电压响应)或者接收传感器的响应幅值、能量随着方位角变化的一种特性。指向性的好坏直接影响超声检测结果的准确性。

对于单个连续曲面传感器阵列，其指向性分布函数为

$$D_s\left(\alpha,\theta,\alpha_0,\theta_0,\omega\right)=\frac{\left|\iint_S u(S)\mathrm{e}^{-\mathrm{i}\Delta\varphi_s}\mathrm{d}S\right|}{\left|\iint_S u(S)\mathrm{d}S\right|} \tag{5.1}$$

式中：D_s——指向性分布函数；

$u(S)$——连续面上的响应分布函数；

$\Delta\varphi_s$——连续面积分在(α,θ)方向上的声波相对于主极大$\left(\alpha_0,\theta_0\right)$方向上的声波的相位差。

图 5.1 为圆形传感器坐标图，圆形传感器置于xOy平面上，坐标原点选在圆心，面元dS和圆心相距ρ，矢量半径$\boldsymbol{\rho}$和x轴的夹角为α，面元相对圆心的矢量半径为$\boldsymbol{\rho}=\rho\cos\alpha\boldsymbol{i}+\rho\sin\alpha\boldsymbol{j}$，传感器半径为$a$。由于圆形传感器的形状是轴对称

的，故定向面选在 xOz 平面进行分析，此时传感器的声线方向单位矢量为 $\boldsymbol{e}=\sin\theta\boldsymbol{i}+\cos\theta\boldsymbol{k}$，相位差为 $\Delta\varphi=k\boldsymbol{\rho}\cdot\boldsymbol{e}=k\rho\cos\alpha\sin\theta$。

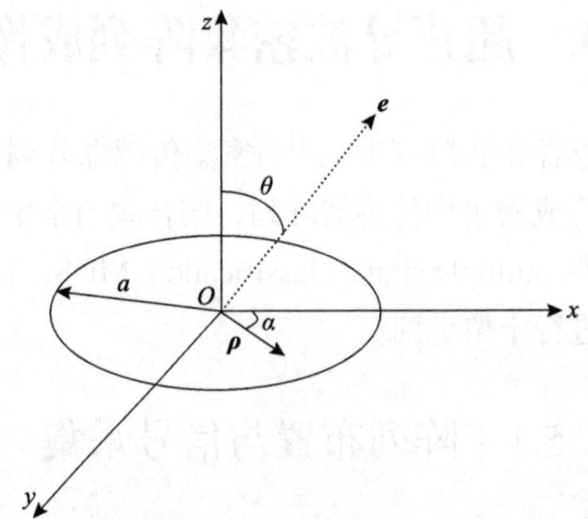

图 5.1　圆形传感器坐标图

将上述结果代入式(5.1)，得到其指向性分布函数为

$$D_0(\alpha,\theta,\omega)=\left|\frac{\int_0^a \boldsymbol{\rho}\mathrm{d}\boldsymbol{\rho}\int_0^{2\pi}\mathrm{e}^{-ik\boldsymbol{\rho}\cos\alpha\sin\theta}\mathrm{d}\alpha}{\int_0^a \boldsymbol{\rho}\mathrm{d}\boldsymbol{\rho}\int_0^{2\pi}\mathrm{d}\alpha}\right|=\left|\frac{2\pi\int_0^a k\boldsymbol{\rho}\sin\theta J_0(k\boldsymbol{\rho}\sin\theta)\mathrm{d}\boldsymbol{\rho}}{\pi a^2 k\sin\theta}\right| \tag{5.2}$$

令 $t=k\boldsymbol{\rho}\sin\theta$。由于 $\int tJ_0(t)\mathrm{d}t=TJ_1(T)$，其中 $T=ka\sin\theta$，则

$$D_0(\theta,\omega)=\left|\frac{2J_1(T)}{T}\right| \tag{5.3}$$

式中：J_0——零阶柱贝塞尔函数；

J_1——一阶柱贝塞尔函数；

k——波数，$k=2\pi/\lambda$。

5.1.2　线型传感器阵列的指向性影响

线型传感器阵列是结构最简单、应用最普遍的阵列形式之一。采用单个传感器组成间距相等的线型传感器阵列能够增强指向性。对于线型传感器阵列，阵元间距为 d，超声波波长为 λ。线型传感器阵列空间示意图如图 5.2 所示，其中圆点为传感器阵列阵元，设其在 xOy 平面上沿着方位角 α' 方向均匀排布。线型传感器阵列在声线方向上的单位矢量为 $\boldsymbol{e}=(\cos\alpha\sin\theta,\sin\alpha\sin\theta,\cos\theta)$，而阵列在主极大方向的单位矢量为 $\boldsymbol{m}=(\cos\alpha_0\sin\theta_0,\sin\alpha_0\sin\theta_0,\cos\theta_0)$，则线型传感器阵列的指向性分布函数为

$$D_1(\alpha,\theta,\alpha_0,\theta_0,\omega)=\frac{\sin\left[\dfrac{kNd}{2}(\cos\alpha\sin\theta-\cos\alpha_0\sin\theta_0)\right]}{N\sin\left[\dfrac{kd}{2}(\cos\alpha\sin\theta-\cos\alpha_0\sin\theta_0)\right]}=\frac{\sin\left[\dfrac{\pi Nd}{\lambda}(\cos\alpha\sin\theta-\cos\alpha_0\sin\theta_0)\right]}{N\sin\left[\dfrac{\pi d}{\lambda}(\cos\alpha\sin\theta-\cos\alpha_0\sin\theta_0)\right]} \tag{5.4}$$

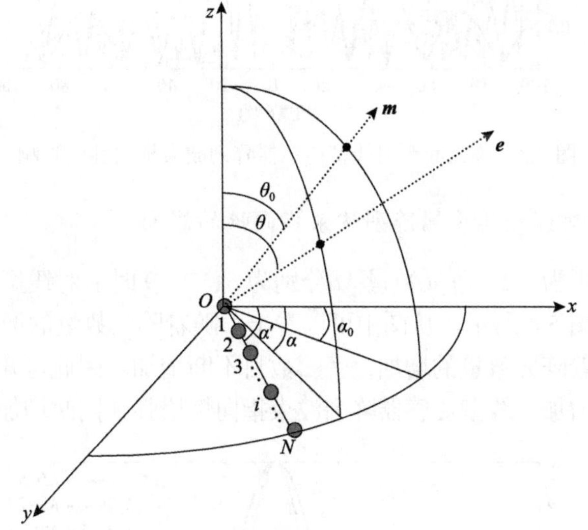

图 5.2　线型传感器阵列空间示意图

由于线型传感器阵列阵元是由圆形压电元件组成的，根据乘积定理和式(5.3)，线型传感器阵列的指向性分布函数为

$$D_2(\alpha,\theta,\alpha_0,\theta_0,\omega)=\frac{\sin\left[\dfrac{kNd}{2}(\cos\alpha\sin\theta-\cos\alpha_0\sin\theta_0)\right]}{N\sin\left[\dfrac{kd}{2}(\cos\alpha\sin\theta-\cos\alpha_0\sin\theta_0)\right]}\cdot\left|\frac{2J_1(ka\sin\theta)}{ka\sin\theta}\right| \tag{5.5}$$

1. 阵元间距对线型传感器阵列波束指向性的影响

当阵元数量为 7 时，阵元间距分别为 $\lambda/2$、λ、2λ 时对线型传感器阵列波束指向性的影响如图 5.3 所示。由图可知，增大阵元间距能有效地减小主瓣宽度，但当阵元间距大于一个波长时，会产生栅瓣并且向主瓣逼近。栅瓣会严重地干扰有用信号，降低密集型阵列的指向性。当减小阵元间距时，主瓣宽度会增加。

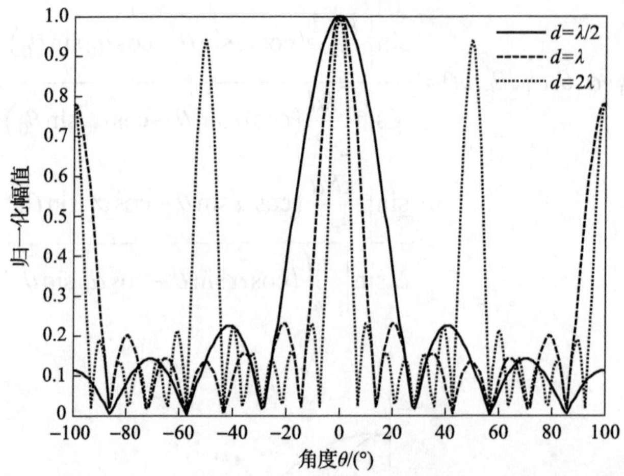

图 5.3　阵元间距对线型传感器阵列波束指向性的影响

2. 阵元数量对线型传感器阵列波束指向性的影响

固定阵元间距为 $\lambda/2$，阵元数量 M 分别为 5、7、9 时，对线型传感器阵列波束指向性的影响如图 5.4 所示。从图中可以看出，随着阵元数量的增加，主瓣宽度逐渐变窄，并且随着阵元数量的增加，旁瓣数目不断增加。因此可知，间距一定时，随着阵元数量的增加，线型传感器阵列波束指向性增强，同时增加了旁瓣数量。

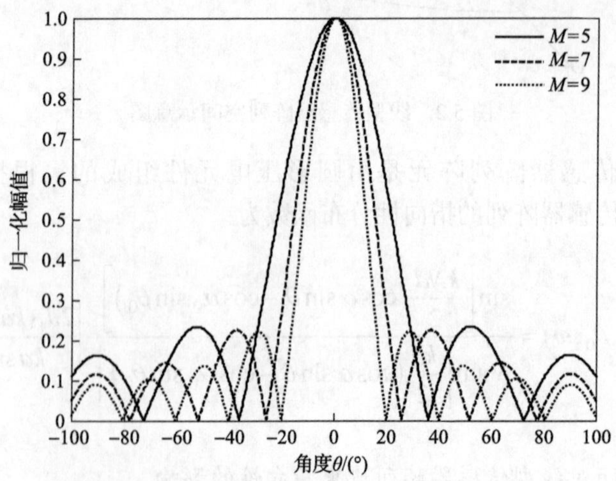

图 5.4　阵元数量对线型传感器阵列波束指向性的影响

5.1.3　密集型矩形传感器阵列的指向性影响

密集型矩形传感器阵列是由沿 x 轴排列的线型传感器阵列和沿 y 轴排列的线型传感器阵列的组合阵。图 5.5 为密集型矩形传感器阵列空间示意图，其沿 x 轴的阵

元间距为 d，沿 y 轴的阵元间距为 e，并且其 x 轴、y 轴方向的维度分别为 M、N。

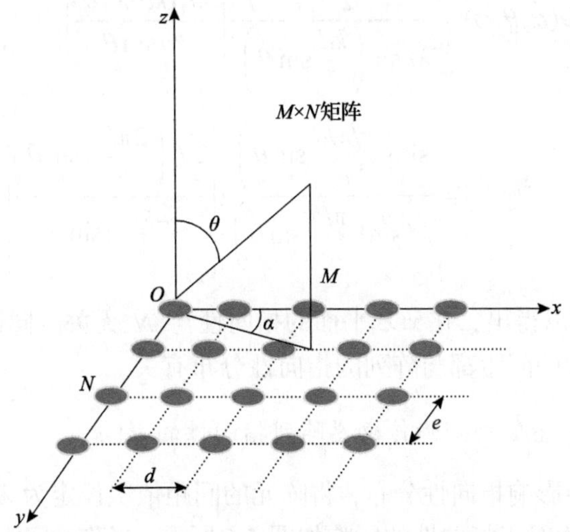

图 5.5　密集型矩形传感器阵列空间示意图

根据式(5.4)以及复合阵的乘积原理，得到密集型矩形传感器阵列的指向性分布函数为

$$D(\alpha,\theta,\alpha_0,\theta_0,\omega)=D_2(\alpha,\theta,\alpha_0,\theta_0,\omega)\cdot D_3(\alpha,\theta,\alpha_0,\theta_0,\omega) \tag{5.6}$$

其中：

$$D_2(\alpha,\theta,\alpha_0,\theta_0,\omega)=\frac{\sin\left[\dfrac{kMd}{2}(\cos\alpha\sin\theta-\cos\alpha_0\sin\theta_0)\right]}{M\sin\left[\dfrac{kd}{2}(\cos\alpha\sin\theta-\cos\alpha_0\sin\theta_0)\right]}\cdot\left|\frac{2J_1(ka\sin\theta)}{ka\sin\theta}\right| \tag{5.7}$$

$$D_3(\alpha,\theta,\alpha_0,\theta_0,\omega)=\frac{\sin\left[\dfrac{kNe}{2}(\sin\alpha\sin\theta-\sin\alpha_0\sin\theta_0)\right]}{N\sin\left[\dfrac{ke}{2}(\sin\alpha\sin\theta-\sin\alpha_0\sin\theta_0)\right]}\cdot\left|\frac{2J_1(ka\sin\theta)}{ka\sin\theta}\right| \tag{5.8}$$

对于非相控阵列，式(5.6)为

$$D(\alpha,\theta,\omega)=\frac{\sin\left(\dfrac{kNe}{2}\sin\alpha\sin\theta\right)}{N\sin\left(\dfrac{ke}{2}\sin\alpha\sin\theta\right)}\cdot\frac{\sin\left(\dfrac{kMd}{2}\cos\alpha\sin\theta\right)}{M\sin\left(\dfrac{kd}{2}\cos\alpha\sin\theta\right)}\cdot\left|\frac{2J_1(ka\sin\theta)}{ka\sin\theta}\right|^2 \tag{5.9}$$

取 xOz 为定向面，则 $\alpha=0$，定向面的指向性分布函数为

$$
\begin{aligned}
D(\alpha,\theta,\omega) &= \frac{\sin\left(\dfrac{kMd}{2}\sin\theta\right)}{M\sin\left(\dfrac{kd}{2}\sin\theta\right)}\cdot\left|\frac{2J_1(ka\sin\theta)}{ka\sin\theta}\right|^2 \\
&= \frac{\sin\left(\dfrac{\pi fMd}{c}\sin\theta\right)}{M\sin\left(\dfrac{\pi fd}{c}\sin\theta\right)}\cdot\left|\frac{2J_1\left(\dfrac{2\pi f}{c}a\sin\theta\right)}{\dfrac{2\pi f}{c}a\sin\theta}\right|^2
\end{aligned}
\tag{5.10}
$$

由式(5.10)可以得出，在 xOz 平面的指向性与 N 无关。同样由式(5.10)可知阵元的数量、阵元的间距都与阵列的指向性分布有关。

1. 阵元间距对密集型矩形传感器阵列指向性的影响

阵元的间距会影响指向性分布，将阵元的间距依次设定为 $\lambda/2$、λ、$3\lambda/2$、2λ，不同阵元间距对于指向性的影响如图 5.6 所示。当阵元间距等于 $\lambda/2$ 时没有

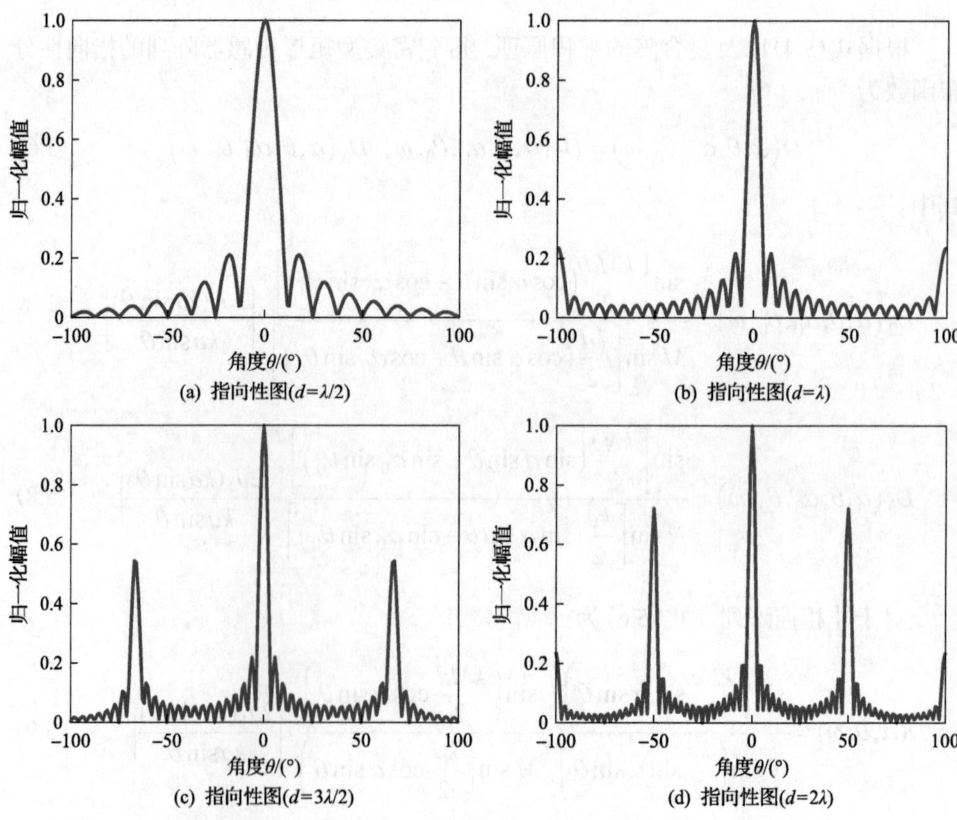

(a) 指向性图($d=\lambda/2$)　(b) 指向性图($d=\lambda$)

(c) 指向性图($d=3\lambda/2$)　(d) 指向性图($d=2\lambda$)

图 5.6　不同阵元间距对于指向性的影响

栅瓣产生，当阵元间距等于 λ 时，指向性的主瓣宽度变窄，有栅瓣产生。随着阵元间距的增大，指向性图中主瓣宽度减小，但是逐渐出现栅瓣并且栅瓣幅值增加。因此，当利用阵列进行研究时，选取的阵元间距要保证低于 $\lambda/2$。

2. 阵元数量对指向性的影响

当阵元间距小于 $\lambda/2$ 时，没有栅瓣产生，有利于对缺陷进行定位。选取阵元间距 $d_1 = d_2 = \lambda/2$，波长 $\lambda = 16.87\text{mm}$，阵元数量 M=4、8、12、16 时对指向性的影响结果如图 5.7 所示。从图中可以发现，随着阵元数量的增加，主瓣宽度逐渐变窄，但是其旁瓣并没有明显的降低。此时阵列的正向分辨率得到了提高，但是阵列的信噪比并没有得到提高。阵元数量对主瓣宽度的影响如图 5.8 所示，在其他参数不变的情况下，逐渐增加阵元的数量，发现阵列的主瓣宽度会持续降低。当阵元数量从 0 增加到 10 时，主瓣的宽度变窄的速度较快；当阵元数量超过 20 时，变化比较缓慢。

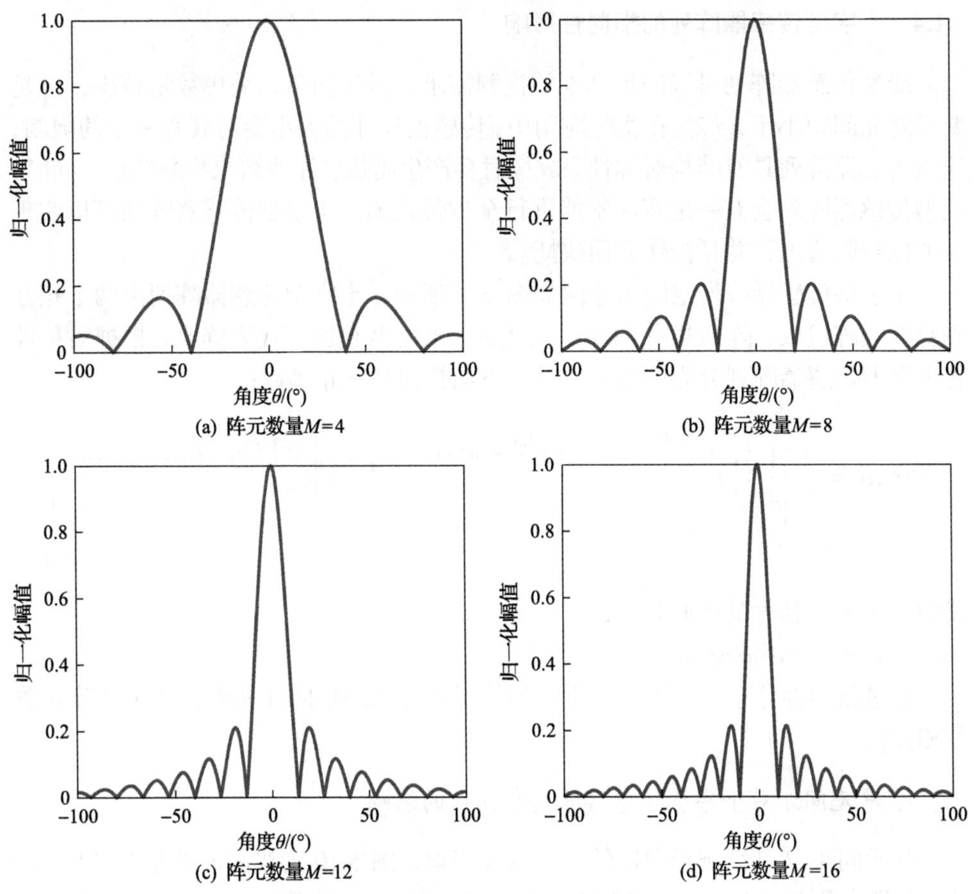

图 5.7　不同阵元数量对指向性的影响

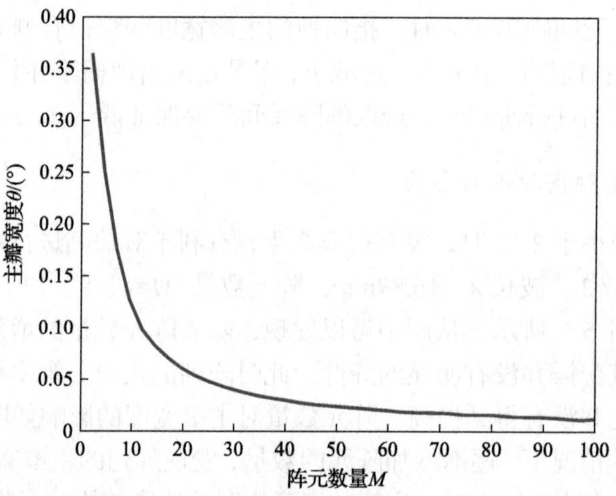

图 5.8　阵元数量对主瓣宽度的影响

5.1.4　十字型传感器阵列的指向性影响

线型传感器阵列可以满足基本的检测需求，操作简单，采集数量较少，但是要求阵元间距小于 $\lambda/2$。在实际应用中，传感器尺寸的大小会对其有一定的限制；线型传感器阵列具有结构对称性，成像时会产生赝像，导致结果判断错误；同时，线型传感器阵列会有一定盲区不能进行全方位检测。十字型传感器阵列可以实现全方位缺陷检测，并且操作方便快捷。

十字型传感器阵列空间示意图如图 5.9 所示，十字型传感器阵列由两个相互垂直的线阵组成，阵列共由 M 个阵元组成。实心灰色圆点代表阵元，根据对称性将十字型传感器阵列分为四部分，导出下面指向性分布函数：

$$D(\alpha,\theta)=\frac{1}{M}\left|\frac{1}{4}\sum_{j=1}^{4}\mathrm{e}^{-\mathrm{i}\frac{2\pi fR}{c}\left(\sin\theta\cos\alpha\cos\frac{2\pi j}{4}+\sin\theta\sin\alpha\sin\frac{2\pi j}{4}\right)}\right|+\left|\mathrm{e}^{-\mathrm{i}\frac{2\pi fR}{c}(\sin\theta\cos\alpha+\sin\theta\sin\alpha)}\right| \tag{5.11}$$

式中：f ——信号的中心频率；

c——超声波速。

通过指向性分布函数可知，十字型传感器阵列的指向性和阵元间距、阵元数量相关。

1. 阵元间距对十字型传感器阵列指向性的影响

阵元间距 d 是影响指向性的一个重要因素，图 5.10 为当阵元数量为 20 时，阵元间距分别为 $\lambda/2$、λ、$3\lambda/2$、2λ 的指向性。由图可知，增加 d 可以提高方位的指向性。然而，如果它达到某一临界值以上，则会出现栅瓣，栅瓣向主瓣逼近并且栅瓣幅值较大，降低了阵列指向性。阵元间距小于一个波长时没有栅瓣产生，并且阵元间距比一个波长时的主瓣宽度变得更窄。

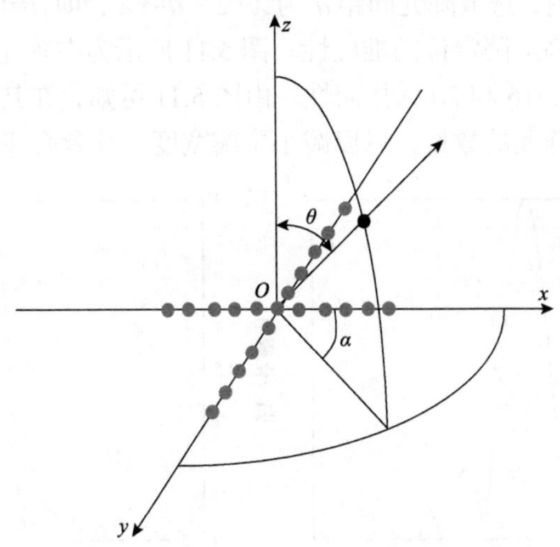

图 5.9　十字型传感器阵列空间示意图

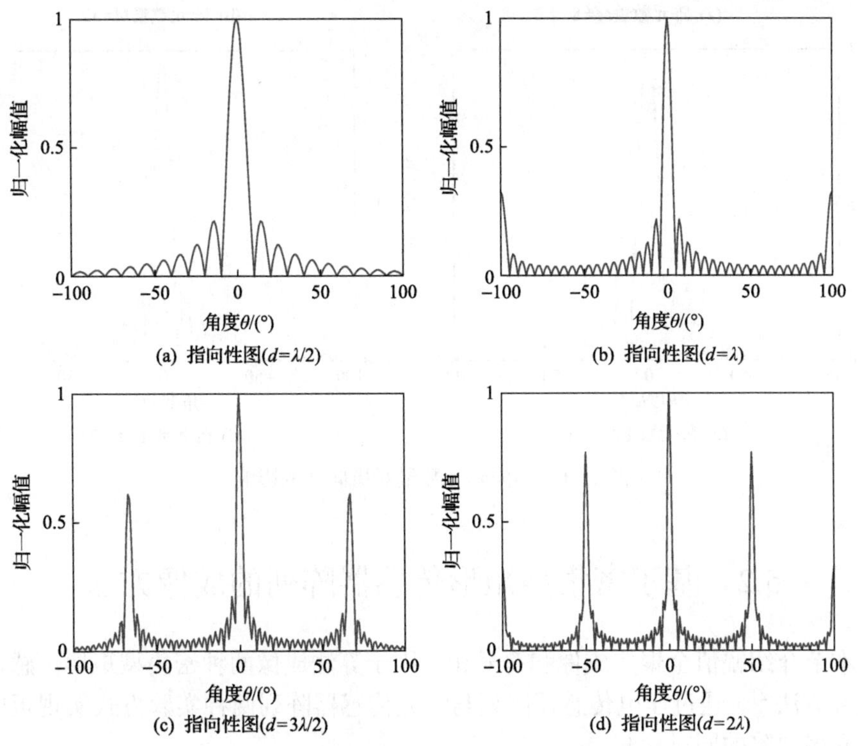

图 5.10　不同阵元间距对指向性的影响

2. 阵元数量对十字型传感器阵列指向性的影响

阵元数量 M 在传感器性能中起着重要的作用，阵元数量也会对指向性产生影响。根据前面的结论，选取阵元间距 d 为 $\lambda/2<d<\lambda$，即 d=10mm，此时没有栅瓣产生，有利于提高缺陷定位的准确性。图 5.11 所示为在阵元间距为 10mm 时，阵元数量 M=8、12、16 和 20 的指向性。由图 5.11 可知，在其他参数保持不变的情况下，通过增加阵元的数量，可以减小主瓣宽度，其旁瓣并没有明显的变化。

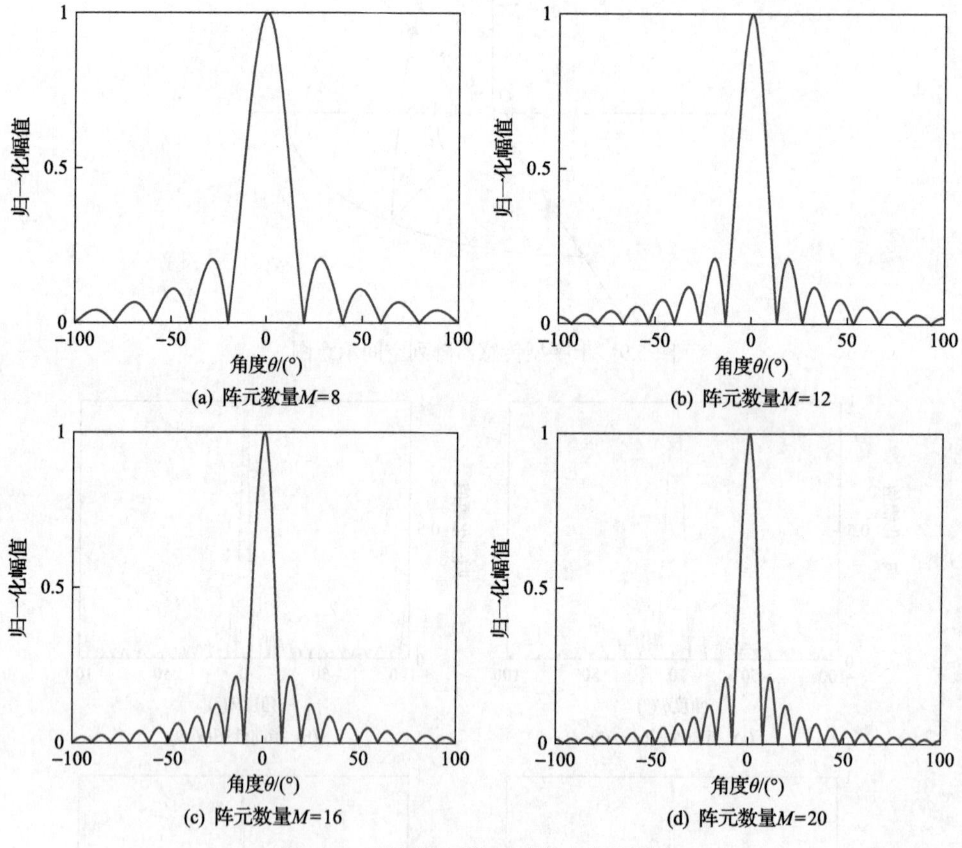

图 5.11　不同阵元数量对指向性的影响

5.2　基于密集型矩形传感器阵列的成像方法

本节介绍幅值全聚焦成像和符号相干因子算法成像两种密集型矩形传感器阵列成像方法[2]。通过压电传感器阵列与激光传感器阵列两种实验方式实现板中单缺陷和多缺陷的同时检测。

5.2.1　幅值全聚焦成像

密集型矩形传感器阵列如图 5.12 所示，阵元的横向间距为 d_1，纵向间距为 d_2，具有 N 个阵元。每个阵元都既是激励传感器又是接收传感器，即 i 号阵元进行激励，剩余的阵元进行接收，直到所有的阵元都进行了激励和接收。

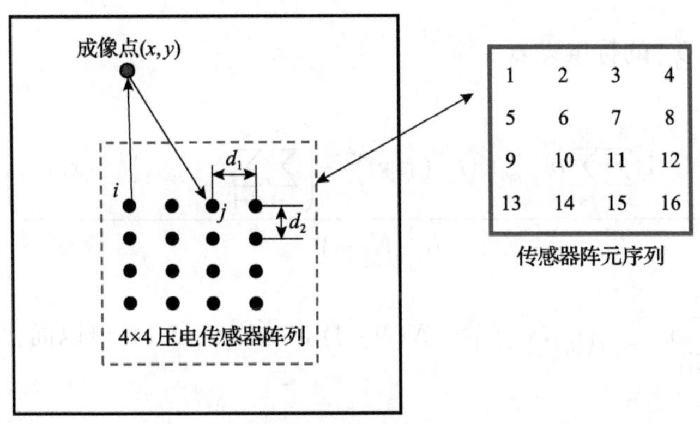

图 5.12　密集型矩形传感器阵列示意图

针对由 N 个阵元组成的密集型矩形传感器阵列形式，采用幅值全聚焦成像可以充分利用所有阵元采集到的信息。幅值全聚焦成像首先将目标区域(在 xOy 平面)离散成大量的网格点，然后将阵列中所有阵元的信号在离散的网格点 (x, y) 处进行能量虚拟叠加：

$$\mathrm{TFM}(x, y) = \sum_{i=1}^{N}\sum_{j=1}^{N} s_{i,j(i\neq j)}(t_{i,j}(x, y)) \tag{5.12}$$

式中：N——阵元的数量；

$s_{i,j}$——阵元 i 进行激励、阵元 j 进行接收所采集到的信号数据；

$t_{i,j}(x, y)$——激励传感器激励的信号经过检测位置 (x, y) 到达接收传感器所经过的时间，(x, y) 是成像点的坐标。

5.2.2　符号相干因子算法成像

由于单个信号的信噪比较低，当幅值全聚焦成像检测距离较远的缺陷或者目标时有一定的局限性。然而信号的能量和相位信息可为改善系统响应提供一个新的检测信息源。

这种利用信号相位的方法来检测缺陷的方法称为相位相干成像算法，该方法可以用来抑制传感器阵列的栅瓣。在提出的相位相干成像算法中，符号相干因子算法在缺陷定位方面有着较好的检测结果。符号相干因子算法是一种基于分析数据相位波动的方法，该方法可以由以下流程得到。

首先得到阵列所有信号 $s_{i,j}(t)$ 的符号极性 $b_{i,j}(t)$，其可以由式(5.13)计算得到：

$$b_{i,j}\left(t_{i,j}(x,y)\right)=\begin{cases}1, & s_{i,j}\left(t_{i,j}(x,y)\right)\geqslant 0\\ -1, & s_{i,j}\left(t_{i,j}(x,y)\right)<0\end{cases} \tag{5.13}$$

进而得到符号 $b_{i,j}$ 的标准差 σ：

$$\sigma^2=\frac{N(N-1)\sum_{i=1}^{N}\sum_{j=1}^{N}b_{i,j(i\neq j)}\left(t_{i,j}(x,y)\right)^2-\left(\sum_{i=1}^{N}\sum_{j=1}^{N}b_{i,j(i\neq j)}\left(t_{i,j}(x,y)\right)\right)^2}{N^2(N-1)^2} \tag{5.14}$$

由于 $\sum_{i=1}^{N}\sum_{j=1}^{N}b_{i,j(i\neq j)}\left(t_{i,j}(x,y)\right)^2=N(N-1)$，所以式(5.14)可以简化为

$$\sigma^2=1-\frac{\left(\sum_{i=1}^{N}\sum_{j=1}^{N}b_{i,j(i\neq j)}\left(t_{i,j}(x,y)\right)\right)^2}{N^2(N-1)^2} \tag{5.15}$$

符号相干因子算法可由式(5.16)得到：

$$I_{\mathrm{SCF}}(x,y)=\left|1-\sigma\right|^p=\left|1-\sqrt{1-\left|\frac{1}{N^2(N-1)^2}\left(\sum_{i=1}^{N}\sum_{j=1}^{N}b_{i,j(i\neq j)}\left(t_{i,j}(x,y)\right)\right)\right|^2}\right|^p \tag{5.16}$$

其中，可变指数 $p(p\geqslant 0)$ 可以调节算法的灵敏度。高的 p 值会使相干能力增强，更好地抑制旁瓣使主瓣变窄。默认 p=1 时，式(5.16)可改为

$$I_{\mathrm{SCF}}(x,y)=1-\sigma=1-\sqrt{1-\left|\frac{\left(\sum_{i=1}^{N}\sum_{j=1}^{N}b_{i,j(i\neq j)}\left(t_{i,j}(x,y)\right)\right)}{N^2(N-1)^2}\right|^2} \tag{5.17}$$

对于符号相干因子算法成像，每一个成像点都与延时聚焦信号的代数符号之和有关。在有缺陷位置，符号相干因子会呈现一个相对较大的值；而在没有缺陷的位置，代数的符号是随机的，相加后会产生一个较小的值。基于此现象，利用符号相干因子算法成像可以很好地定位缺陷。

5.2.3 基于压电传感器阵列的缺陷定位检测成像

1. 实验系统

基于密集型压电传感器阵列的实验系统如图 5.13 所示，实验中采用的实验样板为铝板(杨氏模量为 77GPa，泊松比为 0.33)，尺寸为 1000mm×1000mm×1mm。在铝板中心部分分布着由 16 个压电传感器组成的密集型压电传感器阵列。阵列所采用的压电传感器的直径为 6mm，厚度为 0.5mm，极化方向是沿着厚度方向。为了避免传感器阵列所形成的栅瓣和旁瓣对成像结果的影响，传感器阵列的阵元间距(横向间距 d_1 和纵向间距 d_2)均为 15mm，即小于激励兰姆波模态的一个波长。压电传感器是由任意函数发生器进行激励的，激励信号为汉宁窗调制中心频率为 325kHz 的 5 周期正弦信号。利用数字示波器进行数据采集，在采集过程中每组采集信号进行 128 次平均。

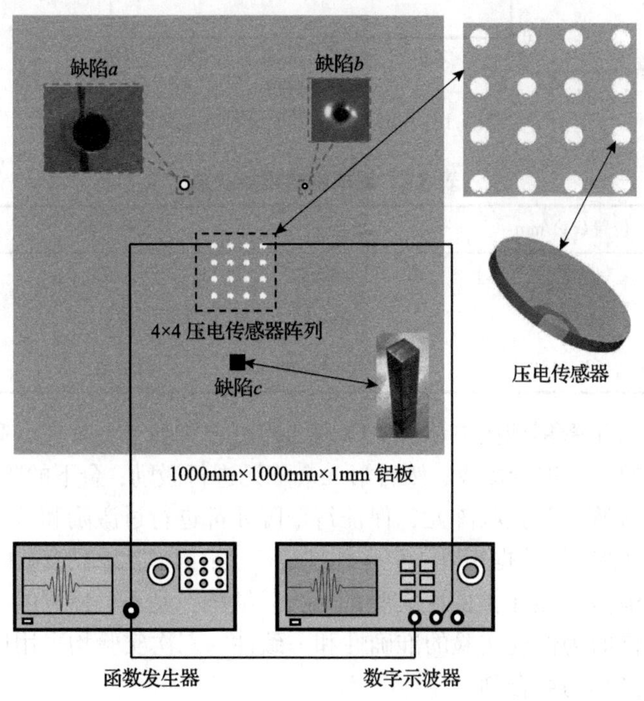

图 5.13　基于密集型压电传感器阵列的实验系统

含缺陷的铝板试样如图 5.14 所示，缺陷的位置、几何形状、尺寸(圆形代表通孔而正方形代表表面缺陷)和缺陷的类型如表 5.1 所示。铝板上的人工缺陷包含两个通孔(缺陷 a、b)和一个表面缺陷(c)。利用一个正方形截面的铁柱和 502 强力胶，将铁柱粘贴在铝板上模拟表面缺陷 c，该缺陷模拟方式可以改变粘贴点的阻抗并能对波形进行反射，在金属腐蚀或者材料损耗的情况下通常也采用该模拟方式。

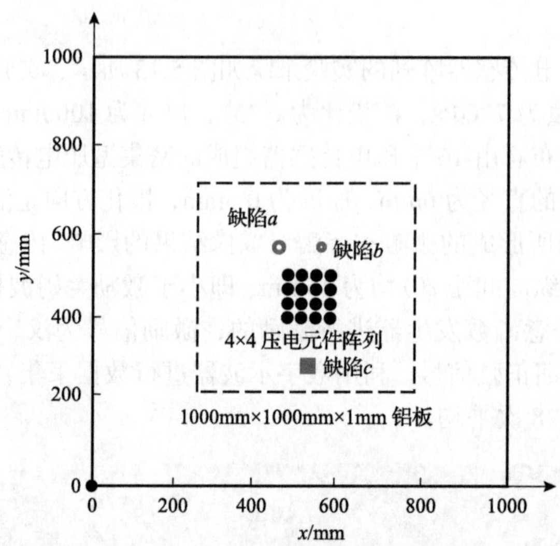

图 5.14　含缺陷的铝板试样示意图

表 5.1　铝板中的模拟缺陷

缺陷	位置(x,y)/mm	尺寸	几何形状	类型
a	(467,563)	ϕ6mm	圆形	通孔
b	(567,563)	ϕ3mm	圆形	通孔
c	(525,248)	20mm×20mm	正方形	表面缺陷

实验时，对于密集型压电传感器阵列的检测方式如下：首先，第一个阵元进行激励，余下的阵元进行接收；然后第二个阵元进行激励，余下的阵元进行接收，重复所有的激励阵元和接收阵元，保证每个阵元都进行过激励和接收，共采集到 240 组数据，构成结构数据矩阵。实验共进行三次：第一次，只有缺陷 a；第二次，有缺陷 a 和缺陷 b；由于前两次实验都是孔状缺陷，是不可恢复的，第三次增加表面缺陷 c。同时为保证实验的准确性和一致性，三次实验均采用压电传感器，并且均采用蜂蜜作为耦合剂。

2. 板中单缺陷成像结果

图 5.15(a)为检测试样示意图，图中展示了传感器阵列的布置位置，由于传感器阵列本身尺寸以及反射回波等的影响，图中以阵列中心为圆心，半径 40mm 的范围为检测盲区，虚线成像区域内将检测盲区部分去掉。对成像区域进行幅值全聚焦成像后得到如图 5.15(b)所示的成像图。图像中的密集型压电传感器阵列由

16 个圆点代替，缺陷的实际位置是图中缺陷 a 处即用实线圈标注的区域，而且有着比较高的对比度，但是在阵列的周围有非常多的亮点，而这些区域在铝板中并没有缺陷，所以这些都是虚拟的赝像。利用幅值全聚焦成像无法准确地判断出缺陷的位置，无法分辨出缺陷与赝像。为了弥补幅值全聚焦成像的不足，利用采集到的信号的相位信息，对其进行相位成像。

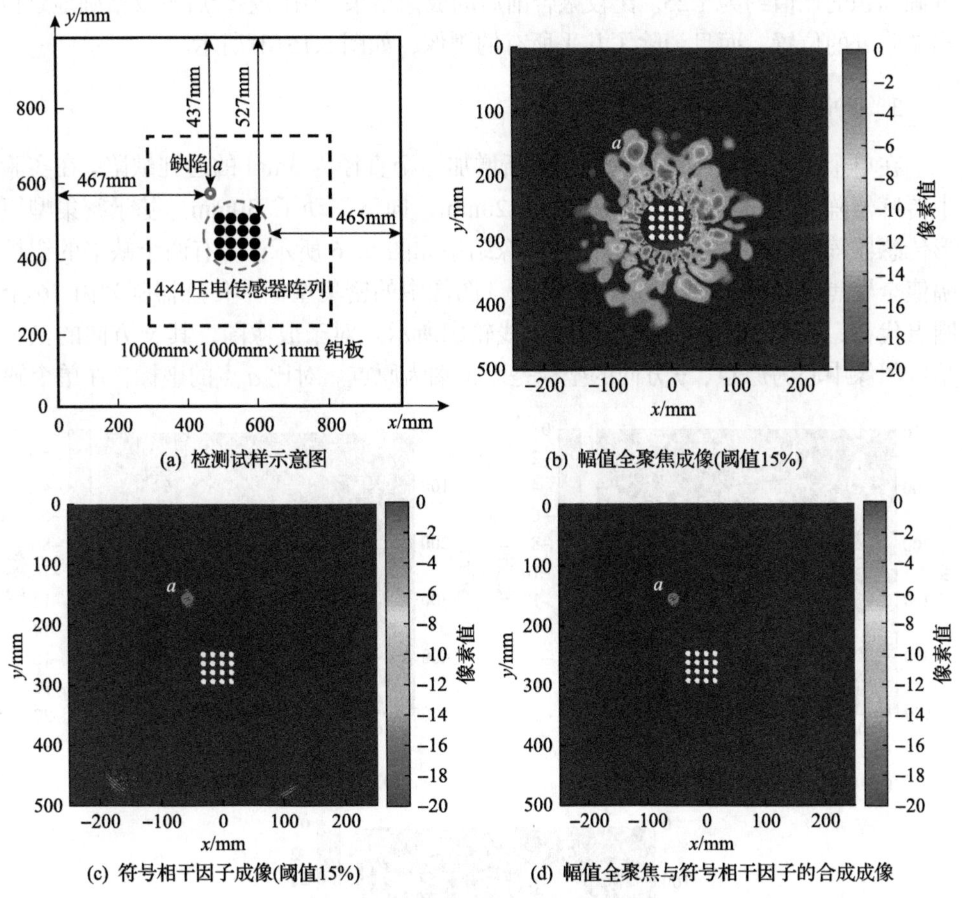

图 5.15　基于密集型矩形传感器阵列的铝板单缺陷检测

利用符号相干因子成像，其成像结果如图 5.15(c)所示。对相位成像和符号相干因子的合成成像的结果进行缺陷识别准确度分析，对于符号相干因子成像的缺陷成像点，以缺陷中心所在位置为圆心画圆，当圆的直径达到 28mm 时能将所有的成像亮度圈在圆中，其面积约为 615mm^2，相对于缺陷的原始准确面积 113mm^2，超出部分的面积为 502mm^2，与原始准确面积的比值为 4.44。在同样的阈值情况下，相位成像使成像的结果更加精确。不仅准确识别缺陷位置，而且很大程度上抑制了赝像的产生。从图 5.15(b)和(c)中可以发现，幅值全聚焦成像与符号相干因子成像相比，幅值全聚焦成像所得的成像结果中缺陷分辨率较高，但是准确度较低。符号相干因子成像的分辨率较幅值全聚焦成像高，但如图 5.15(c)所示，符号相干因子成像的底端有部分虚拟的噪声产生。为提高含缺陷铝板的成像效果，将两种成像结果利用与操作进行图像融合，对融合后的图像进行成像面积和实际面积的对比，经计算得到，成像的面积为 254mm^2，超出部分的面积为 141mm^2，与原始准确面积的比值约为 1.25。比较融合前后的成像结果，图像融合后不仅精确地定位出缺陷 a 的位置，而且消除了几乎所有的赝像，如图 5.15(d)所示。

3. 板中多缺陷成像结果

在单个缺陷的基础上，在铝板上新增加一个直径为 3mm 的通孔缺陷。在实验中传感器阵列的布置位置向左移动了 20mm，向下移动了 30mm。基于密集型矩形传感器阵列的含 2 个缺陷的铝板成像结果如图 5.16 所示。含有两个缺陷的铝板幅值全聚焦成像结果如图 5.16(a)所示，图像中的密集型矩形传感器阵列由 16 个圆点代替，缺陷的实际位置如图中实线轮廓所示。对于成像图，其 x 方向的坐标是以图像中心为原点，y 方向的坐标是以顶端为原点。对比 a 点的坐标，在单个缺

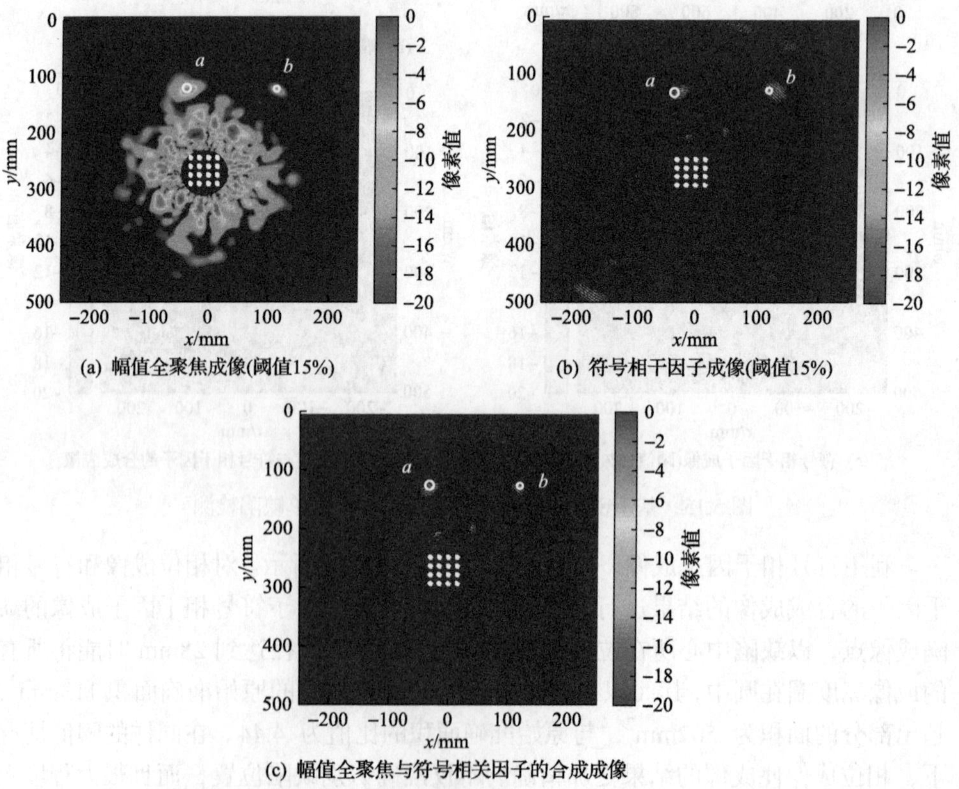

(a) 幅值全聚焦成像(阈值15%)　(b) 符号相干因子成像(阈值15%)

(c) 幅值全聚焦与符号相关因子的合成成像

图 5.16　基于密集型矩形传感器阵列的含 2 个缺陷的铝板成像结果

陷时 a 点的成像结果显示其坐标位置为(–54,158) mm，而对于两个缺陷时 a 点的坐标为(–32,128) mm，从坐标变化上来看横坐标向右变化 22 个单位，纵坐标向上变化 30 个单位，与传感器阵列位置变化一致。从幅值全聚焦成像的结果来看，幅值全聚焦成像不仅可以识别出缺陷 a，而且对于更小的孔状缺陷 b 也可准确识别。但是幅值全聚焦成像的结果仍然不能区分缺陷位置和赝像是否存在，因此对其进行符号相干因子成像，这极大地提高了缺陷定位的准确率，降低了赝像的存在，如图5.16(b)所示。同时为了更加精确和高质量地对其成像，将两种成像的结果进行了图像融合，融合结果如图 5.16(c)所示。从图中可以发现，图像融合后不仅成像的对比度有了较大的提高，而且成像的准确度也有了一定的改善。

在两个缺陷的基础上增加一个表面缺陷。将一个铁柱利用 502 强力胶粘贴在铝板上，铁柱的尺寸和所贴的位置见表 5.1。分别进行幅值全聚焦成像、符号相干因子成像和两种成像结果的融合，得到成像结果如图 5.17 所示。从图中可以发现，三个缺陷被准确识别，因此密集型矩形传感器阵列无论对单个缺陷还是多个缺陷都能识别，而且对于板结构上的表面缺陷也能精确地检测和定位成像。

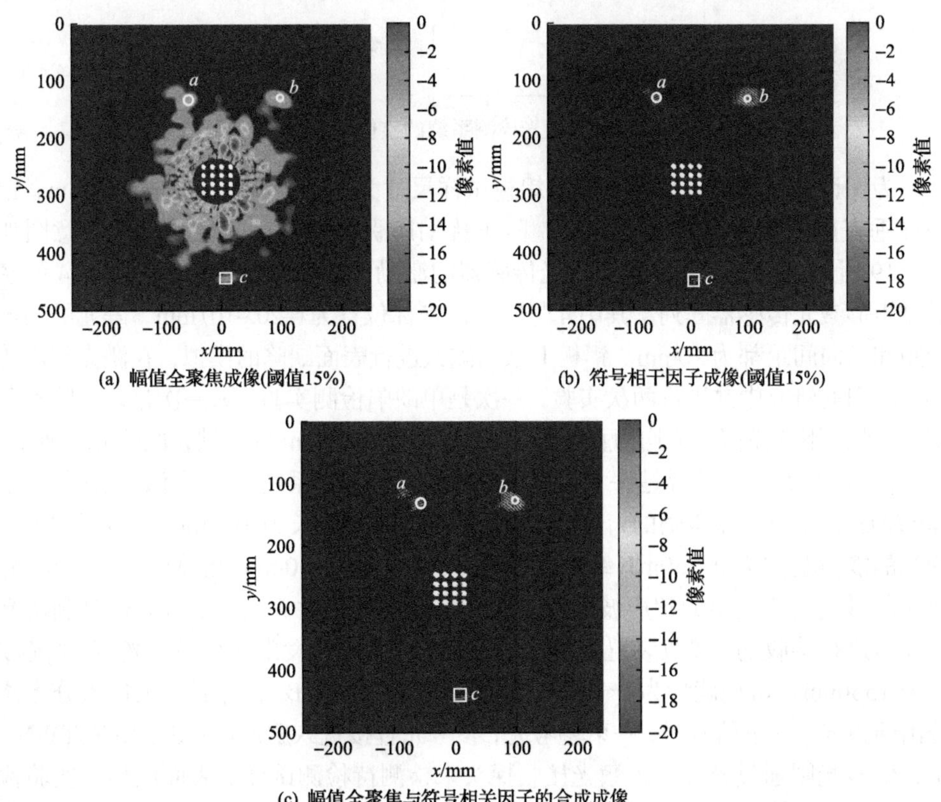

(a) 幅值全聚焦成像(阈值15%)

(b) 符号相干因子成像(阈值15%)

(c) 幅值全聚焦与符号相关因子的合成成像

图 5.17　基于密集型矩形传感器阵列的含 3 个缺陷的铝板成像结果

5.2.4　基于激光传感器阵列的缺陷定位检测成像

1. 实验系统

实验系统采用激光超声检测系统，基于全光学平台对金属铝板结构进行全面检测。实验系统主要包含双波混频干涉仪、Nd:YAG 脉冲激光器、数字示波器、激励探头和接收探头。激光检测系统的整体示意图如图 5.18 所示。

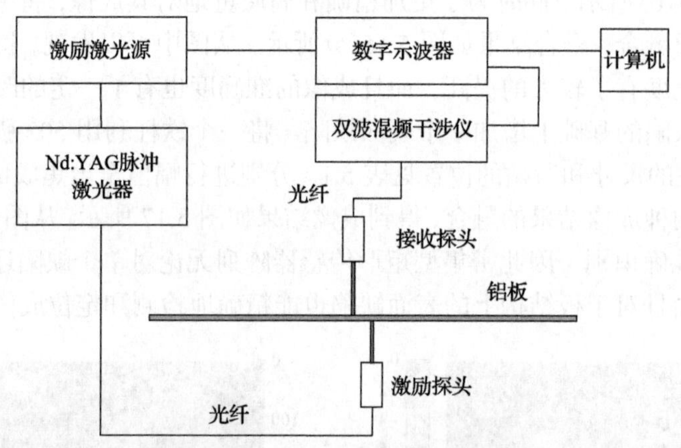

图 5.18　激光检测系统的整体示意图

为保证激发低阶兰姆波，检测铝板试样尺寸为 1000mm×1000mm×0.8mm，铝板被垂直固定在激光检测平台上，防止扰动所引起的噪声。检测试样示意图如图 5.19 所示，铝板中心位置为激光传感器的激励和接收阵元点，共形成 4×4 的密集型矩形激光传感器阵列，其中 4 号阵元的坐标位置为(–20,–10)mm，阵元的横向间距和纵向间距都为 10mm。铝板上采用磁铁进行表面缺陷的模拟，在激光超声传感器阵列的研究中共进行两次实验，一次是单缺陷检测实验，另一次是多缺陷检测实验。所采用的模拟缺陷均为直径为 25mm、厚度为 20mm 的磁铁，如图 5.19 所示。

信号接收实验仪器是一套基于激光超声的检测系统。激光激励是由一个 Nd:YAG 脉冲激光器激励的，该激光器激励出的激光波长为 1064nm，脉宽为 10ns，激光的能量范围为 0～50mJ，纤芯直径为 1mm，焦距为 50mm，光源直径为 700μm。此时的激光所激励出的超声波具有宽频和多模态的特性。激光信号同样是利用光学仪器进行接收的。接收装置的原理为：由连续激光器发出连续激光光束(激光波长为 1550nm，可调能量为 0～2W，检测带宽为 125MHz)，然后光束进入分光器分出两束光，一束信号光，一束参考光，参考光直接进入解调器(AIR-1550-TWM)中，信号光则通过光纤传入激光接收探头来检测待检测试样的表面位移，实验检测系统对离面位移比较敏感，检测后的光信号经过反射进入光纤并传输给解调器，参考光和信号光在解调器中进行干涉后转化为直流电信号或者交流电信号，所产生的电信号由数字示波器接收并存储，其中激光检测系统实物图如图 5.20 所示。

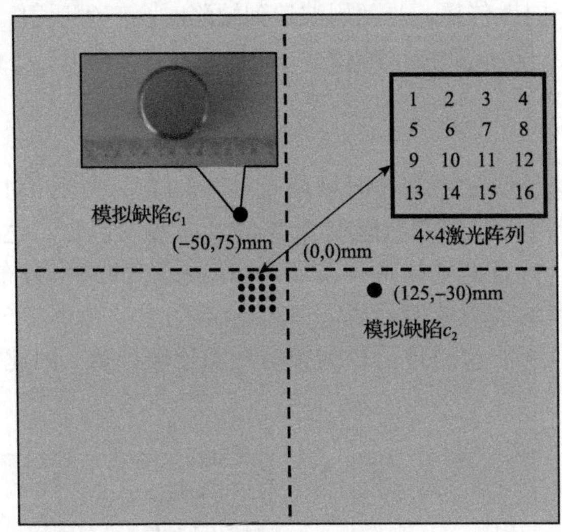

图 5.19　检测试样示意图

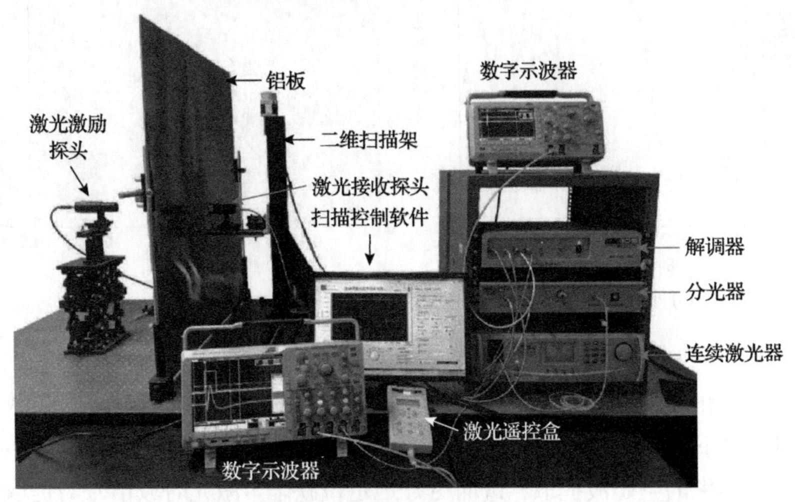

图 5.20　激光检测系统实物图

脉冲激光激励在铝板表面用来激励出超声兰姆波，激光激励的能量为 3.5J，激光激励的脉冲宽度为 1×10^{-8}s，激光激励的光源直径为 1mm。连续激光器激励出的连续激光的光源直径为 0.1mm。实验中，采用激光阵列的方法对铝板上的缺陷进行成像识别，阵列间隔为 10mm。由于实验的激光激励探头和激光接收探头的直径均大于 10mm，所以为了保证阵元间隔，也为了防止激光激励在铝板上所产生的冲击波的影响，将激光激励探头和激光接收探头分别布置在铝板的两侧。激光阵列阵元的布置形式如图 5.19 所示，阵元的横向间距和纵向间距相等且小于

一个波长即 $d_1 = d_2 = 10\text{mm} < \lambda$，激励阵元点 $i(i = 1,2,\cdots,16)$ 在铝板中产生兰姆波，兰姆波在铝板中全向性传播。当兰姆波遇到缺陷时会产生反射，反射后的信号被阵元点 j（$j = 1,2,\cdots,16$ 并且 $j \neq i$）接收，共计得到 $C_{\text{total}} = A_{16}^2 = 240$ 组信号。

2. 激光阵列的缺陷识别研究

激光接收探头接收的兰姆波时域信号如图5.21(a)所示，对其进行短时傅里叶变换获得时频图如图5.21(b)所示，激光信号中不仅包含直达波而且包含各个端面的反射回波，并且信号频率分布形式和A_0模态的频率分布是非常吻合的。因此，激光检测到的兰姆波信号成分以A_0模态为主。由图 5.21(a)可知，接收到的信号没有明显的波包而且信号的频散现象比较严重，因此需要对激光信号进行频散补偿。

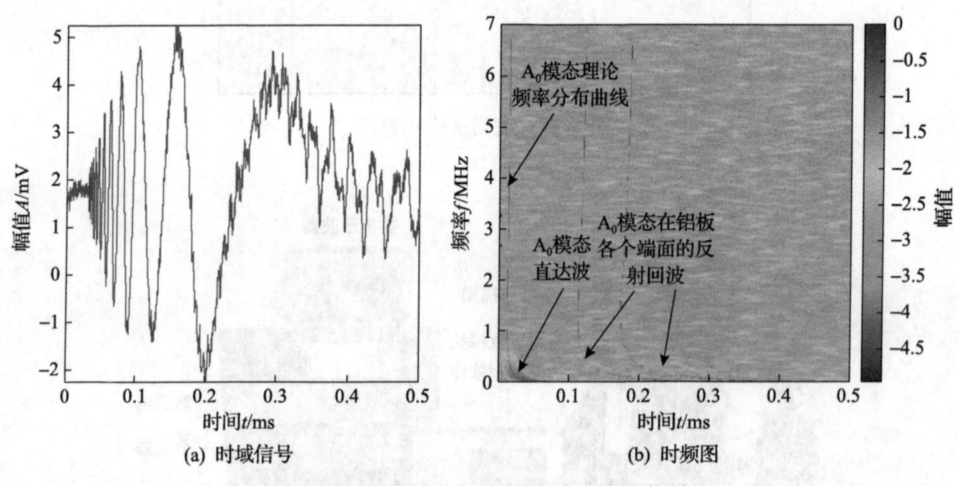

图 5.21　激光接收探头接收的兰姆波信号

激光信号的宽频特性使其包含的信息比较丰富。但是由兰姆波的频散特性可得，不同频率下的兰姆波的波速是不同的，在激光兰姆波研究时需要对原始激光信号进行特定频率的兰姆波提取，进而更好地定位缺陷。激光时域信号与提取的特定频率信号如图 5.22 所示。图 5.22(a)为激光接收的时域信号，从图中可看出激光的时域信号较为复杂，在信号图中没有明显的波包，无法识别缺陷回波信号。采用连续小波变换方法对宽频激光信号进行特定频率信号提取。提取的 300kHz 的信号如图 5.22(b)所示，从中可以明显地看到缺陷回波的波包。

3. 激光超声信号频散补偿

激光在铝板中激励出超声兰姆波，利用双波混频干涉仪将回波信号接收，经分析，其主要含有的模态为 A_0 模态，而 A_0 模态在 300kHz 附近的频散比较严重。

信号的频散会导致信号波包变宽，使信号中包含许多虚假信息，这对缺陷的定位和识别不利。因此，在激光检测实验时需要补偿信号的频散现象。

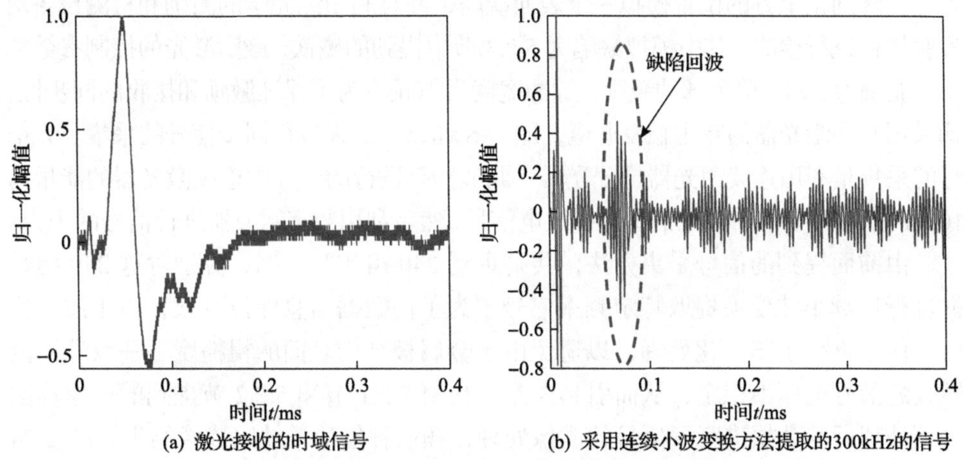

图 5.22　激光时域信号与提取的特定频率信号

对于激光传感器阵列采集到的 240 组数据，不仅要对数据进行特定频率的提取使其变为窄带的特定频率的信号，而且需要对提取后的信号进行必要的频散补偿操作，这样可以在时域上更加精确地确定波包的位置。对提取频率后的信号进行快速傅里叶变换，得到频谱信息，将经过一次泰勒展开得到的波数-角频率的线性关系函数，替换原始频谱中的波数信息得到的线性映射后的频谱即为经过频散补偿后的频率关系图，对其进行傅里叶逆变换将频域信号转换为时域信号即为经过频散补偿的信号。图 5.23 为图 5.22(b)经过频散补偿后的信号。从图中可以发现信号的波包更加明显，并且波包在时域上被压缩，有利于缺陷的准确定位。

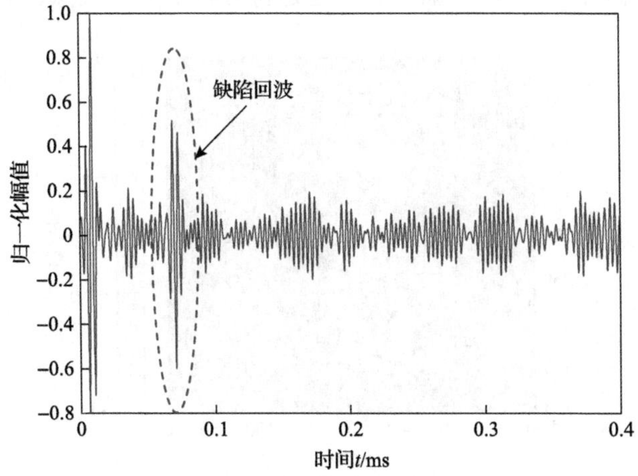

图 5.23　经过频散补偿后的信号

4. 板中单缺陷成像结果

在阵列正上方的位置模拟一个表面缺陷，并且利用纯光学的激励和检测设备对实验样板进行检测，其中模拟缺陷为 5.2.3 节中提到的磁铁，激励激光的控制参数如下：能量为 3.8J、单个脉冲激励、脉冲宽度为 10ns。为了保证激励和接收的同步性，均采用脉冲激光器的专用触发通道，即 Q-Switch Out 来进行同步信号的采集。光信号的采集是利用连续激光器、分光器、调节器等进行的，其中连续激光器的能量为100mW，在调节器中将光信号转换成电信号，然后利用数字示波器进行信号的采集。

由前面提到的信号采集方法，共采集到 240 组实验数据，分别对这 240 组数据进行连续小波变换提取特定频率信号。为了使数据信息保持一致，将小波变换后的信号进行了归一化处理，以避免由于金属板结构表面的粗糙度不一致等原因导致的信号电压不稳定，从而引起误差。利用 5.2.1 节和 5.2.2 节提到的成像算法对预处理后的数据进行了信号的成像处理，频散补偿前单缺陷成像结果如图 5.24 所示，其中圆圈 c_1 代表缺陷位置，中心位置的密集型圆点代表阵元点。从图 5.24(a) 中可以发现与压电传感器阵列相比，基于幅值全聚焦成像方法，激光传感器阵列的赝像更小，并且由于非接触无耦合和点光源的优势，在阵列附近几乎没有任何赝像产生。符号相干因子成像的结果如图 5.24(b) 所示，符号相干因子成像的结果更加纯净，噪声也得到了较大的抑制。与压电传感器的检测结果相比，其分辨率更高，噪声和赝像较小，并且通过缺陷的真实面积和实际成像面积的对比发现，激光成像结果中合成成像所占的区域为452.2mm^2，缺陷实际的面积为 490.6mm^2，成像区域全部包含在实际区域内部，因此激光传感器阵列对缺陷的定位具有较高的精确度。

为了降低频散对成像结果的影响，需对激光超声信号进行频散去除的处理。经过频散去除后无论是全聚焦幅值成像还是符号相干因子成像，其缺陷的定位准

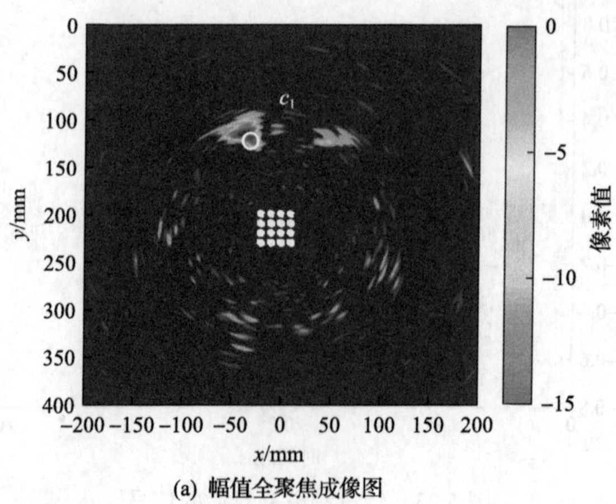

(a) 幅值全聚焦成像图

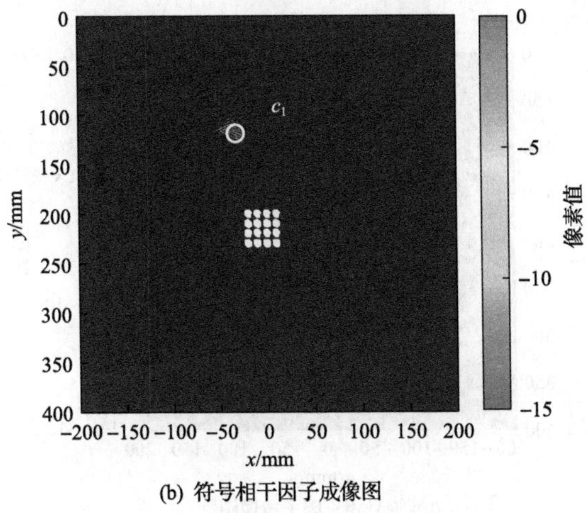

(b) 符号相干因子成像图

图 5.24　频散补偿前的单缺陷成像图

确率都得到了较大的提高，而且成像中缺陷的分辨率也得到了提高，频散补偿后的单缺陷激光传感器阵列成像如图 5.25 所示。

5. 板中多缺陷成像结果

在原有模拟缺陷基础上，在铝板的右侧增加一个缺陷，同样利用磁铁来模拟缺陷，分别对其进行激光传感器阵列成像实验。基于激光传感器阵列的多缺陷检测幅值全聚焦成像如图 5.26 所示，符号相干因子成像如图 5.27 所示，图像融合成像的结果如图5.28 所示。铝板中的两个模拟缺陷都被识别出来，比较三种频散去除处理前后的图像，可以发现频散去除有利于提高缺陷定位的准确度，而且频散去除算法也可以提高图像的成像质量。引入图像融合的概念，将幅值全聚焦成像和符号相干因子成像的结果进行与操作，两个成像融合后，其成像的对比度得到了提高，如图 5.28 所示。

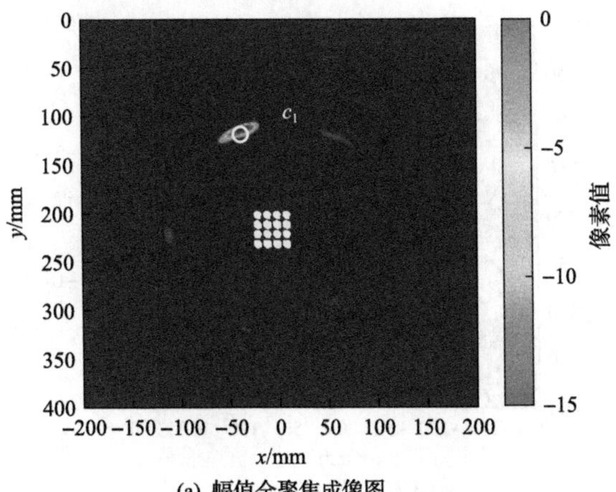

(a) 幅值全聚焦成像图

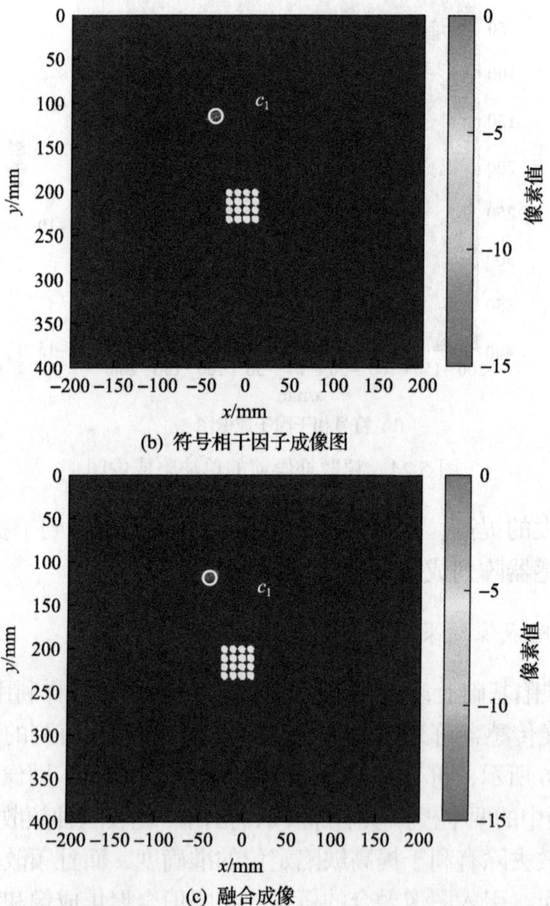

(b) 符号相干因子成像图

(c) 融合成像

图 5.25　频散补偿后的单缺陷激光传感器阵列成像图

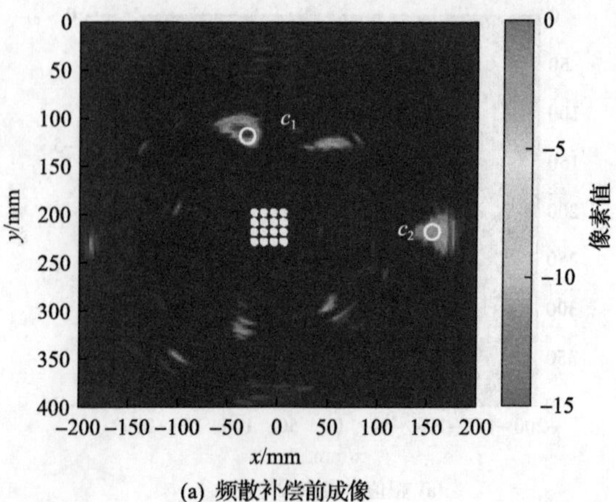

(a) 频散补偿前成像

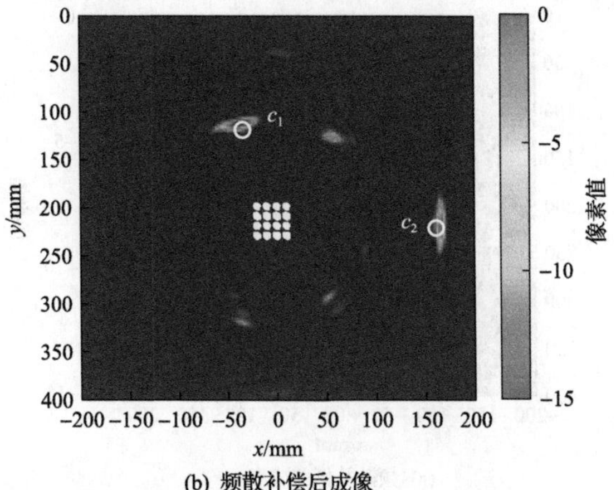

(b) 频散补偿后成像

图 5.26　基于激光传感器阵列的多缺陷检测的幅值全聚焦成像

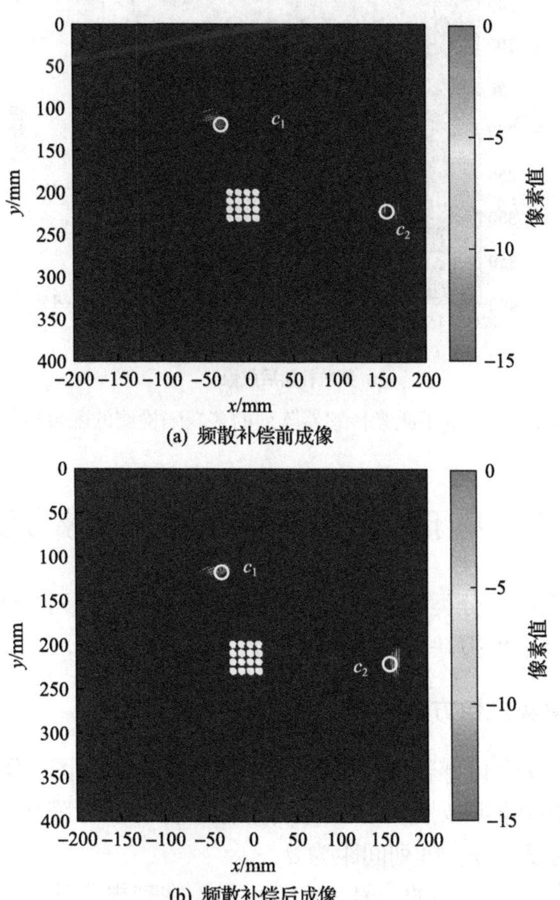

图 5.27　基于激光传感器阵列的多缺陷检测的符号相干因子成像

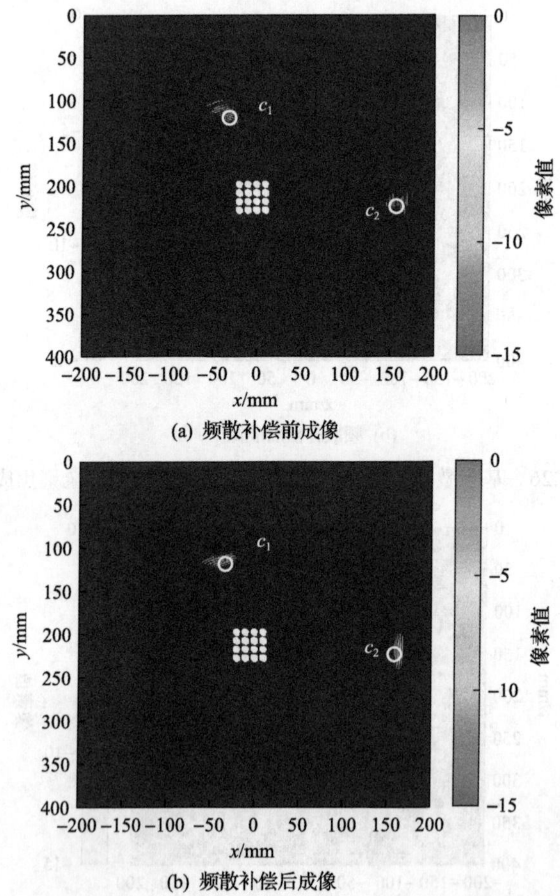

(a) 频散补偿前成像

(b) 频散补偿后成像

图 5.28　基于激光传感器阵列的多缺陷检测的融合成像

5.3　基于线型传感器阵列的成像方法

本节介绍多重信号分类成像方法，通过压电传感器阵列与激光传感器阵列两种实验方法实现板中模拟缺陷的成像[5]。

5.3.1　多重信号分类成像方法

图 5.29 为由 M 个传感器组成的线型传感器阵列示意图，假设存在某个远场窄带信号入射到传感器阵列上，以压电传感器 1 作为参考阵元，信源信号 $s(t)$ 的方向为 θ，信源距离为 r，阵列间距为 d。

入射到线型传感器阵列的信号为窄带信号，在理想条件下，阵列中各个阵元的输出信号可以表示为

$$\begin{cases} s_j(t) = u_j(t)\mathrm{e}^{\mathrm{i}\left(\omega_0 t + \varphi_j(t)\right)} \\ s_j(t-\tau) = u_j(t-\tau)\mathrm{e}^{\mathrm{i}\left(\omega_0(t-\tau) + \varphi_j(t-\tau)\right)} \approx u_i(t)\mathrm{e}^{\mathrm{i}\left(\omega_0(t-\tau) + \varphi_j(t)\right)} = s_j(t)\mathrm{e}^{-\mathrm{i}\omega_0\tau} \end{cases} \tag{5.18}$$

式中：$u_j(t)$——接收信号的幅值；

$\varphi_j(t)$——接收信号的相位；

ω_0——接收信号的频率。

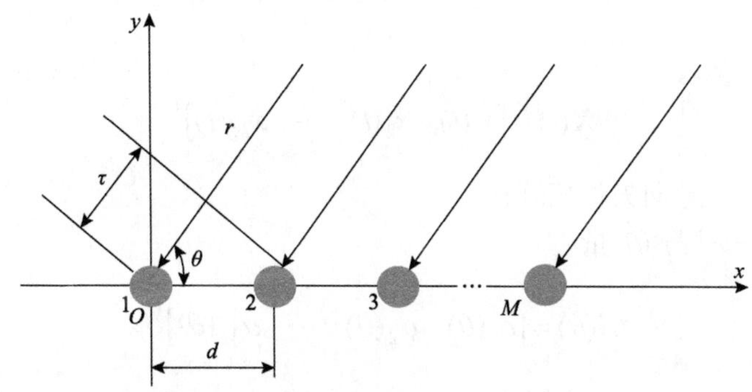

图 5.29　M 个传感器组成的线型传感器阵列示意图

阵列中相邻阵元的时间延迟 τ_i 可以表示为

$$\tau_i = \frac{(i-1)d\cos\theta}{c_{\mathrm{g}}} \tag{5.19}$$

式中：c_{g}——兰姆波的群速度。

设 $x_j(t)$ 为第 j 个阵元在 t 时刻的输出信号，那么 $x_j(t)$ 可以表示为

$$x_j(t) = s_j(t)\mathrm{e}^{-\mathrm{i}\omega_0\tau_j} + n_j(t), \quad j = 1, 2, \cdots, M \tag{5.20}$$

式中：$n_j(t)$——第 j 个阵元在 t 时刻输出信号的噪声。

导向矢量是由于其他阵元和参考阵元的位置不同而引起的相位延迟，其阵列形式可表示为

$$\boldsymbol{A}(\theta) = \begin{bmatrix} \alpha_1(\theta) \\ \alpha_2(\theta) \\ \vdots \\ \alpha_M(\theta) \end{bmatrix} = \begin{bmatrix} 1 \\ \mathrm{e}^{-\mathrm{i}\omega_0\tau_2} \\ \vdots \\ \mathrm{e}^{-\mathrm{i}\omega_0\tau_M} \end{bmatrix} \tag{5.21}$$

M 个阵元在 t 时刻输出信号的阵列形式可以表示为

$$\begin{bmatrix} x_1(t) \\ x_2(t) \\ \vdots \\ x_M(t) \end{bmatrix} = \begin{bmatrix} \alpha_1(\theta) \\ \alpha_2(\theta) \\ \vdots \\ \alpha_M(\theta) \end{bmatrix} s(t) + \begin{bmatrix} n_1(t) \\ n_2(t) \\ \vdots \\ n_M(t) \end{bmatrix} \tag{5.22}$$

根据式(5.20)和式(5.22)可以得到阵列接收信号的矢量形式为

$$\boldsymbol{X}(t) = \boldsymbol{A}(\theta)\boldsymbol{S}(t) + \boldsymbol{N}(t) \tag{5.23}$$

其中

$$\boldsymbol{X}(t) = \begin{bmatrix} x_1(t) & x_2(t) & \cdots & x_M(t) \end{bmatrix}^{\mathrm{T}} \tag{5.24}$$

式中：$\boldsymbol{A}(\theta)$——导向矢量矩阵；

$\boldsymbol{N}(t)$——噪声矢量。

$$\boldsymbol{A}(\theta) = \begin{bmatrix} \alpha_1(\theta) & \alpha_2(\theta) & \cdots & \alpha_M(\theta) \end{bmatrix}^{\mathrm{T}} \tag{5.25}$$

$$\boldsymbol{N}(t) = \begin{bmatrix} n_1(t) & n_2(t) & \cdots & n_M(t) \end{bmatrix}^{\mathrm{T}} \tag{5.26}$$

假设 $\boldsymbol{R}_X$ 为阵列信号的协方差矩阵，可表示为

$$\boldsymbol{R}_X(t) = \frac{1}{K}\sum_{t=1}^{K} \boldsymbol{X}(t)\boldsymbol{X}^{\mathrm{H}}(t) \tag{5.27}$$

式中：K——数据长度；

H——共轭转置。

由式(5.27)可知，输入信号的协方差矩阵 $\boldsymbol{R}_X(t)$ 可表示为

$$\boldsymbol{R}_X(t) = \boldsymbol{E}\left[\boldsymbol{X}(t)\boldsymbol{X}^{\mathrm{H}}(t)\right] = \boldsymbol{A}\boldsymbol{E}\left[\boldsymbol{X}(t)\boldsymbol{X}^{\mathrm{H}}(t)\right]\boldsymbol{A}^{\mathrm{H}} + \boldsymbol{E}\left[\boldsymbol{N}(t)\boldsymbol{N}^{\mathrm{H}}(t)\right] \tag{5.28}$$

式中：$\boldsymbol{E}$——协方差矩阵对应的特征值。

将式(5.28)化简得

$$\boldsymbol{R}_X(t) = \boldsymbol{A}\boldsymbol{R}_S(t)\boldsymbol{A}^{\mathrm{H}} + \sigma_N^2\boldsymbol{I} \tag{5.29}$$

式中：$\boldsymbol{R}_S(t)$——信号协方差；

σ_N^2——噪声方差。

假设 $\boldsymbol{R}_X(t)$ 的特征值为 $\{\lambda_1 \quad \lambda_2 \quad \cdots \quad \lambda_M\}$，则得

$$\left|\boldsymbol{R}_X(t) - \lambda_i\boldsymbol{I}\right| = 0 \tag{5.30}$$

经过简化，可表示为

$$\left|\boldsymbol{A}\boldsymbol{R}_S(t)\boldsymbol{A}^{\mathrm{H}}+\sigma_N^2\boldsymbol{I}-\lambda_i\boldsymbol{I}\right|=\left|\boldsymbol{A}\boldsymbol{R}_S(t)\boldsymbol{A}^{\mathrm{H}}+\left(\sigma_N^2-\lambda_i\right)\boldsymbol{I}\right|=0 \tag{5.31}$$

因此，$\boldsymbol{A}\boldsymbol{R}_S(t)\boldsymbol{A}^{\mathrm{H}}$ 的特征值可以表示为

$$\psi_i=\lambda_i-\sigma_N^2 \tag{5.32}$$

当信源信号的个数 D 小于阵列中阵元的数量 M 时，$\boldsymbol{A}$ 为满秩矩阵，$\boldsymbol{R}_S(t)$ 也为满秩非奇异矩阵，则由满秩矩阵性质可知 $\operatorname{rank}\left(\boldsymbol{R}_S(t)\right)=D$，因此，维数为 M 的方阵 $\boldsymbol{A}\boldsymbol{R}_S(t)\boldsymbol{A}^{\mathrm{H}}$ 为满秩矩阵且为正定矩阵。根据矩阵的相关理论，$\boldsymbol{A}\boldsymbol{R}_S(t)\boldsymbol{A}^{\mathrm{H}}$ 的特征值 ψ_i 中，存在 $M-D$ 个特征值为零，即 $\boldsymbol{R}_X(t)$ 的特征值中存在 $M-D$ 个大小等于 σ_N^2 的噪声方差，如果将 $\boldsymbol{R}_X(t)$ 的所有特征值按照由大到小的顺序排列，即

$$\lambda_1\geqslant\lambda_2\geqslant\cdots\geqslant\lambda_D=\lambda_{D+1}=\cdots=\lambda_M=\sigma_N^2 \tag{5.33}$$

实验中采集的信号并不是理论中的信号，所以对应的噪声功率的特征值 $\lambda_D,\cdots,\lambda_M$ 并不是完全相等的，而是一组大小非常接近的数值。对于按由大到小的顺序排列的特征值，选取中间某个特征值即中值作为参照，数值比中值小的特征值个数 K 和信源数 D 以及阵元数 M 之间的关系为

$$D+K=M \tag{5.34}$$

根据矩阵相关理论，特征值 λ_i 对应的特征向量为 $\boldsymbol{q}_i$，由此可知

$$\left(\boldsymbol{R}_X(t)-\lambda_i\boldsymbol{I}\right)\boldsymbol{q}_i=0 \tag{5.35}$$

因此，$M-D$ 个小于中值的特征值对应的特征向量可以表示为

$$\left(\boldsymbol{R}_X(t)-\sigma_N^2\boldsymbol{I}\right)\boldsymbol{q}_i=\boldsymbol{A}\boldsymbol{R}_S(t)\boldsymbol{A}^{\mathrm{H}}\boldsymbol{q}_i+\sigma_N^2\boldsymbol{I}-\sigma_N^2\boldsymbol{I}=0 \tag{5.36}$$

整理式(5.36)可得

$$\boldsymbol{A}\boldsymbol{R}_S(t)\boldsymbol{A}^{\mathrm{H}}\boldsymbol{q}_i=0,\quad i=D+1,D+2,\cdots,M \tag{5.37}$$

由此可知，数值小于中值的特征值对应的特征向量 $\boldsymbol{q}_i$ 和列向量 $\boldsymbol{A}$ 的空间正交，这是 MUSIC 算法的重要理论基础。

假设 $\boldsymbol{Q}_S$ 为 $M\times D$ 的信号子空间，$\boldsymbol{Q}_N$ 为 $M\times(M-D)$ 的噪声子空间：

$$\boldsymbol{Q}_S=\begin{bmatrix}\boldsymbol{q}_1 & \boldsymbol{q}_2 & \cdots & \boldsymbol{q}_D\end{bmatrix} \tag{5.38}$$

$$\boldsymbol{Q}_N=\begin{bmatrix}\boldsymbol{q}_{D+1} & \boldsymbol{q}_{D+2} & \cdots & \boldsymbol{q}_M\end{bmatrix} \tag{5.39}$$

三阵元空间几何示意图如图 5.30 所示。

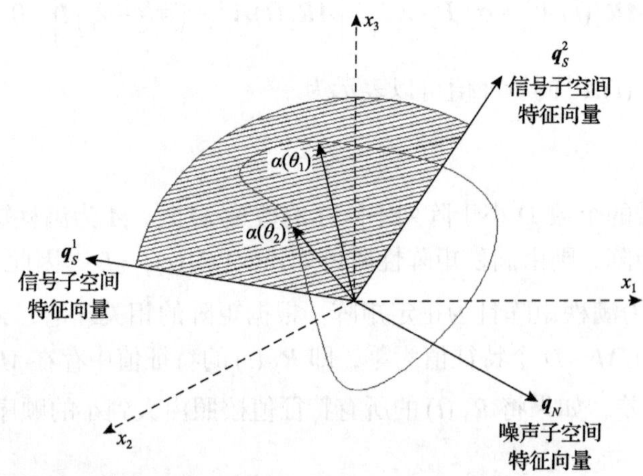

图 5.30　三阵元空间几何示意图

将式(5.39)代入式(5.37)中，可得

$$\boldsymbol{A}\boldsymbol{R}_S(t)\boldsymbol{A}^{\mathrm{H}}\boldsymbol{Q}_N = 0 \tag{5.40}$$

矩阵 $\boldsymbol{A}$ 和 $\boldsymbol{R}_S$ 都是满秩矩阵，由矩阵的性质可知：

$$\boldsymbol{A}^{\mathrm{H}}\boldsymbol{Q}_N = 0 \tag{5.41}$$

根据信号分量和噪声分量的正交性可得

$$\boldsymbol{A}^{\mathrm{H}}(\theta)\boldsymbol{Q}_N\boldsymbol{Q}_N^{\mathrm{H}}\boldsymbol{A}(\theta) = 0 \tag{5.42}$$

当 θ 为零时，表示 θ 与入射信号的波达方向一致。

白噪声的能量在整个频域上基本是均匀分布的，功率密度函数是一个常数，因此很容易处理，但实际应用中噪声并不属于白噪声。由于噪声的存在，信号子空间和噪声子空间不能完全正交，在 MUSIC 算法中通常以最小优化搜索实现，即

$$\hat{\theta} = \arg\min \boldsymbol{A}^{\mathrm{H}}(\theta)\boldsymbol{Q}_N\boldsymbol{Q}_N^{\mathrm{H}}\boldsymbol{A}(\theta) \tag{5.43}$$

由此可得，MUSIC 算法的空间谱函数为

$$P_{\mathrm{MUSIC}}(\theta) = \frac{1}{\boldsymbol{A}^{\mathrm{H}}(\theta)\boldsymbol{Q}_N\boldsymbol{Q}_N^{\mathrm{H}}\boldsymbol{A}(\theta)} \tag{5.44}$$

当信号源存在于阵列的近场区时并不能准确地将缺陷定位，所以需要建立近

场信号线型传感器阵列模型，如图 5.31 所示。

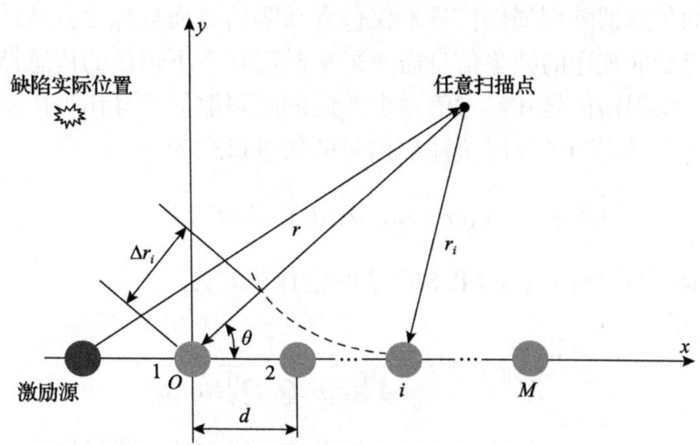

图 5.31　近场信号线型传感器阵列模型

近场条件可以定义为

$$0.62\sqrt{\frac{L_D^3}{\lambda}} < R_{\text{near}} \leqslant \frac{2L_D^2}{\lambda} \tag{5.45}$$

式中：L_D——传感器阵列孔径；

λ——波长。

选取第一个阵元为参考阵元，第 i 个阵元相对于参考阵元的时间延迟可以表示为

$$\tau_i = \frac{\Delta r}{c} = \frac{|r - r_i|}{c} \tag{5.46}$$

由式(5.20)可推导出线型传感器阵列中第 i 个阵元近场响应信号为

$$x_i(t) = \frac{r}{r_i} s_i(t) \mathrm{e}^{-\mathrm{i}\omega_0 \tau_i} + n_i(t),\quad i = 1,2,\cdots,M \tag{5.47}$$

式中：r_i——扫描点到第 i 个阵元的距离。

扫描点、参考阵元和第 i 个阵元组成三角形，由余弦定理可得

$$r_i = \sqrt{r^2 + i^2 d^2 - 2rid\cos\theta} \tag{5.48}$$

定义近场情况的导向矢量为

$$\boldsymbol{\alpha}_j(r,\theta) = \frac{r}{r_j} \mathrm{e}^{-\mathrm{i}\omega_0 \tau_j},\quad j = 1,2,\cdots,M \tag{5.49}$$

当利用兰姆波对金属铝板表面缺陷进行检测时，激励阵元激励，接收阵元接收，采集到的传感器阵列损伤信号不仅包含缺陷信息而且包含直达波和边界反射信息等。要想获取纯净的缺陷信息需要采集健康状态下铝板的传感器阵列信号作为参考信号，将损伤信号和参考信号求差后的缺陷散射信号作为传感器阵列信号 $\boldsymbol{X}(t)$ ，阵列中所有阵元在 t 时刻输出信号的矢量形式为

$$\boldsymbol{X}(t)=\boldsymbol{A}(r,\theta)\boldsymbol{S}(t)+\boldsymbol{N}(t) \tag{5.50}$$

由式(5.44)可推导出近场 MUSIC 空间谱计算式为

$$P_{\text{MUSIC}}(r,\theta)=\frac{1}{\boldsymbol{A}^{\text{H}}(r,\theta)\boldsymbol{Q}_N\boldsymbol{Q}_N^{\text{H}}\boldsymbol{A}(r,\theta)} \tag{5.51}$$

由式(5.51)可知，MUSIC 算法是按照角度和距离的方式对扫描区域进行扫描的，当扫描点和缺陷几乎重合时，式(5.51)的分母趋近于零，使得空间谱能量最大。

在缺陷检测中，某个方向上的缺陷识别能力和该方向上阵列导向矢量密切相关。

假设 $D(\theta)$ 表示某个方向上的缺陷识别能力，$D(\theta)$ 越大表明在这个方向上缺陷识别能力越高：

$$D(\theta)=\left\|\frac{\mathrm{d}\boldsymbol{a}(\theta)}{\mathrm{d}\theta}\right\|\propto\left\|\frac{\mathrm{d}\tau}{\mathrm{d}\theta}\right\| \tag{5.52}$$

对于均匀线阵，$D(\theta)$ 为

$$D(\theta)\propto\sin\theta \tag{5.53}$$

缺陷在 θ =90°方向上时，缺陷识别能力最强，当缺陷在 θ =30°方向上时，缺陷识别能力已经降到原来的一半，因此线阵的检测范围为 30°～150°。

5.3.2 基于压电传感器阵列的缺陷定位检测成像

1. 实验系统

图 5.32 为线型传感器阵列实验装置系统图。实验装置由压电缺陷检测系统和铝板组成。其中，铝板尺寸为 1000mm×1000mm×0.8mm。压电缺陷检测系统主要包括：AFG3021B 函数发生器、功率放大器、线型传感器阵列和 DPO4054 数字示波器等。参考 5.1.2 节中阵列参数选取方法，具体参数如表 5.2 所示，其中阵元间距选取为 $\lambda/2$ ，抑制了实验中的旁瓣和栅瓣对成像质量的影响，波长的计算将在后面介绍。激励信号为汉宁窗调制中心频率为 40kHz 的 5 周期正弦信号。尺寸为 ϕ 30mm×50mm 的钢柱(模拟缺陷)，用 502 胶水粘贴在铝板表面。利用 DPO4054

数字示波器进行信号采集。

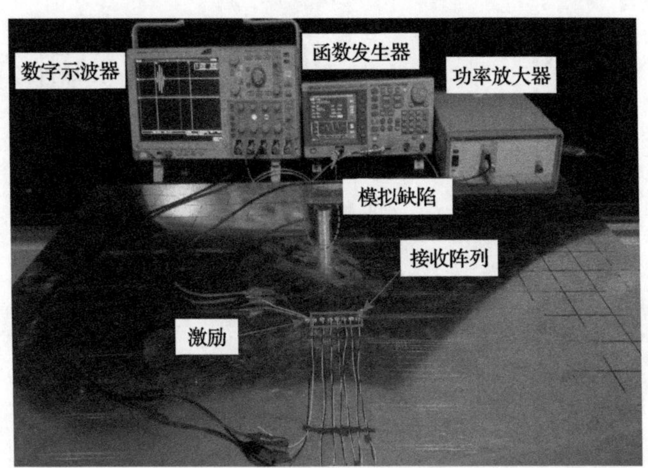

图 5.32　线型传感器阵列实验装置系统图

表 5.2　线型传感器阵列参数

线型传感器阵列参数	取值
阵元数量	8
阵元尺寸	ϕ14mm × 1mm
阵元间距	6.9mm
激励频率	40kHz

为了保证实验的准确性和统一性，实验中所用到的传感器型号统一，并且用横波耦合剂与铝板接触耦合，数字示波器采集信号时均采用 128 次平均消除噪声对实验结果的影响。

2. 板中缺陷成像结果

由 MUSIC 算法的基本原理可知，当利用兰姆波对金属铝板表面缺陷进行检测时，线型传感器阵列采集到的传感器阵列损伤信号不仅包含缺陷信息而且包含直达波和边界反射信息等。因此，需要将铝板在健康状态下采集的传感器阵列信号作为参考信号。图 5.33 为有无缺陷时传感器阵列接收到的兰姆波时域信号。

由图 5.33 可以看出，时域信号的波包非常清晰，在有缺陷时，缺陷波包非常明显，有无缺陷的直达波和边界回波的波包吻合度很好。将有无缺陷的阵列信号相减，并进行连续小波变换得到缺陷散射信号，如图 5.34 所示。

因为将缺陷信号和参考信号作差，明显地抑制了直达波和边界回波，使铝板中缺陷成像定位更加准确。由图 5.34 能够清晰地看到缺陷回波，缺陷回波的幅值明显高于直达波和边界反射回波。

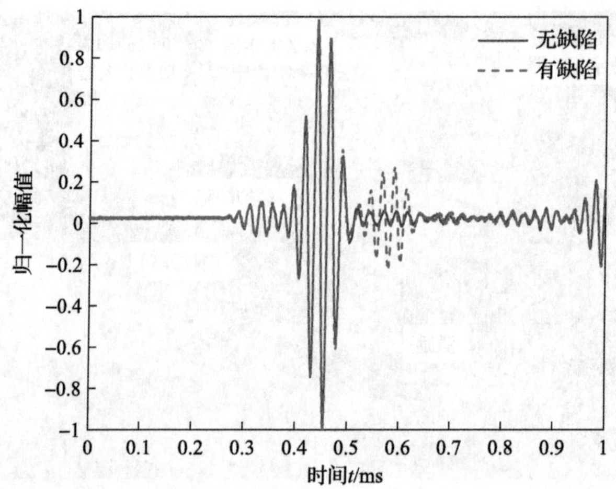

图 5.33　有无缺陷时传感器阵列接收到的兰姆波时域信号

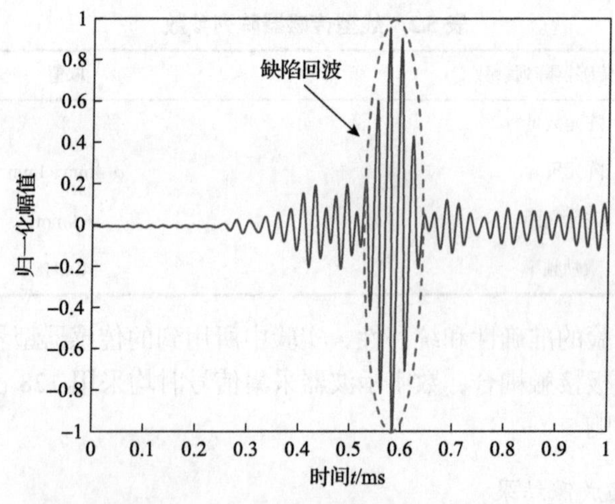

图 5.34　缺陷散射信号

5.3.1 节中提到 MUSIC 算法与 r 和 θ 均相关，实验中的缺陷成像图像以参考阵元为原点，即接收传感器阵列的第一个阵元，在 r 上的成像离散步长为 1mm，在 θ 上的成像步长为 1°。

激励信号为汉宁窗调制中心频率为 40kHz 的 5 周期正弦信号，电压放大器放大 50 倍，采样率为 10MHz，采样长度为 10000 个点，数字示波器设置 128 次平均次数。阵元数量为 8，其中 7 个阵元为接收阵元，阵元间距为 $\lambda/2$ 。实验中首先在铝板无缺陷时采集 7 组健康信号作为参考信号，然后在铝板上分别单独粘贴尺寸为 ϕ 30mm×50mm 的钢柱以模拟缺陷并采集 7 组有缺陷信号，将二者作差取得缺陷散射信号并进行缺陷定位成像。

基于 MUSIC 算法的成像结果如图 5.35 所示，图中像素值表示空间谱的大小，横坐标表示缺陷相对于参考阵元的角度，纵坐标表示缺陷相对于参考阵元的距离，圆圈代表缺陷的实际位置(90°,300mm)，图中白色高亮区域颜色较暗的位置代表实验中基于 MUSIC 算法定位的缺陷位置(89°,312mm)，与缺陷实际位置相比角度和距离上的误差分别为 1°和 12mm。

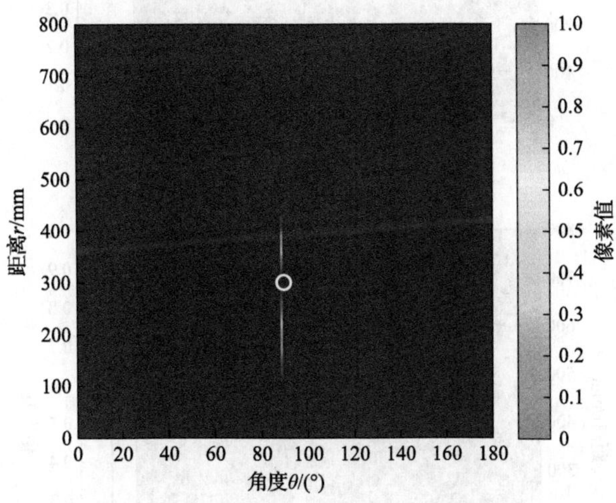

图 5.35　基于 MUSIC 算法的成像结果

相同的实验条件和实验参数设置下，在铝板上粘贴 ϕ 30mm×50mm 的钢柱来模拟缺陷，模拟缺陷分别粘贴在不同的距离和不同角度处，成像结果如图 5.36 所示。表 5.3 统计了不同位置处缺陷定位结果及误差。E_r 和 E_θ 分别代表缺陷成像位置和缺陷实际位置在距离和角度上的误差。

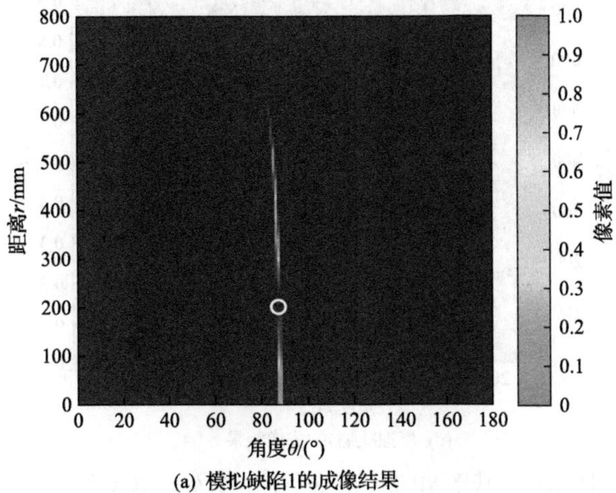

(a) 模拟缺陷1的成像结果

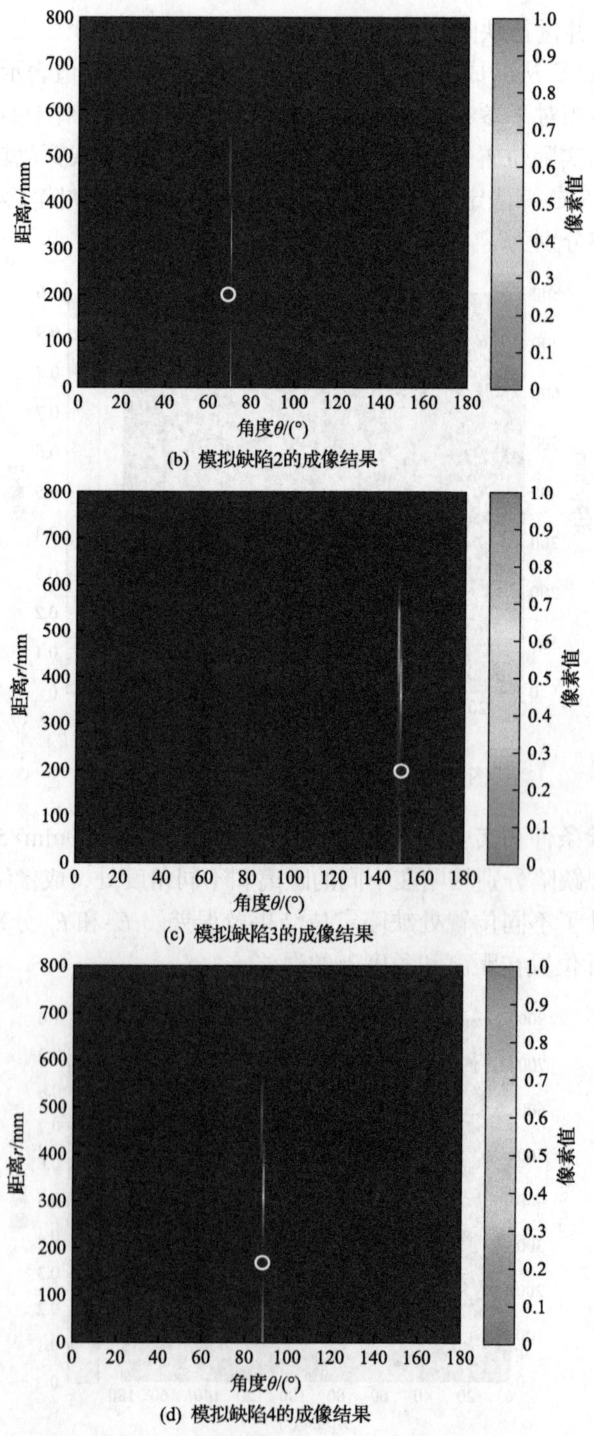

图 5.36　基于 MUSIC 算法不同位置处缺陷成像结果

表 5.3　不同位置缺陷处定位结果及误差

缺陷序号	实际位置		成像位置		缺陷定位误差	
	r/mm	θ/(°)	r_d/mm	θ_d/(°)	E_r/mm	E_θ/(°)
1	200	89	210	90	10	1
2	200	70	188	68	12	2
3	200	150	181	152	19	2
4	160	90	171	91	11	1

图 5.36 中横坐标表示缺陷相对于参考阵元的角度，纵坐标表示缺陷相对于参考阵元的距离，圆圈代表缺陷的实际位置。结合成像结果和表 5.3 中的缺陷定位误差可以看出，距离最大误差为 19mm，角度最大误差为 2°，基于 MUSIC 算法的线型传感器阵列利用单一兰姆波 A_0 模态能够检测出铝板中不同位置处的缺陷以及较为准确的位置，因此，MUSIC 算法的兰姆波单模态缺陷检测具有可重复性。

由 5.3.1 节内容可知，理论上，角度的识别能力和角度正弦值成正比，当角度为 90°时，识别能力最强，当角度为 30°和 150°时识别能力已经降为原来的一半。实验中模拟缺陷 1 在参考阵元的 90°方向，由图 5.36(a)可以看出，模拟缺陷 1 的识别能力很强，对比度较高，角度误差为 1°。模拟缺陷 3 在参考阵元的 150°方向，由图 5.36(c)可以看出，模拟缺陷 3 的识别能力较弱，对比度很低，角度误差为 2°。实验结果和理论分析吻合度较好。

5.3.3　基于激光传感器阵列的缺陷定位检测成像

1. 实验系统

图5.37 为激光传感器阵列实验系统示意图。该实验系统主要由激光超声阵列检测系统、被检对象(铝板)和模拟缺陷组成。铝板试样的尺寸与前面的试样尺寸相同。实验中采用两块相同的磁铁吸附在铝板同一位置的上下表面作为模拟缺陷，磁铁尺寸为ϕ 25mm，厚度 20mm。激光超声检测系统与激励装置参数与 5.2.4 节中所述相同。

实验中采用激光超声线型传感器阵列对铝板表面的模拟缺陷进行检测定位。结合前面阵列指向性的分析结果，选取阵元间距 $d=\lambda/2$。由于激光激励探头和接收探头的直径都大于 10mm，不能满足阵列间距要求，因此，实验中将激光激励探头和接收探头分别布置在铝板两侧进行激励和接收。

2. 板中缺陷成像结果

用激光传感器阵列技术对铝板中的表面模拟缺陷进行定位成像，激光激励的能量为 3.8J，激光激励的脉冲宽度为 0.01μs。为了提高接收信号的能量，将连续光纤激光器的能量设为 150mW。将接收信号在调节器中将光信号转换成电信号，然后利用 DPO4054 数字示波器进行信号的采集。

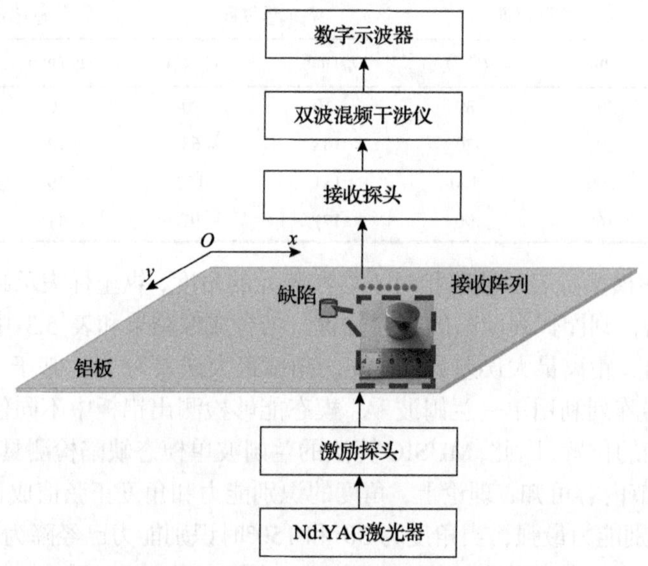

图 5.37 激光传感器阵列实验系统示意图

实验中采用 7 个阵元接收的方式，首先在铝板健康状态下采集 7 组信号作为参考信号，然后，粘贴模拟缺陷后采集 7 组信号作为损伤信号，共 14 组时域信号。分别对参考信号和损伤信号进行去噪和连续小波变换处理，得到信噪比较高且波包明显的时域信号。

为更充分地利用缺陷信息，将有无缺陷信号作差，得到缺陷散射信号，图 5.38 为提取频率为 100kHz 时的缺陷散射信号。从图中可以清晰地看到，虽然相减后直达波和噪声仍然存在少量的残差，但是缺陷回波占主导地位。

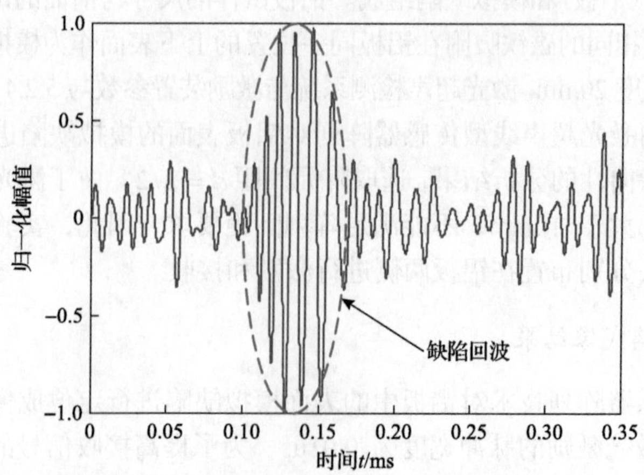

图 5.38 提取频率为 100kHz 时的缺陷散射信号

利用 MUSIC 成像算法对缺陷散射信号进行成像处理。图 5.39 为提取频率为 100kHz 时 MUSIC 成像结果，图中像素值表示空间谱的大小，横坐标表示缺陷相对于参考阵元的角度，纵坐标表示缺陷相对于参考阵元的距离，圆圈代表缺陷的实际位置(90°,150mm)，图中白色高亮区域颜色较暗的位置代表利用 MUSIC 算法的激光兰姆波缺陷定位的位置(89°,153mm)，与缺陷实际位置相比角度上和距离上的误差分别为 1°和 3mm。由误差分析结果可知，与压电传感器阵列相比，由于激光非接触、点源聚焦的优点，激光传感器阵列成像质量较高。分别提取 200kHz、300kHz、400kHz、500kHz 时的参考信号和损伤信号，并将提取后的损伤信号和参考信号相减，得到缺陷散射信号并结合 MUSIC 算法进行成像，成像结果如图 5.40 所示。

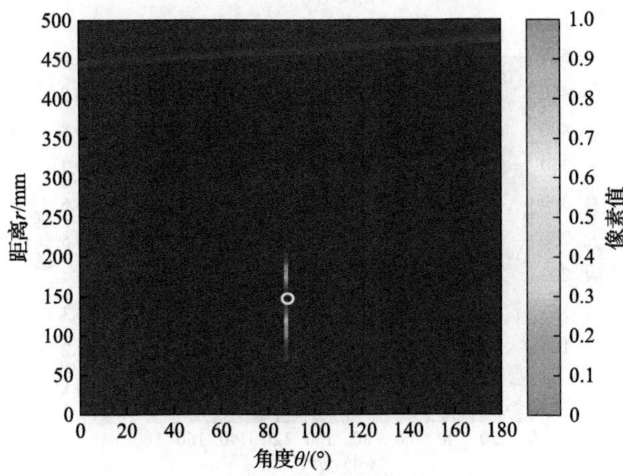

图 5.39　提取频率为 100kHz 时 MUSIC 成像结果

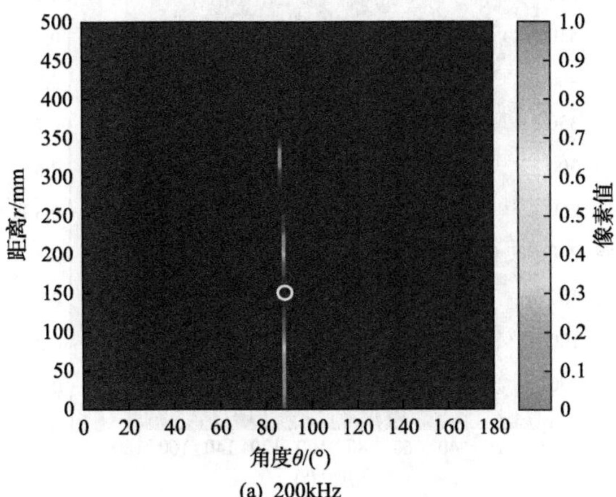

(a) 200kHz

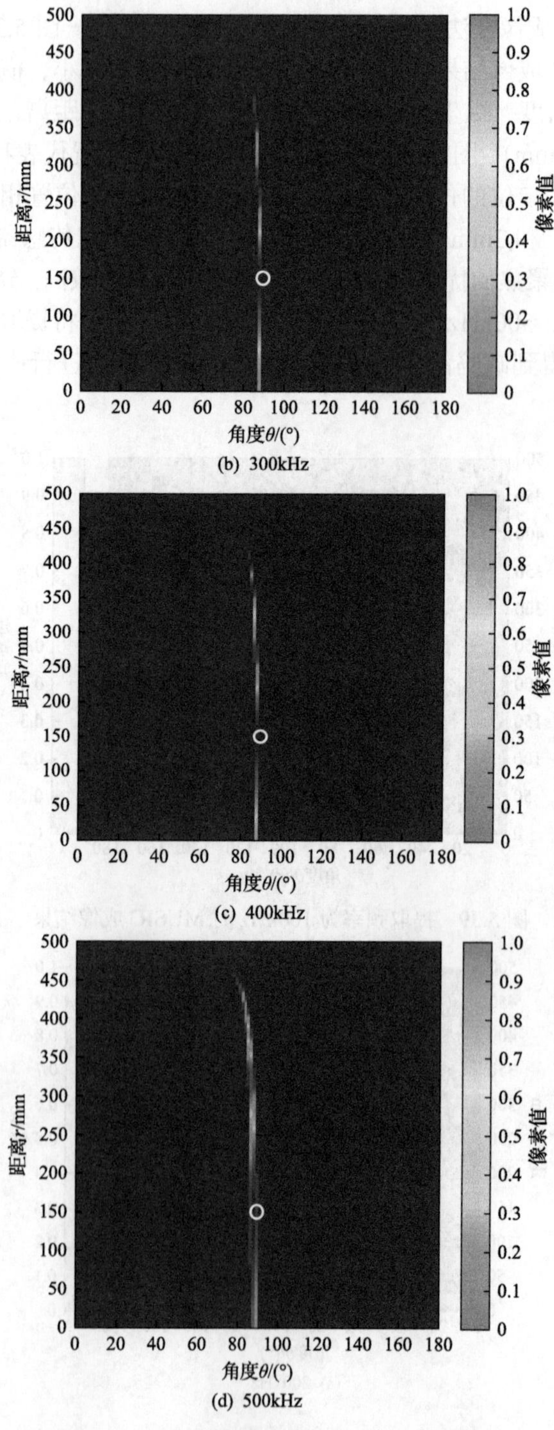

图 5.40　不同提取频率下 MUSIC 成像结果

由图 5.39 和图 5.40（不同提取频率成像结果）分析可知，当提取频率为 100kHz 时，成像质量最佳，对比度较高，缺陷定位准确度较高。随着提取频率的增加，信号的信噪比降低，成像质量逐渐变差，缺陷定位准确度也降低，当提取频率为 500kHz 时，在成像结果图中很难确定缺陷的实际位置，导致定位失败，因此，提取频率为 100kHz。

保持一致的实验条件和实验参数，分别在相对参考阵元不同距离和不同角度处粘贴模拟缺陷，成像结果如图 5.41 所示。表 5.4 统计了不同位置处激光兰姆波缺陷定位结果及误差。E_r 和 E_θ 分别代表缺陷成像位置和缺陷实际位置在距离和角度上的误差。

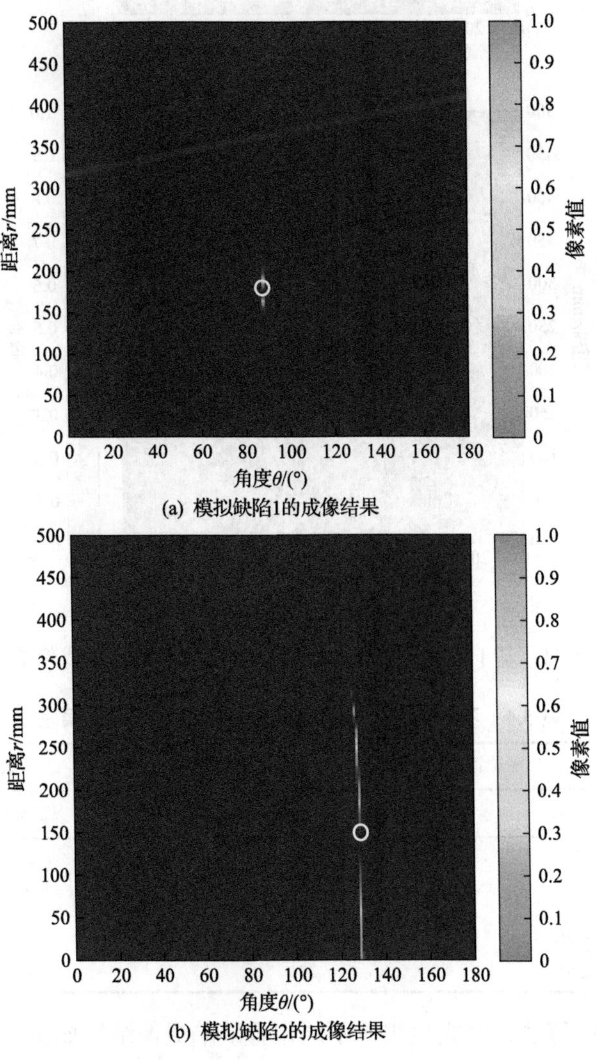

(a) 模拟缺陷1的成像结果

(b) 模拟缺陷2的成像结果

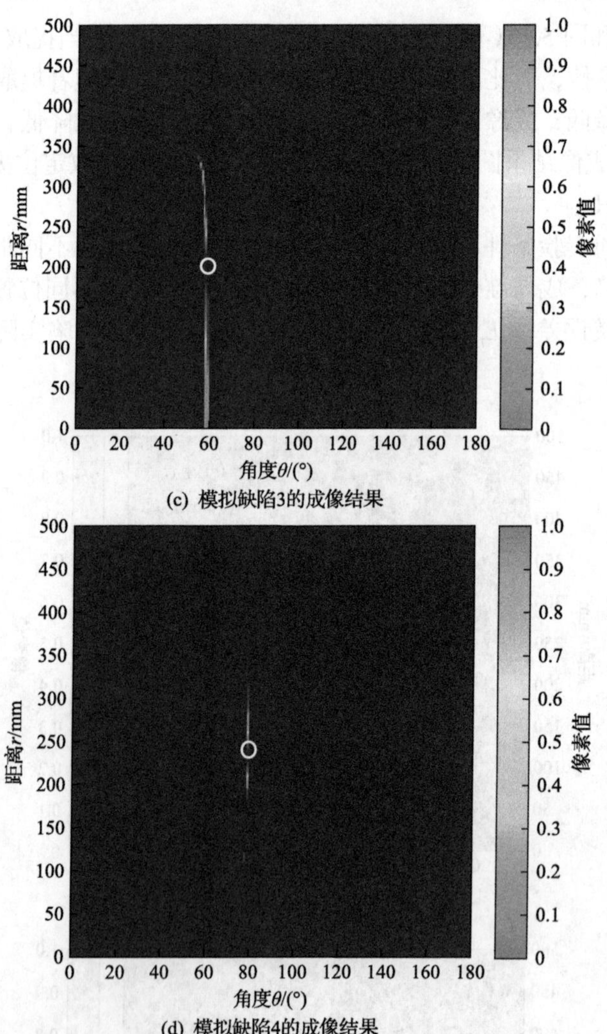

(c) 模拟缺陷3的成像结果

(d) 模拟缺陷4的成像结果

图 5.41　基于 MUSIC 算法激光兰姆波不同位置缺陷成像结果

表 5.4　不同位置处激光兰姆波缺陷定位结果及误差

缺陷序号	实际位置		成像位置		缺陷定位误差	
	r/mm	θ/(°)	r_d/mm	θ_d/(°)	E_r/mm	E_θ/(°)
1	180	90	182	90	2	0
2	150	130	138	132	12	2
3	200	60	185	58	15	2
4	240	80	231	79	9	1

基于 MUSIC 算法，激光兰姆波不同位置缺陷成像结果如图 5.41 所示，图中

横坐标表示缺陷相对于参考阵元的角度，纵坐标表示缺陷相对于参考阵元的距离，圆圈代表缺陷的实际位置。结合成像结果和表 5.4 中的缺陷定位误差可以看出，距离最大误差为 15mm，角度最大误差为 2°，因此，激光兰姆波 MUSIC 成像方法具有可重复性。与第 4 章的压电传感器阵列成像结果相比，激光非接触、聚焦光源小等优点使得激光兰姆波 MUSIC 成像方法的成像质量较高，缺陷定位准确。

5.4 基于十字型传感器阵列的成像方法

本节介绍 2D-MUSIC 成像方法与密集型十字型传感器阵列相结合，通过压电传感器阵列与激光传感器阵列两种实验方式实现金属板中不同类型、不同尺寸缺陷的检测[4]。

5.4.1 2D-MUSIC 成像方法

在各种波束成像方法中，由于 2D-MUSIC 成像方法具有高空间分辨能力而被广泛应用。2D-MUSIC 成像方法通过测量金属板上缺陷的反射波来识别缺陷位置，其不需要未损坏的基线信号信息，可以通过使用简单的自由场导向矢量来进行建模或实验测量。导向矢量可以在接收阵列信号中考虑时间和空间信息的边界反射产生的影响，以准确地定位缺陷。因此，归一化带阻尼的二维圆柱形导向矢量，可以增加 2D-MUSIC 成像方法功率结果的空间分辨率，准确地确定结构缺陷位置。

2D-MUSIC 成像方法是将数据进行时间分段，将短周期时间数据在特定时间段里进行处理，得到信号的协方差矩阵，对协方差矩阵进行特征值分解获得两个正交的子空间矩阵，即信号子空间和噪声子空间，最后，将噪声子空间与归一化的二维圆柱形导向矢量正交获得空间成像谱。

通过使用 $M(M=20)$ 个阵列换能器采集直达波信号、缺陷和边界的反射波信号，采样频率为 f_s。假设 $x_m(t)$ 是第 m 个传感器测量的信号数据，在特定时间 t_n 处，$\boldsymbol{X}_m(t_n)$ 定义为包含 $x_m(t)$ 的 n 个时间数据点的瞬时时间数据向量，其中 t_n 对应于行向量的中间。为了最小化噪声影响而进行时间平均，该时间数据向量被分离为 J 个部分时间数据向量，j 为 J 个部分时间数据向量中的第 j 个部分数据向量。可以得到频谱矢量 $\boldsymbol{X}_j$ 为

$$\boldsymbol{X}_j(t_n)=\left[\boldsymbol{X}_{j,1}(t_n)\ \boldsymbol{X}_{j,2}(t_n)\ \boldsymbol{X}_{j,3}(t_n)\ \cdots\ \boldsymbol{X}_{j,M}(t_n)\right]^{\mathrm{T}} \tag{5.54}$$

信号长度是有限的，因而特定时间 t_n 的 $M\times M$ 协方差矩阵 $\boldsymbol{R}(t_n)$ 为

$$\boldsymbol{R}(t_n)=\frac{1}{J}\sum_{j=1}^{J}\boldsymbol{X}_j(t_n)\times\boldsymbol{X}_j^{\mathrm{H}}(t_n) \tag{5.55}$$

对阵列信号的协方差矩阵进行特征值分解得到交叉谱矩阵，即

$$\boldsymbol{R}(t_n)=\boldsymbol{U}(t_n)\boldsymbol{\Sigma}(t_n)\boldsymbol{U}^{\mathrm{H}}(t_n) \tag{5.56}$$

在每个扫描点计算 2D-MUSIC 功率为

$$P(t_n,r_s)=\frac{1}{\sum\limits_{i=p+1}^{M}\left|\boldsymbol{g}^{\mathrm{H}}(r_s)\boldsymbol{U}_i(t_n)\boldsymbol{U}_i^{\mathrm{H}}(t_n)\boldsymbol{g}(r_s)\right|} \tag{5.57}$$

在特征值分解后，将 $\boldsymbol{R}(t_n)$ 的所有特征值按照由大到小的顺序排列为 $\lambda_1 \geqslant \lambda_2 \geqslant \cdots \geqslant \lambda_{p+1} \geqslant \lambda_{p+2} \geqslant \cdots \geqslant \lambda_M$，特征值表征为对应特征向量张成信号子空间的功率，一般来说，信号子空间的功率是远大于噪声子空间功率的。$\boldsymbol{U}_i(t_n)$是式(5.56)中矩阵$\boldsymbol{U}(t_n)$的第 i 列向量；p 是信号子空间的维度。$\boldsymbol{\Sigma}(t_n)$为特征值，分为$\boldsymbol{\Sigma}(t_n)_S$和$\boldsymbol{\Sigma}(t_n)_N$两类。$\boldsymbol{\Sigma}(t_n)_S$为协方差矩阵$\boldsymbol{R}(t_n)$特征值分解中的大特征值，$\boldsymbol{U}_S$为大特征值$\boldsymbol{\Sigma}(t_n)_S$对应的特征向量，对应为信号子空间，即$\boldsymbol{U}_1,\boldsymbol{U}_2,\cdots,\boldsymbol{U}_p$是信号子空间基向量；$\boldsymbol{\Sigma}(t_n)_N$为小特征值，$\boldsymbol{U}_N$为小特征值$\boldsymbol{\Sigma}(t_n)_N$对应的特征向量，对应为噪声子空间。因此，在式(5.57)的分母中$\boldsymbol{U}_{p+1},\boldsymbol{U}_{p+2},\cdots,\boldsymbol{U}_M$是噪声子空间基向量。信号子空间的维度 p 是通过计算特征值的数目来确定的。其中 $\boldsymbol{g}$ 是导向矢量，$\boldsymbol{r}_s$是十字型传感器阵列扫描位置，如图 5.42 所示。

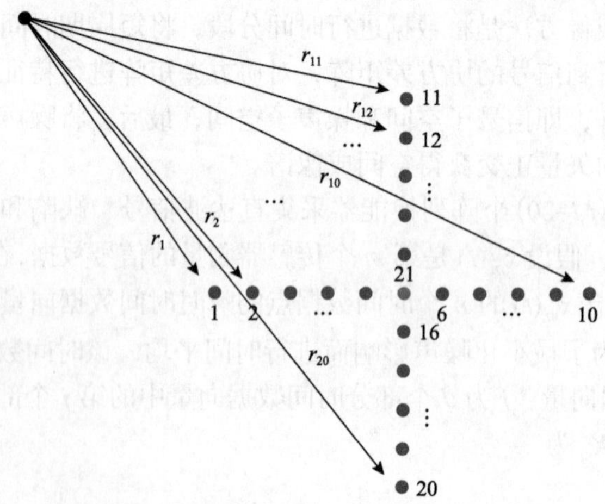

图 5.42　十字型传感器阵列扫描位置示意图

$$\boldsymbol{r}_s(x_s,y_s)=\begin{bmatrix}\boldsymbol{r}_1(x_s,y_s) & \boldsymbol{r}_2(x_s,y_s) & \cdots & \boldsymbol{r}_M(x_s,y_s)\end{bmatrix}^{\mathrm{T}} \tag{5.58}$$

当扫描位置与源位置一致时，由于噪声子空间基矢量所跨越的导向矢量和噪

声子空间彼此正交，在式(5.57)的分母中它们之间的内积变小。此时，2D-MUSIC 功率在该扫描位置处被局部最大化，从而成像。

5.4.2 2D-MUSIC 成像方法导向矢量

在大多数无损检测应用中，难以或不可能对未损坏的基线结构进行建模或测试。2D-MUSIC 成像方法在进行无损检测之前可不需要健康的基线信号及其边界的信息。2D-MUSIC 成像方法可以使用简单的自由场导向矢量，因为可以在测量阵列信号的时间和空间信息中考虑边界反射的影响，导向矢量不需要对未损伤的基线结构进行建模或实验测量。同时，由于 2D-MUSIC 成像方法的定位精度取决于导向矢量所表示声场的程度，因此在导向矢量中精确地建模板结构的波传播特性是很重要的。本节基于格林函数提出三维、二维和一维导向矢量，并确定三者之间的最佳导向矢量。这些导向矢量分别表示在无反射空间中的球面、圆柱形和平面波的传播模型，具体为

$$\boldsymbol{g}=\left[\frac{1}{r_1}\exp^{-\mathrm{i}kr_1}\quad\frac{1}{r_2}\exp^{-\mathrm{i}kr_2}\quad\cdots\quad\frac{1}{r_M}\exp^{-\mathrm{i}kr_M}\right]^{\mathrm{T}} \tag{5.59}$$

$$\boldsymbol{g}=\left[\frac{1}{\sqrt{r_1}}\exp^{-\mathrm{i}kr_1}\quad\frac{1}{\sqrt{r_2}}\exp^{-\mathrm{i}kr_2}\quad\cdots\quad\frac{1}{\sqrt{r_M}}\exp^{-\mathrm{i}kr_M}\right]^{\mathrm{T}} \tag{5.60}$$

$$\boldsymbol{g}=\left[\exp^{-\mathrm{i}kr_1}\quad\exp^{-\mathrm{i}kr_2}\quad\cdots\quad\exp^{-\mathrm{i}kr_M}\right]^{\mathrm{T}} \tag{5.61}$$

式中：r_i——第 i 个传感器与扫描点之间的距离，如图 5.42 所示。

板结构中的兰姆波传播和反射特性由激发波形、板厚度、阵列尺寸和缺陷的特征长度等参数决定。例如，当激发波长远大于板厚度、阵列尺寸和缺陷的特征长度时，用一维模型描述兰姆波传播是最合适的。当激发波长远大于板厚度和缺陷的特征长度，但与阵列尺寸相当时，二维模型适用于描述兰姆波传播。在传播或反射波在板结构的厚度方向上具有空间变化的情况下，三维模型是最合适的。分析几何信息与结构阻尼引起的空间衰减，选择适当的组合来检测板结构中的缺陷。因此，本节介绍如何在给定阵列和激励条件下，确定铝板中波的导向矢量模型和阻尼系数。

在式(5.59)和式(5.60)中，当测量表面与扫描表面相距较远时，可以避免 $r=0$ 处的奇异性，所提出的导向矢量适用。测量表面和靠近阵元附近的扫描表面时，式(5.59)和式(5.60)中导向矢量表示的声场在 $r=0$ 时变为无穷大。式(5.57)中导向矢量的分母无穷大，2D-MUSIC 功率接近零。因此，当缺陷位于非常接近阵列的位置时，所得到的 2D-MUSIC 功率在该缺陷位置处出现了极小的值，2D-MUSIC 功率图在 r 处显示最大值，使 2D-MUSIC 功率在没有缺陷位置处局部最大，影响

了阵列检测的准确性。为了避免这种异常，提出将导向矢量归一化为

$$\boldsymbol{g}_{\text{normalized}} = \frac{\boldsymbol{g}}{\|\boldsymbol{g}\|} \tag{5.62}$$

式中：$\|\boldsymbol{g}\| = \sqrt{\boldsymbol{g}_1^2 + \boldsymbol{g}_2^2 + \cdots + \boldsymbol{g}_M^2}$，一维、二维、三维中的波传播特性在归一化导向矢量 $\boldsymbol{g}_{\text{normalized}}$ 内保持不变，它的所有元素都除以相同的值。

图 5.43 是基于式(5.59)和式(5.62)中的归一化三维导向矢量模型的 2D-MUSIC 成像结果，其是以十字型传感器阵列中心位置作为激励位置。图 5.44 是基于式(5.60)和式(5.62)中的归一化二维导向矢量模型的 2D-MUSIC 成像结果。图 5.45 是基于式(5.61)中的一维导向矢量模型的 2D-MUSIC 成像结果。所有导向矢量中结构阻尼系数 η 为 0.2。

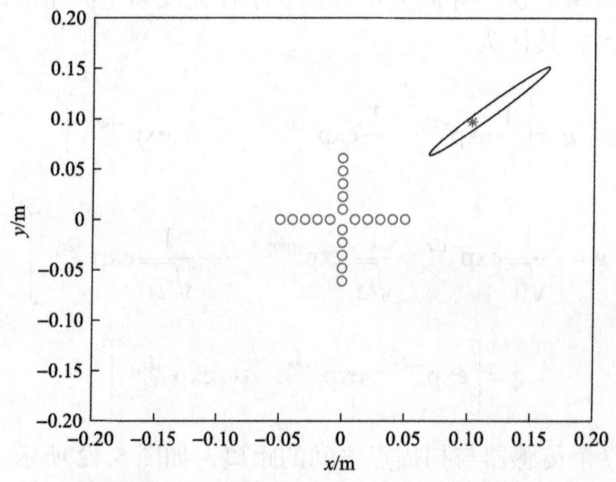

图 5.43　基于归一化三维导向矢量模型的 2D-MUSIC 成像结果

实验设置为一个密集型十字型传感器阵列，检测对象为铝板。将 21 个压电元件排布为十字型传感器阵列安装在尺寸为 1000mm×1000mm×0.8mm 的铝板上。激励信号为由 AFG3021B 函数发生器产生的汉宁窗调制中心频率为 290kHz 的 5 周期正弦信号，激励信号激励压电元件，压电元件通过横波耦合剂粘贴在铝板结构表面，接收信号由数字示波器采集显示，采集过程中基本参数设置如下：采样频率为 10MHz，采集信号平均次数为 128 次，共采集 10000 个数据点。

实验结果表明，一维导向矢量可用于识别阵列近场中的缺陷位置，该一维导向矢量在指数函数中只有相位信息而没有几何衰减因子，如 $\sqrt{1/r}$ 或 $1/r$ 项，见式(5.61)。一维导向矢量模型的 2D-MUSIC 结果图中缺陷被 0.5dB 等高线包围区域较大，距离误差也大。三维导向矢量模型的 2D-MUSIC 结果图中缺陷被 0.5dB 等高线包围区域较小，距离误差相对来说较小，但二维导向矢量模型的 2D-MUSIC

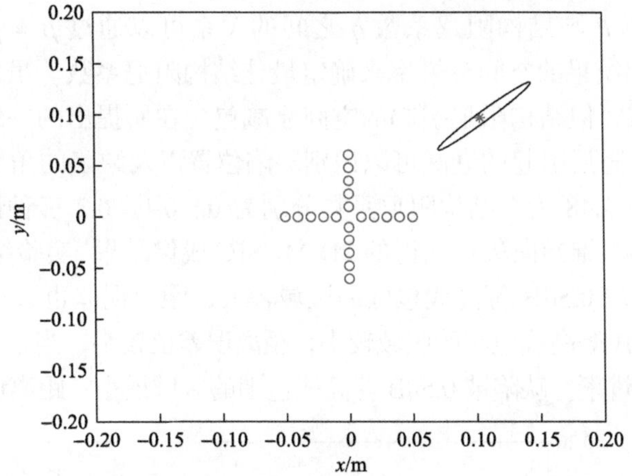

图 5.44　基于归一化二维导向矢量模型的 2D-MUSIC 成像结果

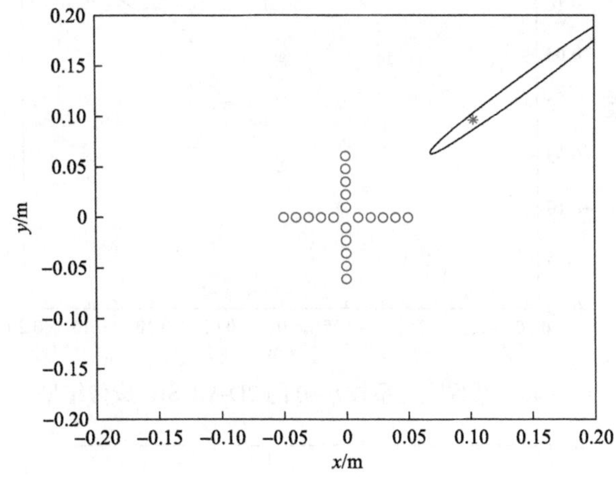

图 5.45　基于一维导向矢量模型的 2D-MUSIC 成像结果

结果具有更高的空间分辨率，因为缺陷被 0.5dB 等高线包围的区域最小，距离误差也就最小，同时，缺陷越远离阵列中心，就越需要更精确的导向矢量的波传播模型即圆柱波传播模型。

5.4.3　2D-MUSIC 阻尼系数

除了与式(5.59)和式(5.60)中的$\sqrt{1/r}$或$1/r$相关联的几何波衰减，还存在由结构阻尼引起的空间衰减。因此，本节介绍归一化阻尼的二维圆柱形导向矢量，增加 2D-MUSIC 成像结果的空间分辨率，以准确地确定结构缺陷位置。在式(5.59)～式(5.61)中使用复数波数来描述结构阻尼引起的空间衰减：

$$\overline{k} = k(1-\mathrm{i}\beta) \tag{5.63}$$

空间衰减率 β 与结构阻尼系数 η 之间的关系可以通过 $\beta=\eta/4$ 得到。使用 2D-MUSIC 功率结果的空间分辨率来确定最佳结构阻尼系数。虽然一维导向矢量没有几何波衰减，但结构阻尼引起的空间衰减包含在所提出的一维导向矢量中。因此，这种结构阻尼引起的衰减可以识别缺陷位置以及缺陷的角度。

图 5.46～图 5.48 为在结构阻尼系数分别为 0、0.1、0.2 三种情况下通过应用归一化的圆柱形二维导向矢量获得的 2D-MUSIC 成像结果。实验结果表明，当 $\eta=0$ 时，图中缺陷被 0.5dB 等高线包围的区域较大，距离误差也大；当 $\eta=0.1$ 时，图中缺陷被 0.5dB 等高线包围的区域较小，距离误差也较小；当 $\eta=0.2$ 时，结果具有最高的空间分辨率，缺陷被 0.5dB 等高线包围的区域最小，距离误差也就最小。

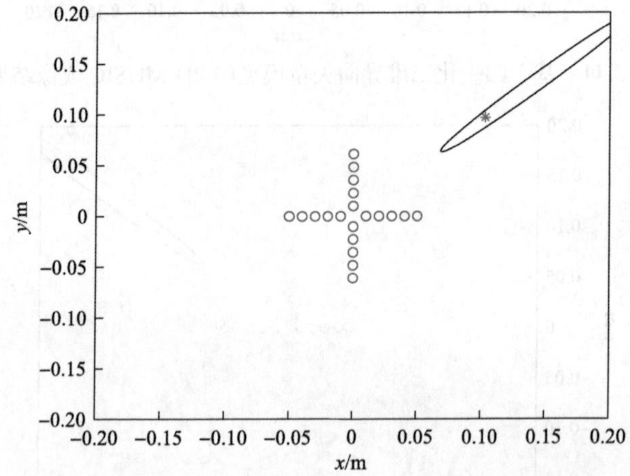

图 5.46 结构阻尼系数 $\eta=0$ 的 2D-MUSIC 成像结果

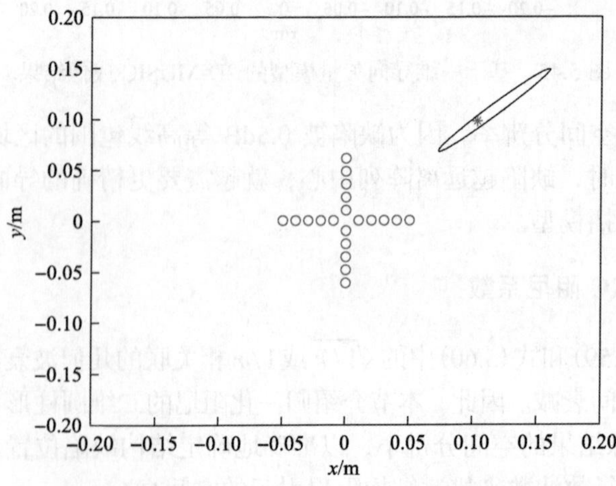

图 5.47 结构阻尼系数 $\eta=0.1$ 的 2D-MUSIC 成像结果

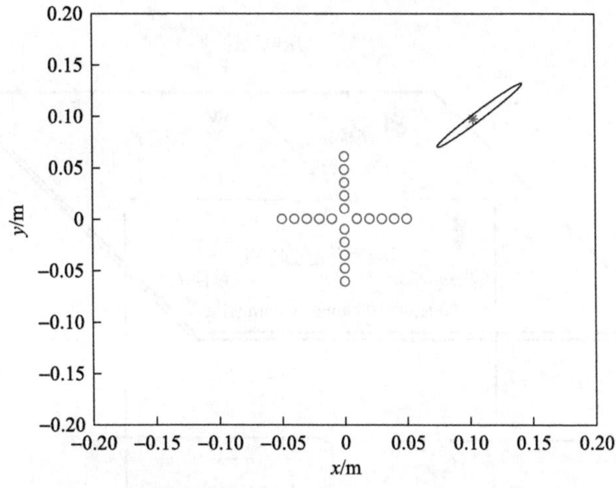

图 5.48　结构阻尼系数 η =0.2 的 2D-MUSIC 成像结果

5.4.4　基于压电传感器阵列的缺陷定位检测成像

本节介绍 2D-MUSIC 成像方法和压电元件十字型传感器阵列结合对铝板表面模拟缺陷的定位检测。本节分别进行三组实验：不同尺寸的表面类型缺陷、增大阵列孔径后的表面类型缺陷和通孔类型缺陷的定位检测。验证基于 2D-MUSIC 成像方法结合密集型十字型传感器阵列对缺陷定位的精确性。

1. 实验系统

图 5.49 为密集型十字型传感器阵列实验装置示意图，传感器为压电元件，材料为锆钛酸铅(压电元件-5H)，尺寸为ϕ8mm×0.5mm，检测对象为铝板，铝板尺寸为 1000mm×1000mm×0.8mm。图 5.50 为含缺陷的铝板试样示意图，将 21 个压电元件片呈十字型传感器阵列排布。空心圆圈为通孔缺陷，实心圆为表面模拟缺陷，缺陷的尺寸、几何形状和类型参数如表 5.5 所示。铝板上的四个缺陷，分别是三个表面缺陷(*a*、*b*、*c*)和一个通孔缺陷(*d*)。表面缺陷(*a*、*b*、*c*)是圆柱形钢柱用 502 胶粘在铝板上模拟的，圆形的通孔缺陷为人工钻取。通过 5.1.4 节中十字型传感器阵列指向性研究，具体参数选取如表 5.6 所示，两个相邻压电元件之间的采样空间为 10mm，小于一个兰姆波的波长。为了增大阵列孔径，将外部 4 个压电元件与最近的压电元件相距 20mm 进行实验，设置增大阵列孔径和未增大阵列孔径两个独立的实验。

实验中，由函数发生器产生汉宁窗调制中心频率为 290kHz 的 5 周期正弦信号，作为十字型传感器阵列中心位置压电元件的激励信号。回波信号用数字示波器采

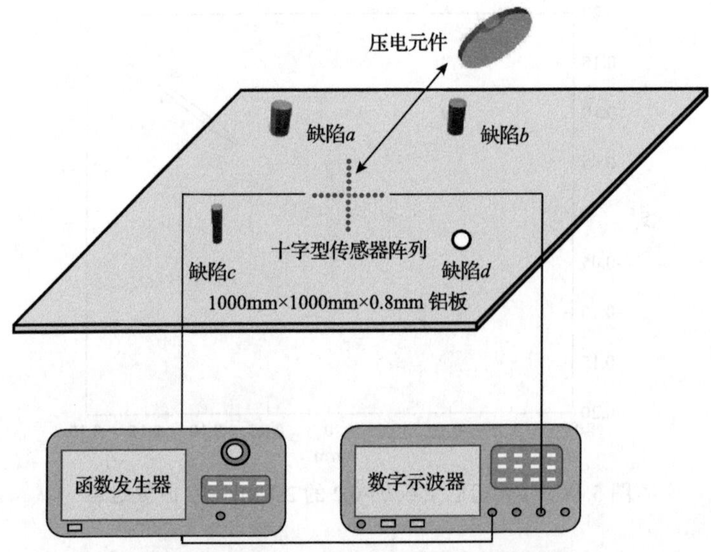

图 5.49　密集型十字型传感器阵列实验装置示意图

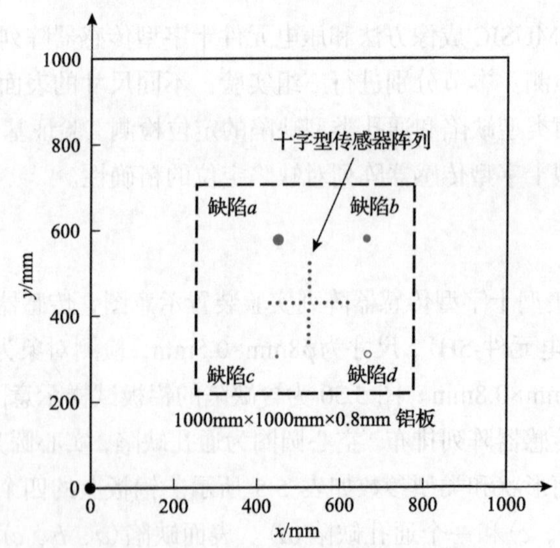

图 5.50　含缺陷的铝板试样示意图

表 5.5　铝板中的模拟缺陷

缺陷序号	尺寸/mm	几何形状	类型
a	$\phi 30$	圆形	表面
b	$\phi 20$	圆形	表面
c	$\phi 10$	圆形	表面
d	$\phi 10$	圆形	通孔

表 5.6　十字型传感器阵列参数

十字型传感器阵列参数	取值
阵元数量	21
阵元尺寸	ϕ8mm × 0.5mm
阵元间距	10mm
激励频率	290kHz

集，其基本参数设定如下：采样频率为 10MHz，采集过程中数字示波器平均次数设置为 128 次，共采集 10000 个点。激励位于被检测铝板中心，其余 20 个传感器依次接收，先横向再纵向依次采集信号，共采集信号 20 组，构成结构数据矩阵。

2. 不同尺寸表面类型缺陷成像结果

在铝板中分别对不同尺寸的单个缺陷进行了缺陷识别，阵元位置和缺陷位置如图 5.50 所示。

图 5.51 是 a、b、c 三个不同尺寸的缺陷成像结果图，图中的星号代表缺陷的实际位置，图中被 0.5dB 等高线包围的区域代表利用 2D-MUSIC 成像方法的超声兰姆波定位的缺陷位置。图 5.51(a)是缺陷 a(80,60)mm，在高斯 4 小波变换提取频率为 290kHz 时，2D-MUSIC 成像方法的成像结果。成像位置为(93,67)mm，与缺陷实际位置横向距离和纵向距离上的误差都在 15mm 之内。图 5.51(b)是缺陷 b(60,85)mm，在经过高斯 4 小波变换提取频率为 290kHz 时，2D-MUSIC 成像方法的成像结果。成像位置为(54,79)mm，与缺陷实际位置横向距离和纵向距离上的误差都在 10mm 之内。图 5.51(c)是缺陷 c(50,50)mm，在经过高斯 4 小波变换提取频率为 290kHz 时，2D-MUSIC 成像方法的成像结果。成像位置为(51,53)mm，与缺陷实际位置横向距离和纵向距离上的误差都在 10mm 之内。表 5.7 统计了不同尺寸缺陷定位结果及误差。E_x 和 E_y 分别代表缺陷成像 x 方向和 y 方向上的距离误差。

3. 增大阵列孔径后不同尺寸表面类型缺陷成像结果

为了增大测量孔径，实验中 4 个传感器间距设置为 20mm，即阵元间距的 2 倍，其余实验条件同前，图 5.52 是 a、b、c 三个不同尺寸的缺陷扩大测量孔径的 2D-MUSIC 成像结果图，图中的星号代表缺陷的实际位置，图中被 0.5dB 等高线包围的区域代表利用 2D-MUSIC 成像方法和超声兰姆波定位的缺陷位置。

图 5.52(a)是缺陷 a(–70,80)mm，在经过高斯 4 小波变换提取频率为 290kHz 时，2D-MUSIC 成像方法的成像结果。成像位置为(–68,72)mm，与缺陷实际位置横向距离和纵向距离上的误差都在 10mm 之内。图 5.52(b)是缺陷 b(–40,50)mm，在经过高斯 4 小波变换提取频率为 290kHz 时，2D-MUSIC 成像方法的成像结果。

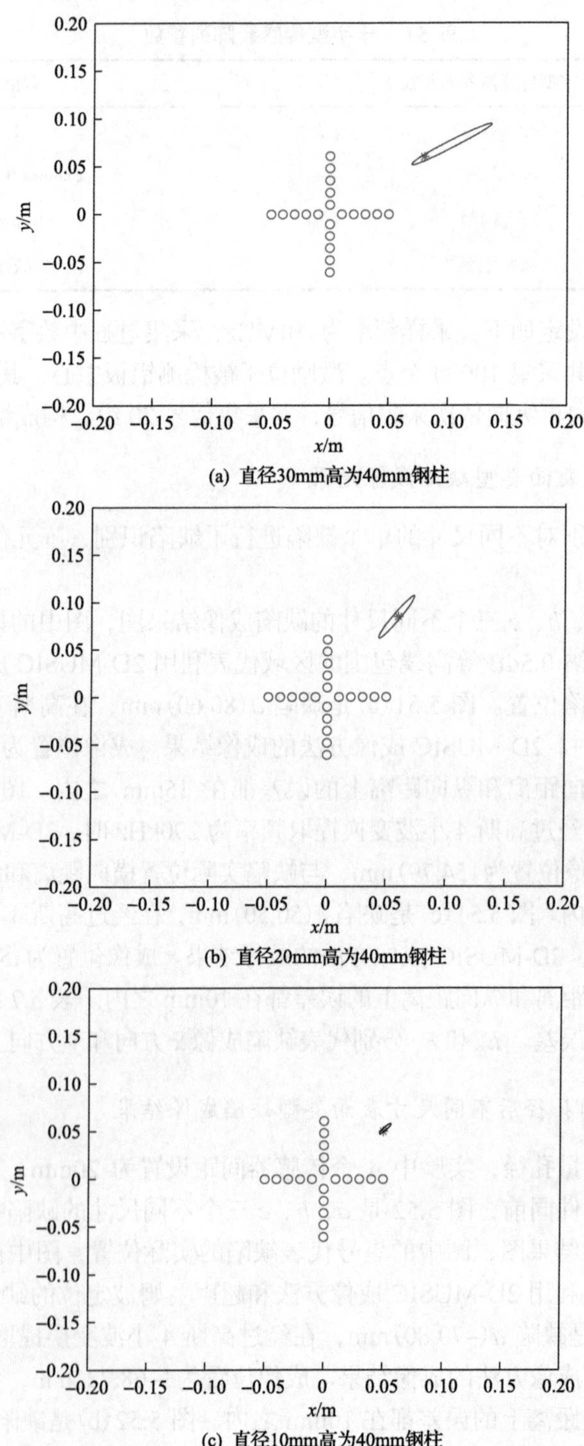

图 5.51　基于 2D-MUSIC 成像方法不同尺寸的缺陷成像结果

表 5.7　不同尺寸的缺陷定位结果及误差

缺陷序号	实际位置		成像位置		缺陷定位误差	
	x/mm	y/mm	x/mm	y/mm	E_x/mm	E_y/mm
a	80	60	93	67	13	7
b	60	85	54	79	6	6
c	50	50	51	53	1	3

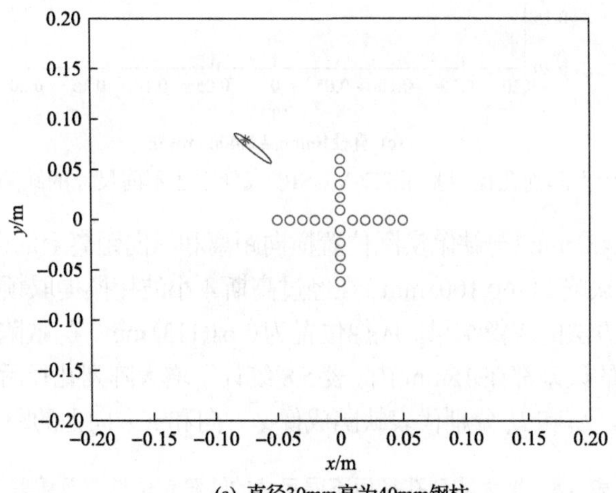

(a) 直径30mm高为40mm钢柱

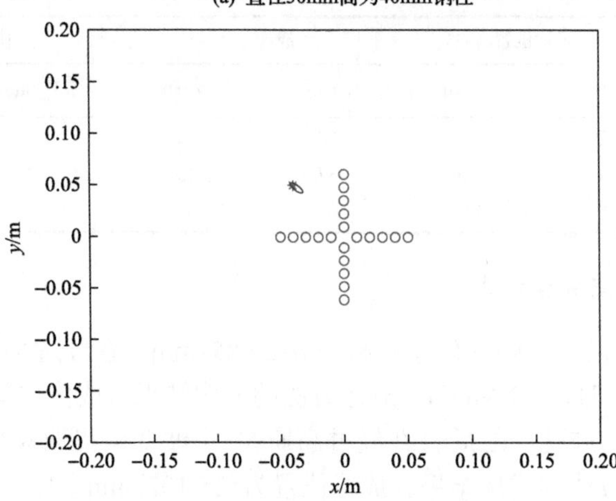

(b) 直径20mm高为40mm钢柱

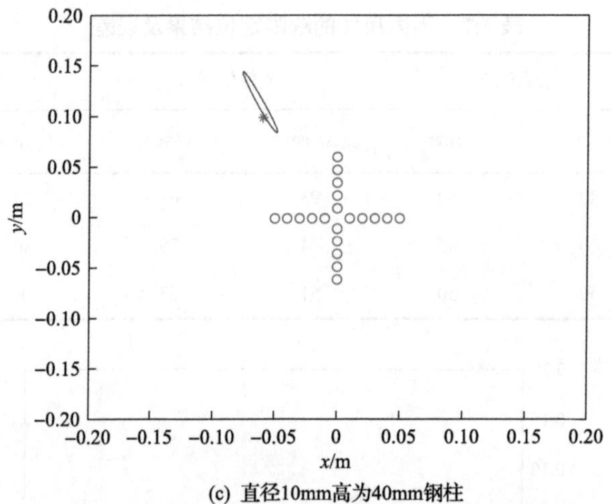

(c) 直径10mm高为40mm钢柱

图 5.52　增大阵列孔径后基于 2D-MUSIC 成像方法不同尺寸的缺陷成像结果

成像位置为(–37,48)mm，与缺陷实际位置横向距离和纵向距离上的误差都在 5mm 之内。图 5.52(c)是缺陷 c(–60,100)mm，在经过高斯 4 小波变换提取频率为 290kHz 时，2D-MUSIC 成像方法的成像结果。成像位置为(–61,113)mm，与缺陷实际位置横向距离和纵向距离上的误差都在 15mm 内。表 5.8 统计了增大阵列孔径后不同尺寸的缺陷定位结果及误差。E_x 和 E_y 分别代表缺陷成像 x 方向和 y 方向上的距离误差。

表 5.8　增大阵列孔径后不同尺寸的缺陷定位结果及误差

缺陷序号	实际位置		成像位置		缺陷定位误差	
	x/mm	y/mm	x/mm	y/mm	E_x/mm	E_y/mm
a	–70	80	–68	72	2	8
b	–40	50	–37	48	3	2
c	–60	100	–61	113	1	13

4. 通孔类缺陷成像结果

图 5.53 为直径为 10mm 的通孔缺陷 d(25,85)mm，在经过高斯 4 小波变换提取频率为 290kHz 时，2D-MUSIC 成像方法的成像结果，成像位置为(26,95)mm。图 5.54 为增大阵列孔径之后，在经过高斯 4 小波变换提取频率为 290kHz 时 2D-MUSIC 成像方法的成像结果，成像位置为(25,102)mm。

5.4.5　基于激光传感器阵列的缺陷定位检测成像

激光超声是一种信噪比高、不需要耦合、频带宽、分辨力高，同时适用于高温、高压、强辐射等特殊环境的无损检测技术。本节介绍 2D-MUSIC 成像方法与激光兰姆波十字型传感器阵列结合，对铝板中的缺陷进行定位研究。

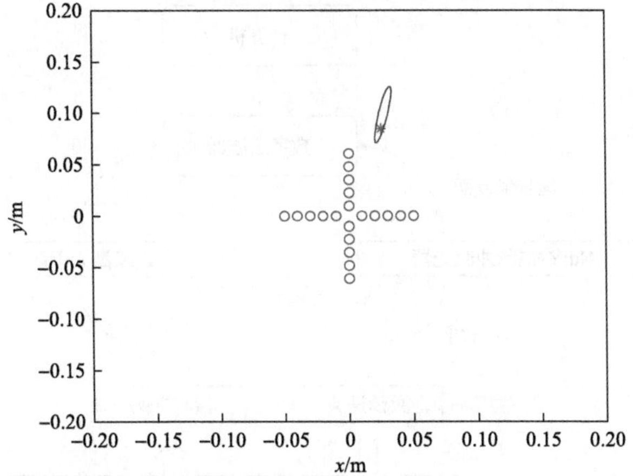

图 5.53　基于 2D-MUSIC 成像方法通孔缺陷成像结果

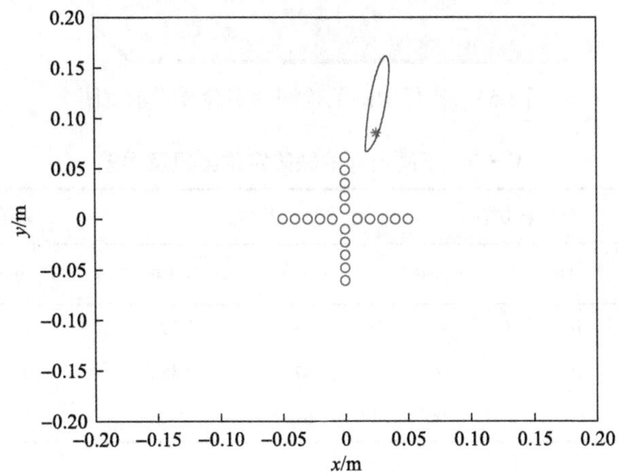

图 5.54　阵列孔径增大后直径10mm 的通孔缺陷成像结果

1. 实验系统

激光检测系统与 5.2.4 节中所述相同。铝板中缺陷检测的实验装置示意图如图 5.55 所示。

实验采用尺寸为 1000mm×1000mm×0.8mm 的铝板作为检测试件，分别采用钢柱和孔作为模拟缺陷。缺陷的具体参数如表 5.9 所示，采用全激光十字型传感器阵列对铝板表面不同大小的模拟缺陷进行检测定位。铝板中心作为坐标原点。检测试件示意图如图 5.56 所示。

激光信号的激励和接收是利用光学仪器完成的。缺陷检测实验过程中，激励探头与铝板之间的距离约为 60mm，接收探头与铝板之间的距离约为 45mm。激光激励探头与接收探头间的距离为 15mm，激光激发的能量为 3.85J。连续光纤激

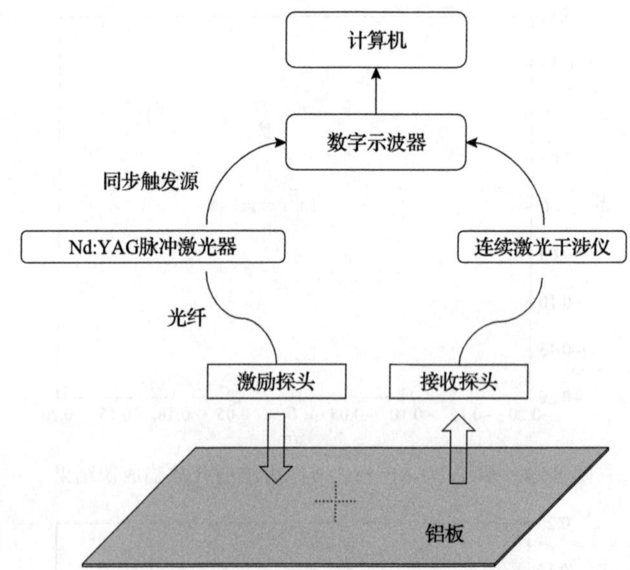

图 5.55　铝板中缺陷检测的实验装置示意图

表 5.9　不同尺寸的缺陷定位结果及误差

缺陷序号	实际位置		成像位置		缺陷定位相对误差	
	x/mm	y/mm	x/mm	y/mm	E_x/mm	E_y/mm
a	−70	80	−68	72	2	8
b	−40	50	−37	48	3	2
c	−60	100	−61	113	1	13

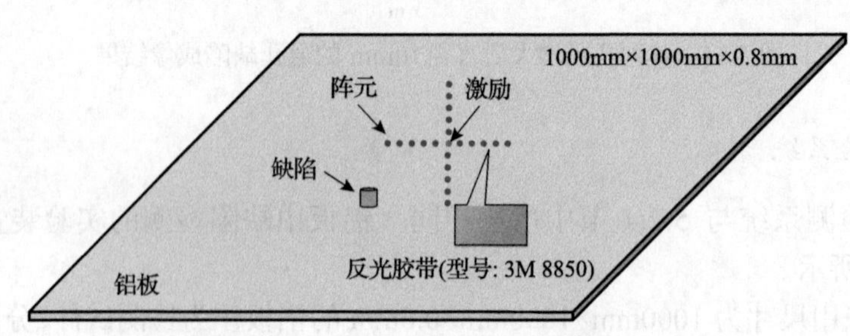

图 5.56　检测试件示意图

光器的能量为 150mW。其他激光检测系统参数设置与 5.2.4 节相同。实验中，为进一步提高信号质量，在同一位置重复接收 128 次后取平均，激发出的超声信号最后由数字示波器接收并保存。

结合十字型传感器阵列指向性分析结果，选取阵元间距 $d=10\text{mm}<\lambda$。由于激光激励探头和接收探头的直径都大于 10mm，不能满足阵列间距要求，因此，实

验中将激光激励探头和接收探头分别布置在铝板两侧进行激励和接收。实验中采用 20 个阵元接收的方式，一个激励其余 20 个接收，共 20 组时域信号。

2. 信号预处理

在激光检测系统中，由于激光激励探头和接收探头位于铝板两侧且垂直于板表面，主要对垂直于铝板表面的离面位移敏感。兰姆波 A_0 模态离面位移较大，因此，选择 A_0 模态作为接收探头检测的导波模态。

图 5.57(a)为激光超声接收探头接收到的无缺陷时激光兰姆波原始信号，图 5.57(b)为激光超声接收探头接收到的有缺陷时激光兰姆波原始信号。两个激光兰姆波原始信号相比，有缺陷的激光兰姆波原始信号会发生明显的抖动，但是该信号没有明显的波包，不能从时域信号中看到缺陷信息。为了提高信噪比，减少信号中的噪声，采用小波降噪的方法对图 5.57(b)中的时域信号进行降噪处理，降噪后的激光兰姆波信号如图 5.58 所示。

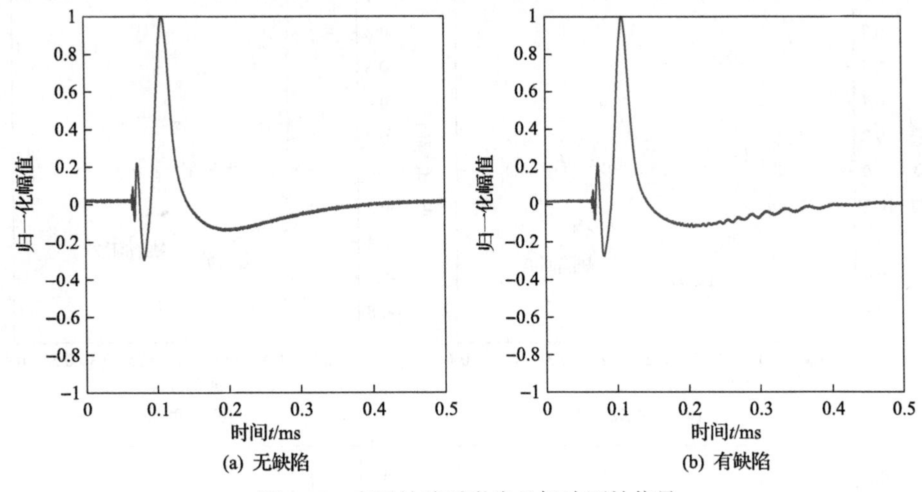

图 5.57 有无缺陷时激光兰姆波原始信号

激光信号的宽频、多模态特性，使得接收信号中包含很多信息，而且由于兰姆波的频散特性，不同频率的兰姆波波速差异很大，因此，为了获得更直观的时域信号，利用高斯 4 小波对激光兰姆波信号进行特定频率提取。

采用预处理的方法对激光兰姆波信号进行特定频率提取。为了能够使缺陷信息更加有效，缺陷定位更加准确，以直径 30mm、高 40mm 的钢柱作为模拟缺陷为例，利用连续小波变换对原始信号进行降噪处理，利用高斯 4 小波分别提取频率为 150kHz、250kHz、350kHz、450kHz 时的激光兰姆波信号如图 5.59 所示。相比于提取频率 150kHz，其他频率提取到的缺陷回波幅值低，同时直达波的能量很高，频散现象严重，会对后期的缺陷成像定位造成一定的干扰，因此，采用高斯

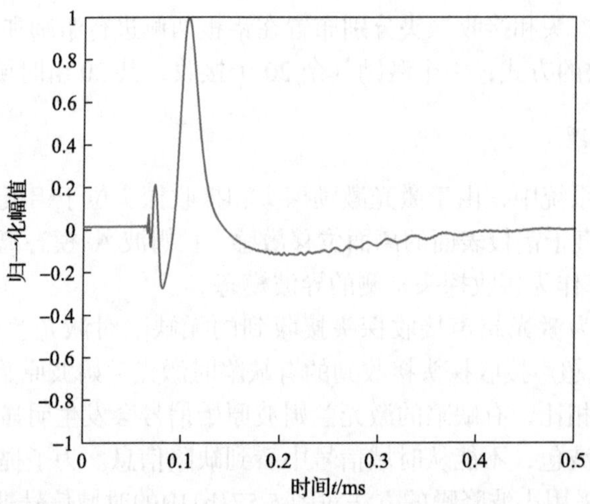

图 5.58　降噪后的激光兰姆波信号

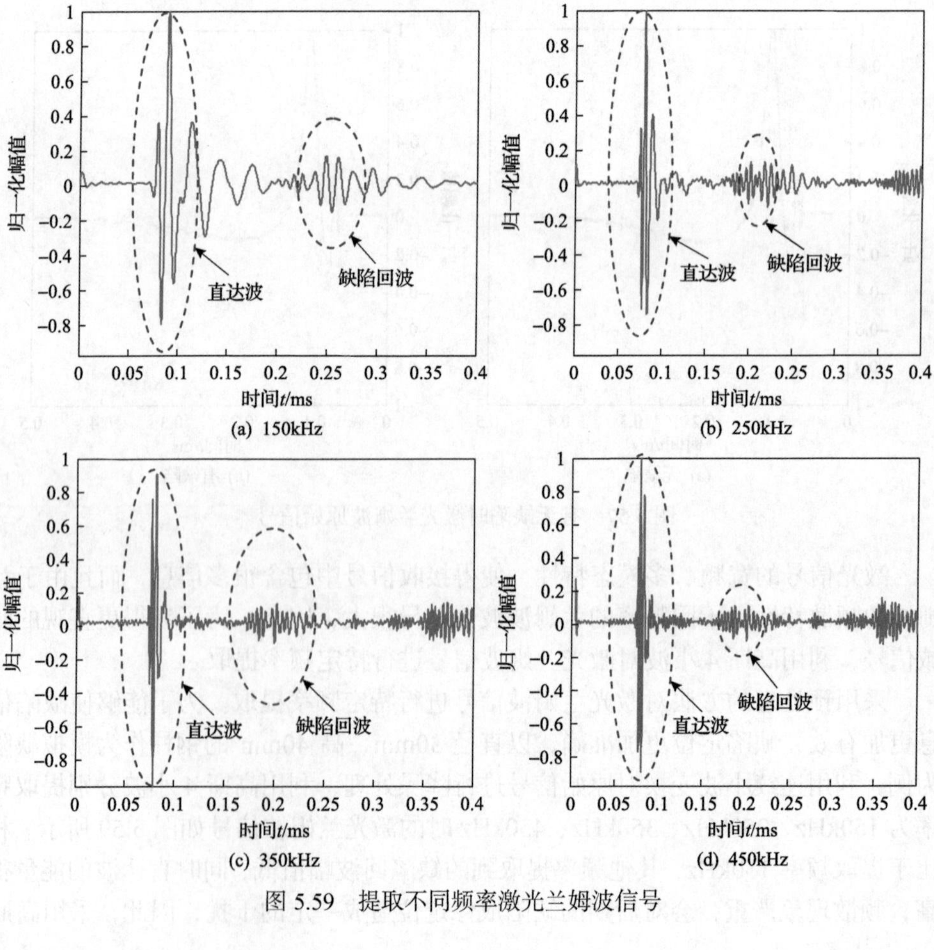

(a) 150kHz　　(b) 250kHz

(c) 350kHz　　(d) 450kHz

图 5.59　提取不同频率激光兰姆波信号

4 小波提取的频率为 150kHz。

从图 5.59 中可以明显地看到缺陷回波的波包，直观地识别出直达波和缺陷回波。图 5.60 为提取频率为 150kHz 时有缺陷的激光兰姆波信号。直径分别为 20mm、10mm，高为 40mm 的钢柱作为模拟缺陷。

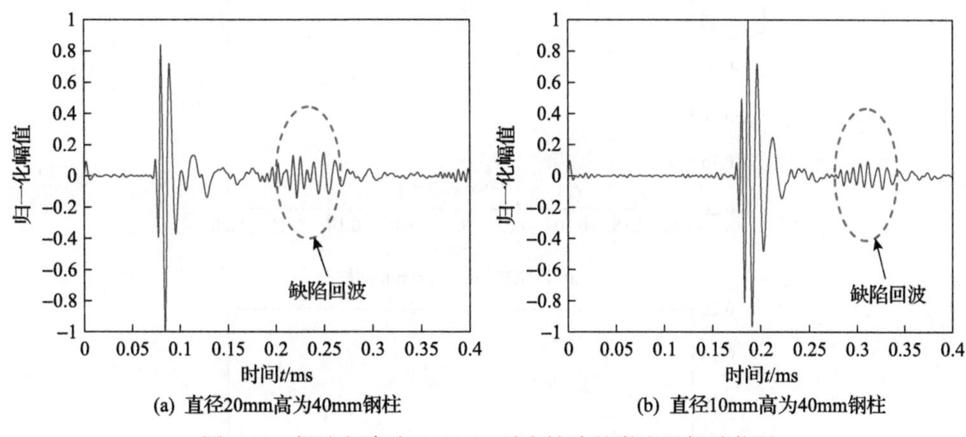

图 5.60　提取频率为 150kHz 时有缺陷的激光兰姆波信号

3. 缺陷成像结果

采用的实验检测装置如图 5.20 所示。检测对象为 1000mm×1000mm×0.8mm 的铝板，成像区域为 500mm×500mm，在 x 方向和 y 方向的成像分辨率均为 0.2mm，缺陷的类型和尺寸如表 5.9 所示，小写字母 a、b、c、d 为各个缺陷序号。

1) 不同尺寸缺陷识别

在铝板中分别对不同尺寸的缺陷进行缺陷识别，阵元位置和缺陷位置如图 5.56 所示。

图 5.61 为基于 2D-MUSIC 成像方法，三个不同尺寸的缺陷成像结果图，图中的星号代表缺陷的实际位置，图中被 0.5dB 等高线包围的区域代表利用 2D-MUSIC 成像方法结合超声兰姆波十字型传感器阵列定位的缺陷位置。

图 5.61(a) 是缺陷 a(−75,−130) mm，在经过高斯 4 小波变换提取频率为 150kHz 时，2D-MUSIC 成像方法的成像结果。成像实际位置为(−80,−138) mm，与缺陷实际位置横向距离和纵向距离上的误差都在 10mm 之内。图 5.61(b) 是缺陷 b(−50,−50) mm，在经过高斯 4 小波变换提取频率为 150kHz 时，2D-MUSIC 成像方法的成像结果。成像实际位置为(−51,−52) mm，与缺陷实际位置横向距离和纵向距离上的误差都在 5mm 之内。图 5.61(c) 是缺陷 c(−60, −70) mm，在经过高斯 4 小波变换提取频率为 150kHz 时，2D-MUSIC 成像方法的成像结果。成像实际位置为(−61,−73) mm，与缺陷实际位置横向距离和纵向距离上的误差都在 5mm 之内。

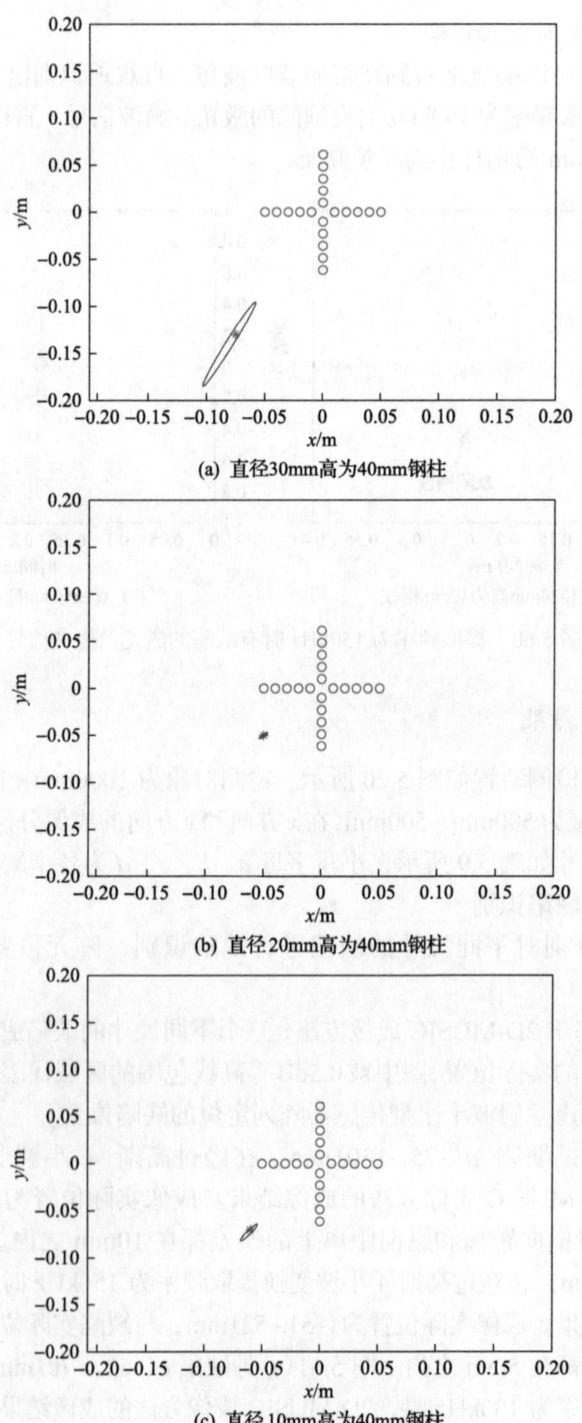

(a) 直径30mm高为40mm钢柱

(b) 直径20mm高为40mm钢柱

(c) 直径10mm高为40mm钢柱

图 5.61　基于 2D-MUSIC 成像方法不同尺寸缺陷成像结果

表 5.10 统计了不同尺寸的缺陷定位结果及误差。E_x 和 E_y 分别代表缺陷成像 x 方向和 y 方向上的距离误差。

表 5.10　基于激光传感器阵列的不同尺寸的缺陷定位结果及误差

缺陷序号	实际位置		成像位置		缺陷定位误差	
	x/mm	y/mm	x/mm	y/mm	E_x/mm	E_y/mm
a	−75	−130	−80	−138	5	8
b	−50	−50	−51	−52	1	2
c	−60	−70	−61	−73	1	3

为了增大阵列孔径，将 4 个传感器间距设置为 20mm，即阵元间距的 2 倍，其余实验条件同上。图 5.62 是阵列孔径增大后基于 2D-MUSIC 成像方法不同尺寸

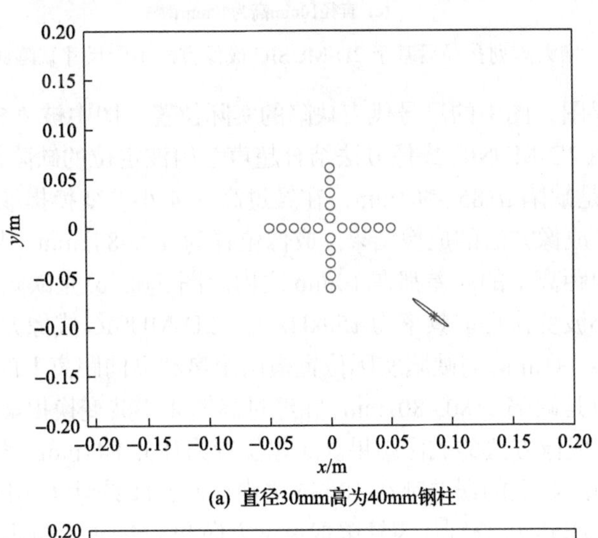

(a) 直径30mm高为40mm钢柱

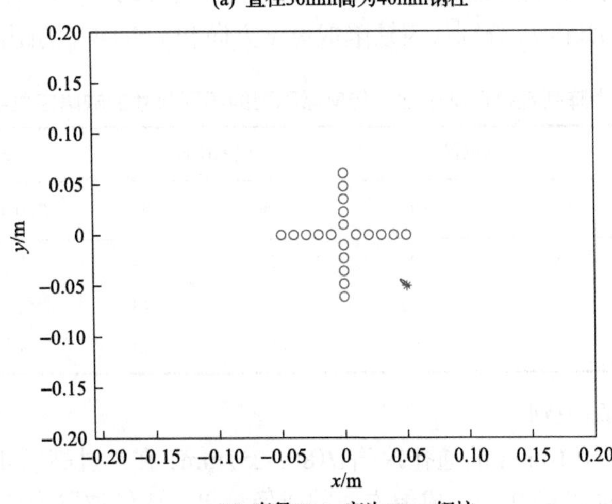

(b) 直径20mm高为40mm钢柱

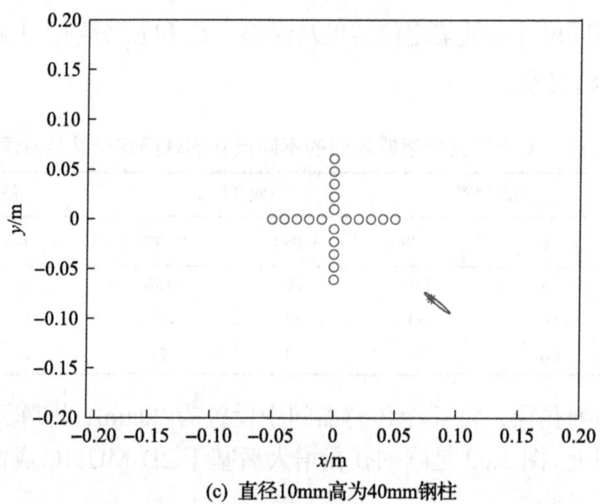

(c) 直径10mm高为40mm钢柱

图 5.62 增大阵列孔径后基于 2D-MUSIC 成像方法不同尺寸缺陷成像结果

缺陷的成像结果图，图中的星号代表缺陷的实际位置，图中被 0.5dB 等高线包围的区域代表利用 2D-MUSIC 成像方法结合超声兰姆波定位的缺陷位置。

图 5.62(a)是缺陷 a(85,–90)mm，在经过高斯 4 小波变换提取频率为 150kHz 时，2D-MUSIC 成像方法的成像结果。成像位置为(82,–84)mm，与缺陷实际位置横向距离和纵向距离上的误差都在 10mm 之内。图 5.62(b)是缺陷 b(50,–50)mm，在经过高斯 4 小波变换提取频率为 150kHz 时，2D-MUSIC 成像方法的成像结果。成像位置为(48,–48)mm，与缺陷实际位置横向距离和纵向距离上的误差都在 5mm 之内。图 5.62(c)是缺陷 c(80,–80)mm，在经过高斯 4 小波变换提取频率为 150kHz 时，2D-MUSIC 成像方法的成像结果。成像位置为(85,–84)mm，与缺陷实际位置横向距离和纵向距离上的误差都在 10mm 之内。表 5.11 统计了不同尺寸的缺陷定位结果及误差。E_x 和 E_y 分别代表缺陷成像 x 方向和 y 方向上的距离误差。

表 5.11 增大阵列孔径后基于激光传感器阵列的不同尺寸的缺陷定位结果及误差

缺陷序号	实际位置		成像位置		缺陷定位误差	
	x/mm	y/mm	x/mm	y/mm	E_x/mm	E_y/mm
a	85	–90	82	–84	3	6
b	50	–50	48	–48	2	2
c	80	–80	85	–84	5	4

2)通孔类缺陷识别

图 5.63 为直径 10mm 的通孔缺陷 d(80,–25)mm，在经过高斯 4 小波变换提取频率为 150kHz 时 2D-MUSIC 成像方法的成像结果，成像位置为(77,–23)mm。图

5.64 为增大阵列孔径之后的成像图，在经过高斯 4 小波变换提取频率为 150kHz 时，2D-MUSIC 成像方法的成像结果，成像位置为(73,−22) mm。

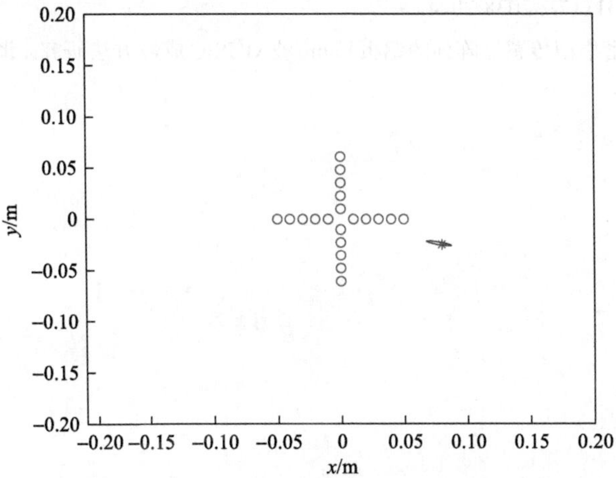

图 5.63　基于 2D-MUSIC 成像方法通孔缺陷成像结果

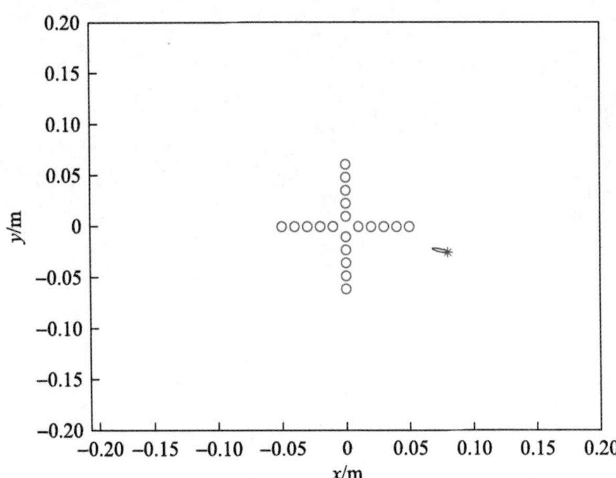

图 5.64　增大阵列孔径后直径为 10mm 的通孔缺陷成像结果

参 考 文 献

[1] 孙坤明. 基于密集型传感器阵列的板结构 Lamb 波检测技术研究. 北京: 北京工业大学, 2016.

[2] 刘增华, 马春雷, 陈洪磊, 等. 密集型矩形阵列参数对激光 Lamb 波成像的影响分析. 振动与冲击, 2020, 39(14): 87-93.

[3] Liu Z H, Sun K M, Song G R, et al. Damage localization in aluminum plate with compact rectangular phased piezoelectric transducer array. Mechanical Systems and Signal Processing,

2016, 70: 625-636.

[4] 刘增华, 张婷婷, 苏瑞祥, 等. 基于十字形阵列和 2D-MUSIC 算法的 Lamb 波检测. 中国机械工程, 2020, 31(17): 2038-2044.

[5] 马春雷. 基于密集型传感器阵列的铝板Lamb波MUSIC成像方法研究. 北京: 北京工业大学, 2017.

第 6 章　激光超声波场扫描成像技术

本章主要介绍频率-波数成像方法[1,2]，基于激光超声导波成像系统的不同设置方案与波数的不同求取方法，讨论金属板与金属环中不同类型缺陷的定位定量检测效果。

6.1　波数分析方法

本节主要介绍频率-波数分析法、空间-频率-波数分析法、局部波数分析法和瞬时波数分析法的基本原理。

6.1.1　频率-波数分析法

傅里叶变换是一种广泛应用于时域信号处理的方法。对于包含大量结构中波传播信息的多维时间-空间波场信号 $u(t,\boldsymbol{x})$，将傅里叶变换思想进行延伸拓展，即对信号进行多维傅里叶变换：

$$U(\omega,\boldsymbol{k}) = \mathrm{F}_{\mathrm{2D}}\left[u(t,\boldsymbol{x})\right] = \int_{-\infty}^{\infty}\int_{-\infty}^{\infty} u(t,\boldsymbol{x})\mathrm{e}^{-\mathrm{i}(\omega t-\boldsymbol{k}\boldsymbol{x})}\mathrm{d}t\mathrm{d}\boldsymbol{x} \tag{6.1}$$

式中：t——时间；

ω——频率；

$\boldsymbol{x}=(x,y,z)$——空间矢量；

$\boldsymbol{k}=\left(k_x,k_y,k_z\right)$——波数矢量；

$U(\omega,\boldsymbol{k})$——变换后的频率-波数谱。

由此可知，可将变换得到的 $U(\omega,\boldsymbol{k})$ 看作波场信号 $u(t,\boldsymbol{x})$ 在频率-波数域的表现方式。

特别地，对于沿某特定 x 方向传播的全波场信号 $u(t,\boldsymbol{x})$，其波场信息从多维降到一维波场信号 $u(t,x)$，经二维傅里叶变换后，得到信号在频率-波数域的信息为

$$U\left(\omega,k_x\right) = \mathrm{F}_{\mathrm{2D}}\left[u(t,x)\right] = \int_{-\infty}^{\infty}\int_{-\infty}^{\infty} u(t,x)\mathrm{e}^{-\mathrm{i}\left(\omega t-k_x x\right)}\mathrm{d}t\mathrm{d}x \tag{6.2}$$

式中：x——空间位置；

k_x——波数；

$U(\omega,k_x)$——变换后的频率-波数谱。

对于在二维空间波场 x-y 中传播的全波场信号 $u(t,\boldsymbol{x})$，其波场信息从多维降到二维波场信号 $u(t,x,y)$，经三维傅里叶变换后，获得信号在频率-波数域的信息为

$$U\left(\omega,k_x,k_y\right)=\mathrm{F}_{3\mathrm{D}}\left[u(t,x,y)\right]=\int_{-\infty}^{\infty}\int_{-\infty}^{\infty}\int_{-\infty}^{\infty}u(t,x,y)\mathrm{e}^{-\mathrm{i}\left(\omega t-k_x x-k_y y\right)}\mathrm{d}t\mathrm{d}x\mathrm{d}y \tag{6.3}$$

式中：x 和 y——空间位置；

k_x 和 k_y——波数；

$U\left(\omega,k_x,k_y\right)$——变换后的频率-波数谱。

上述经过二维和三维傅里叶变换后得到的频率-波数谱 $U(\omega,k_x)$ 和 $U\left(\omega,k_x,k_y\right)$，可反映波的传播特性以及对模态成分的识别。但 $U(\omega,k_x)$ 和 $U\left(\omega,k_x,k_y\right)$ 不包含任何与信号相关的空间信息，无法获取缺陷的空间位置。

6.1.2 空间-频率-波数分析法

空间-频率-波数分析法是在二维傅里叶变换的基础上发展起来的。通过引入空间窗函数，将时间-空间波场信号分割成空间上的多个区间段后，再进行二维傅里叶变换，即对 $u(t,x)$ 进行短空间二维傅里叶变换。具体变换过程如下：首先，将波场与空间窗函数相乘后得到加窗后的波场；其次，对该加窗后的波场进行二维傅里叶变换，得到某空间位置处信号的频率-波数谱；然后，根据波场信号是否全部截取完毕，决定是否沿着信号的空间位置移动窗函数，若否，则继续重复前面的操作，直到全部截取完毕为止。最终可得到随窗的空间位置变化的频率-波数谱。式(6.4)为空间位置 a 处，信号的短空间二维傅里叶变换的数学表达式：

$$Z\left(a,\omega,k_x\right)=\int_{-\infty}^{\infty}\int_{-\infty}^{\infty}u(t,x)W(t,x-a)\mathrm{e}^{-\mathrm{i}\left(\omega t-k_x x\right)}\mathrm{d}t\mathrm{d}x \tag{6.4}$$

式中：$W(t,x-a)$——空间窗函数。

$Z(a,\omega,k_x)$ 在得到频率-波数信息的同时，保留了信号的空间位置。常见的窗函数有矩形窗、高斯窗、汉宁窗等。为尽量减少加窗后引起的信号能量泄漏，$W(x)$ 选用汉宁窗，即

$$W(x)=\begin{cases}0.5\left[1-\cos\left(2\pi\dfrac{x}{D_x}\right)\right], & |x|\leqslant D_x/2\\ 0, & \text{其他}\end{cases} \tag{6.5}$$

式中：D_x——窗函数的窗宽。

所采用的二维汉宁窗如图 6.1 所示。需要注意的是，在进行信号的二维傅里叶变换过程中，采样的空间窗需包含至少两个超声波波长。

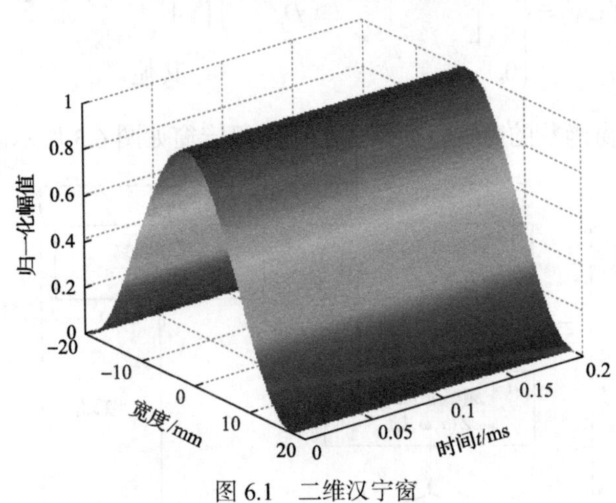

图 6.1　二维汉宁窗

在 $Z(a,\omega,k)$ 中选取激励频率在 ω_0 处的 $Z\left(a,\omega_0,k_x\right)$，可得到空间位置 a 处的波数。对波数 k_x 进行加权平均：

$$k(a)=\frac{\sum_{k_x} Z\left(a,\omega_0,k_x\right)\left|k_x\right|}{\sum_{k_x} Z\left(a,\omega_0,k_x\right)} \tag{6.6}$$

得到空间位置 a 处的波数值 $k(a)$，并绘制出波数随空间位置变化的曲线，从而通过波数的变化实现对缺陷的定位检测。空间-频率-波数分析法原理如图 6.2 所示。

6.1.3　局部波数分析法

局部波数分析法是在三维傅里叶变换的基础上发展起来的。通过引入三维空间窗函数，将二维空间波场信号分割成空间上的多个区间段后，再进行三维傅里叶变换，即对 $u(t,x,y)$ 进行短空间三维傅里叶变换，其变换过程与短空间二维傅里叶变换过程相似。式(6.7)为空间位置 (α,β) 处，信号的短空间三维傅里叶变换的数学表达式：

$$Z\left(\alpha,\beta,\omega,k_x,k_y\right)=\int_{-\infty}^{\infty}\int_{-\infty}^{\infty}\int_{-\infty}^{\infty} u(t,x,y)W^*(x-\alpha,y-\beta)\mathrm{e}^{-\mathrm{i}\left(\omega t-k_x x-k_y y\right)}\mathrm{d}t\mathrm{d}x\mathrm{d}y \tag{6.7}$$

式中：$W^*(x,y)$——三维空间汉宁窗函数，其表达式为

$$W^*(x,y)=\begin{cases}0.5\left[1-\cos\left(2\pi\dfrac{\sqrt{x^2+y^2}}{D_r}\right)\right], & \left|\sqrt{x^2+y^2}\right|\leqslant D_r/2\\ 0, & \text{其他}\end{cases} \tag{6.8}$$

式中：D_r——窗函数的窗宽，所采用的三维汉宁窗如图 6.3 所示。

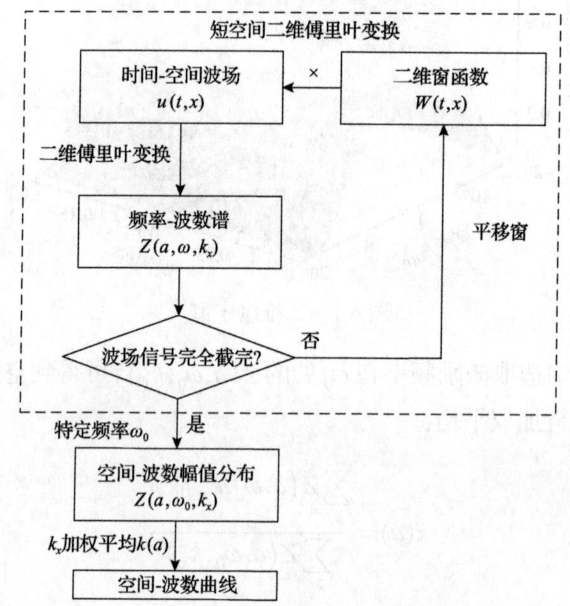

图 6.2　空间-频率-波数分析法原理图

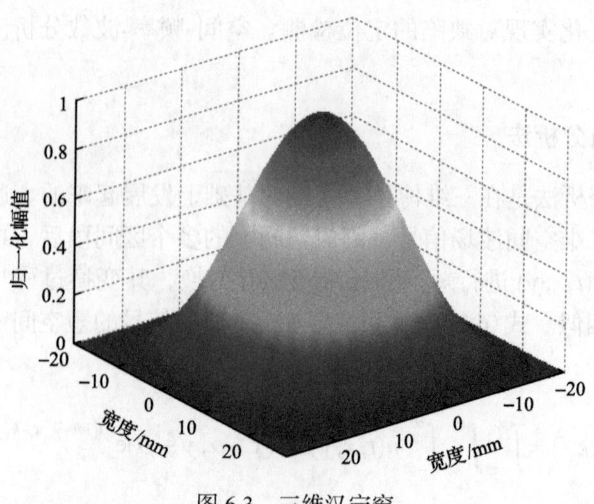

图 6.3　三维汉宁窗

经短空间三维傅里叶变换后得到的频率-波数谱 $Z\left(\alpha,\beta,\omega,k_x,k_y\right)$ 包含空间位置 (α,β) 处窗宽范围内信号的局部波数信息。在 $Z\left(\alpha,\beta,\omega,k_x,k_y\right)$ 中选取激励频率为 ω_0 的 $Z\left(\alpha,\beta,\omega_0,k_x,k_y\right)$，可得到空间位置 (α,β) 处的波数幅值空间分布。二维空间-波数加权平均的计算公式为

$$k(\alpha,\beta)=\frac{\sum\limits_{|\boldsymbol{k}|} Z\left(\alpha,\beta,\omega_0,k_x,k_y\right)|\boldsymbol{k}|}{\sum\limits_{|\boldsymbol{k}|} Z\left(\alpha,\beta,\omega_0,k_x,k_y\right)} \tag{6.9}$$

局部波数分析法原理如图 6.4 所示。

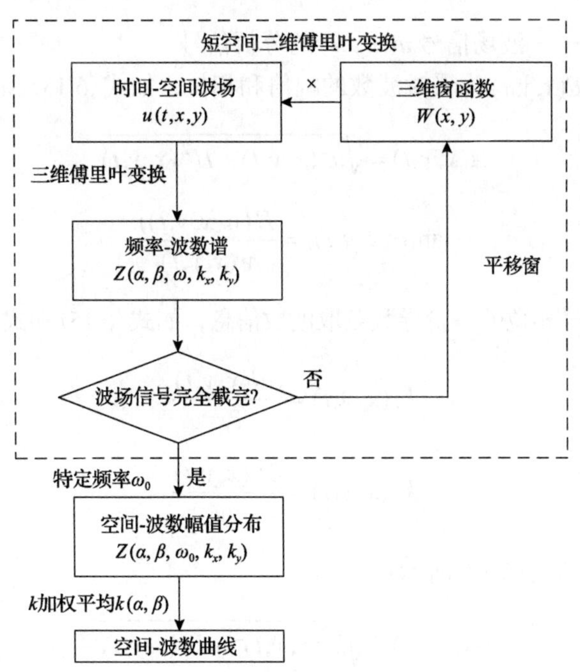

图 6.4　局部波数分析法原理图

6.1.4　瞬时波数分析法

希尔伯特变换是积分变换(如拉普拉斯变换和傅里叶变换)的一种，波场信号 $x(t)$ 的希尔伯特变换通过式(6.10)计算获得：

$$H[x(t)]=\tilde{x}(t)=\pi^{-1}\int_{-\infty}^{\infty}\frac{x(\tau)}{t-\tau}\mathrm{d}\tau \tag{6.10}$$

原始信号的希尔伯特变换 $\tilde{x}(t)$ 也可表示为 $x(t)$ 与 $(\pi t)^{-1}$ 的卷积，可写为 $\tilde{x}(t) = x(t) * (\pi t)^{-1}$。希尔伯特变换后信号所有频谱幅度不变，相位偏移 $-\pi/2$。

如果一个复信号的虚部是实部希尔伯特变换，那么这个信号称为解析信号，如式(6.11)所示：

$$X(t) = x(t) + \mathrm{i}\tilde{x}(t) \tag{6.11}$$

式中：$\tilde{x}(t)$——$x(t)$ 的希尔伯特变换。

瞬时波数分析主要通过三维傅里叶变换后提取中心频率频谱图、获取中心频率时域波场，最后通过希尔伯特变换获取波场的分析信号，如式(6.12)所示：

$$g(x,y,t) = u(x,y,t) + \mathrm{i}H(u(x,y,t)) = A(x,y,t)\mathrm{e}^{\mathrm{i}\theta(x,y,t)} \tag{6.12}$$

式中：$g(x,y,t)$——波场信号 $u(x,y,t)$ 的分析信号。

$A(x,y,t)$ 和 $\theta(x,y,t)$ 为瞬时波数的幅值和相位，如式(6.13)和式(6.14)所示：

$$A(x,y,t) = \sqrt{u^2(x,y,t) + H^2(x,y,t)} \tag{6.13}$$

$$\tan(\theta(x,y,t)) = \frac{H(w(x,y,t))}{w(x,y,t)} \tag{6.14}$$

通过求取分析信号相位的一阶导数获取波数信息，如式(6.15)和式(6.16)所示：

$$k_x(x,y,t) = \frac{\partial\theta(x,y,t)}{\partial x} \tag{6.15}$$

$$k_y(x,y,t) = \frac{\partial\theta(x,y,t)}{\partial y} \tag{6.16}$$

最终瞬时波数值如式(6.17)所示：

$$\mathrm{IW}(x,y,t) = \sqrt{k_x(x,y,t)^2 + k_y(x,y,t)^2} \tag{6.17}$$

6.2 窄板分层缺陷检测

本节从有限元仿真分析和实验研究两方面介绍波数分析法对金属窄板结构中分层缺陷的定量评估[2,3]。

6.2.1 缺陷参数化建模

被测试件结构示意图如图 6.5 所示。铝制窄板的尺寸为 1000mm×30mm×3mm。

在其长度方向，距端面 500mm 处加工平行于板表面的矩形缺陷。该缺陷为位于窄板厚度中间位置的贯穿型分层缺陷，其长度为 30mm。

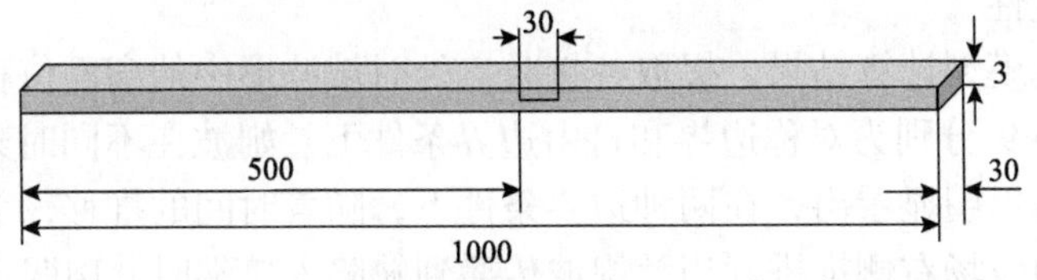

图 6.5　被测试件结构示意图(单位：mm)

采用 MATLAB 和 ABAQUS 相结合的方法，构建如图 6.6 所示铝制窄板结构的三维有限元仿真模型。图 6.6(a)为自由边界的铝梁结构，添加沿 y 轴对称的边界条件后如图 6.6(b)所示。两个仿真模型中的分层缺陷均采用分离节点法构建。

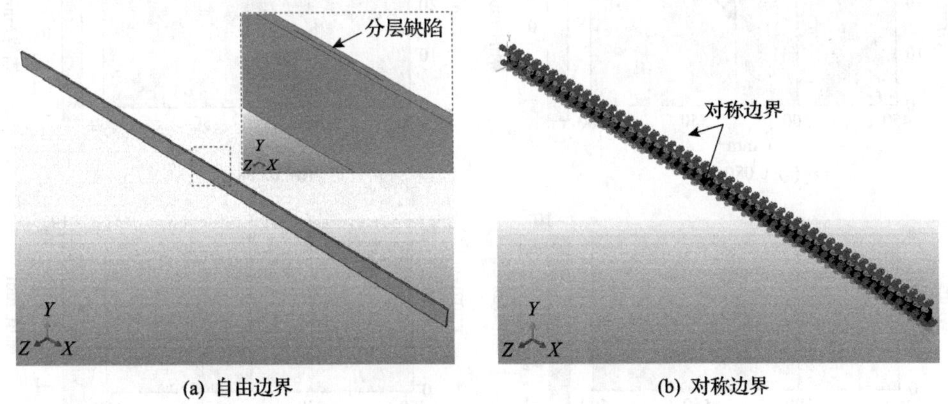

图 6.6　含分层缺陷铝梁结构三维有限元仿真模型

图 6.7 为三维仿真模型中激励点和接收点的位置示意图。其中，以端面所在位置为原点，激励点位于 x=250mm 处。根据位移波结构，采用在窄板上下表面沿面内方向反对称加载的方式激励 A_0 模态，激励信号为汉宁窗调制中心频率为 0.41MHz 的 5 周期正弦信号；接收点为覆盖分层缺陷的矩形区域，从图中的(450,0)mm 一直延伸至(600,30)mm 处，接收点空间间隔为 1mm。

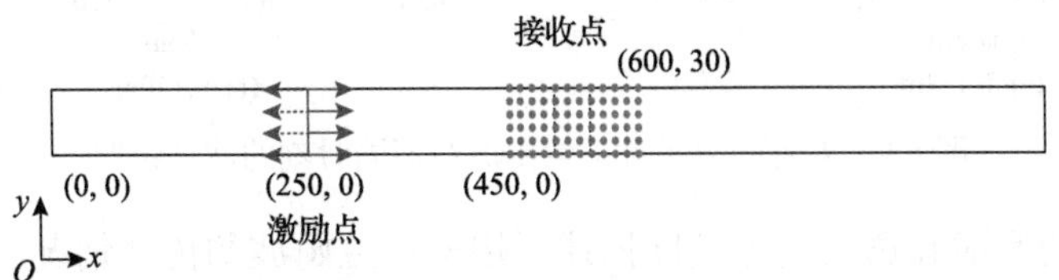

图 6.7　三维仿真模型中激励点和接收点位置示意图(单位：mm)

仿真模型中采用 C3D8R 类型的网格单元进行划分。为了保证模型的计算精度，同时又尽量少地占用计算资源，设置网格大小至少是所激励导波模态最短波长的十分之一，网格大小为 0.5mm×0.3mm×0.3mm，时间步长设置为 1×10^{-8}s 以保证模型的稳定性。

根据仿真模型计算结果，提取各接收点处时域波形中的离面位移进行分析。图 6.8 和图 6.9 分别为对称边界和自由边界条件下兰姆波在不同时刻的波场快照图。从图中可以明显看出，在两种边界条件下，随着时间的推移，兰姆波均从波场左侧逐步向波场右侧推进。当兰姆波传播到缺陷入口端时，肉眼可见微弱的反射回波，大部分波透过缺陷继续传播；并且这些透射波传播至缺陷出口处时，会与缺陷再次发生相互作用，进一步产生反射回波，以及大量的透射波。

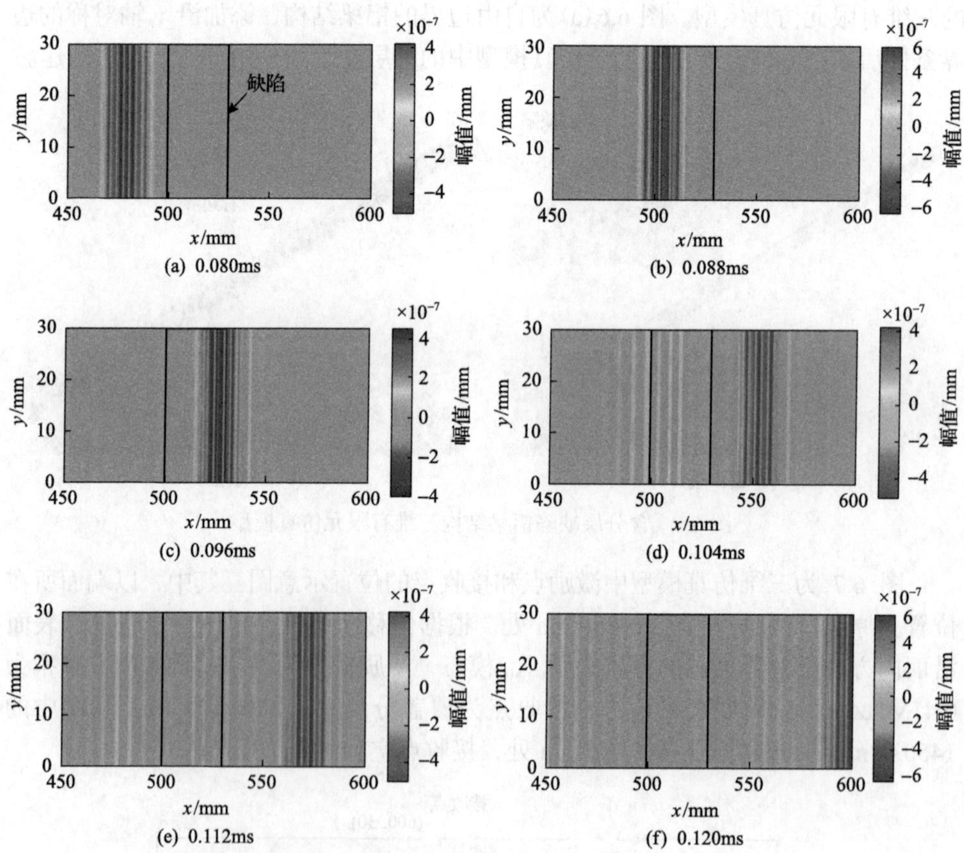

图 6.8　对称边界条件下兰姆波在不同时刻的波场快照

上述波的反射和透射现象共同描述了铝板中兰姆波的传播情况。尽管在两种边界条件下，铝板中兰姆波传播的趋势一致，但是接收点处波的幅值分布却呈现出差异性。图 6.10 为仿真模型中接收点(450,0) mm 到(450,30) mm 处的时间-空间波场图。

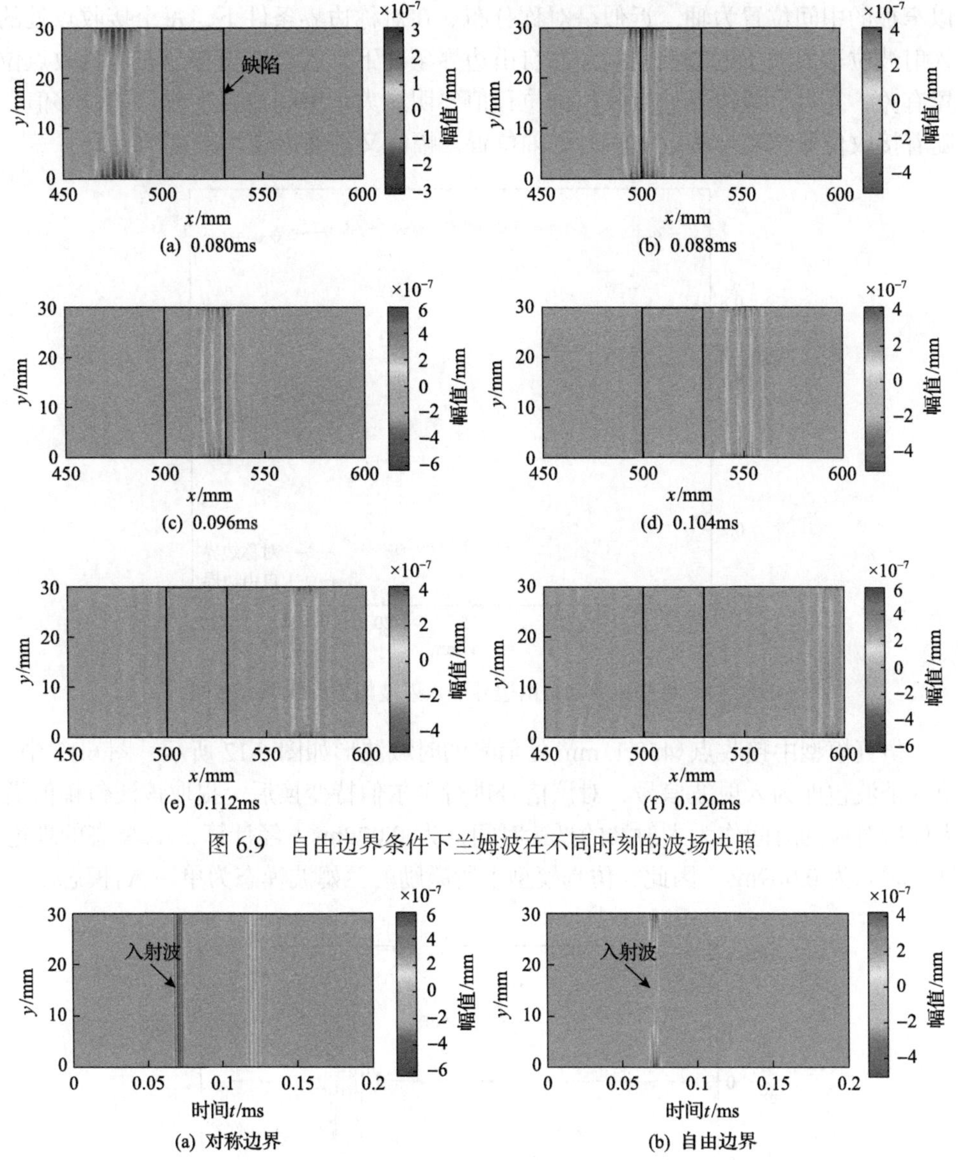

图 6.9　自由边界条件下兰姆波在不同时刻的波场快照

图 6.10　仿真模型中接收点(450,0) mm 到(450,30) mm 处的时间-空间波场图

根据图 6.10(a)和(b)中各波包的出现时间，可发现在两种边界条件下，同一时刻产生相同的兰姆波传播现象，但同一时刻沿窄板宽度方向，波的幅值分布不同。根据图中波场快照信息，可知在 450mm 处，入射波应出现在 0.08ms 之前。因此，图 6.10 中出现的第一个波包即为入射波。

提取对称边界和自由边界两种条件下，该接收点处入射波的最大值，绘制随接收位置入射波幅值变化的曲线如图 6.11 所示，两种边界条件下入射波的位移均以窄板的中间位置为轴，近似呈对称分布。在对称边界条件下，每个接收点处的入射波位移值大小近似相同；而在自由边界条件下，入射波位移分布与接收点位置有关，靠近窄板边界处接收点的位移值要明显大于中间位置接收点的位移值，随着接收位置越来越接近中间对称轴位置，幅值又忽然出现小幅度的上升。

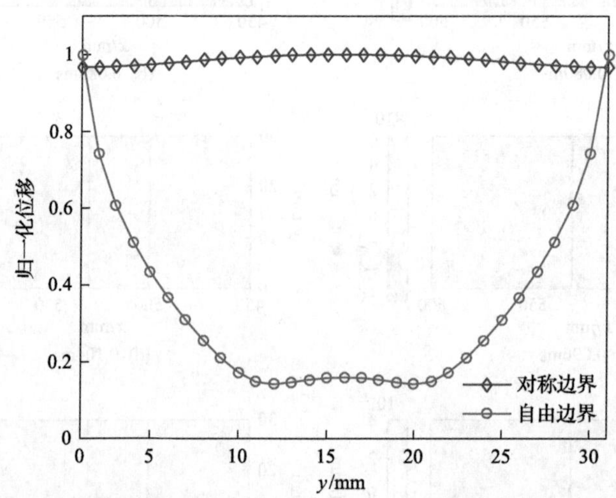

图 6.11 对称边界和自由边界下入射波幅值的空间分布图

仿真模型中接收点(450,1) mm 处信号的时域波形如图 6.12 所示。图 6.12 中，第一个波包即为入射波信号，对该信号进行希尔伯特变换后，提取该波包幅值最大处所对应的时间作为入射波的抵达时间，为 0.072ms。经计算，A_0 模态的理论抵达时间为 0.069ms。因此，仿真模型中所激励的兰姆波模态为单一 A_0 模态。

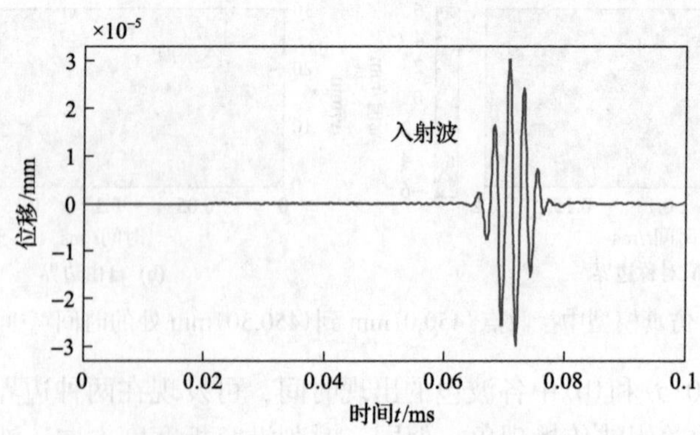

图 6.12 仿真模型中接收点(450,1) mm 处信号的时域波形

6.2.2 实验系统

关于波数分析法的研究工作中，对于兰姆波的激励和接收，大多数实验中均

采用压电元件进行激励，激光器进行接收。但压电元件易受耦合剂影响，EMAT 具有非接触、不需要耦合介质的特点，本节介绍激励和接收均采用非接触的 EMAT/激光组合检测的铝制窄板检测系统。

图 6.13 为搭建的用于窄板结构中分层缺陷检测的实验系统与被测试件。由图 6.13(a)可知，该系统的激励部分包括 RPR 4000 脉冲接收器、阻抗匹配模块以

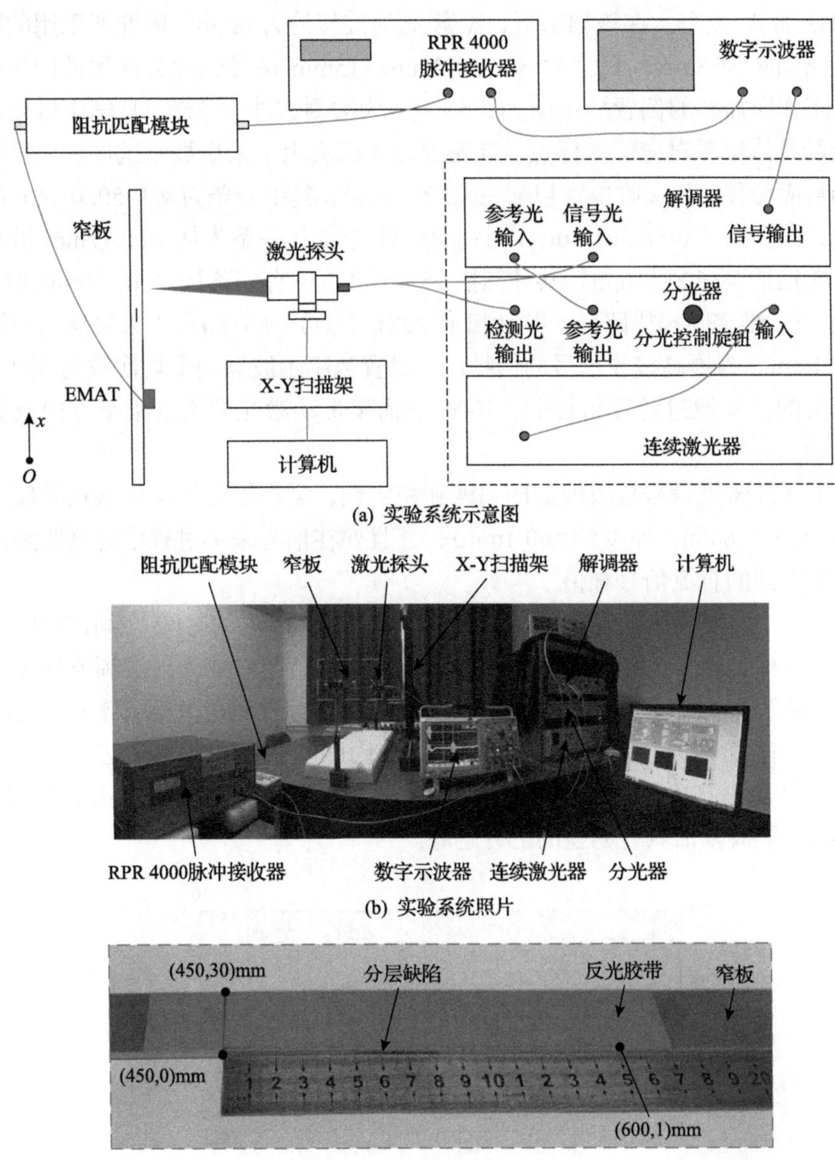

(a) 实验系统示意图

(b) 实验系统照片

(c) 被测试件

图 6.13　实验系统和被测试件(窄板)

及 EMAT；接收部分采用美国 IOS 公司的激光超声接收系统。被测试件为含分层缺陷的铝制窄板，实际上，分层缺陷加工工艺的原因，实验所用窄板试件中的分层缺陷存在 0.3mm 的厚度，因此分层缺陷实际对应的板厚位置应为 1.35mm。

图 6.13(b)为搭建的实验系统全景照，图中分别标出了窄板和激光探头安装位置。实验中，EMAT 放置位置与仿真中的激励位置相同，用于产生中心频率为 0.41MHz 的 A_0 模态。在该频率下，A_0 模态的波长约为 6mm，因此所采用的回折线圈的指间距为 3mm，尺寸为 30mm×25mm×15mm 的钕铁硼方形磁铁用于提供 EMAT 工作所需要的偏置静磁场。图 6.13(c)为被测试件示意图，从图中可以看到窄板上的具体位置对应的坐标点。高精度激光探头用于采集被测试件表面接收点信号的离面位移，其接收位置包括三条扫描路径，其中一条为从(450, 0)mm 沿窄板宽度方向扫描至(450,30)mm，共计扫描 31 个点；一条为从(450,1)mm 沿窄板长度方向扫描至(600,1)mm，共计扫描 151 个点；还有一条从(470,0)mm 到(560, 30)mm 的二维空间扫描路径，共计扫描 2821 个点。所有路径中采集点的空间间隔均为 1mm。为提高接收信号的信噪比，设置数字示波器的平均次数为 512 次。激光探头的移动通过计算机控制，X-Y 扫描架带动激光探头沿水平方向或竖直方向移动。

为了保证激光信号接收能量的强度和稳定性，需在缺陷扫描区域粘贴反光胶带(型号为 3M 8850，厚度约为 0.1mm)，并且要在信号采集过程中时刻监测数字示波器接收到的直流信号幅值。

图 6.14 为实验中接收点(450,0)mm 到(450,30)mm 处的时间-空间波场图。参照仿真，同样提取实验信号中入射波幅值的最大值，绘制成入射波幅值随接收位置变化的曲线，如图 6.15 所示。考虑到实验过程中，激光在窄板边界处接收波形信息时，会有半个激光光斑未聚焦到试件上，因此图 6.15 中将两个边界处的接收点作为“伪点”予以舍弃，只考虑剩余 29 个位置处的接收波形。由图 6.15 可知，实验中的入射波幅值具有明显的上升趋势。

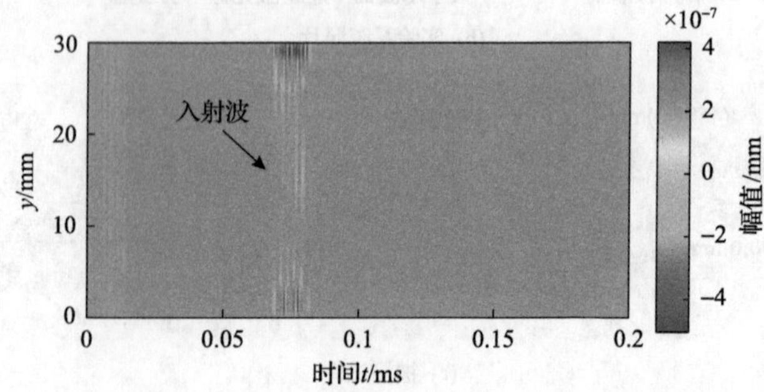

图 6.14 实验中接收点(450,0)mm 到(450,30)mm 处的时间-空间波场图

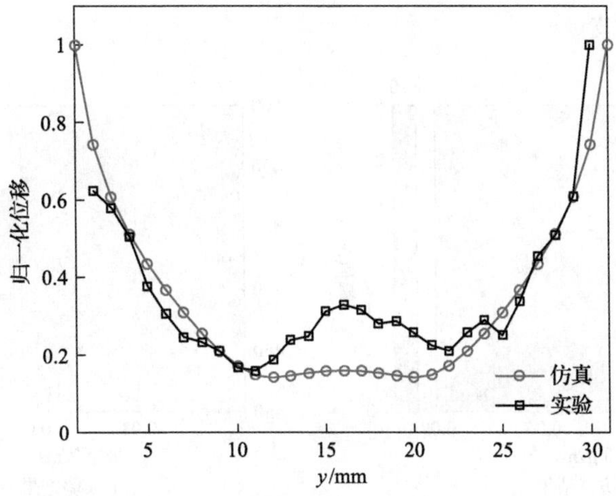

图 6.15　仿真和实验条件下入射波幅值的空间分布图

实验结果中接收点(450,1) mm 处信号的时域波形如图 6.16 所示。图中，第一个波包为实验串扰信号，第二个波包为入射波信号，经过计算，确定该入射波为单一 A_0 模态。

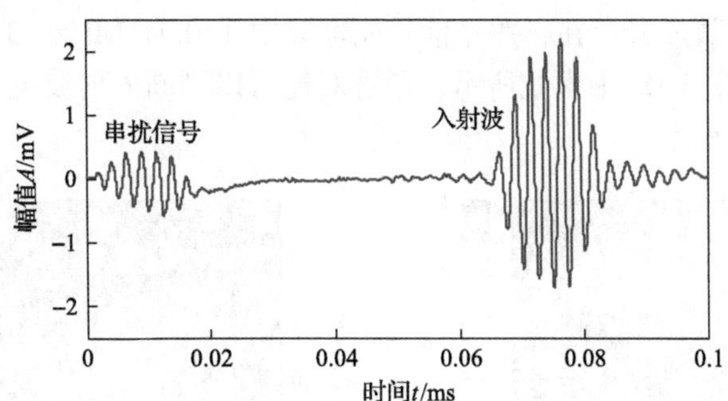

图 6.16　实验结果中接收点(450,1) mm 处信号的时域波形

6.2.3　频率-波数分析

本节介绍频率-波数分析法对无缺陷窄板和含分层缺陷窄板结构中波的传播特性的反映以及模态成分的识别。由于三维仿真模型和实验研究中的研究对象均含分层缺陷，因此，所设置的接收点处的波形中包含分层缺陷信息。实际上，针对含缺陷的被测试件，可通过在无缺陷位置设置接收点，即位置(450,1) mm 到(500, 1) mm，来表示波在无缺陷窄板中的传播情况。

图 6.17 为无缺陷窄板中信号的时间-空间波场图。图 6.17(a)为仿真结果，图 6.17(b)为实验结果。为了更加明确地反映兰姆波在无缺陷窄板中的传播现象，截取抵达时间为 0.09ms 之前的波形信息，这样便能够保证时域波形中仅存在遇到

缺陷之前的入射波。

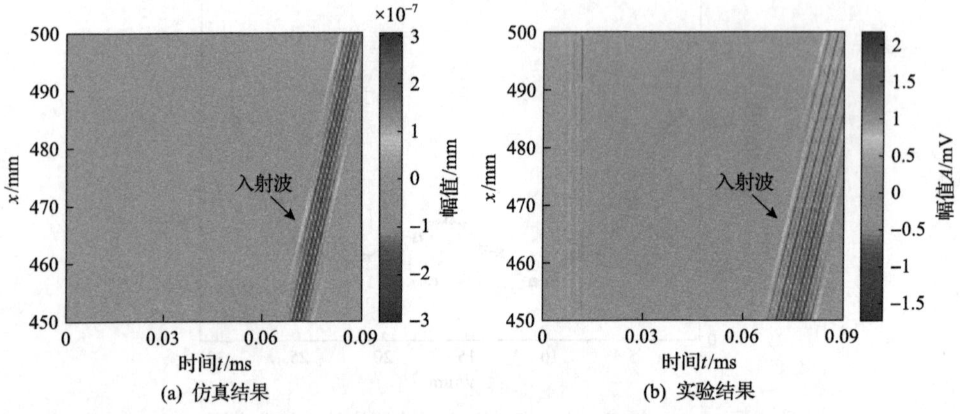

(a) 仿真结果　　(b) 实验结果

图 6.17　无缺陷窄板中信号的时间-空间波场图

对图 6.17 中的时间-空间波场通过二维傅里叶变换进行频率-波数分析，得到图 6.18 所示无缺陷窄板中时域信号的频率-波数谱。图 6.18(a)为仿真结果，图 6.18(b)为实验结果。由图 6.18 可知，时域信号的频率-波数谱中仅存在正波数成分，并无负波数成分存在，并且信号能量集中在 0.041MHz。3mm 厚铝板的频率-波数曲线如图 6.18 中虚线所示，通过对比可以判断入射波主要是中心频率为 0.041MHz 的 A_0 模态。

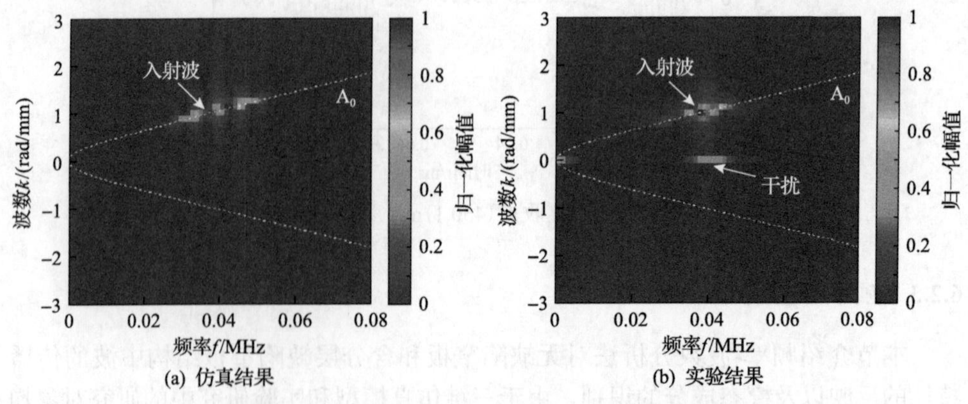

(a) 仿真结果　　(b) 实验结果

图 6.18　无缺陷窄板中时域信号的频率-波数谱

图 6.19 为含缺陷区域接收点，即(450,1)mm 到(600,1)mm 处，接收波形的时间-空间波场图。图 6.19(a)为仿真结果，图 6.19(b)为实验结果。由图 6.19 可知，在 450～600mm 的距离区间内，入射波的抵达时间均从约 0.07ms 到约 0.12ms，并且随着传播距离的增加，入射波的幅值逐渐降低。同时，通过肉眼可观察到 530mm 附近开始出现与入射波传播方向相反的反射波。

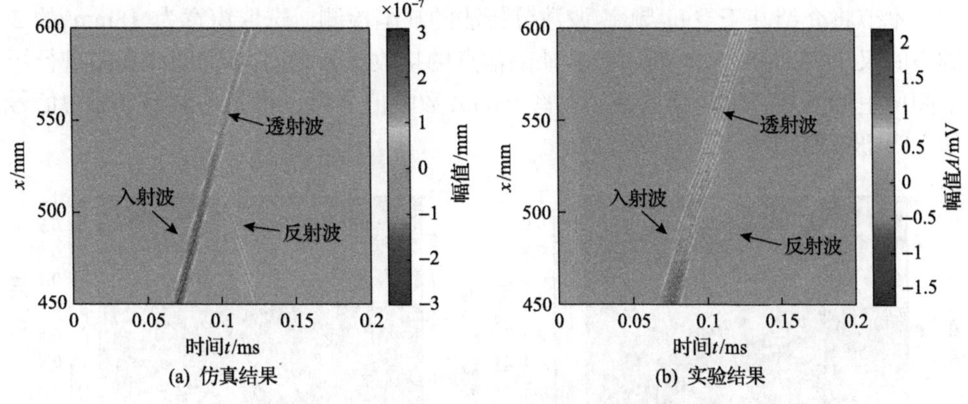

(a) 仿真结果　(b) 实验结果

图 6.19　含缺陷窄板中信号的时间-空间波场图

对图 6.19 中的时间-空间波场进行二维傅里叶变换，得到图 6.20 所示含缺陷窄板中信号的频率-波数谱。图 6.20(a)为仿真结果，图 6.20(b)为实验结果。由图 6.20 可知，信号的频率-波数谱中不仅存在正波数成分，同时出现了负波数成分，并且信号能量均集中在 0.041MHz。

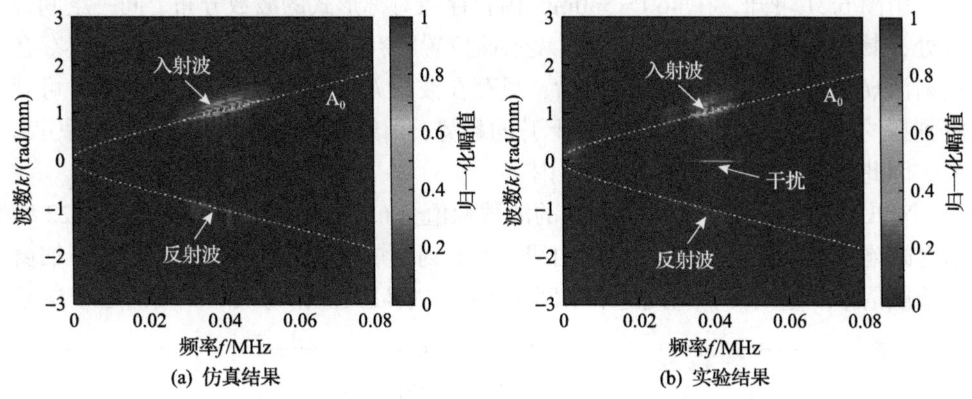

(a) 仿真结果　(b) 实验结果

图 6.20　含缺陷窄板中信号的频率-波数谱

通过对比无缺陷和含分层缺陷窄板中，接收点时域信号的频率-波数谱，发现通过波数的正负值能够反映兰姆波的传播方向。对于相同方向传播的入射波和透射波，经频率-波数分析后，得到的波数值为正；对于相反方向传播的反射波，得到的波数值为负。

6.2.4　空间-频率-波数分析

通过上述对时间-空间波场的频率-波数分析，能够对兰姆波模态成分进行识别，并且波数值的正负能够反映兰姆波的传播特性，但无法得到波数随空间位置的变化信息，只能对缺陷进行识别，却无法实现缺陷的定位分析。

本节将介绍基于空间-频率-波数分析法的缺陷检测，选取窗宽为 18mm 的二维空间汉宁窗，对图 6.19 所示包含缺陷信息的接收波形的时间-空间波场图进行短空间傅里叶变换，之后选取激励频率下的波数幅值分布，得到含缺陷窄板中信号的空间-波数图如图 6.21 所示。

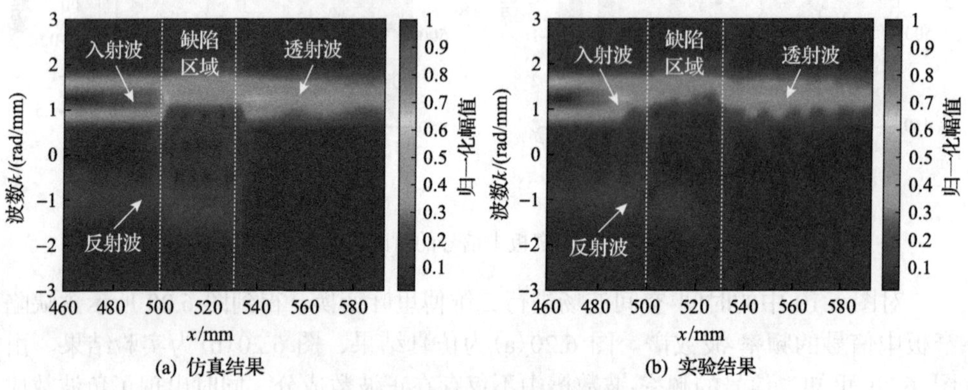

(a) 仿真结果　　(b) 实验结果

图 6.21　含缺陷窄板中信号的空间-波数图

由图 6.21 可知，在 460～530mm 内，存在对称形式的波数分布，同一空间位置处，其大小相等，方向相反，这表示该位置既存在入射波(k 为正数)，还存在反射波(k 为负数)；而 530mm 以后，只存在波数 k 为正数的透射波。同时，可观察到在约 500mm 处波数值突然有上升的趋势，而该趋势正是由缺陷的存在而引起的。因此，缺陷位于 500～530mm 内。

对扫描范围内每个空间位置处的波数幅值分布进行加权平均，得到图 6.22 所示含缺陷窄板中信号的空间-波数曲线。考虑到在短空间傅里叶变换过程中，加窗会造成信号能量泄漏，因此选取中间位置的波数最大值作为缺陷深度的定量参考

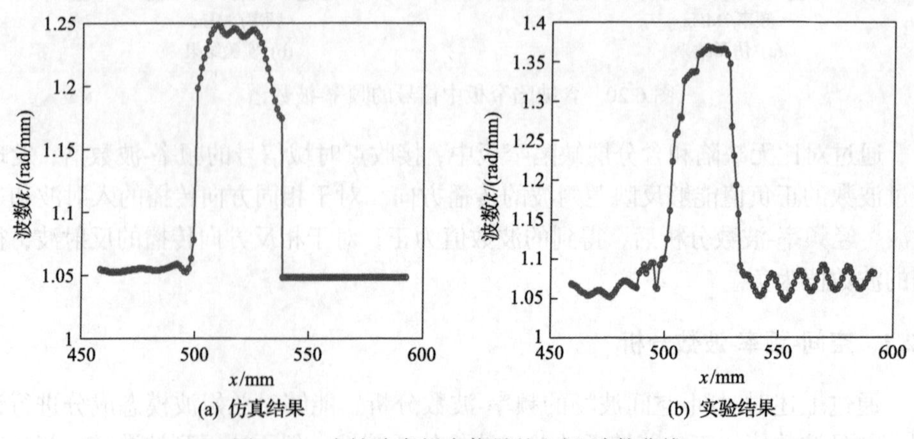

(a) 仿真结果　　(b) 实验结果

图 6.22　含缺陷窄板中信号的空间-波数曲线

值，仿真和实验结果中选取波数 k 分别为 1.248rad/mm 和 1.367rad/mm。根据波数与相速度的关系，得到激励频率下对应的相速度值为 2064.79m/s 和 1883.54m/s。当铝板中 A_0 模态的理论相速度为 2064.79m/s 和 1883.54m/s 时，频厚积应为 0.651MHz·mm 和 0.516MHz·mm，由此可估算该位置的板厚分别为 1.58mm 和 1.26mm。与缺陷的实际尺寸非常吻合，在仿真中，由于分层缺陷采用厚度为 0mm 的裂缝进行模拟，分层缺陷对应板厚位置应为 1.5mm，其相对误差为 5.3%；而实验所用试件中加工的分层缺陷存在 0.3mm 的厚度，分层缺陷对应的实际板厚位置应为 1.35mm，其相对误差仅为 6.7%。

6.2.5　局部波数分析

对接收信号进行空间-频率-波数分析后，虽然能够确定分层缺陷的位置信息，但是却遗漏了关于缺陷的形状信息。本节将介绍基于局部波数分析法，提取二维(xy 平面)空间位置波形信息后分层缺陷形状的成像过程。

图 6.23 所示为实验获得的兰姆波在不同时刻的波场快照，这一实验结果与

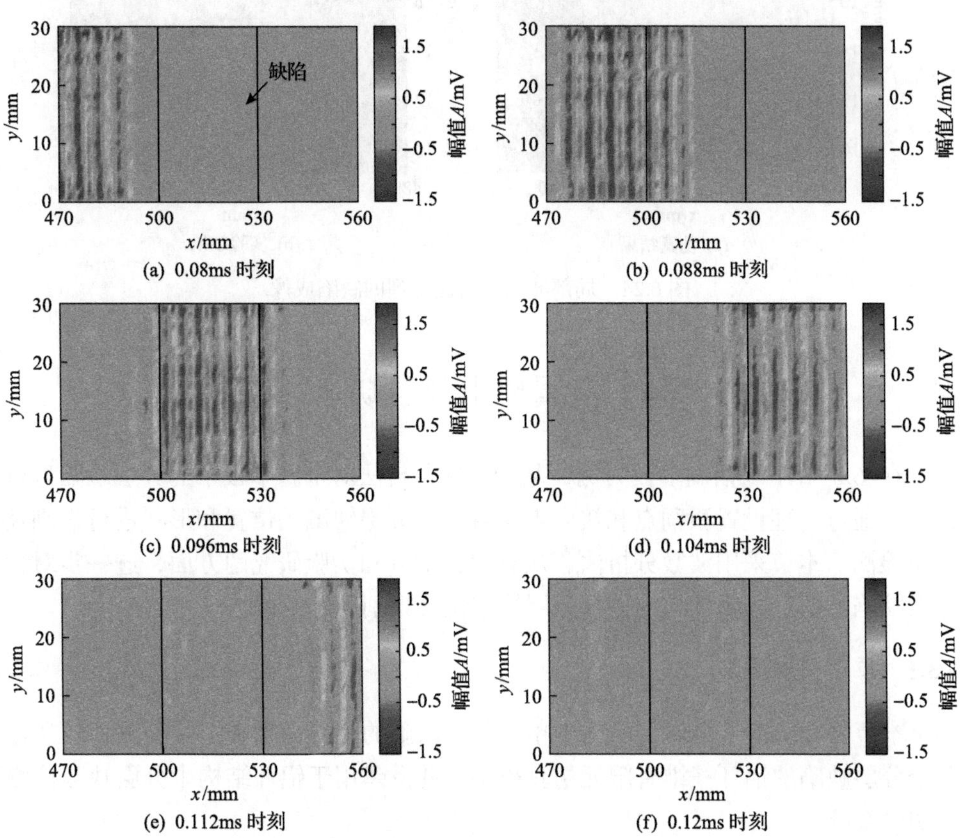

(a) 0.08ms 时刻　(b) 0.088ms 时刻　(c) 0.096ms 时刻　(d) 0.104ms 时刻　(e) 0.112ms 时刻　(f) 0.12ms 时刻

图 6.23　实验获得的兰姆波在不同时刻的波场快照

图 6.9 所示的仿真结果中兰姆波与分层缺陷的相互作用现象相同。值得注意的是，实验过程中，选取的是(470,0) mm 到(560,30) mm 二维扫描所构成的矩形区域作为接收点采集范围。而仿真中的矩形区域为(450,0) mm 到(600,30) mm。

图 6.24 为局部波数分析法得到的缺陷成像。图 6.24(a)为仿真结果，图 6.24(b)为实验结果，其是分别对图 6.9 和图 6.23 所示的二维空间波场进行短空间三维傅里叶变换后，对波数进行加权平均，进而得到的每个二维空间点处的波数幅值分布。图中的实线包围部分表示分层缺陷的位置和形状，中间红色区域为经过局部波数分析后识别出的缺陷范围，通过对比发现局部波数分析法能够识别出分层缺陷的形状。

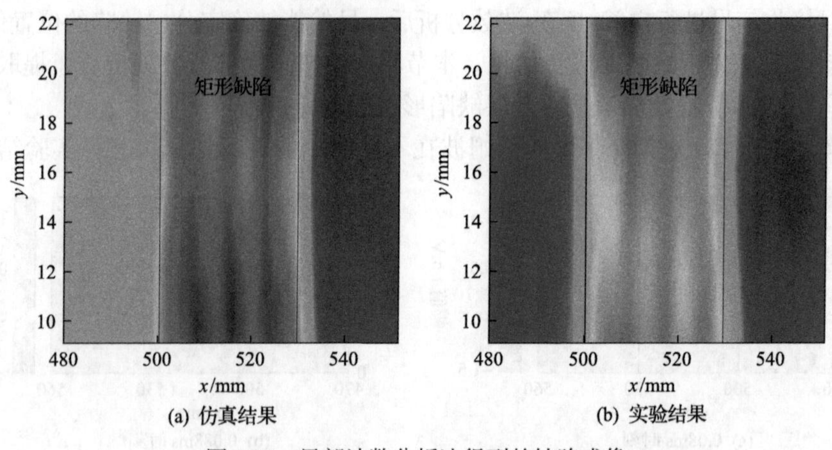

(a) 仿真结果　　(b) 实验结果

图 6.24　局部波数分析法得到的缺陷成像

6.3　薄壁金属环中分层缺陷的检测

在 6.2 节中以铝制窄板为例，基于波数分析法对金属窄板中的分层缺陷进行检测。通过合理设置激励点和接收点位置，对分层缺陷的位置和形状进行识别及定量检测。本节采用波数分析法，从有限元仿真和实验研究两方面，进一步对含分层缺陷的薄壁金属环结构进行分层缺陷位置识别和定量评估[1]。

6.3.1　单个分层缺陷

本节将介绍薄壁金属环结构中单个分层缺陷的位置识别和定量检测，建立含单个分层缺陷的铝环三维有限元仿真模型，并搭建用于铝环结构中分层缺陷检测的实验系统。

1. 波数分析法在柱坐标系中的表现形式

根据 6.1 节波数分析法的基本原理，以及直角坐标系和柱坐标系之间的对应关系，对于在管道中传播的周向兰姆波的多维时间-空间波场 $u(t,r,\theta,z)$，其多维傅里叶变换形式如式(6.18)所示：

$$U(\omega,k_r,k_\theta,k_z)=\mathrm{F}_{4\mathrm{D}}\left[u(t,r,\theta,z)\right]=\int_{-\infty}^{\infty}\int_{-\infty}^{\infty}\int_{-\infty}^{\infty}\int_{-\infty}^{\infty}u(t,r,\theta,z)\mathrm{e}^{-\mathrm{i}(\omega t-k_r r-k_\theta\theta-k_z z)}\mathrm{d}t\mathrm{d}r\mathrm{d}\theta\mathrm{d}z \tag{6.18}$$

式中：t——时间；

ω——频率；

r,θ,z——柱坐标系下信号的空间位置；

k_r,k_θ,k_z——波数；

$U(\omega,k_r,k_\theta,k_z)$——变换后的频率-波数谱。

特别地，对于沿某特定方向 θ 传播的一维波场信号 $u(t,\theta)$，其频率-波数分析为对信号进行二维傅里叶变换，信号经过变换后的频率-波数谱 $U(\omega,k_\theta)$ 为

$$U(\omega,k_\theta)=\mathrm{F}_{2\mathrm{D}}\left[u(t,\theta)\right]=\int_{-\infty}^{\infty}\int_{-\infty}^{\infty}u(t,\theta)\mathrm{e}^{-\mathrm{i}(\omega t-k_\theta\theta)}\mathrm{d}t\mathrm{d}\theta \tag{6.19}$$

对于在二维空间波场 θ-z 中传播的全波场信号 $u(t,\theta,z)$，其频率-波数分析为对信号进行三维傅里叶变换，信号经过变换后的频率-波数谱 $U(\omega,k_\theta,k_z)$ 为

$$U(\omega,k_\theta,k_z)=\mathrm{F}_{3\mathrm{D}}\left[u(t,\theta,z)\right]=\int_{-\infty}^{\infty}\int_{-\infty}^{\infty}\int_{-\infty}^{\infty}u(t,\theta,z)\mathrm{e}^{-\mathrm{i}(\omega t-k_\theta\theta-k_z z)}\mathrm{d}t\mathrm{d}\theta\mathrm{d}z \tag{6.20}$$

上述经过二维和三维傅里叶变换后得到频率-波数谱 $U(\omega,k_\theta)$ 和 $U(\omega,k_\theta,k_z)$ 的过程，即为对信号的全波场进行频率-波数分析。同样地，为了获取波数随空间位置的变化信息，分别引入二维和三维空间窗函数，对信号进行短空间二维和短空间三维傅里叶变换，以便得到周向兰姆波全波场信号的空间-频率-波数分析和局部波数分析表达式。具体如下：

$$Z(\delta,\omega,k_\theta)=\int_{-\infty}^{\infty}\int_{-\infty}^{\infty}u(t,\theta)W(t,\theta-\delta)\mathrm{e}^{-\mathrm{i}(\omega t-k_\theta\theta)}\mathrm{d}t\mathrm{d}\theta \tag{6.21}$$

式(6.21)为空间位置 δ 处，信号的短空间二维傅里叶变换的数学表达式，其窗函数 $W(t,\theta)$ 的选取原则与直角坐标系中相同，注意此时的窗宽 D_x 应以角度为单位。在 $Z(\delta,\omega,k_\theta)$ 中选取激励频率为 ω_0 处的 $Z(\delta,\omega_0,k_\theta)$，并对得到的波数幅值分布 k_θ 进行加权平均，如式(6.22)所示：

$$k(\delta)=\frac{\sum_{k_\theta} Z\left(\delta,\omega_0,k_\theta\right)\left|k_\theta\right|}{\sum_{k_\theta} Z\left(\delta,\omega_0,k_\theta\right)} \tag{6.22}$$

根据计算得到的波数值$k(\delta)$，可通过空间位置δ处的波数变化，实现对缺陷的定位检测。

同理，式(6.23)和式(6.24)分别为局部波数分析法中，空间位置(ε,γ)处，管中二维空间全波场信号的短空间三维傅里叶变换和二维空间波场加权平均的数学表达式。

$$Z\left(\varepsilon,\gamma,\omega,k_\theta,k_z\right)=\int_{-\infty}^{\infty}\int_{-\infty}^{\infty}\int_{-\infty}^{\infty} u(t,\theta,z)W(t,\theta-\varepsilon,z-\gamma)\mathrm{e}^{-\mathrm{i}(\omega t-k_\theta\theta-k_z z)}\mathrm{d}t\mathrm{d}\theta\mathrm{d}z \tag{6.23}$$

$$k(\varepsilon,\gamma)=\frac{\sum_{|\boldsymbol{k}|} Z\left(\varepsilon,\gamma,\omega_0,k_\theta,k_z\right)|\boldsymbol{k}|}{\sum_{|\boldsymbol{k}|} Z\left(\varepsilon,\gamma,\omega_0,k_\theta,k_z\right)} \tag{6.24}$$

2. *激励模态和频率选取*

对于管结构，兰姆波的频散曲线不仅与管的厚度有关，还与管的半径有关，因此，在管结构中应用波数分析法时，需要首先对管中周向兰姆波的频散曲线进行分析。

图6.25为铝梁中兰姆波和不同尺寸的铝管中周向兰姆波的频散曲线，“1”表示内半径为60mm，外半径为63mm的铝管；“2”表示内半径为61mm，外半径为63mm的铝管；“3”表示内半径为62mm，外半径为63mm的铝管；“4”表示任意厚度的铝板。由图6.25可知，它们的相速度和群速度随模态频厚积的变化趋势高度重合，对于CL_0模态和A_0模态，在整个频厚积范围内均重合；对于CL_1

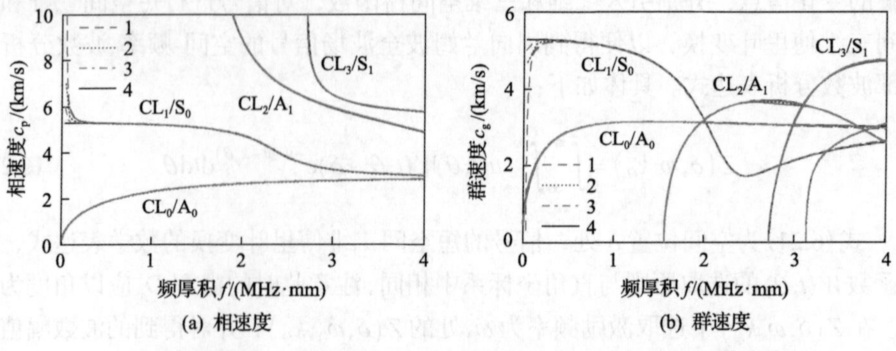

图6.25　铝梁中兰姆波和不同尺寸的铝管中周向兰姆波的频散曲线

模态和 S_0 模态，仅在频厚积小于 0.5MHz·mm 时有明显差别。因此，在针对铝环结构中分层缺陷的定位识别和定量评估上，仍然选用汉宁窗调制中心频率为 0.41MHz 的 5 周期正弦信号作为激励信号，选取与板中 A_0 模态相似的 CL_0 模态进行检测。

3. 缺陷参数化建模

被测试件结构示意图如图 6.26 所示，被测试件为一内半径为 60mm，外半径为 63mm，轴向长为 30mm 的四分之三周长的弧状铝环，在极坐标系中表示为铝环一端作为起始 O，另一端终止于 $3\pi/2$，分层缺陷位于铝环壁厚中间位置，从 π 到 $3\pi/2$ 内。

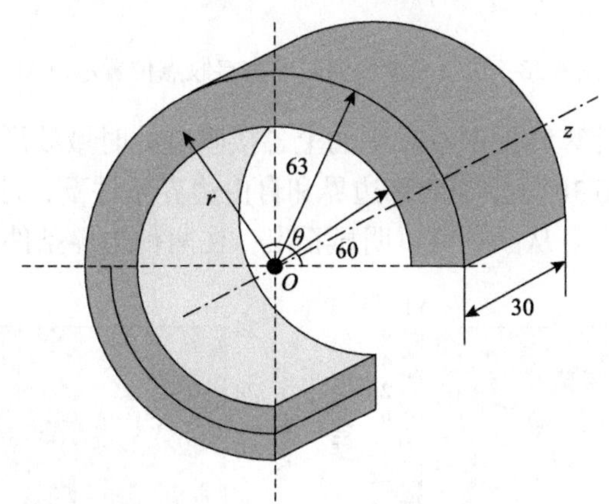

图 6.26　被测试件结构示意图(单位：mm)

仍采用 MATLAB 和 ABAQUS 相结合的方法构建有限元仿真模型，含分层缺陷铝环结构三维有限元仿真模型如图 6.27 所示。在图 6.27(a)所示自由边界的铝环结构中添加沿 z 轴对称的边界条件，如图 6.27(b)所示。两个仿真模型中的分层缺陷同样采用“体积为零”的裂缝进行模拟。

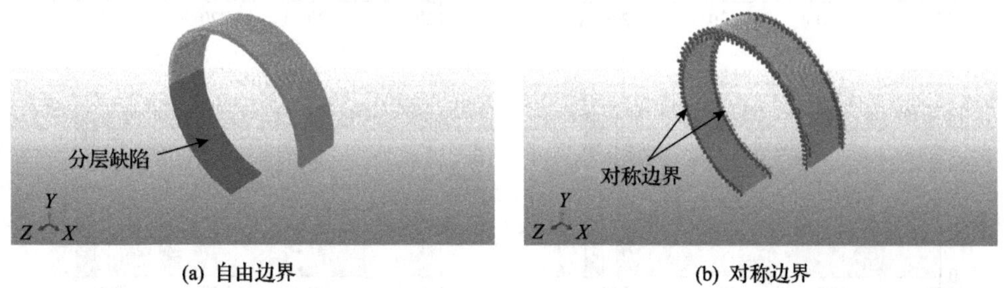

(a) 自由边界　(b) 对称边界

图 6.27　含分层缺陷铝环结构三维有限元仿真模型

图 6.28 为铝环三维仿真模型中激励点和接收点的位置示意图。其中，激励

点位于距环一端 $\theta = \pi/3\text{rad}$ 处，采用在铝环内外表面沿周向反对称加载的方式激励 CL_0 模态；接收点位于铝环外表面，从图 6.28 中的（2π/3rad ,0mm）一直延伸至（3π/2rad ,30mm）处，接收点沿周向扫描空间间隔为 π/180（对应角度为 1°），沿轴向扫描空间间隔为 1mm。仿真模型中的网格单元采用 C3D8R 类型，其网格大小为 0.25mm×0.25mm×0.3mm，其他参数设置与窄板仿真模型中参数设置相同。

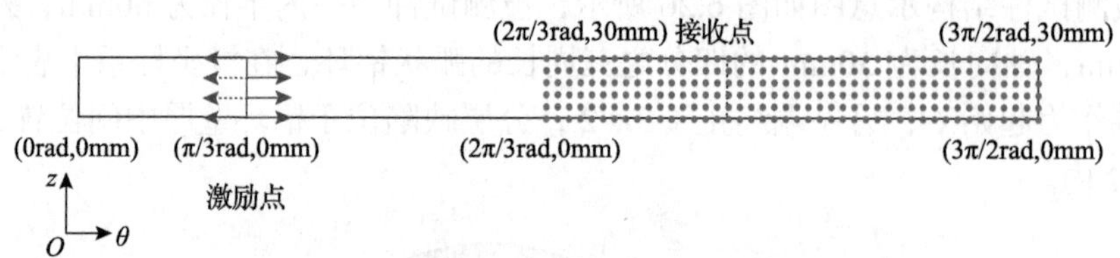

图 6.28 仿真模型中激励点和接收点位置示意图

提取仿真模型计算结果中 $O\theta z$ 平面上各接收点处时域波形中的径向位移进行分析。图 6.29 和图 6.30 分别为对称边界和自由边界条件下，周向兰姆波在不同时刻传播的波场快照图。从图中可以明显看出，在两种边界条件下，周向兰姆波均

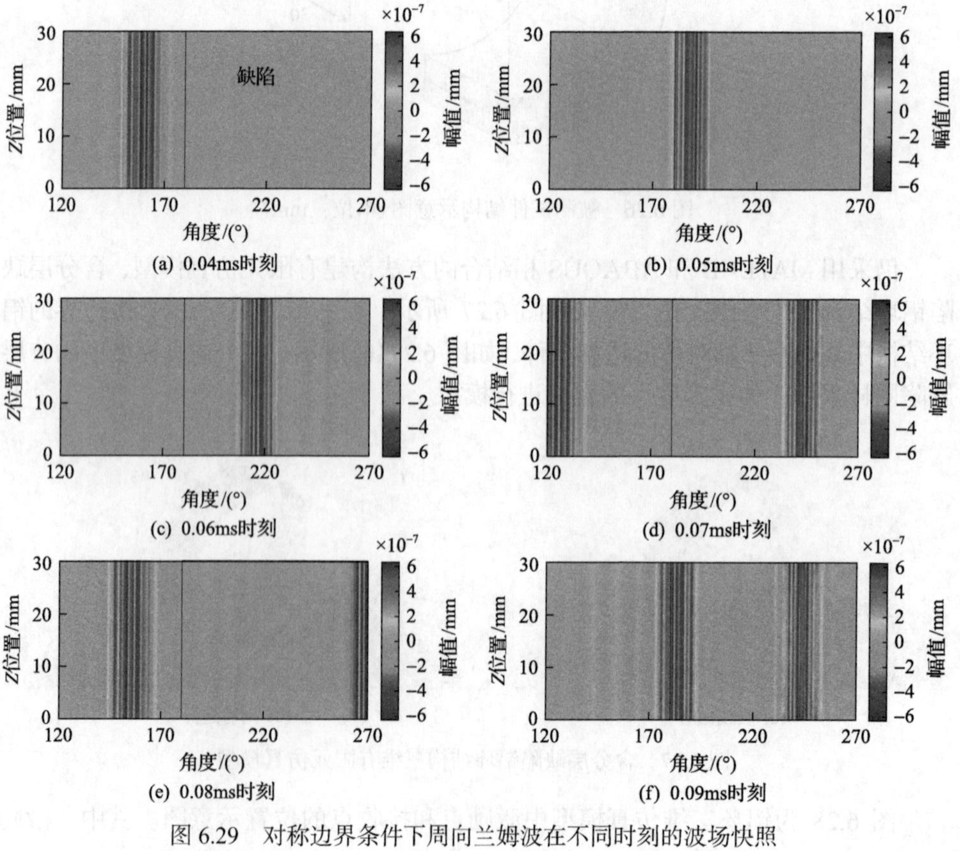

(a) 0.04ms时刻　(b) 0.05ms时刻

(c) 0.06ms时刻　(d) 0.07ms时刻

(e) 0.08ms时刻　(f) 0.09ms时刻

图 6.29 对称边界条件下周向兰姆波在不同时刻的波场快照

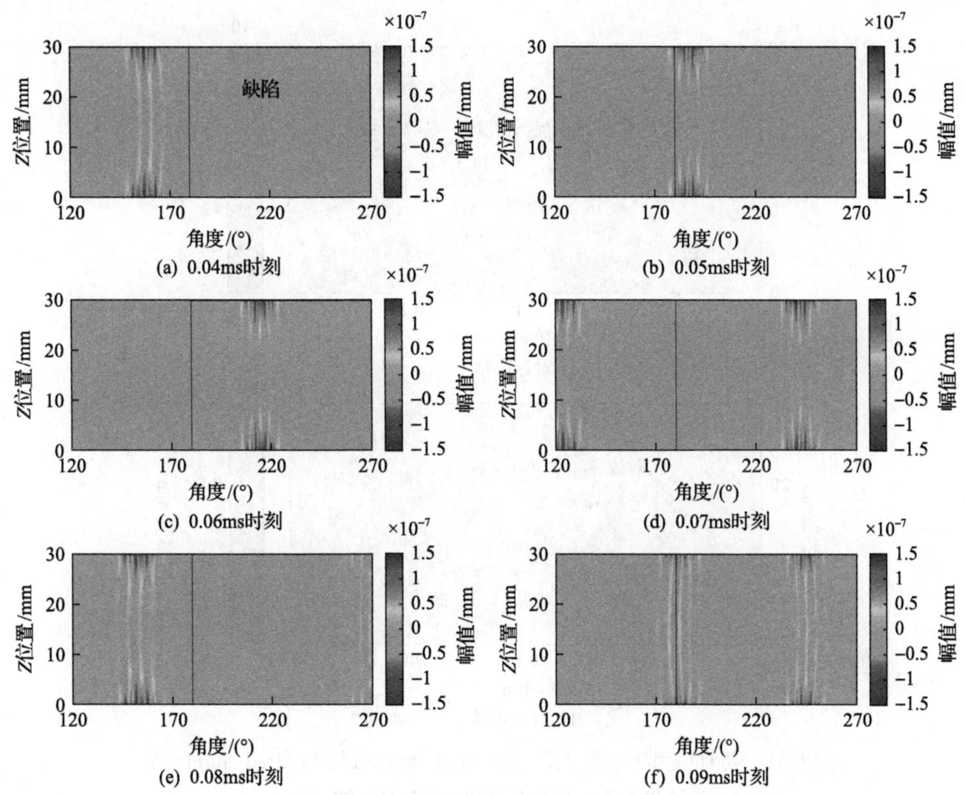

(a) 0.04ms时刻　(b) 0.05ms时刻　(c) 0.06ms时刻　(d) 0.07ms时刻　(e) 0.08ms时刻　(f) 0.09ms时刻

图 6.30　自由边界条件下周向兰姆波在不同时刻的波场快照

从波场左侧向右侧传播，遇到缺陷时产生微弱的反射回波，并且大部分波继续沿原来的方向传播，直至遇到缺陷另一端后再全部反射。

上述这些复杂的波的反射和透射现象共同描述了铝环中周向兰姆波的传播情况。这一现象与窄板中兰姆波的传播稍有不同，铝环中的分层缺陷为半无限大的开口缺陷，因此周向兰姆波仅与分层缺陷的一端存在来回不断的相互作用；而窄板中的分层缺陷为有限长的封闭缺陷，因此兰姆波与分层缺陷两边均存在来回不断的相互作用，通过观察波场快照，其相互作用现象更加明显。

通过进一步对比可知，在两种边界条件下铝环中传播的周向兰姆波与窄板中兰姆波的传播现象有很多共性，即接收点处波的幅值分布也根据边界条件的不同呈现出差异性。分别提取两种边界条件下，从($2\pi/3$rad ,0mm)到($2\pi/3$rad ,30mm)处接收波形中径向位移的时间-空间波场图，如图 6.31 所示。由图 6.31 可知，接收点处周向兰姆波的幅值分布在轴向上与接收点位置有关。由于周向兰姆波在圆环中的传播方向包括顺时针和逆时针两种情况，因此图 6.31 中出现的第一个波包为入射波，其模态通过波包出现的抵达时间进行验证，经过计算可知该模态为单一的 CL_0 模态；第二个波包为反方向传播的入射波遇到铝环一端后所产生的反射回波。

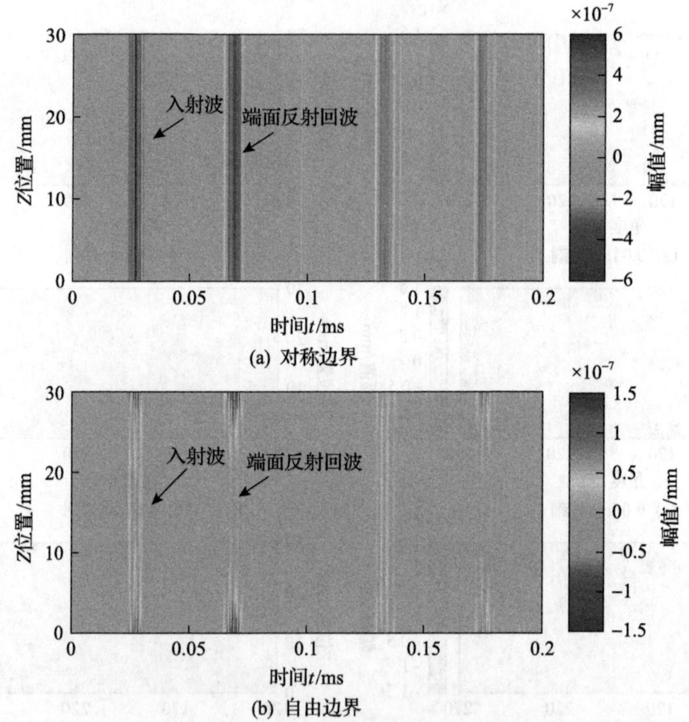

图 6.31　仿真模型中接收点从（$2\pi/3$rad，0mm）到（$2\pi/3$rad，30mm）处接收波形中径向位移的时间-空间波场图

提取两种边界条件下，上述接收点处入射波的幅值最大值，绘制成如图 6.32 所示的归一化入射波幅值的空间分布图。由图 6.32 可知，两种边界条件下，入射波的幅值均在环的轴向方向上呈近似对称分布。当为对称边界条件时，归一化入

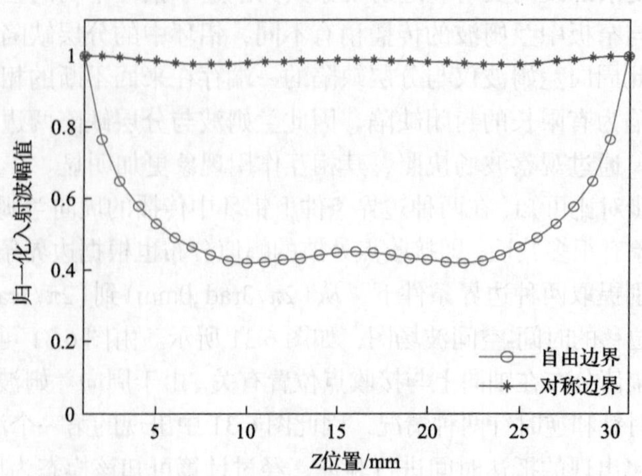

图 6.32　对称边界和自由边界下归一化入射波幅值的空间分布图

射波幅值大小近似相等，均位于 1 附近；当为自由边界条件时，归一化入射波幅值呈现两边大，中间小的趋势，并且归一化入射波幅值在中间位置存在小幅上升。上述在铝环结构中得到的关于归一化入射波幅值分布的结论和窄板中归一化入射波幅值分布规律呈现相同的趋势。通过引入幅值最小值和最大值之比作为幅值变化的一个衡量指标，经计算，在铝环中这一数值为 0.42，而在窄板中仅为 0.14，这说明窄板结构中入射波的幅值变化更加剧烈。

4. 实验系统

搭建用于铝环结构中分层缺陷检测的实验系统仍采用 EMAT 作为激励，激光作为接收。实验系统和被测试件如图 6.33 所示。图 6.33(a)为实验系统连线示意图，该系统的激励部分和接收部分所采用的实验设备与对铝制窄板中分层缺陷进

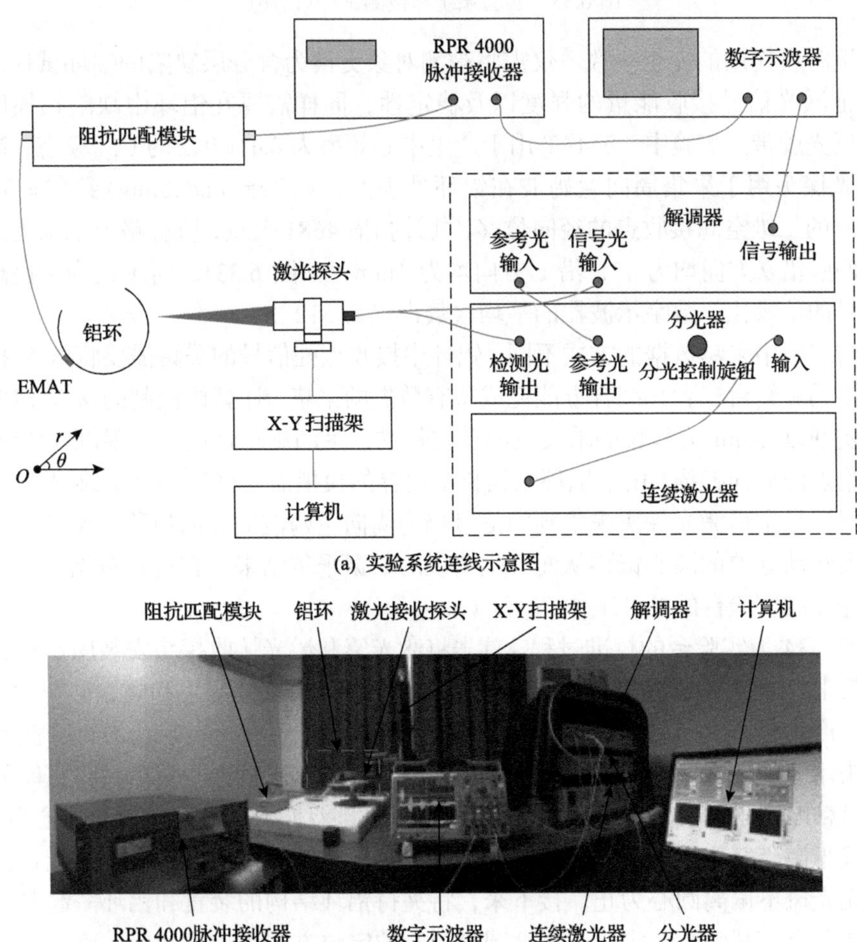

(a) 实验系统连线示意图

(b) 实验系统照片

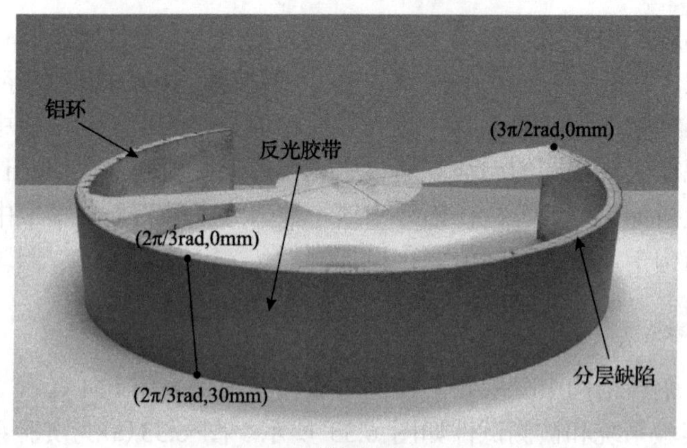

(c) 被测试件

图 6.33　实验系统和被测试件(铝环)

行检测时所使用的完全一致。仅需将被测对象更换为含分层缺陷的铝环试件。为了保证激光信号接收能量的强度以及稳定性，同样需要在铝环中缺陷扫描区域粘贴反光胶带。实验中，EMAT 用于产生中心频率为 0.41MHz 的 CL_0 模态；高精度激光探头用于采集周向兰姆波在铝环外表面，从(2π/3rad，0mm)到(2π/3rad，30mm)的二维空间接收点的径向位移，共计扫描 4681 个点，所有路径中采集点的空间间隔沿 θ 方向均为 1°，沿 z 方向均为 1mm，如图 6.33(c)所示。为了提高接收信号的信噪比，数字示波器的平均次数设置为 512 次。

与窄板中采集数据的方式不同，铝环中接收点处信号的采集需要将 X-Y 扫描架和手动旋转台二者相结合方能完成所有数据的采集。计算机控制的 X-Y 扫描架用于实现以 1mm 为步长的采集点的轴向扫描，手动旋转台用于实现以 1°为步长的采集点的周向扫描。由于铝环结构自由边界的模拟需要将铝环悬空放置，因此，为了保证悬空后激光探头采集到的信号仍为周向兰姆波的径向位移，避免因手动旋转台转动导致的圆心偏移从而产生错误的数据采集结果，在进行数据采集之前需要先完成实验台的校准工作。

图 6.34 为实验台的校准过程。首先将激光笔和激光接收探头安装固定在 X-Y 扫描架上，通过 X-Y 扫描架控制激光笔和激光接收探头的水平和竖直移动。激光笔用于产生竖直方向的光斑，实现实验用手动旋转台和铝环的圆心校准；激光接收探头用于产生水平方向的光斑，实现铝环位置的水平校准。然后，将打印的刻度圆盘粘贴在手动旋转台平面上，为了确保刻度圆盘圆心与手动旋转台圆心重合，将其置于激光笔正下方，并且光斑聚焦在刻度圆盘圆心位置，旋转手动旋转台直到激光光斑不偏离圆心为止。接下来，将夹持铝环结构的装置和铝环一起置于手动旋转台上，其轴心的定位与刻度圆盘圆心的定位方式一致。最后，确认所有结构的圆心均同轴后，调整激光接收探头位置(以半个光斑聚焦在铝环外表面，半个

光斑聚焦在铝环上表面为标准)，旋转手动旋转台一周，通过观察光斑在其他周向位置的聚焦情况，检查铝环是否水平放置。

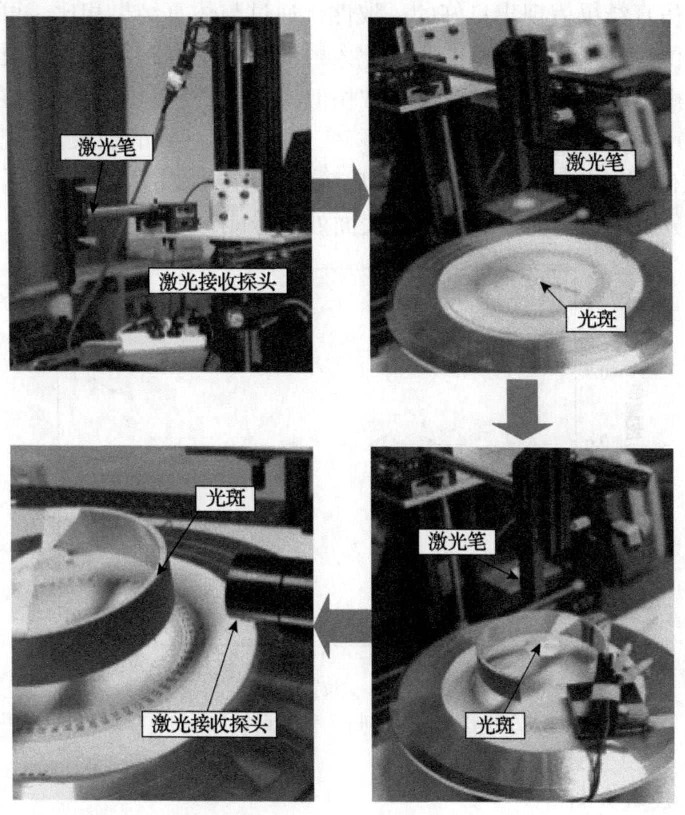

图 6.34　实验台校准过程

图 6.35 为实验研究中接收点从(2π/3rad ,0mm)到(2π/3rad ,30mm)处信号的时间-空间波场图，该结果与图 6.31(b)中仿真结果的传播现象非常相似。通过计算波包的抵达时间可确认第一个波包为入射的 CL_0 模态，第二个波包为端面反射回波。

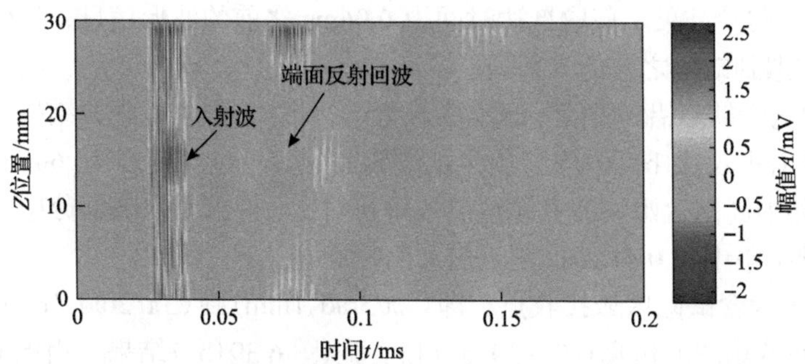

图 6.35　实验研究中接收点从(2π/3rad ,0mm)到(2π/3rad ,30mm)处信号的时间-空间波场图

图 6.36 为仿真和实验条件下归一化入射波幅值的空间分布图。需要注意的是，在绘制过程中同样需要考虑边界处的“伪点”情况，并予以舍弃。由图 6.36 可知，实验结果与仿真结果表现出良好的一致性，通过与仿真结果相比，可以看到在铝环轴向中间位置处，实验得到的归一化入射波幅值上升趋势表现得更加明显，这一现象与窄板中兰姆波的传播情况非常相似。此外，在铝环边界处存在个别点(见图中虚线框)的仿真结果和实验结果位移变化趋势不一致的现象，其产生原因主要是 EMAT 在使用时与铝环连接不够紧实，重力作用导致铝环上表面与 EMAT 中回折线圈有部分脱离，进而导致铝环上表面处信号能量变弱。

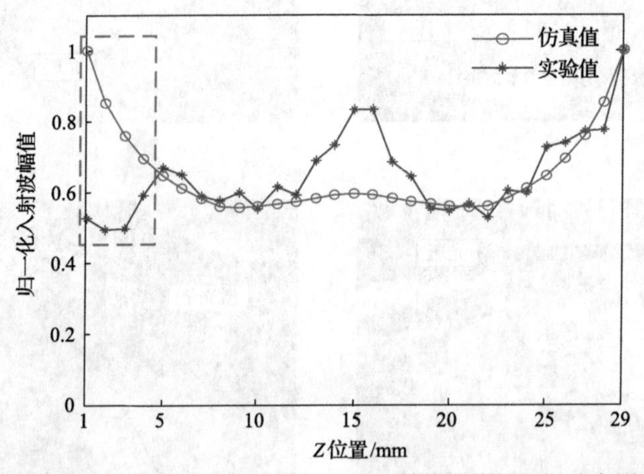

图 6.36　仿真和实验条件下归一化入射波幅值的空间分布图

5. 频率-波数分析

首先采用频率-波数法对无缺陷铝环结构中波的传播特性以及模态成分进行讨论。其方法是通过对所采用的含分层缺陷的铝环结构的无缺陷位置设置接收点，即位置(2π/3rad, 1mm)到(πrad, 1mm)，便可获取周向兰姆波在无缺陷铝环中的传播情况。图 6.37 为无缺陷铝环中信号的时间-空间波场图。图 6.37(a)为仿真结果，图 6.37(b)为实验结果。截取抵达时间为 0.06ms 之前的波形信息，以保证时域波形中仅存在遇到缺陷之前的入射波。

图 6.38 为无缺陷铝环中信号的频率-波数谱。由图 6.38 可知，仿真结果(图 6.38(a))和实验结果(图 6.38(b))中均只包含正波数成分，经过与内径为 60mm、壁厚为 3mm 的铝环中周向兰姆波波数频散曲线进行对比，得出无缺陷部分中的入射波仅包括激励频率集中在 0.41MHz 附近的 CL_0 模态。

图 6.39 为含缺陷区域接收点，即(2π/3rad, 1mm)到(3π/2rad, 1mm)处，信号的时间-空间波场图的仿真(图 6.39(a))和实验(图 6.39(b))结果。由图 6.39 可知，第一个肉眼可见的波包为入射波，其抵达时间从约 0.03ms 到约 0.09ms；第二个波

包为铝环起始端产生的反射回波，其传播趋势与入射波相同。此外，随着时间的增加，在波场中能够见到大量的复杂波包，这些波包即为入射波与分层缺陷作用所产生。

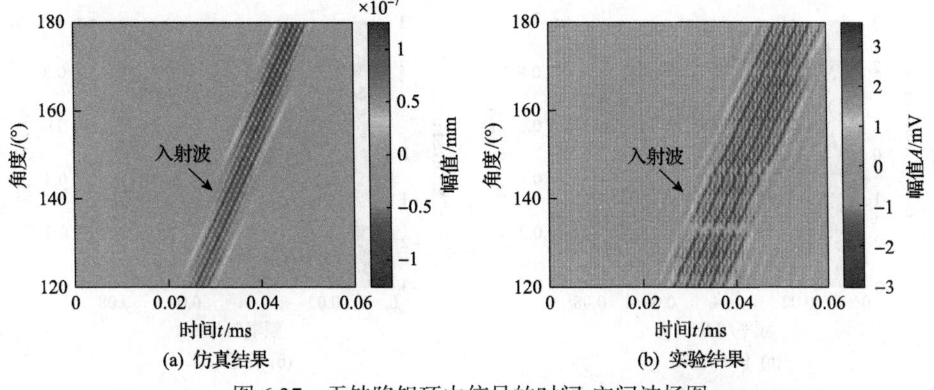

(a) 仿真结果　　(b) 实验结果

图 6.37　无缺陷铝环中信号的时间-空间波场图

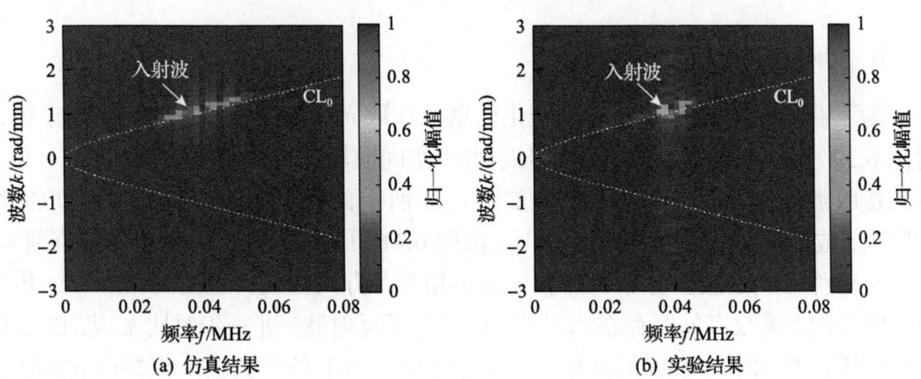

(a) 仿真结果　　(b) 实验结果

图 6.38　无缺陷铝环中信号的频率-波数谱

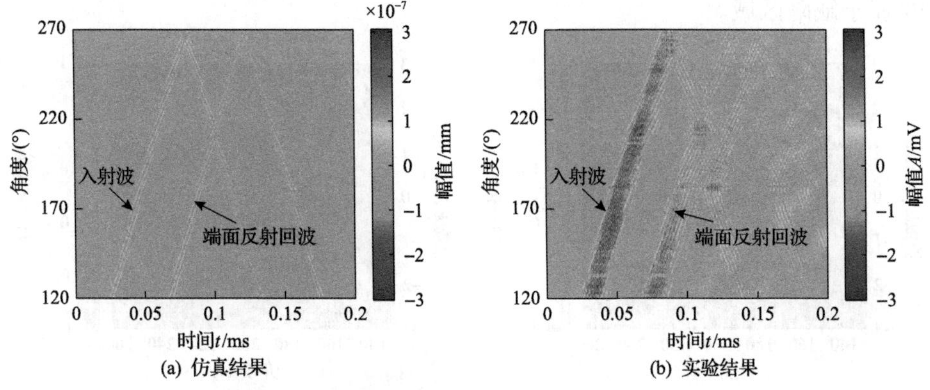

(a) 仿真结果　　(b) 实验结果

图 6.39　含缺陷铝环中信号的时间-空间波场图

通过对图 6.39 中的时间-空间波场进行二维傅里叶变换获得的频率-波数谱如

图 6.40 所示。由图 6.40 可知，在信号的频率-波数谱中开始出现不同数值的正波数成分和负波数成分，这表明结构中有缺陷存在，并且与 CL_0 模态相互作用产生了正向传播的透射波和反向传播的反射波。

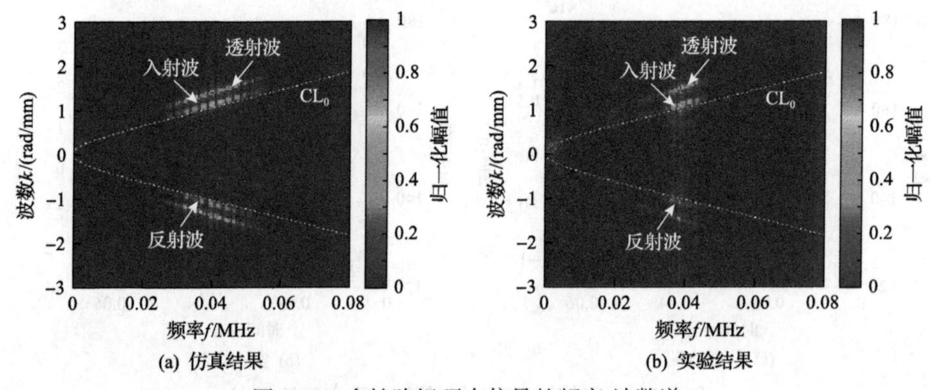

图 6.40　含缺陷铝环中信号的频率-波数谱

6. 空间-频率-波数分析

为了获取缺陷随空间位置的变化信息，选取周向窗宽为 18°的二维汉宁窗，对图 6.39 所示包含缺陷信息的信号的时间-空间波场图进行空间-频率-波数分析，得到接收点处信号的空间-波数图，如图 6.41 所示，图中由于二维汉宁窗截取波场的原因，成像区域缩小至 129°～261°。由图 6.41 可知，在整个接收点采集范围内，均存在对称形式的波数分布，即波数大小相等，方向相反，这说明在 0.2ms 传播的时间段内，接收点处既存在入射波，也产生了反射波。进一步对比发现，以 180°为分界线，在 129°～180°的波数值要小于 180°～261°的波数值。根据前面所述理论，管壁变薄时，波数值变大，因此可判断 120°～180°区域属于无缺陷区域，180°～270°属于缺陷区域。

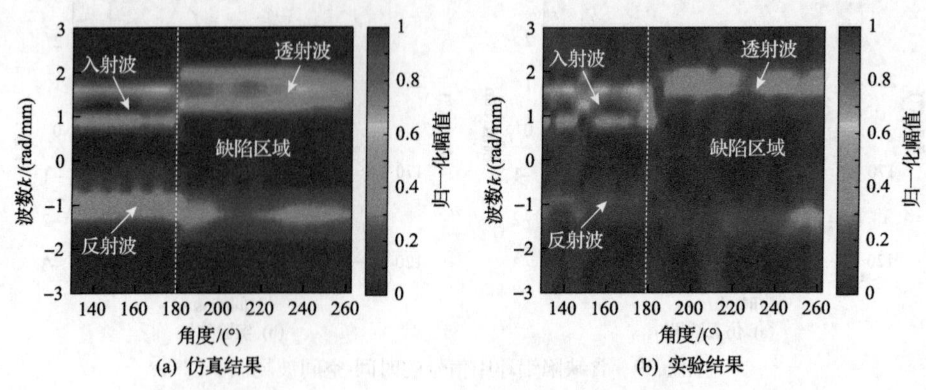

图 6.41　含缺陷铝环中信号的空间-波数图

对扫描范围内每个空间位置处的波数幅值分布进行加权平均，得到图 6.42 所示信号的空间-波数曲线。考虑到在短空间傅里叶变换过程中，加窗会造成信号能量泄漏，并且曲线中信号存在多个极大值点，因此对中间位置采集点处所有的波数值进行平均作为缺陷深度的定量参考值。经计算，仿真和实验结果中选取波数 k 分别为 1.327rad/mm 和 1.414rad/mm。根据波数与相速度的关系，得到激励频率下对应的相速度值为 1940.19m/s 和 1820.93m/s。将这些数值代入图 6.25 所示无缺陷铝管中周向兰姆波的频散曲线中，发现与该相速度相对应的 CL_0 模态所在的频厚积应为 0.5614MHz·mm 和 0.4829MHz·mm，由此可估算该位置的壁厚分别为 1.37mm 和 1.18mm。经计算，仿真结果中所对应的测量误差为 8.7%，实验中所得到的测量误差为 12.6%。

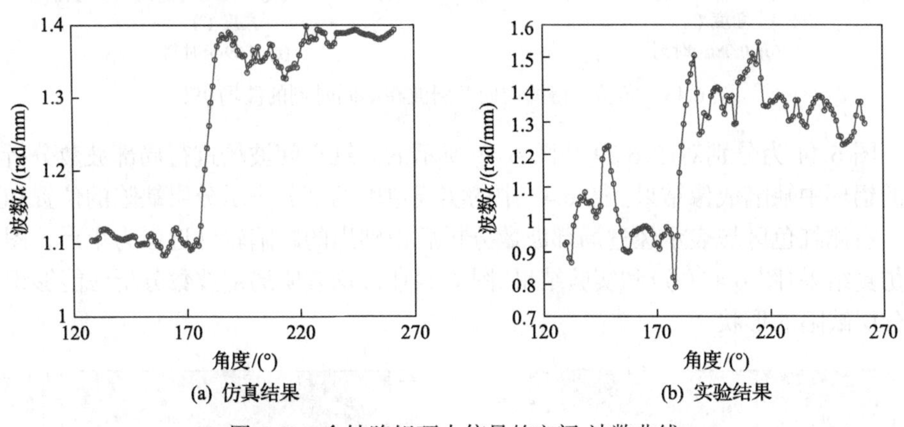

图 6.42　含缺陷铝环中信号的空间-波数曲线

7. 局部波数分析

为了进一步获取分层缺陷的形状信息，本节介绍基于局部波数分析法，提取信号的二维（$O\theta z$ 平面）空间位置波形信息后分层缺陷形状的成像过程。图 6.43 所示为实验获得的周向兰姆波在不同时刻的波场快照。

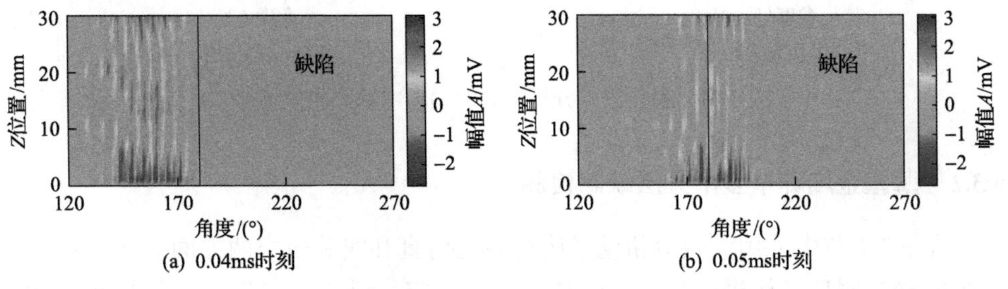

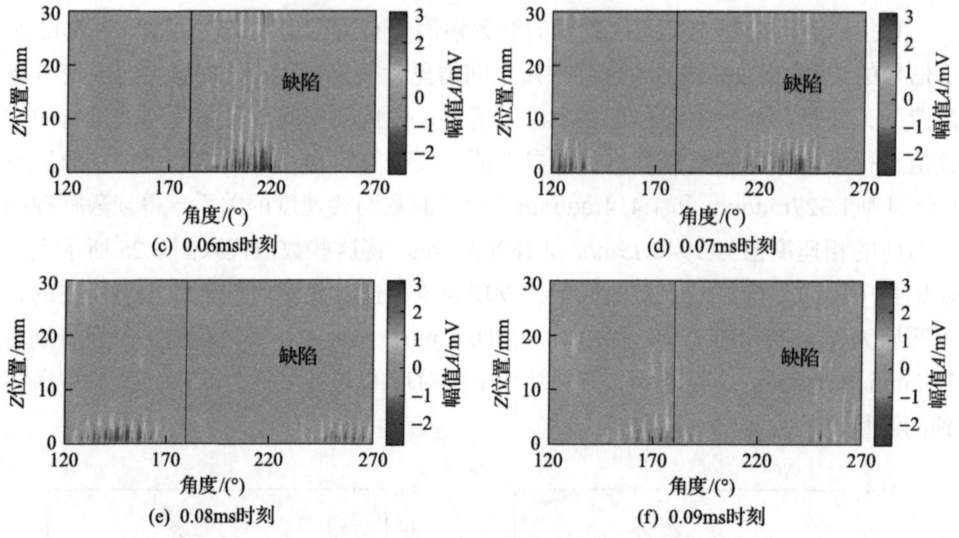

图 6.43　实验获得的周向兰姆波在不同时刻的波场快照

图 6.44 为分别对图 6.29 和图 6.43 所示的二维空间波场进行局部波数分析得到的铝环中缺陷成像结果。图 6.44 中的实线包围的部分表示分层缺陷的位置和形状，右侧红色区域表示经过局部波数分析后识别出的缺陷轮廓近似为矩形，图中的仿真结果(图 6.44(a))和实验结果(图 6.44(b))均表明局部波数分析法能够识别出分层缺陷的形状。

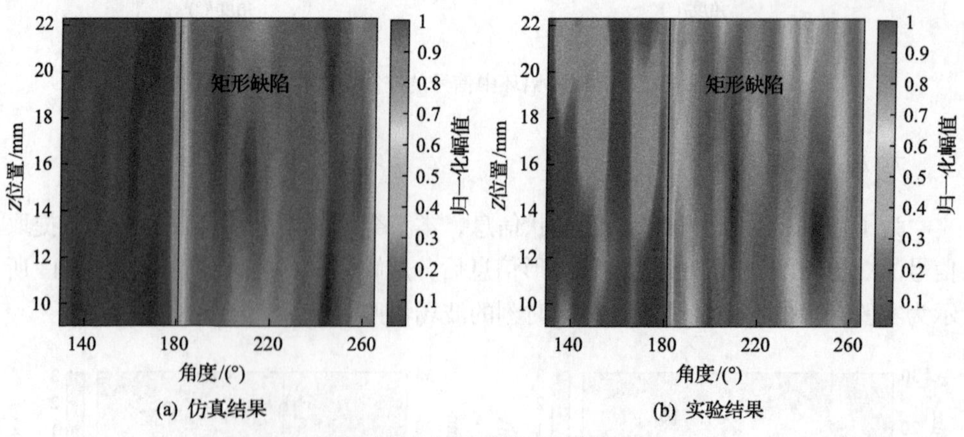

图 6.44　局部波数分析得到的铝环中缺陷成像结果

6.3.2　薄壁金属环中多个分层缺陷检测

在 6.3.1 节中采用波数分析法，从有限元仿真和实验研究两方面，对含分层缺陷的薄壁金属环结构进行分层缺陷位置识别和定量评估，本节建立含多个分层缺陷的铝环三维有限元仿真模型，判断局部波数法对缺陷个数的判断能力。

1. 两个分层缺陷的检测

含两个分层缺陷的被测试件结构示意图如图 6.45 所示。在极坐标系中表示为铝环一端作为起始 O，另一端终止于 $3\pi/2$rad。1 号分层缺陷位于壁厚靠外表面 1/3 处，从 $2\pi/3$rad 到 $5\pi/6$rad 内；2 号分层缺陷位于铝环壁厚中间位置，从 $7\pi/6$rad 到 $3\pi/2$rad 内，所有分层缺陷均为贯穿型缺陷。

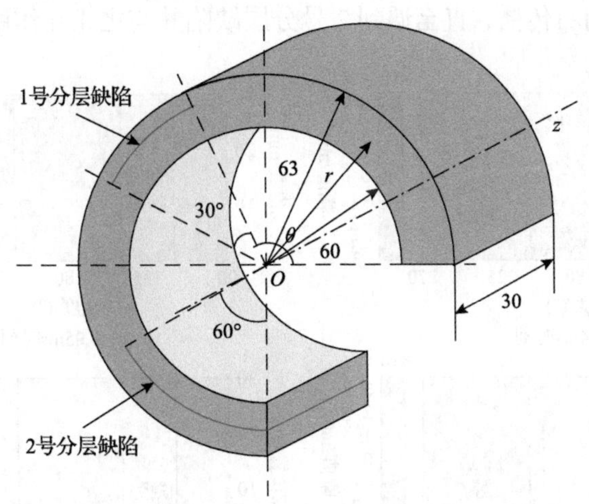

图 6.45　含两个分层缺陷的被测试件结构示意图(单位：mm)

图 6.46 为含两个分层缺陷的铝环结构三维有限元仿真模型。仿真中设置激励位于环入口端面，即 $\theta=0$ 处，仍采用汉宁窗调制中心频率为 0.41MHz 的 5 周期正弦信号作为激励产生 CL_0 模态；接收点位于铝环外表面，从铝环的($\pi/2$rad，

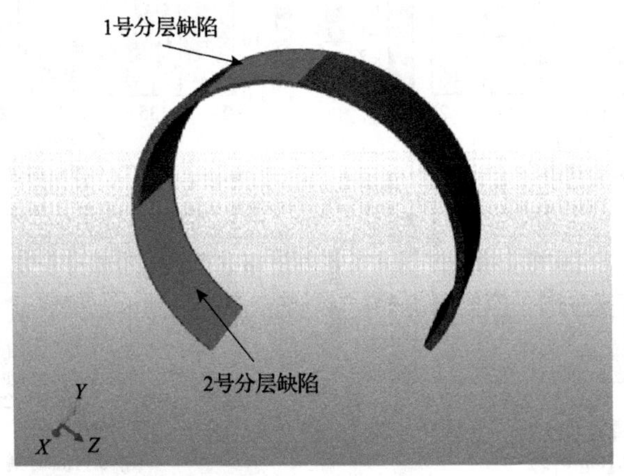

图 6.46　含两个分层缺陷的铝环结构三维有限元仿真模型

0mm）一直延伸至（3π/2rad，30mm）处，接收点沿周向扫描空间间隔为π/180rad，对应角度为1°，沿轴向扫描空间间隔为1mm。

图6.47为周向兰姆波与两个分层缺陷相互作用时的不同时刻的波场快照。由图6.47可知，周向兰姆波随着时间的推移从左向右传播，在遇到1号分层缺陷时，与分层缺陷入口端相互作用时有微弱的反射波产生，大部分波透射至分层缺陷出口端并产生较强的波的反射和透射现象；其中一部分反射波再次与分层缺陷入口端发生相互作用，见图6.47(d)，在分层缺陷中形成来回不断反射的回波；与此同时，大部分透射波继续向右传播，直至遇到2号分层缺陷并与之相互作用，见图6.47(e)。

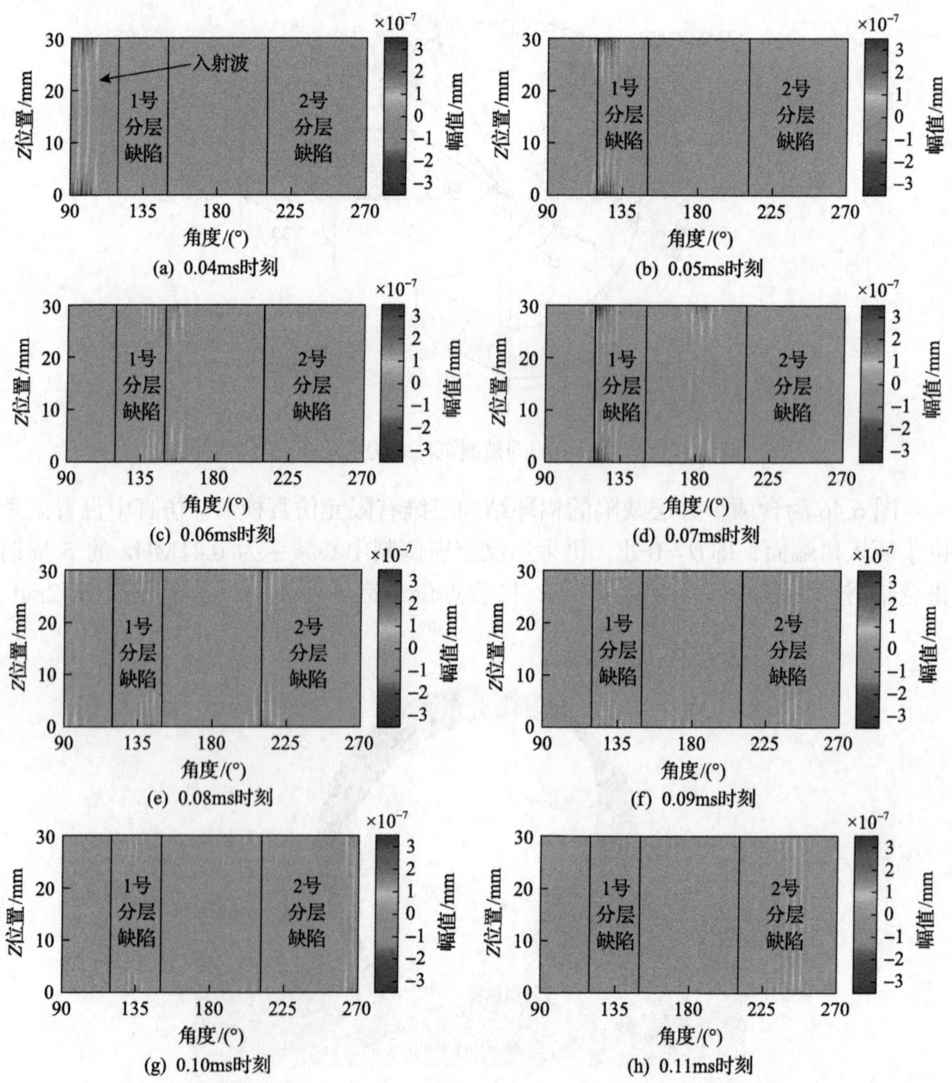

图6.47　周向兰姆波与两个分层缺陷相互作用时的不同时刻的波场快照

图 6.48 为对图 6.47 所示的二维空间波场进行局部波数分析得到的两个分层缺陷成像。图中分层缺陷的位置和形状用实线进行标记。由图 6.48 可知，通过波数颜色的变化能够对铝环中的两个分层缺陷同时进行识别，并且 1 号分层为红色，2 号分层为绿色，说明 2 号分层缺陷较 1 号分层缺陷壁厚变化更小，与仿真中的缺陷设置一致。

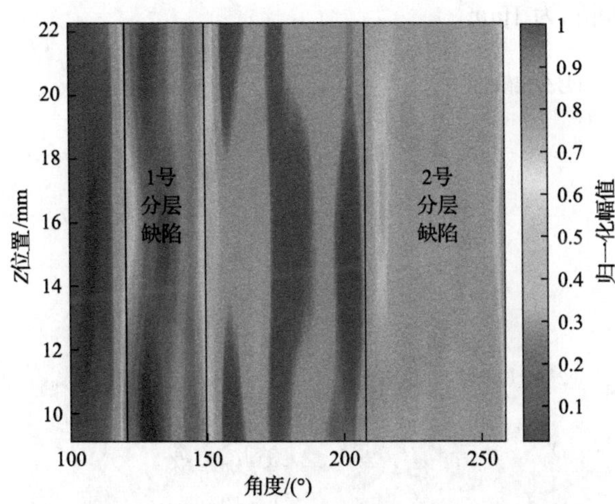

图 6.48　局部波数分析得到的两个分层缺陷成像

2. 三个分层缺陷的检测

含三个分层缺陷的被测试件结构示意图如图 6.49 所示，在极坐标系中表示为铝环一端作为起始 O，另一端终止于 $11\pi/6\text{rad}$。1 号分层缺陷为位于壁厚靠外表面 1/3 处的贯穿型缺陷，从 $2\pi/3\text{rad}$ 到 $5\pi/6\text{rad}$ 内；2 号分层缺陷为位于壁厚靠内表

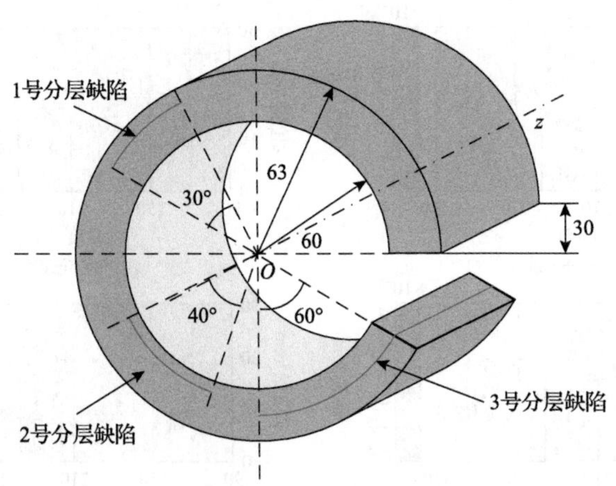

图 6.49　含三个分层缺陷的被测试件结构示意图(单位：mm)

面1/3处的半通透型缺陷，从7π/6rad到25π/18rad内；3号分层缺陷为位于铝环壁厚中间位置的贯穿型缺陷，从3π/2rad到11π/6rad内。

图6.50为含三个分层缺陷的铝环结构三维有限元仿真模型。其中，激励点位于铝环入口端面；接收点位于铝环外表面，从铝环的(π/2rad, 0mm)一直延伸至(11π/6rad, 30mm)处，接收点沿周向扫描空间间隔为π/180rad，对应角度为1°，沿轴向扫描空间间隔为1mm。

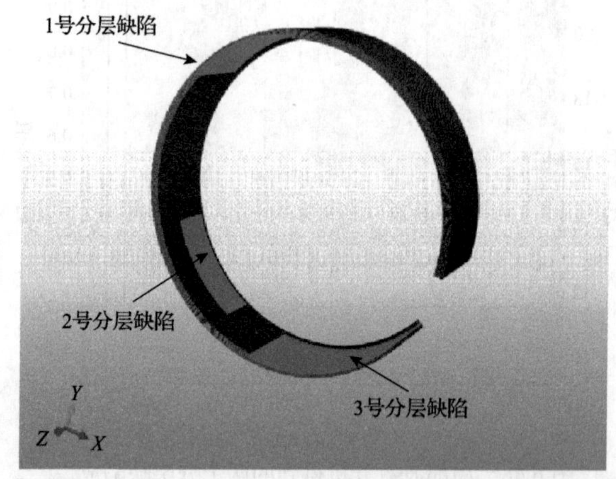

图6.50　含三个分层缺陷的铝环结构三维有限元仿真模型

图6.51为周向兰姆波与三个分层缺陷相互作用时的不同时刻的波场快照。由图6.51可知，周向兰姆波在与1号分层缺陷相互作用时，在分层缺陷处能够观察到来回反射的波；在与2号分层缺陷相互作用时，由于2号缺陷的轴向长度只有铝环轴向长度的一半，从图6.51(e)和(f)中能够观察到入射的周向兰姆波被分离成

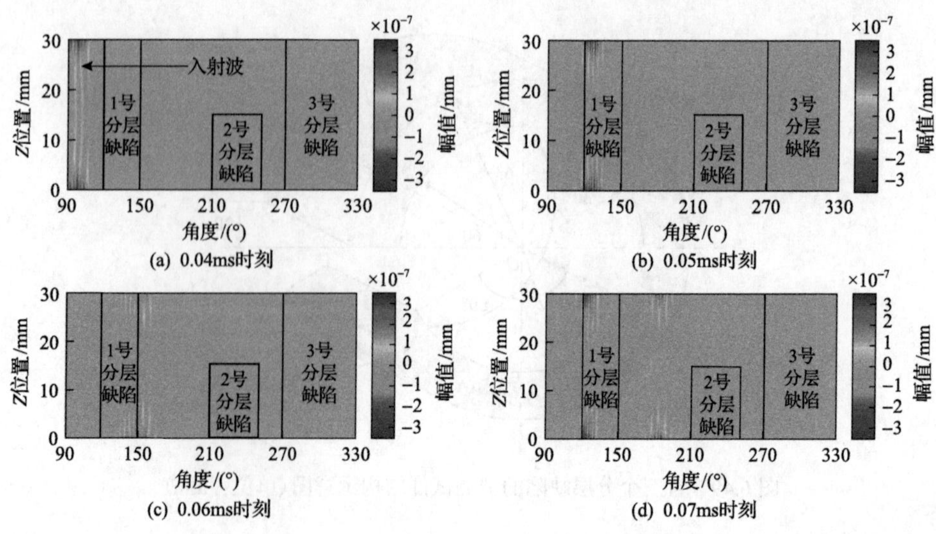

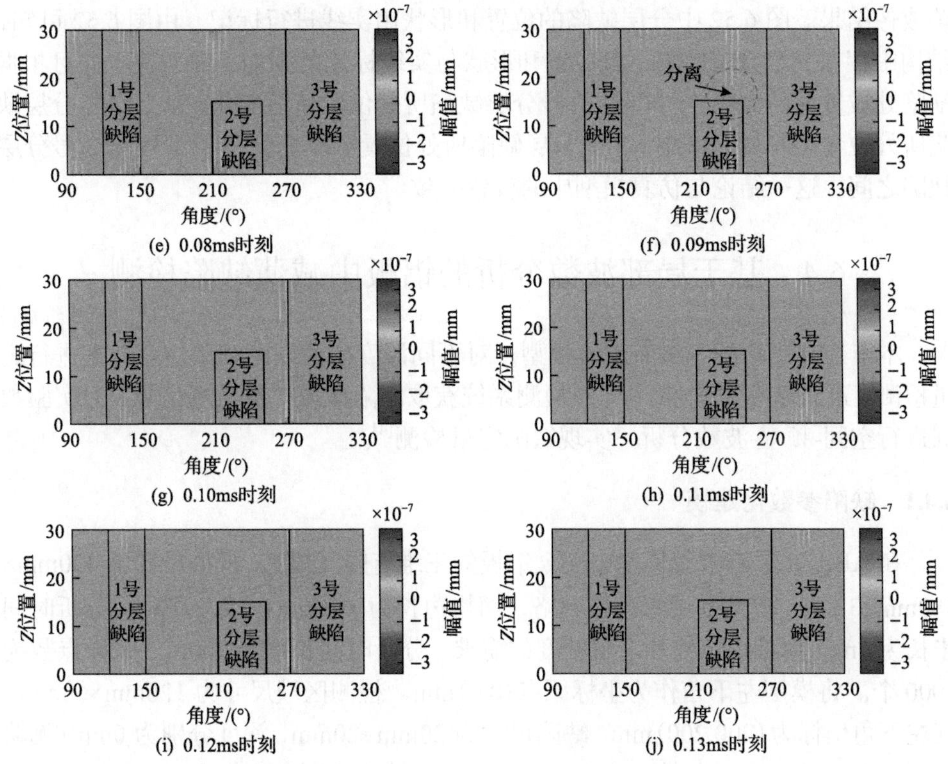

图 6.51　周向兰姆波与三个分层缺陷相互作用时的不同时刻的波场快照

两部分传播，待传播至 3 号分层缺陷时，周向兰姆波在无缺陷区域再次形成并与分层缺陷发生相互作用。

图 6.52 为对图 6.51 所示的二维空间波场进行局部波数分析得到的三个分层缺

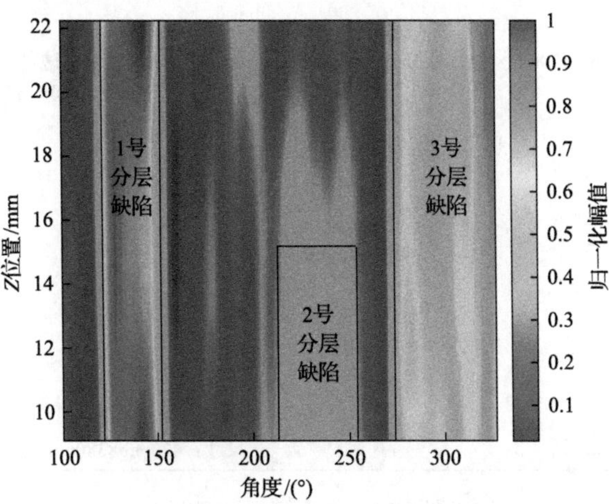

图 6.52　局部波数分析得到的三个分层缺陷成像结果

陷成像结果。图 6.52 中分层缺陷的位置和形状用实线进行标记。由图 6.52 可知，结构中存在三个分层缺陷，其位置和形状与实线标记范围均一一对应。并且根据缺陷处波数值的大小，可得出 1 号分层缺陷所处位置壁厚变化最大，2 号分层缺陷所处位置壁厚变化最小，3 号分层缺陷所处位置壁厚变化位于 1 号和 2 号分层缺陷之间。这一结论与仿真模型中的设置一致。

6.4　基于局部波数分析的铝板中减薄缺陷检测

本节建立铝板的三维有限元模型，对不同深度减薄缺陷利用仿真数据进行定量检测。最后基于压电-激光超声检测系统获取缺陷区域二维波场信号，对实验数据进行空间-频率-波数分析，实现缺陷定量检测[4]。

6.4.1　缺陷参数化建模

在 ABAQUS 有限元环境中建立铝板的三维有限元模型。模型尺寸为 420mm×380mm×3mm，模型采用六面体网格，网格边长为 0.5mm（$<\lambda_{\min}/10$），分析时间步长为 1ns，满足稳定性和求解精度的需求。分析时间长度为 100μs，采样点数为 1000 个。将模型左下角作为坐标原点(0,0) mm。检测区域尺寸为 120mm×60mm，其左下角坐标为(200,200) mm。缺陷尺寸为 20mm×20mm，深度分别为 0mm（无缺陷）、0.5mm、1mm、1.5mm、2mm、2.5mm。缺陷左下角坐标为(250,220) mm。仿真模型示意图如图 6.53 所示。为了激励出较为纯净的 A_0 模态，在铝板上下表面同一坐标位置处采用反对称方式加载两个大小相同的点载荷作为激励源。激励源施加在检测区域左下角(200,200) mm 处，点载荷形式为汉宁窗调制中心频率为

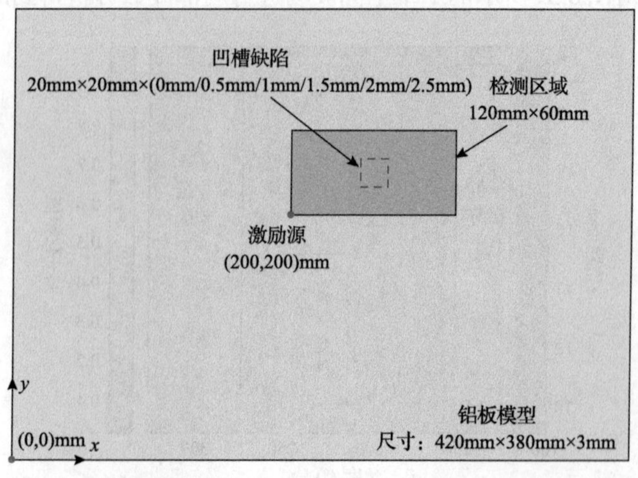

图 6.53　仿真模型示意图

200kHz 和 500kHz 的 5 周期正弦信号，所选用的中心频率分别用于对比研究。检测区域的离面位移分量被提取用于缺陷检测。

6.4.2　不同深度减薄缺陷定量检测有限元仿真

本节将介绍中心频率在 200kHz 和 500kHz 时，仿真中基于局部波数分析不同深度缺陷的定量检测。

1. 中心频率为 200kHz 时

首先，采用中心频率为 200kHz 的激励信号进行缺陷定量检测。不同板厚中中心频率 200kHz 的 A_0 模态的理论波数和波长如表 6.1 所示。

表 6.1　不同板厚中中心频率 200kHz 的 A_0 模态的理论波数和波长

板厚 h/mm	理论波数 k/(rad/mm)	波长 λ/mm
3	0.62	10.08
2.5	0.67	9.42
2	0.72	8.70
1.5	0.81	6.55
1	0.96	4.75
0.5	1.32	4.75

无缺陷模型中中心频率 200kHz 下的波场如图 6.54 所示，含不同缺陷的模型中中心频率 200kHz 下的波场如图 6.55～图 6.59 所示。20μs 时刻下的波场，展现了信号还未到达缺陷时的波场状态；25μs 时刻下的波场，展现了部分信号进入缺陷时的波场状态；32μs 时刻下的波场，展现了信号完全进入缺陷后的波场状态；40μs 时刻下的波场，展现了信号刚好完全离开缺陷时的波场状态；相较于一维波场，二维波场更加全面地展现了波场信号的传播过程及波场信号与缺陷之间的相互作用过程。波场信号传播到缺陷内部时，随着缺陷深度的增加，缺陷内波数增大现象越来越明显。特别是对于深度为 2.5mm 的缺陷，当波场信号传播离开缺陷后，一部分信号被困在缺陷内部，如图 6.59 所示。图 6.55～图 6.59 中方框表示实际缺陷位置。

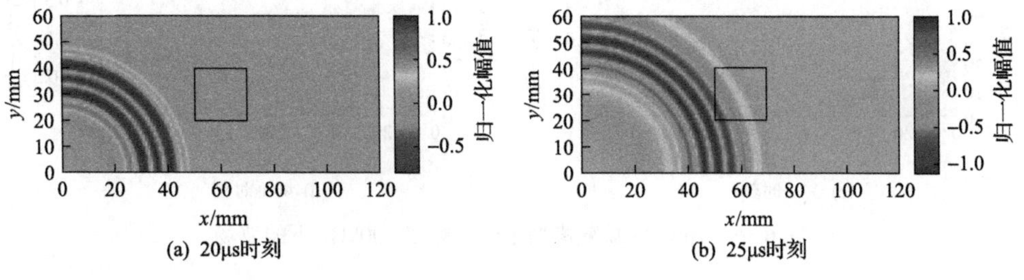

(a) 20μs时刻　(b) 25μs时刻

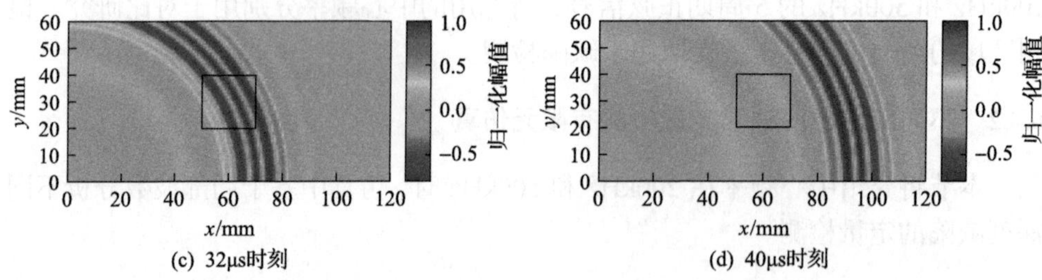

(c) 32μs时刻　　(d) 40μs时刻

图 6.54　无缺陷模型中中心频率 200kHz 下的波场

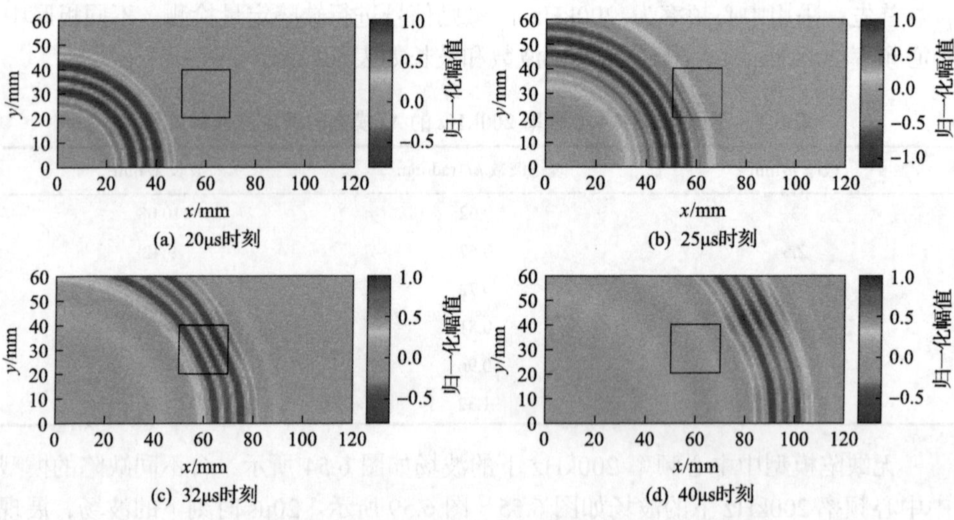

(a) 20μs时刻　　(b) 25μs时刻

(c) 32μs时刻　　(d) 40μs时刻

图 6.55　0.5mm 深缺陷模型中中心频率 200kHz 下的波场

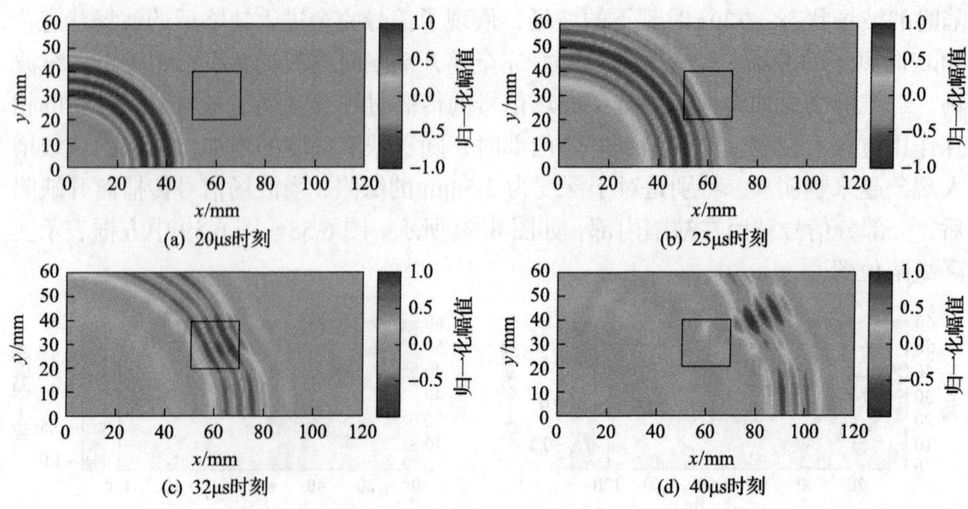

(a) 20μs时刻　　(b) 25μs时刻

(c) 32μs时刻　　(d) 40μs时刻

图 6.56　1mm 深缺陷模型中中心频率 200kHz 下的波场

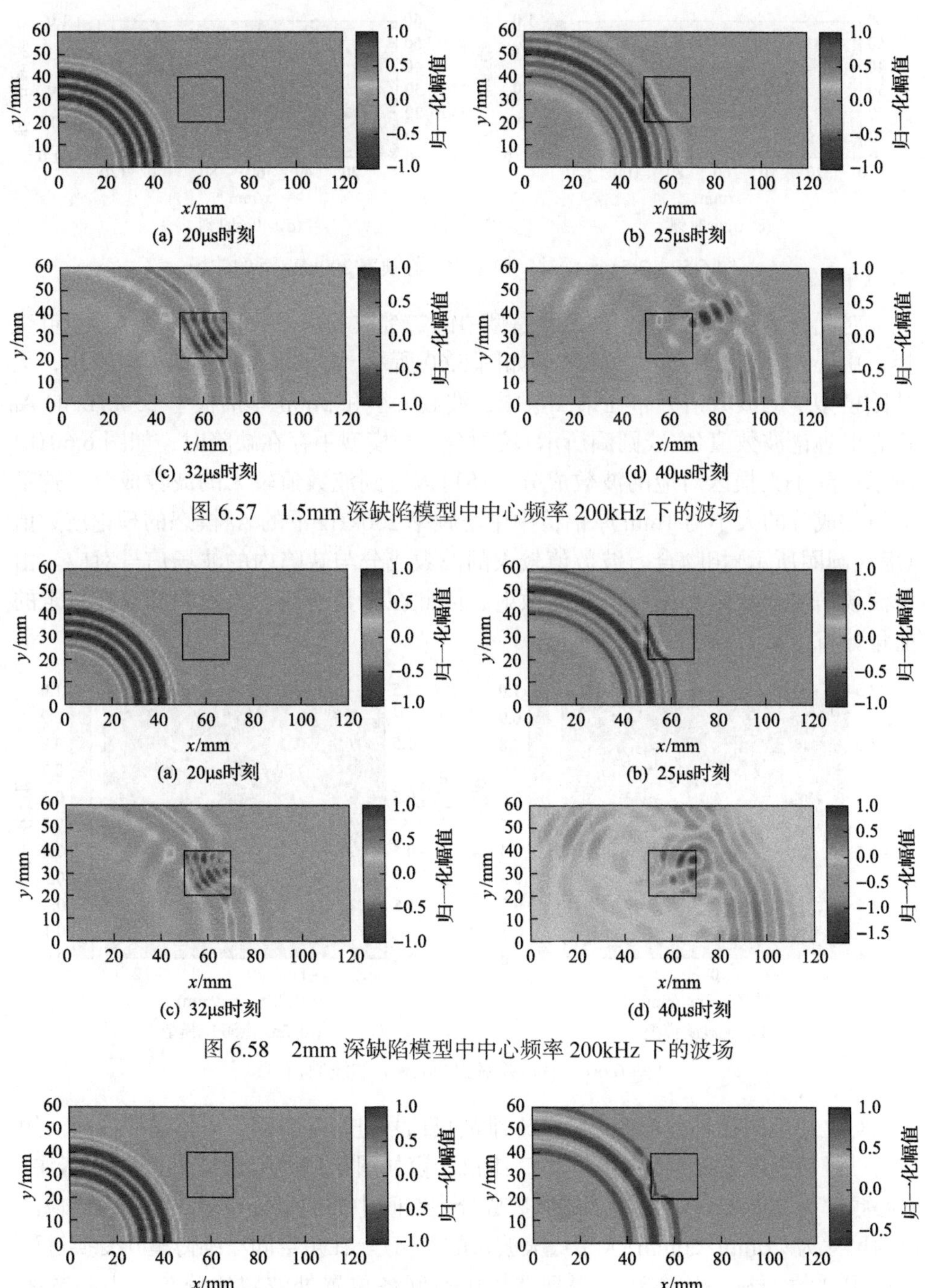

(a) 20μs时刻　(b) 25μs时刻

(c) 32μs时刻　(d) 40μs时刻

图 6.57　1.5mm 深缺陷模型中中心频率 200kHz 下的波场

(a) 20μs时刻　(b) 25μs时刻

(c) 32μs时刻　(d) 40μs时刻

图 6.58　2mm 深缺陷模型中中心频率 200kHz 下的波场

(a) 20μs时刻　(b) 25μs时刻

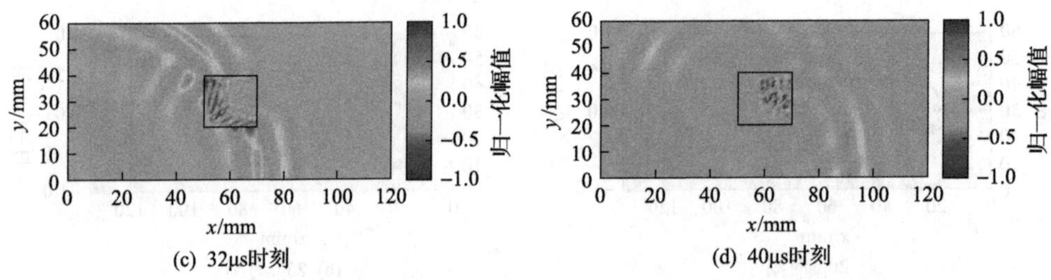

(c) 32μs时刻　　(d) 40μs时刻

图 6.59　2.5mm 深缺陷模型中中心频率 200kHz 下的波场

对无缺陷和缺陷深度为 2mm 模型中的二维波场信号分别进行三维傅里叶变换，中心频率 200kHz 下的波数谱如图 6.60 所示。从图 6.60(a)中可以看出，无缺陷模型中的波数谱分布在第二象限，波数大小和 3mm 厚铝板中 200kHz 的 A_0 模态的理论波数值(实线圆圈所示)较吻合。当模型中存在缺陷时，如图 6.60(b)所示，除了无损区对应的波数成分，还可以看到波数值较大的波数成分，这部分波数成分的大小与 1mm 厚铝板中中心频率 200kHz 下的 A_0 模态的理论波数值(虚线圆圈所示)相吻合。波数值较大的波数成分与缺陷内的波场信号对应。由于波场信号与缺陷作用后向四周散射，因此在波数谱四个象限中都存在一定的能量分布。

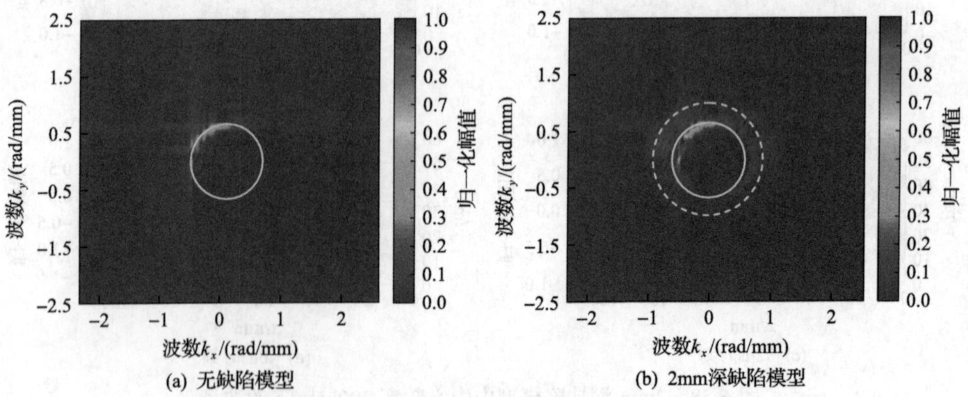

(a) 无缺陷模型　　(b) 2mm深缺陷模型

图 6.60　中心频率 200kHz 下的波数谱

对上述不同损伤程度模型中的二维波场信号进行短空间三维傅里叶变换。短空间三维傅里叶变换过程中用到的三维汉宁窗如图 6.3 所示。选择 3mm 厚铝板中，中心频率为 200kHz 的 A_0 模态的波数成分在空间中的能量分布对缺陷进行成像。窗的尺寸为 20mm×20mm(大于最大波长的两倍)。在短空间三维傅里叶变换过程中运用波数加权平均方法，得到波场中空间各位置处波数的分布。中心频率 200kHz 下不同损伤程度模型的空间-波数分布如图 6.61 所示。

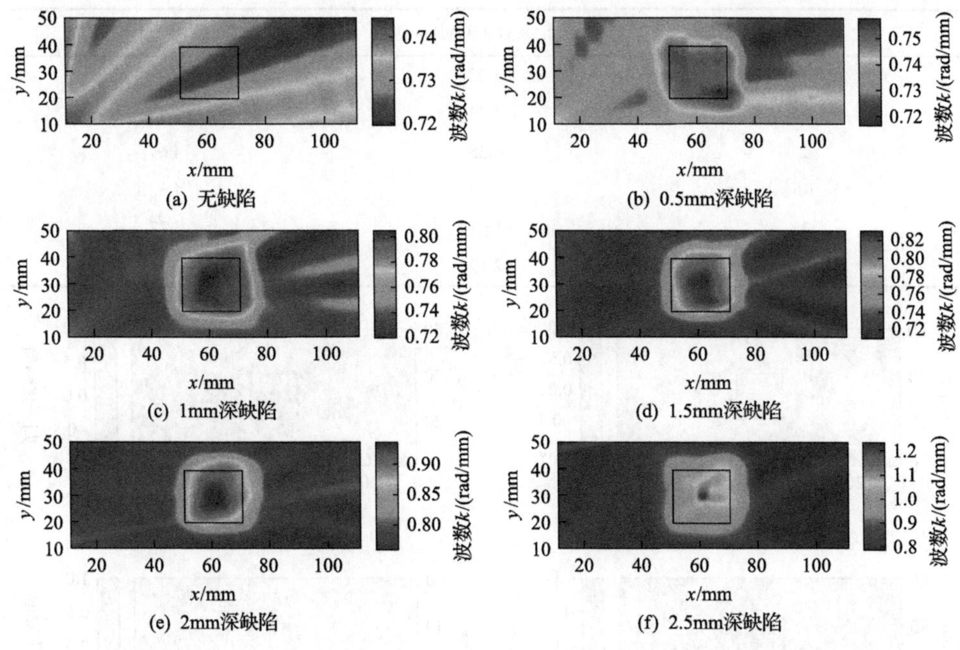

图6.61　中心频率200kHz下不同损伤程度模型的空间-波数分布

从表6.1中可以看出，板厚从3mm减小到2mm，理论波数仅变化0.1rad/mm。又由于加窗后产生能量泄漏，因此在缺陷深度为0.5～1mm时，图6.61(b)所示缺陷区域波数的评估结果不具有可信度，但仍可从中看出缺陷的轮廓形状。从图6.61展示的结果中可以看出，当缺陷深度为1.5mm或更深时，缺陷区域波数的评估结果和理论值较为吻合。由于缺陷越深，缺陷区域的波数值越大，越远离干扰波数，从而波数分布图的信噪比越高，缺陷轮廓更清晰，因此缺陷越深，结果中缺陷的轮廓更加清晰并越接近实际形状。

2. 中心频率为500kHz时

不同板厚中中心频率500kHz的A_0模态的理论波数和波长如表6.2所示。不同缺陷模型中中心频率500kHz下的波场如图6.62～图6.67所示。相较于中心频率200kHz下不同时刻下的二维波场信号，中心频率500kHz下的波场信号传播速度更快，波长更短，缺陷散射现象更明显。随着缺陷深度的增加，波场信号经过缺陷后可看到有一部分信号被困在缺陷内部。

表 6.2　不同板厚中中心频率 500kHz 的 A_0 模态的理论波数和波长

板厚 h/mm	理论波数 k/(rad/mm)	波长 λ/mm
3	1.23	5.12
2.5	1.27	4.93
2	1.35	4.67
1.5	1.46	4.32
1	1.67	3.77
0.5	2.19	2.88

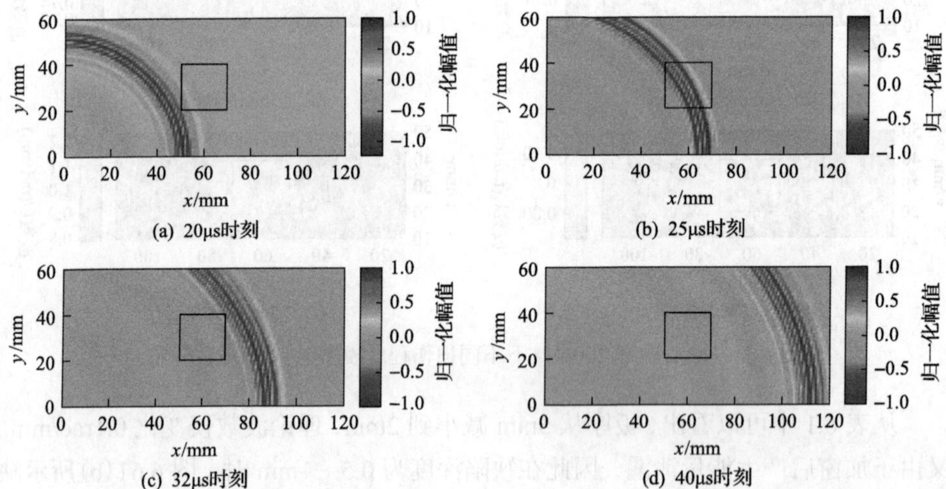

图 6.62　无缺陷模型中中心频率 500kHz 下的波场

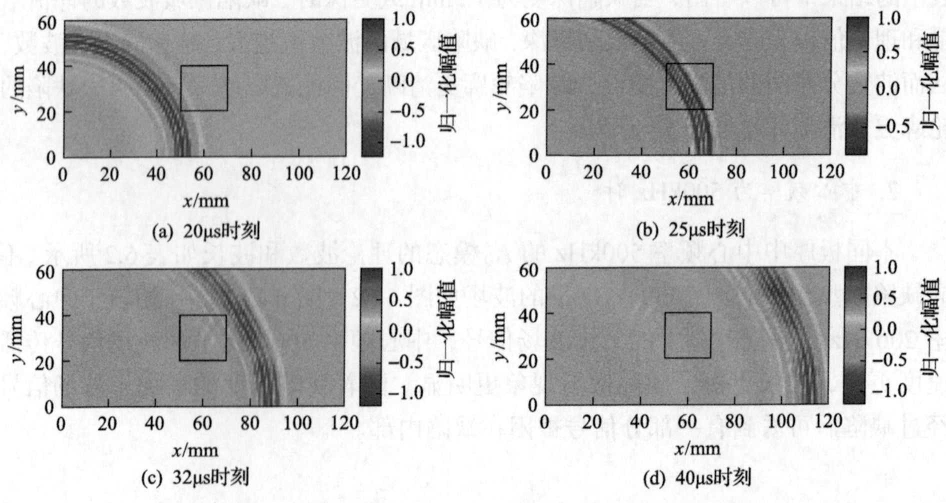

图 6.63　0.5mm 深缺陷模型中中心频率 500kHz 下的波场

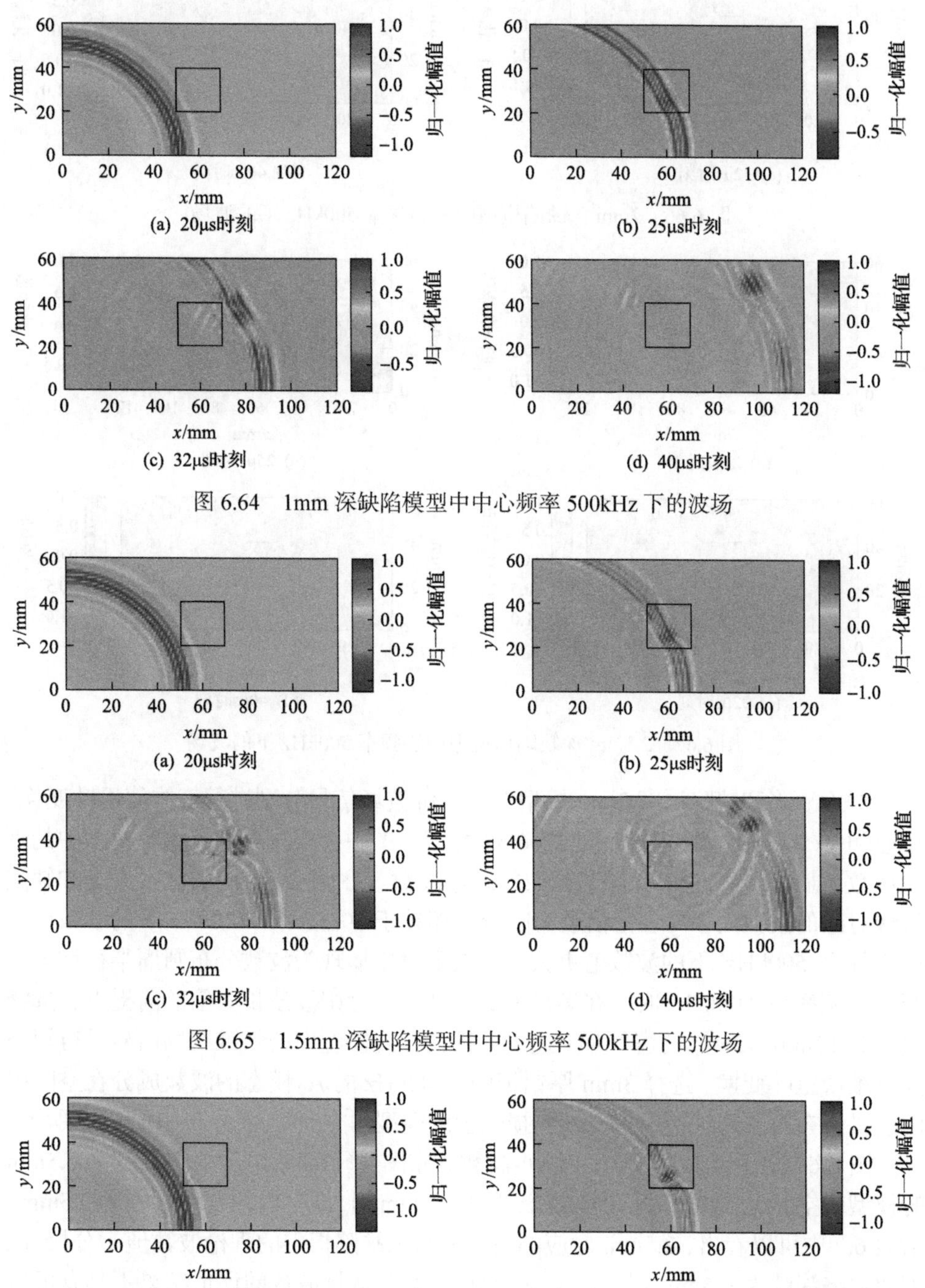

(a) 20μs时刻　(b) 25μs时刻

(c) 32μs时刻　(d) 40μs时刻

图 6.64　1mm 深缺陷模型中中心频率 500kHz 下的波场

(a) 20μs时刻　(b) 25μs时刻

(c) 32μs时刻　(d) 40μs时刻

图 6.65　1.5mm 深缺陷模型中中心频率 500kHz 下的波场

(a) 20μs时刻　(b) 25μs时刻

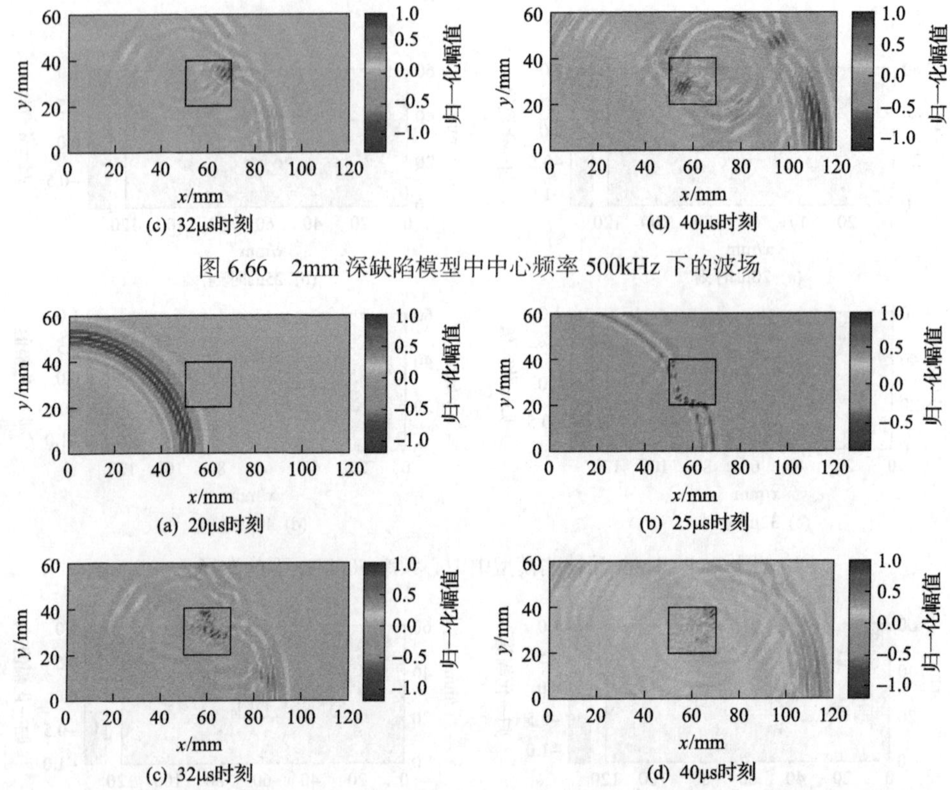

图 6.66　2mm 深缺陷模型中中心频率 500kHz 下的波场

图 6.67　2.5mm 深缺陷模型中中心频率 500kHz 下的波场

对无缺陷和缺陷深度 2mm 模型中的二维波场信号分别进行三维傅里叶变换，中心频率 500kHz 下的波数谱如图 6.68 所示。图中，实线对应无缺陷模型中的理论波数，虚线对应 2mm 深缺陷区域的理论波数。无损区域对应的波数大小和缺陷区域对应的波数大小与理论值较为吻合。相较于中心频率 200kHz 下的波数谱，中心频率 500kHz 下的波数值更大，在波数谱中体现为波数分布圆周半径增大。当中心频率为 500kHz 时，在满足窗的尺寸大于兰姆波波长两倍的前提下，选择尺寸为 13mm×13mm 的窗。对上述不同损伤程度模型中的二维波场信号进行短空间三维傅里叶变换。选择 3mm 厚铝板中，500kHz 的 A_0 模态的波数成分在空间中的能量分布对缺陷进行成像，不同损伤程度模型的空间-波数分布如图 6.69 所示。

图 6.69(a)为无缺陷模型的空间-波数分布图，图 6.69(b)为缺陷深度为 0.5mm 时模型的空间-波数分布图。当缺陷深度为 0.5mm 时，缺陷内的残余板厚为 2.5mm，从表 6.2 中可以看出，2.5mm 对应的波数值与无缺陷板中的理论波数值十分接近。因此缺陷深度为 0.5mm 时，图 6.69(b)所示缺陷区域波数的评估结果不具有可信度，但仍可从中看出缺陷的轮廓形状。对比图 6.69(b)～(f)可以看出，随着缺陷深度的增加，缺陷区域内波数的评估结果越来越准确，缺陷轮廓越来越清晰。

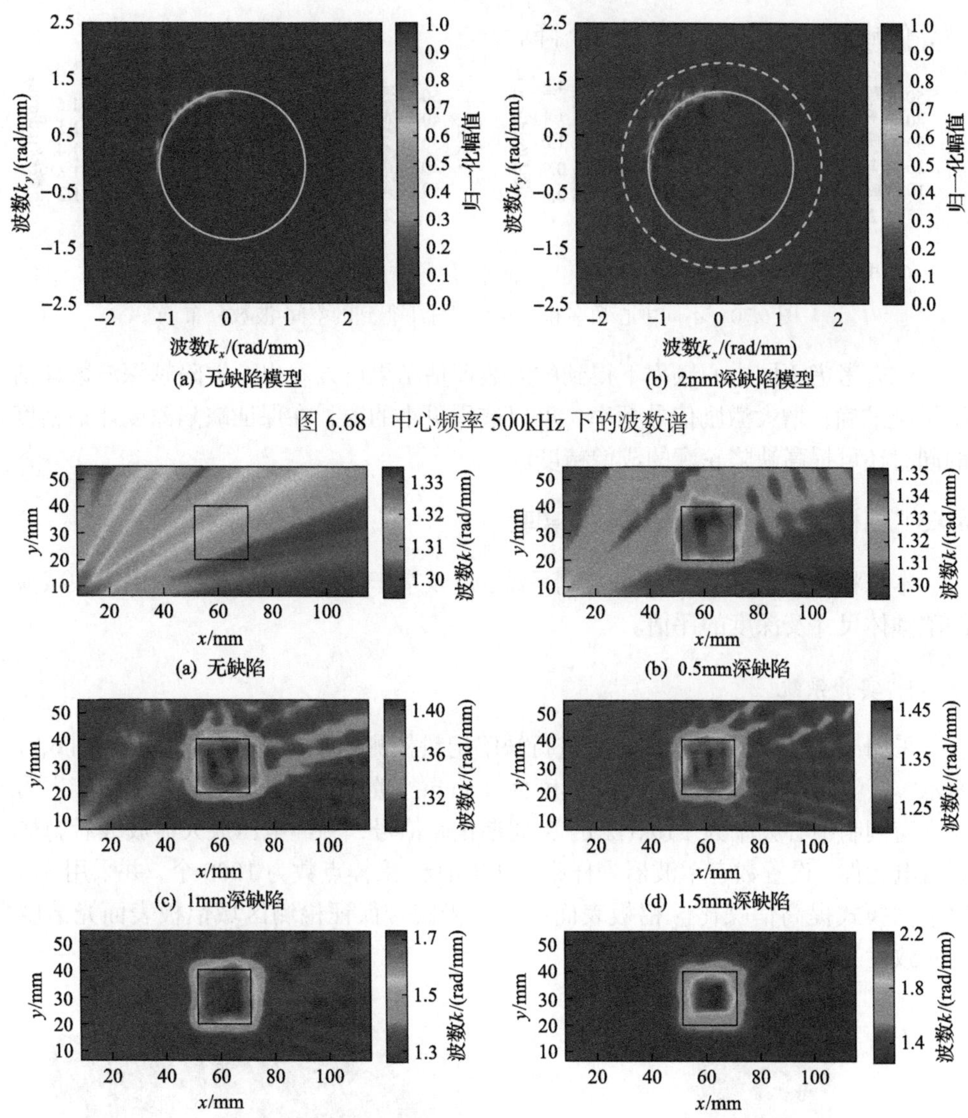

图 6.68　中心频率 500kHz 下的波数谱

图 6.69　中心频率 500kHz 下得到的空间-波数分布

缺陷深度为 2mm，中心频率为 200kHz、窗宽为 13mm 时的检测结果和中心频率为 500kHz、窗宽为 20mm 时的检测结果如图 6.70 所示。从图 6.70(a)可以看出，在中心频率为 200kHz 时，相较于窗宽为 20mm 时的空间-波数分布结果，窗宽减小到 13mm 后，缺陷的轮廓更加清晰，但是缺陷区域内的波数评估误差明显增大。如图 6.70(b)所示，在中心频率为 500kHz 时，相较于窗宽为 13mm 下的空间-波数分布结果，窗宽增大到 20mm 后，缺陷区域内的波数评估精度基本保持不变，但缺陷轮廓形状的成像精度下降。

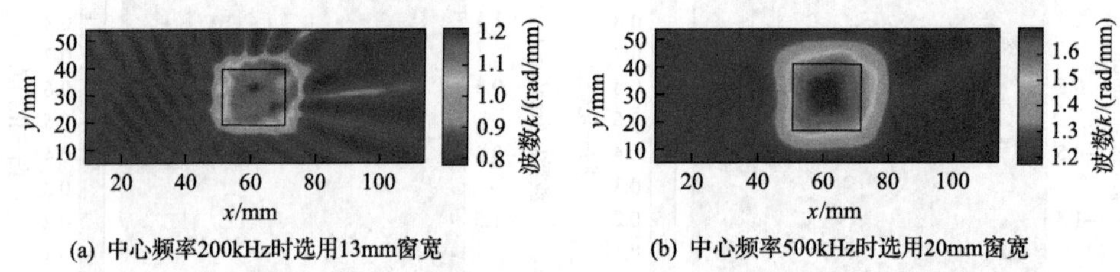

图 6.70　不同中心频率和窗函数尺寸下得到的空间-波数分布

综合考虑不同中心频率下得到的波数评估结果可以看出，缺陷越深波数评估结果越准确；增大激励信号频率，可以选用更小的窗，在保证缺陷深度评估精度的同时还可提高缺陷轮廓的成像精度。

6.4.3　铝板中减薄缺陷的定量检测实验

本节将介绍压电-激光超声检测系统，以及基于局部波数分析法的铝板中减薄缺陷整体尺寸及深度的评估。

1. 实验系统

采用压电-激光超声检测系统进行缺陷定量检测实验研究，实验系统如图 6.71 所示。压电元件的直径为 6mm，厚度为 0.5mm。激励信号是由函数发生器产生的汉宁窗调制中心频率为 210kHz 的 3 周期正弦信号，并经电压放大器放大后施加到压电元件。设置数字示波器采样率为 10MHz，采样点数为 1000 个，并采用 512 次平均模式提高信噪比。铝板表面粘贴反光胶带保证检测区域铝板表面光洁度的一致性。

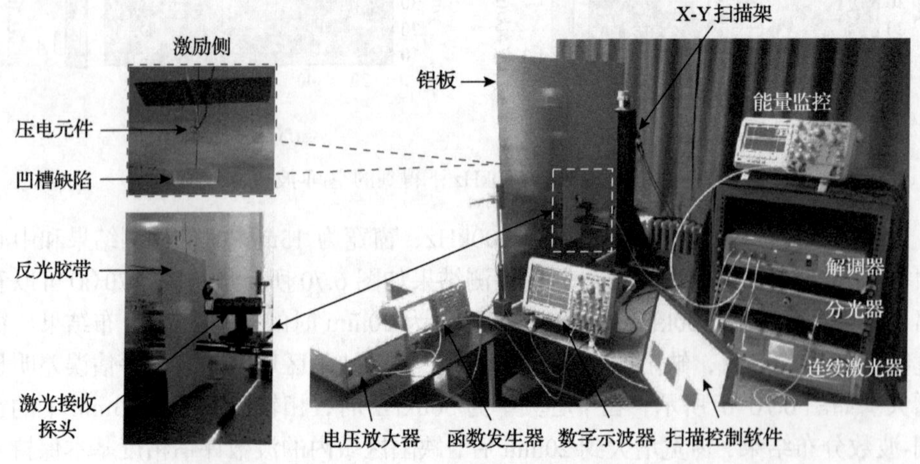

图 6.71　压电-激光超声检测系统

从缺陷背面看，待检铝板示意图如图 6.72 所示。实验样板为尺寸为 1000mm×1000mm×1.7mm 的铝板，其被垂直安放在实验台上。铝板中的缺陷尺寸为 30mm×20mm×1.4mm，缺陷关于铝板中线对称，缺陷下边缘距铝板底端 300mm。检测区域尺寸为 80mm×60mm。检测区域左下角作为坐标原点(0,0)mm，缺陷左下角坐标为(20,30)mm。压电元件位于检测区域上方，距检测区域上边缘 10mm，坐标为(30,90)mm。接收光斑从检测区域左上角开始沿 x 轴正方向，以 1mm 为步长扫描采集波场信号。激光接收探头每采集完一行数据，沿 y 轴正方向移动 1mm 到下一行，再移回接收区域最左侧(x=0mm)，之后沿 x 轴正方向扫描采集。按上述方式对检测区域内的波场信号进行采集，共需采集 61×81=4941 组数据。

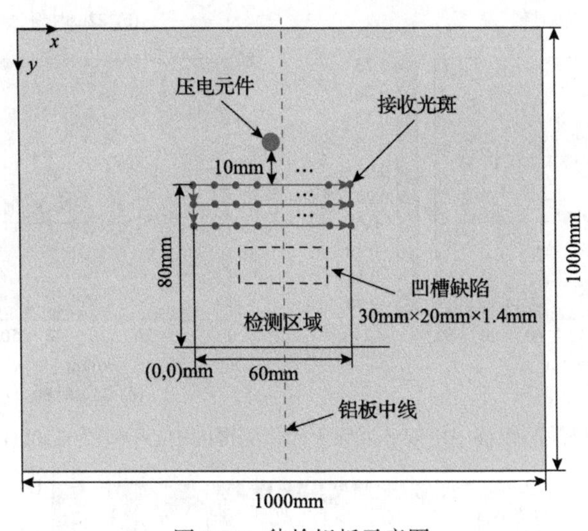

图 6.72　待检铝板示意图

2. 实验结果

图 6.73 为含凹槽缺陷铝板中由双波混频干涉仪测得的中心频率为 210kHz 的波场快照。如图 6.73 所示，波场信号传播到缺陷时，波场会发生明显的变化，在缺陷处发生明显的反射。当信号离开缺陷后，仍有部分信号被困在缺陷内部。因此，从波场中可直观地看出缺陷的有无及缺陷的位置。

对采集得到的二维波场信号进行三维傅里叶变换，提取中心频率 210kHz 下的波数谱，如图 6.74 所示。图 6.74 中实线和虚线分别代表理论无损区域的波数值和缺陷区域的波数值。从图 6.74 中可同时看到无损区域和缺陷区域的波数成分。其中，沿 y 轴正方向传播的信号在波数谱中的能量分布在第三和第四象限，沿 y 轴负方向传播的信号能量分布在第一和第二象限。根据波数谱中能量的强弱可以看出，沿 y 轴正方向传播的信号能量占优，被缺陷反射沿 y 轴负方向传播的信号相对较少。

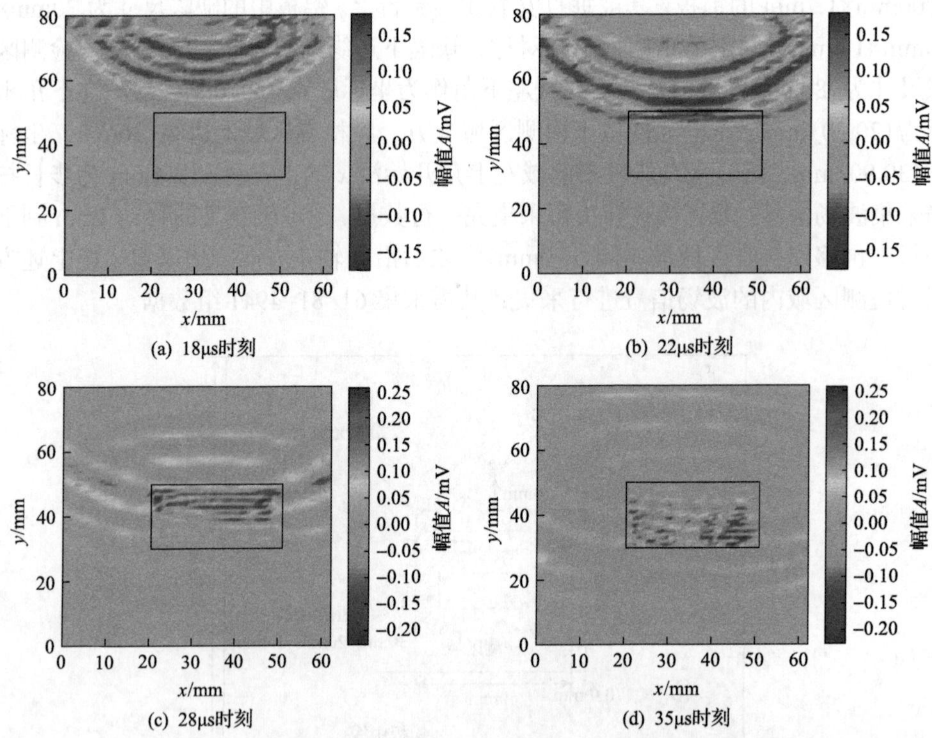

图 6.73　含凹槽缺陷铝板中由双波混频干涉仪测得的中心频率为 210kHz 的波场快照

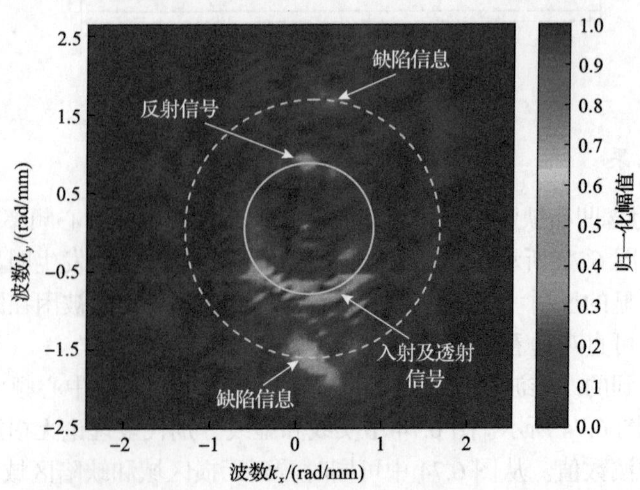

图 6.74　含凹槽缺陷铝板在中心频率 210kHz 下的波数谱

二维汉宁窗尺寸为 15mm×15mm，对二维波场信号进行短空间三维傅里叶变换。变换过程中运用波数加权平均方法，得到波场中空间各位置处波数的分布。中心频率为 210kHz 时得到的空间-波数分布如图 6.75 所示。图 6.75 中矩形框为理论缺陷区域，可以看出缺陷轮廓和理论边界吻合较好。缺陷区域理论波数为 1.7rad/mm，通过缺陷区域内波数的评估结果可以看出评估结果和理论值吻合较好。

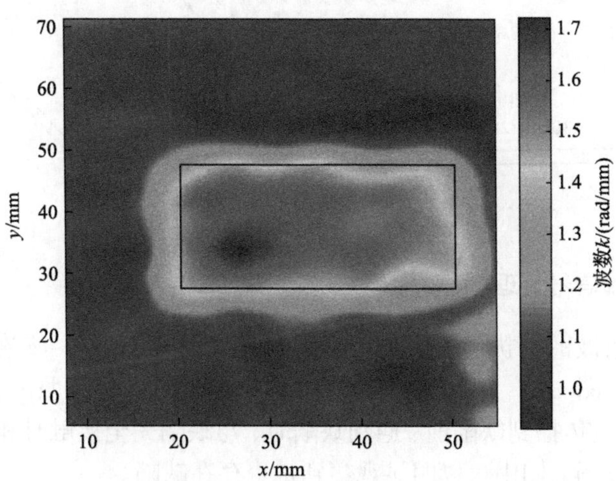

图 6.75　中心频率为 210kHz 时得到的空间-波数分布

6.5　基于瞬时波数分析的铝板中减薄缺陷检测

6.4 节介绍了基于局部波数分析，不同深度减薄缺陷定量检测有限元仿真，以及减薄缺陷定量检测实验。本节将基于瞬时波数分析，介绍铝板中减薄缺陷定量检测有限元仿真，以及基于压电-激光超声检测系统铝板中减薄缺陷的定量检测[5,6]。

6.5.1　缺陷参数化建模

本节与 6.2.1 节相同，采用 MATLAB 和 ABAQUS 相结合的方法建立仿真模型。图 6.76 为仿真模型示意图，模型尺寸为 500mm×500mm，板厚为 3mm。以矩形凹槽模拟腐蚀减薄缺陷，尺寸为 30mm×20mm，缺陷深度为 2mm。实心大圆代表激励点，位于扫描区域的左下角，检测区域为 50mm×120mm，实心小圆代表信号接收点，均匀分布于待测表面，采集间距为 1mm，空间采样点数共为 50×121=6050 个，信号采样点数为 4000 个。网格单元、尺寸与 6.4.1 节相同。分析时间步长为 10ns，在有限元模型中，激励信号激励点位于扫描区域的左上角，信号接收位置在板表面并提取其离面位移分量。为激励出纯净的 A_0 模态，采用反对称的加载方式在铝板上下表面同一位置处施加两个大小相等、方向相反的点载荷作为激励源。激励信号为汉宁窗调制中心频率为 200kHz 的 5 周期正弦信号。

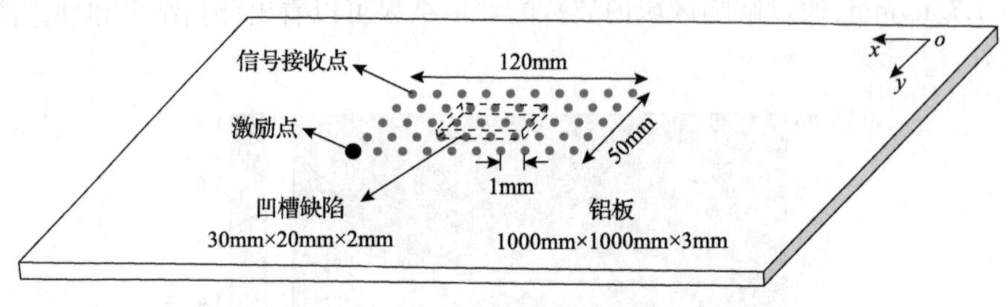

图 6.76　仿真模型示意图

6.5.2　波场仿真信号处理

为避免入射波的干扰，采用频率-波数滤波方法，在频率-波数域滤除入射波加强损伤信息。图 6.77 为带有缺陷的铝板中不同时刻波场快照，从图 6.77(a)～(d)中可以看出波传播到缺陷前、遇到缺陷时、与缺陷完全接触时和离开缺陷时的波场情况。从波场云图中可以明显观察到是否存在缺陷。

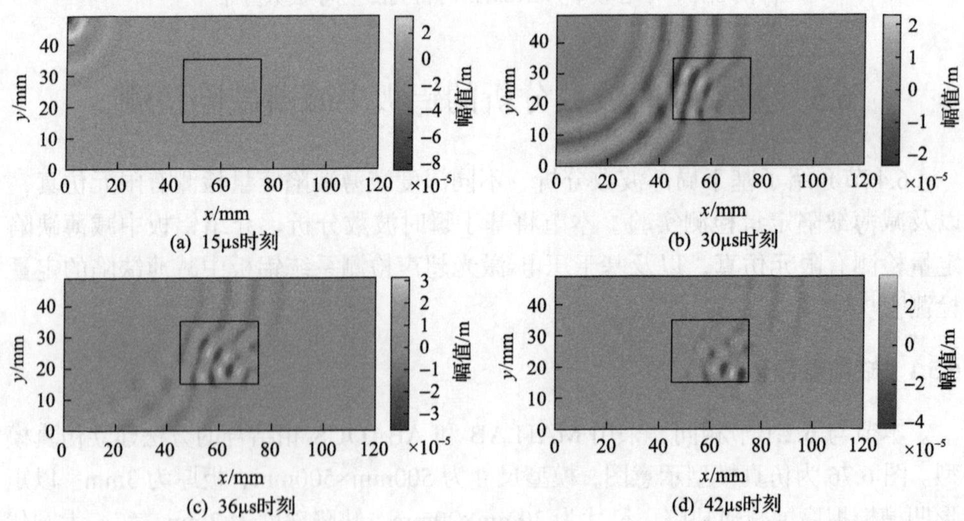

图 6.77　带有缺陷的铝板中不同时刻波场快照

对波场数据进行三维傅里叶变换，可得到如图 6.78 所示的中心频率为 200kHz 的波数谱。从波数谱中可看出 A_0 模态与 S_0 模态在 3mm 板厚以及 1mm 板厚(缺陷处残余板厚)处的波数信息且两者之间具有一定的波数距离，那么通过去除频率-波数域中无损伤板厚的波数信息即可滤除入射波信息。

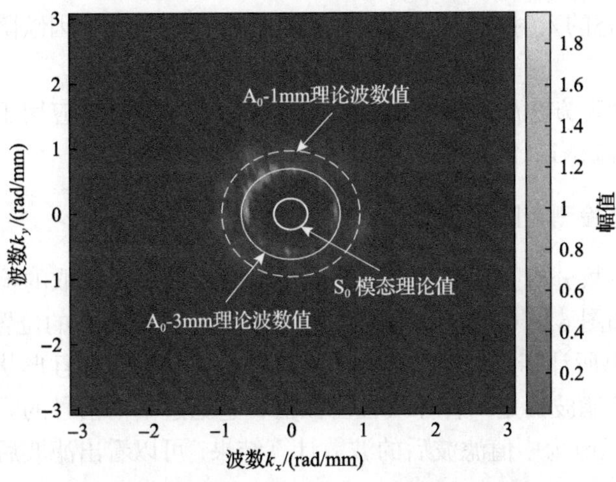

图 6.78　仿真中中心频率为 200kHz 的波数谱

通过三维 Turkey 窗构建二维圆形带通滤波器。图 6.79 为仿真中的滤波器与滤波后波数谱，图 6.79(a)为仿真中采用的带通滤波器，利用带通滤波器在频率-波数域进行滤波。对于滤波后的中心频率频谱，采用二维傅里叶逆变换获得滤波后的中心频率波场云图如图 6.80 所示，从滤波后的波场中可明显看出无损伤板处 S$_0$

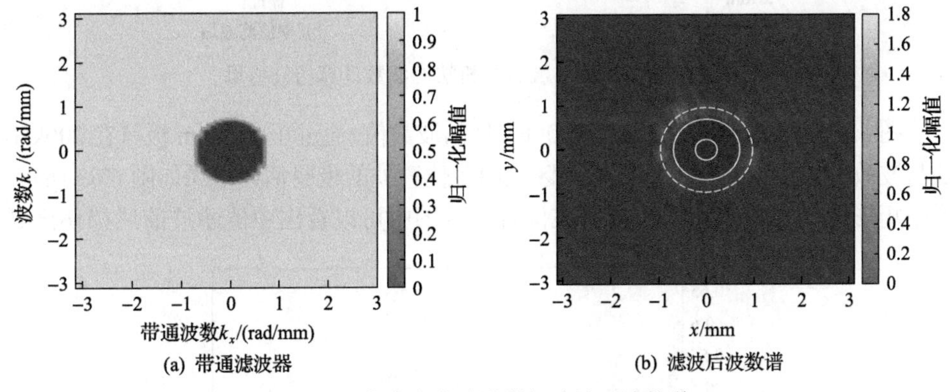

图 6.79　仿真中的滤波器与滤波后波数谱

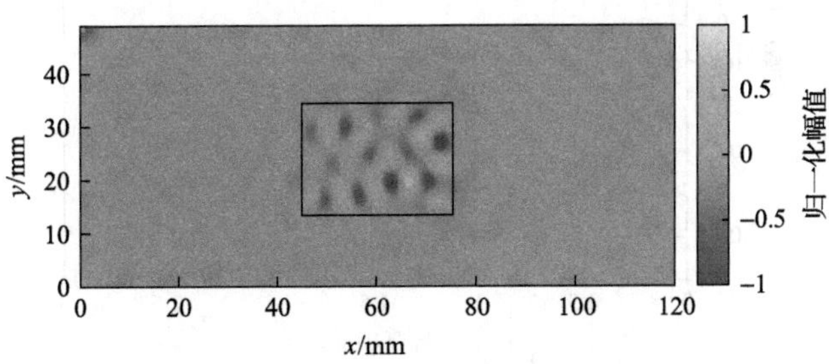

图 6.80　滤波后的中心频率波场云图

模态以及 A_0 模态的入射波与边界反射信息已被滤除，只留下因缺陷发生变化的波场信息。

该波场预处理方法所得滤波后的单频单模态波场将直接应用于基于瞬时波数分析的铝板减薄缺陷量化检测。

6.5.3　缺陷量化检测有限元仿真

利用瞬时波数分析方法处理滤波后的中心频率波场，求取的检测区域内各位置处的波数值如图 6.81(a)所示，图中矩形框为实际缺陷所在的位置及形状。从图 6.81(a)中可看出所计算的波数值大部分存在于缺陷区域，并且形状轮廓符合实际缺陷形状。中值滤波器是一种非线性滤波器，它通过平滑信号的峰值来降低噪声的影响。图 6.81(b)为中值滤波后的波数计算结果，可以看出滤波后缺陷成像效果有所提升。

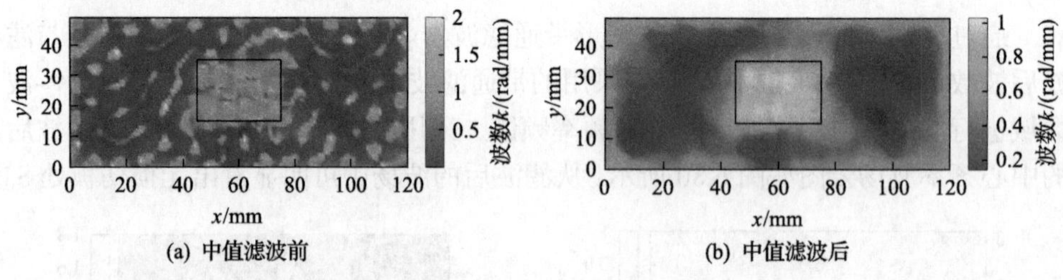

图 6.81　基于瞬时波数分析法的波数计算仿真结果

图 6.82 为 0.1～3mm 板厚在 200kHz 处的波数值，通过 0.1～3mm 板厚在 200kHz 处与波数的关系，折算出铝板检测区域内各位置处的板厚估计结果如图 6.83 所示。图中矩形框为真实缺陷形状与所在位置，从图中可以看出中值滤波前后损伤区域

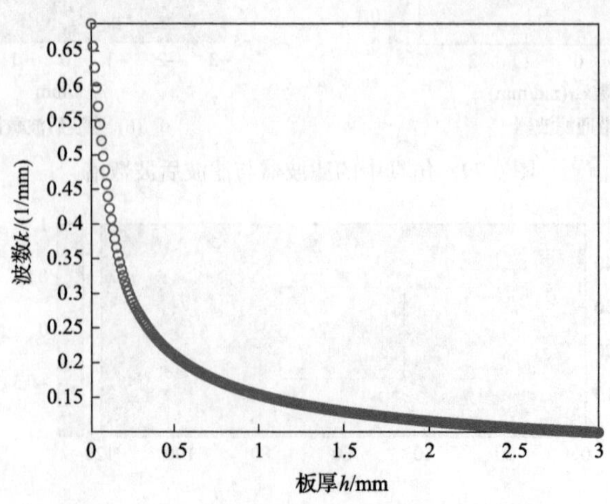

图 6.82　0.1～3mm 板厚在 200kHz 处的波数值

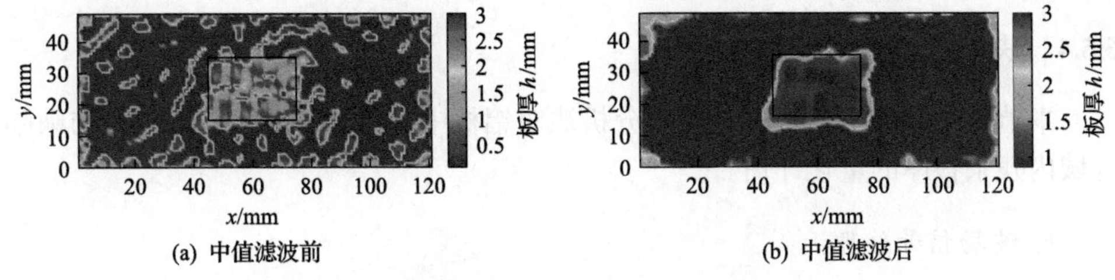

图 6.83 基于瞬时波数分析的板厚估计结果

的板厚大部分接近 1mm，无损伤区域的板厚大部分接近 3mm，与实际板厚相符合；缺陷处的残余板厚与位置基本与实际缺陷形状相符，中值滤波后缺陷内残余板厚的估计精度有所提高。

为计算板中缺陷残余板厚估计的精度，沿着图 6.83 所示板厚估计结果中 y=30mm 位置处提取板厚，绘制板厚截面曲线如图 6.84 所示。图中实线为实际板厚，虚线为瞬时波数分析法计算所得板厚估计值。从两条曲线对比中可看出板厚估计值与实际板厚基本相符合，通过式(6.25)计算缺陷处中值滤波前后的平均误差分别为 0.19mm 和 0.27mm，并且板厚估计值基本在缺陷边缘处发生骤变。说明该方法对板中减薄损伤较敏感，在精确量化检测损伤的形状与深度方面具有很大的潜力。

$$e(x,y)=\frac{1}{n}\sum_{i=1}^{n}|d_r(x_i,y_i)-d_t(x_i,y_i)| \tag{6.25}$$

式中：d_r——测量值；

d_t——实际板厚值；

n——总测量数量；

$i=1,2,\cdots,n$。

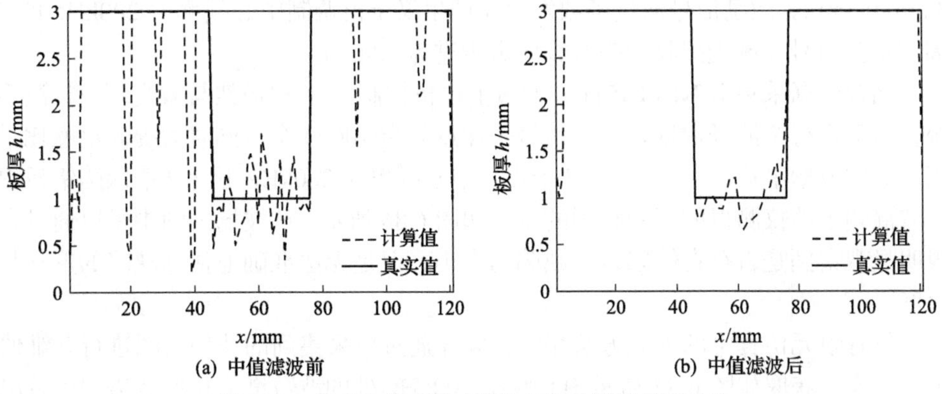

图 6.84 仿真中基于瞬时波数分析的板厚截面曲线

6.5.4 缺陷量化检测实验

本节将介绍在实验中瞬时波数分析法对铝板中腐蚀减薄缺陷轮廓成像与缺陷区域内残余板厚的量化评估。

1. 波场信号处理

采用与 6.4 节类似的压电-激光超声检测系统。待测铝板与激光超声检测系统示意图如图 6.85 所示，待测铝板尺寸为 1000mm×1000mm×3mm，缺陷尺寸为 30mm×20mm×2mm，以矩形凹槽为中心检测区域设计为 80mm×60mm。

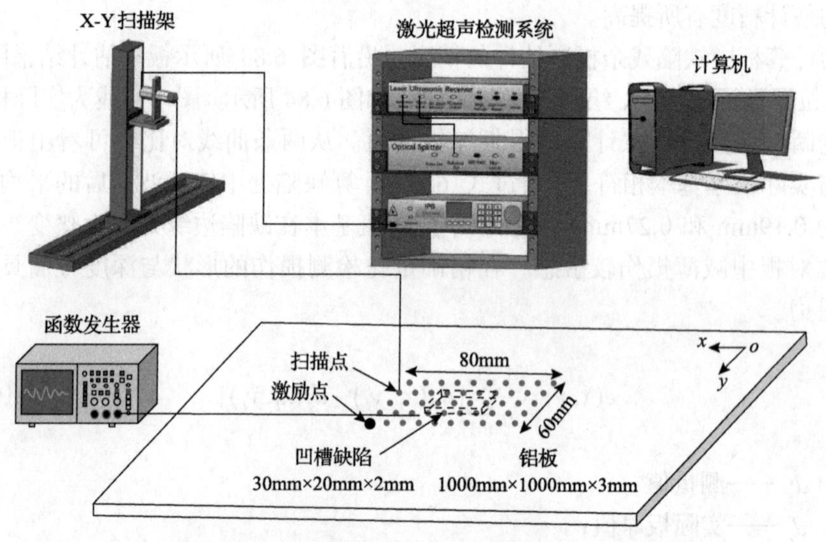

图 6.85 待测铝板与激光超声检测系统示意图

采用压电元件作为激励传感器，位于检测区域的右上角处，压电元件尺寸为 8mm×0.5mm。激励信号通过函数发生器产生汉宁窗调制中心频率为 200kHz 的 5 周期正弦信号。激光接收探头接收光斑步进为 1.5mm。

结合数据采集卡 NI-PCI5114，通过上位机控制 X-Y 扫描架与激光超声检测系统，自动进行全波场数据采集，信号采样点数为 10000 个，同时为提高信噪比采用 512 次波形平均，共采集 1927 个点。中心频率在 200kHz 下含凹槽缺陷铝板中双波混频干涉仪测得的不同时刻的波场如图 6.86 所示。从波场云图中可以通过人眼明显观察到是否存在缺陷以及缺陷的大小，但是无法准确地估计缺陷的形状与深度。

与有限元仿真中的处理方法相同，同样通过对采集到的波场云图进行三维傅里叶变换，获取如图 6.87 所示中心频率 200kHz 处的波数谱，从波数谱中可看出

A_0 模态、S_0 模态对应 3mm 板厚以及 1mm 板厚处的波数信息，可以直观地看出实验中不同板厚实际波数测量值与理论值相符合。

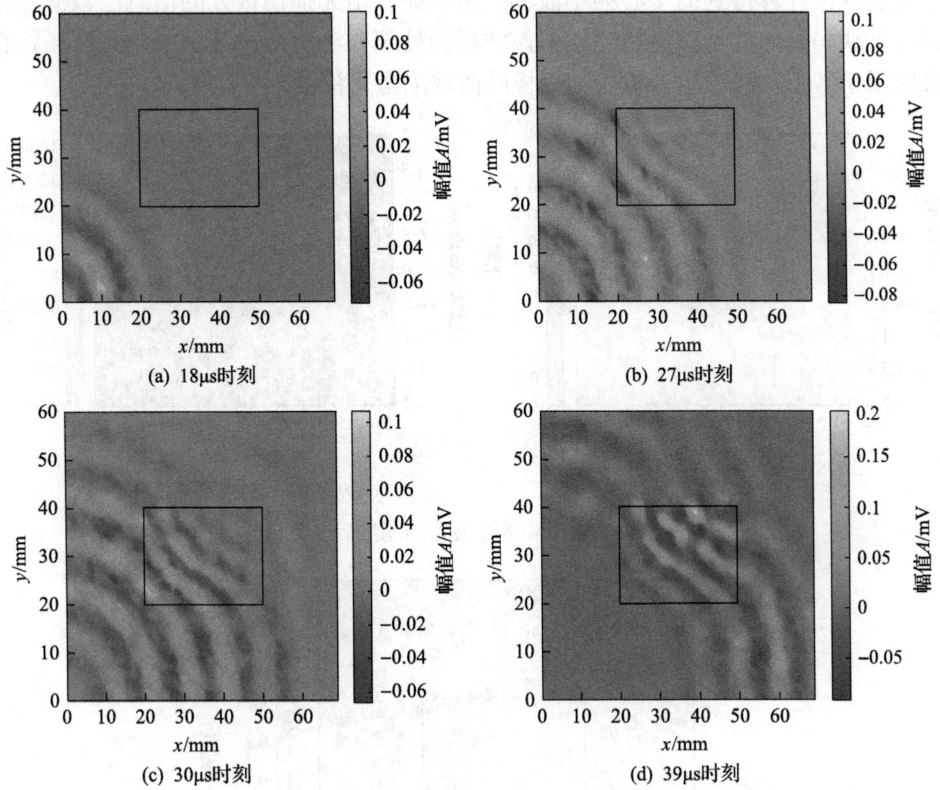

(a) 18μs时刻

(b) 27μs时刻

(c) 30μs时刻

(d) 39μs时刻

图 6.86　含凹槽缺陷铝板中双波混频干涉仪测得的不同时刻的波场

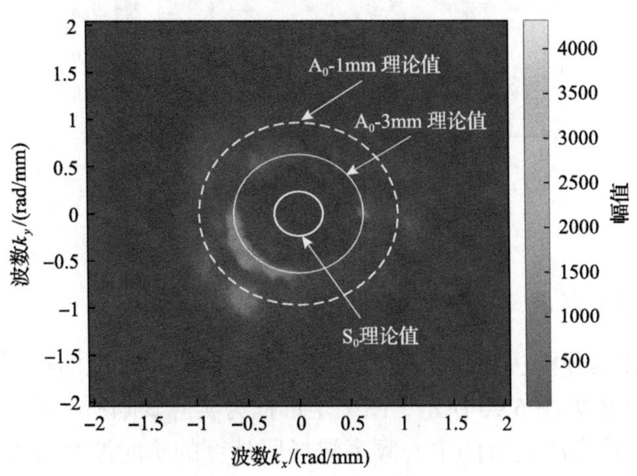

图 6.87　实验中中心频率 200kHz 处波数谱

图 6.88(a)为实验中采用的带通滤波器；图 6.88(b)为滤波后的中心频率波数谱，波数谱中只留下了缺陷残余板厚对应的波数信息。图 6.89 为图 6.88(b)经傅里叶逆变换计算得到的中心频率波场，可明显看出无损伤板处的信息已被滤除，只留下缺陷处的波场信息。同样，该波场预处理方法所得滤波后的单频波场将直接应用于基于瞬时波数分析法的铝板减薄缺陷量化检测。

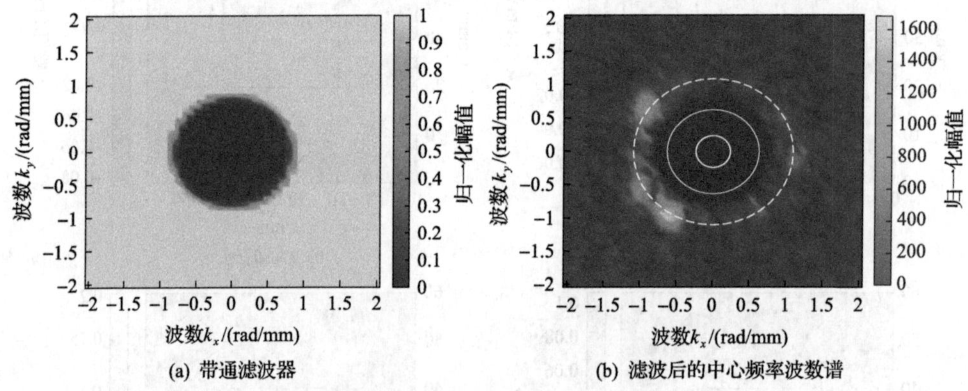

图 6.88　仿真中的滤波器与滤波后波数谱

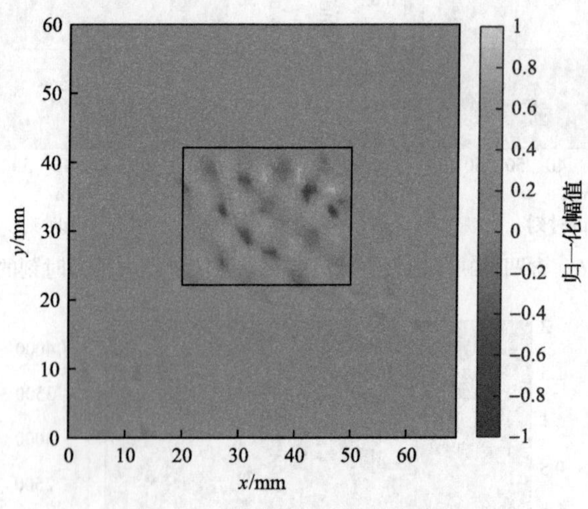

图 6.89　滤波后的中心频率波场

2. 瞬时波数铝板减薄缺陷量化评估

利用瞬时波数分析法处理滤波后的中心频率波场，求取的检测区域内各位置处的波数计算结果如图 6.90 所示，图中矩形框为实际缺陷所在的位置及形状。从图 6.90(a)中可看出滤波后的中心频率波场所计算的瞬时波数值大部分存在于缺陷区域，并且形状轮廓符合实际缺陷形状。

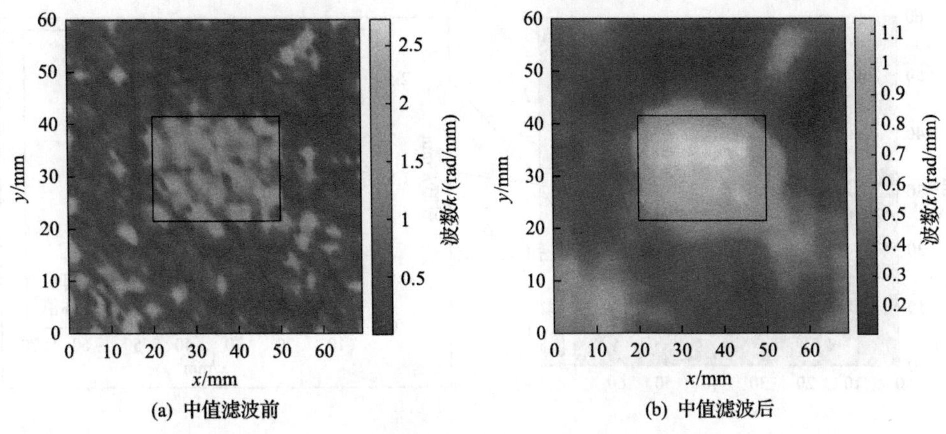

图 6.90 基于瞬时波数分析法的波数计算实验结果

为滤除噪声，对滤波后的空间波数谱进行中值滤波处理，图 6.90(b)为中值滤波处理后的波数谱，滤波后缺陷内部波数更加均匀，但是对缺陷边缘会产生不利影响。通过 200kHz 处板厚波数频散关系折算出的板厚图如图 6.91 和图 6.92 所示，从图中可以看出损伤区域的板厚大部分接近 1mm，无损伤区域的板厚大部分接近 3mm，与实际板厚情况相符。缺陷的板厚成像结果中，缺陷的形状与位置基本与实际缺陷形状相符。

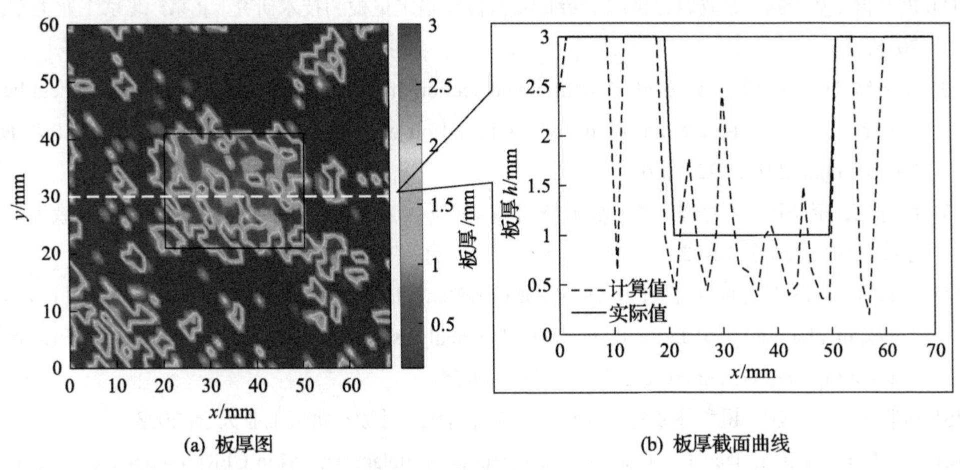

图 6.91 基于瞬时波数分析法的中值滤波前板厚估计实验结果

为更清晰地展示瞬时波数分析法计算的空间波数分布特点以及板厚估计值在缺陷边缘的变化情况，沿着图 6.91(a)与图 6.92(a)的板厚图中 y=30mm 绘制板厚截面曲线如图 6.91(b)与图 6.92(b)所示，实线为实际板厚，虚线为瞬时波数计算值，从两条曲线对比中可看出板厚计算值与实际值相符，并且板厚计算值基本在缺陷实际边缘处发生骤变，可以看出在实验中该方法同样对板中减薄损伤较敏感。

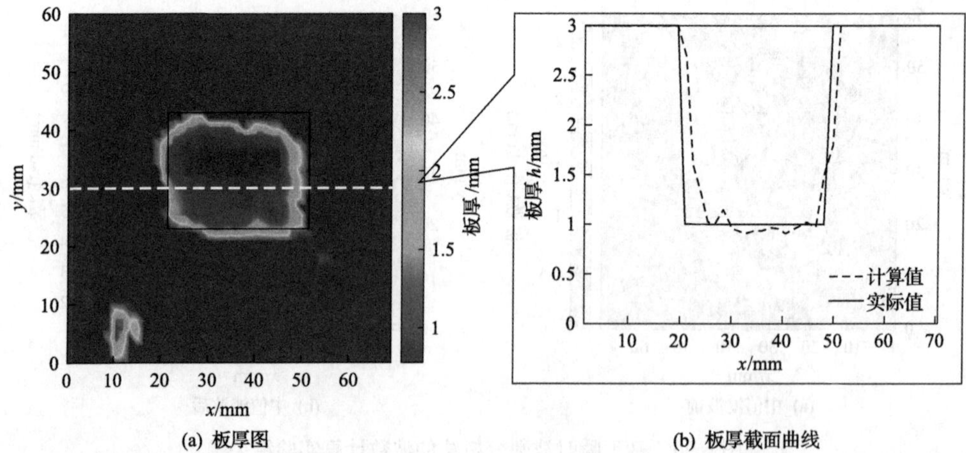

(a) 板厚图　　(b) 板厚截面曲线

图 6.92　基于瞬时波数分析法的中值滤波后板厚估计实验结果

通过计算缺陷内残余板厚计算值与实际值的平均误差来估算减薄缺陷的残余板厚估计精度，计算过程中将偏离计算值平均水平的板厚值去除，缺陷区域中值滤波前后板厚平均误差分别为 0.44mm 与 0.23mm。

参 考 文 献

[1] 冯雪健. 基于频率: 波数分析的 Lamb 波铝板缺陷定量检测技术研究. 北京: 北京工业大学, 2018.

[2] Li Z M, He C F, Liu Z H, et al. Quantitative detection of lamination defect in thin-walled metallic pipe by using circumferential Lamb waves based on wavenumber analysis method. NDT & E International, 2019, 102: 56-67.

[3] 何存富, 李子明, 刘增华, 等. 基于空间-频率-波数法的梁中分层缺陷定量检测. 机械工程学报, 2019, 55(6): 74-82.

[4] Liu Z H, Feng X J, He C F, et al. Quantitative rectangular Notch detection of laser-induced Lamb waves in aluminium plates with wavenumber analysis. Transactions of Nanjing University of Aeronautics and Astronautics, 2018, 35(2): 244-255.

[5] 柳晓宇. 基于激光超声导波的金属板腐蚀缺陷量化. 北京: 北京工业大学, 2023.

[6] Liu Z H, Liu X Y, Tian J Z. Quantitative detection of delaminations in CFRP composite plate by spatial-frequency-wavenumber analysis based on laser ultrasonic guided waves//ASME 2022 International Mechanical Engineering Congress and Exposition. American Society of Mechanical Engineers, Columbus, 2022.

第 7 章　空耦超声扫描成像技术

本章介绍空气耦合超声导波扫描检测系统、时间反转算法实现信号聚焦和增强的原理，以及基于虚拟时间反转的损伤概率成像方法对复合材料板结构中不同形状分层缺陷的检测与缺陷评估[1]。

7.1　成像原理与算法实现

7.1.1　时间反转方法

时间反转简称时反，是指将接收信号在时域上翻转后在对应传感器重新加载的过程，基于声互易性原理，可以使能量在空间、时间上聚焦，并实现在声源位置的信号重构。板中兰姆波时间反转方法如图 7.1 所示。首次激励和时反信号的激励均在一个传感器上进行，操作过程分为三步：①传感器 A 作为激励传感器，传感器 B 作为接收传感器接收由 A 传播到 B 的兰姆波，进行第一次激励和接收；②传感器 B 接收到的信号进行时域反转，即频域取共轭；③时域反转后的信号再次加载在传感器 A 上，传感器 B 进行第二次接收。

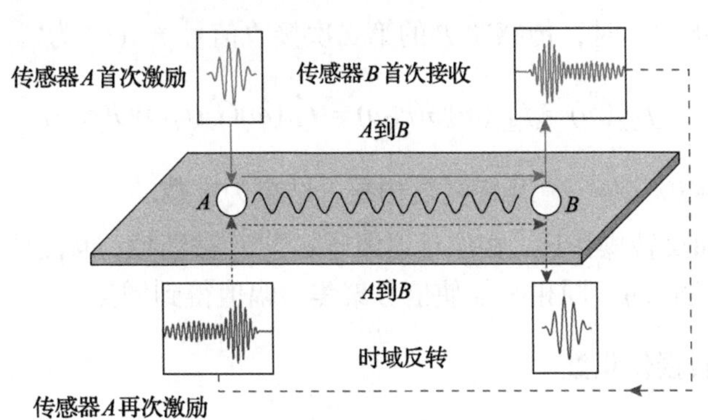

图 7.1　板中兰姆波时间反转方法

假设初始激励信号为 $S_{A1}(t)$，傅里叶变换到频域为 $f_{A1}(\omega)$，信号由传感器 A 传播至传感器 B 的距离为 r。经过步骤 1 的激励和接收后，传感器 B 接收到的信号为 $S_{B1}(t)$，频域中的 $f_{B1}(\omega)$ 可以表示为

$$f_{B1}(\omega)=f_{A1}(\omega)G(r,\omega) \tag{7.1}$$

式中：$G(r,\omega)$ —— 传感器 A 到 B 路径下的传递函数[2]。

根据 Mindlin 板理论，$G(r,\omega)$ 可表示为

$$G(r,\omega)=-\frac{\mathrm{i}\,\pi h^2}{2D}\frac{\gamma_1 k_1^3 a J_1\left(k_1 a\right) H_0^{(1)}\left(k_1 r\right)}{k_1^2-k_2^2}=A(r,\omega)\mathrm{e}^{-\mathrm{i}k(\omega)r} \tag{7.2}$$

式中：$\gamma_1=\dfrac{\rho}{G}\dfrac{\omega^2}{k_1^2}$，$\rho$ 为密度，G 为有效横向切变模量；

$H_0^{(1)}$ —— 第一类零阶汉克尔(Hankel)函数；

J_1 —— 一阶贝塞尔函数；

a —— 压电传感器半径；

k_1、k_2 —— A_0、A_1 模态的波数值；

h —— 板厚；

D —— 板的抗弯刚度；

$k(\omega)$ —— 兰姆波的波数；

$\mathrm{e}^{-ik(\omega)r}$ —— 相位延迟因子。

步骤 2 是对接收信号进行时域反转，信号在时域的反转在频域中表现为频域的共轭。因此，步骤 3 中传感器 A 的第二次激励信号 $f_{A2}(\omega)$ 为

$$f_{A2}(\omega)=f_{B1}^*(\omega)=f_{A1}^*(\omega)G^*(r,\omega) \tag{7.3}$$

最终完成步骤 3 时，传感器 B 的第二次接收信号 $f_{B2}(\omega)$ 为

$$f_{B2}(\omega)=f_{A2}(\omega)G(r,\omega)=f_{A1}^*(\omega)G^*(r,\omega)G(r,\omega) \tag{7.4}$$

式中，$G^*(r,\omega)G(r,\omega)$ —— 共轭复数相乘，结果为实数。

因此，时间反转操作后，相位延迟因子 $\mathrm{e}^{-\mathrm{i}k(\omega)r}$ 被消掉，也就是消除频散特性。同时，由于相位相同，同相叠加使信号聚焦，幅值得到增强。

7.1.2　时间反转损伤指数

常规的超声导波结构健康监测技术及无损检测技术，通常将检测信号与无损情况下的基准信号进行对比，根据两信号的差异程度来评估结构的损伤状况。基准信号无法获取时需要采用免参考的损伤指数提取方法。

根据 7.1.1 节对时间反转过程的推导，如果传播路径在无缺陷的健康区域，传递介质是线弹性的，时间上是可逆的，时间反转操作后重构的波形与原始激励的波形极其相似，只是幅值有所增强，理想条件下，归一化后时间反转重构信号与激励信号完全一致。相反，如果传播路径上有缺陷影响，缺陷将会导致传递介质

非线性，破坏了时间的可逆性，从而使时间反转后的重建信号相比于激励信号产生了很大的畸变。基于这一原理，可以通过比较这两个信号的相似度来提取该路径下的损伤指数，如利用时间反转指数[3]。比较时反重构信号和激励信号的差异性，如果缺陷出现在激励和接收的传感路径上，时间反转指数会增大。该方法是一种评价波形间差异的方法，综合考察幅值和相位两方面因素。损伤指数 DI 的表达式为

$$\mathrm{DI}=1-\frac{\left|\int_{t_0}^{t_1} I(t)V(t)\mathrm{d}t\right|}{\sqrt{\int_{t_0}^{t_1} I^2(t)\mathrm{d}t\int_{t_0}^{t_1} V^2(t)\mathrm{d}t}} \tag{7.5}$$

式中：$I(t)$ —— 激励信号；

$V(t)$ —— 时反重构信号；

DI —— 损伤指数，取值范围是 0～1。

由 7.1.1 节内容可知，传播路径为无缺陷线弹性区域时，$G^*(r,\omega)G(r,\omega)$ 为一个实数常量 k。当 $V(t)=kI(t)$ 时，DI=0，表示两个信号形状完全一致，即传感路径上不存在损伤。DI 值越大，表示两个信号间波形扭曲越严重，即传感路径受到缺陷影响。在实际应用中，受检测条件等因素的影响，无损伤路径的 DI 值通常不为零，在应用时需要加以注意。

7.1.3　虚拟时间反转方法

由于时间反转方法的信号时域反转和两次激励与接收操作需要多次连线和文件存储操作，实验过程烦琐、复杂。本节将从信号与系统的角度，介绍一种虚拟时间反转(virtual time reversal, VTR)实现方法。

采用 7.1.1 节介绍的时间反转方法，如图 7.1 所示，一对传感器 A 和 B 在板中进行时间反转操作，从信号与系统的角度分析，时反操作后传感器 B 的第二次接收信号 $f_{B2}(\omega)$ 可以表示为

$$f_{B2}(\omega)=f_{A2}(\omega)G(r,\omega) \tag{7.6}$$

式中：$f_{A2}(\omega)$ —— 传感器 A 的第二次激励信号。

通过对传感器 B 的第一次接收信号 $f_{B1}(\omega)$ 进行时域反转，时域反转在频域表现为求共轭，$f_{A2}(\omega)$ 可以表示为

$$f_{A2}(\omega)=f_{B1}^*(\omega) \tag{7.7}$$

根据式(7.1)，传感器 A 到 B 路径下的传递函数 $G(r,\omega)$ 也可表示为

$$G(r,\omega)=\frac{f_{B1}(\omega)}{f_{A1}(\omega)} \tag{7.8}$$

将式(7.7)和式(7.8)代入式(7.6)可得

$$f_{B2}(\omega)=f_{A2}(\omega)G(r,\omega)=f_{B1}^{*}(\omega)\frac{f_{B1}(\omega)}{f_{A1}(\omega)} \tag{7.9}$$

由式(7.9)可知，时间反转操作后最终的接收信号频域上可以由第一次激励信号和第一次接收信号在频域进行运算得到，因此该虚拟时间反转方法与常规检测方法一样只进行一次激励和接收，反转和二次激励过程通过式(7.9)的数学计算来完成，然后将频域运算的结果还原到时域，即可进行同实际物理时间反转方法同样的提取时间反转损伤指数等操作。

7.1.4　基于虚拟时间反转的损伤概率成像方法

基于空耦传感器的导波扫描检测技术，扫描方式如图 7.2(a)所示，仅需要采用一对传感器在不同方向进行线扫描即可实现多路径扫描。为了实现缺陷重构，以图像的方式直观地呈现检测结果，选用改进的基于损伤概率的成像方法重构缺陷，扫描区域内每个离散点 (x,y) 处出现损伤的概率 $P(x,y)$ 为

$$P(x,y)=\sum_{i=1}^{M}\sum_{k=1}^{N_i}p_{ik}(x,y)=\sum_{i=1}^{M}\sum_{k=1}^{N_i}\mathrm{DI}_{ik}E\left(R_{ik}(x,y)\right) \tag{7.10}$$

式中：M —— 扫描方向数量；

N_i —— 沿方向 i 的扫描路径数量；

DI_{ik} —— 沿方向 i 的第 k 条扫描路径的时间反转损伤指数；

$E(R_{ik}(x,y))$ —— 把 DI_{ik} 映射到 (x,y) 处出现缺陷概率值的加权分布函数；

$R_{ik}(x,y)$ —— (x,y) 到沿方向 i 的第 k 条扫描路径的相对距离。

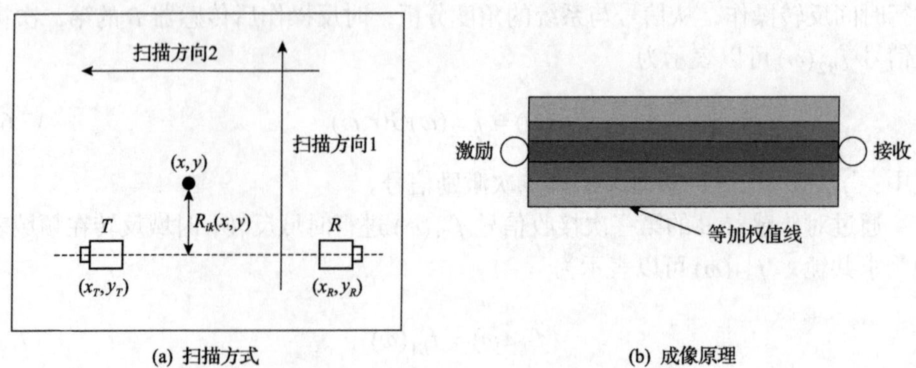

(a) 扫描方式　　(b) 成像原理

图 7.2　空气耦合超声导波扫描检测

空耦传感器的激励和接收具有方向选择性，激励传感器和接收传感器之间声波传播区域近似成带状分布。所以，根据空耦传感器的激励接收特性，对传统的损伤成像方法做调整，如图 7.2 所示，离散点(x, y)到沿方向 i 的第 k 条扫描路径的相对距离计算方法改为

$$R_{ik}(x,y)=\begin{cases}|y-y_T|, & y_T=y_R\\ |x-x_T|, & x_T=x_R\end{cases} \tag{7.11}$$

式中：x_T, x_R——沿方向 i 的第 k 条扫描路径下的传感器 T 和 R 的 x 轴坐标；

y_T, y_R——沿方向 i 的第 k 条扫描路径下的传感器 T 和 R 的 y 轴坐标。

成像原理如图 7.2(b) 所示，加权分布函数 $E\left(R_{ik}(x,y)\right)$ 的等加权值线变为矩形。将传感器路径间兰姆波沿与传播方向垂直的方向的衰减近似为高斯衰减，加权分布函数 $E\left(R_{ik}(x,y)\right)$ 的表达式为

$$E\left(R_{ik}(x,y)\right)=\begin{cases}\dfrac{1}{\sigma\sqrt{2\pi}}\mathrm{e}^{-\left(\frac{R_{ik}(x,y)}{D}\right)^2\Big/\left(2\sigma^2\right)}, & R_{ik}(x,y)\leqslant D\\ 0, & R_{ik}(x,y)>D\end{cases} \tag{7.12}$$

当(x, y)到激励传感器与接收传感器连线的垂直距离 $R_{ik}(x,y)$ 大于 D 时，认为兰姆波衰减为 0，空耦传感器晶片直径为 12.5mm，式(7.12)中 D 取 12.5mm，σ 取 0.3。

7.2　复合材料板中兰姆波传播特性有限元仿真

本节介绍三维有限元模型的建立方法、复合材料板中兰姆波 A_0 模态传播特性，以及 A_0 模态与板中分层缺陷的作用机理。

7.2.1　复合材料板三维有限元模型

一个完整的 ABAQUS 分析过程如图 7.3 所示，通常可分为三个步骤：前处理、模拟计算和后处理。前处理阶段主要是定义物理问题的模型，需要设置求解模型的形状和几何尺寸、材料属性、求解步长、输出变量、载荷和边界条件、网格划分等。然后生成一个可用于计算的 inp 文件。模拟计算阶段使用 ABAQUS/Explicit 或 ABAQUS/Standard 模块，对输入的 inp 文件所定义的数值模型进行求解。后处理的过程就是对模拟计算得到的位移、应力等其他基本变量进行分析，可以采用 ABAQUS/CAE(complete ABAQUS environment)或者其他数据处理软件。

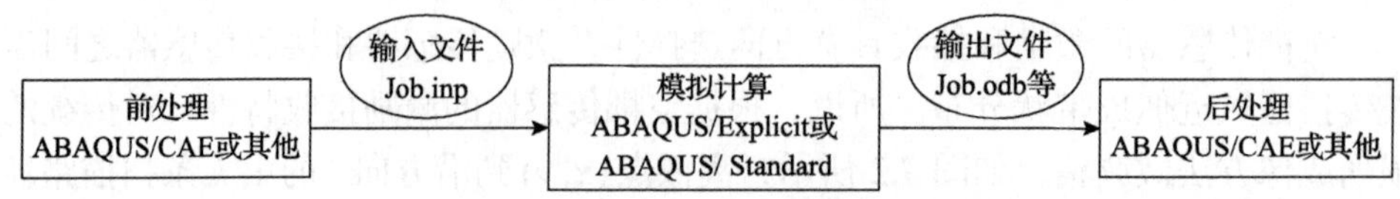

图 7.3　ABAQUS 分析过程示意图

前处理过程可通过 ABAQUS/CAE 模块或者其他软件来实现。ABAQUS/CAE 是一个图形化操作环境，图形化操作方式可以建立模型。对于初学者或者计算简单模型是十分方便的。然而对于复合材料层合板的建模来说并不十分方便，尤其是当需要改变模型参数时，通常需要重新建立模型，操作费时费力。inp 文件由网格定义、单元定义、材料定义、载荷和边界定义、求解步定义、输出定义等几部分组成。基于 MATLAB 编程的参数化模型创建方法，MATLAB 程序依次定义 inp 文件中的各个部分，完成模型的创建，并根据 inp 文件的编写规则生成可用于 ABAQUS 模拟计算的输入 inp 文件。这是一种参数化的模型创建方法，只需要改变 MATLAB 程序中的相应变量值，就可实现模型参数(如层数、板厚、铺层方式、载荷等)的改变，极大地减少了模型创建时间。

待检试样为 T300/QY8911 复合材料层合板，16 层板的铺层顺序为$[(0/45/90/-45)_2]_S$，材料属性设置见表 7.1。为了简化计算，模型忽略了材料的黏弹性。模型沿板厚方向划分为 16 层，有限元单元采用 8 节点六面体单元 C3D8R，单元 z 方向尺寸即每一层厚度为 0.14mm，另外两个方向尺寸为 0.5mm。有限元积分时间步长设置为 0.02μs，加载信号采用 5 周期的经汉宁窗调制的正弦信号。

表 7.1　待检复合材料单向带的材料属性

E_1/GPa	E_2/GPa	E_3/GPa	G_{12}/GPa	G_{13}/GPa	G_{23}/GPa	ν_{12}	ν_{13}	ν_{23}	ρ/(kg/m^3)
135	8.8	8.8	4.47	4.47	3.45	0.3	0.3	0.34	1560

针对待检复合材料层合板，选用兰姆波 A_0 模态。兰姆波 A_0 模态的波结构如图 1.3(b)所示，其沿板厚方向，面内位移成反对称分布，离面位移成对称分布，并且在板厚的中间位置，面内位移为 0，只存在离面位移。因此在板厚的中间位置施加沿 z 方向的力，激发单一的兰姆波 A_0 模态，加载方式如图 7.4 所示。

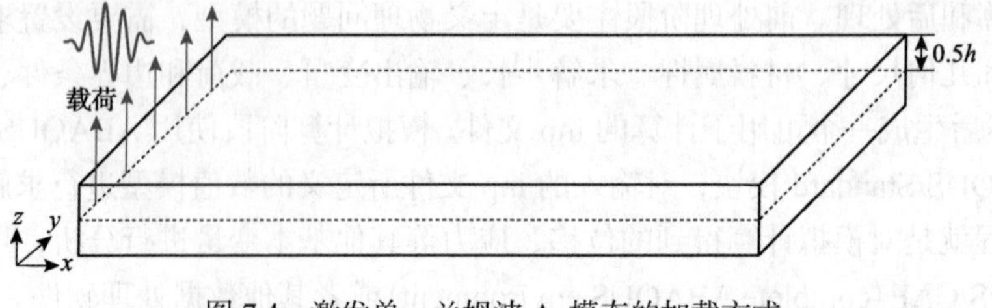

图 7.4　激发单一兰姆波 A_0 模态的加载方式

分层缺陷的创建采用分离节点的方法实现，分层缺陷模型的构建方法如图 7.5 所示，在分层缺陷区域上下两层的节点共享同样的坐标值，但是定义了不同的节点编号，分配给不同的单元，上下两层的单元和节点之间不设定任何接触条件。

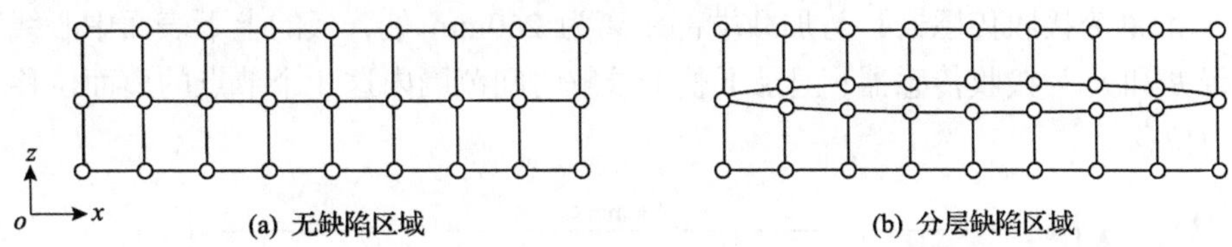

图 7.5　分层缺陷模型的构建方法

使用有限元方法数值模拟超声波在结构中传播时，为了得到正确的结果，网格的划分和积分时间步长的设定需要满足一定的条件。

1. 精确性条件

首先要满足精确性条件，有限元求解的精度依赖离散化网格的尺寸。然而，如果网格尺寸太小，将会耗费大量的计算时间和空间。为了保证精确性，在模拟超声波传播时网格尺寸至少要小于最短波长的十分之一。加载信号对应的频谱最大截止频率为 280kHz，该频率下波长最短。频率为 280kHz 时，A_0 模态的相速度为 1440m/s，对应波长为 5.14mm，故有限元单元网格最大尺寸为 0.4mm。

2. 稳定性条件

在动力学瞬态分析中，为了使计算稳定、计算的结果收敛，要求积分时间步长要小于速度最快模态的波通过一个网格长度所需的时间。有限元模型中，最小的网格尺寸为 0.14mm，在加载信号的截止频率内，A_0 模态在 280kHz 时的最大相速度为 1440m/s，通过一个最小网格长度需要 0.097μs，故积分时间步长为 0.02μs。

7.2.2　兰姆波在复合材料板中的传播特性

本节将介绍针对健康复合材料板、含有不同分层缺陷尺寸以及分层缺陷位于复合材料板中不同界面间等多种情况下兰姆波 A_0 模态和 S_0 模态的传播情况，并验证有限元模型的有效性。

1. 复合材料板模型

试样为 T300/QY8911 复合材料，16 层层合板的铺层顺序为$[(0/45/90/-45)_2]_S$，试样长 400mm，宽 30mm，板厚为 2.24mm，利用节点分离的方法在复合材料板模型中构建通透型分层缺陷，长度为 L_d，宽度为 30mm，与板的宽度相同，分层缺陷位于复合材料板长度方向的中间位置。

复合材料板模型如图 7.6 所示。材料属性、有限元网格和时间步长按照 7.2.1 节设定。离面位移（z 方向位移）和面内位移（x 方向位移）为有限元模拟计算的输出变量。如图 7.6 所示，在与加载端部距离为 140mm 处，板的上下表面中心线上设置 A 和 A' 为接收传感器；与加载端部距离为 260mm 处，板的上下表面中心线上设置 B 和 B' 为接收传感器；记录下整个求解时间范围内这 4 个节点的离面位移和面内位移。

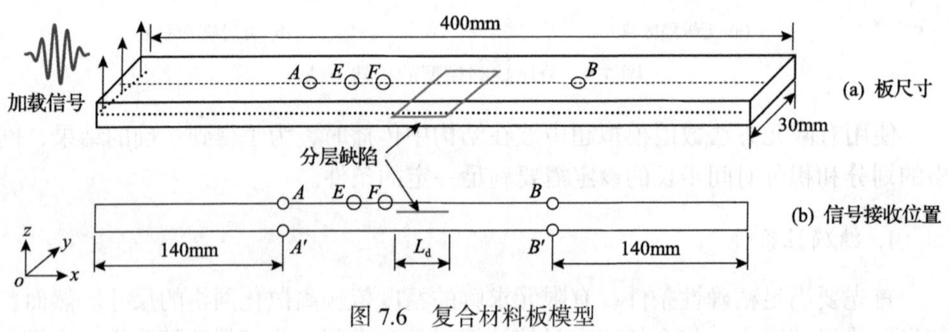

图 7.6　复合材料板模型

2. 兰姆波与分层缺陷的作用规律

贯穿分层缺陷位于复合材料板第 4 层和第 5 层之间，分层长度 L_d=20mm。不同时刻的位移场快照如图 7.7 所示。112μs 的快照显示入射的 A_0 模态在板中传播。入射波以不同的速度分离成两部分在板中分层区域传播，如 136μs 时的快照所示。152μs 时的快照显示，板中缺陷处的波传播到主层板时会发生反射。160μs 时的快照显示，大量的波穿过分层并继续传播，较少的波发生模态转换。168μs 时的快照中可以看到板中分层缺陷处的反射波传播到主层板时的二次反射和透射。172μs 和 182μs 时的快照显示，反射波穿过分层的右端，部分波再次反射在分层的右端，因此当兰姆波从缺陷处传播到主层板时，会发生较大的反射和模态转换。

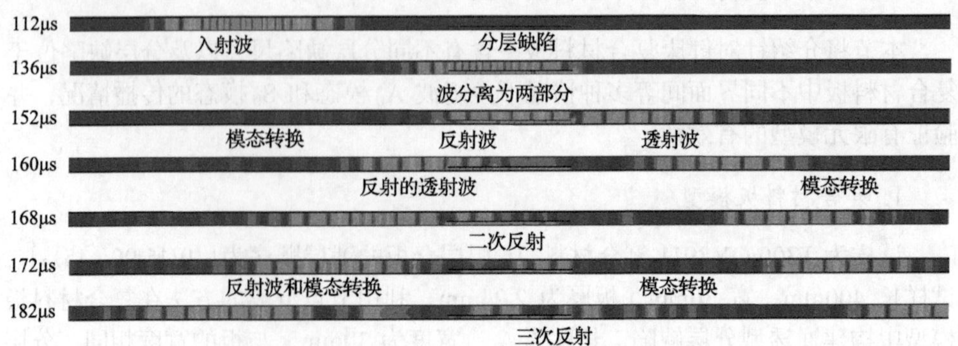

图 7.7　不同时刻的位移场快照

由兰姆波的波结构可知，A_0 模态的主要位移分量是离面位移，S_0 模态的位移分量主要是面内位移；沿板厚方向，A_0 模态离面位移成对称分布，S_0 模态离面位移成反对称分布，A_0 模态面内位移成反对称分布，S_0 模态面内位移成对称分布。

因此，如果把板上表面节点与对应位置下表面节点的离面位移相加，则离面位移中的 S_0 模态的成分被消除，得到单一的 A_0 模态。对于板同一 (x,y) 位置的上下表面的两个节点 X 和 X'，通过有限元模拟计算可以得到节点的离面位移 U_z 和面内位移 U_x。标记节点 X 处的 A_0 模态为 X_A_0，提取的计算方法为

$$X\_A_0 = \frac{U_z(X) + U_z(X')}{2} \tag{7.13}$$

同理，把板上表面节点与对应位置下表面节点的面内位移相加，则把面内位移中 A_0 模态的成分消除掉，得到单一的 S_0 模态。标记节点 X 处的 S_0 模态为 X_S_0，提取的计算方法为

$$X\_S_0 = \frac{U_x(X) + U_x(X')}{2} \tag{7.14}$$

利用式(7.13)和式(7.14)所示的提取方法，分别提取节点 A 和节点 B 的兰姆波 A_0 模态和 S_0 模态。图 7.8(a)为无分层缺陷复合材料板模型中的 A_0 和 S_0 模态。从中可看到，节点 A 和节点 B 的监测结果中只有 A_0 模态的信号，S_0 模态信号为 0，即板中传播的兰姆波为单一的 A_0 模态，说明该加载方式可激励出单一的兰姆波 A_0 模态。图 7.8(b)为有分层缺陷复合材料板模型中的 A_0 和 S_0 模态，从中可观察到模态转换和反射信息。

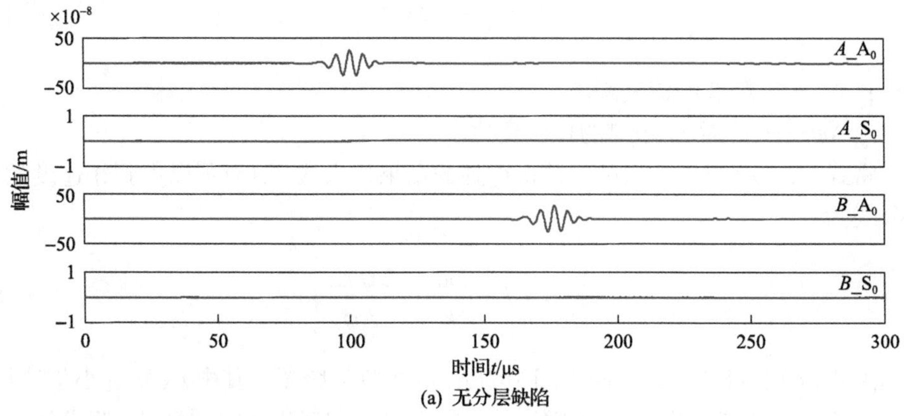

(a) 无分层缺陷

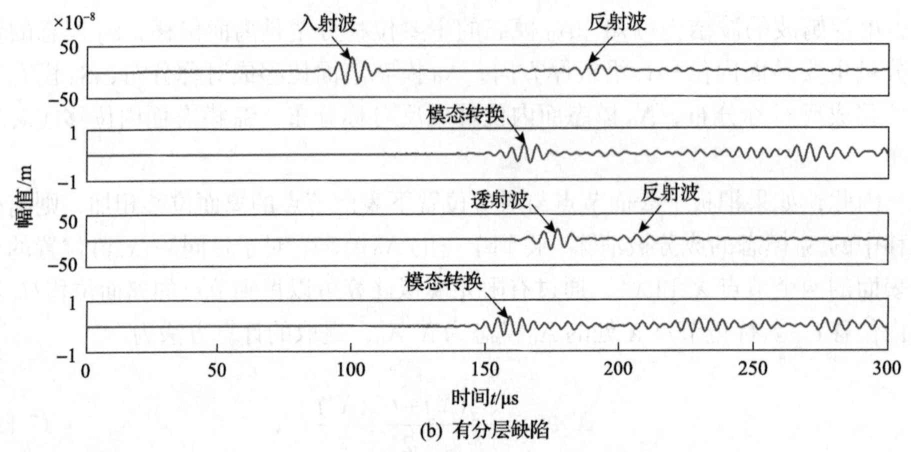

(b) 有分层缺陷

图 7.8　复合材料板模型中的 A_0 和 S_0 模态

3. 相速度的测量

某一频率下声波相速度 c_{p} 与波长 λ、频率 f 和周期 T 有如下关系：

$$c_{\mathrm{p}} = \frac{\lambda}{T} = \lambda f \tag{7.15}$$

其中波长 λ 又可以用波数 k 和相位周期 2π 表示为

$$\lambda = \frac{2\pi}{k} \tag{7.16}$$

波数 k 表示波传播 2π 长度上的波周数目，物理意义是传播方向上声波相位随传播距离的变化率，可以写成

$$k = \frac{\Delta\varphi}{\Delta x},\quad \Delta x < \lambda \tag{7.17}$$

式中：Δx ——声波的传播距离；

$\Delta\varphi$——传播 Δx 距离的相位变化。

将式(7.17)代入式(7.16)，并将得到的结果代入式(7.15)可以得到相速度的计算公式为

$$c_{\mathrm{p}} = \lambda f = \frac{2\pi f}{k} = \frac{2\pi f\,\Delta x}{\Delta\varphi} \tag{7.18}$$

由式(7.18)可知，布置两个间距为 Δx 的接收传感器，其中 Δx 要远小于波长，并提取两个传感器接收信号的相位差 $\Delta\varphi$，就可以实现相速度的测量。假设间距为

Δx 的两个传感器接收的信号分别为 $S_1(t)$ 和 $S_2(t)$，则两者的相位差 $\Delta\varphi$ 可以通过下面的式子进行计算：

$$\frac{\mathrm{FT}\left[S_2(t)\right]}{\mathrm{FT}\left[S_1(t)\right]}=\left|\frac{S_2(f)}{S_1(f)}\right|\mathrm{e}^{\mathrm{i}k(\Delta x)}=\left|\frac{S_2(f)}{S_1(f)}\right|\mathrm{e}^{\mathrm{i}\Delta\varphi} \tag{7.19}$$

式中：FT——傅里叶变换运算符号。

图 7.9 为节点 E 和节点 F 的有限元计算结果，包含时域信号及其所对应的幅频谱，节点 E 和节点 F 接收信号的–6dB 带宽为 76.3kHz，中心频率为 200kHz。其中节点 E 和节点 F 的间距为 0.5mm，远小于波长，计算信号的–6dB 频率范围内的兰姆波 A_0 模态的相速度频散曲线如图 7.10 所示，其中实线为兰姆波 A_0 模态的理论相速度频散曲线，矩形框为有限元计算结果。结果显示，不同频率成分声波的传播速度不同，也即兰姆波 A_0 模态有一定的频散。有限元模拟计算结果与理论结果十分吻合，说明了该有限元模型的有效性。

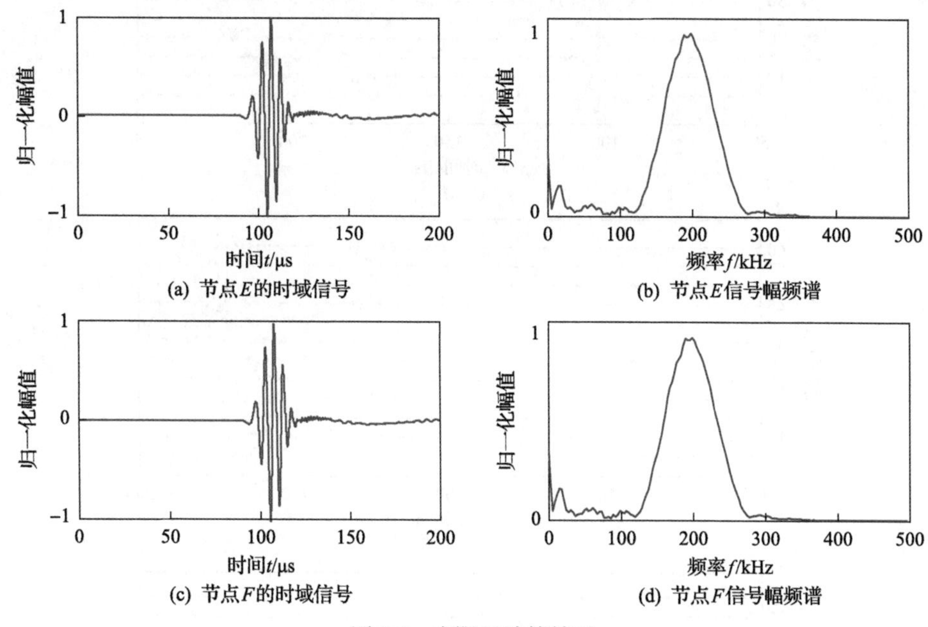

图 7.9　有限元计算结果

进一步展示波在不同长度分层缺陷中的传播。分层缺陷位于第 4 层与第 5 层之间的复合材料板中的入射模态和模态转换如图 7.11 所示，图中展示了分层缺陷在板的第 4 层和第 5 层之间时，改变缺陷长度 L_d（缺陷长度 L_d 每次增大 5mm，从 5mm 增大至 60mm），节点 A 和节点 B 接收到的兰姆波。

对于检测节点 A，随着缺陷长度 L_d 的增加，反射波和模态转换波到达节点 A

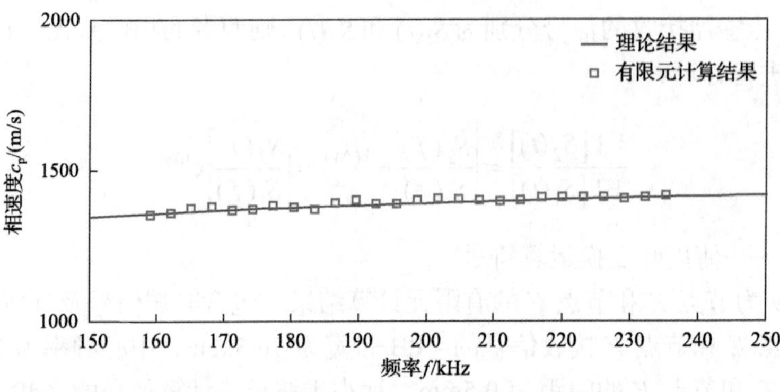

图 7.10　兰姆波 A_0 模态的相速度频散曲线

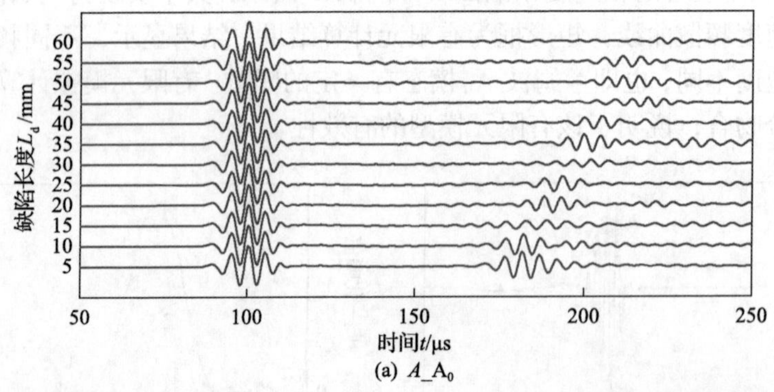

(a) A_A_0

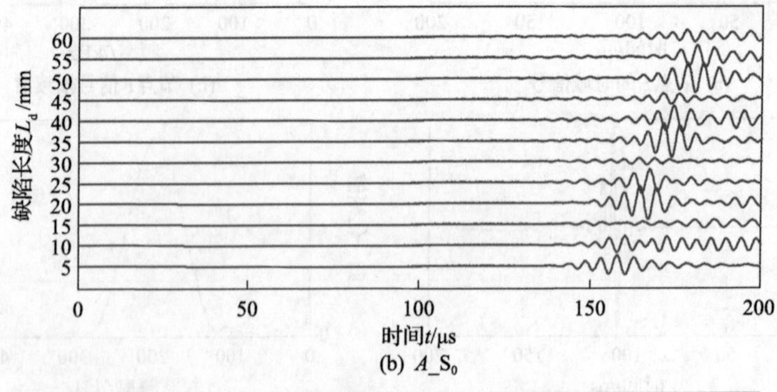

(b) A_S_0

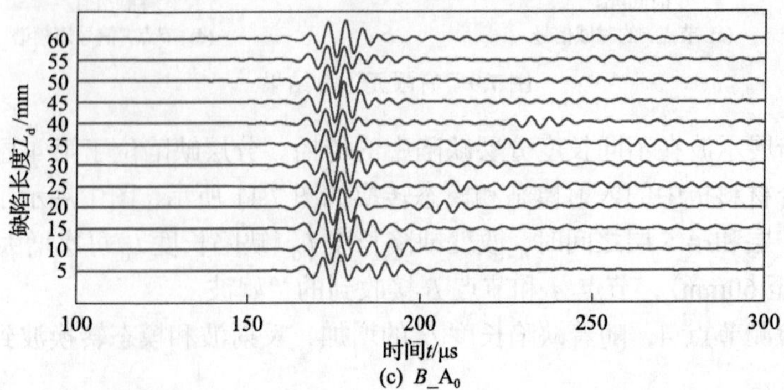

(c) B_A_0

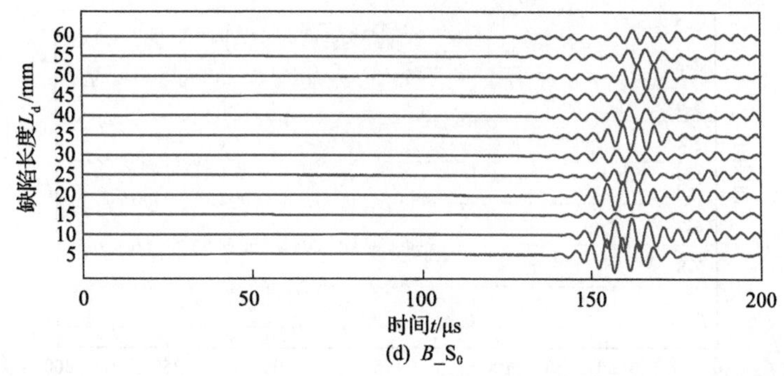

(d) B_S_0

图 7.11　分层缺陷位于第 4 层与第 5 层之间的复合材料板中入射模态和模态转换

的时间逐渐延迟。可说明当波从分层缺陷传播到主层板时，会发生较大的反射和模态转换。当从分层右端反射的波传播到分层左端时，检测节点 B 也观察到少量反射波。

4. 分层缺陷位于不同的层间界面

复合材料板模型设置如图 7.6 所示，固定分层缺陷长度 L_d 为 20mm。分层缺陷位于不同层间时兰姆波 S_0 模态转换如图 7.12 所示。图中展示了分层缺陷设置在不同的层间时，节点 A 和节点 B 接收到的波形，从图 7.12(a)和图 7.12(b)中可以看出，无论分层缺陷位于哪两层的界面之间，节点 A 和节点 B 均可以接收到反射回波，缺陷位于不同的层间时，反射回波幅值大小不同。当分层缺陷位于厚度中心位置的 8 层和 9 层之间时，节点 A 和节点 B 接收到的波形成分中都无 S_0 模态。当分层缺陷位于 4 层和 5 层之间时，反射回波幅值较小，且节点 A 和节点 B 接收到模态转换信号幅值较小。所用复合材料试样为 16 层层合板，铺层顺序为 $[(0/45/90/-45)_2]_S$。第 8 层和第 9 层间界面为板的对称界面，第 4 层和第 5 层间界面为准对称界面。因此，当分层缺陷位于对称界面时，A_0 模态传播至分层缺陷时无 S_0 模态转换现象。

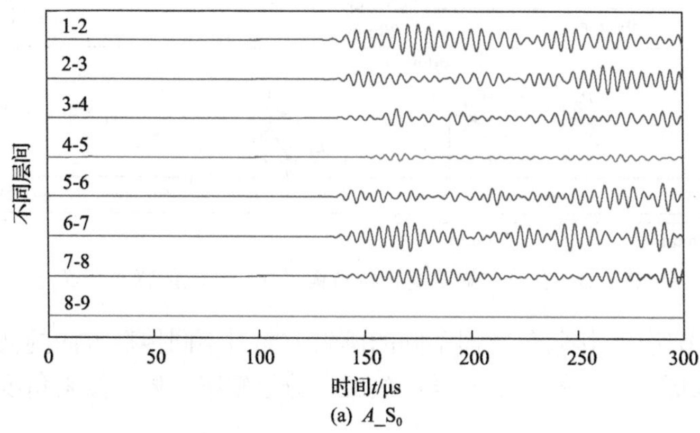

(a) A_S_0

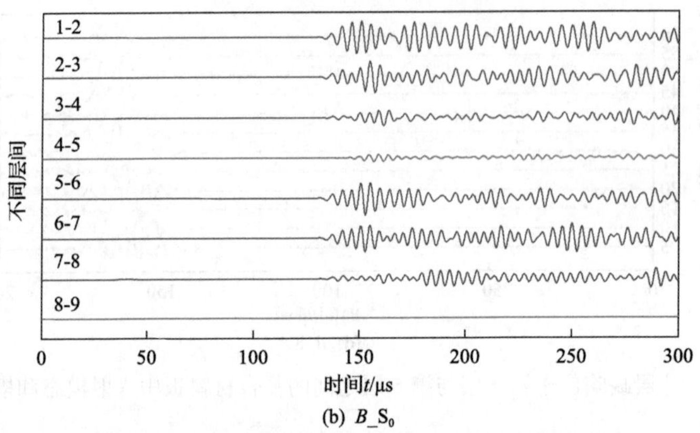

(b) B_S_0

图 7.12 分层缺陷位于不同层间时兰姆波 S_0 模态转换

7.3 基于空耦传感器的分层缺陷检测实验

本节介绍实验中兰姆波与分层缺陷的作用规律，以及复合材料板中不同长度的分层缺陷的检测[4]。

7.3.1 兰姆波与分层缺陷作用规律实验

复合材料板尺寸和空耦传感器分布如图 7.13 所示，复合材料板试样长 800mm，宽 30mm，厚度 2.24mm。通过在复合材料板层间插入聚四氟乙烯薄膜来人工加工分层缺陷，分层缺陷位于板第 4 层与第 5 层之间。缺陷左端到板左端的距离为 500mm，缺陷宽度为 30mm，与板的宽度相同，缺陷长度 L_d 为 20mm。在距离板左端面 330mm 处布置激励传感器 T，倾斜角度为 θ_T。

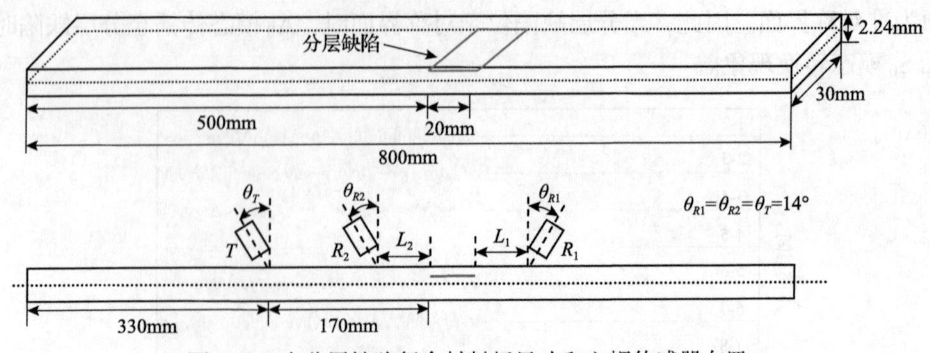

图 7.13 含分层缺陷复合材料板尺寸和空耦传感器布置

如 2.2.2 节所述，接收传感器不同的倾斜方向对不同传播方向的波形敏感度不同。为了获取更多的信号，传感器 R_1 放置在分层缺陷右侧，倾斜角度与激励传感器相反，倾斜角度为 θ_{R1}，到分层缺陷右端边界的距离为 L_1；传感器 R_2 放置在分层缺陷左侧，倾斜角度与激励传感器相同，倾斜角度为 θ_{R2}，到分层缺陷左端边界的距离为 L_2。为了较好地激励和接收兰姆波 A_0 模态，传感器倾角 θ_T、θ_{R1} 和 θ_{R2} 都设置为 14°。

实验中首先将 L_1 从 20mm 逐渐增大到 60mm，增大步长为 10mm，图 7.14 为 L_1 取不同值时传感器 R_1 接收到的信号，从图中可以看出随着传感器到缺陷的距离增大，透射波幅值逐渐减小。在 L_1 为 20mm 和 30mm 时，传感器 R_1 可以接收到幅值较小的缺陷左端面二次反射回波。

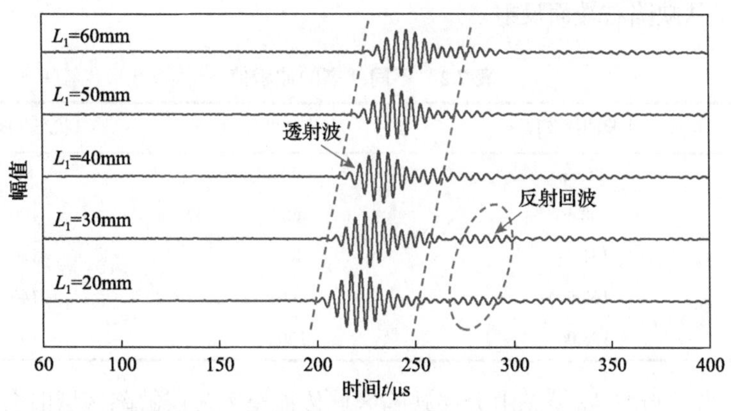

图 7.14　改变 L_1 时传感器 R_1 接收到的信号

将 L_2 从 20mm 逐渐增大到 60mm，增大步长为 10mm，图 7.15 为 L_2 取不同值时传感器 R_2 接收到的信号，其中第一个波包为直达波，第二个波包为缺陷反射回波。因为传感器倾斜方向与直达波传播方向相同，与反射回波传播方向相反，所

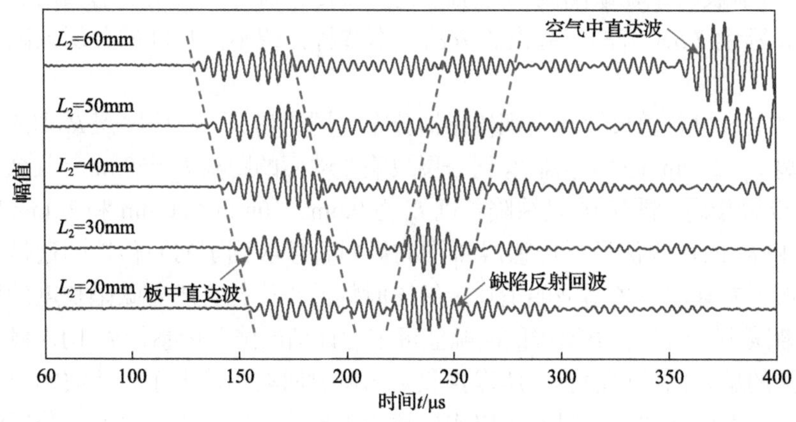

图 7.15　改变 L_2 时传感器 R_2 接收到的信号

以传感器 R_2 对反射回波更敏感，当 L_2 为 20mm 和 30mm 时传感器 R_2 接收到的缺陷反射回波幅值大于直达波幅值。

传感器 R_2 接收到的反射回波到达时间随 L_2 的增大而逐渐增大，然而此时并无法确定反射回波是缺陷左端面反射还是右端面反射。假设反射回波是缺陷左端面反射回波记为状态 1，反射回波是缺陷右端面反射回波记为状态 2，表 7.2 列出了两种状态时波传播的理论波程值。由 2.2.2 节可知，兰姆波 A_0 模态的群速度为 1941m/s，提取反射回波的到达时间，计算反射回波的波程值并与两种假设状态的波程值对比，结果如表 7.2 所示，实验中反射回波的波程值与状态 2 对应，说明反射回波是从缺陷右端面反射。

表 7.2　不同状态的波程值　（单位：mm）

L_2	实验测得波程	状态 1 波程	状态 2 波程
20	85.63	40	80
30	108.46	60	100
40	137.34	80	120
50	162.50	100	140
60	173.06	120	160

因此，当兰姆波 A_0 模态由分层缺陷区域传播至无分层缺陷区域时会产生较大的反射回波。由于空耦传感器的换能效率较低，声波在复合材料中衰减较大，实验中未能检测到幅值小的反射回波和模态转换波形。

7.3.2　不同长度的分层缺陷检测实验

7.3.1 节表明，在缺陷两侧分别布置接收传感器可以实现反射回波和透射波的检测，延续 7.3.1 节的实验设置方法，本节将介绍不同长度的分层缺陷的检测实验。

待测复合材料板尺寸和空耦传感器分布如图 7.13 所示，传感器 R_1 到激励传感器的距离 L_3=250mm；传感器 R_2 到分层缺陷左端面的距离 L_2=50mm，其余参数与 7.3.1 节设置相同。图 7.16 是缺陷长度 L_d 为 0mm、10mm、20mm 和 30mm 时，传感器 R_1 和 R_2 的接收信号。传感器 R_1 向右倾斜，接收到了向右传播的透过分层缺陷的波形，有缺陷时透射波幅值比无缺陷时幅值小，并且随着缺陷长度的增加，幅值逐渐减小，因此，根据透射波幅值可定性评估缺陷。传感器 R_2 向左倾斜，对向左传播的反射回波更敏感，所以接收到的反射回波幅值大于直达波幅值。根据接收到的反射回波的到达时间可以实现缺陷边界的定位，进而可实现分层缺陷的位置和尺寸的定量检测。

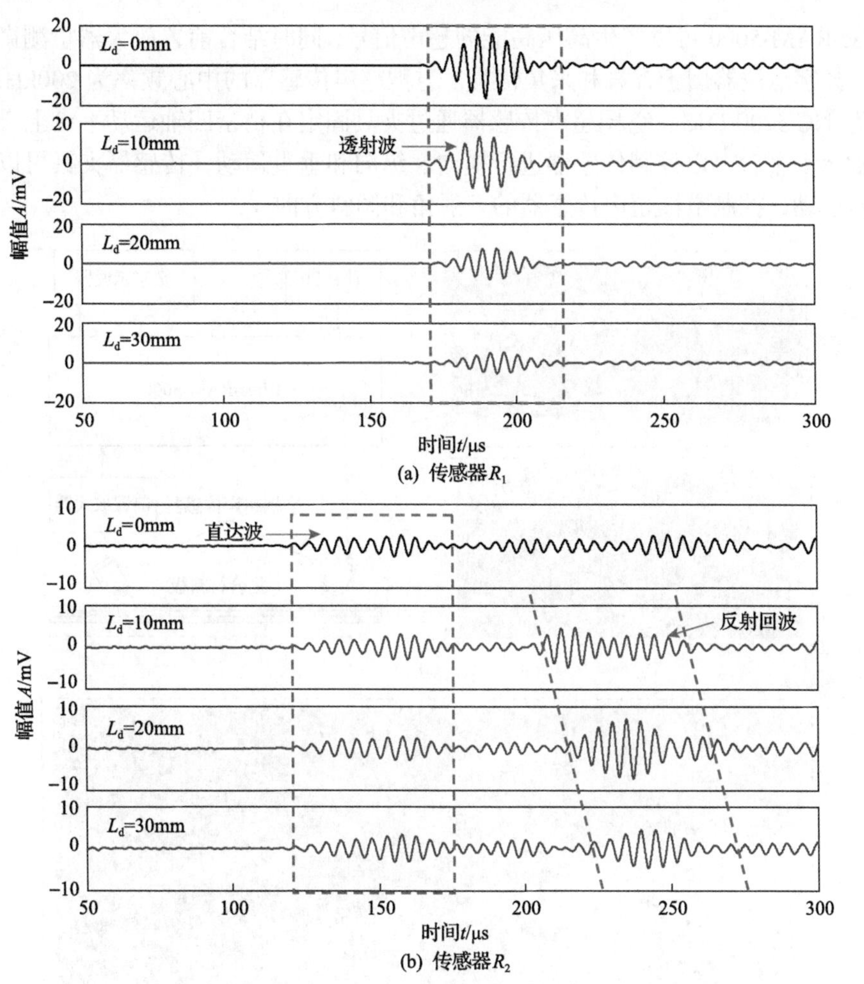

(a) 传感器 R_1

(b) 传感器 R_2

图 7.16　不同缺陷长度时两个传感器接收信号

7.4　基于虚拟时间反转的不同形状分层缺陷成像

本节基于虚拟时间反转方法，介绍空气耦合导波扫描系统对含有不同形状缺陷的复合材料板扫描检测实验研究[5]。

7.4.1　空气耦合导波扫描检测实验系统

空气耦合导波扫描检测实验系统如图 7.17 所示，系统由 5 部分组成，包含计算机、高能超声激励接收装置 Ritec-RAM-5000、数字示波器、空耦超声传感器和精密四轴运动平台。计算机内置程控软件，用于控制 Ritec-RAM-5000 的运行。

Ritec-RAM-5000 可以产生高压高能的超声信号，同时结合前置放大器检测微弱信号。数字示波器用于查看和采集信号。空耦超声传感器的中心频率为 200kHz，型号为 NCG200-D13。空耦超声传感器通过夹具固定在精密四轴运动平台上，精密四轴运动平台可以控制传感器进行横向、纵向和垂直运动，传感器夹具可以进行旋转运动，控制空耦超声传感器的入射角和倾斜方向。

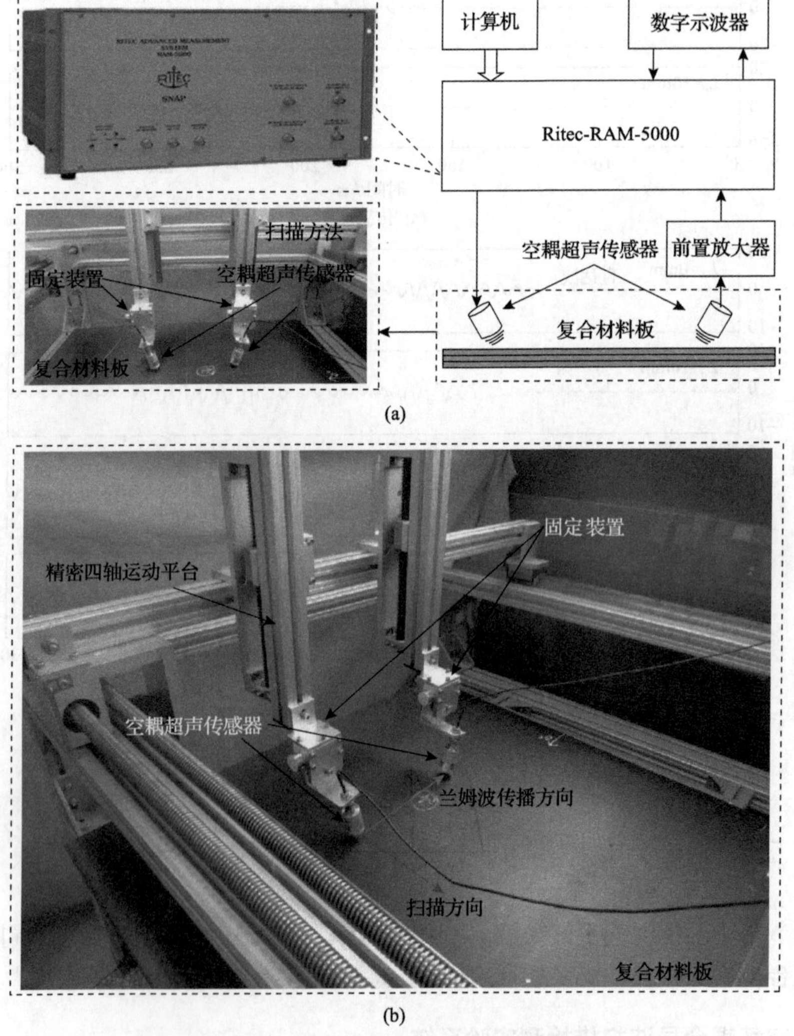

图 7.17　空气耦合导波扫描检测实验系统

利用基于虚拟时间反转方法的空气耦合兰姆波扫描技术，对 4 个包含不同形状和尺寸分层缺陷的碳纤维增强复合材料板试件进行了扫描。

每个试件的尺寸为 800mm×800mm×2.24mm。在 4 个碳纤维增强复合材料试件的铺层过程中，分别在第 4 层和第 5 层之间插入 Teflon 薄膜(0.05mm)，引入矩形分层缺陷、直径为 60mm 的圆形分层缺陷、直径为 30mm 的圆形分层缺陷和梯形分层缺陷。含不同形状分层缺陷的复合材料板检测实验布置如图 7.18 所示，包含分层缺陷的扫描区域均为 200mm×200mm。从正反两面对复合材料试件进行扫描，如图 7.19 所示。

对于正面扫描，分层位于第 4 层和第 5 层之间，而对于反面扫描，分层位于不同的界面。实验中，以 4mm 为扫描步长，对复合材料试样进行了与纤维铺层成 0°和 90°方向的扫描。激励传感器与接收传感器之间的距离为 200mm。在扫描过程中，具有一发一收排列的激励传感器与接收传感器作为一个单元移动。激励和

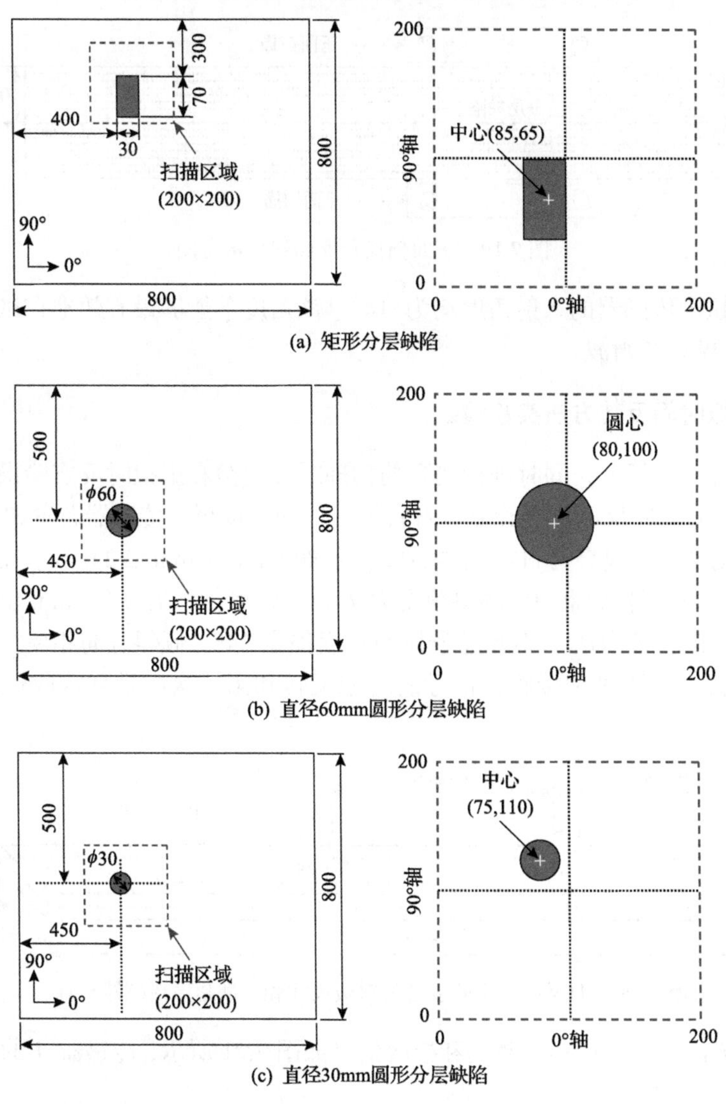

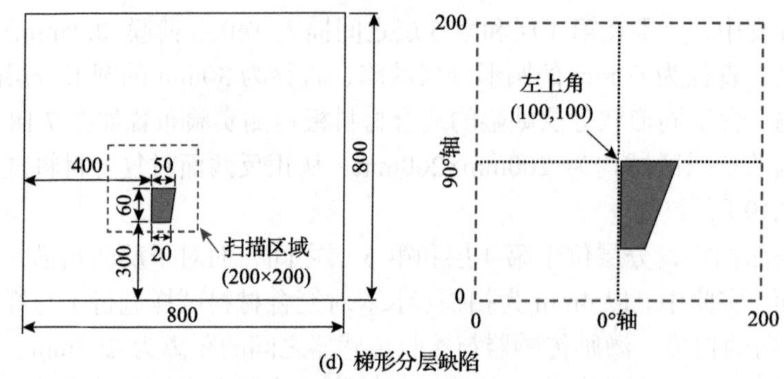

(d) 梯形分层缺陷

图 7.18　含不同形状分层缺陷的复合材料板检测实验布置(单位：mm)

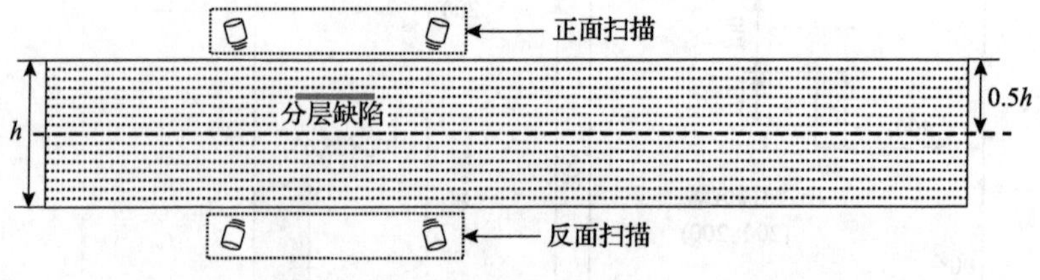

图 7.19　正面扫描及反面扫描示意图

接收空耦超声传感器的入射角度均为 14°，该角度下能够最有效地在试件中产生并收集 A_0 模态兰姆波。

7.4.2　虚拟时间反转方法实验验证

在复合材料板上，同时进行实际的物理时反实验和虚拟时反实验操作，对比两者的一致性。时反测试实验复合材料板尺寸和空耦超声传感器布置如图 7.20 所示，T300/QY8911 复合材料板试样的尺寸为 800mm×30mm×2.24mm。在距板左端面 225mm 处布置传感器 A，倾斜角度为 θ_T，在距离传感器 A 200mm 位置处布置传感器 B，倾斜角为 θ_R，两传感器倾斜角度都为 14°，倾斜方向相反。虚拟时反实验只进行一次激励和接收，信号的时域反转和第二次激励和接收通过数学计算得到。

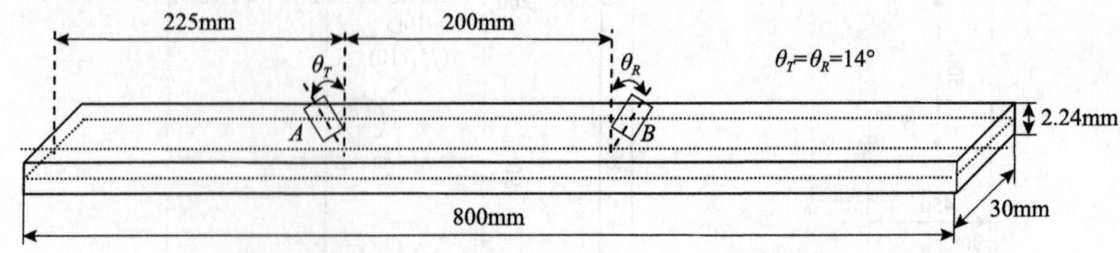

图 7.20　时反测试实验复合材料板尺寸和空耦超声传感器布置

时反测试实验中传感器激励和接收信号如图 7.21 所示，传感器 A 的首次激励信号如图7.21(a)所示，激励信号为汉宁窗调制中心频率为200kHz的5周期正弦信号，图7.21(b)是传感器 B 的首次接收信号，使用矩形窗对直达波进行截取，然后进行时域反转，如图7.21(c)所示，实际时反实验操作是将图7.21(c)中时域反转后的信号再次加载在传感器 A 上，图7.21(d)中实线为实际时反实验中传感器 B 第二次接收到的直达波。虚拟时反实验操作是将传感器 A 的首次激励信号和传感器 B 的首次接收信号通过傅里叶变换转换到频域，然后按照式(7.9)进行运算，再将运算的结果通过傅里叶逆变换转换到时域，图7.21(d)中虚线是虚拟时反实验的结果。

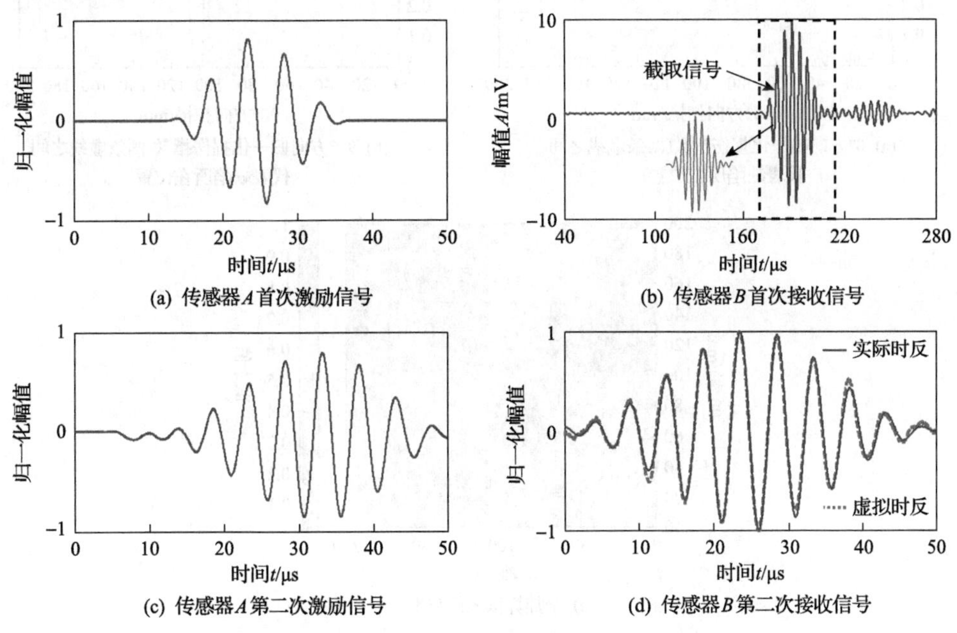

图7.21　时反测试实验中传感器激励和接收信号

从图7.21(d)中可以看出，虚拟时反操作得到的结果与进行实际时反操作得到的信号十分吻合。

7.4.3　不同损伤指数成像结果比较

本节与基于VTR的空气耦合兰姆波扫描概率成像方法相比，分析了其他信号特征(如振幅和速度)。检测对象为含有矩形分层缺陷(30mm×70mm)的复合材料板。基于式(7.5)和式(7.9)获取每个扫描步骤对应的基于VTR的损伤指数。基于幅值和速度的损伤指数则由每个扫描步骤的直达波幅值和到达时间变化确定。

图7.22(a)和(b)、图7.23(a)和(b)、图7.24(a)和(b)分别绘制了含有矩形分层缺陷(30mm×70mm)的复合材料板在4mm扫描步进下两个方向(0°和90°)

的归一化损伤指数。结果表明，分层区域内基于不同方法获得的损伤指数要大于健康区域。在健康区域，由于兰姆波的复杂散射特性、与分层的相互作用以及

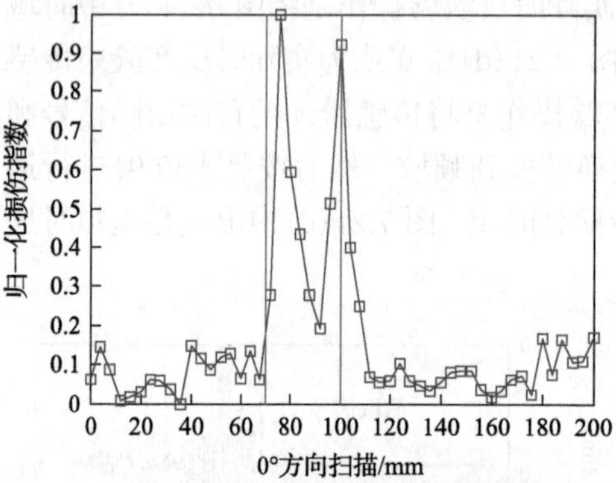

(a) 0°方向归一化损伤指数(两条虚线之间代表缺陷所在位置)

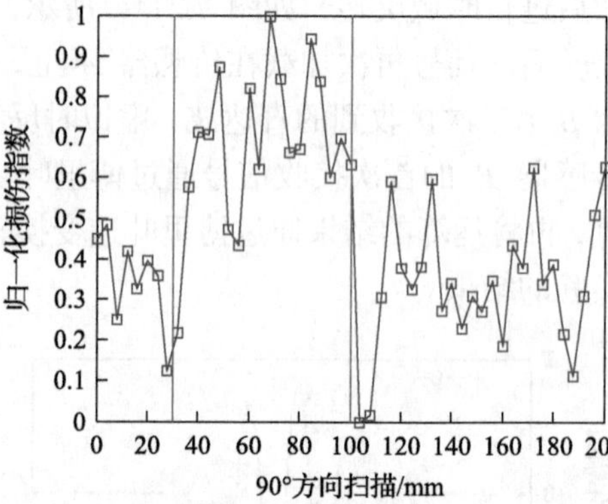

(b) 90°方向归一化损伤指数(两条虚线之间代表缺陷所在位置)

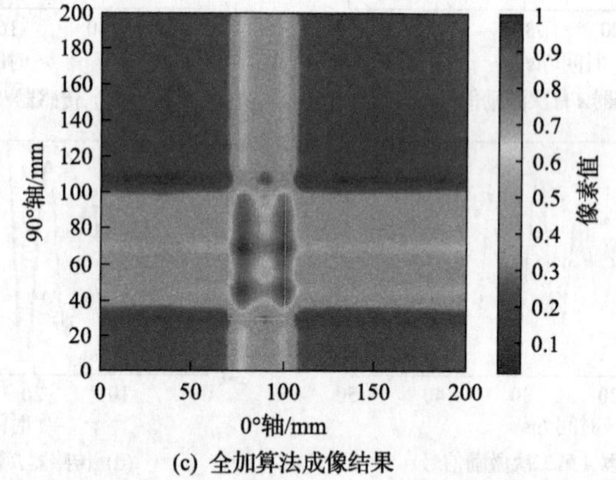

(c) 全加算法成像结果

图 7.22　基于速度损伤指数的矩形分层缺陷检测结果

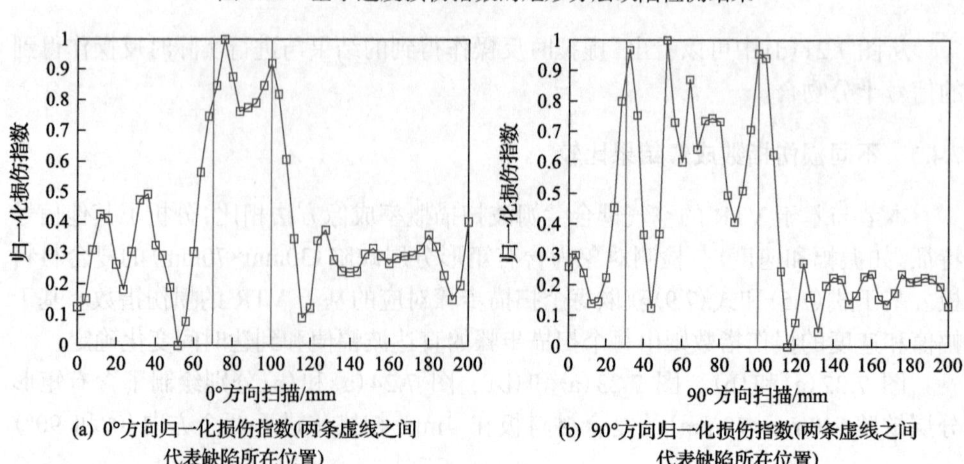

(a) 0°方向归一化损伤指数(两条虚线之间代表缺陷所在位置)

(b) 90°方向归一化损伤指数(两条虚线之间代表缺陷所在位置)

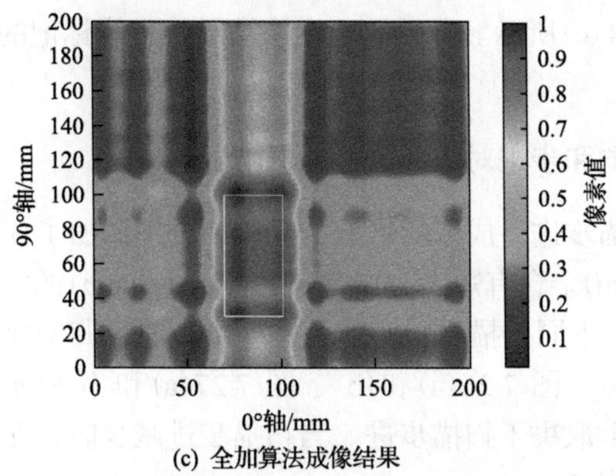

(c) 全加算法成像结果

图 7.23　基于幅值损伤指数的矩形分层缺陷检测结果

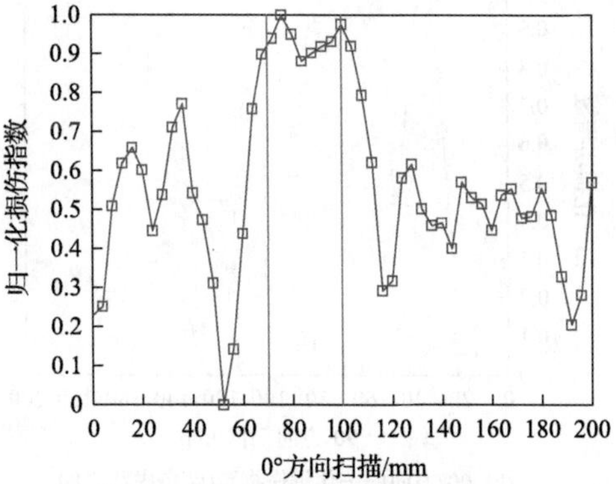

(a) 0°方向归一化损伤指数(两条虚线之间代表缺陷所在位置)

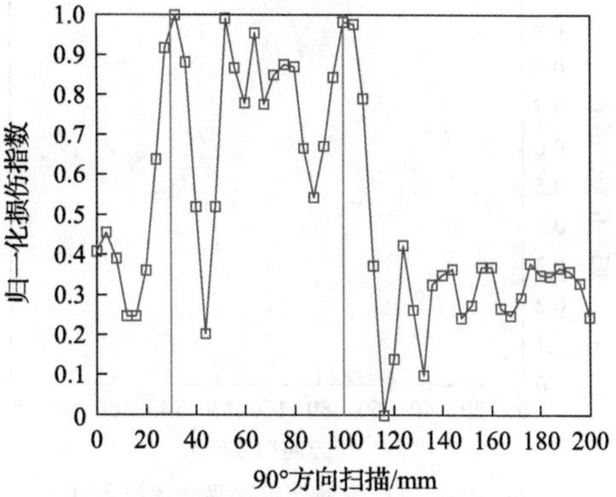

(b) 90°方向归一化损伤指数(两条虚线之间代表缺陷所在位置)

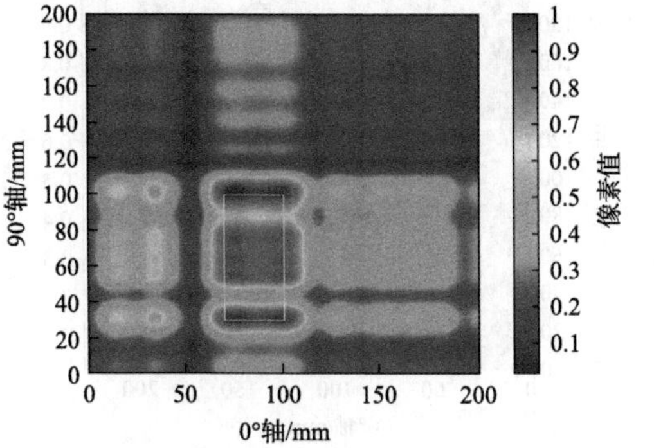

(c) 全加算法成像结果

图 7.24　基于虚拟时反损伤指数的矩形分层缺陷检测结果

信号噪声的影响，损伤指数非零且存在一定的波动。当扫描路径位于分层缺陷边缘附近时，损伤指数会迅速增加。根据损伤指数和式(7.10)～式(7.12)，对两个正交方向扫描(0°和 90°)的分层进行全加运算得到的成像结果如图 7.22(c)、

图 7.23(c)和图 7.24(c)所示。分层缺陷成像结果与直线标记的分层缺陷实际形状和位置基本一致。

7.4.4　不同扫描方向和步进对成像结果的影响

本节将介绍扫描步进对成像的影响，实验中分别添加了 3 种不同的扫描步进(2mm、6mm 和 8mm)。含有矩形分层缺陷(30mm×70mm)的复合材料板在两个扫描方向(0°和 90°)上不同扫描步长对应的基于虚拟时反归一化损伤指数的检测结果如图 7.25(a)和(b)、图 7.26(a)和(b)、图 7.27(a)和(b)所示。显然，损伤定位分辨率在很大程度上取决于扫描步进。当扫描步进减少时，在分层缺陷边缘可以获得足够的定位分辨率。

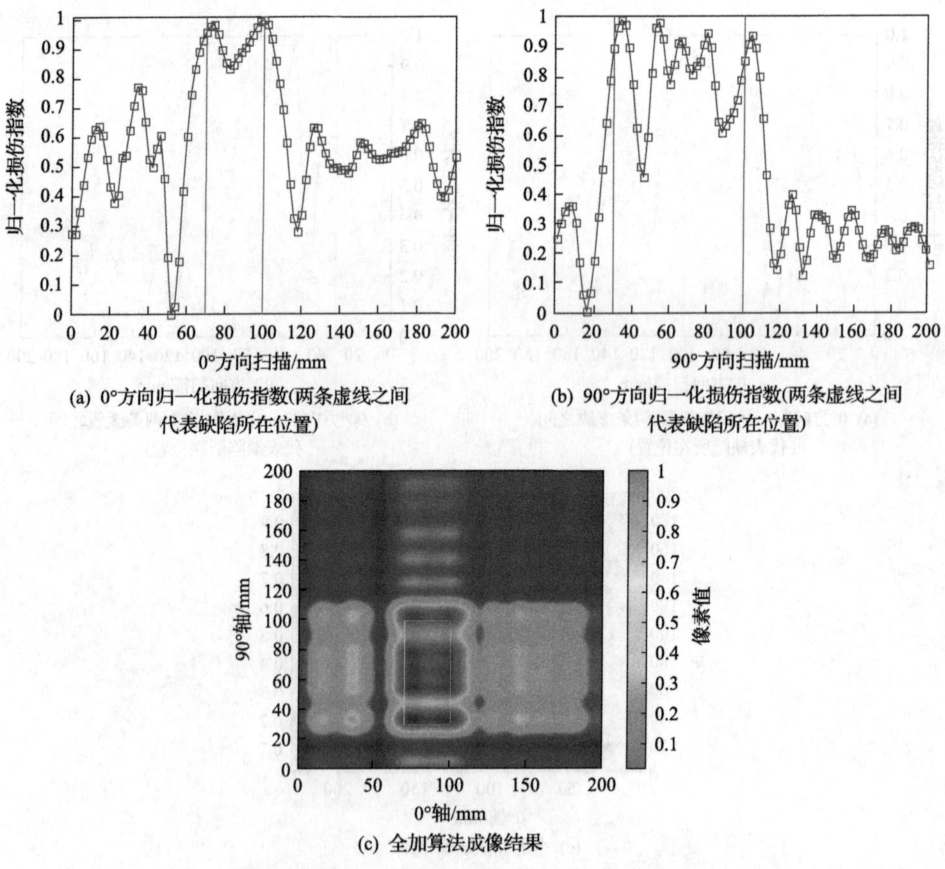

(a) 0°方向归一化损伤指数(两条虚线之间代表缺陷所在位置)

(b) 90°方向归一化损伤指数(两条虚线之间代表缺陷所在位置)

(c) 全加算法成像结果

图 7.25　2mm 步进下矩形分层缺陷检测结果

通过使用全加算法，含矩形分层缺陷(30mm×70mm)复合材料板在不同扫描步长下，两个正交扫描方向(0°和 90°)的成像结果如图 7.25(c)(2mm 步进)、图 7.26(c)(6mm 步进)和图 7.27(c)(8mm 步进)所示。结合图 7.24(c)中 4mm 步进下的成像结果可以看出，扫描步进越小，图像分辨率越高，扫描速度越慢。但是，4mm 扫描步进为最优选择，其可清楚识别分层缺陷，并且不需要太长的扫描时间。

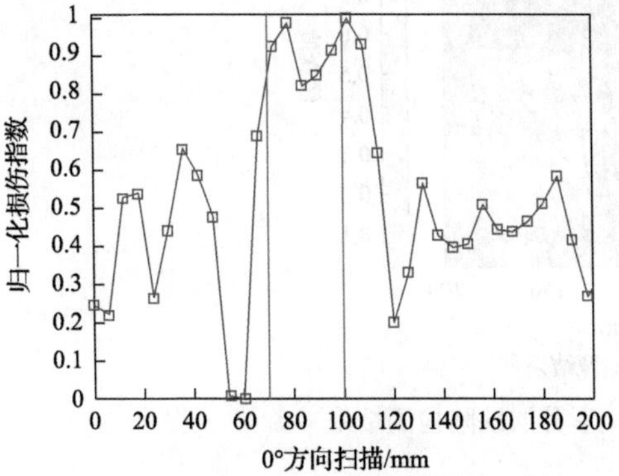

(a) 0°方向归一化损伤指数(两条虚线之间代表缺陷所在位置)

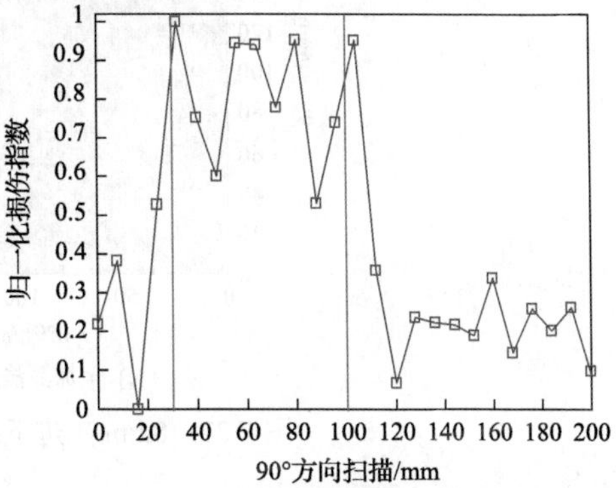

(b) 90°方向归一化损伤指数(两条虚线之间代表缺陷所在位置)

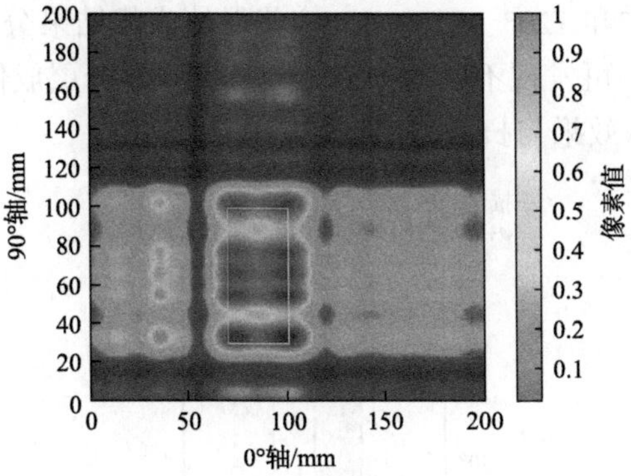

(c) 全加算法成像结果

图 7.26　6mm 步进下矩形缺陷检测结果

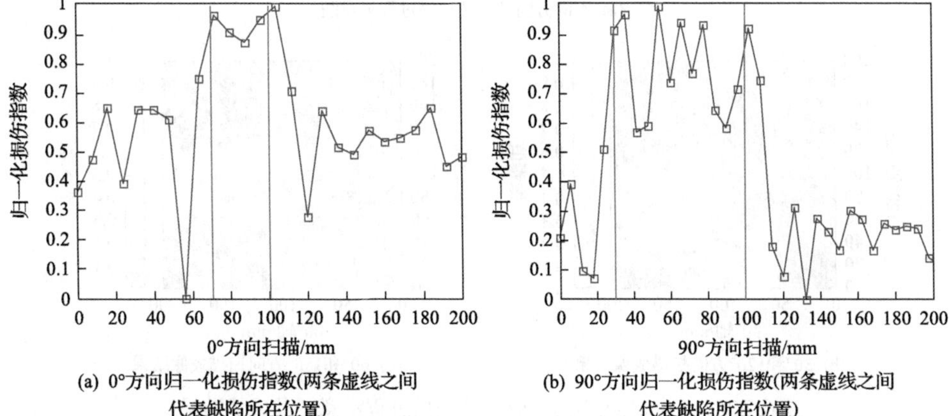

(a) 0°方向归一化损伤指数(两条虚线之间代表缺陷所在位置)

(b) 90°方向归一化损伤指数(两条虚线之间代表缺陷所在位置)

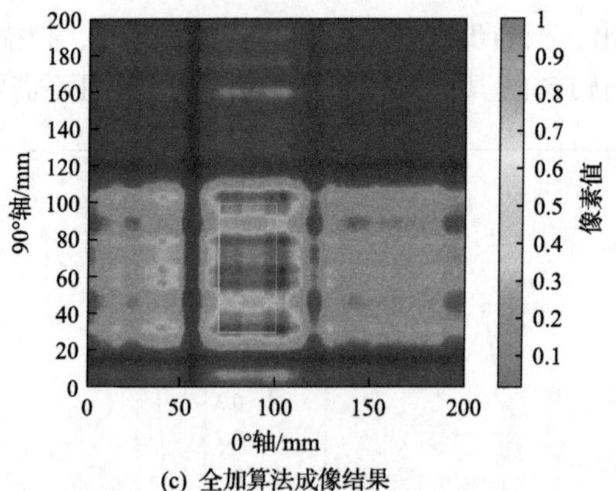

(c) 全加算法成像结果

图 7.27　8mm 步进下矩形分层缺陷检测结果

为识别分层缺陷的形状，需要在不同方向上进行扫描，图 7.28(a)为不同方向兰姆波扫描过程示意图，其中 φ 表示扫描区域的旋转角度。基于全加算法，两组正交扫描方向(30°和 120°、60°和 150°)获得的成像结果分别如图 7.28(b)和图 7.28(c)所示。从图中可发现不同的扫描方向下得到的分层成像结果是不同的，因此，分层缺陷的成像效果与扫描方向密切相关。

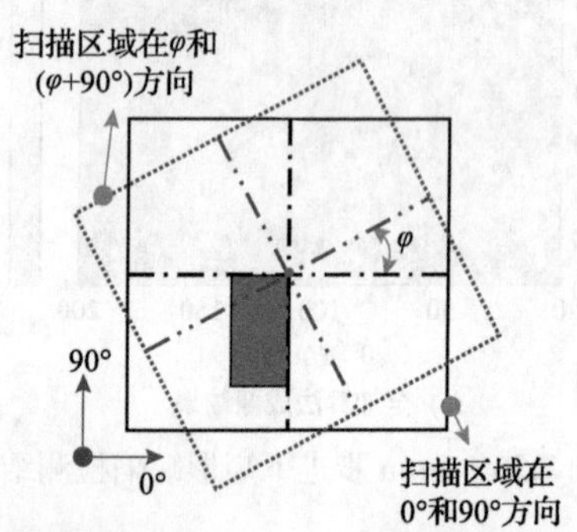

(a) 不同方向兰姆波扫描过程示意图

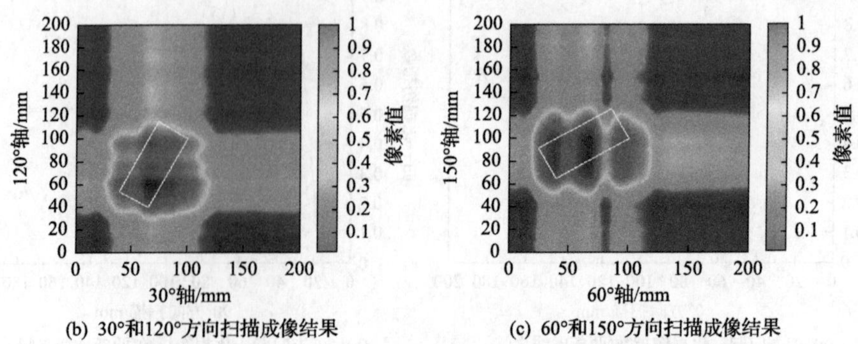

(b) 30°和120°方向扫描成像结果　　(c) 60°和150°方向扫描成像结果

图 7.28　兰姆波在不同方向上的扫描过程示意图及成像结果

7.4.5 不同分层缺陷成像结果

本节将介绍含有四种不同分层缺陷的复合材料板整合多个扫描方向后的缺陷识别结果。采用三组正交方向(0°和 90°、30°和 120°、60°和 150°)整合后的缺陷成像结果如图 7.29～图 7.32 所示。分层的实际形状和位置由直线标出。在图 7.29(b)、图 7.30(b)、图 7.31(b)、图 7.32(b)所示的全加算法得到的成像结果中，分层周围存在大量干扰信号。然而，图 7.29(c)、图 7.30(c)、图 7.31(c)和图 7.32(c)中基于全乘算法的分层缺陷成像结果具有更高的识别分辨率。与实际分层位置和商用浸入式 C 扫描系统得到的结果相比(如图 7.29(a)、图 7.30(a)、图 7.31(a)和图 7.32(a)所示)，这些复合材料板中的分层缺陷在重构图像中得到了很好的检测和定位。由于传感器非聚焦且尺寸较大，重构的分层形状和尺寸不如商用浸入式 C 扫描系统精确。

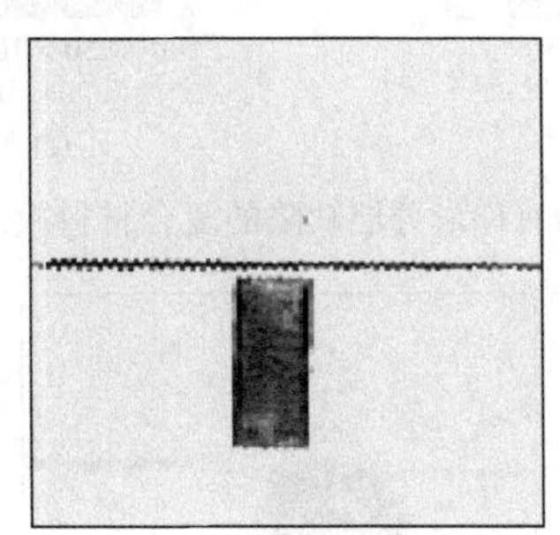

(a) 商用浸入式C扫描

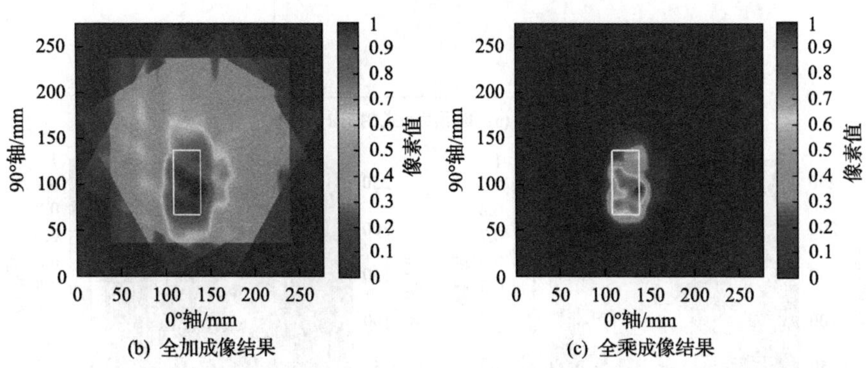

(b) 全加成像结果　(c) 全乘成像结果

图 7.29　含矩形分层缺陷的复合材料板成像结果

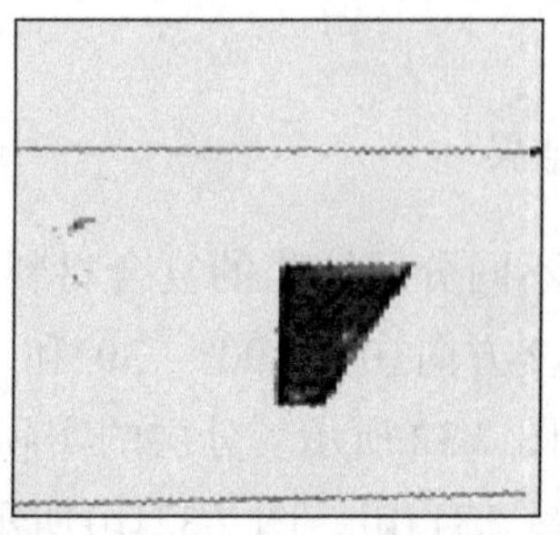
(a) 商用浸入式C扫描

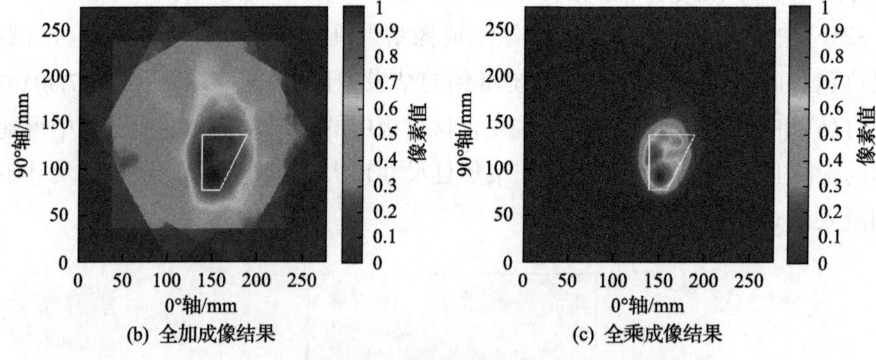

(b) 全加成像结果　　(c) 全乘成像结果

图 7.30　含有梯形分层缺陷的复合材料板成像结果

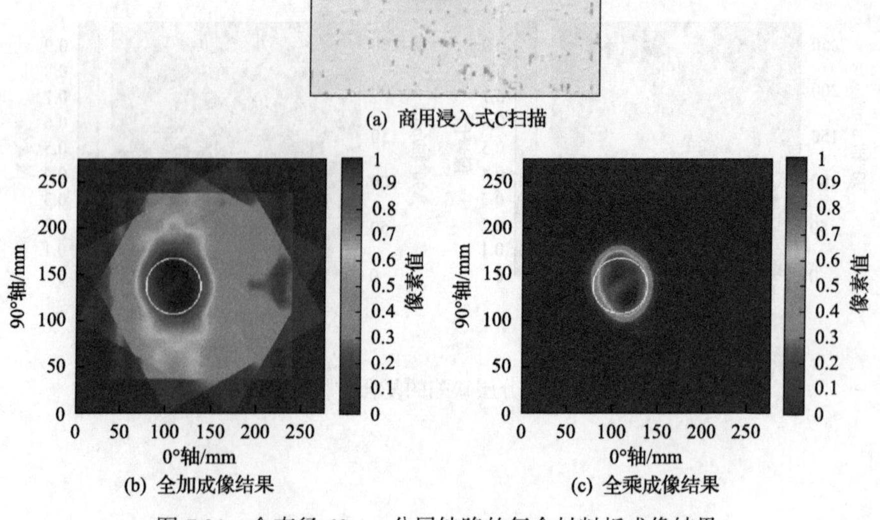

(a) 商用浸入式C扫描

(b) 全加成像结果　　(c) 全乘成像结果

图 7.31　含直径 60mm 分层缺陷的复合材料板成像结果

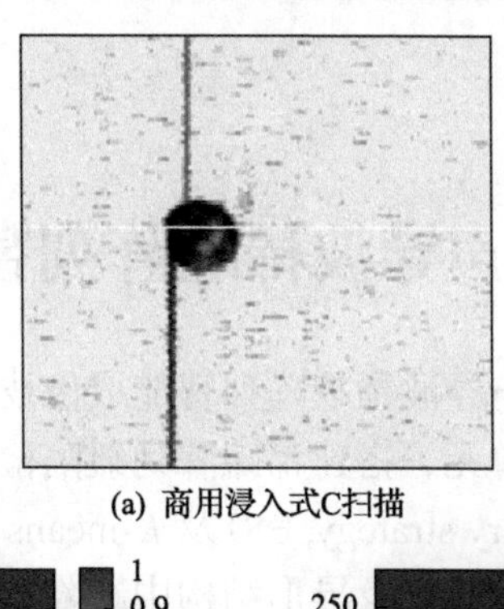

(a) 商用浸入式C扫描

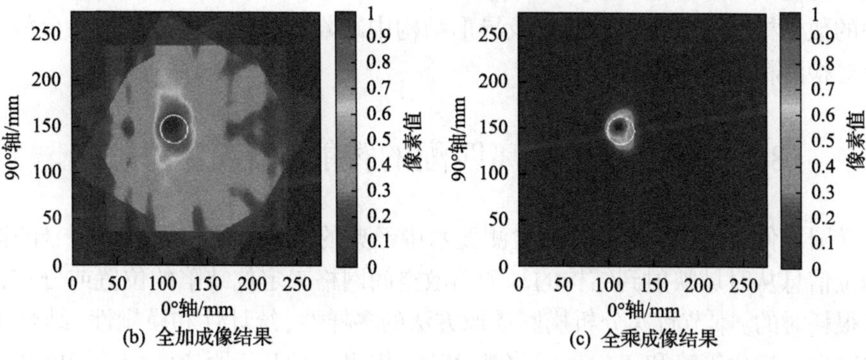

(b) 全加成像结果　(c) 全乘成像结果

图 7.32　含直径 30mm 分层缺陷的复合材料板成像结果

参 考 文 献

[1] 于洪涛. 复合材料板的非接触超声导波扫描成像检测技术研究. 北京: 北京工业大学, 2013.

[2] Wang C H, Rose J T, Chang F K. A synthetic time-reversal imaging method for structural health monitoring. Smart Materials and Structures, 2004, 13(2): 415-423.

[3] Park H W, Sohn H, Law K H, et al. Time reversal active sensing for health monitoring of a composite plate. Journal of Sound and Vibration, 2007, 302(1-2): 50-66.

[4] Liu Z H, Yu H T, He C F, et al. Delamination detection in composite beams using pure Lamb mode generated by air-coupled ultrasonic transducer. Journal of Intelligent Material Systems and Structures, 2014, 25(5): 541-550.

[5] Liu Z H, Yu H T, Fan J W, et al. Baseline-free delamination inspection in composite plates by synthesizing non-contact air-coupled Lamb wave scan method and virtual time reversal algorithm. Smart Materials and Structures, 2015, 24(4): 045014.

第 8 章　超声导波稀疏阵列智能成像技术

本章主要讨论基于超声导波稀疏阵列智能成像技术，选择能够激励和接收超声导波的传感器作为阵列单元，搭建稀疏阵列缺陷检测实验系统。基于椭圆成像方法、进化策略(evolutionary strategy, ES)及 *K*-means 聚类算法构建智能缺陷定位算法的数学模型，实现板状结构及异形结构中缺陷的成像定位分析，并分析不同参数对检测精度的影响。

8.1　板中基于距离匹配的智能缺陷定位算法

椭圆成像方法[1]是稀疏阵列检测技术中经典的成像方法，通过将信号的振幅或相位信息从时域映射到结构的每个离散空间网格来定位缺陷的位置或分布，但这是很耗时的。本节首次分析椭圆成像方法的多样性、统计性和模糊性，结合 TOF 成像原理、进化策略和 *K*-means 聚类算法，提出一种基于距离匹配的智能缺陷定位算法[2]，该算法通过观察个体的分布识别缺陷的位置。

8.1.1　成像算法基本原理

1. 椭圆成像方法

通过分析椭圆成像方法的定位原理，阐述基于渡越时间成像算法的统计性、多样性和模糊性，并将以上特性用于指导智能缺陷定位算法的设计。

1)统计性和多样性

受实验条件和超声导波多模态特性[3]的影响，检测信号中包含许多不同的成分，包括缺陷回波和干扰波。因此，基于超声导波的研究有两个重要问题，一是充分利用缺陷回波的信息，二是抑制干扰成分对检测结果的影响。散射信号中波包的渡越时间矢量可以表示为式(8.1)。椭圆成像方法融合不同激励器-接收器对接收的散射信号的幅度信息，抑制干扰波对检测的影响，实现缺陷定位。椭圆成像方法的数学函数可以表示为式(8.2)。散射信号的幅度信息和板上空间网格像素值之间的映射关系可以表示为式(8.3)：

$$\boldsymbol{\tau}=\sum_{i=1}^{n_i}\boldsymbol{\tau}_i+\sum_{k=1}^{n_k}\boldsymbol{\tau}_k \tag{8.1}$$

式中：$\boldsymbol{\tau}_i$——第 i 个缺陷回波的渡越时间参数矩阵；

$\boldsymbol{\tau}_k$——第 k 个干扰波的渡越时间参数矩阵；

n_i——第 i 个缺陷回波；

n_k——第 k 个干扰波。

$$I(x,y)=\frac{1}{N^2}\sum_{i=1}^{N}\sum_{j=1,i\neq j}^{N}s_{ij}\left(\tau_{ij}(x,y)\right) \tag{8.2}$$

$$t_{ij}=\frac{\sqrt{(x_i-x)^2+(y_i-y)^2}+\sqrt{(x_j-x)^2+(y_j-y)^2}}{c_{\mathrm{g}}} \tag{8.3}$$

式中：t_{ij}——第 i 个激励传感器和第 j 个接收传感器之间的波包渡越时间；

s_{ij}——第 i 个激励传感器和第 j 个接收传感器之间的散射信号；

c_{g}——群速度；

(x,y)——空间网格坐标；

N——检测对的数量。

椭圆成像方法的统计性表现为缺陷周围的椭圆弧数量多于其他位置。在检测中，信噪比、超声导波的衰减、传感器与缺陷之间的距离等原因，阵列中的一些检测路径无法接收到缺陷回波，导致了检测的多样性。这些缺陷周围的椭圆弧数量是不同的。图 8.1 为椭圆成像方法的统计性和多样性示意图，其中缺陷用矩形标记，传感器用实心圆点标记，潜在散射点用空心圆点标记。6 个传感器用 $T_1\sim T_6$ 表示，两个缺陷用 d_1 和 d_2 表示。图 8.1(a)为 T_5 激励的兰姆波传播路径。缺陷 d_1 和 d_2 的可检测路径由双虚线和点虚线表示，d_1 的不可检测路径用长虚线表示。T_4 接收的信号包含来自缺陷和板边缘的缺陷回波，而 T_1 接收的信号中没有来自 d_1 的缺陷回波。这意味着检测对缺陷具有不同的检测能力，这导致了检测算法的统计性

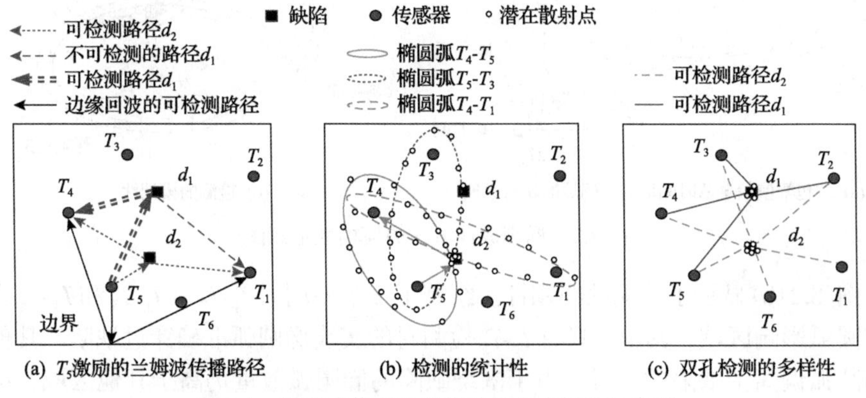

图 8.1　椭圆成像方法的统计性和多样性示意图

和多样性。图 8.1(b)为检测的统计性。图中 T_4-T_5、T_5-T_3 和 T_4-T_1 检测对的椭圆弧是来自 d_2 回波的幅度信息映射轨迹，潜在散射点分布在椭圆弧上。三个椭圆弧在 d_2 处相交，d_2 周围分布的散射点比其他区域多。统计性是 d_2 周围的椭圆弧的数量高于其他区域。统计性将用于设计智能缺陷定位算法中输入参数的数据结构。图 8.1(c)为双孔检测的多样性，d_1 和 d_2 的可检测路径的数量分别是 4 和 6，导致 d_2 周围的潜在散射点密度高于 d_1 周围。

2) 模糊性

模糊性是指即使测量数据与实际值有微小偏差，检测结果仍然是可靠的。图 8.2 为椭圆成像方法的模糊性示意图。图 8.2(a)绘制了波包幅值信息从时间域到空间域的映射原理。基于式(8.3)，包络幅度 a、b 和 c 被映射成三个椭圆弧，分别用点虚线、实线和长虚线表示。在理想情况下，实线椭圆弧准确地穿过缺陷。点虚线和长虚线之间的空间跨度是波包的影响区。假设 a 和 c 关于包络线峰值 b 对称，a 或 c 距离包络线峰值的时间为 T_s，则影响区的空间跨度 δ_e 和波包的持续时间之间的关系可以表示为式(8.4)。δ_e 等于空间跨度的一半，并定义为距离相关筛选阈值。距离相关筛选阈值用于控制所提算法的模糊性：

$$\delta_e = T_s \cdot c_g \tag{8.4}$$

式中：δ_e——直达渡越时间法个体筛选阈值；

e、s——直达渡越时间法和空间跨度标识符；

T_s——距离包络线峰值的时间。

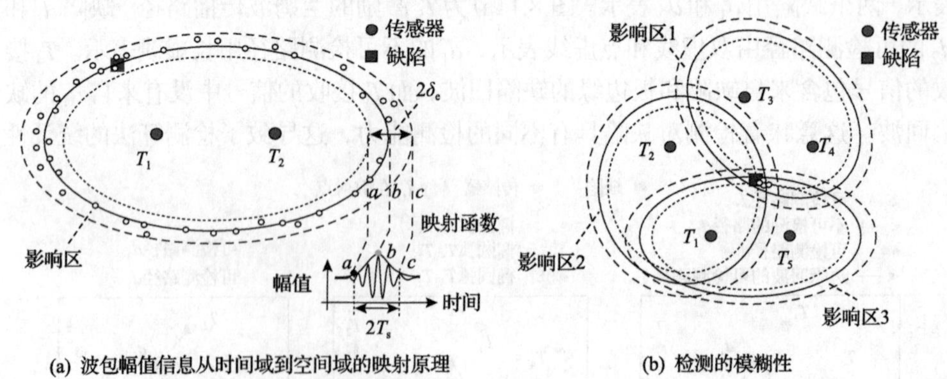

(a) 波包幅值信息从时间域到空间域的映射原理　　(b) 检测的模糊性

图 8.2　椭圆成像方法的模糊性示意图

图 8.2(b)显示了检测的模糊性。绘制了三个检测对 T_1-T_2、T_1-T_5 和 T_3-T_4 之间的椭圆弧影响区域，其中，只有 T_1-T_5 检测对的实线椭圆弧准确穿过缺陷，其他实线椭圆弧偏离了缺陷的位置。由于围绕缺陷的椭圆弧数量仍高于其他区域，可以在检测中确定缺陷的位置。图 8.2(b)中标记了位于三个影响区域交汇处的散射点，

该散射点的位置可以用来确定缺陷的位置。

2. 进化策略

多个椭圆弧交叉区域的潜在散射点可用于识别缺陷的位置，因此，缺陷识别问题转化为散射点搜索问题。本节选择采用 ES 完成搜索过程[4]。ES 是一种基于自然选择机制的人工智能方法，具有并行处理能力，用于求解优化问题。ES 的执行过程如下。

(1) 初始化：首先，定义算法的基本参数，包括最大迭代代数、变量边界 $\boldsymbol{\theta}$ 、初始种群大小、用于缺陷定位的最大个体数目 n_k 、截止准则等。

(2) 种群筛选：将种群的参数矢量用于优化目标函数，并计算种群的适应度。然后，根据适应度对种群进行降序排序，保留前 n_k 个个体作为父代。

(3) 截止准则：如果满足收敛条件(如达到最大迭代代数或最小种群适应度小于预定义截止阈值)，则停止算法。否则，更新迭代代数，执行种群筛选。

(4) 种群更新：通过将父代与以父代参数为均值的高斯分布或均匀分布的随机变量相加，生成子代。如果子代的任何值超过其限制，则将其替换为限制值。然后，父代与子代结合形成下一代的分析种群，并返回第(2)步。

在散射源搜索的研究中，根据板中的探测区域确定 $\boldsymbol{\theta}$ ，并根据 $\boldsymbol{\theta}$ 用小数对表示潜在散射点的总体 $\boldsymbol{p}$ 进行编码。作为一种通用的优化算法，ES 没有考虑兰姆波探测中的统计性和多样性。因此，对 ES 算法进行了修改。根据统计性，定义几个特定的输入参数。在种群筛选和种群更新步骤中应用了 K-means 聚类算法，以保持个体的多样性。在种群筛选中，当分析个体的数量大于 n_k 时，将它们聚类成 K_s 个组。从这些组中提取不同数量的个体形成 n_k 个父代。在种群更新中，将父代聚类成 K_r 个组。然后，基于每个组的大小计算个体的释放数量和个体的释放距离。

3. K-means 聚类算法

K-means 聚类算法是一种无监督分类算法，根据特定度量标准将数据分成不同的簇群。数据由矢量表示，根据优化函数模型进行定义。在传统的 K-means 聚类算法中，执行算法之前必须指定聚类数量 K。然而，一般应用中最佳的聚类数量是未知的。为了解决这个问题，研究人员开发了不同的有效性指标，如贝叶斯准则(Bayesian criterion)、Davies-Bouldin 指数、轮廓宽度(silhouette width)和间隔统计量(gap statistics)等来指导确定 K 的值。在 K-means 聚类算法的分类结果中，同一簇群内的数据具有最小的度量值，而不同簇群中的数据具有较大的度量值。K-means 聚类算法的执行过程如下：

(1) 从输入数据集中随机选择 K 个点作为初始聚类中心。

(2) 计算每个数据点到各聚类中心的距离作为度量矢量。

(3) 根据度量矢量将每个数据点分配到最近的聚类中心。

(4) 通过计算原聚类中心周围数据的均值来更新聚类中心。

(5) 重复步骤 (3) 和步骤 (4)，直到聚类中心不再显著改变。

在每次迭代中，*K*-means 聚类算法旨在最小化簇群内的距离，确保同一簇群内的数据点相似。*K*-means 聚类算法可以应用于种群筛选和种群更新，以保持种群内的多样性，并提高算法的收敛性能和全局搜索能力。

8.1.2 基于距离匹配的智能缺陷定位算法基本原理

结合椭圆成像方法、ES 和 *K*-means 聚类算法，本节设计了一种基于距离匹配的智能缺陷定位算法，通过距离相关筛选阈值筛选潜在的散射个体。这里首先介绍算法的功能模块，然后结合算法流程图详细描述算法的执行过程。

1. 输入参数设计

为了利用检测的统计性及控制算法的收敛性，定义了三个输入参数，包括路径相关残差、路径无关残差和种群适应度。定义路径相关残差 ε_i 如式 (8.5) 所示。当波的传播距离与潜在散射个体距离之差大于距离相关筛选阈值 δ_e 时，残差设为零。残差矢量中非零参数的数量等于与个体相关椭圆弧和检测对的数量。例如，有 4 个椭圆弧经过个体 i，则残差矢量中的非零参数数量为 4。这也意味着个体 i 与 4 个检测对有关联。

$$\boldsymbol{\varepsilon}_i = \begin{cases} 0, & \left|\boldsymbol{d} - \tilde{\boldsymbol{d}}\right| > \delta_{\mathrm{e}} \\ \left|\boldsymbol{d} - \tilde{\boldsymbol{d}}\right|, & \left|\boldsymbol{d} - \tilde{\boldsymbol{d}}\right| \leqslant \delta_{\mathrm{e}} \end{cases} \tag{8.5}$$

式中：$\tilde{\boldsymbol{d}}$ ——潜在散射个体相关距离矢量矩阵，定义如式 (8.6) 所示；

$\boldsymbol{d}$ ——波包传播距离矢量矩阵，定义如式 (8.7) 所示。

$$\tilde{\boldsymbol{d}} = \left|\boldsymbol{p}_a - \boldsymbol{p}_i\right| + \left|\boldsymbol{p}_r - \boldsymbol{p}_i\right| \tag{8.6}$$

$$\boldsymbol{d} = \boldsymbol{\tau}_{ij} \cdot c_{\mathrm{g}} \tag{8.7}$$

式中：$\boldsymbol{p}_a$ ——激励点的位置坐标矩阵；

$\boldsymbol{p}_i$ ——个体的位置坐标矩阵；

$\boldsymbol{p}_r$ ——接收点的位置坐标矩阵；

$\boldsymbol{\tau}_{ij}$ —— N 对激励传感器与接收传感器之间的波包渡越时间 t_{ij} 矩阵。

为了消除检测对数量对算法收敛性分析的影响，定义路径无关残差，通过将残差之和除以个体相关检测对数量计算得到：

$$\varepsilon_{\mathrm{p}}=\frac{\sum_{i=1}^{n}\varepsilon_i}{n_{\mathrm{p}}} \tag{8.8}$$

式中：n——筛选后非零残差值数量；

ε_{p}——路径无关残差；

n_{p}——潜在散射个体相关检测对数量。

种群适应度定义为当前代所有保留个体的路径无关残差的均值，用于分析算法的收敛性：

$$\varepsilon_g=\left|\mathrm{mean}\left(\varepsilon_{\mathrm{p}}\right)\right| \tag{8.9}$$

式中：mean(·)——均值函数。

2. 自适应种群筛选

本节定义分析个体 $\boldsymbol{p}_{g,r}$ 和保留个体 $\boldsymbol{p}_{g,k}$ 两个概念：前者用于种群更新，后者用于缺陷定位。在椭圆成像方法中，至少存在 3 个不同检测对的椭圆弧来识别缺陷的位置。因此，关联检测对的数量大于 3 的潜在散射个体定义为分析个体 $\boldsymbol{p}_{g,r}$，关联检测对的数量大于路径相关筛选阈值的潜在散射个体定义为保留个体 $\boldsymbol{p}_{g,k}$。

路径相关筛选阈值 k_{p} 是基于当前代中相关检测对的最大个体数来定义的，可以表示为

$$k_{\mathrm{p}}=\mathrm{floor}\left(0.75\max\left(n_{\mathrm{p}}\right)\right) \tag{8.10}$$

当保留个体数量大于预定义的最大保留个体数量时，使用 K-means 聚类算法将其分为 K 组。$\boldsymbol{p}_i^{\mathrm{cluster}}$ 为种群中的第 i 组。如果群体数量大于 10，则根据式(8.11)从聚类中提取相应数量的个体；否则，组中的所有个体都被设置为保留个体：

$$k_{\mathrm{cluster}}=\frac{n_k n_i^{\mathrm{cluster}}}{\sum_{i=1}^{K}n_i^{\mathrm{cluster}}} \tag{8.11}$$

式中：k_{cluster}——从 $\boldsymbol{p}_i^{\mathrm{cluster}}$ 中提取的个体数；

n_i^{cluster}——$\boldsymbol{p}_i^{\mathrm{cluster}}$ 的种群大小。

3. 自适应种群更新

种群更新机制是通过分析个体来实现的。采用随机释放策略更新个体，产生子代。个体的释放数量是根据种群聚集程度和预定义的最大个体释放数量确定的。

首先，利用 K-means 聚类算法将分析个体 $\boldsymbol{p}_{g,r}$ 分成 K_r 组。然后，根据式(8.12)计算个体的释放数量 n_r。如果 $\text{floor}\left(r_{\text{cluster}} r_{\text{p}} n_{\text{f}}\right) \leqslant 4$，则将其设定为 4。在分析过程中，也可以将 4 替换为其他较小的值：

$$n_r = \begin{cases} 4, & \text{floor}\left(r_{\text{cluster}} r_{\text{p}} n_{\text{f}}\right) \leqslant 4 \\ \text{floor}\left(r_{\text{cluster}} r_{\text{p}} n_{\text{f}}\right), & \text{floor}\left(r_{\text{cluster}} r_{\text{p}} n_{\text{f}}\right) > 4 \end{cases} \tag{8.12}$$

$$r_{\text{p}} = \frac{n_{\text{p}}}{\max\left(n_{\text{p}}\right)} \tag{8.13}$$

$$r_{\text{cluster}} = 1 - \frac{n_i^{\text{cluster}}}{\sum_{i=1}^{K} n_i^{\text{cluster}}} \tag{8.14}$$

式中：n_{f}——最大个体释放数量；

f——释放子代个体参数标识符号；

r_{cluster}——根据聚类大小 n_i^{cluster} 计算的聚类系数；

r_{p}——检测对相关比值。

然后，通过式(8.15)和式(8.16)产生子代。最后，通过组合当代中的所有子代和分析个体来构建下一代的分析群体。

$$\tilde{\boldsymbol{p}}_g = \boldsymbol{p}_{g,r} + \text{sgn}\left(\text{rand}(1,n_r) - 0.5\right) r_{\text{f}}\, \text{rand}(1,n_r) \tag{8.15}$$

$$\tilde{\boldsymbol{p}}_g = \text{round}\left(\tilde{\boldsymbol{p}}_g / \boldsymbol{a}_r\right) \boldsymbol{a}_r \tag{8.16}$$

式中：r_{f}——预定义的个体释放半径；

$\tilde{\boldsymbol{p}}_g$——子代；

g——迭代代数；

$\boldsymbol{a}_r$——精度控制矢量；

r——精度控制矢量半径；

sgn(·)——参数符号函数；

rand(·)——均匀分布函数，在区间(0, 1)内生成数据；

round(·)——四舍五入取整函数。

4. 多样性维护

多样性维护是通过对保留个体 $\boldsymbol{p}_{g-1}$ 的分析来实现的。首先，根据式(8.17)计算所有保留个体在相邻代之间的欧氏距离。然后，根据计算的欧氏距离对上代保留的个体进行筛选。当 $\boldsymbol{d}_{\mathrm{E}} > \delta_{\mathrm{e}}$ 时，保留个体 $\boldsymbol{p}_{g-1}$ 将上一代个体加到当代个体 $\boldsymbol{p}_g$ 中，生成多样性维持个体 $\boldsymbol{p}_{\mathrm{v}}$。

$$\boldsymbol{d}_{\mathrm{E}} = \left\| \boldsymbol{p}_{g-1} - \boldsymbol{p}_g \right\| \tag{8.17}$$

当 $\boldsymbol{p}_{\mathrm{v}}$ 大于 n_k 时，从 $\boldsymbol{p}_{\mathrm{v}}$ 中提取 ε_{p} 最小的 n_k 个个体，得到保留个体 $\boldsymbol{p}_{g,k}$ 和分析个体 $\boldsymbol{p}_{g,r}$；否则，所有多样性维护个体在分析中被设置为 $\boldsymbol{p}_{g,k}$ 和 $\boldsymbol{p}_{g,r}$。这种方法既保留了个体的多样性，又提高了算法的收敛性。

5. 基于距离匹配的智能缺陷定位算法

本节详细介绍所提智能算法的执行过程。图 8.3 为基于距离匹配的智能缺陷定位算法流程图。算法主要有六个部分：信号预处理、算法初始化、自适应种群筛选、多样性维护、截止判据和自适应种群更新。具体描述如下：

(1) 信号预处理。①从检测信号中减去参考信号提取散射信号。②计算所有散射信号中波的群速度 c_{g} 和波包渡越时间 $\boldsymbol{\tau}$。由式(8.7)计算波包传播距离 $\boldsymbol{d}$。

(2) 算法初始化。①初始化算法参数，包括初始化种群大小 m_{f}、最大迭代代数 g_{m}、距离相关筛选阈值 δ_{e}、截止阈值 ε_{t}、参数范围矢量 $\boldsymbol{\theta}$、精度控制矢量 $\boldsymbol{a}_r$、最大保留个体数 n_k、最大释放距离 r_{f} 和个体数 n_{f}；②然后由式(8.18)生成初始种群 $\boldsymbol{p}_{g=0}$，由式(8.19)控制其精度：

$$\boldsymbol{p}_{g=0}(\boldsymbol{\theta}) = \boldsymbol{\theta}_{\mathrm{L}} + \mathrm{rand}\left(\boldsymbol{\theta}_{\mathrm{U}} - \boldsymbol{\theta}_{\mathrm{L}}\right) \tag{8.18}$$

$$\boldsymbol{p}_g = \mathrm{round}\left(\boldsymbol{p}_g / \boldsymbol{a}_r\right)\boldsymbol{a}_r \tag{8.19}$$

式中：U——$\boldsymbol{\theta}$ 的上限符号；

L——$\boldsymbol{\theta}$ 的下限符号。

(3) 自适应种群筛选。①由式(8.6)计算个体 $\boldsymbol{p}_g$ 的个体相关距离矢量 $\tilde{\boldsymbol{d}}$。②由式(8.5)计算路径相关残差值 $\boldsymbol{\varepsilon}_i$，根据 $\boldsymbol{\varepsilon}_i$ 中非零值的数量确定个体相关检测对的数量，路径相关筛选阈值和路径无关残差分别用式(8.10)和式(8.8)计算。③生成分析个体 $\boldsymbol{p}_{g,r}$ 和保留个体 $\boldsymbol{p}_{g,k}$。根据相关检测对的数量，当数量大于 3 时，设为分

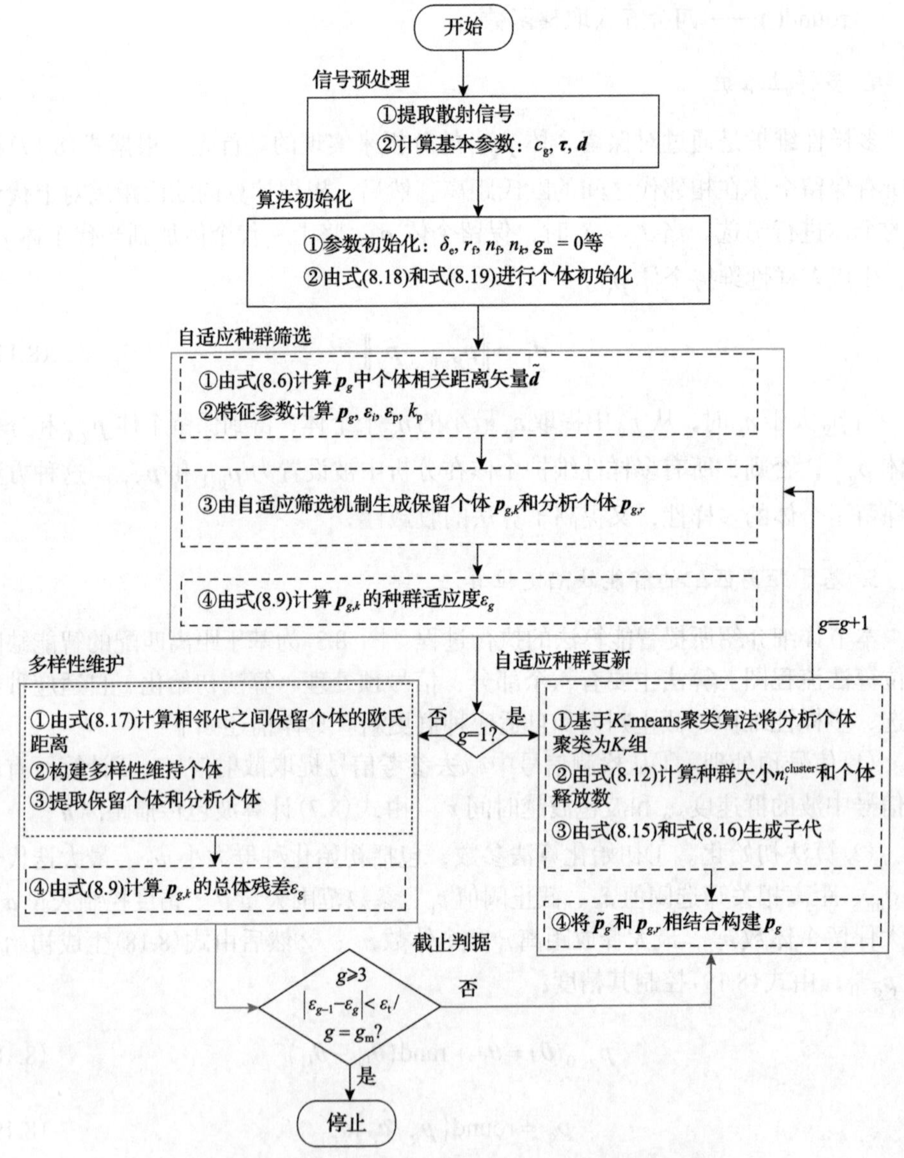

图 8.3　基于距离匹配的智能缺陷定位算法流程图

析个体；当数量大于路径相关筛选阈值k_p时，将其设置为保留个体。如果保留个体的数目大于n_k，$p_{g,r}$和$p_{g,k}$则根据自适应种群筛选方法重新生成。④由式(8.9)计算种群适应度ε_g，若g=1，执行步骤(6)；否则，执行步骤(4)。

(4) 多样性维护。①由式(8.17)计算相邻代之间保留个体的欧氏距离。②当计算得到的欧氏距离大于δ_e时，上代个体与当代个体p_g结合形成多样性维持个体

$\boldsymbol{p}_{\mathrm{v}}$。③当 $\boldsymbol{p}_{\mathrm{v}}$ 的数量大于 n_k 时，根据路径无关残差 ε_{p} 对总体进行降序排序。$\boldsymbol{p}_{\mathrm{v}}$ 的前 n_k 个个体记为 $\boldsymbol{p}_{g,r}$ 和 $\boldsymbol{p}_{g,k}$；否则，将所有 $\boldsymbol{p}_{\mathrm{v}}$ 设为 $\boldsymbol{p}_{g,r}$ 和 $\boldsymbol{p}_{g,k}$。④再次计算总体残差 ε_g。转到步骤(5)。

(5) 截止判据。如果代数等于最大迭代代数 g_{m} 或大于等于 3，并且相邻代的种群适应度变化小于截止阈值 ε_{t}，则停止算法；否则，执行步骤(6)。

(6) 自适应种群更新。①利用 K-means 聚类算法将分析个体 $\boldsymbol{p}_{g,r}$ 聚类为 K_r 组。②根据式(8.12)计算个体释放数量 n_r。③由式(8.15)和式(8.16)生成子代。④通过组合子代 $\tilde{\boldsymbol{p}}_g$ 和当代的分析个体 $\boldsymbol{p}_{g,r}$ 来构建新的分析群体 $\boldsymbol{p}_g$。然后，更新生成代数，$g=g+1$，并返回步骤(3)。

8.1.3　有限元验证

在基于兰姆波的无损检测和结构健康监测研究中，选择激励信号的频率和模态主要基于导波的频散程度和波长。图 8.4 为 0.8mm 厚的铝板中兰姆波频散曲线。对称模态(S)和反对称模态(A)分别用实线和虚线绘制；下标 0、1 和 2 表示相关模态的顺序。图 8.4(a)和(b)分别为不同兰姆波模态的群速度频散曲线和波长频散曲线。如图 8.4 所示，在低频厚积区，S_0 模态的频散程度低于 A_0 模态，而 A_0 模态的波长比 S_0 模态的波长短得多。因此，这两种模态的兰姆波被广泛应用于无损检测。考虑到模态的频散程度、导波和缺陷之间的相互作用以及传感器的中心频率，在研究中激励信号的频率通常低于 500kHz。选择的激励频率显示在图 8.4(a)中的矩形区域内。

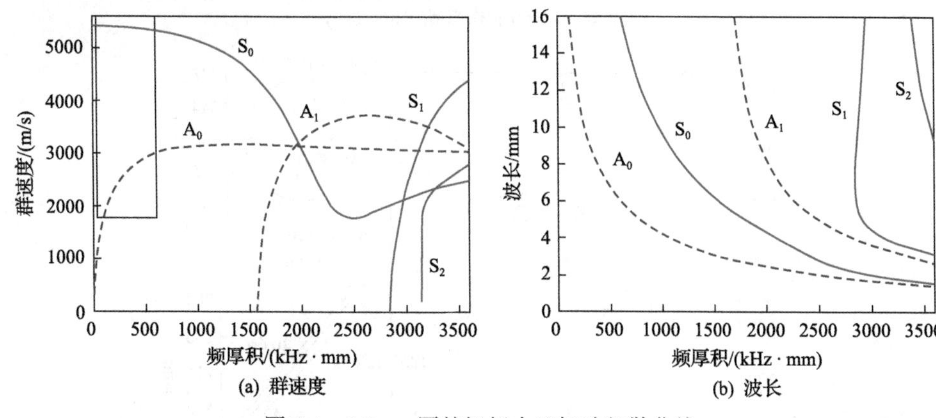

(a) 群速度　　(b) 波长

图 8.4　0.8mm 厚的铝板中兰姆波频散曲线

利用 ABAQUS 软件建立 3 个铝板有限元仿真模型获取处理信号，验证所提出的智能算法对不同形状和尺寸缺陷的检测效果。其中一个是完整模型；另外两个是具有不同缺陷的损伤模型。模型的几何尺寸为 600mm×600mm×1.8mm。材料的频散性能同图 8.4 一致。模型采用 C3D8R 单元(0.6mm×0.6mm×0.6mm)进行网格划分。总运行时间和步长分别设置为 400μs 和 1ns。图 8.5 为有限元仿真模型，图 8.5(a)为第一种双孔损伤模型。孔 H_1 和孔 H_2 的直径均为 10mm。$T_1 \sim T_9$ 为接收点，用于获取兰姆波信号。激励信号以集中力的形式加载在 T_4 和 B 点，在模型中激发出兰姆波。本节激励信号为汉宁窗调制的中心频率为 140kHz 的 5 周期正弦信号。在仿真中，提取其他点接收到的面外位移作为 A_0 模态分析信号。第二种损伤模型包含一个通孔 H_3 和一个裂纹 C_1。孔 H_3 的直径为 15mm，裂纹 C_1 的几何尺寸为 1mm×20.6mm×1.8mm。图 8.5(b)为第二种损伤模型中检测点、裂纹和孔洞的分布。裂纹 C_1 与 x 轴负方向的夹角为 45°。模型的左下角被设置为坐标原点。裂纹 C_1 左下角的坐标为(235.8,283)mm，模型中检测点和缺陷的坐标见表 8.1。

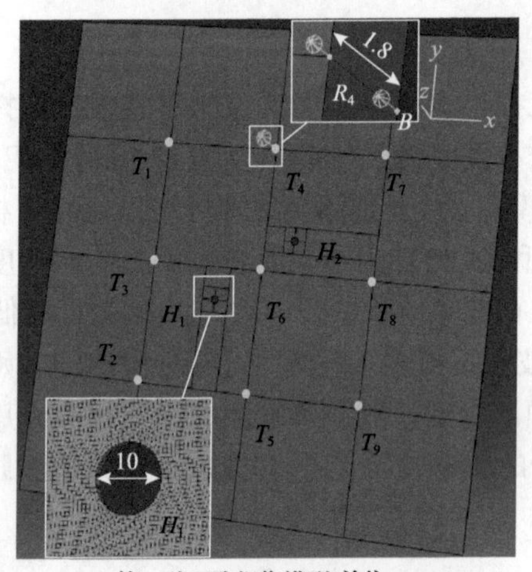

(a) 第一种双孔损伤模型(单位：mm)

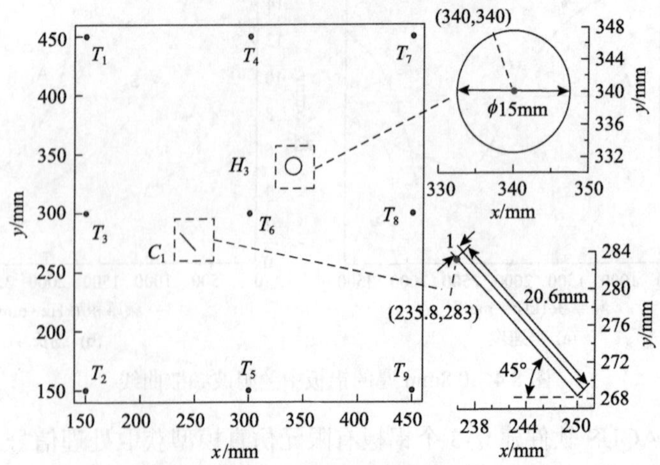

(b) 第二种损伤模型中检测点、裂纹和孔洞的分布

图 8.5　有限元仿真模型

表 8.1　模型中检测点及缺陷坐标

坐标/尺寸	T_1	T_2	T_3	T_4	T_5	T_6	T_7	T_8	T_9	B	H_1	H_2	H_3
x/mm	150	150	150	300	300	300	450	450	450	300	240	340	340
y/mm	450	150	300	450	150	300	450	300	150	450	260	340	340
z/mm	1.8	1.8	1.8	1.8	1.8	1.8	1.8	1.8	1.8	0	—	—	—
ϕ/mm	—	—	—	—	—	—	—	—	—	—	10	10	15

1. 基于距离匹配的智能缺陷定位算法特性分析

将T_6和T_8之间的距离差除以它们在完整模型中接收到的第一波包的渡越时间差计算得到波包群速度约为2400m/s。表8.2列出了智能缺陷定位算法的预定义参数值。基于表8.2中设置的参数，分析所提智能算法的特性和应用性能。

表 8.2　智能缺陷定位算法的预定义参数值

参数	g_{m}	m_{f}	n_k	n_{f}	r_{f}/mm	x/mm	y/mm	δ_{e}/mm	ε_{t}	K_s	K_r
数值	10	9000	100	20	20	[1,600]	[1,600]	15	0.2	4	4

1）个体分布分析

个体分布特性由距离相关筛选阈值δ_{e}和映射函数公式(8.3)决定。图8.6为T_4-T_8检测对的信号处理，图8.6(a)为T_8接收到的散射信号预处理。信号及其包络线分别用实线和点虚线绘制。从信号中提取出不同波包的三个极值点，并用矩形标出。用提取的极值点时间构造波包的渡越时间矢量。相关信号用图8.6(a)中长虚线标出。根据极值点和式(8.4)确定相关信号中波包的持续时间，可以清楚地看出δ_{e}与极值点之间的关系。图8.6(b)为T_4-T_8检测对的椭圆成像结果。图中显示了以T_4和T_8检测点为焦点的几个椭圆弧。孔H_1和孔H_2位于两个不同的椭圆弧上。图8.6(c)为T_4-T_8检测对的保留个体，其中个体和孔分别用空心和实心表示。这些个体的路径相关残差是非零的。根据图8.6(a)中距离相关筛选阈值δ_{e}和波包渡越时间，可知图8.6(c)中的白色区域为影响区，它们的形状与图8.6(b)中的椭圆弧相似。被保留的个体分布在这些区域。空心圆点聚集形成的形状与图8.6(b)中的椭圆弧相似。保留个体分布在这些影响区。对比图8.6(a)和(c)，可以发现第三个极值点属于一个干扰波包。综合所有检测对的成像结果得到双孔成像结果。图8.6(d)为双孔成像结果，图中孔的位置被突出显示，而孔H_1周围的像素值小于孔H_2周围的像素值。孔H_1可能会在检测中被遗漏。

散射信号中波包的渡越时间是通过从极值点的时间中减去激发持续时间的一半而获得的。然后，用式(8.7)计算波包的传播距离。表8.3为不同检测对接收到的波包渡越时间和传播距离。每个检测对中的数据数量等于散射信号中极值点的数量。例如，在图 8.6(a)中，从散射信号中提取了 3 个极值点；因此，在表 8.3 中，在 T_4-T_8 下有 3 个传播距离数据。

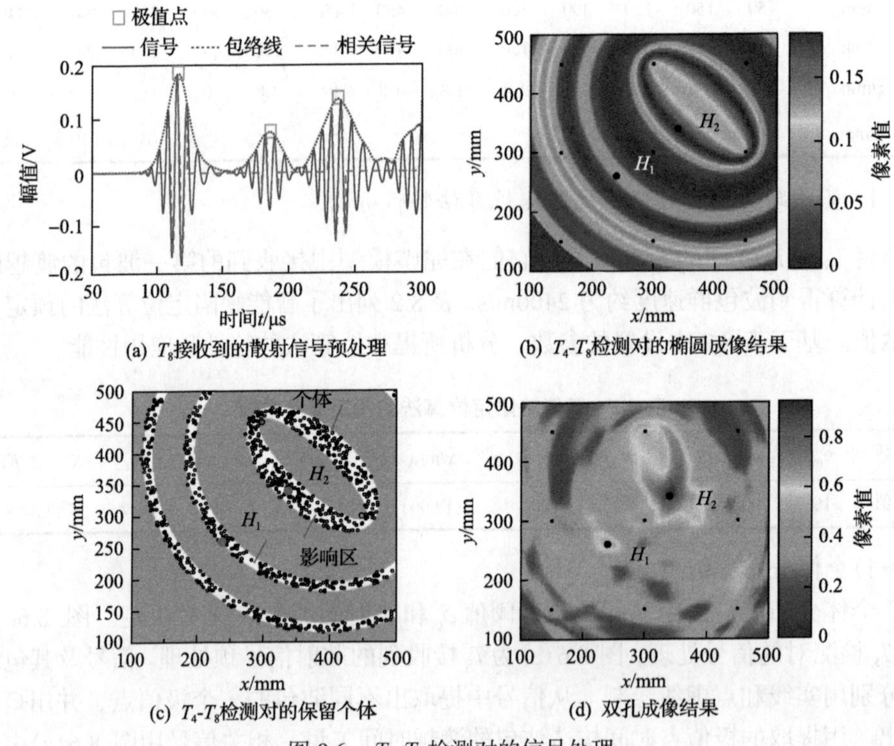

(a) T_8接收到的散射信号预处理　(b) T_4-T_8检测对的椭圆成像结果

(c) T_4-T_8检测对的保留个体　(d) 双孔成像结果

图 8.6　T_4-T_8 检测对的信号处理

表 8.3　不同检测对接收到的波包渡越时间和传播距离

检测对	T_4-T_1		T_4-T_3			T_4-T_6		T_4-T_7	
t/μs	137.1	169.8	126.9	73.9		109.8	190	111	210.6
d/mm	329.04	407.52	304.56	177.36		263.52	456	266.4	505.44
检测对	T_4-T_2		T_4-T_5			T_4-T_8		T_4-T_9	
t/μs	143.6	164.8	124.3	140.5	98	168.1	219.3	140.9	177.7
d/mm	344.64	395.52	298.32	337.2	235.2	403.44	526.32	338.16	426.48

2)统计特性和多样性分析

通过观察不同路径相关筛选阈值下保留个体的分布，分析算法中个体的统计和多样性特性。图 8.7 为不同路径相关筛选阈值 k_p 下第 1 代保留个体的分布情况。可以看出路径相关筛选阈值对保留个体有显著影响，保留个体随着 k_p 的增加逐渐收敛到缺陷的位置。在图 8.7(a)～(c)中，个体广泛分布在检测区域中，孔的位置不能通过观察个体的分布来确定。在图 8.7(d)和(e)中，只有少数个体在缺陷周围聚集。这些个体的分布特性可以用来识别孔 H_1 和孔 H_2 的位置。在图 8.7(f)中，个体仅分布在孔 H_2 周围，显示了检测中个体的多样性特性。因为孔 H_1 和孔 H_2 的回波在时域上重叠，所以在表 8.3 中只有一个与 T_4-T_3 检测对相关的传播距离数据，这导致孔 H_1 的个体相关检测对的数量少于 8 个，孔 H_1 在检测中被遗漏。因此，有必要保持个体的多样性以避免孔 H_1 的漏检。

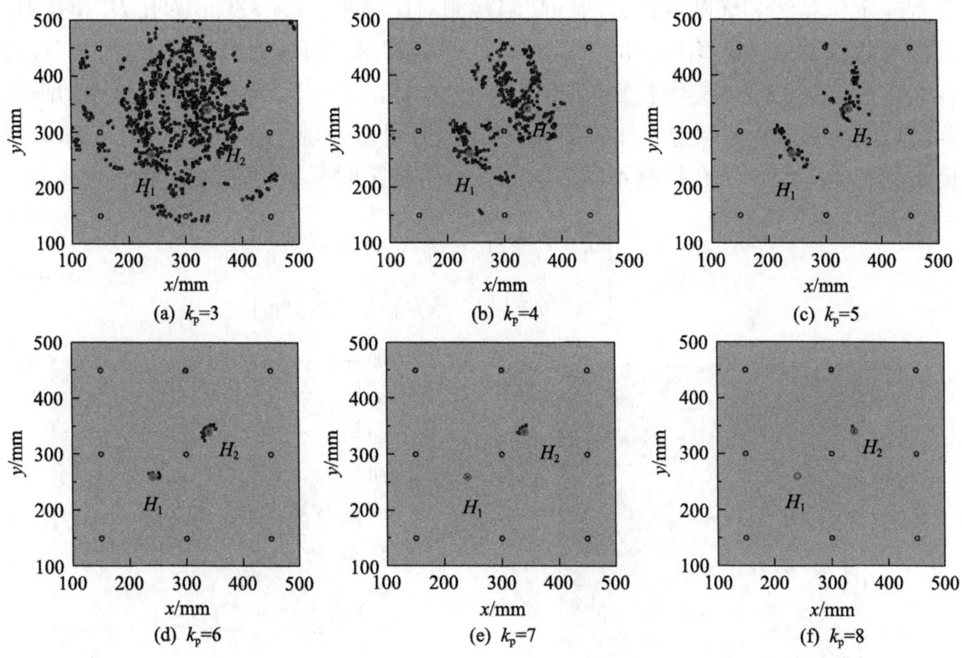

图 8.7　不同路径相关筛选阈值下第 1 代保留个体

2. 基于距离匹配的智能缺陷定位算法缺陷检测

双孔检测智能算法收敛曲线如图 8.8 所示。图 8.8(a)为种群适应度收敛曲线，

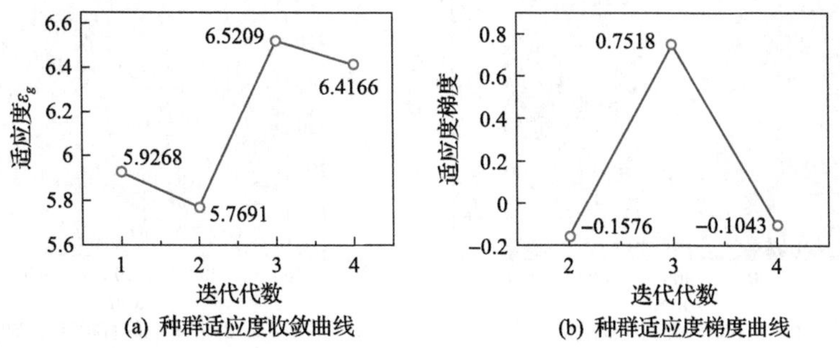

图 8.8　双孔检测智能算法收敛曲线

其中适应度值随机变化。图 8.8(b)为种群适应度梯度曲线。通过计算图 8.8(a)中第 3 代和第 4 代之间适应度的差值，得到梯度变化为–0.1043，小于预定义的截止阈值 0.2，并且迭代代数大于 3，因此算法在第 4 代停止。总的执行时间大约是 20s。该算法收敛速度快。

观察多路径融合对椭圆成像方法的影响，采用式(8.20)逐一处理每一对传感器之间的散射信号，成像结果中的像素值等于通过该区域的椭圆弧的数量。图 8.9 为智能定位算法和椭圆成像方法的缺陷检测对比结果。图 8.9(a)为孔 H_1 和孔 H_2 的椭圆成像结果，缺陷周围的像素分别等于 7 和 8。图 8.9(b)为孔 H_1 和孔 H_2 的智能定位结果，个体集中在缺陷周围，并且个体的分布区域与图 8.9(a)中的高像素区域具有良好的一致性。比较图 8.9(c)和(d)可以发现同样的现象。这意味着所提出的智能定位算法在检测不同形状和大小的缺陷时具有可靠的性能。

$$s_{ij}\left(t_{ij}\right)=\begin{cases}0, & t_{ij} \notin \left[t_{ij}-\delta_{\mathrm{e}}/c_{\mathrm{g}}, t_{ij}+\delta_{\mathrm{e}}/c_{\mathrm{g}}\right] \\ 1, & t_{ij} \in \left[t_{ij}-\delta_{\mathrm{e}}/c_{\mathrm{g}}, t_{ij}+\delta_{\mathrm{e}}/c_{\mathrm{g}}\right]\end{cases} \tag{8.20}$$

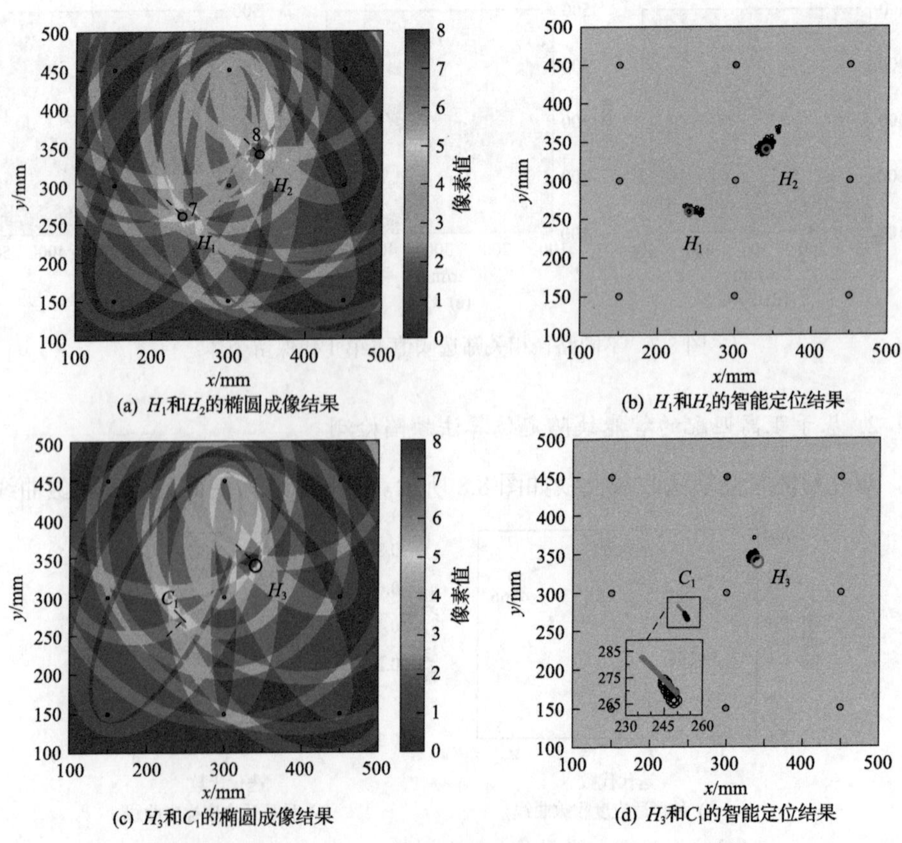

图 8.9 智能定位算法和椭圆成像方法的缺陷检测对比结果

调整距离相关筛选阈值 δ_e，观察其在理想情况下对检测结果的影响。图 8.10 为不同 δ_e 值下智能定位算法的双孔缺陷检测结果。在图 8.10(a)～(c)中，δ_e 分别为 24mm、12mm 和 8mm。由于散射信号中干扰波较少，理想情况下，随着距离相关筛选阈值 δ_e 的减小，保留个体逐渐收敛到缺陷位置。在图 8.10(a)中，个体稀疏分布在孔 H_1 和孔 H_2 周围，而这些个体的聚类中心靠近缺陷。在图 8.10(b)和(c)中，个体紧密地集中在缺陷周围。个体分布区域与缺陷位置匹配良好。

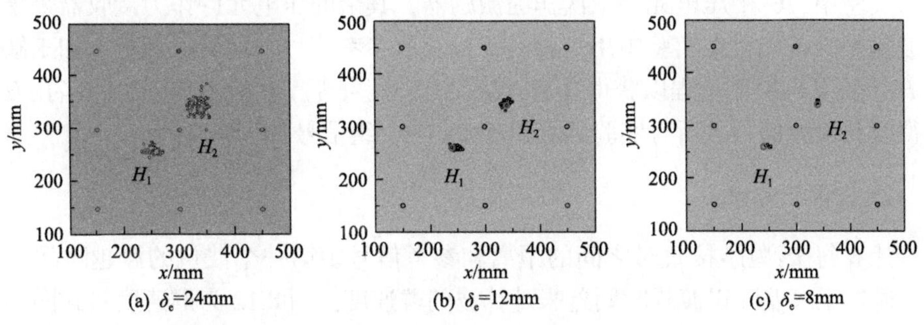

图 8.10　不同 δ_e 值下智能定位算法的双孔缺陷检测结果

8.1.4　实验验证

设置三个实验以评估所提出智能定位算法的有效性。图 8.11 为稀疏阵列压电元件检测双孔实验装置。图 8.11(a)为实验系统，实验中的主要设备为一块铝板、一个函数发生器、一个数字示波器和 6 个压电元件。板的尺寸为 1000mm×1000mm×0.8mm，板上有两个分别标记为 H_1 和 H_2 的人工通孔。孔 H_1 和孔 H_2 的直径分别约为 8mm 和 10mm。压电元件的半径和厚度分别为 7mm 和 0.5mm。用胶水将压电元件粘贴到板的表面，并用 T_1 ～ T_6 标记。激励信号为汉宁窗调制的中心频率为 350kHz 的 5 周期正弦信号，持续时间约为 14.3μs，由函数发生器产生，然后加载到用作激励器的压电元件上。图 8.11(b)为压电元件及孔的分布图。压电元件和孔的坐标和尺寸如表 8.4 所示。

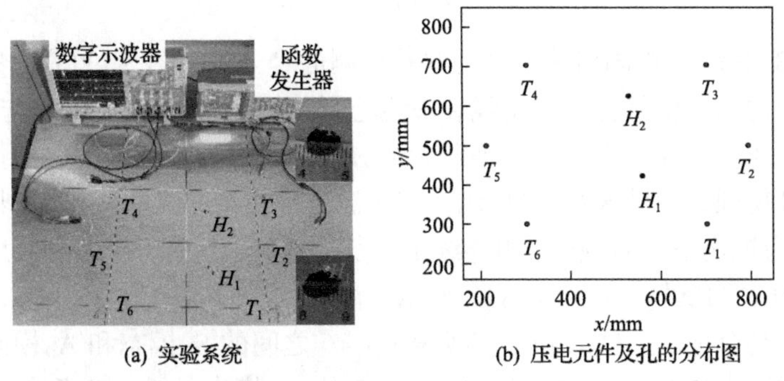

图 8.11　稀疏阵列压电元件检测双孔实验装置

表 8.4 压电元件和孔的坐标和尺寸

坐标/尺寸	T_1	T_2	T_3	T_4	T_5	T_6	H_1	H_2
x/mm	703	795	703	303	213	303	560	530
y/mm	300	500	704	703	499	300	423	625
ϕ/mm	—	—	—	—	—	—	8	10

实验中，6 个压电元件依次作为激励器，其余的压电元件作为接收器采集兰姆波信号。首先，在实验中用完整的铝板获取参考信号。然后，在板上加工缺陷孔 H_1，重复该操作过程以获得孔 H_1 的检测信号。最后，在板上加工出缺陷孔 H_2，获得双孔检测信号。所有实验共获得 5×6×3=90 组信号。

1. 信号预处理

计算每个激励-接收对之间的距离和参考信号中第一个波包的渡越时间。然后，通过距离差除以渡越时间差来计算波的群速度。图 8.12 为群速度箱式图，其中平均值为 5390.4m/s。因此，在 8.1 节和 8.2 节中的群速度采用 5390.4m/s。

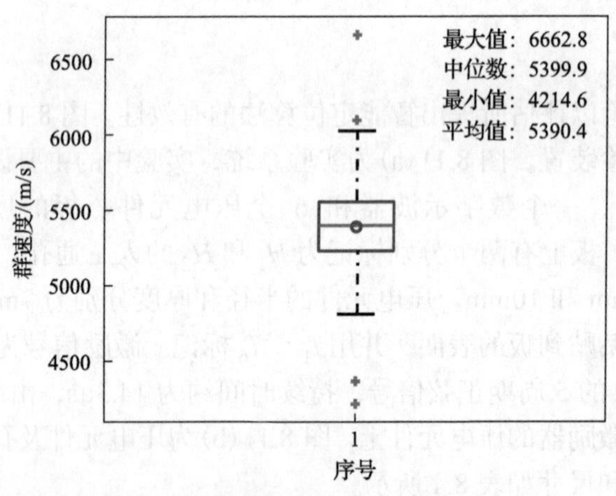

图 8.12 群速度箱式图

图 8.13 为 T_1-T_2 检测对接收到的双孔检测信号分析。图 8.13(a)为参考信号与损伤信号对比图，信号分别用实线和虚线绘制。将 0.8%的激励信号与图 8.13(a)中的原始检测信号相结合，用来证明时频分析的有效性。散射信号由损伤信号减去参考信号得到，如图 8.13(b)所示。图中波形较复杂，无法直接识别缺陷回波。图 8.13(c)为损伤信号时频图。由连续小波变换得到，其中母小波和尺度分别设为“cgau5”和“5120”。如图 8.13(c)所示，激励的瞬时频率为 350kHz，说明小波函数的选择是合理的。实线和双实线表示 T_1-T_2 之间的 S_0 模态和 A_0 模态曲线；长虚线和点虚线为 T_1-T_2 分别经过孔 H_1 和孔 H_2 的 S_0 模态曲线；双虚线表示 T_1-T_2 经

过最近板边距离的 S_0 模态曲线。用于缺陷检测的主要处理信号是 S_0 模态，尽管信号中有两种模态。图 8.13(d)为散射信号时频图。孔 H_1 和孔 H_2 的 S_0 模态回波分别出现在 87μs 和 131μs。散射信号中存在许多干扰波，它们可能会影响检测结果的分辨率。

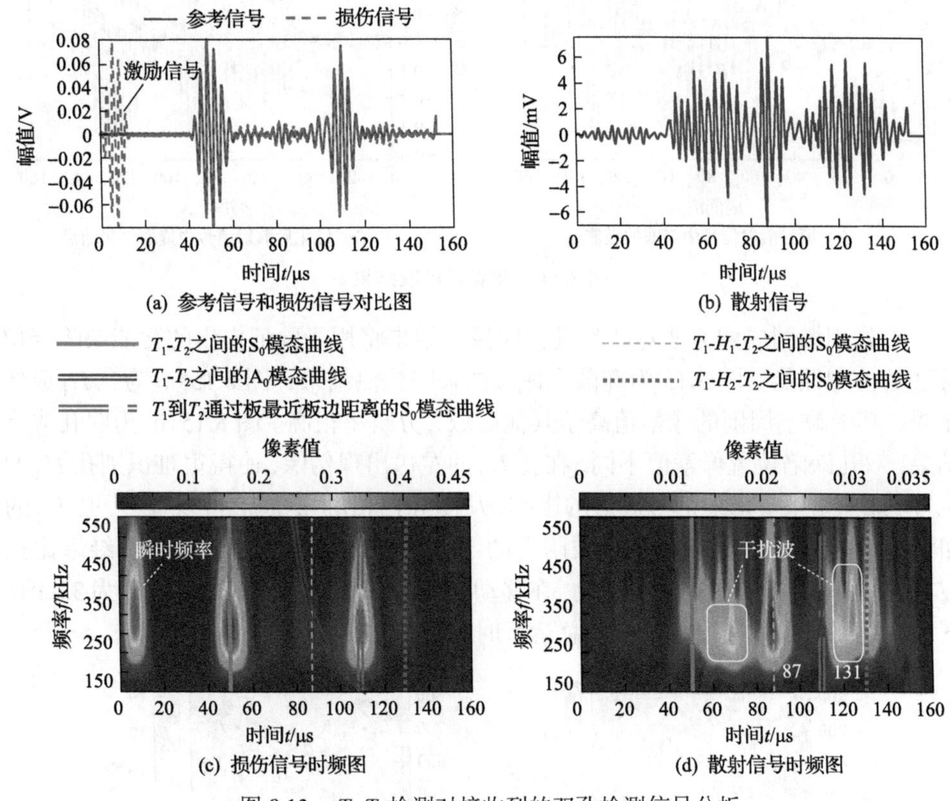

(a) 参考信号和损伤信号对比图　(b) 散射信号

(c) 损伤信号时频图　(d) 散射信号时频图

图 8.13　T_1-T_2 检测对接收到的双孔检测信号分析

实验检测到的信号包络中存在许多尖峰，导致提取的极值点与包络峰值存在偏差。原始信号通过与激励卷积来平滑它们的包络而被优化。根据相邻点之间的间隔及其振幅提取极值点。如果相邻点之间的间隔大于 3.2μs，并且幅度大于所有极值点的最大值的 60%，则极值点被提取。图 8.14 为极值点提取结果，图 8.14(a)为原始散射信号中提取的极值点，极值点偏离波包的峰值。图 8.14(b)为优化后散射信号中提取的极值点，提取的极值点位于波包的峰值，可以用来确定波包的渡越时间。受干扰波的影响，从散射信号中提取出许多极值点，提取的极值点的数量大于板中缺陷的数量。比较图 8.13(d)和图 8.14(b)可以看出，第 2 和第 6 极值点分别属于来自孔 H_1 和孔 H_2 的 S_0 模态回波，其他极值点属于干扰波。在智能缺陷定位算法进行缺陷检测的研究中，提取所有优化散射信号的极值点来计算波包的渡越时间矢量。

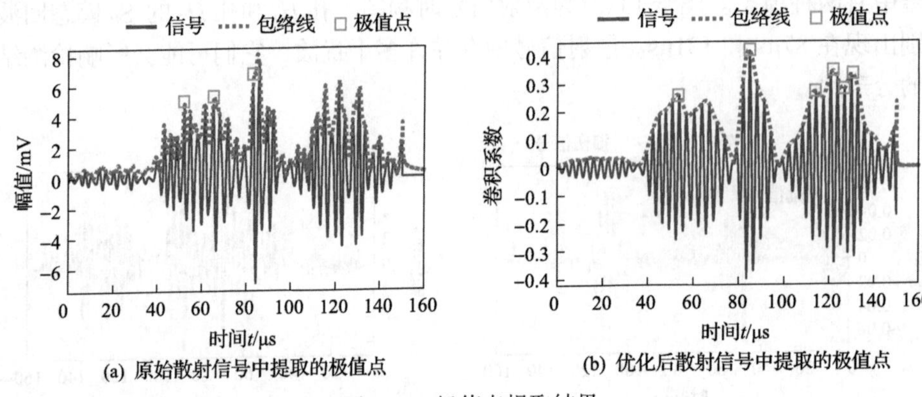

(a) 原始散射信号中提取的极值点　(b) 优化后散射信号中提取的极值点

图 8.14　极值点提取结果

首先用椭圆成像方法对缺陷进行成像。结果将用于验证提出的智能缺陷定位算法的检测性能。图 8.15 为椭圆成像方法缺陷检测结果，图 8.15(a)为孔 H_1 成像结果，其中缺陷周围的像素值高于其他区域，分辨率很高。图 8.15(b)为双孔成像结果，双孔缺陷位置像素值不同，在孔 H_2 的左边出现伪像，使得很难识别孔 H_2 的位置。成像结果受散射信号波形的影响，从图 8.13(d)中的波形可以看出，孔 H_2 的回波附近的干扰波比孔 H_1 的回波附近的干扰波多。因此，孔 H_1 的检测结果比孔 H_2 的检测结果具有更高的分辨力。在移动工作站(CPU 为 3.10GHz、内存为 32GB)下，该椭圆成像方法缺陷检测的总运行时间超过 1h。

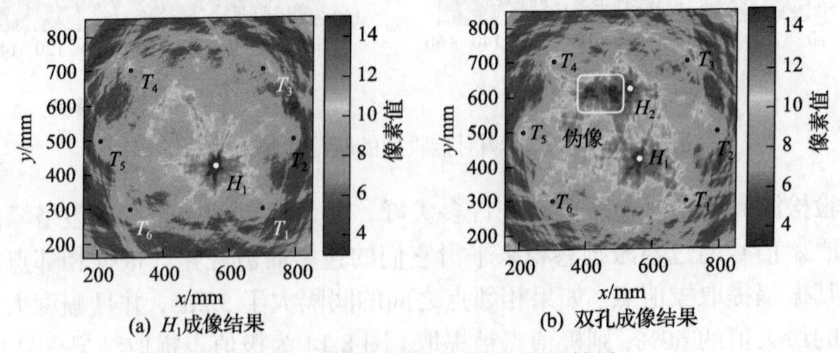

(a) H_1成像结果　(b) 双孔成像结果

图 8.15　椭圆成像方法缺陷检测结果

2. 基于距离匹配的智能缺陷定位算法缺陷检测

保留个体的最大数量 n_k 为 200，距离相关筛选阈值 δ_e 为 20mm，参数范围为 $x \in [1,1000]$mm 和 $y \in [1,1000]$mm，其他参数如表 8.2 所示。图 8.16 为检测孔 H_1 的智能缺陷定位算法收敛曲线。图 8.16(a)为种群适应度收敛曲线，随着迭代代数的增加，种群适应度逐渐减小。图 8.16(b)为种群适应度梯度曲线。第 4 代和第 5 代之间的适应度变化小于预定义截止阈值 0.2，并且代数大于 3。因此，算法在第 5 代停止。总运行时间约为 20s，比椭圆成像方法快约 200 倍。

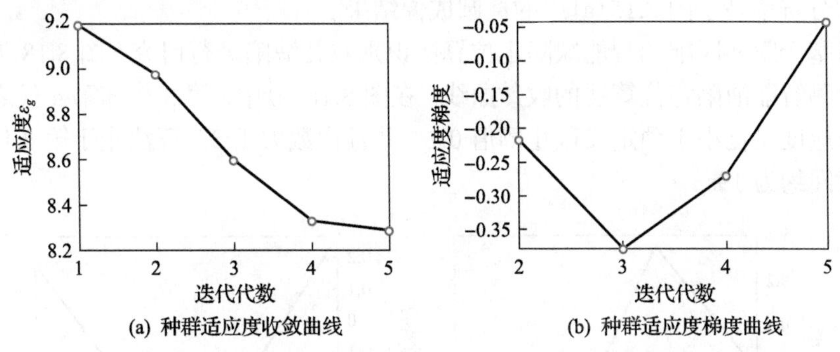

(a) 种群适应度收敛曲线　(b) 种群适应度梯度曲线

图 8.16　检测孔 H_1 的智能缺陷定位算法收敛曲线

图 8.17 为不同代数孔 H_1 的检测结果。图 8.17(a)～(c)分别为第 1 代、第 3

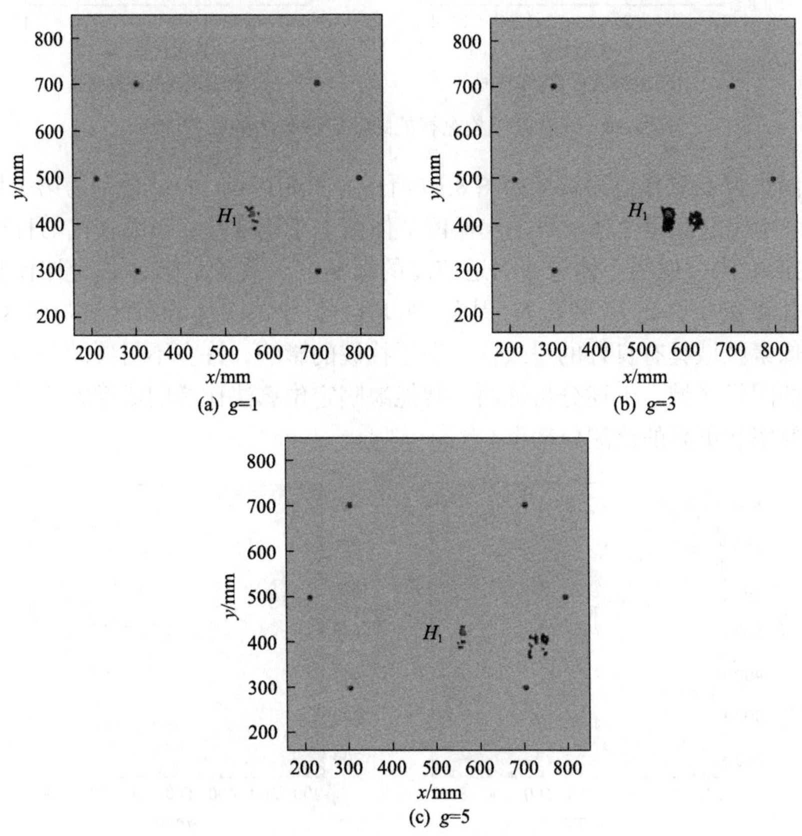

(a) g=1　(b) g=3　(c) g=5

图 8.17　不同代数孔 H_1 的检测结果

代和第 5 代的保留个体，保留个体集中在孔 H_1 周围。图 8.17(a) 中保留个体的数量少于图 8.17(b) 中的数量，但前者的适应度值大于后者。与第 1 代和第 3 代相比，第 5 代个体在孔 H_1 周围的集中程度更强。在图 8.17 中，孔 H_1 被精确地定位，并且成像分辨率高于图 8.15(a) 中的椭圆成像结果。

对基于距离匹配的智能缺陷定位算法识别双孔缺陷进行研究。图 8.18 为双孔缺陷检测智能缺陷定位算法的收敛曲线。在图 8.18(b) 中，第 3 代和第 4 代之间的种群适应度变化小于预定义截止阈值 0.2，并且代数大于 3。算法止于第 4 代。总运行时间约为 19s。

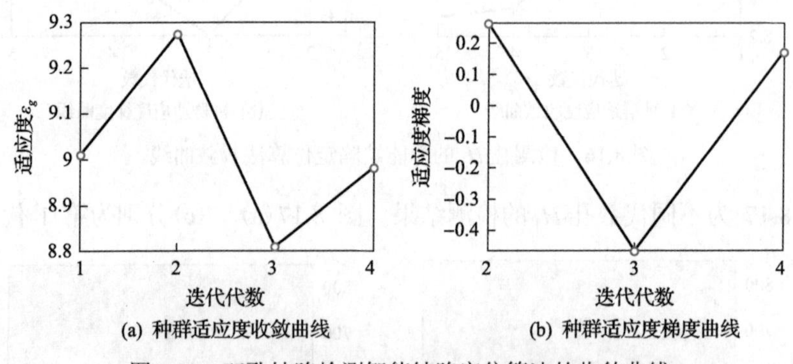

(a) 种群适应度收敛曲线　　(b) 种群适应度梯度曲线

图 8.18　双孔缺陷检测智能缺陷定位算法的收敛曲线

不同代数下双孔检测结果如图 8.19 所示。图 8.19(a)～(c) 分别为第 1 代、第 3 代和第 4 代的保留个体。第 3 代保留个体数大于第 4 代，而第 3 代的种群适应度小于第 4 代，说明个体分布对适应度的影响大于数量。第 4 代个体比其他图中的个体更集中在孔 H_1 和孔 H_2 周围。图 8.19(c) 中的个体分布区域与图 8.15(b) 中的高像素区域具有良好的一致性。受干扰波的影响，许多不需要的个体出现在不需要的图像区域。上述分析证明，智能缺陷定位算法比椭圆成像方法具有更快的执行效率和更高的检测分辨率。

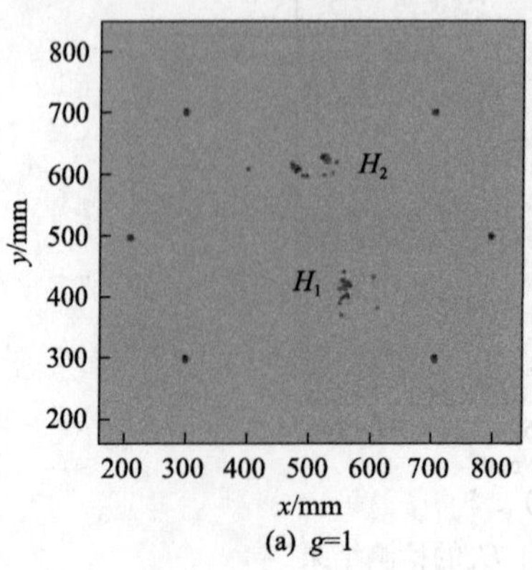

(a) g=1

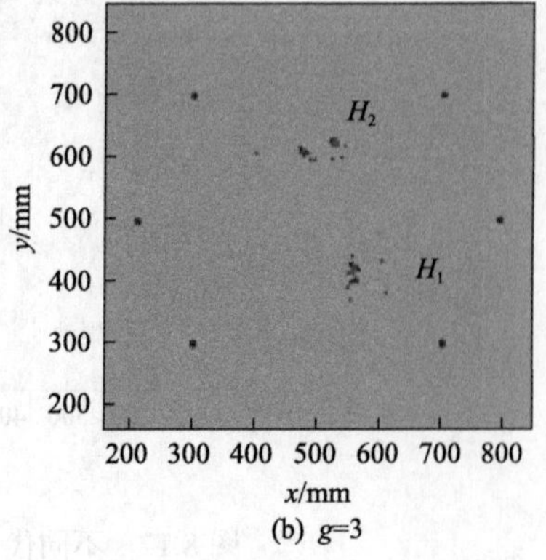

(b) g=3

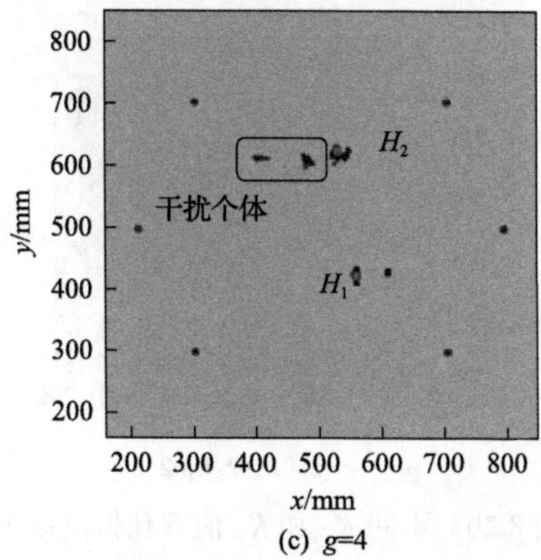

(c) g=4

图 8.19　不同代数下双孔检测结果

8.1.5　参数值对检测结果的影响

本小节阐述智能缺陷定位算法中参数对检测结果的影响。只改变了分析参数，其他参数与表 8.2 保持一致。

1. K_s 和 K_r 对检测的影响

在自适应种群筛选和种群更新阶段，K_s 和 K_r 控制个体聚类数，在保持个体多样性上起着重要的作用。当聚类数 K_s 和 K_r 为 1 时，K-means 聚类算法对种群筛选和种群更新没有影响。图 8.20 为不同 K_s 和 K_r 值双孔检测结果。图 8.20(a) 为 $K_r = 4$ 和 $K_s = 1$ 时的检测结果，图 8.20(b) 为 $K_r = 1$ 和 $K_s = 2$ 时的检测结果。在这些子图中，孔 H_1 周围的个体数量远远大于孔 H_2 周围的个体数量。在自适应种群筛选和种群更新的某一步骤中，随机抽取个体时，个体分布的多样性没有得到很好的控制，导致孔 H_2 漏检。图 8.20(c) 为 $K_r = 2$ 和 $K_s = 2$ 时的检测结果，其中孔 H_1 和孔 H_2 周围的个体数几乎相同。因此，可以通过观察个体的分布来确定两个缺陷的位置。

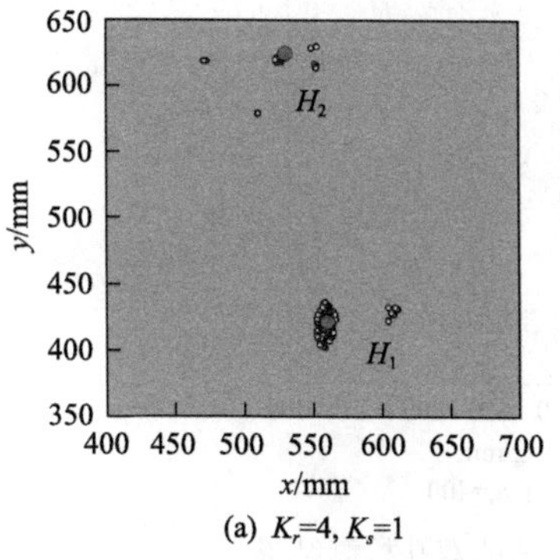

(a) K_r=4, K_s=1

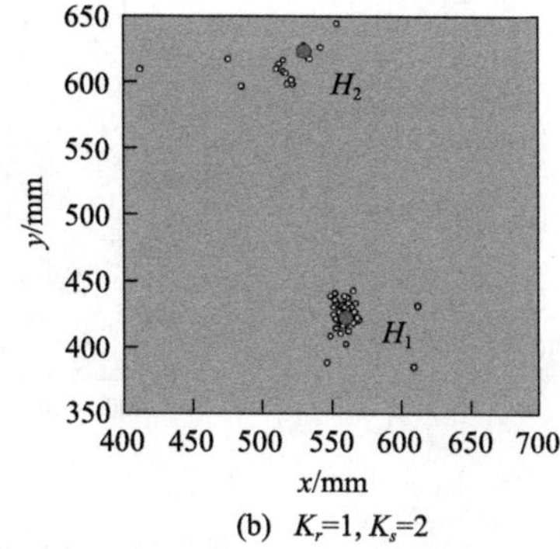

(b) K_r=1, K_s=2

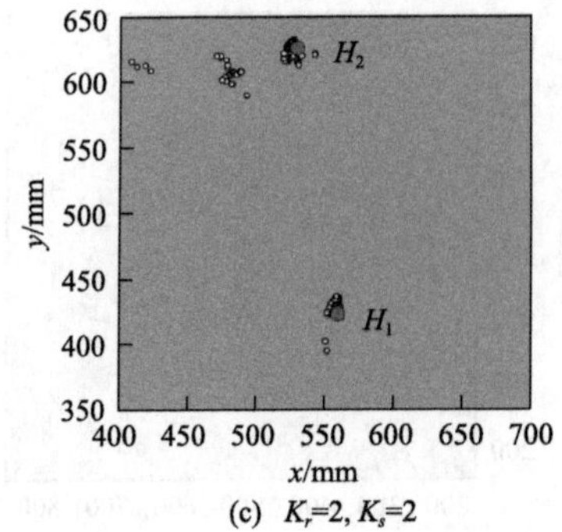

(c) K_r=2, K_s=2

图 8.20　不同 K_s 和 K_r 值双孔检测结果

2. n_k 对检测的影响

保留的最大个体数由参数 n_k 决定。图 8.21 为不同 n_k 值的双孔检测结果。在图 8.21(a)～(c)中，保留个体的最大数量分别设定为 100、300 和 400。通过观察个体的分布可以准确地确定 H_1 和 H_2 的位置。缺陷周围的个体数量随着 n_k 的增加而增加，而个体的分布中心变化不大。这意味着 n_k 对检测结果的影响较小。考虑到图 8.21(c)中的检测结果和检测分辨率，提出的算法的值设置为 100～200。

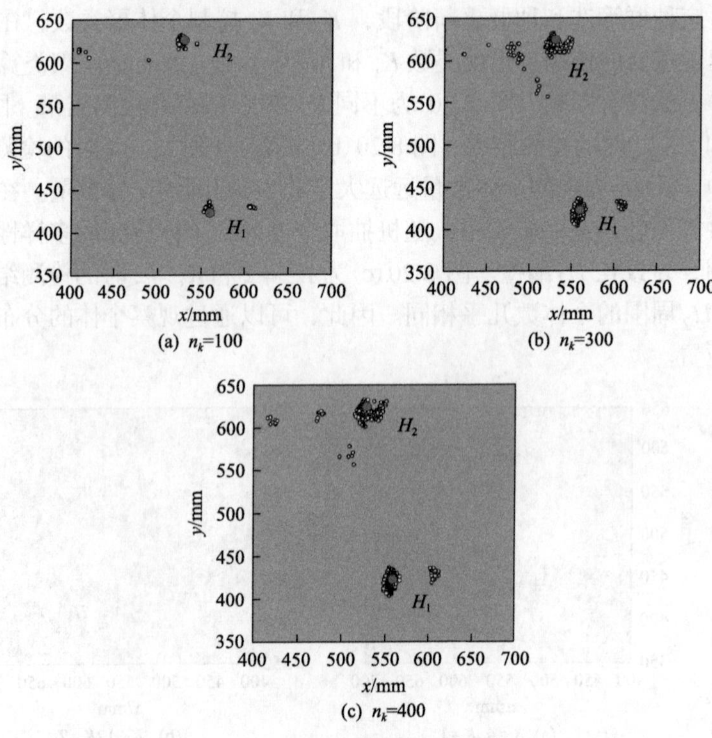

图 8.21　不同 n_k 值的双孔检测结果

3. n_f 和 r_f 对检测的影响

种群更新阶段的最大个体释放数 n_f 和最大个体释放距离 r_f 决定了子代的大小和分布范围。图 8.22 为不同 n_f 和 r_f 值的双孔检测结果。图 8.22(a)为 n_f=10 和 r_f=20mm 时的检测结果，两倍参数值时的检测结果如图 8.22(b)所示。前者的个体分布比后者更集中在缺陷周围。这意味着较大的最大个体释放数和最大个体释放距离对提高检测分辨率的影响较小。将 r_f 固定为 40mm，将 n_f 设置为 40，得到图 8.22(c)中的缺陷检测结果。图 8.22(c)中的个体分布与图 8.22(a)相似。检测结果具有比图 8.22(b)更高的分辨率。可以得出结论，较大的最大个体释放数有助于提高检测分辨率。当将 n_f 固定为 40，将 r_f 设置为 20mm 时，得到如图 8.22(d)所示的缺陷检测结果。对比图 8.22(c)和(d)可以发现，更小的最大个体释放距离也有助于提高检测分辨率。

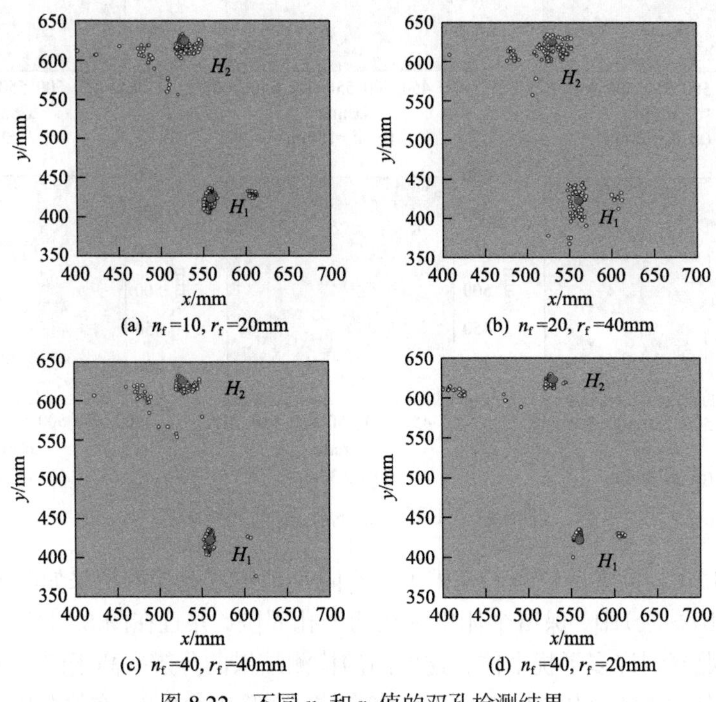

图 8.22　不同 n_f 和 r_f 值的双孔检测结果

上述分析表明，在种群更新阶段采用较大的最大个体释放数 n_f 和较小的最大个体释放距离 r_f，产生的子代分布在相对集中的范围内。这有利于获得高分辨率的检测结果。

4. δ_e 对检测的影响

如式(8.4)所示，距离相关筛选阈值决定了影响区的空间跨度，与散射信号中波包的渡越时间密切相关。本小节分析 δ_e 对检测的影响。

不同 δ_e 值的孔 H_1 检测结果如图 8.23 所示。图 8.23(a)～(f)中 δ_e 分别为 10mm、15mm、25mm、30mm、35mm 和 40mm。在图 8.23(b)、(c)和(d)中，保留个体集中在孔 H_1 周围，缺陷被准确地识别。在图 8.23(a)、(e)和(f)中，保留个体的中心偏离孔 H_1 的位置。说明阈值参数过大或过小都会使检测结果偏离缺陷位置。

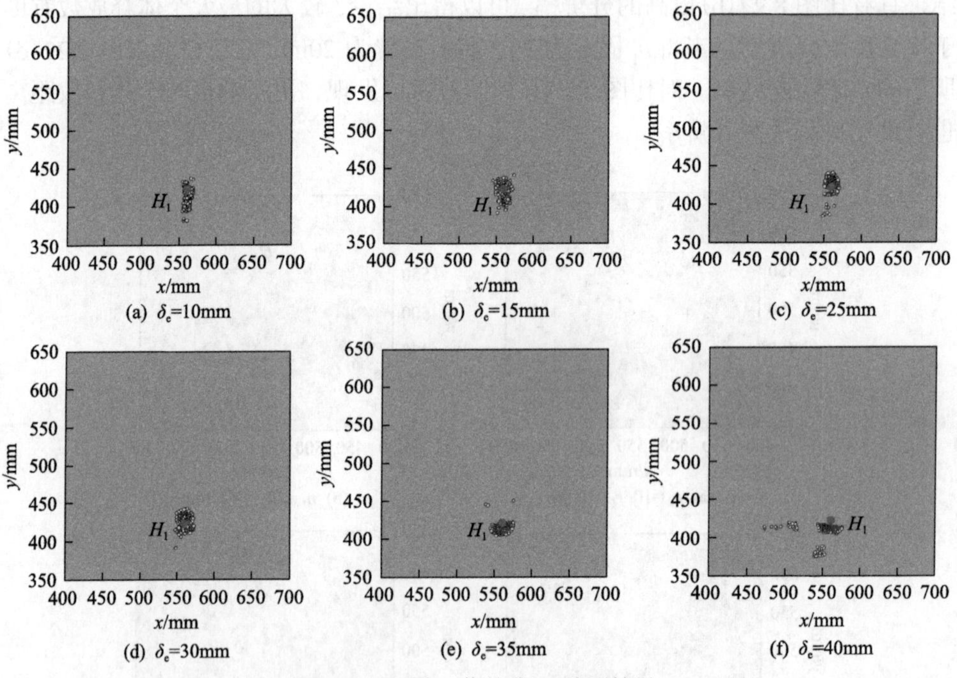

图 8.23　不同 δ_e 值的孔 H_1 检测结果

在图 8.23 相同参数设置的基础上，不同 δ_e 值的双孔检测结果如图 8.24 所示。在图 8.24(b)～(e)中，保留个体集中在两个孔周围，并且在图 8.24(b)和(e)中孔 H_2 的左侧观察到许多干扰个体，这些图的检测结果的分辨率高于图 8.15(b)中的分辨率。在图 8.24(a)中，孔 H_2 周围没有个体，这意味着孔 H_2 在检测中被遗漏了。相同的现象出现在图 8.24(f)中，其中孔 H_1 在检测中被遗漏。在多缺陷检测中，δ_e 过大或过小都会导致缺陷漏检和缺陷检测错误。

由图 8.24 中的检测结果可以总结得到，不同 δ_e 值下的缺陷结果受缺陷回波和干扰波的测量精度的影响很大。当 δ_e 设置为较小值时，智能缺陷定位算法需要获取缺陷回波渡越时间的准确值，以保证检测结果的可靠性。否则，这些回波的影

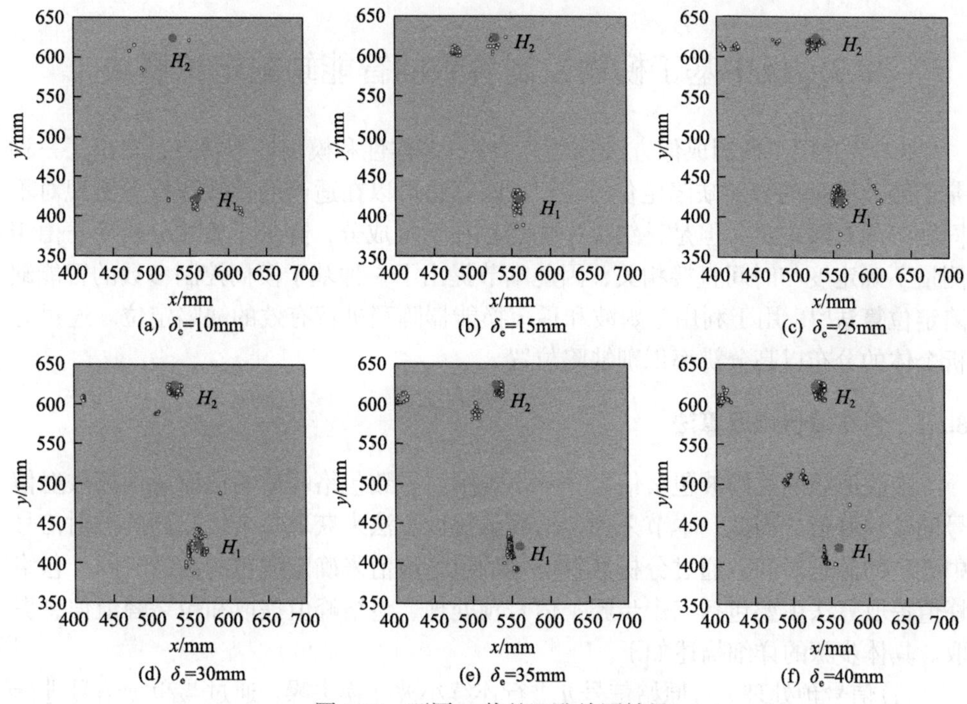

图 8.24　不同 δ_e 值的双孔检测结果

响区域在空间域中没有交集。因此，不能用个体的统计特性来定位缺陷。当 δ_e 设置为较大值时，回波周围出现多个干扰波，干扰波和缺陷回波的影响区域将在空间域中发生重叠。当干扰波出现在缺陷回波的一侧时，检测结果会偏离缺陷位置。

综合以上内容得到，当 δ_e 为 15～30mm 时，智能缺陷定位算法的检测结果与椭圆成像方法的检测结果具有良好的一致性。可根据激励信号影响区的空间跨度来确定 δ_e 的值。由式(8.4)可知，影响区的空间跨度为 77.04mm，$2\delta_e$ 与空间跨度的比值为 0.39～0.78。该比值可用于指导距离相关筛选阈值参数的设置，以促进所提出的智能缺陷定位算法在工程中的应用。

本节介绍了多缺陷检测中典型的渡越时间成像方法的多样性、统计性和模糊性。结合 ES 和 *K*-means 聚类算法，提出了一种基于距离匹配的智能缺陷定位算法。在算法中引入了几个特定的输入参数，包括距离相关筛选阈值、路径相关残差、路径无关残差和种群适应度。个体的多样性通过三种技术来维持，即多样性维持策略、自适应种群筛选和自适应种群更新。有限元仿真和实验验证了所提出的智能缺陷定位算法在缺陷定位中的性能。与椭圆成像方法相比，该算法的检测结果具有更高的分辨率。检测结果中的个体分布与椭圆成像方法检测结果中的高像素区域匹配良好。仿真分析表明，所提出的智能缺陷定位算法可以实现对不同尺寸和形状缺陷(如孔洞和裂纹)的检测。该算法的效率约为椭圆成像方法的200倍。

8.2 板中基于模糊控制参数的智能缺陷定位算法

8.1 节介绍了椭圆成像方法[1]的统计性、多样性和模糊性等特点，提出了一种基于距离匹配的智能缺陷定位算法[2]。该算法可以在适当的参数选择下实现对不同缺陷的有效定位。但是，结果中仍然存在干扰成分，降低了检测分辨率。由于测量不确定度与时间直接相关，因此本节提出了一种基于模糊控制参数的智能缺陷定位算法[5]，用于利用兰姆波和稀疏换能器阵列进行有效的缺陷定位。通过分析个体的分布以高分辨率识别缺陷位置。

8.2.1 包络峰值提取算法

接收原始的兰姆波包络信号非常不规则，导致包络峰值的提取易偏离散射信号的波包峰值。因此，本节采用包络峰值提取算法来获取每个接收到的散射信号中波包的渡越时间。通过分析散射信号的包络峰值来确定波包的渡越时间。包络峰值提取算法主要包括三个步骤：信号预处理、包络峰值提取和包络峰值信息提取。具体步骤的详细描述如下。

(1) 信号预处理。对原始信号 u 进行连续小波变换去噪。通过与激励信号进行卷积，得到优化后的去噪结果 $\tilde{u}$ 。然后通过 Hilbert 变换计算其包络 u_e 。

(2) 包络峰值提取。计算包络的相邻元素之间的差值并用 u_e^s 表示。然后计算 u_e^s 中的相邻元素之间的差值，并用 $\tilde{u}_e^s$ 表示。在 $\tilde{u}_e^s$ 的开头和结尾分别添加一个“false”的逻辑值，当 $\tilde{u}_e^s$ 等于 −2 时，识别包络峰值的序列号。

(3) 包络峰值信息提取。基于包络峰值的相邻距离和振幅，提取分析包络峰值信息。如果相邻距离小于预定义的参数 e_t ，并且振幅小于所有包络峰值的最大值的 60%，那么这些极值峰值将被移除。在本节， e_t 设置为 3.2μs。

8.2.2 基于模糊控制参数的智能缺陷定位算法原理

结合椭圆成像方法的统计性和模糊性、ES 的框架，本节提出一种基于模糊控制参数的智能缺陷定位算法，该算法通过模糊控制参数筛选潜在的散射个体。本节介绍算法的核心内容，包括分析数据结构、种群筛选、种群更新和缺陷定位分析。

1. 分析数据结构

智能分析中定义了三个重要变量/参数，包括检测对相关残差、检测对无关残差以及种群适应度值。检测对相关残差用于种群筛选，另外两个参数用于截止准则的分析。

考虑到基于渡越时间成像方法的检测中的统计性和模糊性，定义检测对相关残差 ε_i 如下：

$$\varepsilon_i = \begin{cases} 0, & \left|\boldsymbol{\tau} - \tilde{\boldsymbol{\tau}}^i\right| > \tau_{\mathrm{t}} \\ \left|\boldsymbol{\tau} - \tilde{\boldsymbol{\tau}}^i\right|, & \left|\boldsymbol{\tau} - \tilde{\boldsymbol{\tau}}^i\right| \leqslant \tau_{\mathrm{t}} \end{cases} \tag{8.21}$$

式中：i——当前代中第 i 个个体；

τ_{t}——与波包持续时间相关的模糊控制参数；

$\boldsymbol{\tau}$——散射信号中波包的渡越时间。

$\tilde{\boldsymbol{\tau}}^i$——第 i 个个体相关渡越时间，定义如下：

$$\tilde{\boldsymbol{\tau}}^i = \frac{\left|\boldsymbol{p}_a - \boldsymbol{p}_i\right| + \left|\boldsymbol{p}_r - \boldsymbol{p}_i\right|}{c_{\mathrm{g}}} \tag{8.22}$$

式中：$\boldsymbol{p}_a$——激励器的位置坐标矩阵；

$\boldsymbol{p}_i$——个体的位置坐标矩阵；

$\boldsymbol{p}_r$——接收器的位置坐标矩阵。

检测对相关残差 ε_i 中非零值的数量与个体相关检测对数量有关。基于检测对无关残差进行智能算法的截止分析。检测对无关残差 $\varepsilon_{\mathrm{p},i}$ 是通过将残差之和除以个体相关检测对数量来定义的。基于检测对无关残差和保留个体数量，定义了种群适应度值 ε_g。截止准则中使用相邻代之间的 ε_g 变化。$\varepsilon_{\mathrm{p},i}$ 和 ε_g 的公式如下：

$$\varepsilon_{\mathrm{p},i} = \frac{\sum_{i=1}^{n} \varepsilon_i}{n_{\mathrm{p},i}} \tag{8.23}$$

$$\varepsilon_g = \left|\mathrm{mean}(\varepsilon_{\mathrm{p},i})\right| \tag{8.24}$$

式中：n——筛选后非零残差值数量；

$\varepsilon_{\mathrm{p},i}$——个体 i 的检测对无关残差矢量；

$n_{\mathrm{p},i}$——个体 i 相关检测对数量。

2. 种群筛选

考虑到基于渡越时间成像方法缺陷检测中的统计性，本节设计了一种基于路径相关筛选阈值的自适应种群筛选策略。路径相关筛选阈值 k_{p} 由式(8.10)表示。该策略有助于避免由于个体相关检测对数量小于预设筛选阈值而造成某些缺陷的误检测。

个体相关检测对的数量大于路径相关筛选阈值的作为保留个体，用于缺陷定位分析和子代生成。在分析中，父代种群的最大数量设为 n_k 。当父代种群的数量大于 n_k 时，随机选择 n_k 个个体作为父代。

3. 种群更新

考虑到基于渡越时间成像方法缺陷检测中的多样性，本节设计了一种随机更新策略来生成子代。保留个体的释放数量 n_r 根据保留个体的聚类大小和预定义的最大释放数量 n_f 确定。首先，根据 K-means 聚类算法将保留个体聚类成 K 组。然后，个体释放数量如式(8.25)所示：

$$n_\mathrm{r}=\begin{cases}n_\mathrm{m}, & \mathrm{floor}\left(r_\mathrm{cluster}r_\mathrm{p}n_\mathrm{f}\right)\leqslant n_\mathrm{m}\\ \mathrm{floor}\left(r_\mathrm{cluster}r_\mathrm{p}n_\mathrm{f}\right), & \mathrm{floor}\left(r_\mathrm{cluster}r_\mathrm{p}n_\mathrm{f}\right)>n_\mathrm{m}\end{cases} \tag{8.25}$$

根据计算得到的个体释放数量和预定义的最大个体释放距离，子代生成如下：

$$\boldsymbol{p}_{g,c}(\boldsymbol{\theta})=\mathrm{round}\left(\boldsymbol{p}_{g,p}(\boldsymbol{\theta})+\mathrm{sgn}\left(\mathrm{rand}\left(1,n_\mathrm{r}\right)-0.5\right)r_\mathrm{f}\,\mathrm{rand}\left(1,n_\mathrm{r}\right)\right) \tag{8.26}$$

式中：$\boldsymbol{p}_{g,c}$ ——子代；

$\boldsymbol{p}_{g,p}$ ——保留个体；

r_f ——最大个体释放距离。

最后，通过组合后代和当前代中保留的个体来构建下一代中的个体。

4. 缺陷定位分析

为了消除模糊控制参数对缺陷检测鲁棒性的影响，并增强智能缺陷定位算法的可视化性能，本节提出了一种多结果综合分析方法。定义模糊控制参数 $\tau_\mathrm{t}=\left\{\tau_\mathrm{t}^1,\tau_\mathrm{t}^2,\cdots,\tau_\mathrm{t}^{n_\tau}\right\}$，上标 1～$n_\tau$ 表示参数的编号。参数的值由小到大，表示模糊程度逐渐增加。

首先进行智能分析，以获取在不同模糊控制参数下的保留个体。然后按照如下方式将这些个体组合起来生成不同的组合群：

$$\boldsymbol{p}_m=\left\{\boldsymbol{p}_{\tau_\mathrm{t}^1},\boldsymbol{p}_{\tau_\mathrm{t}^2},\cdots,\boldsymbol{p}_{\tau_\mathrm{t}^{n_\tau}}\right\} \tag{8.27}$$

式中：$\boldsymbol{p}_m$ ——组合群；

$\boldsymbol{p}_{\tau_\mathrm{t}^m}$ ——基于 τ_t^m 分析得到的保留个体，m 是组合群的编号，范围为 1～n_τ。

最后，绘制组合群中个体的双变量直方图，以显示缺陷的位置。

5. 模糊参数化智能缺陷定位算法

本节介绍基于模糊控制参数的智能缺陷定位算法的结构。智能缺陷定位算法的主要参数如表 8.5 所示。根据参数的作用，将参数大致分为四个部分：检测控制参数、种群更新参数、截止标准参数和种群筛选参数。图 8.25 为基于模糊控制参数的智能缺陷定位算法流程图。与经典的 ES 算法类似，提出的智能缺陷定位算法包含五个功能模块：算法预处理、种群筛选、截止判据、种群更新和缺陷定位分析。算法的执行过程如下。

表 8.5　智能缺陷定位算法主要参数

参数	符号	意义	参数	符号	意义
检测控制参数	$\boldsymbol{\theta}$	检测范围参数	截止标准参数	g_{m}	最大迭代代数
	m_{f}	初始种群大小		ε_g	种群适应度
	$\boldsymbol{\tau}$	渡越时间		ε_{t}	截止阈值
	$\tilde{\boldsymbol{\tau}}$	个体相关渡越时间		ε_i	检测对相关残差
种群更新参数	K	聚类大小	种群筛选参数	n_k	个体的最大数量
	n_{f}	最大个体释放数量		k_{p}	路径相关筛选阈值
	n_{m}	最小个体释放数量		$\boldsymbol{p}_{g,p}$	保留个体
	n_{r}	个体释放数量		n_g	保留个体数
	τ_{t}	模糊控制参数			
	$\boldsymbol{p}_{g,c}$	迭代过程中产生的子代			

(1) 算法预处理。①计算波的群速度 c_{g}，从检测信号中减去参考信号得到所有检测对的散射信号。提取散射信号的包络峰值，并识别其中的波包渡越时间矢量。②初始化算法的参数，包括参数范围 $\boldsymbol{\theta}=\{x,y\}$、模糊控制参数 τ_{t}、最大个体释放距离 r_{f}、最大个体释放数量 n_{f} 和每一代中父代种群的最大数量 n_k。其他初始化的参数列在表 8.5 中。③生成初始种群 $\boldsymbol{p}_0$ 由式(8.18)和式(8.19)表示。

(2) 种群筛选。①使用式(8.22)计算个体相关渡越时间。②使用第一个模糊控制值和式(8.21)计算种群的检测对残差，根据非零值的数量获得个体相关检测对的数量。使用式(8.10)和式(8.23)分别计算路径相关筛选阈值以及检测对无关残差。③通过提取大于 k_{p} 的个体相关检测对，生成保留个体 $\boldsymbol{p}_{g,p}$。如果保留个体的数量大于 n_k，则随机选择 n_k 个个体进行后续分析。④使用式(8.24)计算当前代中

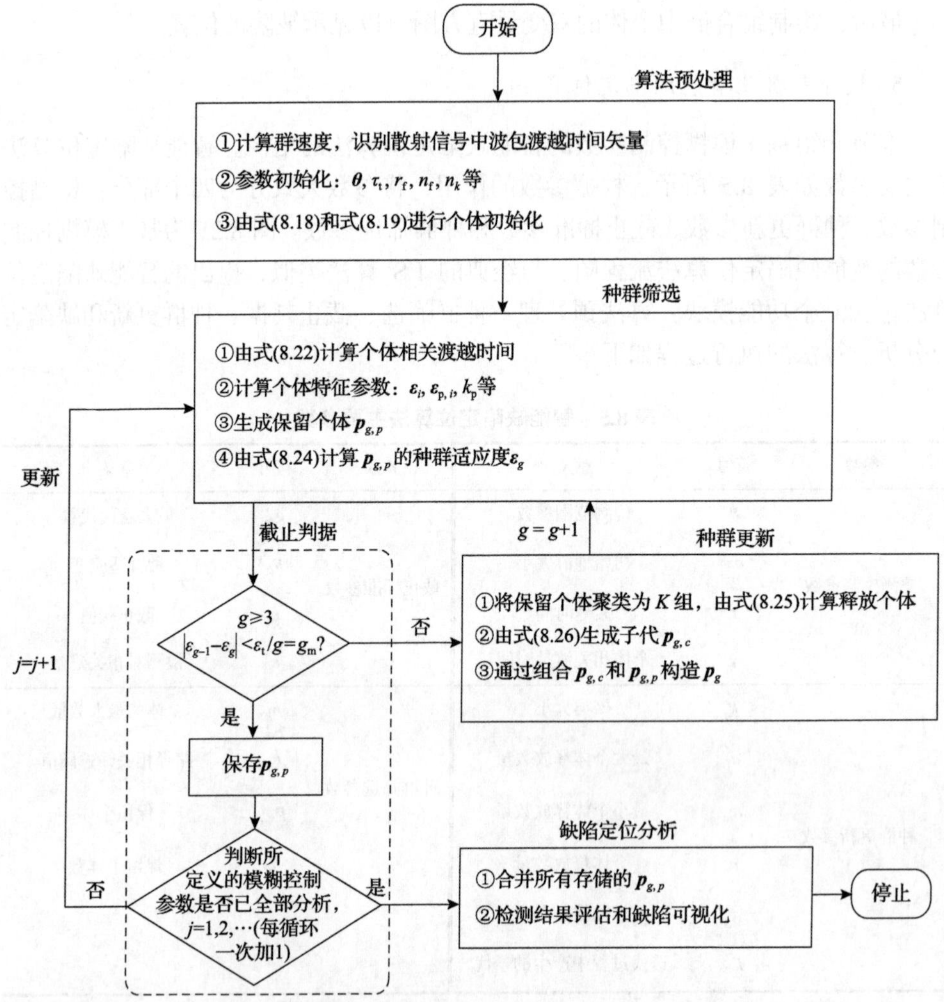

图 8.25　基于模糊控制参数的智能缺陷定位算法流程图

保留个体 $\boldsymbol{p}_{g,p}$ 的种群适应度 ε_g。

(3) 截止判据。①如果代数等于 g_{m} 或 $g\geqslant 3$，并且相邻代之间的种群适应度变化小于预定义的截止阈值 ε_{t}，则基于模糊控制参数 τ_{t}^{j}，存储保留个体。判断所定义的模糊控制参数是否已全部分析。如果是，则执行步骤(5)；否则，更新模糊控制参数并返回步骤(2)。②如果相邻代之间的种群适应度变化大于或等于 ε_{t}，并且代数小于 3，则进行步骤(4)。

(4) 种群更新。①使用 K-means 聚类算法将保留个体 $\boldsymbol{p}_{g,p}$ 聚类成 K 组，计算聚类大小 n_i^{cluster}，并计算聚类系数 r_{cluster}、相关检测对比值 r_{p} 和释放个体数量 n_{r}，分别使用式(8.14)、式(8.13)和式(8.25)计算得到。②使用式(8.26)生成子代 $\boldsymbol{p}_{g,c}$。

③通过组合子代 $\boldsymbol{p}_{g,c}$ 和保留个体 $\boldsymbol{p}_{g,p}$ 构建新的种群 $\boldsymbol{p}_g$。更新代数 $g=g+1$，并返回到步骤(2)。

(5)缺陷定位分析。①利用式(8.27)将所有保留个体 $\boldsymbol{p}_{g,p}$ 组合起来。②通过观察组合个体坐标的分布和双变量直方图来识别缺陷的位置。通过分析个体的双变量直方图，可以区分由于不适宜的模糊控制参数引起的缺陷位置和虚假成像。最终，利用智能缺陷定位算法完成对缺陷的检测定位。

8.2.3　实验验证

1. 实验设置

基于压电元件稀疏阵列进行了实验研究，验证了提出的基于模糊控制参数的智能缺陷定位算法的有效性。图 8.26 为压电元件稀疏阵列的双孔实验设置。实验器材主要有铝板、函数发生器、数字示波器和 6 个压电元件。板材的几何尺寸为 1000mm×1000mm×0.8mm。在板材上制造了两个人工穿孔，标记为孔 H_1 和孔 H_2。孔 H_1 和孔 H_2 的直径分别为 8mm 和 10mm。压电元件的半径和厚度分别为 7mm 和 0.5mm。压电元件通过胶水粘贴在板材表面，并标记为 $T_1\sim T_6$。激励信号为汉宁窗调制的中心频率为 350kHz 的 5 周期正弦信号。该信号由函数发生器生成，并加载到作为激励器的压电元件上。以板的左下角为坐标系原点，压电元件和孔的坐标如表 8.6 所示。

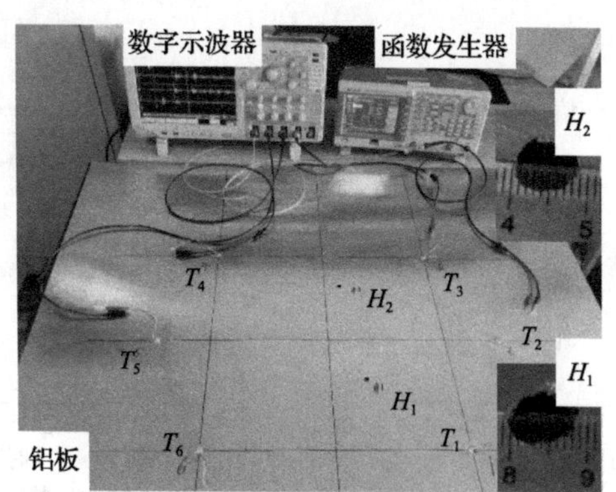

图 8.26　压电元件稀疏阵列的双孔实验装置

表 8.6　压电元件和孔的坐标

坐标	T_1	T_2	T_3	T_4	T_5	T_6	H_1	H_2
x/mm	703	795	703	303	213	303	560	530
y/mm	300	500	704	703	499	300	423	625

同 8.1 节中的实验一致，当实验中一个压电元件作为激励器在板中激发兰姆

波时，其余的压电元件作为接收器采集兰姆波信号。首先，在完整的板材上进行实验，获取参考信号。然后，制造板材中的缺陷 H_1，并重复操作过程以获取检测信号。最后，制造板材中的缺陷 H_2，获取双缺陷的检测信号。总共进行了 90 组信号的实验。

2. 信号预处理

兰姆波信号通过时频分析确定为 S_0 模态的信号，8.1 节中有相关研究。首先，基于激励器和接收器的坐标，计算所有检测对中传感器之间的直达距离，并通过分析包络峰值提取参考信号中第一个波包的渡越时间。使用 Hilbert 变换计算信号的包络。将直达距离差值除以渡越时间的差值，计算波的测量群速度。测量到的群速度平均值为 5390.4m/s，与 8.1 节一致。

采用包络峰值提取算法来获取散射信号中波包的渡越时间。图 8.27 为 T_2 - T_1 接收的散射信号提取包络峰值的对比图，其中提取的包络峰值用黑色矩形标记，信号及其包络分别以实线和虚线绘制。图 8.27(a)为去噪后散射信号提取包络峰值，采用一维去噪函数“wden”对信号进行去噪处理，其中阈值选择规则、阈值类型、乘法阈值缩放形式、小波和分解级别分别设置为“sqtwolog”、“s”、“mln”、“db6”和“5”。在包络峰值上存在许多尖峰，导致提取点偏离包络峰值。图 8.27(b)为优化后散射信号提取包络峰值。提取的包络峰值位于波包的峰值处，可以用来识别波包的渡越时间。在后面的分析中，提取优化后散射信号的所有包络峰值，获取散射信号的渡越时间。

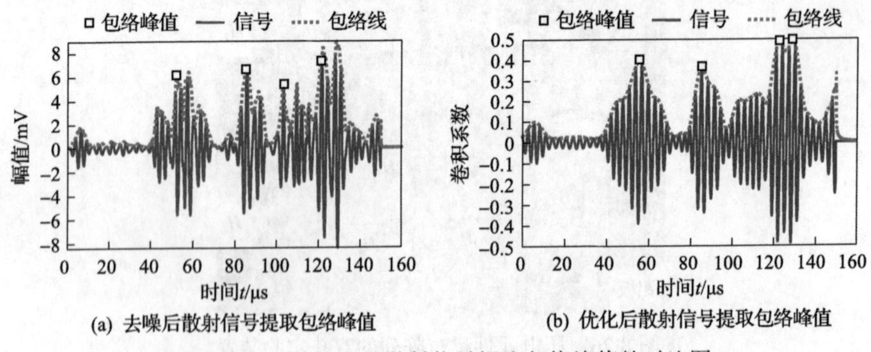

图 8.27　T_2-T_1 接收的散射信号提取包络峰值的对比图

为了更好地对比所提算法的优势，首先绘制了缺陷的椭圆成像结果。图 8.28 为椭圆成像方法的缺陷定位结果，其中像素的动态范围设置为 0～19，以获得更好的图像比较。完整的检测分析过程在一台内存为 32GB 和 CPU 为 3.10GHz 的移动工作站上运行，子图的总运行时间超过 1h。图 8.28(a)为原始散射信号的孔 H_1 成像结果，图中黑色圆圈为压电元件且图中突出显示了孔 H_1 周围的像素，成功定

位了孔 H_1。图 8.28(b)为原始散射信号的双孔成像结果。在此过程中，利用式(8.2)计算铝板上每个离散网格的像素值。这些像素值是检测中接收到的检测对散射信号的包络振幅的总和。双孔周围的像素被高亮显示，而孔 H_2 的左侧出现了伪像，降低了成像分辨率。

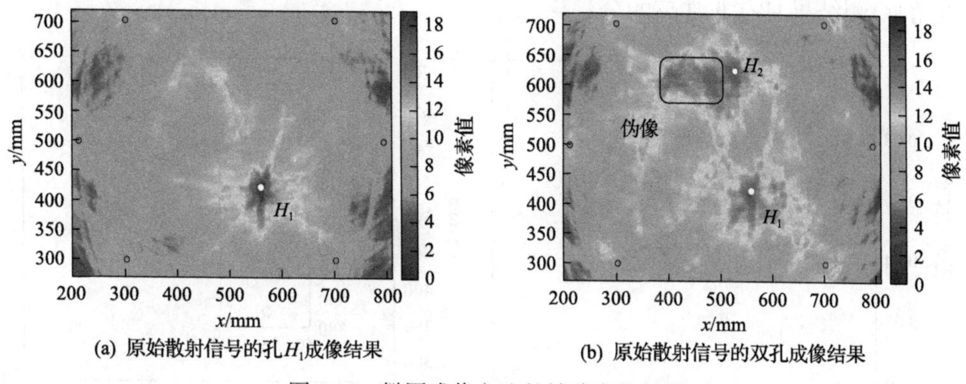

(a) 原始散射信号的孔 H_1 成像结果　(b) 原始散射信号的双孔成像结果

图 8.28　椭圆成像方法的缺陷定位结果

3. 特定模糊控制参数智能缺陷定位算法的性能评价

如图 8.25 所示，通过分析不同模糊控制参数生成的组合个体，确定了缺陷的位置。这里对所提出的智能算法在特定模糊控制参数下缺陷检测应用的性能进行评价。表 8.7 中列出了智能缺陷定位算法初始化参数值。模糊控制参数设置为激励持续信号长度 T_e 的 20%，其值为 2.8571μs。最大迭代代数设置为 10，初始种群大小为 9000，保留个体的最大规模为 200，最大个体释放数量和最大个体释放距离为 20 和 20mm，最小个体释放数量为 4。$\boldsymbol{\theta}$ 的参数范围为 $x \in [1,1000]$mm 和 $y \in [1,1000]$mm，截止阈值设定为 0.2。种群更新中使用的聚类数 K 为 4。

表 8.7　智能缺陷定位算法初始化参数值

参数	τ_t /μs	g_m	m_f	n_k	n_m	n_f	r_f /mm	x /mm	y /mm	ε_t	K
数值	$0.2T_e$	10	9000	200	4	20	20	[1,1000]	[1,1000]	0.2	4

图 8.29 为特定模糊控制参数($\tau_t = 0.2T_e$)的孔 H_1 智能缺陷定位结果。图 8.29(a)为种群适应度梯度曲线。图中计算得到种群适应度 ε_g，在第 3 代和第 4 代之间的 ε_g 变化小于截止阈值 0.2，并且代数大于 3。因此，算法停止在第 4 代。智能缺陷定位算法的总运行时间约为 12s。比椭圆成像方法约快 300 倍。图 8.29(b)、(c)和(d)分别展示了第 1 代、第 2 代和第 4 代的孔 H_1 的检测结果。在这些图中，缺陷用实线大圆圈标记，个体用实线小圆圈标记，压电元件用实心圆标记。不同迭代

代数的保留个体数分别为 10、40 和 200。在所有子图中黑色圆圈为保留个体，个体都集中在孔 H_1 附近。尽管图 8.29(d)中的保留个体数大于图 8.29(b)和(c)中的保留个体数，但图 8.29(d)中的个体更加集中在孔 H_1 附近。同时，前者的种群适应度小于后者的种群适应度。与图 8.28(a)相比，所提出的智能缺陷定位算法对孔 H_1 的检测结果具有非常高的分辨率。

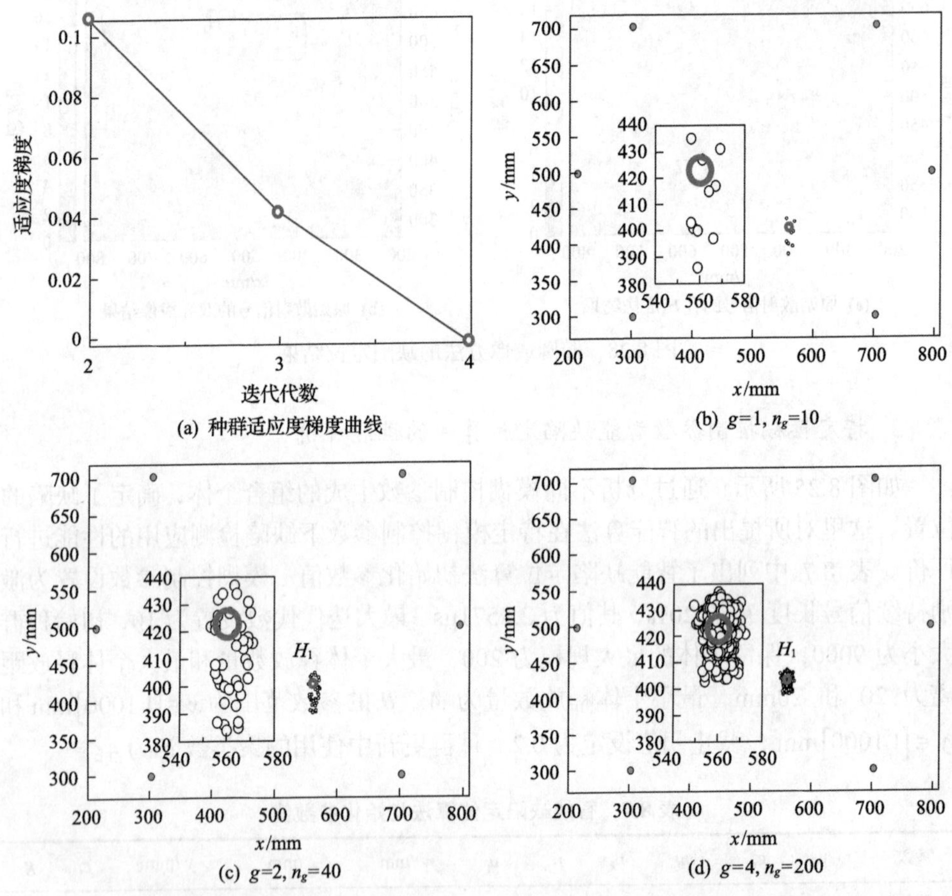

图 8.29 特定模糊控制参数($\tau_t = 0.2T_e$)的孔 H_1 智能缺陷定位结果

图 8.30 为特定模糊控制参数($\tau_t = 0.2T_e$)的双孔智能缺陷定位结果。如图 8.30(a)所示，在第 3 代和第 4 代之间，种群适应度的变化小于截止阈值 0.2，并且代数大于 3，分析在第 4 代停止。智能缺陷定位算法在双孔检测中也表现出快速收敛性。图 8.30(b)展示了第 4 代中保留个体数为 200 的双孔智能定位结果。图中的个体集中在孔 H_1 和孔 H_2 的周围。与图 8.28(b)相比，智能缺陷定位算法对双孔的检测结果具有更高的分辨率，比椭圆成像方法更好。在图 8.30(b)中，孔 H_2 左侧没有出现伪像。

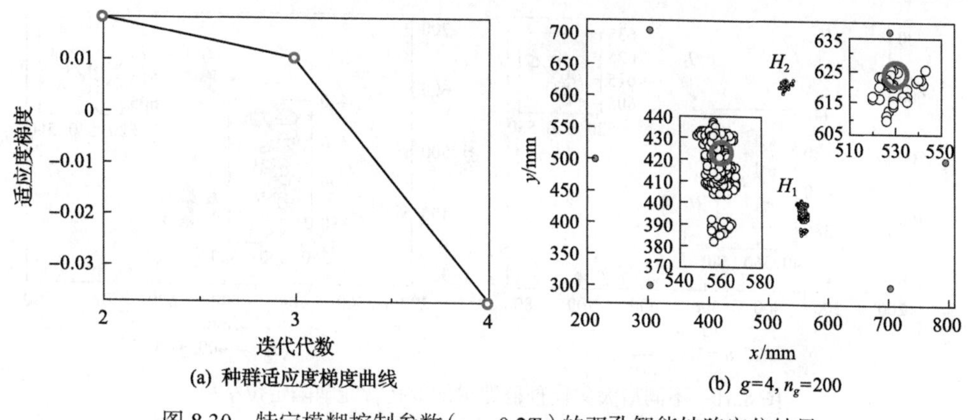

图 8.30　特定模糊控制参数$(\tau_t = 0.2T_e)$的双孔智能缺陷定位结果

8.2.4　参数值对定位结果的影响

本节分析参数值对缺陷定位结果的影响。除非另有说明，仅改变分析参数，其他参数的值与表 8.7 中相同。

1. 种群筛选参数对缺陷定位结果的影响

保留个体的最大数量 n_k 和路径相关筛选阈值 k_p 是个体筛选参数。n_k 决定了种群更新和缺陷定位的最大保留个体数量。图 8.31 为不同最大父代种群数量的双孔智能缺陷定位结果。在图 8.31(a)～(d) 中，n_k 分别设置为 20、100、300 和 400。所有分析结果都在第 4 代停止，个体分布在双孔周围。保留个体的数量随着 n_k 的增加而增加。在图 8.31(a) 和 (b) 中，个体数量等于 n_k。在图 8.31(c) 和 (d) 中，保留个体的数量分别等于 203 和 266，小于相关的 n_k。当 n_k 设为较小值时，保留个体的数量等于 n_k。否则，保留个体的数量小于 n_k。

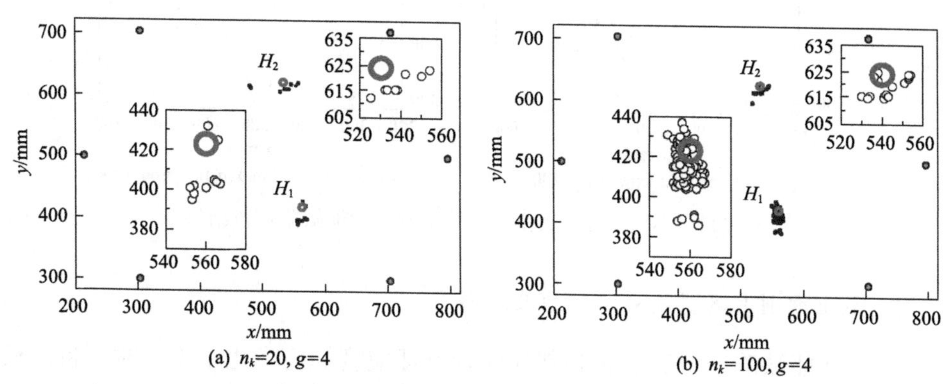

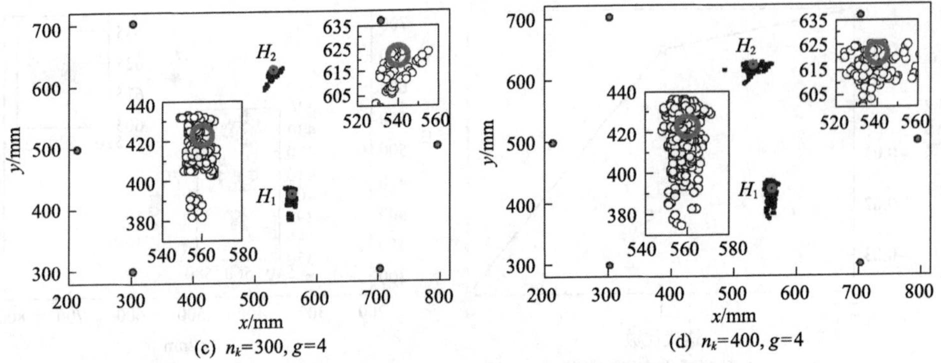

(c) n_k=300, g=4　　(d) n_k=400, g=4

图 8.31　不同最大父代种群数量的双孔智能缺陷定位结果

式(8.10)中路径相关筛选阈值 k_{p} 确定了保留个体的相关检测对的最小数量。图 8.32 为不同路径相关筛选阈值下双孔智能缺陷定位结果，图中黑色实心圆代表压电元件。图 8.32(a)和(b)为在路径相关筛选阈值 k_{p} 分别为个体相关检测对最大数量的 50%和 80%时，双孔的智能缺陷定位结果。在图 8.32(a)中，有许多个体稀疏地分布在孔周围。通过分析个体的分布，无法确定孔 H_1 和孔 H_2 的位置。在图 8.32(b)中，所有个体仅集中在孔 H_1 周围，未检测到孔 H_2。这种现象是由检测中的多样性导致的。孔 H_1 周围的椭圆轨迹数量大于孔 H_2 周围的椭圆轨迹数量。因此，在种群筛选中设置过大或过小的路径相关筛选阈值 k_{p} 将导致算法在缺陷定位过程中失败。合理的做法是将路径相关筛选阈值 k_{p} 设置为种群筛选中个体相关检测对最大数量的 75%。

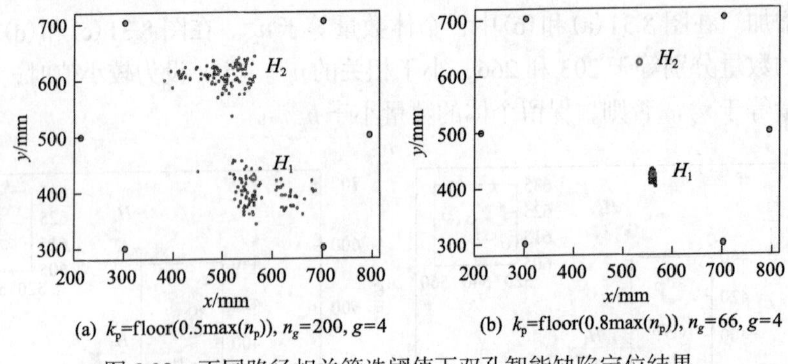

(a) k_{p}=floor(0.5max(n_{p})), n_g=200, g=4　　(b) k_{p}=floor(0.8max(n_{p})), n_g=66, g=4

图 8.32　不同路径相关筛选阈值下双孔智能缺陷定位结果

2. 截止准则参数对缺陷定位结果的影响

对于智能缺陷定位算法，相邻代间种群适应度梯度变化小于 ε_{t} 时，特定模糊控制参数的分析停止。图 8.33 为不同截止阈值 ε_{t} 下双孔智能缺陷定位结果。

图 8.33(a)～(d)中，ε_t分别设置为 0.005、0.05、0.1 和 0.5。图 8.33(a)的算法在第 9 代时停止，图 8.33(b)～(d)的算法在第 4 代停止。在所有子图中，种群在双孔周围的分布特性相似，保留个体的数量大约为 200。根据上述分析，确定当ε_t设置为 0.005 时，算法需要执行更多的步骤，而保留个体的分布受ε_t值的影响较小。通过对图 8.31 和图 8.33 的分析，可以得出合理的保留个体的最大数量为 200。

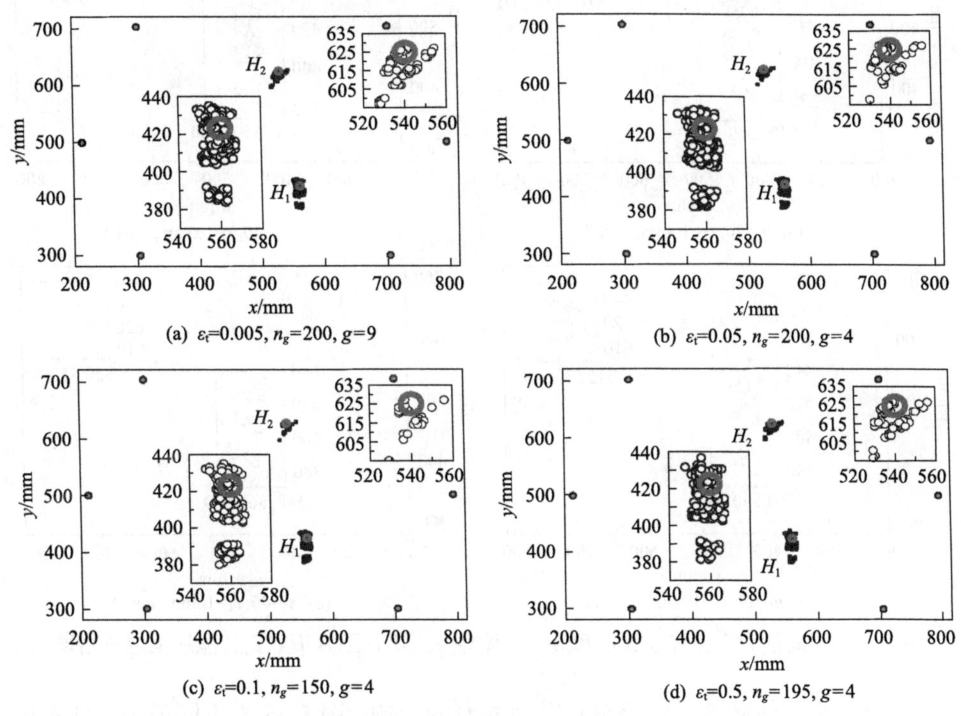

图 8.33 不同截止阈值ε_t下双孔智能缺陷定位结果

3. 种群更新参数对缺陷定位结果的影响

控制个体更新的参数有最大个体释放数量n_f和最大个体释放距离r_f、聚类数K以及最小个体释放数量n_m。

图 8.34 为不同最大个体释放数量和最大个体释放距离(n_f, r_f)下双孔智能缺陷定位结果。图 8.34(a)～(d)均为$g=4$时的智能检测结果。图 8.34(a)～(c)分别展示了(n_f, r_f)值为(20, 10mm)、(40, 20mm)和(10, 10mm)时的检测结果。最大个体释放距离和最大个体释放数量之间没有明显差值。个体在孔周围集中，孔H_1和孔H_2周围的个体数量几乎相同。与图 8.28(b)相比，双孔被成功地定位，并且分辨率相对较高。图 8.34(d)为$n_f=40$和$r_f=10$mm 的分析结果，个体的释放范围大于释放数量。孔H_2周围的个体数量远小于孔H_1周围的个体数量，因此在检测过程

中可能会漏检孔 H_2。基于对结果和缺陷大小的综合分析得到最大个体释放距离和最大个体释放数量应该有较小的差值，差值设置为 20 是合理的。

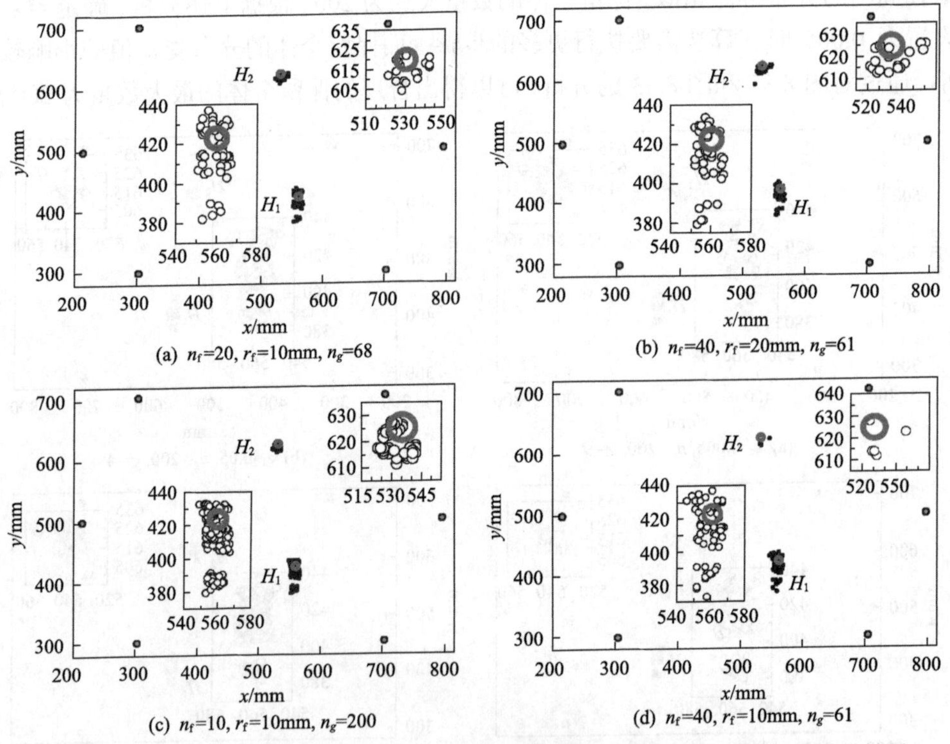

图 8.34　不同最大个体释放数量和最大个体释放距离 (n_f, r_f) 下双孔智能缺陷定位结果

改变最小个体释放数量来分析其对检测的影响。图 8.35 为不同最小个体释放数量 n_m 下双孔智能缺陷定位结果，图 8.35(a) 和 (b) 分别为 $n_m = 4$ 和 $n_m = 6$ 时的双孔检测结果。在图 8.35 中，每个孔周围都集中了相似数量的个体。因此，在该算法中采用式(8.25)的最小个体释放数量对检测结果影响较小。

图 8.36 为不同聚类大小 K 下双孔智能缺陷定位结果，图 8.36(a) 和 (b) 分别展示了 K 为 1 和 2 时的双孔检测结果。当 K 为 1 时，释放个体数量为 $\text{floor}(r_p n_f)$，释放个体没有多样性控制。在图 8.36(a) 中，个体稀疏地分布在缺陷周围，通过观察个体的分布无法确定孔的位置。而在图 8.36(b) 中，个体集中在两个孔周围，当 K 为 2 时，成功地定位了孔。以上分析证明了用聚类算法控制个体更新过程中释放的个体数量是很重要的。因此，建议设置 K 值为大于检测中缺陷数量的值，以确保算法在智能检测中的鲁棒性。

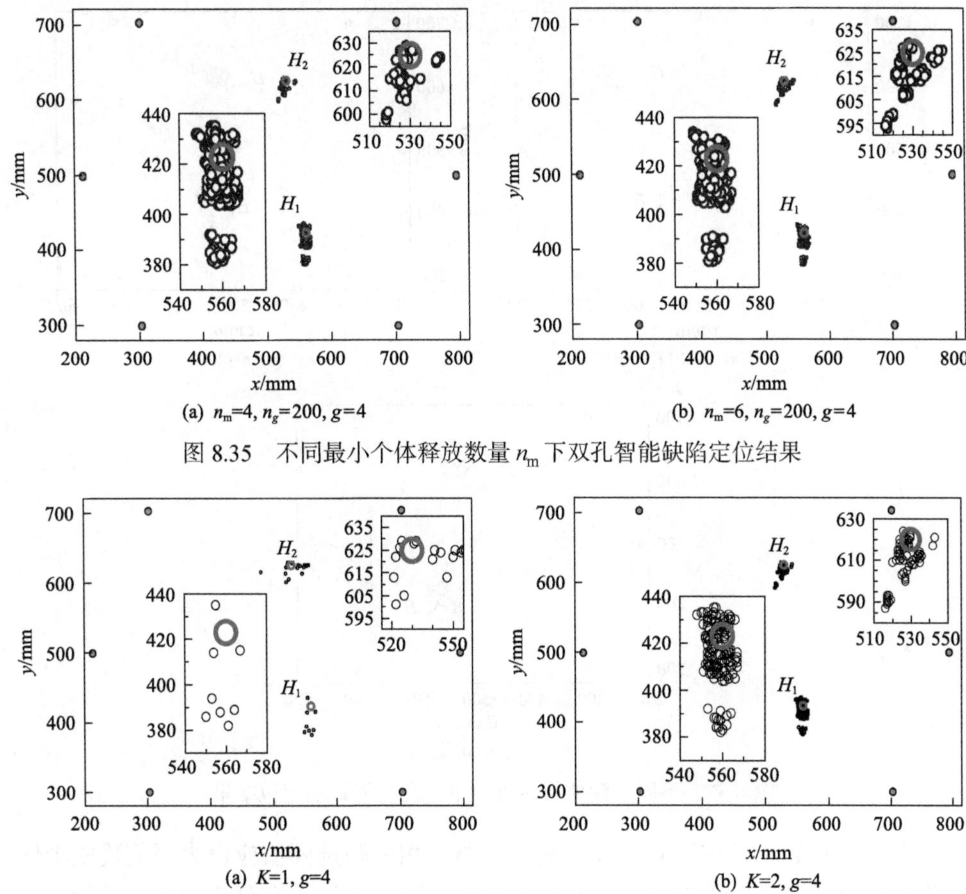

(a) $n_m=4, n_g=200, g=4$　(b) $n_m=6, n_g=200, g=4$

图 8.35　不同最小个体释放数量 n_m 下双孔智能缺陷定位结果

(a) $K=1, g=4$　(b) $K=2, g=4$

图 8.36　不同聚类大小 K 下双孔智能缺陷定位结果

4. 模糊控制参数对缺陷定位的影响

模糊控制参数 τ_t 与影响区域的空间跨度密切相关。图 8.37 为不同模糊控制参数 τ_t 下双孔智能缺陷定位结果。在图 8.37(a)～(c)中，τ_t 分别为 $0.1T_e$、$0.3T_e$ 和 $0.5T_e$。在图 8.37(a)中，个体仅分布在孔 H_1 周围，未检测到孔 H_2。在图 8.37(b)和图 8.37(c)中，个体分布在两个孔周围，随着 τ_t 的增加，个体的聚集程度减小。较小的 τ_t 值会导致缺陷漏检，而较大的 τ_t 值会降低缺陷定位结果的分辨率。

基于以上分析，本节提出的算法中参数对稀疏阵列的兰姆波缺陷检测具有不同的影响。设置参数以确保智能缺陷定位算法的鲁棒性的有用指南如下：

(1)截止阈值、最小个体释放数量和最大保留个体数量(分别为 ε_t、n_m、n_k)对检测的影响较小。

(2)模糊控制参数和路径相关筛选阈值(分别为 τ_t、k_p)对检测结果有显著影

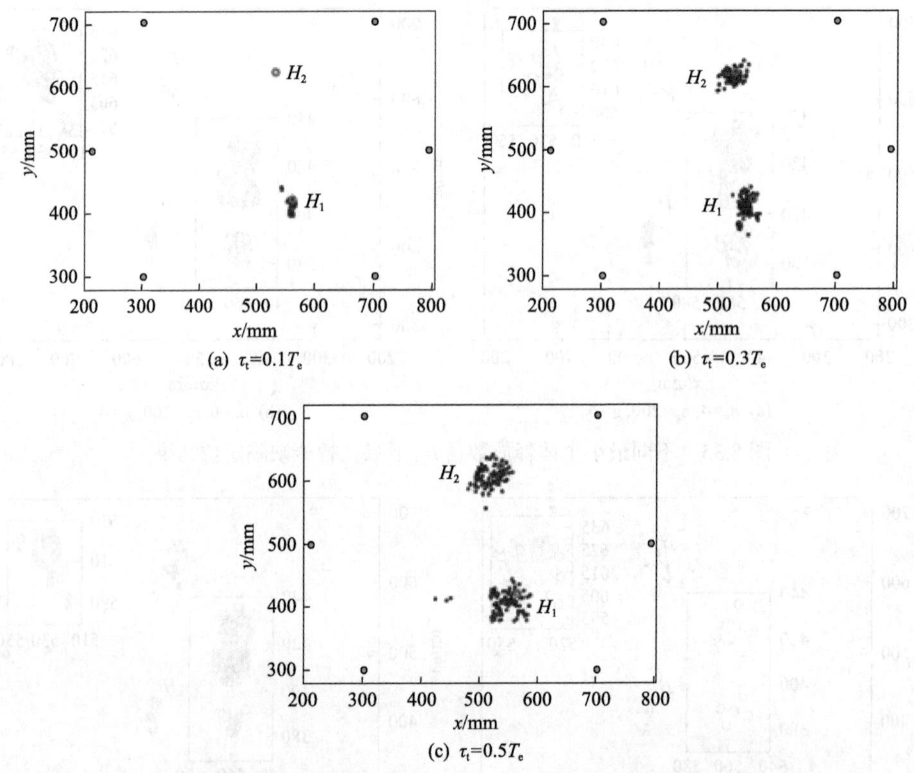

(a) $\tau_t=0.1T_e$　(b) $\tau_t=0.3T_e$　(c) $\tau_t=0.5T_e$

图 8.37　不同模糊控制参数 τ_t 下双孔智能缺陷定位结果

响。由于不同数量的椭圆轨迹穿过缺陷，路径相关筛选阈值应设为当前代中个体相关轨迹数量最大值的 75%。较小的 τ_t 值会导致一些缺陷在分析中未被检测到，而较大的 τ_t 值会降低在特定模糊控制参数下的检测分辨率。

(3) 聚类大小 K 确定了个体更新的多样性，其值应大于缺陷数量。

(4) 最大个体释放数量与最大个体释放距离关系会影响检测结果。建议最大个体释放距离和最大个体释放数量之间的差值应较小，分析时可以选择 20 进行合理的仿真。

5. 多模糊控制参数的智能缺陷定位

采用不同模糊控制参数的组合来确保缺陷定位的鲁棒性。模糊控制参数由 5 个数据点组成，其取值范围为 $0.05T_e \sim 0.25T_e$，步长为 $0.05T_e$，即 $\tau_t=\{0.7\mu s, 1.4\mu s, 2.1\mu s, 2.9\mu s, 3.6\mu s\}$。其他参数设置如表 8.7 所示。算法的总运行时间约为 56s。

图 8.38 为不同模糊控制参数 τ_t 下双孔智能缺陷定位结果。所有的分析在第 4 代停止。在图 8.38(a)～(d) 中，τ_t 分别等于 $0.05T_e$、$0.1T_e$、$0.15T_e$ 和 $0.25T_e$，而 n_g 分别为 78、100、200 和 200。随着 τ_t 值的增加，个体集中在两个孔的周围，干扰

个体的数量减少。在图 8.38(a)中，有许多个体分布在远离孔 H_1 和孔 H_2 位置的地方。当 τ_t 设置为较小值时，两个孔都未被检测到。这也证明了模糊控制对于提出的智能缺陷定位算法的必要性。在图 8.38(b)中，个体只集中在孔 H_1 周围，孔 H_2 在分析中未能检测到。图 8.38(c)中的个体分布可以确定两个孔的位置，但分析中出现了一些干扰个体导致了误检测。在图 8.38(d)中，个体集中在两个孔的周围，在图中几乎没有干扰个体出现。

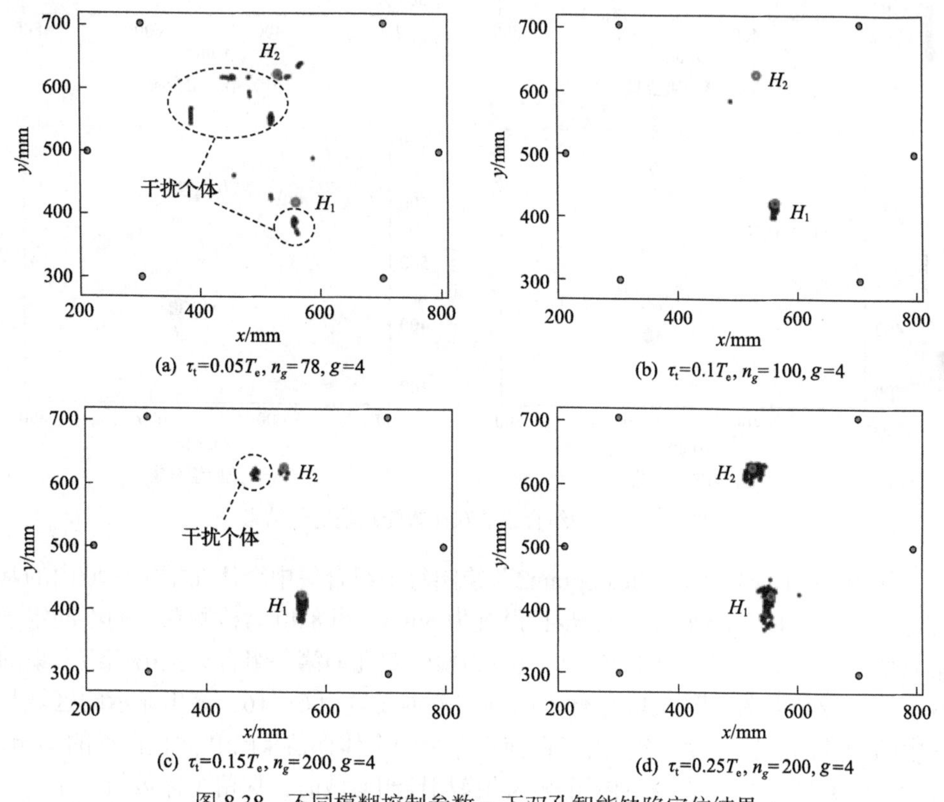

图 8.38　不同模糊控制参数 τ_t 下双孔智能缺陷定位结果

采用不同模糊控制参数分析保留个体，基于式(8.27)进行组合。四个组合集被用于分析。第一组合集通过将保留个体与 $0.05T_e$、$0.1T_e$、$0.15T_e$、$0.2T_e$ 和 $0.25T_e$ 进行组合生成。第二组合集通过将保留个体与 $0.1T_e$、$0.15T_e$、$0.2T_e$ 和 $0.25T_e$ 进行组合生成。第三组合集通过将保留个体与 $0.15T_e$、$0.2T_e$ 和 $0.25T_e$ 进行组合生成。第四组合集通过将保留个体与 $0.2T_e$ 和 $0.25T_e$ 进行组合生成。图 8.39 为不同组合集的双孔智能缺陷定位结果。在图 8.39 中，个体都集中在两个孔的周围。图 8.39(a)～(c)中的干扰个体可以看作缺陷，这降低了缺陷定位精度。同时，个体的分布区域大于孔的大小，这也影响了缺陷定位精度。

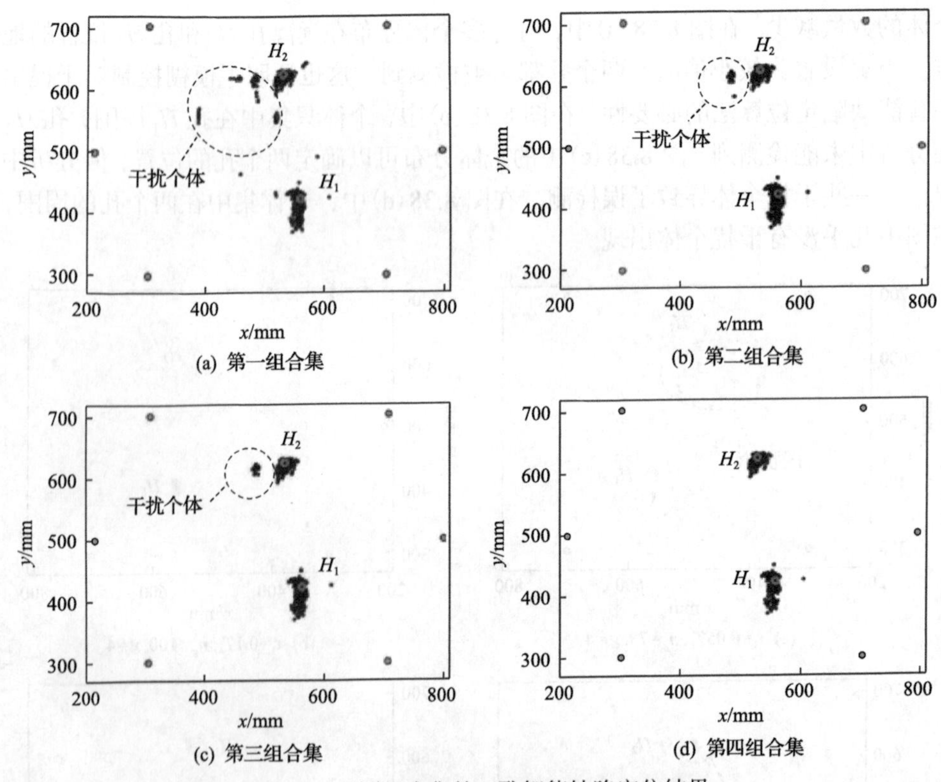

(a) 第一组合集　(b) 第二组合集

(c) 第三组合集　(d) 第四组合集

图 8.39　不同组合集的双孔智能缺陷定位结果

使用 MATLAB 函数“histogram2”绘制每个组合集中个体在指定区域内的基础分布。在 x 轴和 y 轴方向上，步长设置为 5mm。图 8.40 为检测双孔的不同组合集双变量成像结果图，图 8.40(a)～(d)为检测双孔的第一组合集至第四组合集的双变量成像结果图。图 8.40 中像素的动态范围设定为 0～16。突出显示的区域与图中两个孔的位置高度一致。由于在前面介绍的个体保留策略和截止标准的影响，最大个体数量为 n_k，当分析使用较小的模糊控制参数时，保留个体数量小于 n_k。当 τ_t 较大时，分布区域可能大于缺陷尺寸，但当采用合适的 τ_t 进行分析时，缺陷周围将分布许多个体。当保留个体数量在组合集中拥有更合适的 τ_t 时，缺陷周围的个体密度高于其他区域。图 8.38(a)和(c)中的干扰个体数量远小于孔周围的个体数量。通过将具有不同模糊控制参数的检测结果进行组合，可以解决这个问题。

本节提出了一种基于模糊控制参数的智能缺陷定位算法。在该算法中，提出了相关检测对残余矢量用于种群筛选，设计了两个与检测对无关的参数用于截止标准的分析，并引入了模糊控制参数以确保算法的鲁棒性。设计了一种自适应种群更新机制，以确保种群更新的均匀性。实验研究表明，所提出的算法在缺陷定位方面具有快速收敛性和鲁棒性。基于不同模糊控制参数的分析保留的个体被组

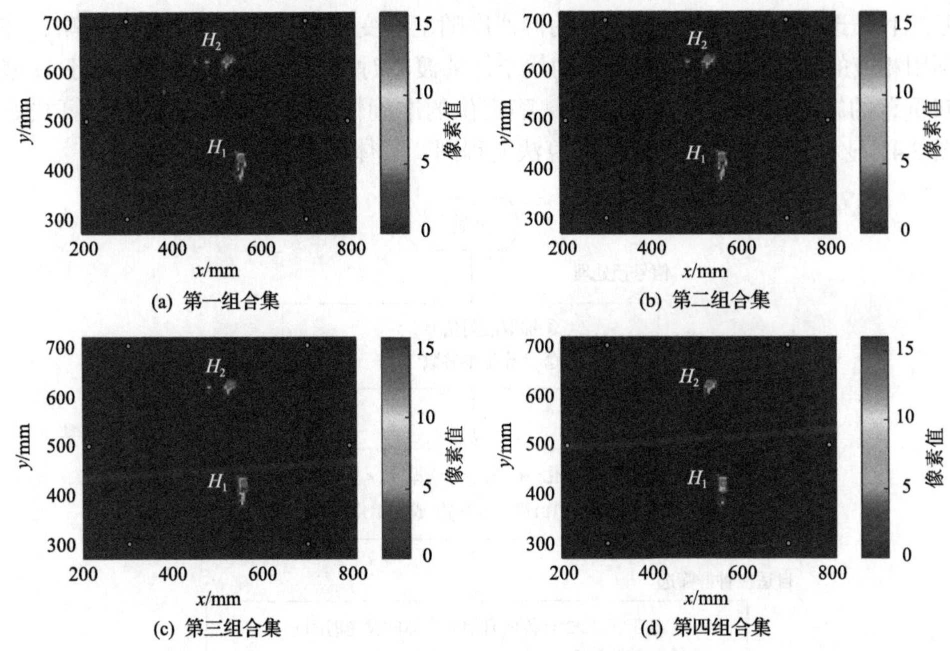

(a) 第一组合集　(b) 第二组合集

(c) 第三组合集　(d) 第四组合集

图 8.40　检测双孔的不同组合集双变量成像结果图

合用于缺陷位置的分析。通过组合个体的双变量直方图绘制，成功地定位了缺陷。智能缺陷定位结果具有比椭圆成像方法更高的分辨率和更高的执行效率。与 8.1 节的算法相比，本节提出算法的检测结果不受模糊控制参数的影响。

8.3　异形结构中基于优化策略的改进智能缺陷定位算法

本节将智能缺陷定位算法应用于 U 型起重臂的缺陷检测[6]。根据 U 型起重臂结构中超声导波的传播特性，对智能缺陷定位算法进行改进，并提出优化策略。该策略充分考虑了超声导波的群速度随壁厚变化的情况，并利用相应的群速度准确计算每个初始个体的渡越时间，提高了缺陷定位的准确性。

8.3.1　改进智能缺陷定位算法

在椭圆成像方法中，融合不同检测对的散射信号的幅度信息可以提高缺陷位置的检测准确性。融合的数学函数可以表示为式(4.14)。

由文献[7]～[10]得出结论，在相对薄壁的管道中，超声导波将管道视为一个曲面板状结构，超声导波可以近似为沿螺旋路径传播的兰姆波模态。本节根据螺旋导波在 U 型起重臂结构中的传播特性，提出了一种改进智能缺陷定位算法。首先将 8.1 节中智能缺陷定位算法中个体距离的匹配和筛选修改为个体渡越时间的匹配和筛选，然后根据螺旋导波的群速度随壁厚变化的特性，提出优化策略，并利用相应的群速度准确计算每个初始个体的渡越时间，从而使算法更适用于 U 型起重臂的缺陷检测，并通过确保缺陷定位的准确性简化了智能缺陷定位算法。图 8.41 显示了改进智能缺陷定位算法流程图。具体的实施过程如下：

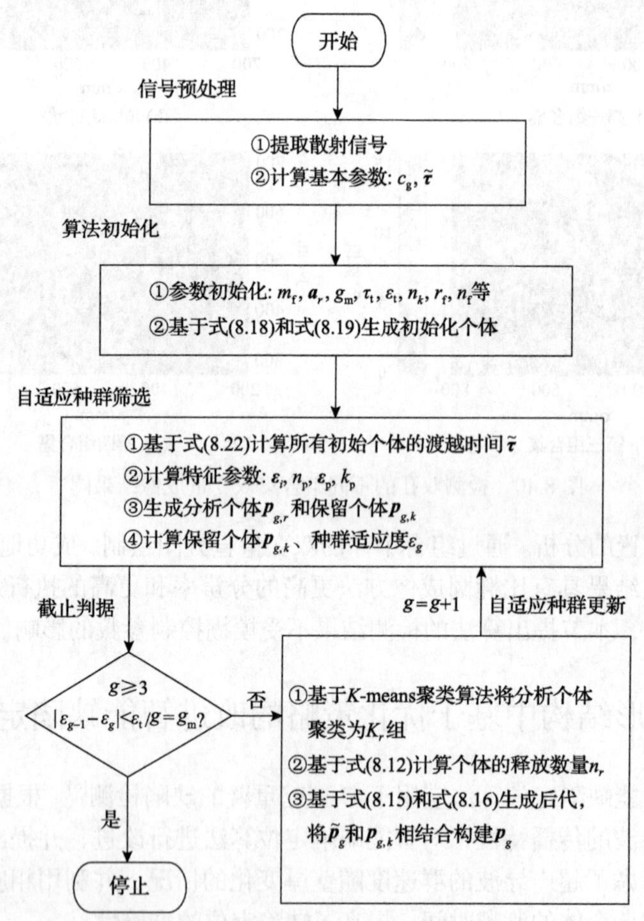

图 8.41　改进智能缺陷定位算法流程图

(1) 信号预处理。①提取散射信号，即损伤信号与参考信号的差值信号。②计算基本参数，提取散射信号中波包的渡越时间 $\tilde{\boldsymbol{\tau}}$ ，并计算波的群速度 c_g 。

(2) 算法初始化。①初始化基本参数，并设置参数范围矢量 $\boldsymbol{\theta}=\{x, y\}$ 、初始种群大小 m_f 、精度控制矢量 $\boldsymbol{a}_r$ 、最大迭代代数 g_m 、散波信号渡越时间的筛选阈值 τ_t 、截止阈值 ε_t 、保留个体的最大数量 n_k 、最大个体释放距离 r_f 和最大个体释放数量 n_f 。②基于式(8.18)和式(8.19)生成初始化个体。

(3) 自适应种群筛选。①使用式(8.22)计算所有初始个体的渡越时间 $\tilde{\boldsymbol{\tau}}$ 。②使用式(8.21)计算渡越时间相关残差矢量$\boldsymbol{\varepsilon}_i$。提取渡越时间相关残差矢量$\varepsilon_i$中非零参数的数量，其中$\varepsilon_i$中非零参数的数量等于单个相关检测对的数量$n_{\mathrm{p}}$。使用式(8.8)计算路径无关残差$\boldsymbol{\varepsilon}_{\mathrm{p}}$。使用式(8.10)计算路径相关筛选阈值$k_{\mathrm{p}}$。③当相关检测对的数量大于 3 时，将个体定义为用于种群更新的分析个体$\boldsymbol{p}_{g,r}$。当相关检测对的数量大于k_{p}时，将个体定义为用于缺陷定位的保留个体$\boldsymbol{p}_{g,k}$。如果保留个体的数量超过n_k，则使用 K-means 聚类算法将保留个体分成K_s组。根据式(8.11)从聚类中提取不同数量的个体。否则，将组内的所有个体都设置为保留个体。④使用式(8.9)计算种群适应度ε_g。

(4)截止判据。如果迭代代数大于 3 且相邻代的种群适应度小于截止阈值，或者达到最大迭代代数g_{m}，则算法停止。否则，执行步骤(5)。

(5)自适应种群更新。①基于 K-means 聚类算法将分析个体$\boldsymbol{p}_{g,r}$聚类为K_r组。②基于式(8.12)计算个体的释放数量n_r。③基于式(8.15)和式(8.16)将子代个体$\tilde{\boldsymbol{p}}_g$与当前代保留个体$\boldsymbol{p}_{g,k}$相结合，构建新的分析个体集合$\boldsymbol{p}_g$，然后更新代数，$g=g+1$，并返回到步骤(3)。

8.3.2　有限元仿真及实验设置

U 型起重臂是一种横截面为 U 型的薄壁管。整个结构是由不同厚度的上下钢板焊接而成的。上钢板由一块 5mm 厚的钢板滚压成 U 型，下钢板由一块 4mm 厚的钢板通过模具压弯成 U 型。因此，U 型起重臂的结构是复杂的。U 型起重臂横截面尺寸如图 8.42 所示。从图 8.42 可以看出，U 型起重臂具有对称结构。图中方框表示焊接结构的局部放大视图。根据 U 型起重臂的截面尺寸和材料性能，绘制了钢板中导波的频散曲线。图 8.43 给出了厚 4mm 和 5mm 钢板中兰姆波频散曲线，其中图 8.43(a)为相速度频散曲线，图 8.43(b)为群速度频散曲线。如图 8.43 所示，实线表示厚 4mm 钢板的频散曲线，虚线表示厚 5mm 钢板的频散曲线。为了减少多模态的相互干扰，选择了仅具有两个基本模态(A_0和S_0)的频率区域作为选择区域。选择激励频率为 150kHz 的A_0模态为研究对象，其原因如下：①该频率下，A_0模态的兰姆波具有明显的频散特性以及相对稳定的群速度。②该频率下，A_0模态的波长小于S_0模态，满足孔缺陷识别的能力。在接下来的研究中，采用有限元仿真和实验的方法研究 U 型起重臂螺旋导波的传播特性。

1. 有限元仿真模型设置

采用 ABAQUS 软件建立了 U 型起重臂的有限元模型，该模型用于分析螺旋导波的传播特性并验证改进智能缺陷定位算法的有效性。这里建立了 3 个有限元仿真模型，如图 8.44 和图 8.45 所示。三个模型的截面尺寸和长度完全相同。截面

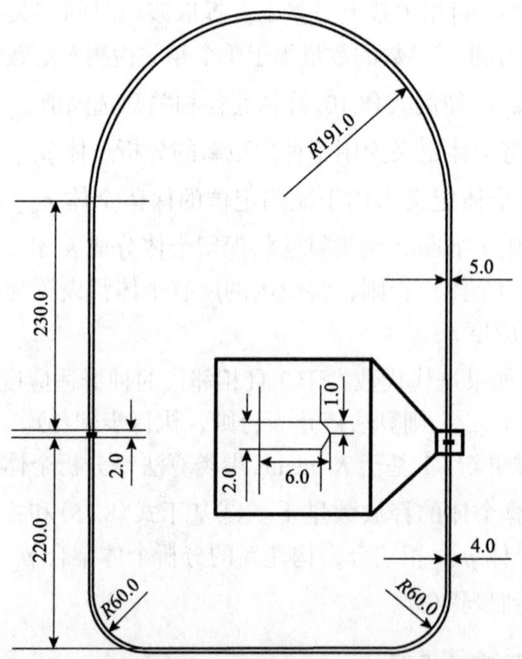

图 8.42　U 型起重臂横截面尺寸(单位：mm)

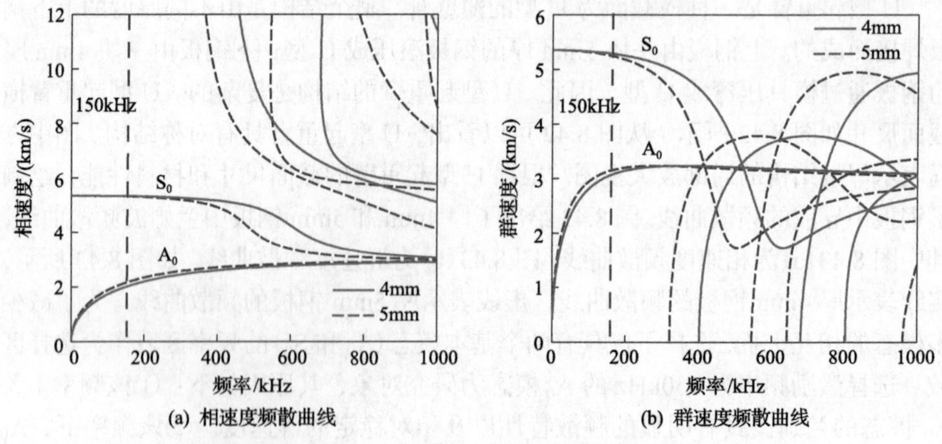

(a) 相速度频散曲线　　(b) 群速度频散曲线

图 8.43　厚 4mm 和 5mm 钢板中兰姆波频散曲线

尺寸如图 8.42 所示，长度为 1510mm。模型中焊接和缺陷附近的网格类型为 C3D6，其他部分为 C3D8R(1mm×1mm×1mm)。时间步长和总运行时间分别设置为1×10^{-8}s 和8×10^{-4}s 。图 8.44 为用于分析 U 型起重臂螺旋导波传播特性的有限元模型。为了研究具有不同传播路径的螺旋导波的传播特性，设置了 10 条不同的射线路径(T-A_1 至T-A_{10})作为接收路径进行信号采集(逐点采集)。如图 8.44 中的实线所示，相邻路径之间的夹角为 10°。其中点 T 为激励点，集中力被施加在点 T 以激发兰姆波。

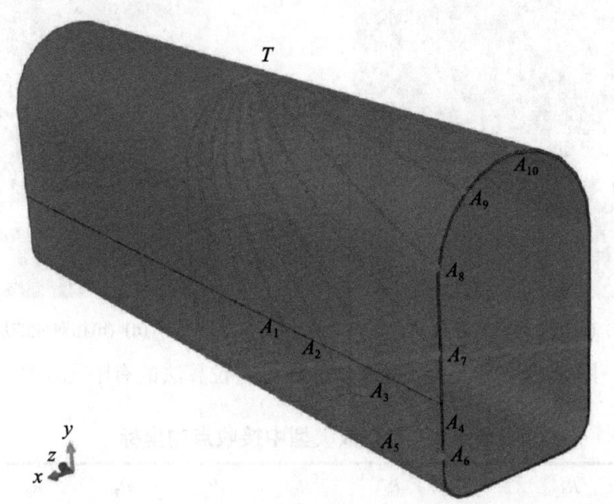

图 8.44　用于分析 U 型起重臂螺旋导波传播特性的有限元模型

图 8.45 为用于验证改进智能缺陷定位算法的有限元模型。图 8.45(a)为正常结构仿真模型，图 8.45(b)为损伤结构仿真模型。图 8.45 中 21 个圆点分别代表激励点和接收点，在 3 个不同截面呈环形阵列，图 8.45(a)和(b)左上角是 U 型起重臂的左视图。实线是 U 型起重臂的轴对称线，将 U 型起重臂沿着轴对称线展开，得到相应的展开板，如图 8.45(c)和(d)所示。图 8.45(c)显示了与图 8.45(a)对应的展开板，图 8.45(d)显示了与图 8.45(b)对应的展开板。在图 8.45(b)中，引入了两个直径为 17mm 的圆形通孔缺陷。T 为激励点，与图 8.44 中的 T 点位置一致，$R_1 \sim R_{20}$ 为接收点。图 8.45(a)和(b)中的接收点分别获取参考信号和检测信号。在仿真信号中，提取离面位移作为螺旋导波分析信号。展开板模型中接收点的坐标如表 8.8 所示，激励点和缺陷的坐标如表 8.9 所示。

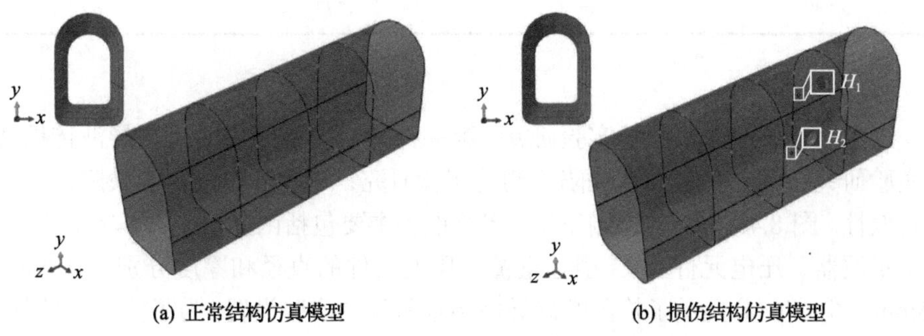

(a) 正常结构仿真模型　　(b) 损伤结构仿真模型

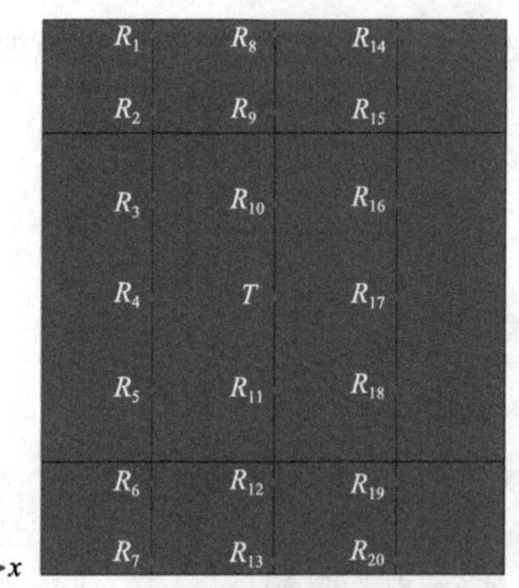

(c) (a)相对应的展开板　　(d) (b)相对应的展开板

图 8.45　用于验证改进智能缺陷定位算法的有限元模型

表 8.8　展开板模型中接收点的坐标

坐标	R_1	R_2	R_3	R_4	R_5	R_6	R_7	R_8	R_9	R_{10}
x/mm	255	255	255	255	255	255	255	755	755	755
y/mm	1746	1496	1196	896	596	296	46	1746	1496	1196
z/mm	4	4	5	5	5	4	4	4	4	5
坐标	R_{11}	R_{12}	R_{13}	R_{14}	R_{15}	R_{16}	R_{17}	R_{18}	R_{19}	R_{20}
x/mm	755	755	755	1255	1255	1255	1255	1255	1255	1255
y/mm	596	296	46	1746	1496	1196	896	596	296	46
z/mm	5	4	4	4	4	5	5	5	4	4

表 8.9　激励点和缺陷的坐标

坐标/尺寸	T	H_1	H_2
x/mm	755	885	800
y/mm	896	736	497
z/mm	5	5	5
ϕ/mm	—	17	17

2. 实验设置

这里进行了两种不同的实验研究。第一种是 U 型起重臂中螺旋导波传播特性的实验研究，第二种是双孔缺陷检测的实验研究，以验证改进智能缺陷定位算法的有效性。图 8.46 为实验检测系统，实验设备主要包括函数发生器、功率放大器、数字示波器、压电元件和 U 型起重臂。压电元件的直径和厚度分别为 10mm 和 0.5mm。图 8.46(a)显示了检测螺旋导波传播特性的实验设置。为了便于比较分析，实验中的激励点位置与有限元模型中的位置相同。激励信号为汉宁窗调制的中心频率为 150kHz 的 5 周期正弦信号，与有限元仿真中的激励信号一致。实验中的接收路径对应于有限元仿真的接收路径。然而，与仿真研究不同，在实验中，每个接收路径的传感器间距为 50mm。压电元件通过剪切波耦合剂黏附到 U 型起重臂上。T-A_1 至 T-A_{10} 接收路径的接收点数量分别为 18、18、19、20、15、14、11、10、10 和 10。图 8.46(b)显示了检测双孔缺陷的实验设置。激励点 T 的位置、接收点($R_1 \sim R_{20}$)的位置与有限元模型中的位置一致。在上述实验中，均将 T 点的压电元件作为激励器，其他传感器被用作接收器来采集兰姆波信号。

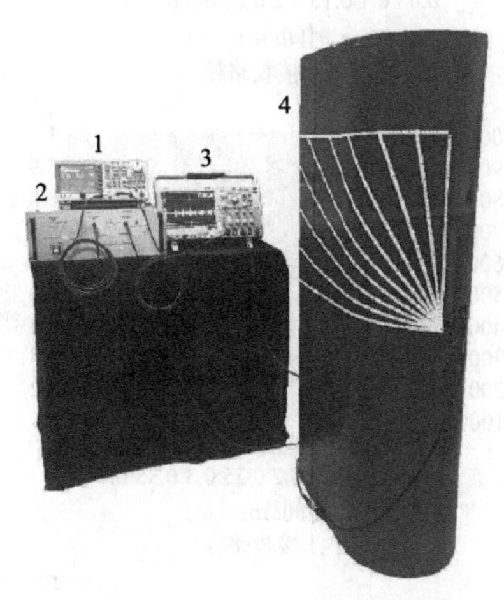

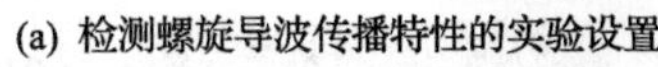
(a) 检测螺旋导波传播特性的实验设置

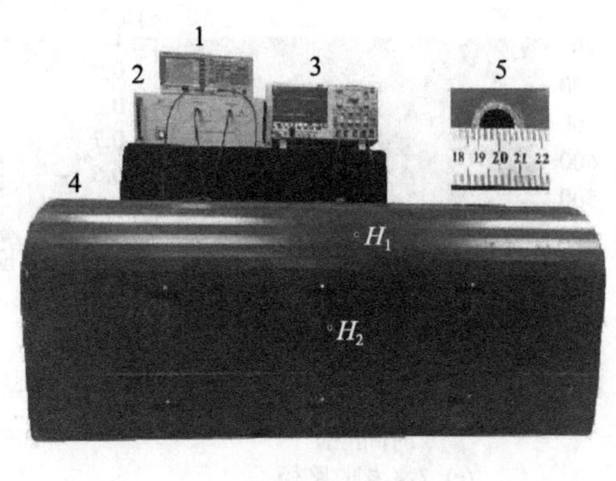

(b) 检测双孔缺陷的实验设置

图 8.46　实验检测系统

1-函数发生器；2-功率放大器；3-数字示波器；4-U 型起重臂；5-圆孔直径

8.3.3　螺旋导波传播特性分析

在 U 型起重臂中形成螺旋导波的过程是兰姆波以激励点 T 为中心形成一个圆形的波前，圆形波前在 U 型起重臂中沿各个角度传播，从而形成沿螺旋路径传播的导波，即螺旋导波。由于 U 型起重臂中存在焊缝、变壁厚等结构，本节重点关注焊缝和不同壁厚对螺旋导波传播特性的影响。图 8.47 显示了仿真信号在不同接收路径处的时空波场。接收路径 T-A_1、T-A_2、T-A_3、T-A_4、T-A_5 和 T-A_6 经过焊接区域。从图 8.47(a)～(f)的时空波场可以看出，随着螺旋导波传播距离的增加，时空波场中的波包逐渐由一个分离为两个，分别对应于 A_0 模态和 S_0 模态。当波包传播到焊缝时，A_0 模态和 S_0 模态兰姆波会产生明显的反射波包和模态转换波包，其中 A_0 模态波能较高，反射波、透射波和模态转换波更加明显。因此，选择 A_0 模态作为主要研究对象。在 T-A_5 和 T-A_6 的接收路径中，由于采集距离的原因，在时空波场中没有出现模态转换波包。上述波的反射、模态转换和透射现象描述了螺旋导波与 U 型起重臂中焊缝结构相互作用的传播特性。

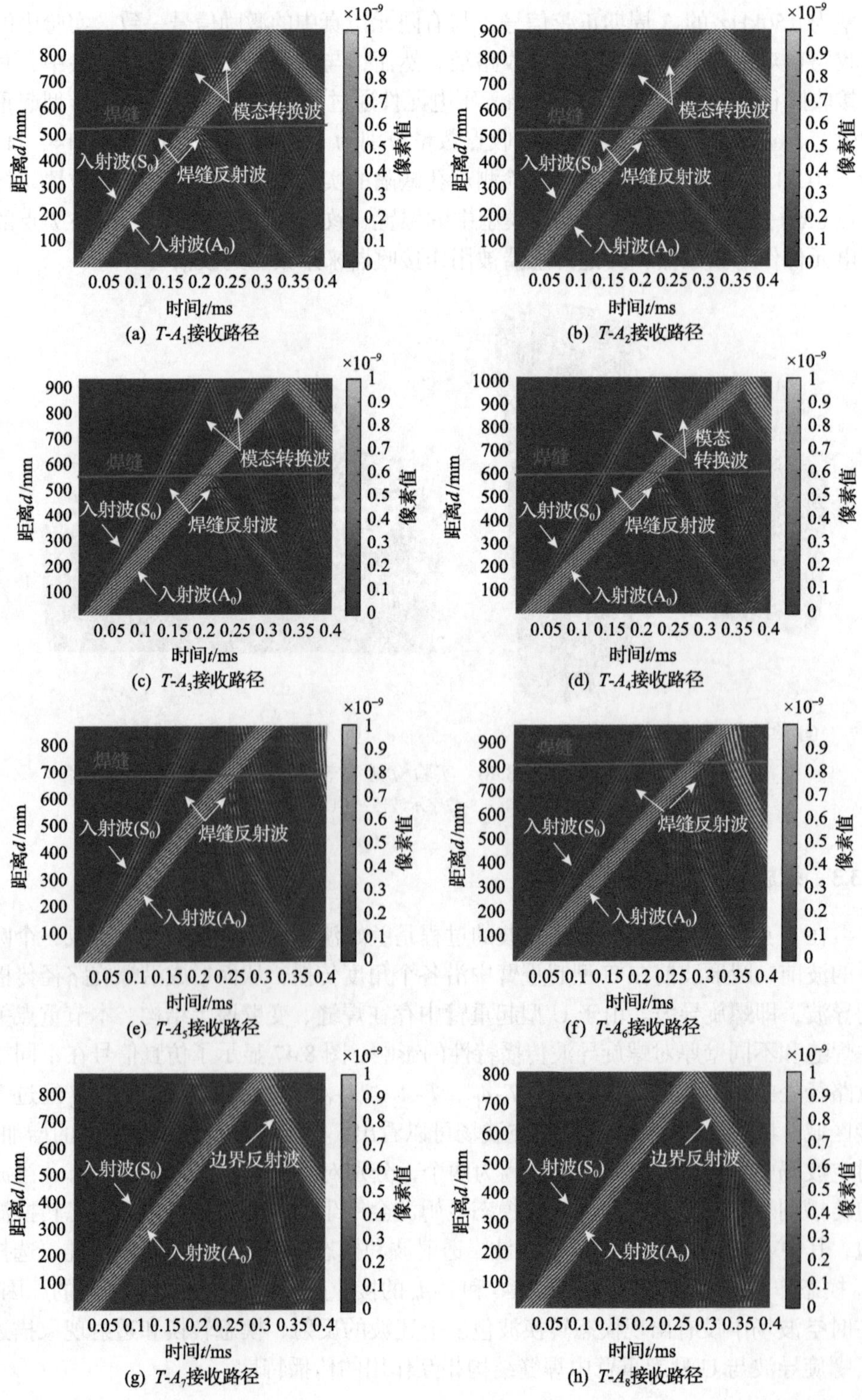

(a) T-A_1接收路径　(b) T-A_2接收路径

(c) T-A_3接收路径　(d) T-A_4接收路径

(e) T-A_5接收路径　(f) T-A_6接收路径

(g) T-A_7接收路径　(h) T-A_8接收路径

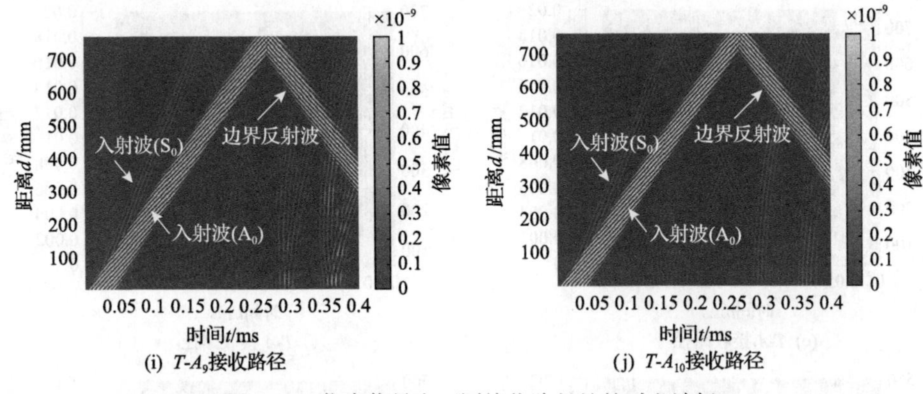

(i) T-A_9接收路径

(j) T-A_{10}接收路径

图 8.47　仿真信号在不同接收路径处的时空波场

在图 8.47(g)～(j)中，螺旋导波直接从激励点 T 传播到 U 型起重臂的边界。从时空波场可以看出，随着传播距离的增加，A_0 模态的波包呈直线传播，并在 U 型起重臂边界处产生明显的边界反射波。上述波的反射现象描述了螺旋导波与 U 型起重臂边界相互作用的传播特性。

图 8.48 显示了实验信号在不同接收路径处的时空波场。其与图 8.47 中仿真信号的时空波场具有相同的传播特性。然而，不同之处在于图 8.48 中，焊缝处的模态转换波包较弱，并且波包被噪声淹没，无法识别。

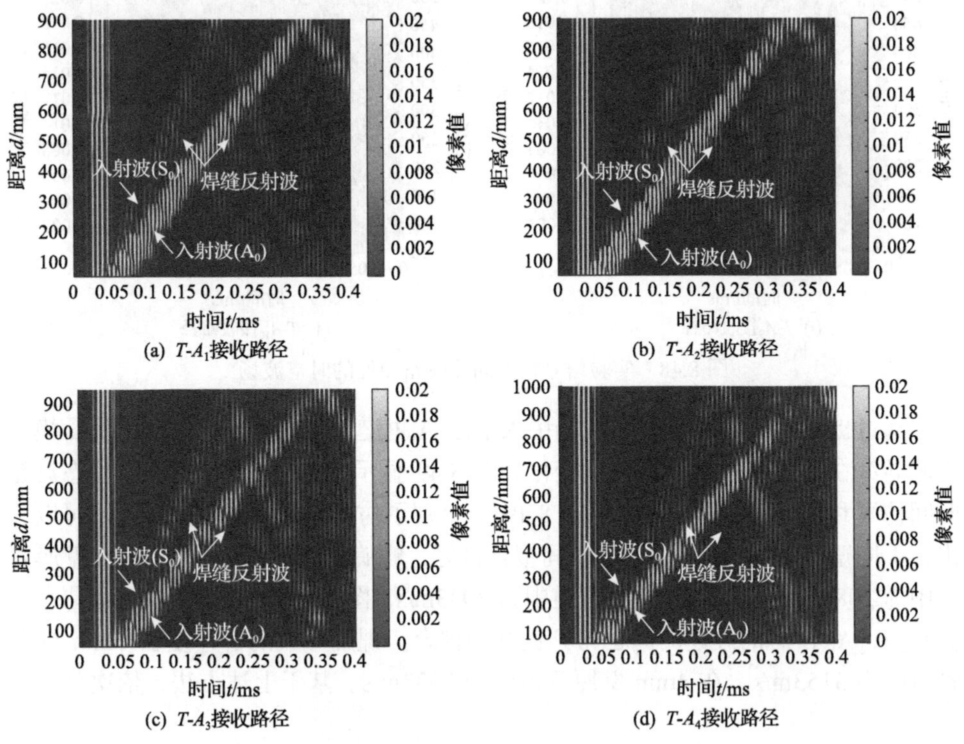

(a) T-A_1接收路径

(b) T-A_2接收路径

(c) T-A_3接收路径

(d) T-A_4接收路径

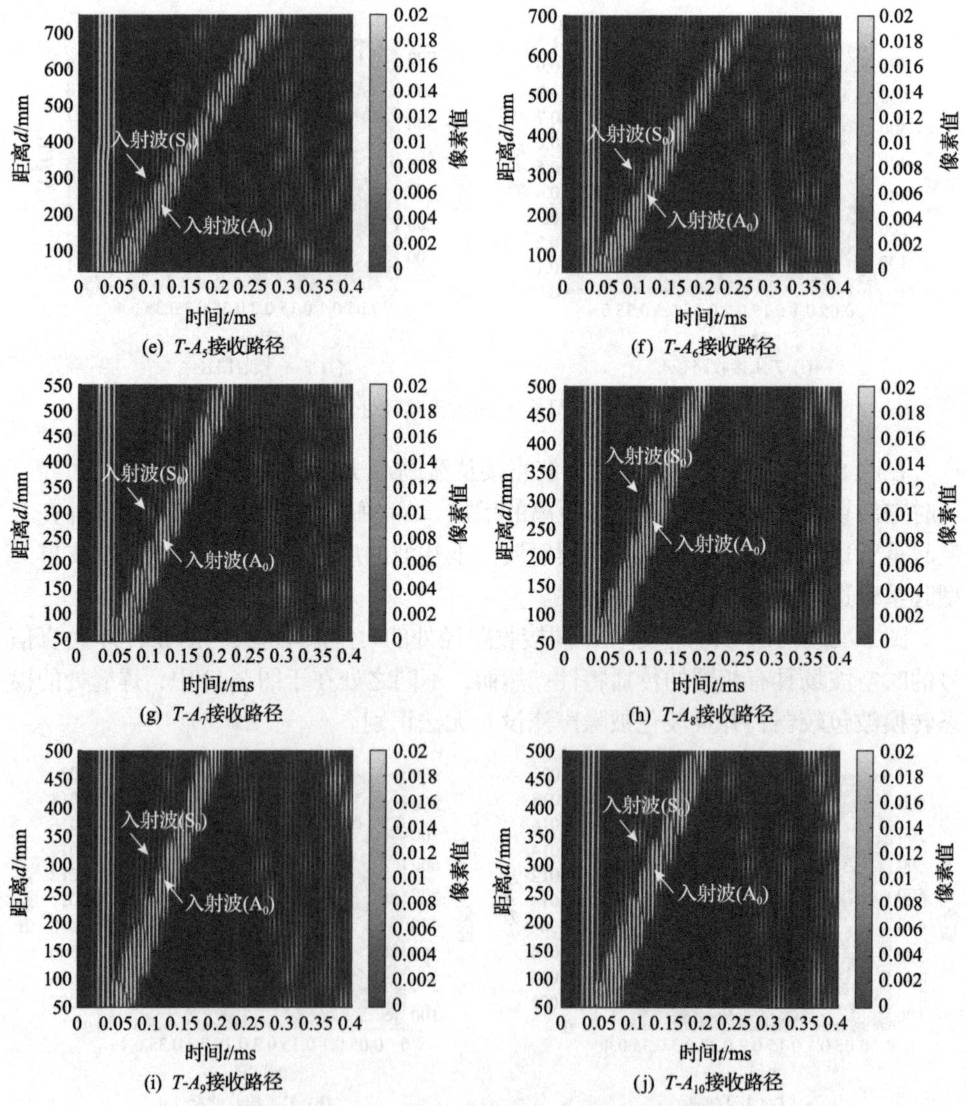

(e) T-A_5接收路径
(f) T-A_6接收路径
(g) T-A_7接收路径
(h) T-A_8接收路径
(i) T-A_9接收路径
(j) T-A_{10}接收路径

图 8.48　实验信号在不同接收路径处的时空波场

通过提取仿真波场和实验波场中入射波 A_0 模态的渡越时间，分析了 A_0 模态螺旋导波在不同壁厚下的群速度变化。图 8.49 显示了 T-A_1 接收路径 A_0 模态渡越时间仿真和实验信号拟合曲线。图 8.49(a)呈现了仿真结果。根据拟合公式可以看出，不同壁厚下 A_0 模态的渡越时间拟合良好，螺旋导波的群速度在 5mm 壁厚管道中为 3087m/s，在 4mm 壁厚管道中为 3033m/s。图 8.49(b)显示了实验结果。在实验中，A_0 模态的渡越时间也得到良好的拟合。螺旋导波的群速度在 5mm 壁厚管道中为 3153m/s，在 4mm 壁厚管道中为 2932m/s。基于上述方法，依次分析了

其他接收路径中 A_0 模态的渡越时间，并得到了不同路径和不同壁厚下螺旋导波 A_0 模态的群速度。

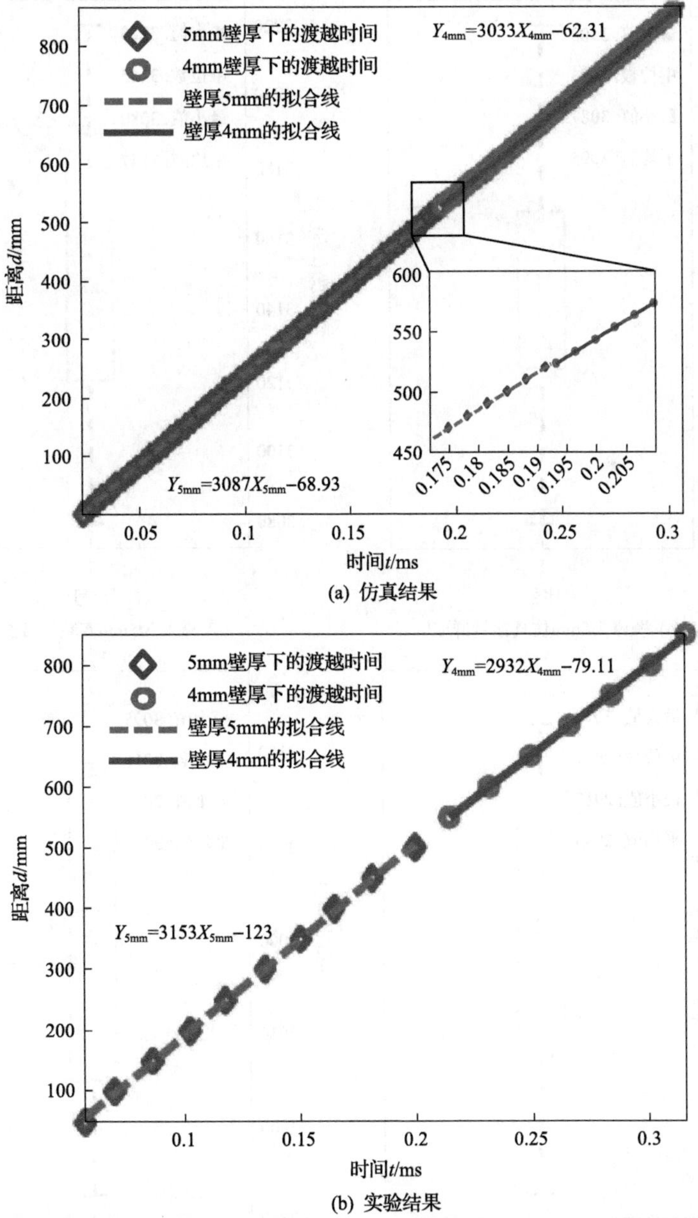

(a) 仿真结果

(b) 实验结果

图 8.49　T-A_1 接收路径 A_0 模态渡越时间仿真和实验信号拟合曲线

对 U 型起重臂不同壁厚下的群速度进行统计分析。根据图 8.43 中 4mm 和 5mm 厚钢板中兰姆波的频散曲线，A_0 模态的理论群速度在 5mm 壁厚时为 3120m/s，

4mm 壁厚时为 3033m/s。图 8.50 显示了壁厚为 5mm 和 4mm 的 A_0 模态群速度箱式图。图 8.50(a) 显示了壁厚为 5mm 时仿真信号得到的群速度，图 8.50(b) 显示了

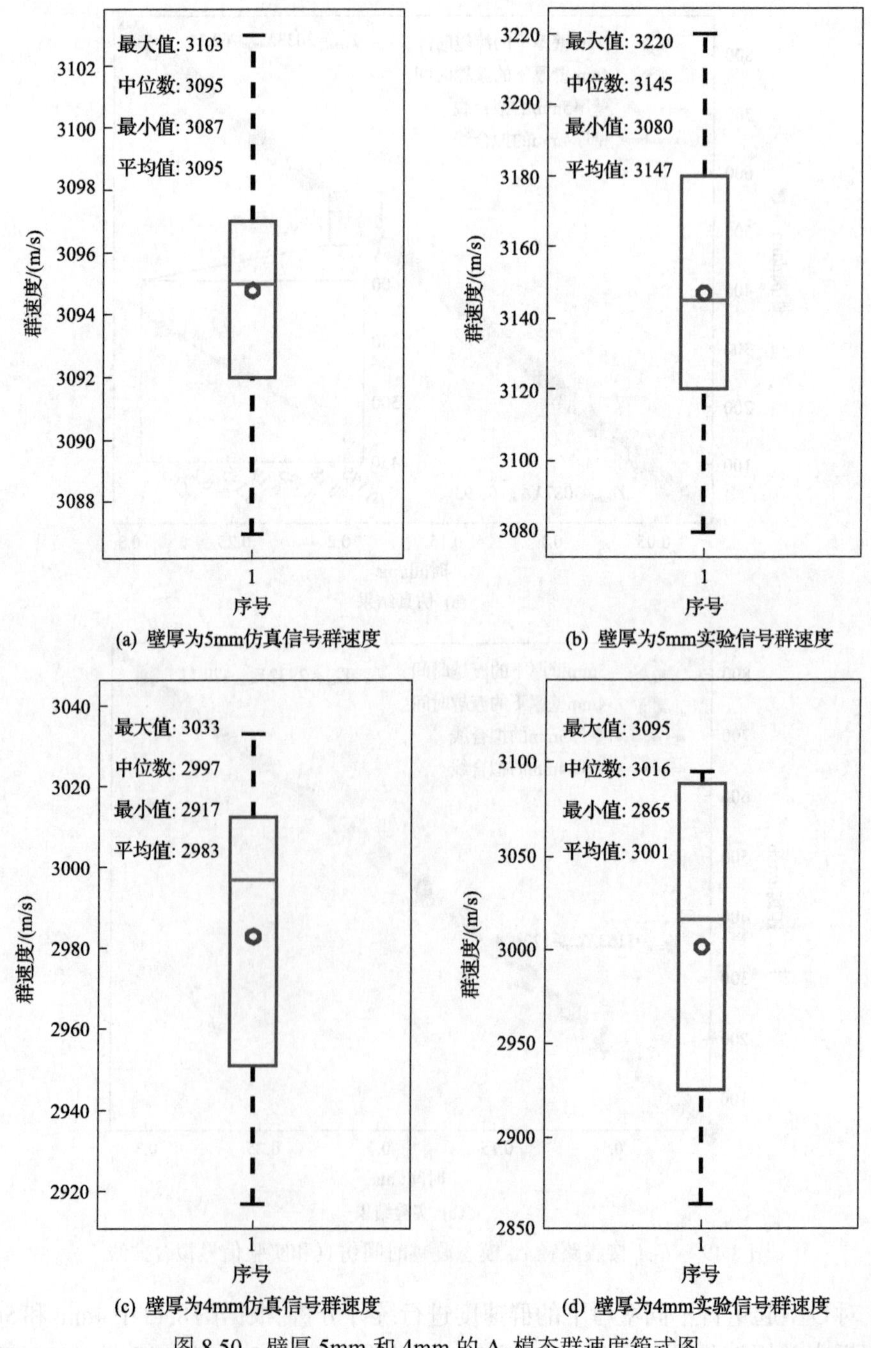

图 8.50　壁厚 5mm 和 4mm 的 A_0 模态群速度箱式图

壁厚为 5mm 时实验信号得到的群速度。从图中可以看出，仿真信号的平均群速度为 3095m/s，实验信号的平均群速度为 3147m/s，非常接近理论群速度 3120m/s。图 8.50(c)显示了壁厚为 4mm 时仿真信号得到的群速度，图 8.50(d)显示了壁厚为 4mm 时实验信号得到的群速度。在 4mm 厚度的钢板中，仿真信号的平均群速度为 2983m/s，实验信号的平均群速度为 3001m/s，两者都接近理论群速度 3033m/s，因此仿真结果与实验结果吻合良好。同时可以发现，无论是仿真结果还是实验结果，不同壁厚的群速度存在相应差异。因此，在检测 U 型起重臂的缺陷时，应考虑螺旋导波在不同壁厚下的传播速度对缺陷位置的影响，以提高缺陷定位的准确性。

8.3.4　有限元及实验验证

改进智能缺陷定位算法的初始化基本参数如表 8.10 所示。参数范围为 $x\in[1,1792]$mm 和 $y\in[1,1792]$mm，初始种群大小 m_{f} 为 9000，散射波包渡越时间的筛选阈值 τ_{t} 为 5.5×10^{-6}s，最大迭代代数 g_{m} 为 10，截止阈值 ε_{t} 为 0.2，最大保留个体数目 n_k 为 100。最大个体释放距离 r_{f} 和最大个体释放数量 n_{f} 都设为 20，聚类数量 K_s 和 K_r 都设为 4。

表 8.10　改进智能缺陷定位算法的初始化基本参数

参数	x/mm	y/mm	m_{f}	g_{m}	ε_{t}	n_k	r_{f}/mm	n_{f}	K_s	K_r	τ_{t}/s
数值	[1,1792]	[1,1792]	9000	10	0.2	100	20	20	4	4	5.5×10^{-6}

1. 有限元验证

图 8.51 为 T-R_4 检测对的信号预处理。图 8.51(a)显示了 T-R_4 检测对的检测信号和参考信号。实线为参考信号，虚线为检测信号。散射信号通过检测信号和参考信号的差值获得。图 8.51(b)显示了 T-R_4 检测对接收到的散射信号。图 8.51(b)中散射信号及其包络曲线分别用实线和长虚线绘制；4 个不同波包的极值点用圆圈标记；短虚线表示根据提取极值点和渡越时间相关筛选阈值 τ_{t} 提取的相关信号。相关信号以极值点为中心，时间轴前后截取持续时间均为 τ_{t} 的信号区间。

由 8.3.3 节可知，当壁厚为 5mm 时，仿真信号的平均群速度为 3095m/s，而当壁厚为 4mm 时，仿真信号的平均群速度为 2983m/s。根据映射函数公式(8.3)，绘制椭圆成像结果。图 8.52 展示了 T-R_4 检测对在不同群速度下的成像结果。图 8.52(a)显示了群速度为 3095m/s 时 T-R_4 检测对的椭圆成像结果。图 8.52(b)显示了群速度为 2983m/s 时 T-R_4 检测对的椭圆成像结果。图中缺陷位置由实心圆点标记，传感器位置由空心圆点标记。图 8.52(a)和(b)显示了以 T 和 R_4 为焦点的 4 个椭圆弧。在图 8.52(a)中，有两个椭圆弧经过缺陷位置，另外两个椭圆弧不经过缺陷位置。

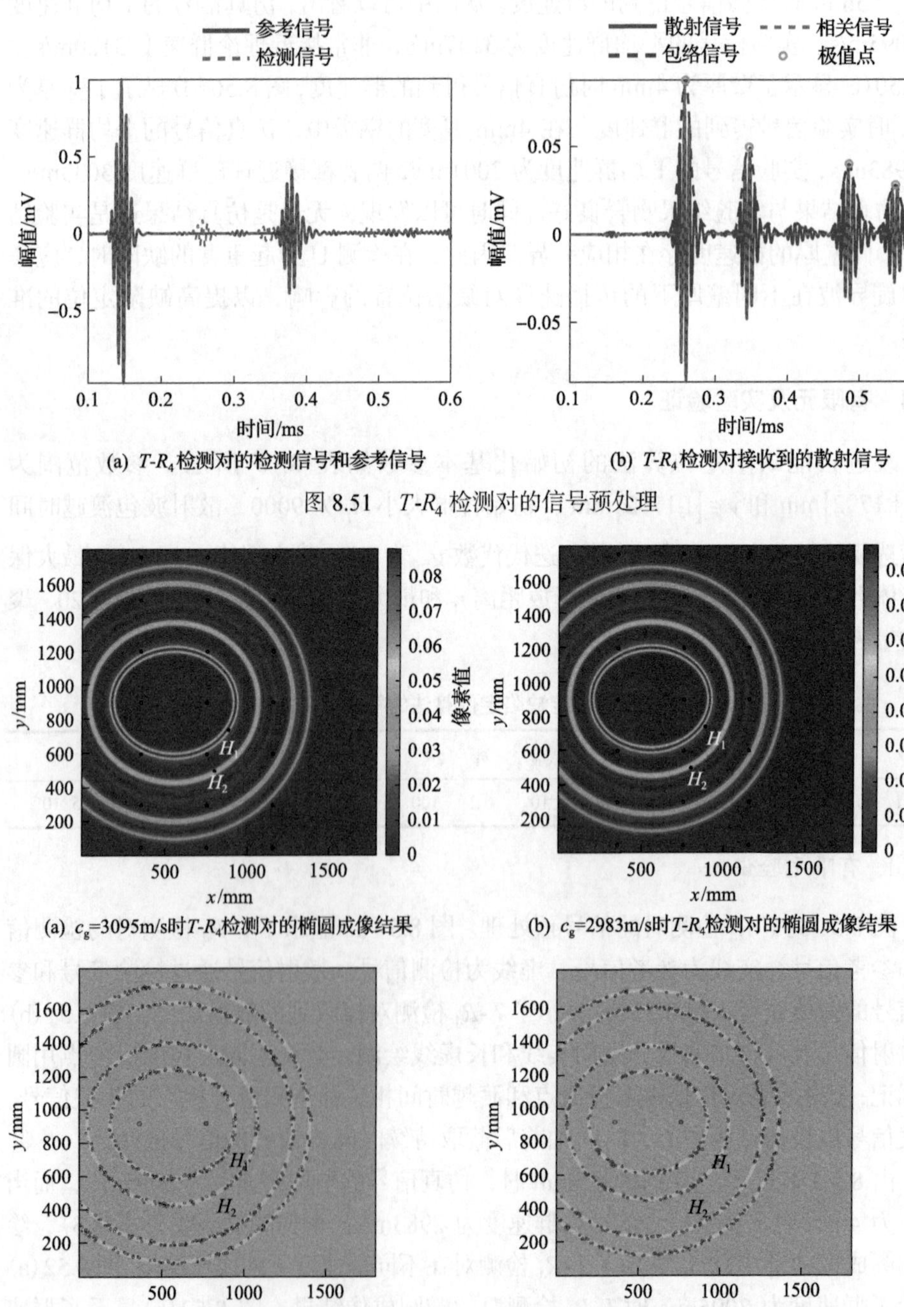

(a) T-R_4 检测对的检测信号和参考信号　　(b) T-R_4 检测对接收到的散射信号

图 8.51　T-R_4 检测对的信号预处理

(a) c_g=3095m/s时T-R_4检测对的椭圆成像结果　　(b) c_g=2983m/s时T-R_4检测对的椭圆成像结果

(c) c_g=3095m/s时T-R_4检测对的保留个体分布　　(d) c_g=2983m/s时T-R_4检测对的保留个体分布

图 8.52　T-R_4 检测对在不同群速度下的成像结果

根据式(8.1)，可以推断不经过缺陷位置的椭圆弧是干涉波。然而，由于图 8.52(a)和(b)之间群速度的差值，图 8.52(b)中的椭圆弧区域与缺陷位置之间存在轻微偏差。保留个体的分布结果是根据函数公式(8.21)和(8.22)确定的。图 8.52(c)显示了群速度 3095m/s 时 T-R_4 检测对的保留个体分布情况。图 8.52(d)显示了群速度 2983m/s 时 T-R_4 检测对的保留个体分布情况。保留个体和缺陷由实心黑点标记，保留个体分布在影响区域内，该区域是基于波包渡越时间矢量和散射波包渡越时间筛选阈值 τ_t 得到的。图 8.52(c)中的影响区域形状与图 8.52(a)中的椭圆弧有良好的一致性，图 8.52(d)中的影响区域形状与图 8.52(b)中的椭圆弧同样具有良好的一致性。保留个体分布在缺陷周围。

根据数学函数公式(4.14)，绘制了在不同群速度下融合所有检测对的椭圆成像结果，如图 8.53 所示。图 8.53(a)显示了 c_g=3095m/s 时的椭圆成像结果。当仅考虑壁厚为 5mm 时的群速度时，成像结果中像素值较高的区域分布在孔 H_1 和孔 H_2 附近。虽然孔 H_2 的位置与突出区域之间存在轻微偏差，但仍然可以得到缺陷的初始位置。图 8.53(b)显示了 c_g=2983m/s 时的椭圆成像结果。当仅考虑壁厚为 4mm 时的群速度时，成像结果中高像素值区域与孔 H_1 和孔 H_2 的位置之间存在偏差，均位于缺陷位置的上方，这证明当仅考虑壁厚为 4mm 时的群速度时，缺陷的定位已经偏离，无法准确定位缺陷。

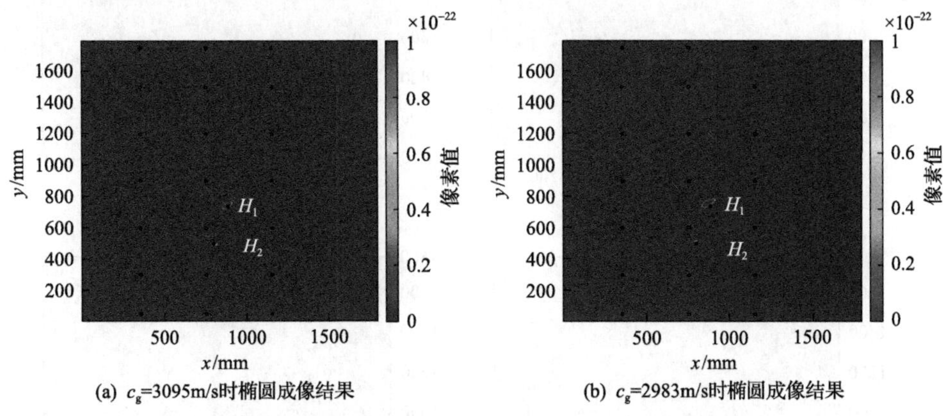

(a) c_g=3095m/s时椭圆成像结果　(b) c_g=2983m/s时椭圆成像结果

图 8.53　不同群速度下融合所有检测对的椭圆成像结果

下面介绍改进智能缺陷定位算法用来分析仿真信号。图 8.54 展示了 c_g=3095m/s 时改进智能缺陷定位算法的种群适应度收敛曲线和种群适应度梯度曲线。图 8.54(a)显示了种群适应度收敛曲线，种群适应度值呈随机变化。图 8.54(b)显示了种群适应度梯度曲线。第 3 代和第 4 代之间的梯度变化小于预设的截止阈值 0.2。因此，算法在第 4 代停止。图 8.55 展示了 c_g = 3095m/s 时改进智能缺陷定位结果，分别显示了从第 1 代到第 4 代的保留个体。随着迭代代数的增加，保留个体逐渐聚集

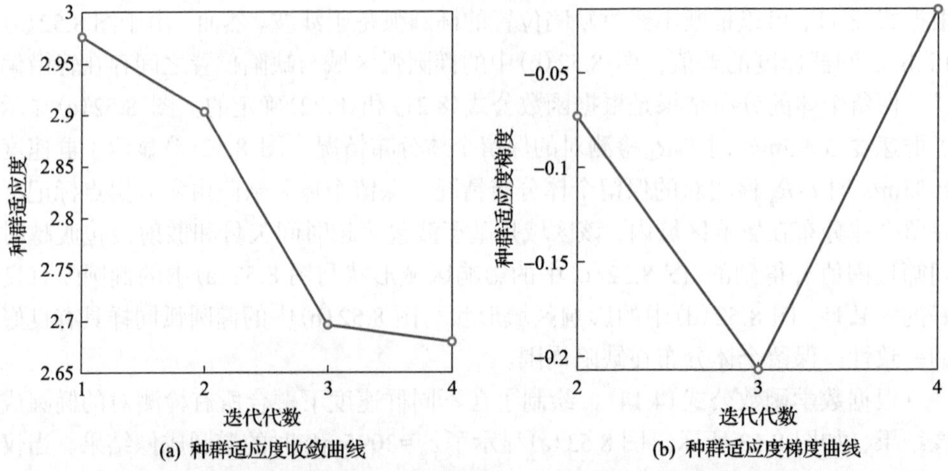

(a) 种群适应度收敛曲线 (b) 种群适应度梯度曲线

图 8.54 c_g =3095m/s 时改进智能缺陷定位算法的种群适应度收敛曲线和种群适应度梯度曲线

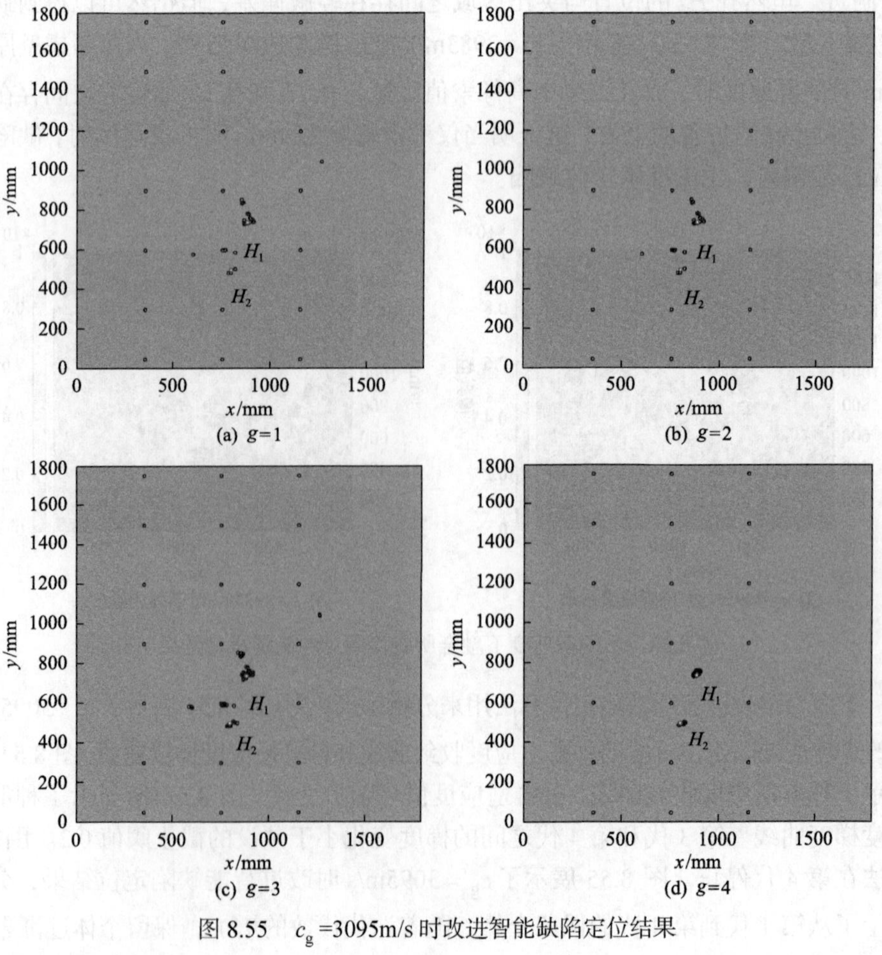

(a) g=1 (b) g=2

(c) g=3 (d) g=4

图 8.55 c_g =3095m/s 时改进智能缺陷定位结果

在孔 H_1 和孔 H_2 周围。图 8.55(d)中保留个体的分布区域与图 8.53(a)中的椭圆成像结果非常吻合，可以实现对缺陷的初步定位。

图 8.56 展示了 c_g =2983m/s 时改进智能缺陷定位算法的种群适应度收敛曲线和种群适应度梯度变化曲线。从图 8.56 中可以看出，第 4 代的梯度变化满足截止准则，算法在第 4 代停止。图 8.57 展示了 c_g =2983m/s 时改进智能缺陷定位结果。保留个体从第 3 代开始逐渐聚集在缺陷附近，并在第 4 代收敛于缺陷附近。图 8.57(d)中保留个体的分布区域与图 8.53(b)中的高像素区域吻合良好。通过上述分析可以发现，在群速度相同时，改进智能缺陷定位算法的成像结果与椭圆成像结果具有良好的一致性，验证了改进智能缺陷定位算法的有效性。

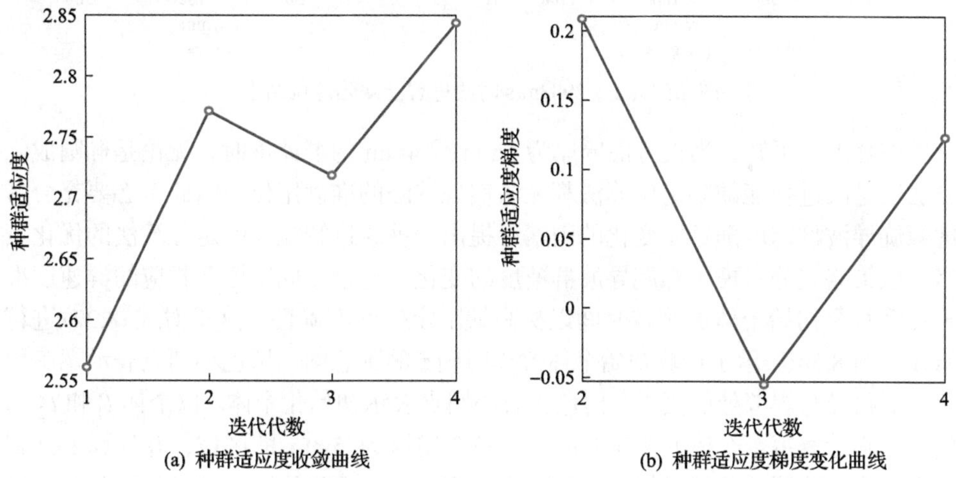

(a) 种群适应度收敛曲线　(b) 种群适应度梯度变化曲线

图 8.56 c_g =2983m/s 时改进智能缺陷定位算法的种群适应度收敛曲线和种群适应度梯度变化曲线

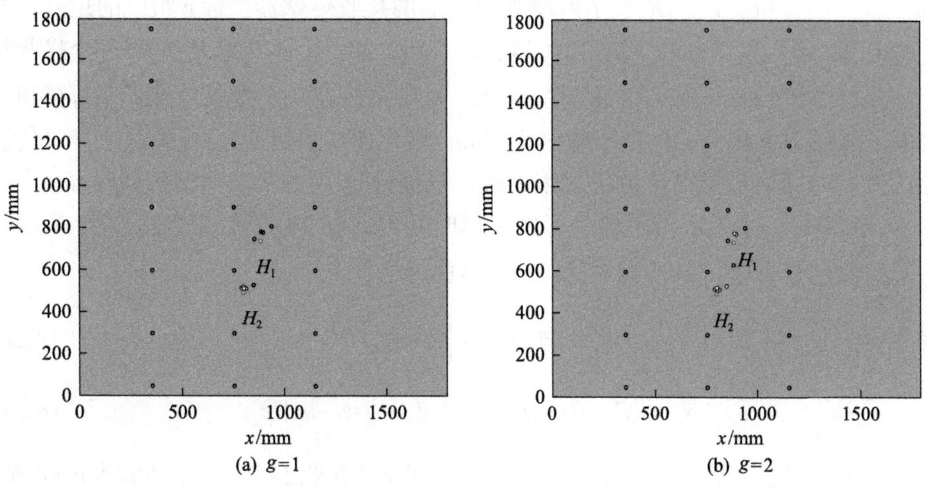

(a) g=1　(b) g=2

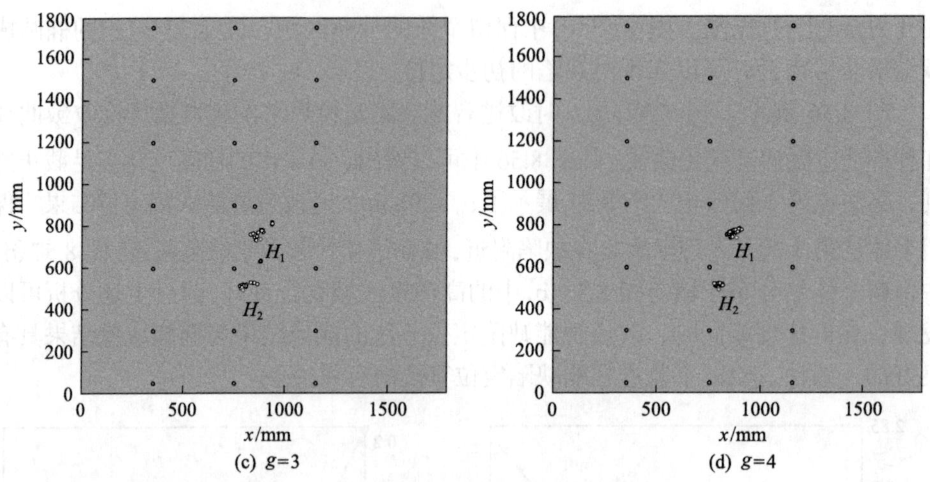

图 8.57　c_g =2983m/s 时改进智能缺陷定位结果

综合上述可知，当仅考虑壁厚为 5mm 或 4mm 的群速度时，无论是椭圆成像方法还是改进智能缺陷定位算法都无法实现缺陷的准确定位，因此有必要充分考虑螺旋导波群速度随壁厚变化的因素，提出一种改进智能缺陷定位算法的优化策略，该策略充分考虑了螺旋导波群速度的变化，通过不同壁厚下相应的群速度准确计算每个初始个体的渡越时间以提高缺陷定位的准确性。这里对式(8.22)进行修改，图 8.58 显示了计算初始个体渡越时间 $\tilde{\boldsymbol{\tau}}$ 的示意图。黑色小圆点表示螺旋导波传播路径与焊缝处的交点，白色实心小圆点表示初始化个体。以个体 P_1 和 P_2 为例，准确计算每个个体的渡越时间。P_1 位于壁厚为 5mm 的区域，并计算了 P_1 到每个接收传感器的渡越时间。图 8.58 中的实线表示螺旋导波通过 P_1 的三条典型传播路径。$\boldsymbol{R}_j$ 表示壁厚为 5mm 的接收传感器坐标 r_j 组成的矩阵，其中 j=3、4、5、10、11、16、17、18。$\boldsymbol{R}_i$ 表示壁厚为 4mm 的接收传感器坐标 r_i 组成的矩阵，其中 i=1、2、6、7、8、9、12、13、14、15、19、20。个体 P_1 到 $\boldsymbol{R}_j$ 中每一个接收传感器坐标的渡越时间由式(8.28)表示，个体 P_1 到 $\boldsymbol{R}_i$ 中每一个接收传感器坐标的渡越时间由式(8.29)表示。P_2 位于壁厚为 4mm 的区域，并计算了 P_2 到每个接收传感器的渡越时间。图 8.58 中的虚线表示螺旋导波通过 P_2 的两条典型传播路径。个体 P_2 到 $\boldsymbol{R}_j$ 中每一个接收传感器坐标的渡越时间由式(8.30)表示，个体 P_2 到 $\boldsymbol{R}_i$ 中每一个接收传感器坐标的渡越时间由式(8.31)表示。

$$\tilde{\tau}_j = \left(\left|T - P_1\right| + \left|P_1 - r_j\right|\right) / c_{g5} \tag{8.28}$$

$$\tilde{\tau}_i = \left(\left|T - P_1\right| + \left|P_1 - w_i\right|\right) / c_{g5} + \left| w_i - r_i \right| / c_{g4} \tag{8.29}$$

式中：P_1、T、r_i 和 r_j ——个体、激励器、第 i 个接收器和第 j 个接收器的位置；

c_{g4}——壁厚 4mm 的螺旋导波的群速度；

c_{g5}——壁厚 5mm 的螺旋导波的群速度。

$$\tilde{\tau}_j = \left|T - w_i\right|/c_{g5} + \left(\left|w_i - P_2\right| + \left|P_2 - w_j\right|\right)/c_{g4} + \left|w_j - r_j\right|/c_{g5} \tag{8.30}$$

$$\tilde{\tau}_i = \left|T - w_i\right|/c_{g5} + \left(\left|w_i - P_2\right| + \left|P_2 - r_i\right|\right)/c_{g4} \tag{8.31}$$

式中：P_2——个体的位置。

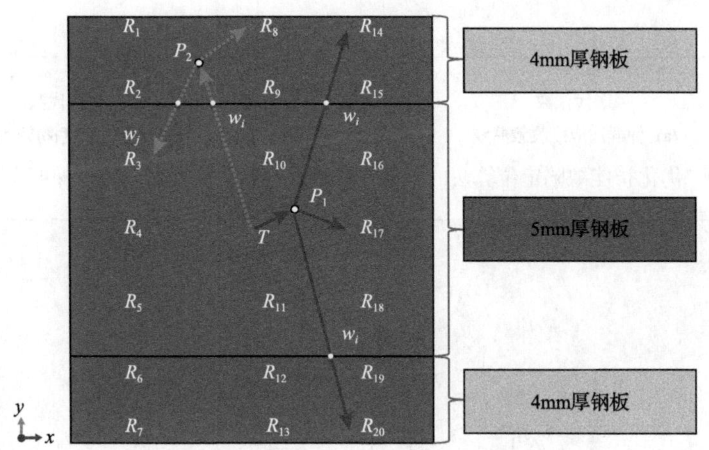

图 8.58　计算初始个体渡越时间 $\tilde{\tau}$ 的示意图

根据上述关于个体渡越时间的优化处理，可以提高 U 型起重臂个体渡越时间的准确性，进而通过式(8.21)进行滤波，从而提高基于优化策略的智能缺陷定位算法的成像精度。后面将基于优化策略的改进智能缺陷定位算法简称为优化智能缺陷定位算法。首先将优化智能缺陷定位算法用于仿真信号成像分析。图 8.59 为优化智能缺陷定位算法的种群适应度收敛曲线和种群适应度梯度变化曲线。图 8.59(a)显示了种群适应度收敛曲线，种群适应度值随机变化。图 8.59(b)显示了种群适应度梯度变化曲线。第 4 代和第 5 代之间的梯度变化小于预定的截止阈值 0.2。因此，算法在第 5 代停止。图 8.60 显示了优化智能缺陷定位算法的仿真信号成像结果，图 8.60(a)～(d)显示了第 2 代到第 5 代的保留个体。随着不断聚类和筛选，图 8.60(d)中的保留个体围绕在缺陷周围。保留个体的分布区域非常接近缺陷的位置。与图 8.55(d)和图 8.57(d)相比，优化智能缺陷定位算法在缺陷定位方面更准确。

2. 实验验证

在双孔缺陷检测的实验研究中，首先通过正常结构的 U 型起重臂采集参考信

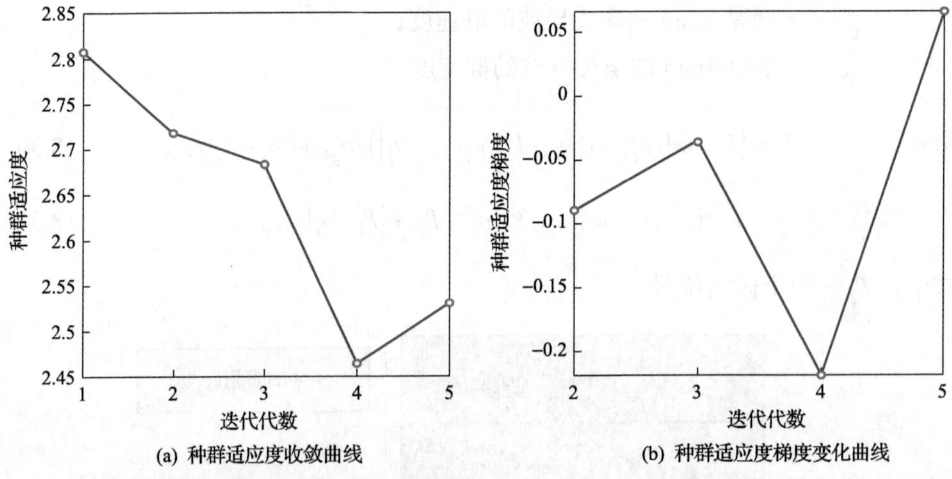

(a) 种群适应度收敛曲线　(b) 种群适应度梯度变化曲线

图 8.59　优化智能缺陷定位算法的种群适应度收敛曲线和种群适应度梯度变化曲线

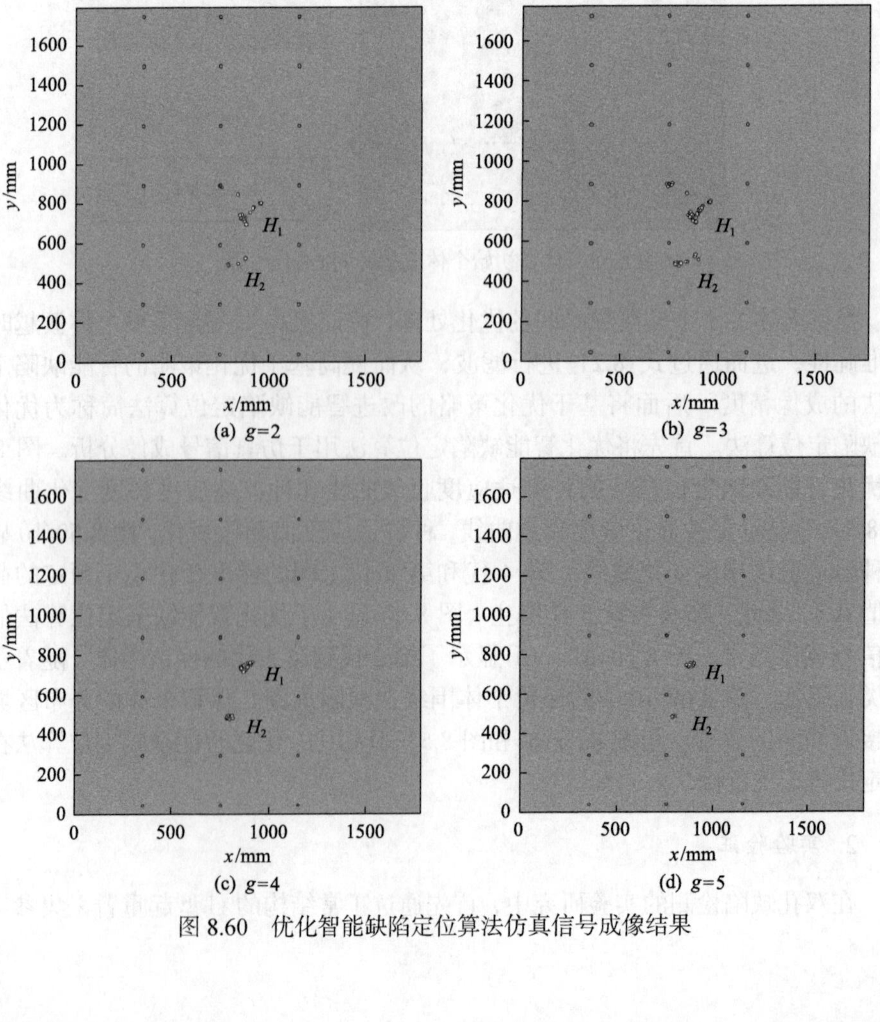

(a) g=2　(b) g=3

(c) g=4　(d) g=5

图 8.60　优化智能缺陷定位算法仿真信号成像结果

号。然后，在 U 型起重臂的不同位置加工两个圆孔缺陷 H_1 和 H_2，两个圆孔的直径均为 17mm。在缺陷定位实验中，压电元件 T 为激励器，其余压电元件 $R_1 \sim R_{20}$ 被用作接收器采集螺旋导波信号。每个接收器采集 3 次，共获得 20×3=60 组信号。传感器分布如图 8.45 所示。根据 8.3.3 节中得到不同壁厚下实验信号的群速度，当壁厚为 5mm 时，实验信号的平均群速度为 3147m/s；当壁厚为 4mm 时，实验信号的平均群速度为 3001m/s。

图 8.61 展示了 T-R_4 检测对接收到的双孔检测信号。图 8.61(a)为参考信号和检测信号对比图。图 8.61(b)为原始散射信号中提取的极值点。极值点的提取是根据相邻点之间的间隔和幅值进行的。如果相邻点之间的间隔大于 4ms，并且幅值大于所有极值点最大值的 60%，则提取这些极值点。散射信号的包络中有许多尖峰，导致提取的极值点偏离包络峰值。因此，有必要对散射信号进行优化，并将散射信号与激励信号进行卷积，以平滑其包络。图 8.61(c)为优化后散射信号中提取的极值点。优化后散射信号的包络峰值可以被准确提取。如图 8.61(c)所示，提取出 4 个不同波包的极值点，与图 8.51(b)中仿真信号的极值点位置非常吻合，验

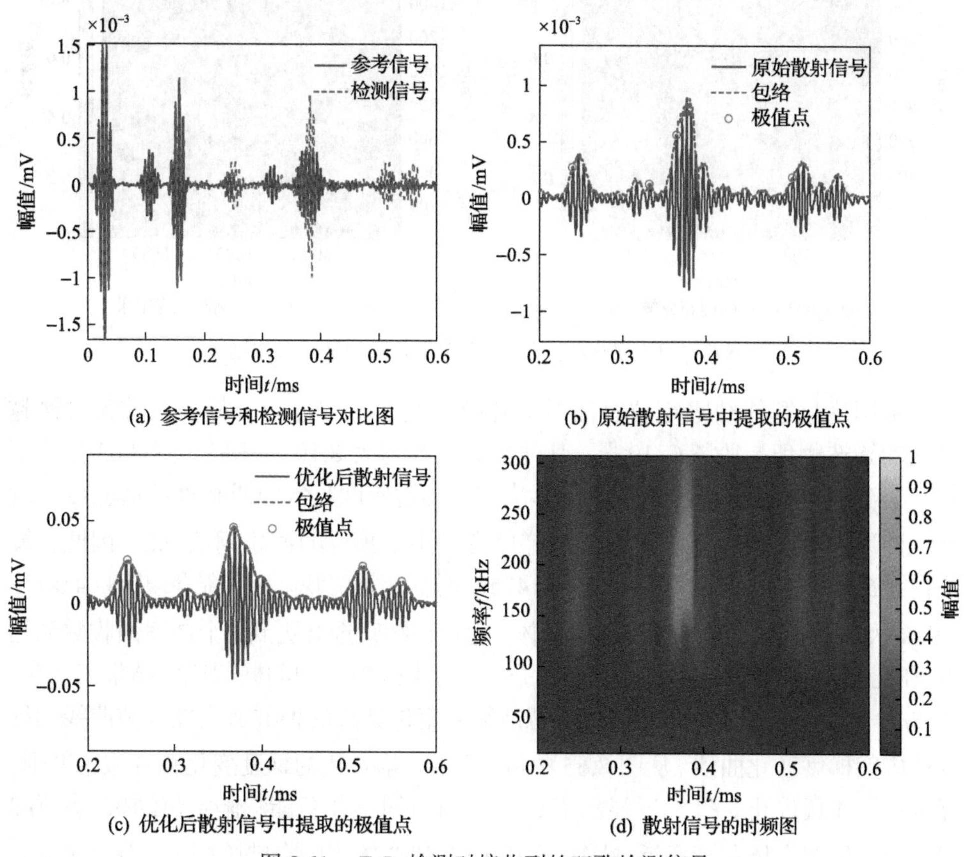

(a) 参考信号和检测信号对比图　(b) 原始散射信号中提取的极值点

(c) 优化后散射信号中提取的极值点　(d) 散射信号的时频图

图 8.61　T-R_4 检测对接收到的双孔检测信号

证了实验信号与仿真信号的良好一致性。图 8.61(d)显示了散射信号的时频图。时频谱是通过连续小波变换获得的，其中母小波和尺度分别设置为“gaus4”和“5000”。图 8.61(d)中散射信号的时频分析显示 4 个波包的瞬时频率均分布在 150kHz，与激励频率一致。

图 8.62 展示了在不同群速度下融合所有检测对的椭圆成像结果。图 8.62(a)显示了 c_g=3147m/s 时的椭圆成像结果。在图 8.62(a)中，缺陷 H_1 处的像素值较高，可以实现对 H_1 的准确定位，但 H_2 与像素值高亮区域之间存在偏差。此外，在激励点 T 处存在伪像，但伪像的像素值较低不影响缺陷位置的结果。图 8.62(b)显示了 c_g=3001m/s 时的椭圆成像结果。当仅考虑壁厚 4mm 时的群速度 3001m/s 时，成像结果中像素值较高区域与缺陷 H_1 和 H_2 的位置存在偏差，证明仅考虑 4mm 壁厚的群速度时缺陷的定位存在偏差，无法实现缺陷的准确定位。

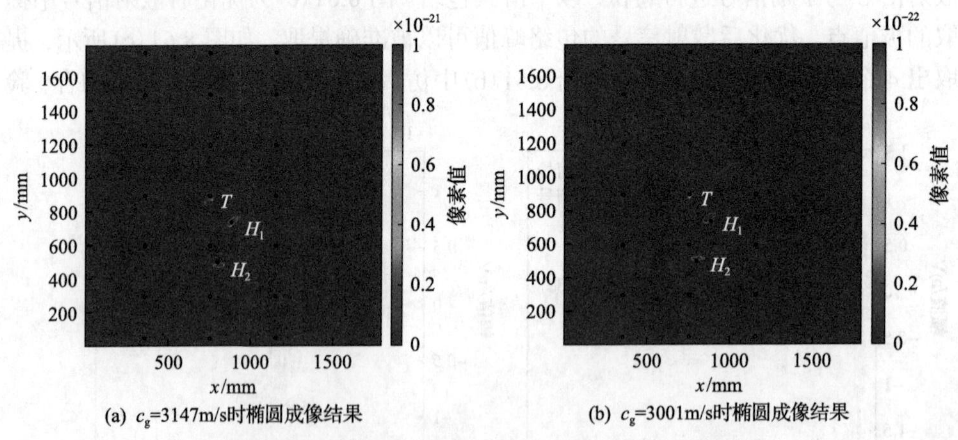

(a) c_g=3147m/s时椭圆成像结果　　(b) c_g=3001m/s时椭圆成像结果

图 8.62　不同群速度下融合所有检测对的椭圆成像结果

采用优化智能缺陷定位算法对双孔检测实验信号进行分析。散波信号渡越时间的筛选阈值 τ_t 为 6.6×10^{-6}s，其他参数设置与表 8.10 中相同。图 8.63 显示了 c_g=3147m/s 时优化智能缺陷定位算法的种群适应度收敛曲线和种群适应度梯度变化曲线。第 4 代和第 5 代之间的梯度变化小于预设的截止阈值 0.2。因此，算法在第 5 代停止。图 8.64 显示了 c_g=3147m/s 时优化智能缺陷定位结果。图 8.64(a)～(d)展示了第 2 代到第 5 代的保留个体。通过持续筛选和更新，个体逐渐收敛到孔 H_1 和孔 H_2。图 8.64(d)中保留个体的分布与图 8.62(a)中的椭圆成像结果相吻合。图 8.65 显示了 c_g=3001m/s 时优化智能缺陷定位算法的种群适应度收敛曲线和种群适应度梯度变化曲线。从图 8.65 中可以看出，第 4 代的梯度变化符合截止准则，算法在第 4 代停止。图 8.66 显示了 c_g=3001m/s 时优化智能缺陷定位结果。从第 3 代开始，保留个体逐渐靠近缺陷，并在第 4 代个体集中在缺陷附近。图 8.66(d)

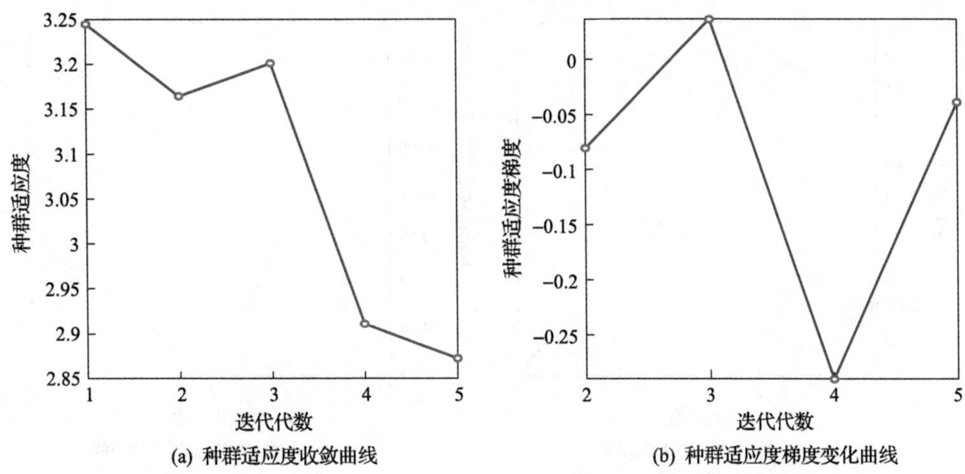

(a) 种群适应度收敛曲线　　(b) 种群适应度梯度变化曲线

图 8.63　c_g =3147m/s 时优化智能缺陷定位算法的种群适应度收敛曲线和种群适应度梯度变化曲线

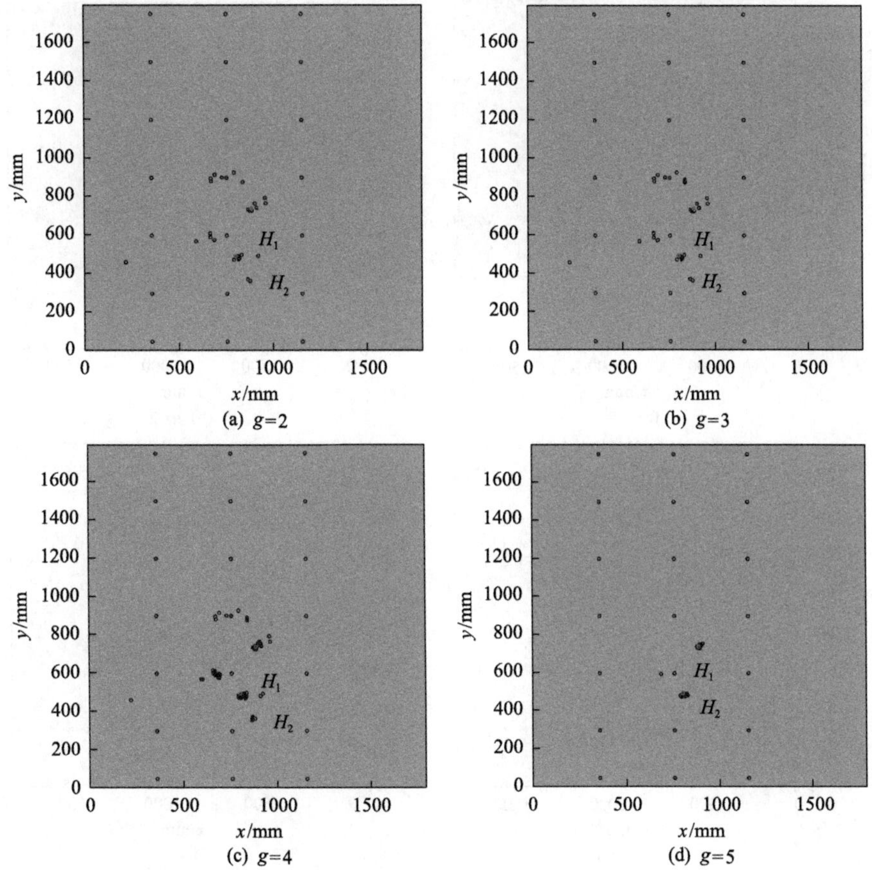

(a) g=2　　(b) g=3

(c) g=4　　(d) g=5

图 8.64　c_g =3147m/s 时优化智能缺陷定位结果

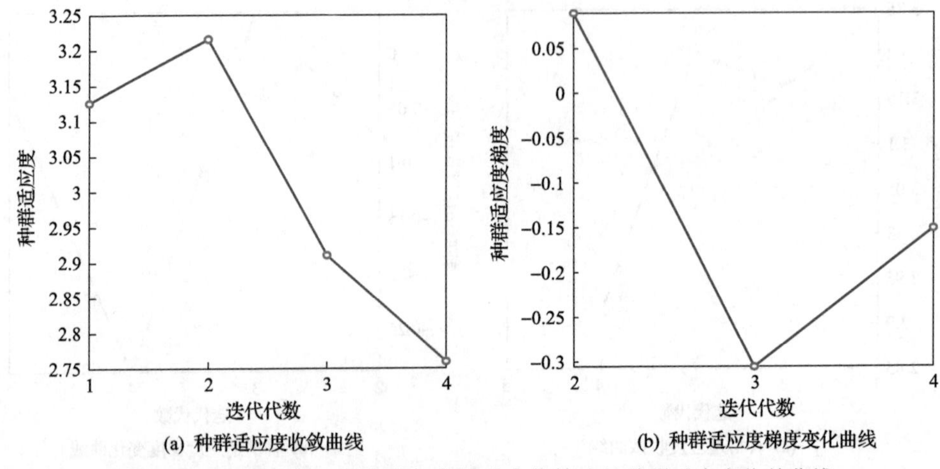

(a) 种群适应度收敛曲线　(b) 种群适应度梯度变化曲线

图 8.65　c_g =3001m/s 时优化智能缺陷定位算法的种群适应度收敛曲线和种群适应度梯度变化曲线

(a) g=1　(b) g=2

(c) g=3　(d) g=4

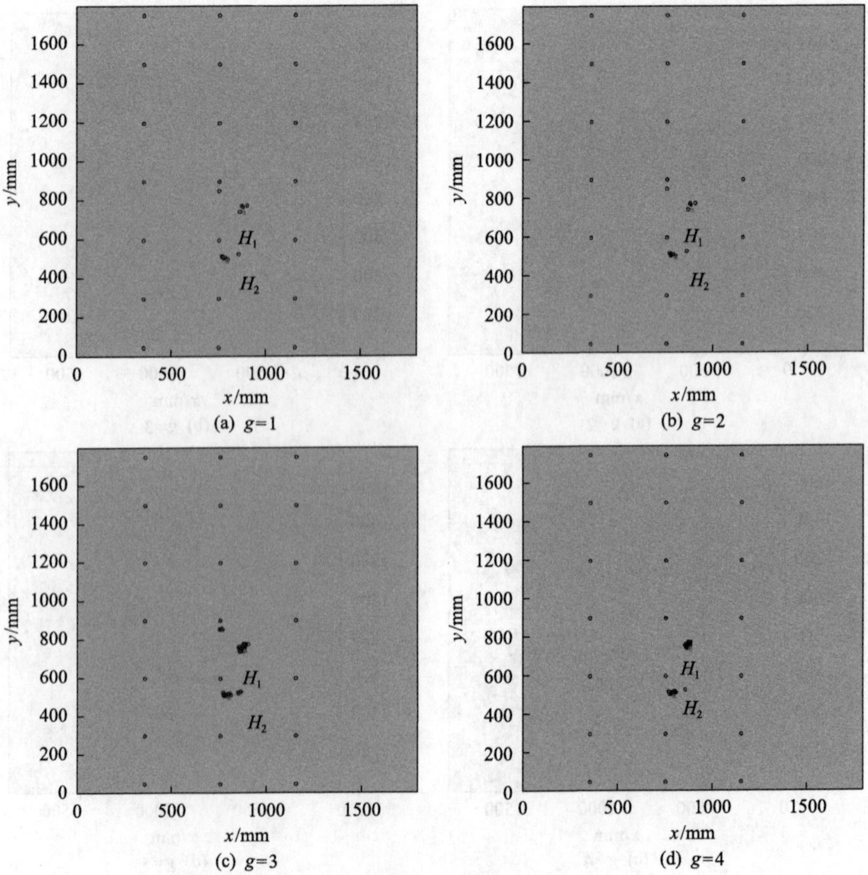

图 8.66　c_g =3001m/s 时优化智能缺陷定位结果

中保留个体的分布区域与图 8.62(b)中的像素值高亮区域高度一致。通过对实验数据的分析可以发现，当只考虑一种壁厚下的群速度时，优化智能缺陷定位算法的成像结果与椭圆成像方法的结果相吻合，再次验证了优化智能缺陷定位算法的有效性。

采用优化智能缺陷定位算法对双孔检测实验信号进行分析，图 8.67 为优化智能缺陷定位算法的种群适应度收敛曲线和种群适应度梯度变化曲线。第 3 代和第 4 代之间的梯度变化小于预设的截止阈值 0.2。算法在第 4 代停止。图 8.68 显示了优化智能缺陷定位算法成像结果，图 8.68(a)～(d)展示了从第 1 代到第 4 代的保留个体。在图 8.68(a)中，个体分散且未聚集在孔 H_1 和孔 H_2 附近。通过反复筛选和更新，图 8.68(d)中的保留个体逐渐收敛到孔 H_1 和孔 H_2 的中心。与图 8.64(d)和图 8.66(d)相比，图 8.68(d)中的个体完全集中在孔 H_1 和孔 H_2 周围，并且没有个体偏离，再次验证优化智能缺陷定位算法有效地提高了缺陷定位的准确性。

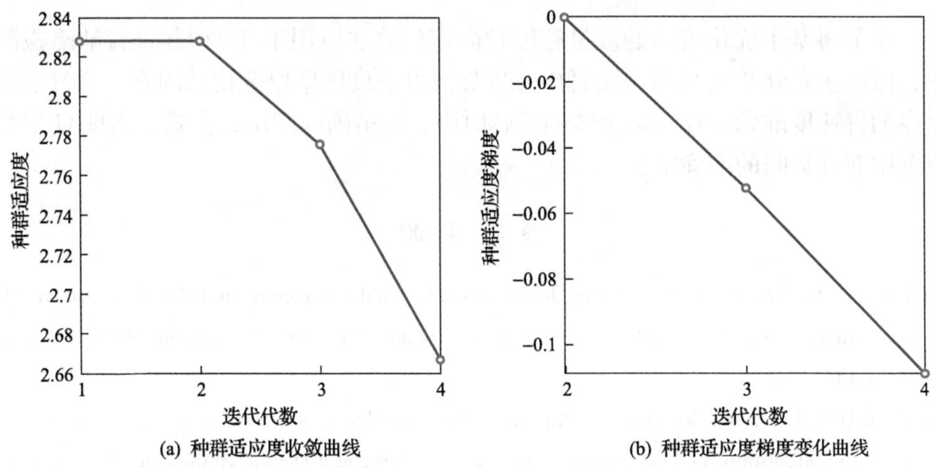

(a) 种群适应度收敛曲线 (b) 种群适应度梯度变化曲线

图 8.67 优化智能缺陷定位算法的种群适应度收敛曲线和种群适应度梯度变化曲线

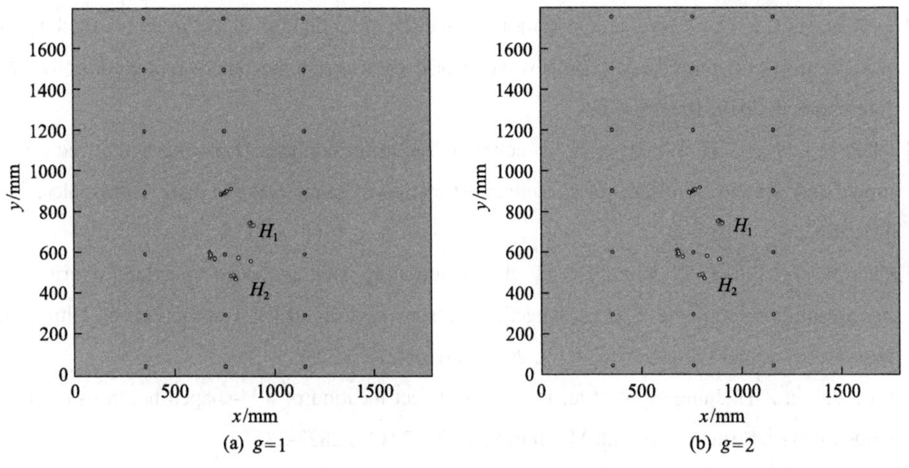

(a) $g=1$ (b) $g=2$

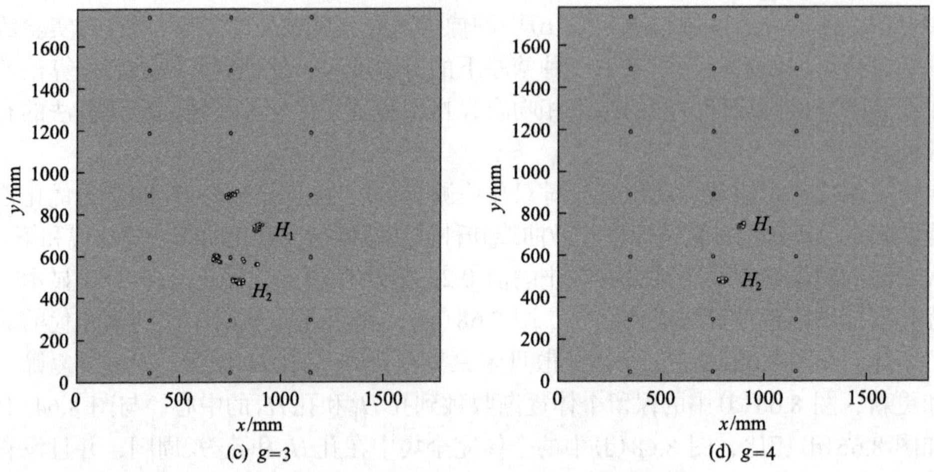

(c) $g=3$　(d) $g=4$

图 8.68　优化智能缺陷定位算法成像结果

本节将基于优化策略的改进智能缺陷定位算法应用于 U 型起重臂缺陷检测中，该算法充分考虑 U 型起重臂中螺旋导波群速度随壁厚变化的因素。通过不同壁厚的群速度准确计算初始个体的渡越时间，并精确匹配函数公式，实现 U 型起重臂中双孔缺陷的准确定位。

参 考 文 献

[1] Liu Z H, Yu F X, Wei R, et al. Image fusion based on single frequency guided wave mode signals for structural health monitoring in composite plates. Materials Evaluation, 2013, 71(12): 1434-1443.

[2] Chen H L, Liu Z H, Wu B, et al. An intelligent algorithm based on evolutionary strategy and clustering algorithm for Lamb wave defect location. Structural Health Monitoring, 2021, 20(4): 2088-2109.

[3] Li Z M, He C F, Liu Z H, et al. Quantitative detection of lamination defect in thin-walled metallic pipe by using circumferential Lamb waves based on wavenumber analysis method. NDT & E International, 2019, 102: 56-67.

[4] Chen H L, Liu Z H, Wu B, et al. A technique based on nonlinear Hanning-windowed chirplet model and genetic algorithm for parameter estimation of Lamb wave signals. Ultrasonics, 2021, 111: 106333.

[5] Chen H L, Liu Z H, Gong Y, et al. Evolutionary strategy-based location algorithm for high-resolution Lamb wave defect detection with sparse array. IEEE Transactions on Ultrasonics, Ferroelectrics, and Frequency Control, 2021, 68(6): 2277-2293.

[6] Lu Z J, Liu Z H, Jiang W S, et al. Intelligent defect location of a U-shaped boom using helical guided waves. Structural Health Monitoring, 2023, 22(4): 2827-2855.

[7] Li J, Rose J L. Natural beam focusing of non-axisymmetric guided waves in large-diameter pipes. Ultrasonics, 2006, 44(1): 35-45.

[8] Willey C L, Simonetti F, Nagy P B, et al. Guided wave tomography of pipes with high-order helical modes. NDT & E International, 2014, 65: 8-21.

[9] Huthwaite P, Seher M. Robust helical path separation for thickness mapping of pipes by guided wave tomography. IEEE Transactions on Ultrasonics, Ferroelectrics, and Frequency Control, 2015, 62(5): 927-938.

[10] Dehghan-Niri E, Salamone S. A multi-helical ultrasonic imaging approach for the structural health monitoring of cylindrical structures. Structural Health Monitoring, 2015, 14(1): 73-85.

第 9 章　超声导波密集阵列智能成像技术

本章以密集阵列缺陷检测为基础开展完备检测信息下的密集阵列智能成像技术的研究[1,2]。首先基于直达渡越时间法(direct time-of-flight method, DTFM)和渡越时间差法(time-of-flight difference method, TFDM)进行强收敛智能缺陷定位算法研究；随后基于直达渡越时间法函数模型、多路径融合缺陷定位原理和统计分析技术开展模糊智能缺陷定位算法研究。最后通过将信号符号与特性结合设计散射体的数学模型和搜索算法。将进化策略与聚类算法相结合，开发成像区域内个体的搜索算法。

9.1　强收敛智能缺陷定位成像

本节将经典成像问题转化为散射信号源点评估问题进行基于密集阵列的强收敛智能缺陷定位算法研究。研究中基于椭圆成像方法和双曲线成像方法建立一个散射信号源点评估函数模型，并基于进化算法发展一个函数模型智能分析算法。通过有限元验证所提检测算法在缺陷位置参数化表征和可视化应用中的有效性。

9.1.1　强收敛智能缺陷定位成像算法原理

密集阵列兰姆波检测中检测阵列分布在局部较小空间中，相邻传感器间的距离较小，在不考虑接收性能差异的情况下各传感器对于同一缺陷回波有相同的检测能力，检测信号中包含完备的缺陷回波信息。图 9.1 为典型完备检测信息缺陷检测示意图。图 9.1(a)和(b)分别为密集阵列双缺陷检测和裂纹检测图，图 9.1(a)

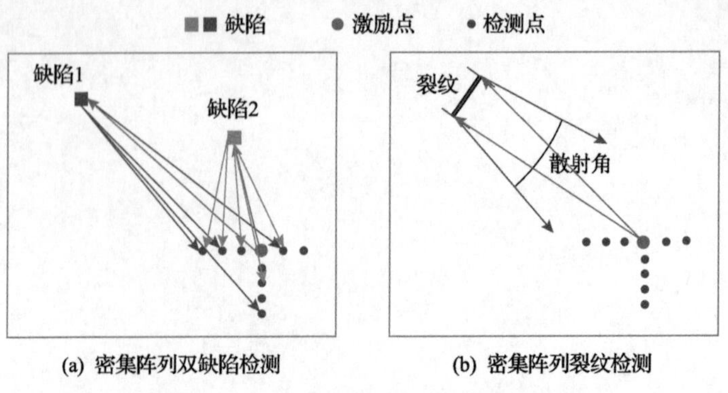

图 9.1　典型完备检测信息缺陷检测示意图

中激励点激发的兰姆波与缺陷 1 和缺陷 2 相互作用形成的散射波被检测阵列中的各个检测点接收，检测信号中包含缺陷 1 和缺陷 2 的信息；当缺陷 1 距离检测阵列过远时，检测阵列中各检测点可接收到来自缺陷 2 的完备信息。图 9.1(b)中裂纹反射信号的散射角覆盖到阵列中的所有检测点，检测信号中包含来自裂纹上各散射点的回波信息，即检测中包含完备的裂纹回波信息。

1. 缺陷定位函数模型

渡越时间原理缺陷定位成像中，缺陷位于多条基于直达渡越时间法的椭圆路径或渡越时间差法的双曲线路径的交汇处，即缺陷位于高密度检测路径区域。基于直达渡越时间法和渡越时间差法的缺陷定位函数分别如式(9.1)和式(9.2)所示；将直达渡越时间法残差值和渡越时间差法残差值归一化并作线性组合，建立组合渡越时间法缺陷定位函数如式(9.3)所示。归一化处理克服了两种缺陷定位函数残差值间的数值差异对分析的影响。另外，基于直达渡越时间法设置约束函数(9.4)，控制分析算法的模糊性，并提升算法的收敛效率：

$$\varepsilon_{\mathrm{e}} = \sum_{i=1}^{N} \sum_{j=1,i\neq j}^{M} \left| \boldsymbol{d}_{i,s,j} - \tilde{\boldsymbol{d}}_{i,s,j} \right| \tag{9.1}$$

$$\varepsilon_{\mathrm{h}} = \sum \left| \nabla \boldsymbol{d}_{i,s,j} - \nabla \tilde{\boldsymbol{d}}_{i,s,j} \right| \tag{9.2}$$

$$\varepsilon_{\mathrm{c}} = \frac{\varepsilon_{\mathrm{e}} - \varepsilon_{\mathrm{e,min}}}{\varepsilon_{\mathrm{e,max}} - \varepsilon_{\mathrm{e,min}}} + \frac{\varepsilon_{\mathrm{h}} - \varepsilon_{\mathrm{h,min}}}{\varepsilon_{\mathrm{h,max}} - \varepsilon_{\mathrm{h,min}}} \tag{9.3}$$

$$\left| \boldsymbol{d}_{i,s,j} - \tilde{\boldsymbol{d}}_{i,s,j} \right| \leqslant \delta_{\mathrm{e}} \tag{9.4}$$

式中：δ_{e}——直达渡越时间法个体筛选阈值；

$\boldsymbol{d}_{i,s,j}$——第 i 激励位、第 j 接收位、第 s 个散射体的散射信号飞行距离；

$\tilde{\boldsymbol{d}}_{i,s,j}$——第 i 激励位经第 s 个散射体到第 j 接收位的计算距离；

ε_{e}——路径残差值；

e、h——直达渡越时间法和渡越时间差法标识符。

图 9.2 为渡越时间法个体筛选原理示意图，其中真实散射点为方块、剔除个体和保留个体分别为灰色和黑色菱形、检测位和激励位分别为小圆点和三角形。图 9.2(a)和(b)分别为检测对 $E\text{-}S_n$ 和 $E\text{-}S_m$ 直达渡越时间法个体筛选原理示意图。基于约束函数式(9.4)，图 9.2(a)中相对于检测对 $E\text{-}S_n$ 的计算距离小于阈值的个体被保留；图 9.2(b)同样基于式(9.4)和检测对 $E\text{-}S_m$ 信息对图 9.2(a)中保留个体进行筛选；经过图 9.2(a)和(b)两次约束函数的个体筛选，保留个体逐渐收敛于缺陷

位置。基于缺陷定位函数对保留个体进一步筛选使得个体更加聚集在缺陷周围。图 9.2(c)为检测对 S_n-S_{n-1}、S_{n-1}-S_m 渡越时间差法个体筛选原理图，图中曲线为各检测对绘制的双曲线路径。可以看到双曲线路径和椭圆路径呈一定的正交性，有助于进一步锁定散射点在结构中的位置。

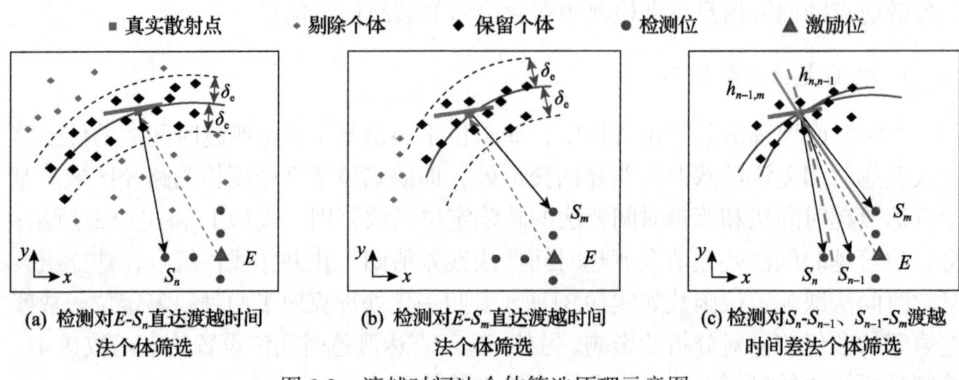

(a) 检测对 E-S_n 直达渡越时间法个体筛选　(b) 检测对 E-S_m 直达渡越时间法个体筛选　(c) 检测对 S_n-S_{n-1}、S_{n-1}-S_m 渡越时间差法个体筛选

图 9.2　渡越时间法个体筛选原理示意图

2. 强收敛智能缺陷定位算法

缺陷定位检测可视为在二维空间 (x, y) 中进行散射点源的搜索。分析中采用自由个体释放策略进行种群更新，其中每个保留个体具有固定的子代生成数量和随机释放范围。图 9.3 为强收敛参数化缺陷定位算法流程图，包含信号预处理、算法初始化、种群筛选、截止判据和种群更新 5 个部分。具体步骤如下：

(1) 信号预处理。计算兰姆波群速度 c_{g} 和各个检测对检测散射信号中波包的直达渡越时间 $\boldsymbol{\tau}$，确定结构中缺陷数量 n；计算直达渡越时间距离 $\boldsymbol{d}_n$ 和距离偏差 $\nabla \boldsymbol{d}_n$。

(2) 算法初始化。设置最大迭代代数 g_{m}，精度控制矢量 $\boldsymbol{a}_r$，参数范围矢量 $\boldsymbol{\theta} = \{x, y\}$，每代最大保留个体数量 n_k，用于控制算法模糊性的直达渡越时间法筛选阈值参数 δ_{e}；最大个体释放数量 n_{f} 及最大个体释放距离 r_{f}。种群 $\boldsymbol{p}_0$ 的初始化函数为

$$\boldsymbol{p}_0(\boldsymbol{\theta}) = \boldsymbol{\theta}_{\mathrm{L}} + \mathrm{rand}\left(\boldsymbol{\theta}_{\mathrm{U}} - \boldsymbol{\theta}_{\mathrm{L}}\right) \tag{9.5}$$

式中：U——$\boldsymbol{\theta}$ 的上限符号；

L——$\boldsymbol{\theta}$ 的下限符号。

(3) 种群筛选。该部分主要由 4 个子块组成以验证所提算法的效用，直达渡越时间法分析、渡越时间差法分析、组合渡越时间法分析和种群保留。

直达渡越时间法分析：①计算所有个体 $\boldsymbol{p}_g$ 到激励-检测器对的距离；②由式(9.1)

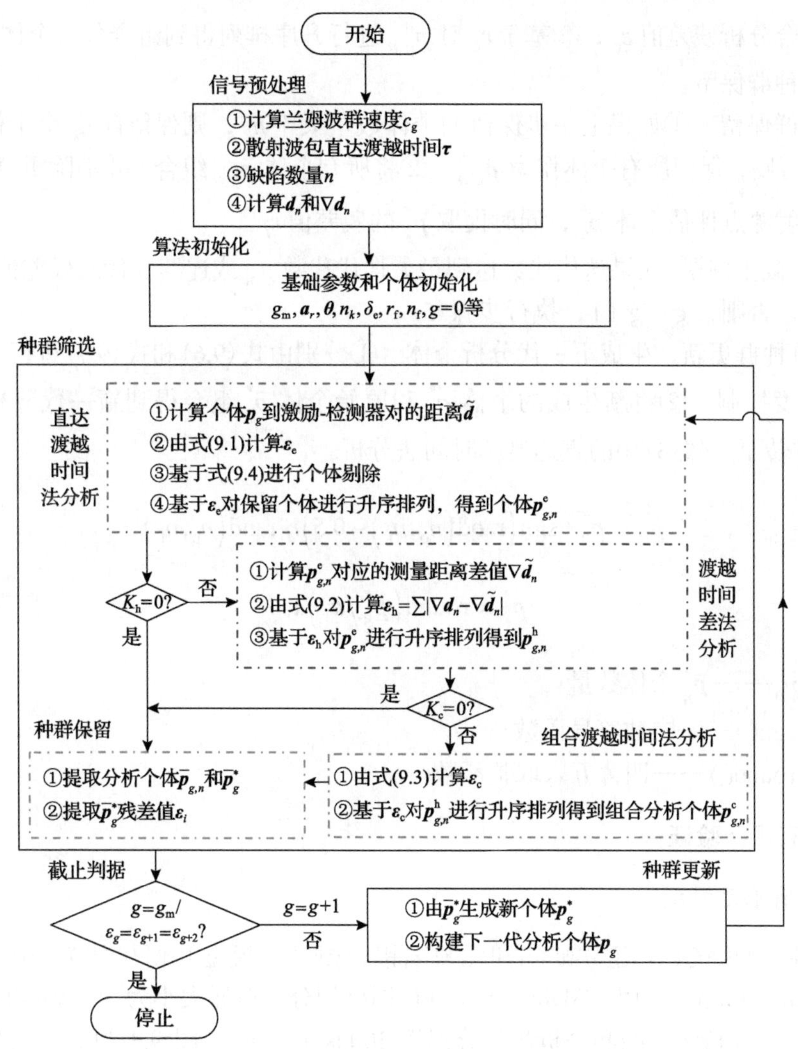

图9.3　强收敛参数化缺陷定位算法流程图

计算路径残差值ε_e；③基于约束函数(9.4)，剔除不满足函数的个体，得到保留个体；④基于ε_e对保留个体进行升序排列，得到分析个体$p_{g,n}^e$。如果预设参数$K_h=0$则跳转至种群保留；否则，执行渡越时间差法分析。

渡越时间差法分析：①计算$p_{g,n}^e$对应的测量距离差值$\nabla\tilde{d}_n$。②由式(9.2)计算∇d_n与$\nabla\tilde{d}_n$差值的和ε_h。③基于ε_h对$p_{g,n}^e$进行升序排列，得到双曲线路径法分析个体$p_{g,n}^h$。如果预设参数$K_c=0$，跳转至种群保留；否则，执行组合渡越时间法分析。

组合渡越时间法(combined time-of-flight method, CTFM)分析：①结合式(9.3)

计算组合分析残差值 ε_{c} ；②基于 ε_{c} 对 $\boldsymbol{p}_{g,n}^{\mathrm{h}}$ 进行升序排列得到组合分析个体 $\boldsymbol{p}_{g,n}^{\mathrm{c}}$ 。跳转至种群保留。

种群保留：①如果上一步保留的个体数量大于 n_k ，则保留前 n_k 个个体得到 $\overline{\boldsymbol{p}}_{g,n}$ ；否则，保留所有个体作为 $\overline{\boldsymbol{p}}_{g,n}$ 。②将所有个体 $\overline{\boldsymbol{p}}_{g,n}$ 组合，并消除重合个体，得到散射源点评估个体 $\overline{\boldsymbol{p}}_g^*$ ，同时提取 $\overline{\boldsymbol{p}}_g^*$ 的残差值 ε_i 。

(4)截止判据。如果迭代代数达到最大迭代代数 g_{m} 或连续 3 代的残差值相同，则停止；否则， $g=g+1$ ，执行步骤(5)。

(5)种群更新，生成下一代分析个体。①分别由式(9.6)和式(9.7)进行个体更新和精度控制。②将新生成的个体 $\boldsymbol{p}_g^*$ 和原始个体 $\overline{\boldsymbol{p}}_g^*$ 组合得到新一代分析个体 $\boldsymbol{p}_g$ 。跳转至步骤(3)中的直达渡越时间法分析。

$$\boldsymbol{p}_g^*=\overline{\boldsymbol{p}}_g^*+\operatorname{sgn}\left(\operatorname{rand}\left(n_{\mathrm{p}},n_{\mathrm{f}}\right)-0.5\right)r_{\mathrm{f}}\operatorname{rand}\left(n_{\mathrm{p}},n_{\mathrm{f}}\right) \tag{9.6}$$

$$\boldsymbol{p}_g^*=\operatorname{round}\left(\boldsymbol{p}_g^*/\boldsymbol{a}_r\right)\boldsymbol{a}_r \tag{9.7}$$

式中： n_{p} —— $\overline{\boldsymbol{p}}_g^*$ 个体数量；
sgn(·)——参数符号函数；
round(·)——四舍五入取整函数。

9.1.2 有限元验证

1. 有限元模型

采用 ABAQUS 建立缺陷和无缺陷铝板模型。模型几何尺寸为 1000mm×1000mm×1.8mm。采用 C3D8R 单元进行网格划分，单元大小为 0.6mm×0.6mm×0.6mm。运算持续时间和分析步长分别为 300μs 和 10ns。图 9.4 为缺陷板有限元模型及检测阵列分布图，图 9.4(a)和(b)分别为缺陷板有限元模型局部示意图和检测阵列分布图。孔缺陷中心点坐标为(650,410)mm、直径为 10mm。汉宁窗调制的中心频率为 140kHz、持续时间为 5 周期的正弦信号以点载荷的形式作用在 E 点处，在模型中激励 A_0 模态兰姆波。以 E 点为起始点，分别沿 x 轴和 y 轴以 5mm 为间隔设置 15 个信号检测点。

图 9.5 为孔缺陷 A_0 模态兰姆波检测信号对比图，图 9.5(a)对比了不同行检测得到的健康信号和缺陷信号，图中分别采用虚线和实线绘制健康信号和缺陷信号，对应检测点接收散射信号如图 9.5(b)所示。由健康模型中第 1 和第 15 检测点距离差与检测信号首次直达波时间差之比计算得到兰姆波传播群速度， c_{g} 等于 2419.4m/s。

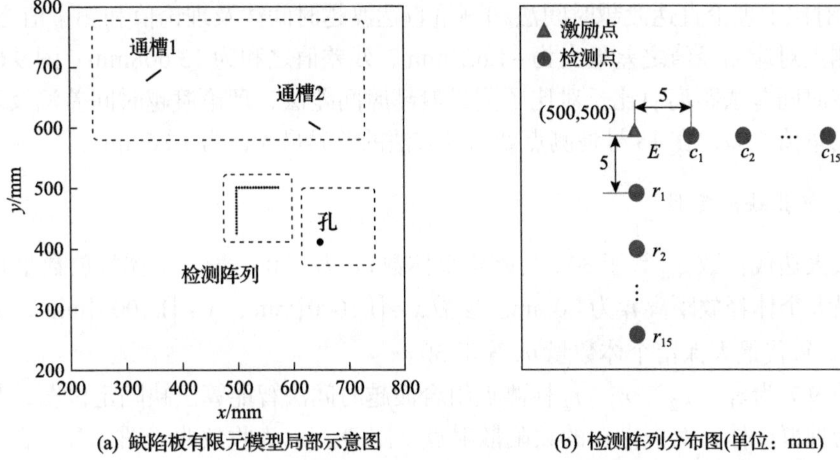

(a) 缺陷板有限元模型局部示意图　(b) 检测阵列分布图(单位：mm)

图 9.4　缺陷板有限元模型及检测阵列分布图

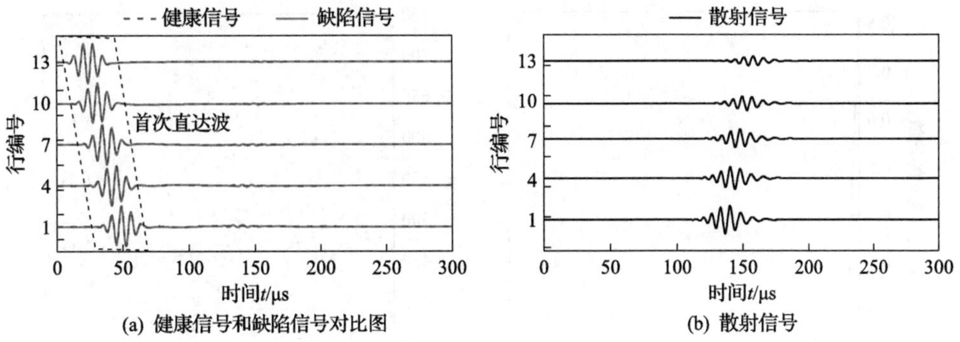

(a) 健康信号和缺陷信号对比图　(b) 散射信号

图 9.5　孔缺陷 A_0 模态兰姆波检测信号对比图

图 9.6 为检测阵列到孔缺陷的理论距离和测量距离对比图，其中横坐标前 15 个编号为 c_1～c_{15}，后 15 个编号为 r_1～r_{15}，测量值和理论值分别由星形虚线和圆孔实线绘制，理论值和测量值之差为圆孔虚线。图 9.6(a)为直达渡越时间法距离

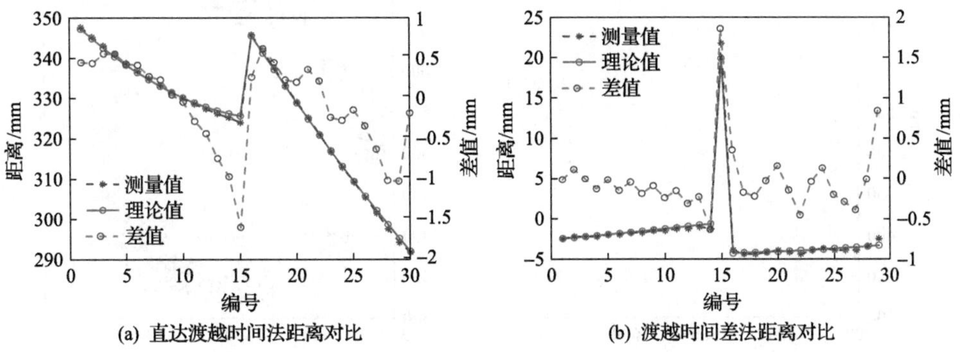

(a) 直达渡越时间法距离对比　(b) 渡越时间差法距离对比

图 9.6　检测阵列到孔缺陷的理论距离和测量距离对比图

对比，对比了理论直达渡越时间法和测量直达渡越时间法及理论值和测量值之差，各检测点对应路径值之差最大为 −1.621mm，残差值之和为 13.608mm。图 9.6(b)为渡越时间差法距离对比，对比了测量渡越时间差法、理论渡越时间差法及理论值和测量值之差，在 15 号检测点处两种方法的差异最大，为 1.862mm。

2. 单孔缺陷定位

最大迭代代数 g_m 等于 35，初始化个体数 m_f 为 4000，最大个体释放数量 n_f 为 20，最大个体释放距离 r_f 为 20mm。参数 $x \in [1,1000]$mm，$y \in [1,1000]$mm，δ_e 为 30mm，每代最大保留个体数量 n_k 等于 50。

图 9.7 为 c_1、c_2、r_1、r_2 检测点组合渡越时间法智能算法缺陷定位图，其中圆点为种群个体，对应潜在的缺陷散射点。图 9.7(a)为收敛曲线图，分析在第 5 代达到稳定。图 9.7(b)为初始化个体在板中的分布图；图 9.7(c)和(d)分别为第 1

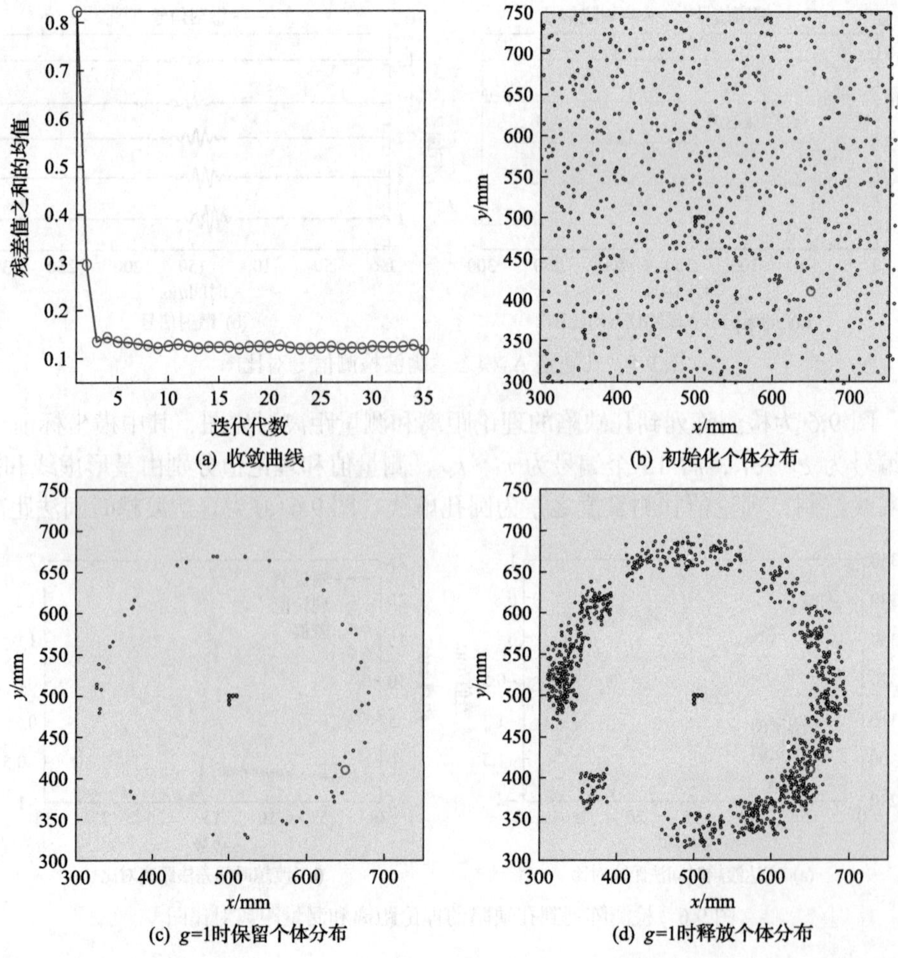

(a) 收敛曲线　(b) 初始化个体分布

(c) g=1时保留个体分布　(d) g=1时释放个体分布

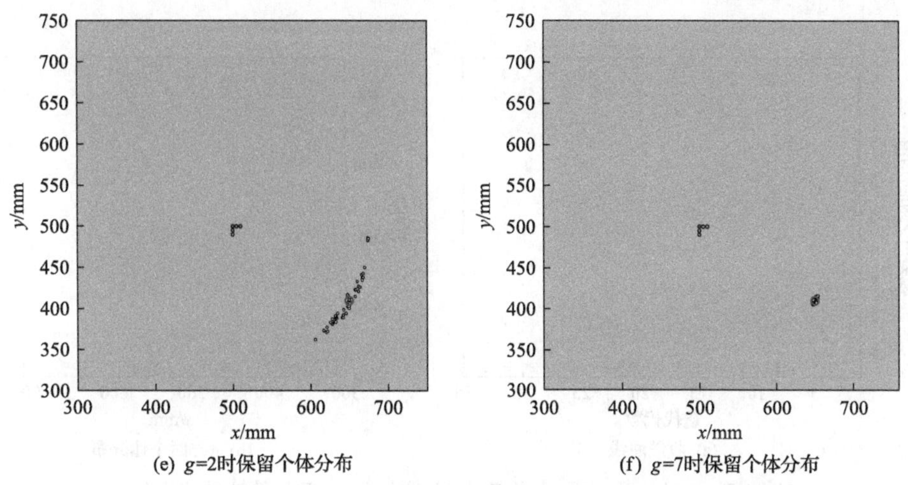

图 9.7　c_1、c_2、r_1、r_2 检测点组合渡越时间法智能算法缺陷定位图

代分析保留个体及释放个体分布图；图 9.7(e)和(f)分别为第 2 代和第 7 代保留个体分布。在第 2 代分析中个体已经向缺陷位置快速收敛；第 7 代分析中个体集中分布于缺陷所在区域，实现缺陷位置的准确定位。

图 9.8 和图 9.9 分别为 c_1、c_2、r_1、r_2 检测点直达渡越时间法和渡越时间差法智能算法缺陷定位图。图 9.8(a)和图 9.9(a)为算法收敛曲线，两种分析算法均在 7 代以内收敛。图 9.8(b)和图 9.9(b)分别为第 7 代和第 5 代时的个体分布，图中保留个体经过但未集中在缺陷位置。图 9.8(b)与图 9.9(b)中保留个体在缺陷周围的分布形式呈现正交性，该特点说明了图 9.7(d)组合渡越时间法智能算法缺陷精确定位的原因。

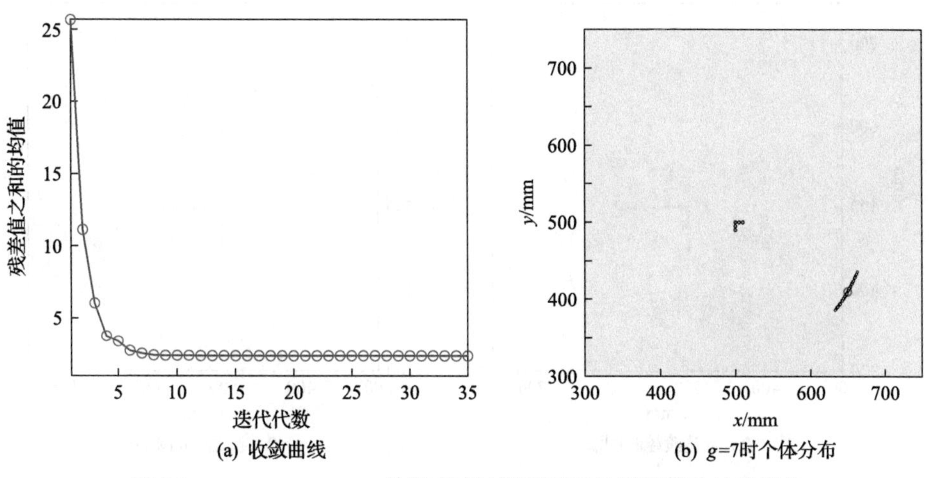

图 9.8　c_1、c_2、r_1、r_2 检测点直达渡越时间法智能算法缺陷定位

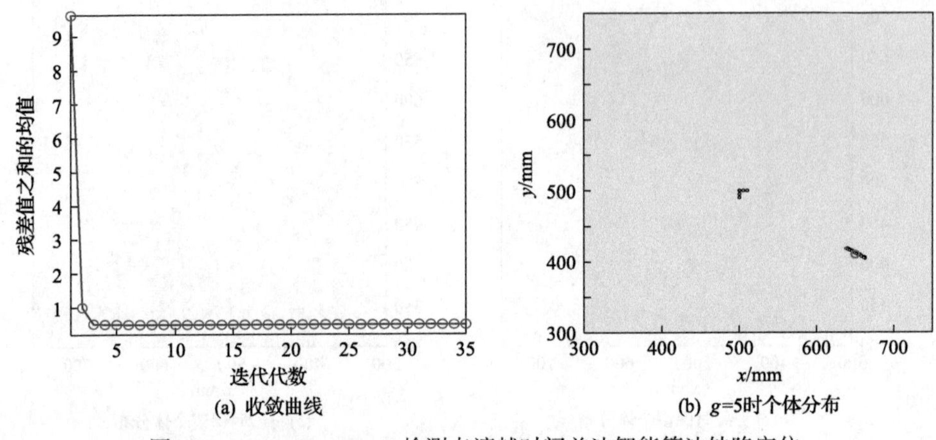

(a) 收敛曲线　　(b) g=5时个体分布

图 9.9　c_1、c_2、r_1、r_2 检测点渡越时间差法智能算法缺陷定位

图 9.10 为基于所有检测点不同智能算法的缺陷定位图，图 9.10(a)～(c)分别为直达渡越时间法、渡越时间差法和组合渡越时间法在相应截止代数时的缺陷定位结果图，截止代数分别为第 7 代、第 6 代和第 6 代。图 9.11 为基于 c_1、c_{15}、r_1、r_{15} 检测点的不同智能算法的缺陷定位，图 9.11(a)～(c)分别为直达渡越时间法、渡越时间差法和组合渡越时间法在相应截止代数时的缺陷定位结果，截止代数分别为第 7 代、第 6 代和第 7 代。图 9.11(a)和(b)中基于不同算法和检测点的分析结果中的个体在缺陷周围均能很好地聚集，即缺陷位置被很好地定位。组合渡越时间法分析结果中的个体较其他算法在缺陷周围的聚集效果更好，即缺陷定位精度更高。

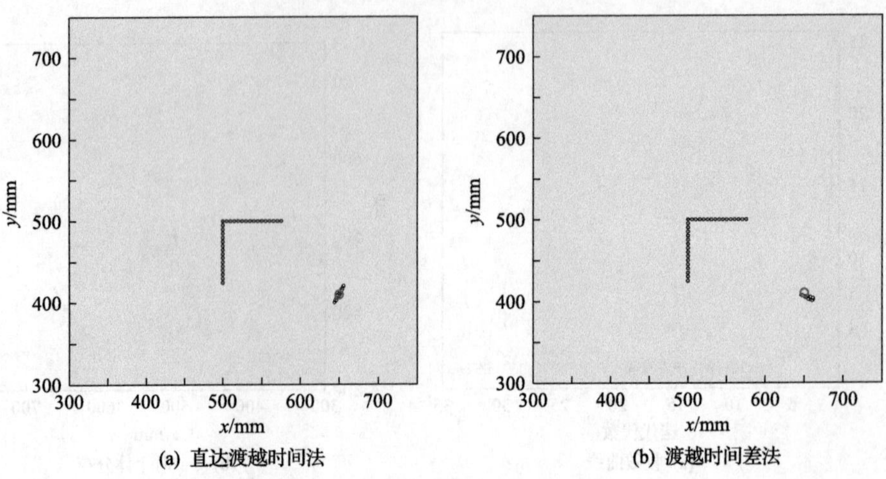

(a) 直达渡越时间法　　(b) 渡越时间差法

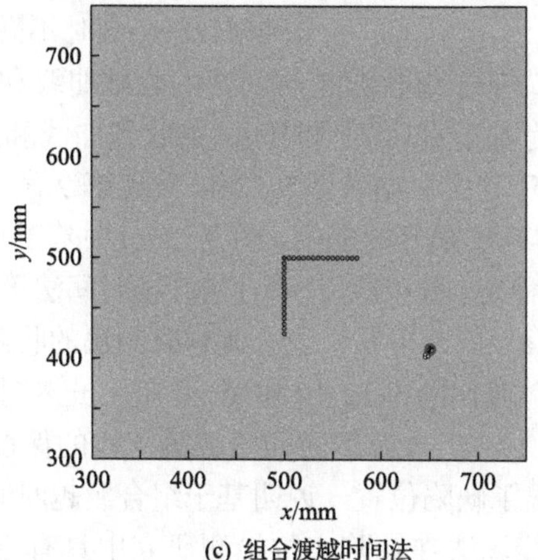

(c) 组合渡越时间法

图 9.10　基于所有检测点不同智能算法的缺陷定位

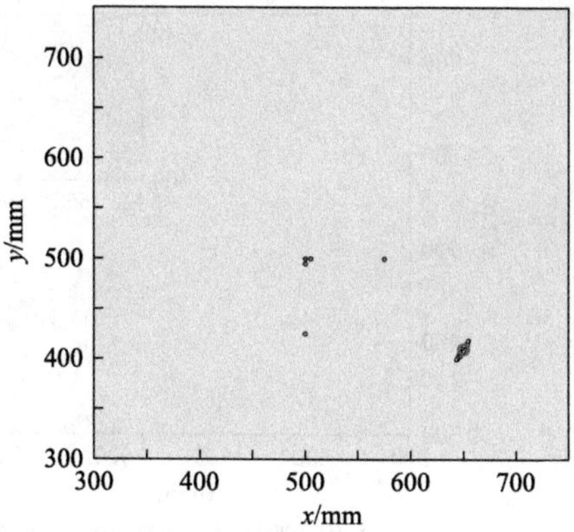

(a) 直达渡越时间法

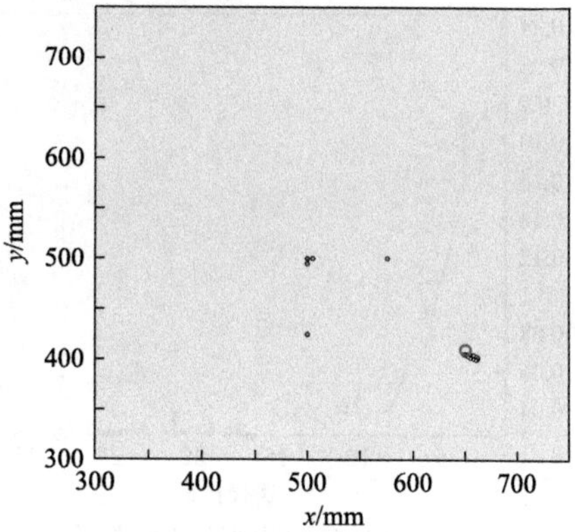

(b) 渡越时间差法

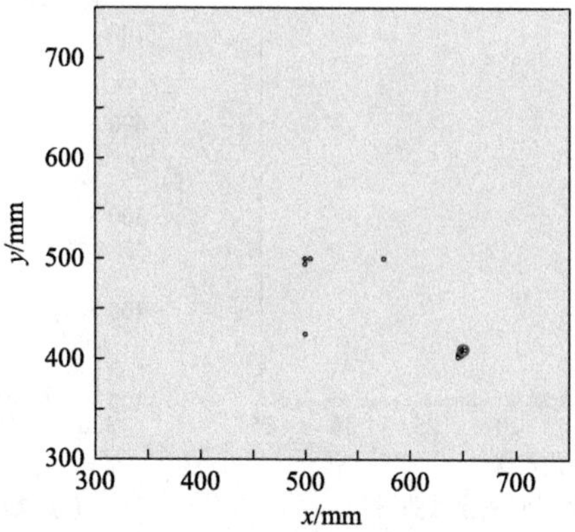

(c) 组合渡越时间法

图 9.11　基于 c_1 、 c_{15} 、 r_1 、 r_{15} 检测点的不同智能算法的缺陷定位

图 9.12 为基于c_1、c_2、r_1、r_2检测点及n_k=5时不同智能算法缺陷定位。图 9.12(a)和(b)分别为基于组合渡越时间法的收敛曲线和第 9 代个体分布图；图 9.12(c)和(d)分别为基于直达渡越时间法的收敛曲线和第 15 代个体分布图。图 9.12(a)在第 9 代趋于稳定；结合图 9.12(b)发现第 9 代个体已经全部聚集于缺陷覆盖区域，即缺陷得到了很好的定位。图 9.12(c)中基于直达渡越时间法的收敛曲线在第 15 步时达到稳定；图 9.12(d)中直达渡越时间法第 15 代个体也聚集在缺陷周围。对比图 9.12(a)和(c)可知，组合渡越时间法的收敛速度要远快于直达渡越时间法的收敛速度；对比图 9.12(b)和(d)可知，虽然图 9.12(d)为第 15 步时的分析结果，而图 9.12(b)组合渡越时间法在第 9 代的保留个体已很好地聚集在缺陷区域，准确标记出了缺陷位置。说明基于组合渡越时间法的智能算法较基于直达渡越时间法的智能算法在缺陷定位检测研究中具有更好的收敛速度和检测精度。

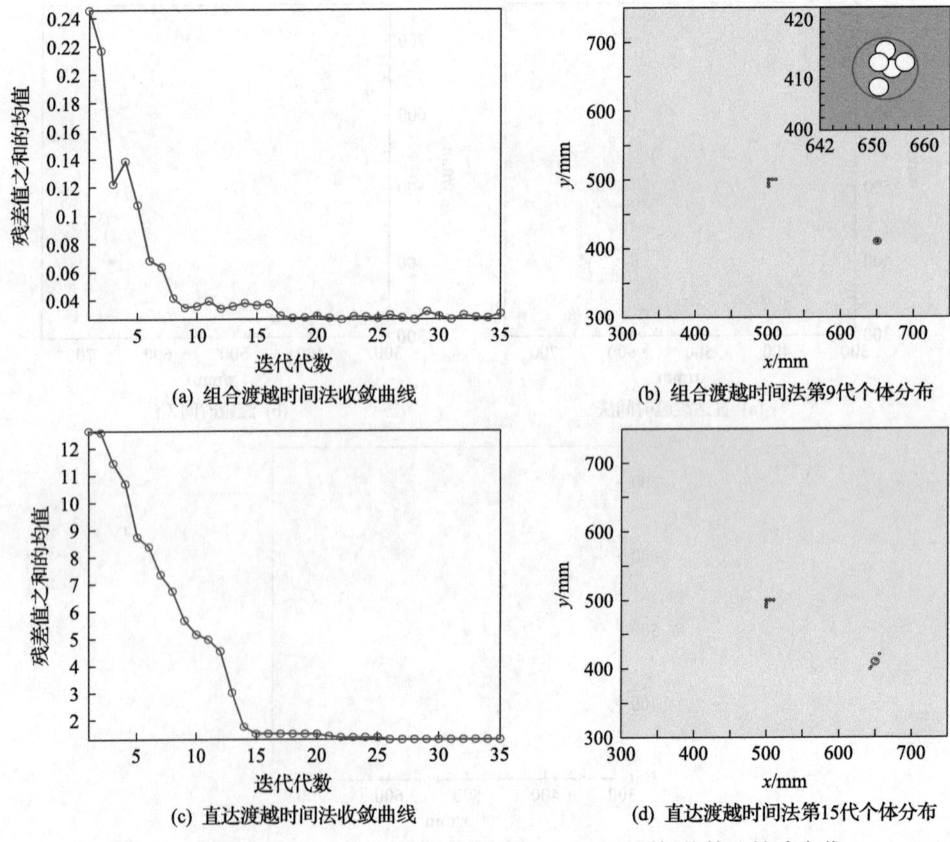

(a) 组合渡越时间法收敛曲线　(b) 组合渡越时间法第9代个体分布

(c) 直达渡越时间法收敛曲线　(d) 直达渡越时间法第15代个体分布

图 9.12　基于c_1、c_2、r_1、r_2检测点及$n_k = 5$时不同智能算法缺陷定位

综上所述，基于组合渡越时间法的智能算法较单纯依据直达渡越时间法或渡

越时间差法的智能算法具有更好的定位结果。检测阵元数量、分布形式及保留个体数量对组合渡越时间法的缺陷定位检测影响较小，而对基于直达渡越时间法和渡越时间差法的影响较大。另外，理论中缺陷回波源点是来自缺陷边沿，而成像结果中的定位中心位置处于缺陷中心。结合图 9.6 可以推断该定位结果主要由分析数据测量误差引起。

3. 双通槽缺陷定位

图 9.13 为双通槽缺陷 A_0 模态兰姆波散射信号图，图 9.13(a)和(b)分别为行检测点和列检测点的散射信号图。两组数据中均包含两个缺陷的回波信号，该检测为完备信息检测。采用无缺陷模型 15 个列检测点相邻距离与检测信号首次抵达波渡越时间差之比得到测量群速度值。图 9.14 为测量群速度箱式图，其中群速度 2581m/s 由第 1 个阵元和最后一个阵元的距离除以两检测位检测信号抵达时刻之差计算得到。后续采用该值作为分析群速度值。图 9.15 为双缺陷椭圆成像方法定位成像。图 9.15 中通槽 2 缺陷和通槽 1 缺陷分别位于内外两个成像映射路径上，说明了所选取群速度值在检测分析应用中的有效性，但成像分辨率较低。

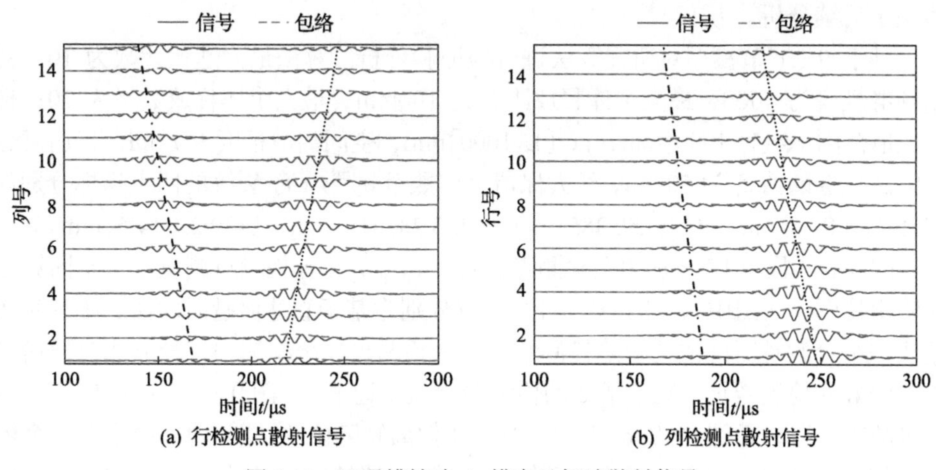

图 9.13　双通槽缺陷 A_0 模态兰姆波散射信号

对 9.1.1 节中算法的个体筛选方式进行修改：当 $g=1$ 时，剔除到所有检测对不满足直达渡越时间法路径筛选函数式(9.4)的个体，得到用于后续分析的保留个体。当 $g\neq1$ 时，执行以下步骤得到保留个体。

(1)筛选得到各检测对均满足式(9.4)的个体；

(2)基于式(9.1)计算所有理论直达渡越时间距离与保留个体到各检测对直达渡越时间距离之差的和 ε_{e}，而后对 ε_{e} 进行升序排列，提取前 n_k 个个体作为保留个体用于下一步分析。

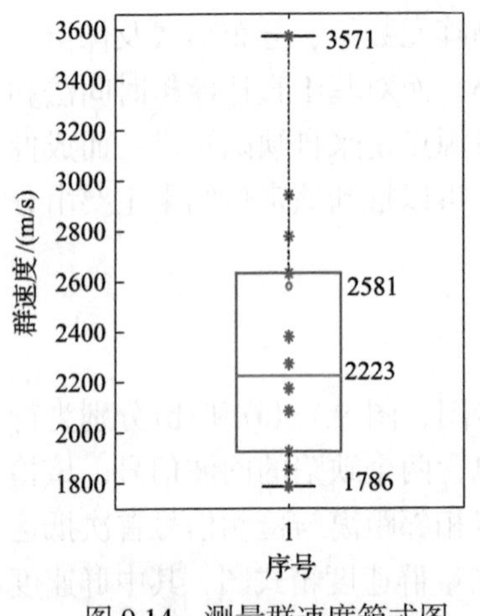

图 9.14　测量群速度箱式图

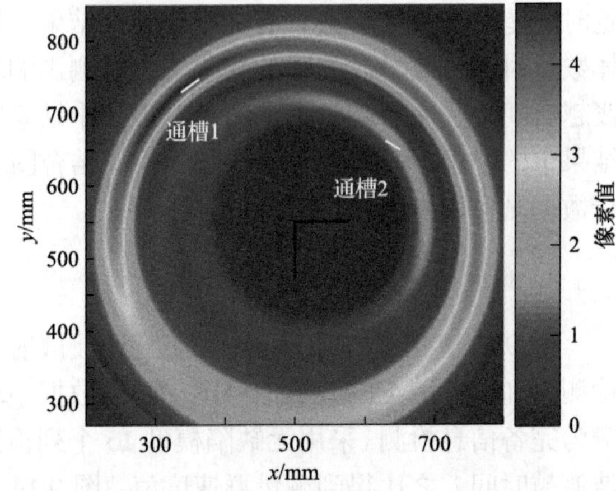

图 9.15　双缺陷椭圆成像方法定位成像

(3) 依据式(9.2)计算保留个体到相邻检测位的距离差及其与渡越时间差法计算距离差之间差值的和 ε_h，对 ε_h 进行升序排列，保留前 k(35%)比例的个体。

(4) 当保留个体多于 n_k 时，取前 n_k 个个体用于种群更新；否则，保留所有个体用于后续分析。

基于 9.1.1 节模型对所提算法进行验证和分析。算法最大迭代代数为 10，初始种群规模为 4000，最大个体释放距离为 100mm、最大个体释放数量为 20；种群取值范围 $x\in[1, 1000]$mm，$y\in[1, 1000]$mm，空间离散精度为 1mm，直达渡越时间法筛选阈值 δ_e 为 50mm，最大保留个体数量 n_k 为 10。裂纹的四点坐标分别为(426.21, 384.6) mm，(425.29, 385) mm，(438.28, 415) mm，(439.2, 414.6) mm。

图 9.16、图 9.17 分别为全检测点和 c_1、c_2、r_1、r_2 检测点测量数据不同算法缺陷定位图，两图中的子图(a)、(b)、(c)分别为基于直达渡越时间法、渡越时间差法和组合渡越时间法的缺陷检测结果。全检测点缺陷检测中三种方法对通槽 1 均有较好的检测效果，对通槽 2 的检测精度低于通槽 1。图 9.17(a)中的保留个体经过缺陷位置，而图 9.17(b)中的保留个体偏离缺陷位置。图 9.17(c)中保留个体分布相对于其他两种方法更集中于缺陷区域，但聚集程度及其与缺陷的重合度低于图 9.16(c)中基于全检测点检测数据的检测结果。

以通槽 1 和通槽 2 中心点为缺陷散射信号源点，分析测量值和理想值差异对算法检测效果的影响。通槽 1 和通槽 2 对应理想散射源点坐标分别为(639.3, 604.2) mm、(349, 688) mm。图 9.18 为不同渡越时间法测量距离对比图，图 9.18(a)～(d)分别为通槽 1 和通槽 2 基于直达渡越时间法、渡越时间差法的测量值和理想值的对比图。测量距离和理想距离由星形-实线和圆孔-实线绘制，测量值与理想值的差值由圆孔-虚线绘制。图 9.18 中通槽 1 直达渡越时间法测量值大于理想值，而渡越时间差法分析的测量值小于理想值；两种方法得到的距离值均呈现一定的变

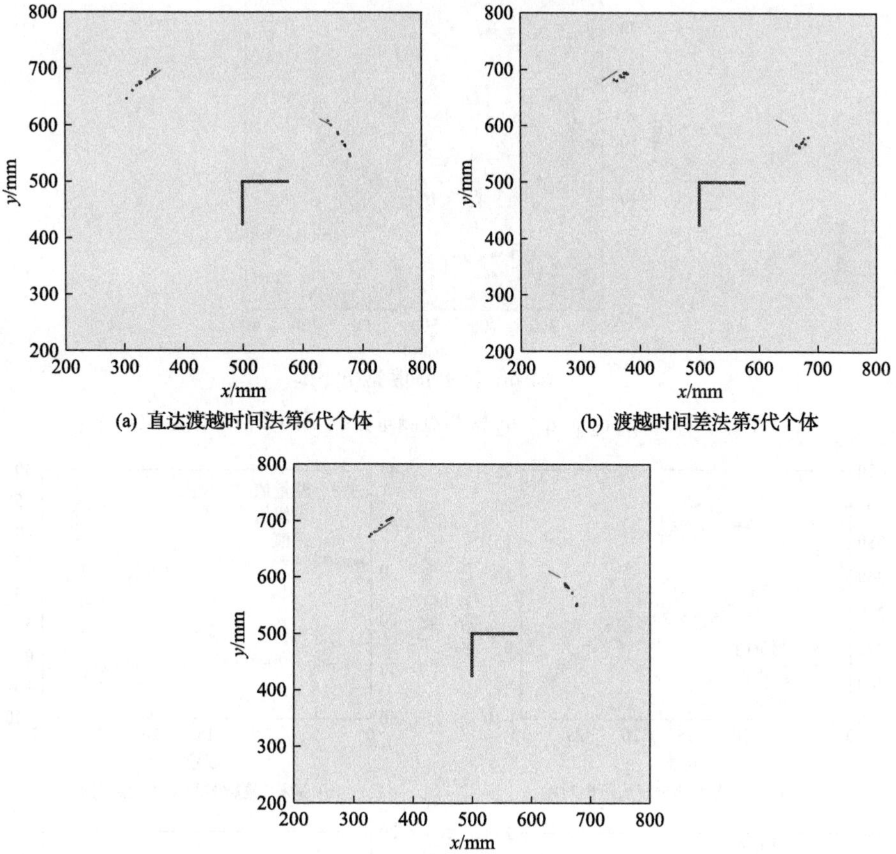

(a) 直达渡越时间法第6代个体

(b) 渡越时间差法第5代个体

(c) 组合渡越时间法第8代个体

图 9.16　全检测点测量数据不同算法缺陷定位

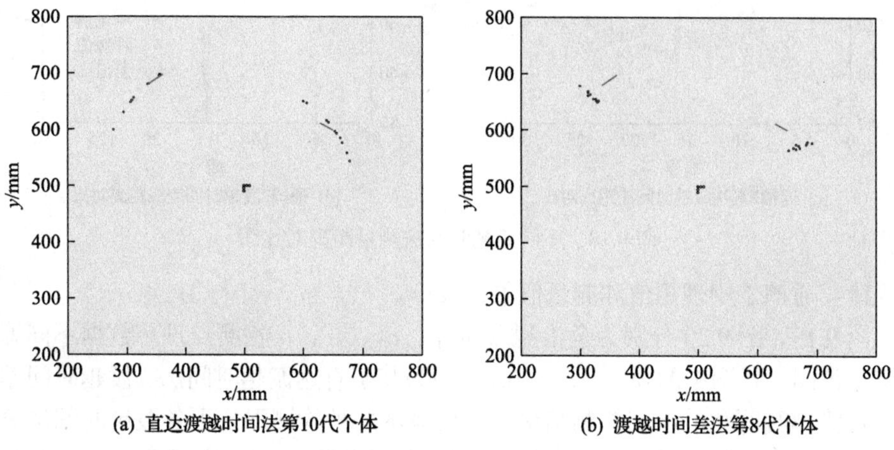

(a) 直达渡越时间法第10代个体

(b) 渡越时间差法第8代个体

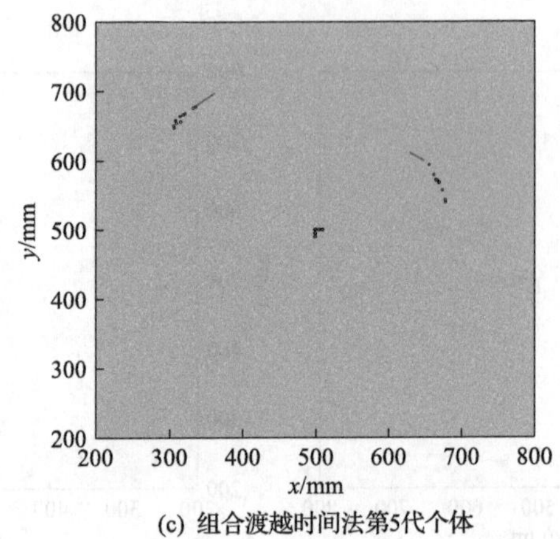

(c) 组合渡越时间法第5代个体

图 9.17 c_1、c_2、r_1、r_2 检测点测量数据不同算法缺陷定位

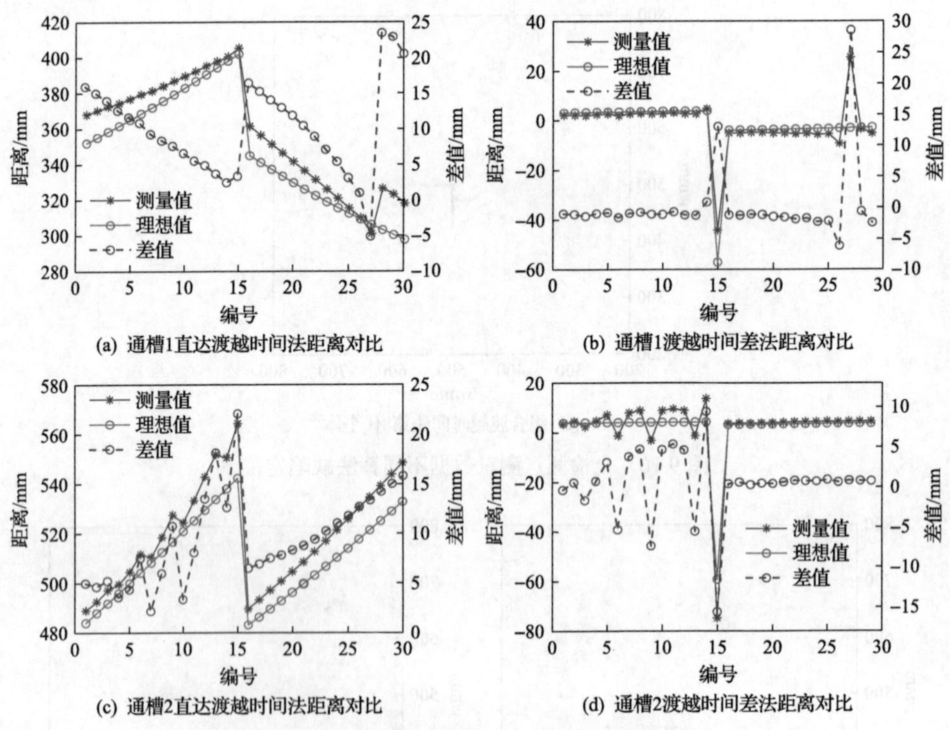

(a) 通槽1直达渡越时间法距离对比　(b) 通槽1渡越时间差法距离对比

(c) 通槽2直达渡越时间法距离对比　(d) 通槽2渡越时间差法距离对比

图 9.18 不同渡越时间法测量距离对比图

化规律。通槽 2 中理想值和测量值差异较小。

图 9.19、图 9.20 分别为全检测点和 c_1、c_2、r_1、r_2 检测点理想数据不同算法缺陷定位图，各图中的(a)、(b)、(c)分别为基于直达渡越时间法、渡越时间差法和组合渡越时间法的缺陷检测结果。对比显示两种检测形式下各渡越时间法分析中的个体均很好地穿过缺陷中心位置(理想散射点源)，缺陷位置和个体分布有很

好的一致性。结合图 9.16 和图 9.17 的成像结果，可以确定测量误差是造成不同渡越时间法参数化兰姆波缺陷定位精度降低的主要因素。

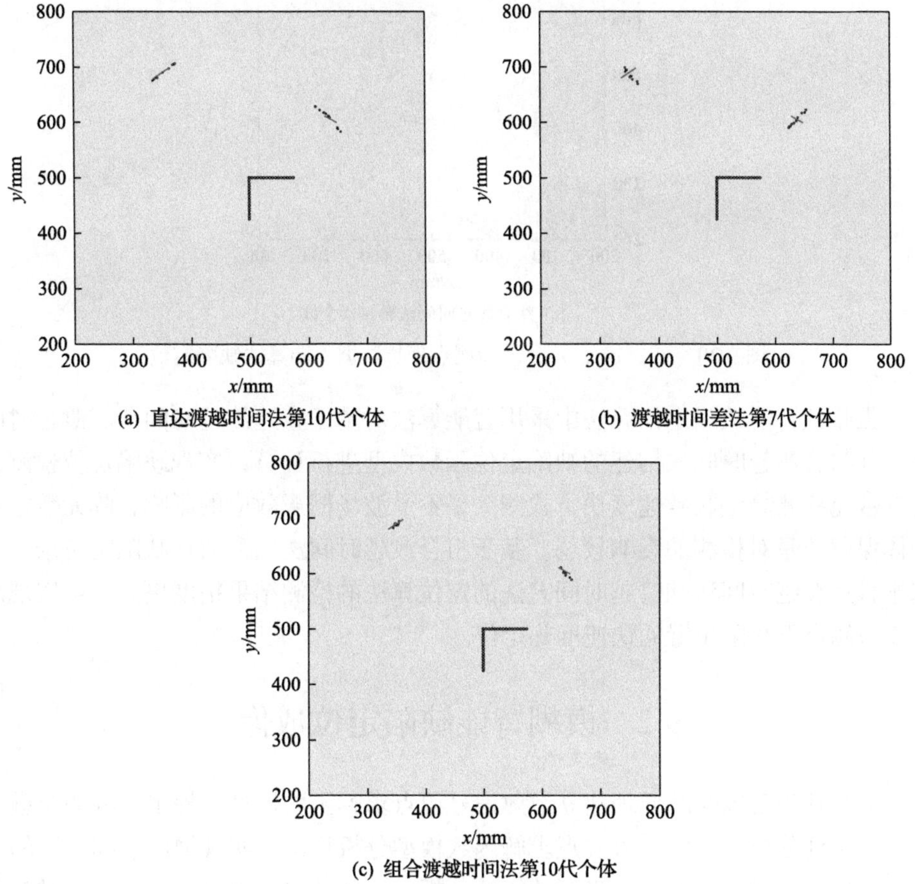

(a) 直达渡越时间法第10代个体　(b) 渡越时间差法第7代个体

(c) 组合渡越时间法第10代个体

图 9.19　全检测点理想数据不同算法缺陷定位

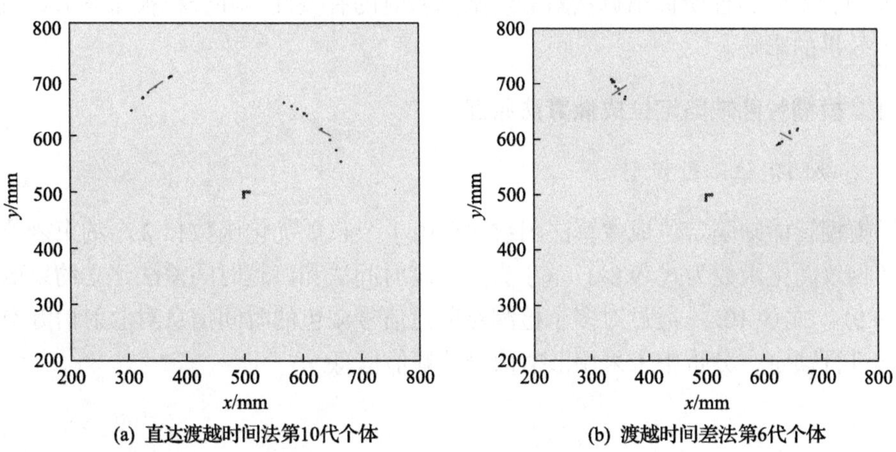

(a) 直达渡越时间法第10代个体　(b) 渡越时间差法第6代个体

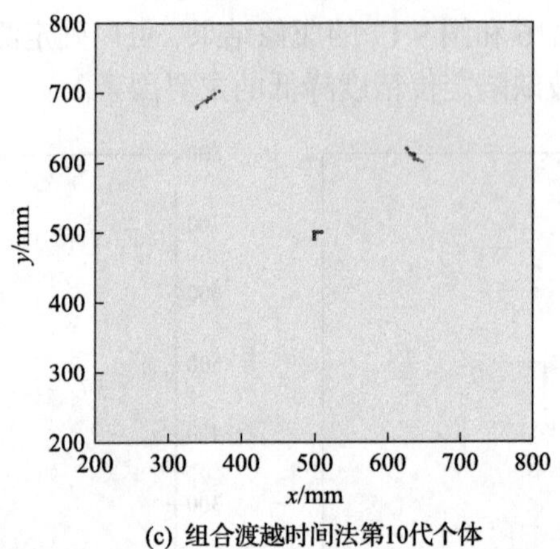

(c) 组合渡越时间法第10代个体

图 9.20 c_1、c_2、r_1、r_2 检测点理想数据不同算法缺陷定位

强收敛智能缺陷定位算法中采用智能算法对基于直达渡越时间法、渡越时间差法和组合渡越时间法构建的缺陷定位函数模型进行计算，实现缺陷定位检测。各参数化检测算法收敛速度快，检测结果不受波场栅瓣效应的影响；阵元数量及个体保留数量对检测的影响较弱。基于组合渡越时间法的参数化缺陷定位结果较基于直达渡越时间法和渡越时间差法的定位算法的检测结果精度更高，可实现局部少检测点下缺陷位置的快速准确定位。

9.2 模糊智能缺陷定位成像

本节基于渡越时间原理建立散射信号源点求解函数模型，提出一种融合进化算法和统计分析技术的信号源点求解函数模型分析算法，实现缺陷空间位置的参数化分析。通过对保留个体坐标的统计分析，评估缺陷空间分布区域，通过有限元模型和实验验证所提出算法对裂纹缺陷检测的有效性，并分析模型参数设置对检测效果的影响。

9.2.1 模糊智能缺陷定位成像算法原理

1. 缺陷定位函数模型

模糊智能缺陷定位成像算法函数模型由 1 个收敛优化函数和 2 个约束函数构成。收敛优化函数为式(9.8)，基于直达渡越时间法和渡越时间差法建立约束函数式(9.9)、式(9.10)。通过对多个检测对散射信号波包的时间信息对散射信源空间坐标进行锁定，分析中未采用散射信号的幅值信息。

$$\varepsilon_{\mathrm{e}} = \sum_{i=1}^{N} \sum_{j=1, i\neq j}^{M} \left| \boldsymbol{d}_{e_i,s,r_j} - \tilde{\boldsymbol{d}}_{e_i,s,r_j} \right| \tag{9.8}$$

$$\left| \boldsymbol{d}_{e_i,s,r_j} - \tilde{\boldsymbol{d}}_{e_i,s,r_j} \right| \leqslant \delta_{\mathrm{e}} \tag{9.9}$$

$$\left| \Delta\boldsymbol{d}_{e_i,s,r_j} - \Delta\tilde{\boldsymbol{d}}_{e_i,s,r_j} \right| \leqslant \delta_{\mathrm{h}} \tag{9.10}$$

式中：δ_{h}——渡越时间差法筛选阈值。

图 9.21 为约束函数原理示意图，图 9.21(a) 和 (b) 分别为式(9.9)、式(9.10)的个体筛选原理示意图。式(9.9)可视为确定评估个体到激励点和检测位距离是以 $\tilde{\boldsymbol{d}}_{e_i,s,r_j}$ 为均值、以 δ_{e} 为偏差的个体；式(9.10)为确定到两检测位距离差的均值为 $\Delta\tilde{\boldsymbol{d}}_{e_i,s,r_j}$、偏差为 δ_{h} 的个体。令相邻检测位之间的距离等于 d_{e}。根据三角形两边之差小于第三边，个体到相邻检测位距离差 $\Delta\tilde{\boldsymbol{d}}_{e_i,s,r_j}$ 的绝对值取值随机分布范围为 $[-d_{\mathrm{e}}, d_{\mathrm{e}}]$。$\delta_{\mathrm{h}} > 2d_{\mathrm{e}}$ 可保证式(9.10)恒成立，在分析中需要根据具体情况进行调整。

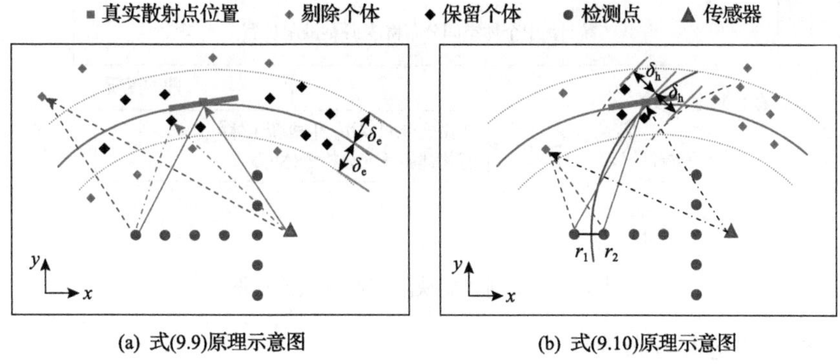

(a) 式(9.9)原理示意图　(b) 式(9.10)原理示意图

图 9.21　约束函数原理示意图

2. 模糊智能缺陷定位算法

图 9.22 为模糊智能缺陷定位算法流程图，具体流程如下：

(1) 信号预处理。提取缺陷散射信号渡越时间 $\boldsymbol{\tau}$；依据渡越时间和群速度 c_{g} 计算散射信号经反射点到各检测点的距离矢量 $\boldsymbol{d}_{e_i,r_j}$。

(2) 算法初始化。设置最大迭代代数 g_{m}、初始种群规模 m_{f}、每代最大保留个体数量 n_k、截止阈值 ε_{t}、精度控制矢量 $\boldsymbol{a}_r$；直达渡越时间法筛选阈值 δ_{e} 和渡越时间差法筛选阈值 δ_{h}；最大个体释放数量 n_{f} 及最大个体释放距离 r_{f}；结合模型尺寸和初始化函数式(9.5)进行种群 $\boldsymbol{p}_g = 0$ 初始化。

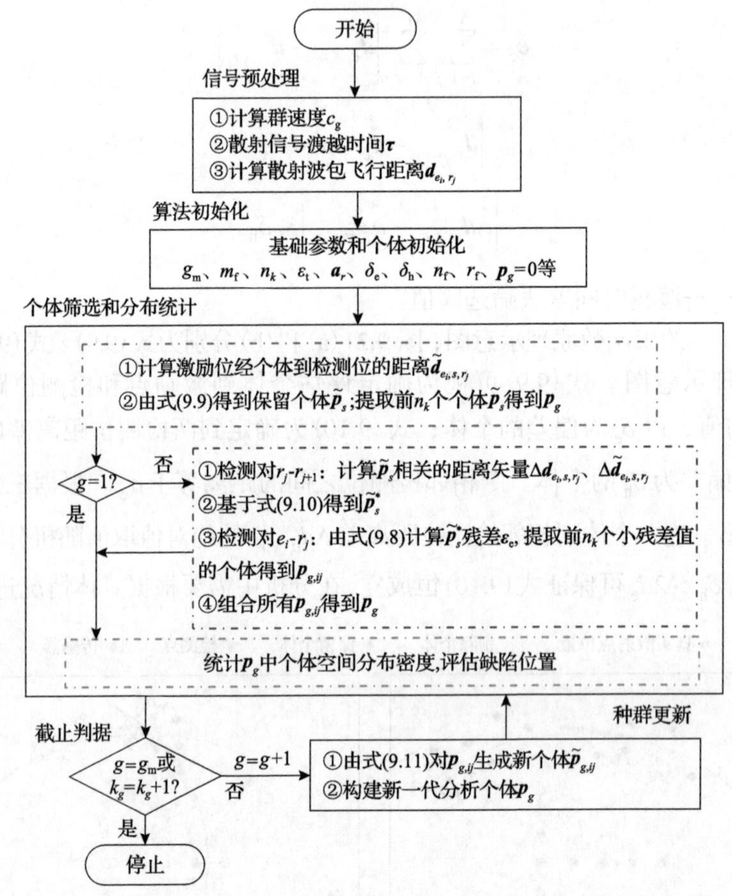

图 9.22　模糊智能缺陷定位算法流程图

(3) 个体筛选和分布统计。

①计算激励位e_i经个体$\boldsymbol{p}_g$到检测位r_j的距离$\tilde{\boldsymbol{d}}_{e_i,s,r_j}$；基于直达渡越时间法约束函数式(9.9)剔除所有到各检测对均不满足约束条件的个体得到$\tilde{\boldsymbol{p}}_s$。如果迭代代数$g=1$，则执行步骤(3)中的②；否则，执行步骤(3)中的③。②$g=1$时，提取$\tilde{\boldsymbol{p}}_s$种群中前n_k个个体作为更新种群$\boldsymbol{p}_g$；如果种群数量小于n_k，则将所有$\tilde{\boldsymbol{p}}_s$作为更新种群$\boldsymbol{p}_g$。统计$\boldsymbol{p}_g$中个体空间分布密度，由最密集分布区域确定缺陷位置。③$g \neq 1$时，基于渡越时间差法约束函数式(9.10)对$\tilde{\boldsymbol{p}}_s$进行筛选：计算$\tilde{\boldsymbol{p}}_s$到相邻检测位置r_j-r_{j+1}的偏差矢量$\Delta \boldsymbol{d}_{e_i,s,r_j}$和$\tilde{\boldsymbol{p}}_s$相关距离矢量$\tilde{\boldsymbol{d}}_{e_i,s,r_j}$的偏差矢量$\Delta\tilde{\boldsymbol{d}}_{e_i,s,r_j}$；基于约束函数式(9.10)剔除$\tilde{\boldsymbol{p}}_s$中不满足各相邻检测对约束条件的个体得到保留种群$\tilde{\boldsymbol{p}}_s^*$，即$\tilde{\boldsymbol{p}}_s^*$中的个体对于所有相邻检测对$r_j$-$r_{j+1}$均满足约束函数式(9.10)；依据式(9.8)计算$\tilde{\boldsymbol{p}}_s^*$种群个体相对于$e_i$-$r_j$检测对的直达渡越时间距离残差值$\varepsilon_e$，

提取前 n_k 个小残差值的个体作为 e_i - r_j 检测对保留个体 $\boldsymbol{p}_{g,ij}$，若 $\tilde{\boldsymbol{p}}_s^*$ 数量小于 n_k，则直接将 $\tilde{\boldsymbol{p}}_s^*$ 作为各检测对保留个体 $\boldsymbol{p}_{g,ij}$；将各检测对分析得到的保留个体 $\boldsymbol{p}_{g,ij}$ 组合得到当代分析种群 $\boldsymbol{p}_g$。对 $\boldsymbol{p}_g$ 的空间分布进行统计分析，通过统计 $\boldsymbol{p}_g$ 中个体分布最密集区间提取缺陷位置信息。

(4) 截止判据。如果迭代代数达到最大迭代代数 g_{m} 或连续迭代代数中保留个体的最密集区域相同，则停止；否则，更新迭代代数 $g = g+1$，执行步骤(5)。

(5) 种群更新。依据 $\boldsymbol{p}_{g,ij}$ 到各检测对距离 $\tilde{\boldsymbol{d}}_{e,k}$ 与理论距离差 $\tilde{\boldsymbol{d}}_{e_i,r_j}$ 均值的符号特性设置个体更新式(9.11)；依据式(9.7)进行精度控制。将所有新生成的个体 $\tilde{\boldsymbol{p}}_{g,ij}$ 和相应的原始个体 $\boldsymbol{p}_{g,ij}$ 组合得到新一代分析个体 $\boldsymbol{p}_g$。跳转至步骤(3)。

$$\tilde{\boldsymbol{p}}_{g,ij} = \boldsymbol{p}_{g,ij} - \operatorname{sgn}\left(\operatorname{mean}\left(\tilde{\boldsymbol{d}}_{e,k} - \tilde{\boldsymbol{d}}_{e_i,r_j}\right)\right) r_f \operatorname{rand}\left(n_{\mathrm{p}}, n_{\mathrm{f}}\right) \tag{9.11}$$

式中：n_{p}——$\tilde{\boldsymbol{p}}_{g,ij}$ 个体数量，小于或等于 n_k；
mean(·)——均值函数。

9.2.2　有限元验证

1. 有限元模型

采用 ABAQUS 软件建立铝板模型分析基于 A_0 模态兰姆波的裂纹检测方法。模型几何尺寸为 1000mm×600mm×1.8mm，其他参数设置同 9.2.1 节。图 9.23 为损伤模型检测阵列设置示意图。图中以结构左下角为坐标原点，激励点 E 的坐标为(570.6, 330) mm，在 E 点上下面位置处施加反相集中力载荷进行 A_0 模态激发；以 5mm 为间隔沿激励点右侧设置 15 个点进行信号接收(r_1～r_{15})，激励点下方同样设置 15 个信号接收点(c_1～c_{15})。通槽缺陷尺寸为 30mm×1mm×1.8mm，与 x 轴的夹角约为 66.59°。

图 9.24 为通槽缺陷 A_0 模态兰姆波检测信号对比图，图中行号为图 9.23 中 E 点右侧的信号接收点，从左到右行号逐渐增加，列号为 E 点下方的信号接收点，从上到下列号逐渐减小，缺陷信号和健康信号分别由实线和虚线绘制。图 9.24(a) 和(b)分别为列检测信号和行检测信号对比图。受裂纹散射场指向性的影响，缺陷模型中列检测信号中缺陷信号并不明显，而行检测信号中出现了明显的缺陷回波。图 9.24(b)中列检测点接收信号中缺陷信号幅值依次降低。

由缺陷模型和健康模型中对应检测位接收信号作差得到缺陷散射信号。采用直达渡越时间法对缺陷散射信号包络进行处理得到通槽缺陷定位成像图。图 9.25 为椭圆成像方法通槽缺陷成像，图 9.25(a) 和(b)分别为全加成像图和全乘成像图。

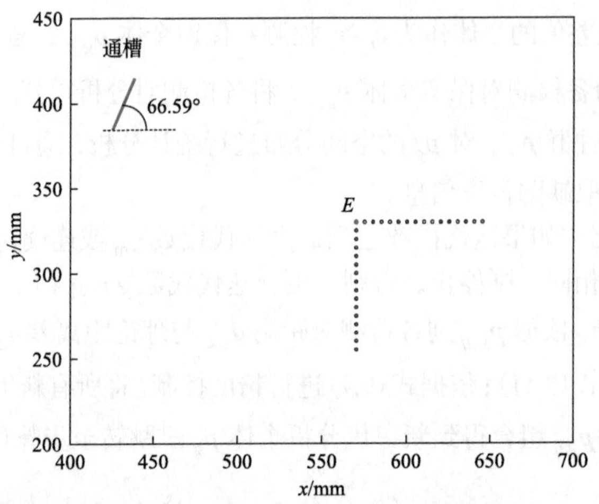

图 9.23　损伤模型检测阵列设置示意图

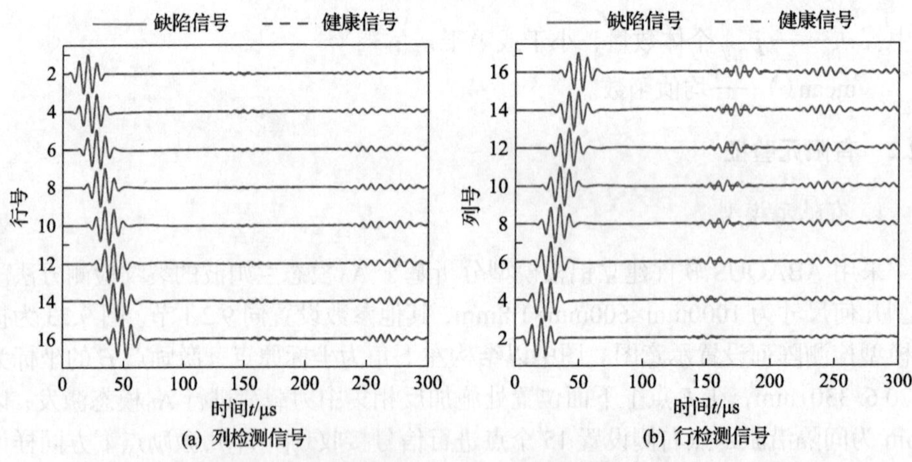

图 9.24　通槽缺陷 A_0 模态兰姆波检测信号对比

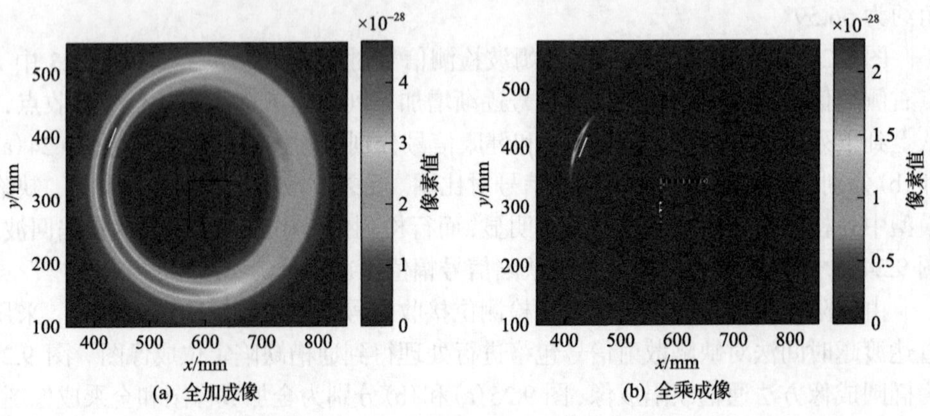

图 9.25　椭圆成像方法通槽缺陷成像

全乘成像的分辨率明显高于全加成像，但能量最大区域与缺陷位置存在一定的偏差。

2. 缺陷定位检测

算法最大迭代代数为 10，初始种群规模为 1000，最大个体释放距离为 100mm，最大个体释放数量为 10；种群取值范围 $x \in [1,1000]$mm，$y \in [1,600]$mm，空间离散精度为 1mm，n_k 为 150，δ_e 为 100mm，δ_h 为 12mm。缺陷的四点坐标为(426.21, 384.6)mm、(425.29, 385)mm、(438.28, 415)mm、(439.2, 414.6)mm。

图 9.26 为智能算法不同代数下缺陷检测结果。图 9.26(a)为第 1 代保留个体分布图，由于仅经过直达渡越时间法(式(9.9))的筛选，图中存在众多偏离缺陷位置的个体，但也保留了足够多的个体用于后续分析。图 9.26(b)为第 1 代保留个体释放结果，在缺陷位置周围出现了许多新的个体。图 9.26(c)绘制了第 2 代保留个体，由于经过 δ_e 和 δ_h 筛选控制，保留个体很好地集中在了缺陷周围，但个体数量较少。个体在 y 方向的统计坐标集中在 370～380mm。图 9.26(d)、(e)和(f)分别为第 3 代、第 4 代和第 10 代保留个体分布图；第 3 代和第 4 代保留个体在 y 轴的统计分布集中在 390～410mm，和通槽缺陷的真实分布情形一致。图中个体在通槽缺陷处有较好的聚集，说明由第 2 代开始基于个体分布的缺陷位置评估结果已经和真实缺陷接近，之后的迭代代数中个体的密度有所增加。各图中保留个体在 x 轴上的统计分布稳定在 420～440mm，和真实缺陷在 x 轴方向的分布形式吻合较好。综合对比显示所提模糊缺陷定位算法从第 2 代开始，保留个体在 x 轴和 y 轴的统计特性已经能够很好地表征缺陷位置。

3. 筛选阈值对检测的影响

图 9.27 为 δ_e=50mm、δ_h=12mm 时智能缺陷检测图，图 9.27(a)、(b)分别显示了第 4 代和第 10 代保留个体。与图 9.26 中相应迭代代数下分析结果进行对比，δ_e 取 100mm 和 50mm 时个体在 x 轴和 y 轴的覆盖范围没有明显的区别，说明直达渡越时间法筛选阈值 δ_e 对算法影响较小。

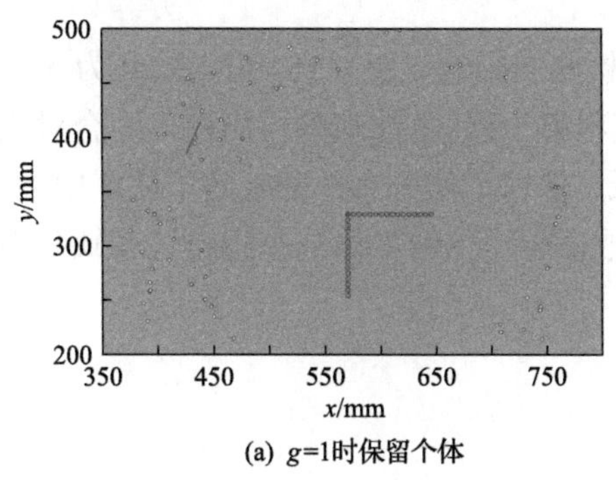

(a) g=1时保留个体

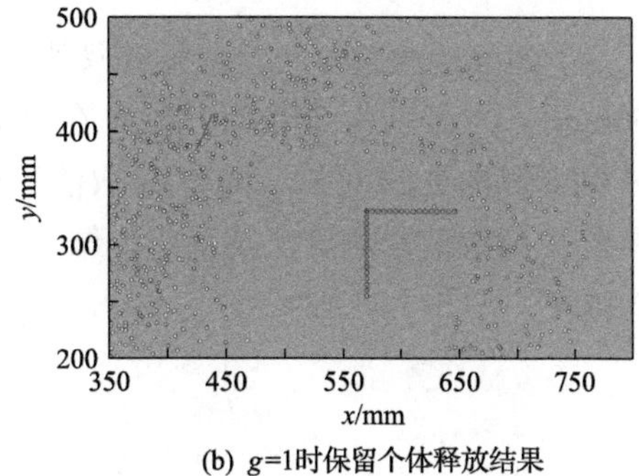

(b) g=1时保留个体释放结果

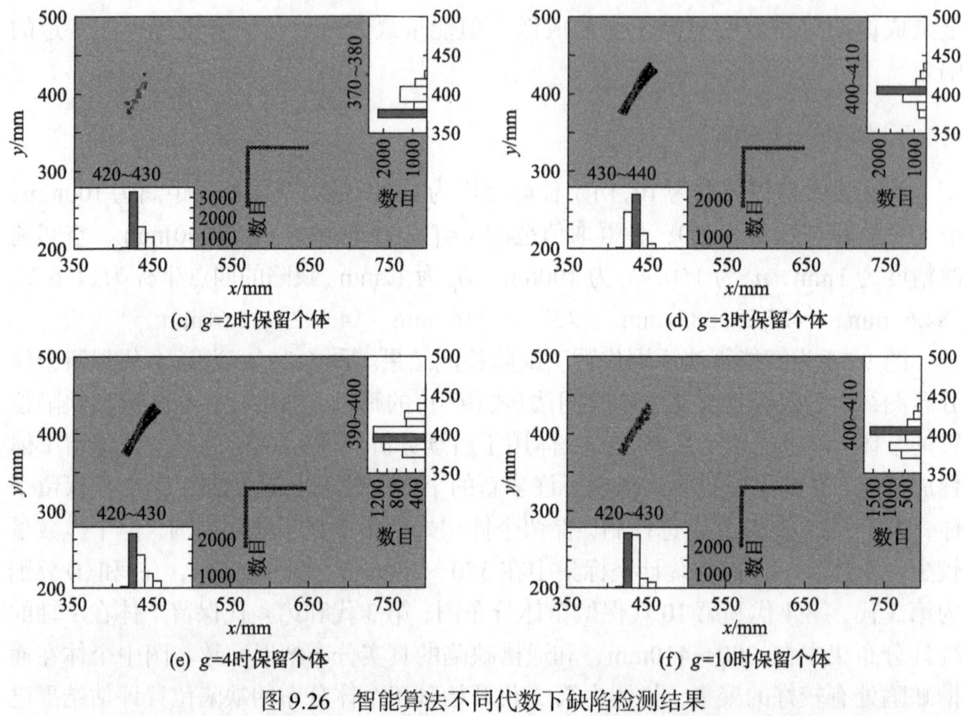

(c) g=2时保留个体 (d) g=3时保留个体

(e) g=4时保留个体 (f) g=10时保留个体

图 9.26 智能算法不同代数下缺陷检测结果

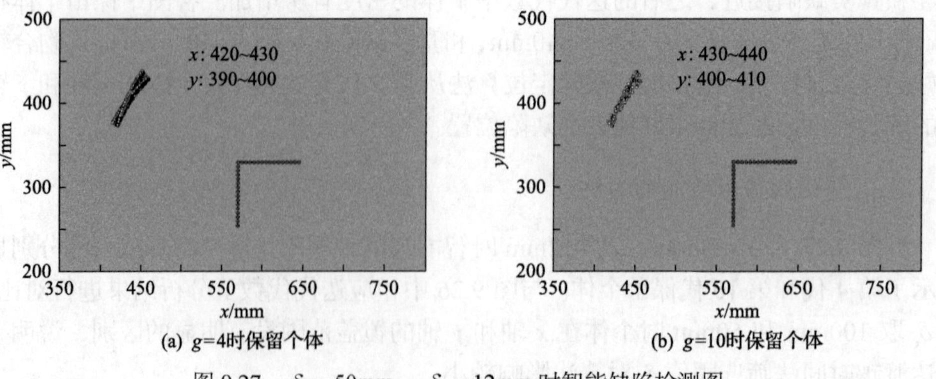

(a) g=4时保留个体 (b) g=10时保留个体

图 9.27 $\delta_e = 50\text{mm}$ 、 $\delta_h = 12\text{mm}$ 时智能缺陷检测图

下面分析渡越时间差法筛选阈值 δ_h 对检测的影响。图 9.28 和图 9.29 为 $\delta_e = 50\text{mm}$ 、 δ_h 分别为 8mm 和 5mm 在第 4 代和第 10 代智能缺陷检测图。综合对比图 9.28 和图 9.29 可知，随着 δ_h 取值的降低，保留个体分布逐渐收敛于缺陷中心。参数 δ_h 的取值影响算法缺陷定位结果，δ_h 取值越小保留个体分布越趋近于缺陷中心位置。

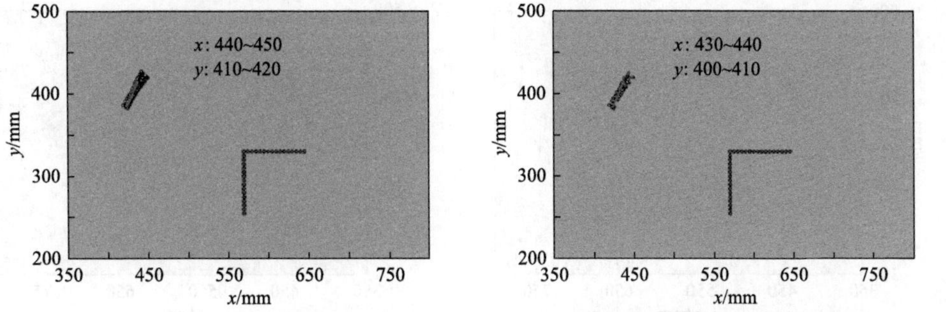

(a) g=4时保留个体　(b) g=10时保留个体

图 9.28　$\delta_{\mathrm{e}} = 50\mathrm{mm}$ 、$\delta_{\mathrm{h}} = 8\mathrm{mm}$ 时智能缺陷检测图

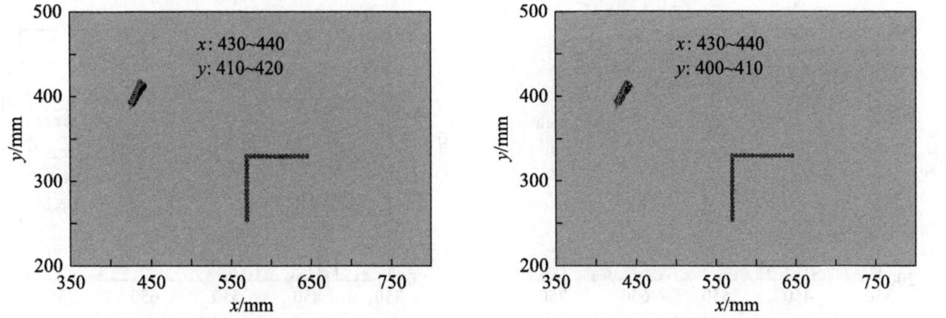

(a) g=4时保留个体　(b) g=10时保留个体

图 9.29　$\delta_{\mathrm{e}} = 50\mathrm{mm}$ 、$\delta_{\mathrm{h}} = 5\mathrm{mm}$ 时智能缺陷检测图

4. 阵元数量对检测的影响

下面介绍 δ_{e}=50mm、δ_{h}=12mm 时检测点数量变化对参数化缺陷定位的影响。图 9.30 为 c_2、c_5、c_8、c_{11}、c_{14}、r_2、r_5、r_8、r_{11} 和 r_{14} 检测点智能缺陷定位图；图 9.31 为 c_2、c_5、c_8、c_{11}、c_{14}、r_8 和 r_{13} 检测点智能缺陷定位图。两种阵列形式下保留个体的分布形式同图 9.27 中的差别并不大。图 9.32 为 c_3 和 c_6 检测点智能缺

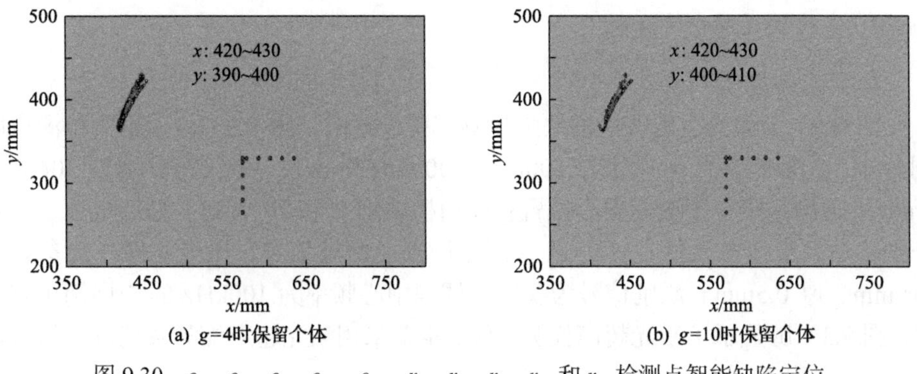

(a) g=4时保留个体　(b) g=10时保留个体

图 9.30　c_2、c_5、c_8、c_{11}、c_{14}、r_2、r_5、r_8、r_{11} 和 r_{14} 检测点智能缺陷定位

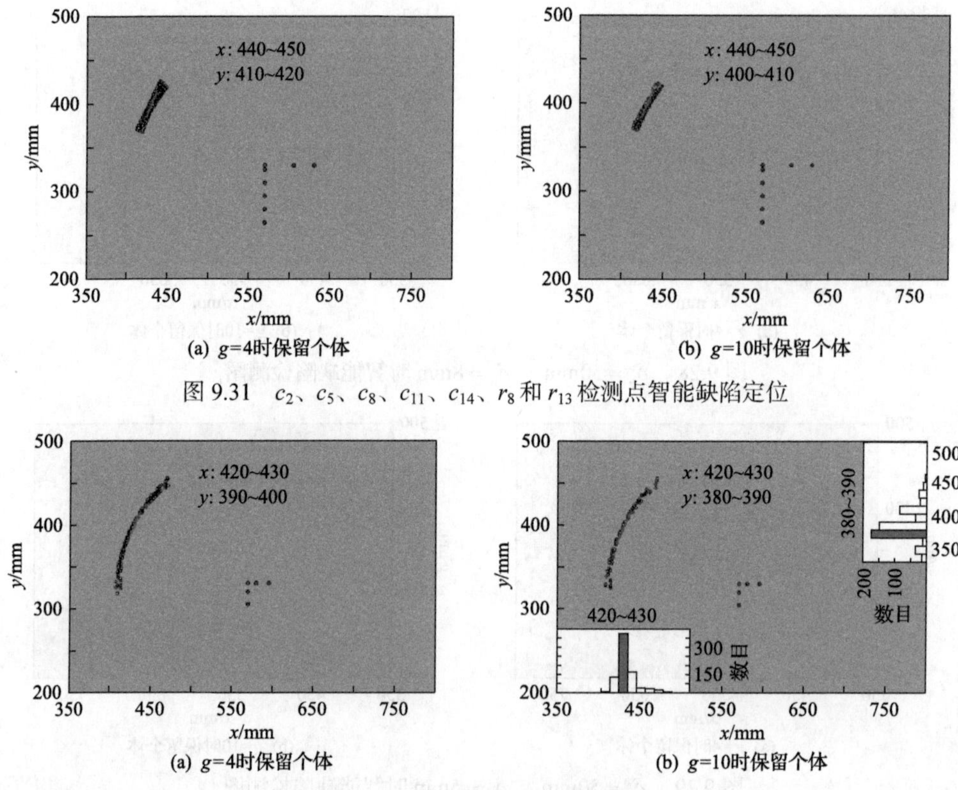

图 9.31　c_2、c_5、c_8、c_{11}、c_{14}、r_8 和 r_{13} 检测点智能缺陷定位

图 9.32　c_3 和 c_6 检测点智能缺陷定位

陷定位图，图中大量偏离缺陷位置的个体被保留了下来，但个体在缺陷对应位置处的聚集密度仍高于非缺陷位置。第 10 代保留个体坐标统计图中个体密集分布范围位于缺陷区域内。综合对比显示，检测阵列数量的变化在一定程度上影响保留个体的分布形式，但对缺陷定位检测的影响较小。

9.2.3 实验验证

1. 实验设置及信号分析

1) 实验设置

图 9.33 为激光兰姆波通槽缺陷检测实验设置图。图 9.33(a)显示了检测点阵列分布，实验铝板几何尺寸为 500mm×500mm×2mm，一个长宽分别为 30mm、2mm 的通槽缺陷位于板面中心位置；在通槽缺陷 0°和 90°方向、贴近板边缘位置分别粘贴两个压电元件：P_1、P_2，用于激励兰姆波信号，压电元件几何参数为 ϕ15mm、厚 0.5mm。激励信号为汉宁窗调制中心频率为 100kHz 的 5 周期正弦信号。图 9.33(b)显示了激光超声检测系统，本节采用激光超声检测系统进行信号接

收，接收点为十字阵列。r_0 距离压电元件最近边沿 30mm，以 5mm 为间隔在压电元件与 r_0 连线方向上的 28 个位置采集得到 A_0 模态兰姆波信号。

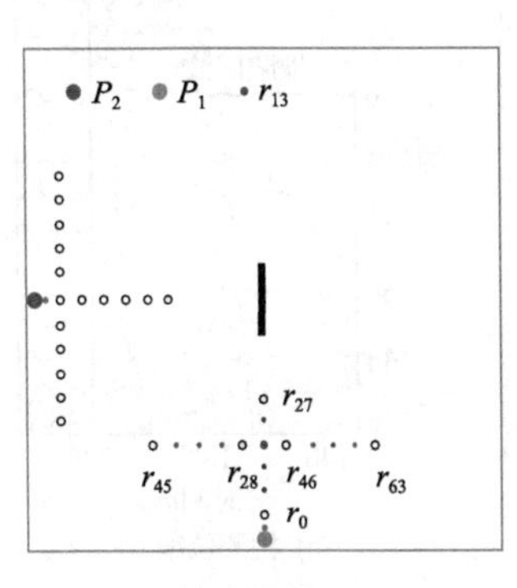

(a) 检测点阵列分布

(b) 激光超声检测系统

图 9.33 激光兰姆波通槽缺陷检测实验设置

2) 波场特征分析

图 9.34 为典型 A_0 模态兰姆波检测信号对比图。不同阵列检测到的缺陷散射信号分布在不同的区段。r_0～r_{27} 检测位检测到的缺陷散射信号分布区间为 130～240μs；r_{28}～r_{63} 检测位检测缺陷散射信号分布区间为 150～245μs。提取各检测位中检测信号中的缺陷散射信号，绘制散射信号对比图(图 9.35)。随着检测位距离缺陷位置的增加，r_0～r_{27} 检测位检测得到的散射信号渡越时间逐渐向前偏移；r_{28}～r_{39} 检测位和 r_{46}～r_{56} 检测位检测得到的缺陷散射信号渡越时间逐渐向后偏移，散射信号幅值逐渐降低；受压电元件激发信号指向性和激光超声系统检测特性的影响，r_{40}～r_{45} 检测位和 r_{57}～r_{63} 检测位中存在能量逐渐增加的伪缺陷反射波包，经

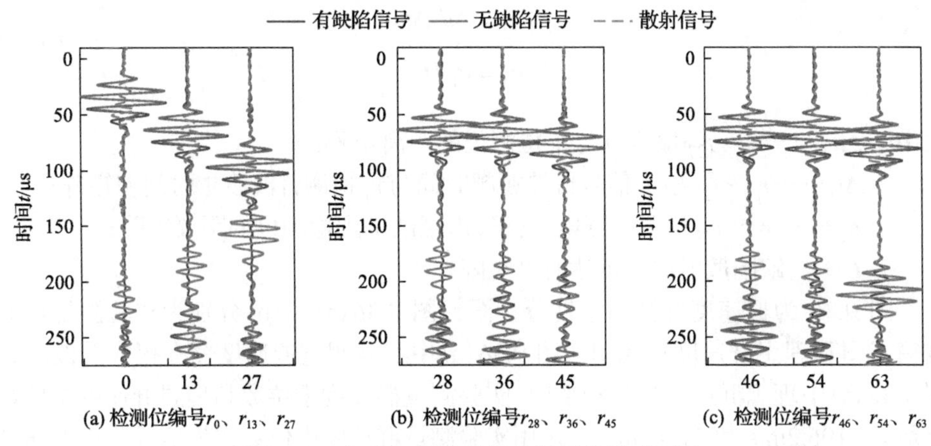

(a) 检测位编号r_0、r_{13}、r_{27} (b) 检测位编号r_{28}、r_{36}、r_{45} (c) 检测位编号r_{46}、r_{54}、r_{63}

图 9.34 典型 A_0 模态兰姆波检测信号对比图

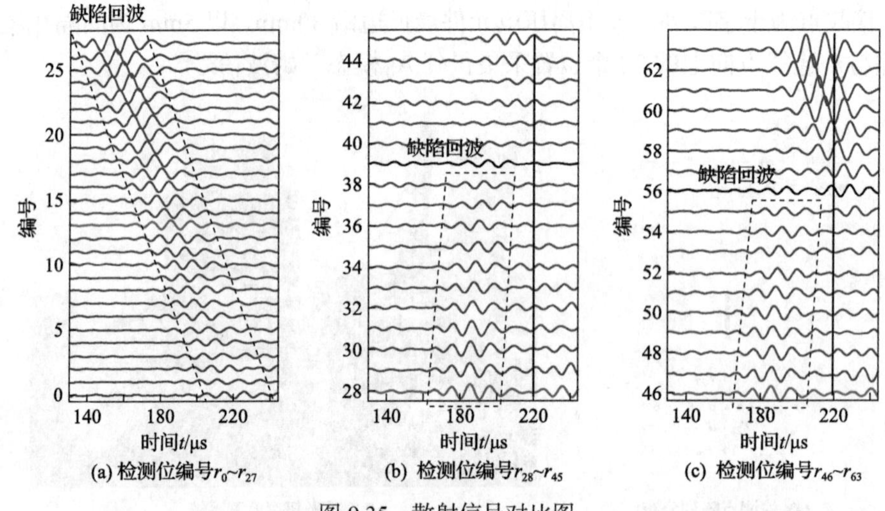

图 9.35　散射信号对比图

分析为结构侧端反射回波。因此，由 r_0～r_{27} 检测位检测到的缺陷散射信号中截取 130～245μs 区段进行散射信号渡越时间评估，由 r_{28}～r_{38} 检测位和 r_{46}～r_{55} 检测位检测散射信号中截取 160～220μs 区段进行散射信号渡越时间评估。

3）特性参数提取稳定性分析

采用希尔伯特变换对 P_1 传感器激励、r_0 ～ r_{27} 检测位接收信号进行处理，得到信号包络，以首次抵达波包络峰值时刻作为信号传播到各检测位的传播时间。将 r_1 ～ r_{27} 检测位与 r_0 检测位距离差与各检测位接收信号首次抵达波之差的比值作为实验测量群速度。实验测量群速度 $\boldsymbol{c}_{\mathrm{g}}^{\mathrm{e}}$ 和由缺陷散射波包反推得到的理论群速度 $\boldsymbol{c}_{\mathrm{g}}^{\mathrm{i}}$ 的计算公式为

$$\begin{cases}\boldsymbol{c}_{\mathrm{g}}^{\mathrm{e}}=\Delta\boldsymbol{d}/\Delta\boldsymbol{t}\\ \boldsymbol{c}_{\mathrm{g}}^{\mathrm{i}}=\boldsymbol{d}_{\mathrm{c}}/\boldsymbol{t}_{\mathrm{c}}\end{cases}\tag{9.12}$$

式中：$\Delta\boldsymbol{d}$ ——r_1 ～ r_{27} 检测位与 r_0 检测位的距离矩阵；

$\Delta\boldsymbol{t}$ ——r_1 ～ r_{27} 检测信号首波渡越时间与 r_0 检测首波渡越时间差矩阵；

$\boldsymbol{d}_{\mathrm{c}}$ ——r_1 ～ r_{27} 检测位压电元件边沿经缺陷到检测位的距离矩阵；

$\boldsymbol{t}_{\mathrm{c}}$——缺陷散射波包抵达时刻矩阵。

图 9.36 为群速度计算稳定性分析图，图 9.36(a)、(b)分别为实验测量群速度箱式图和理想群速度箱式图。图 9.36(a)中实验测量群速度存在很大的波动；图 9.36(b)中理想群速度分布较平稳。实验测量群速度中位数和理想群速度中位数分别为 2196.2m/s 和 2184.5m/s。采用实验测量群速度中位数作为信号分析群速度

值。图 9.37 为椭圆成像方法通槽缺陷定位图，缺陷位于高像素区域，验证了测量群速度统计中位数在通槽缺陷定位中的有效性。

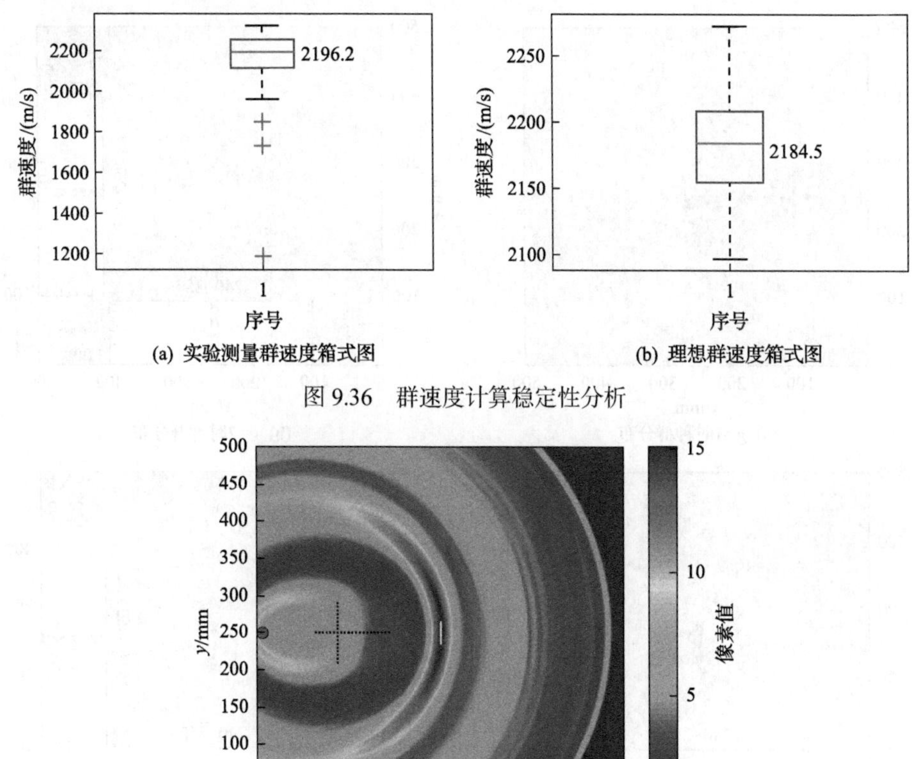

图 9.36　群速度计算稳定性分析

图 9.37　椭圆成像方法通槽缺陷定位

2. 缺陷定位检测

初始种群规模为 2000、δ_e=50mm、δ_h=15mm；当连续三代保留个体的最密分布区间均相同时停止分析，否则继续执行。其余参数设置与 9.2.2 节相同。通槽缺陷的四点坐标为(249, 235) mm、(251, 235) mm、(251, 265) mm、(249, 265) mm。

图 9.38 为 r_7～r_{27}、r_{28}～r_{34}、r_{46}～r_{52} 检测位通槽缺陷智能定位图。由于 2、3、4 代保留个体统计结果相同，所以算法在第 4 代停止运行。图 9.38(a)为初代种群分布图。由于仅经过 δ_e 筛选、未经过 δ_h 筛选，图中保留了许多距离缺陷较远的个体。图 9.38(b)为第 2 代种群分布，经过 δ_e 和 δ_h 筛选后保留个体聚集在缺陷附近，但分布密度较低。图 9.38(c)和(d)分别为第 3 代和第 4 代种群分布图，两图中的

个体在缺陷周围具有较高的密度分布，缺陷得到了准确定位。不同代数保留个体在 x 轴和 y 轴方向的统计结果分别集中分布在 240～250mm 和 250～260mm。

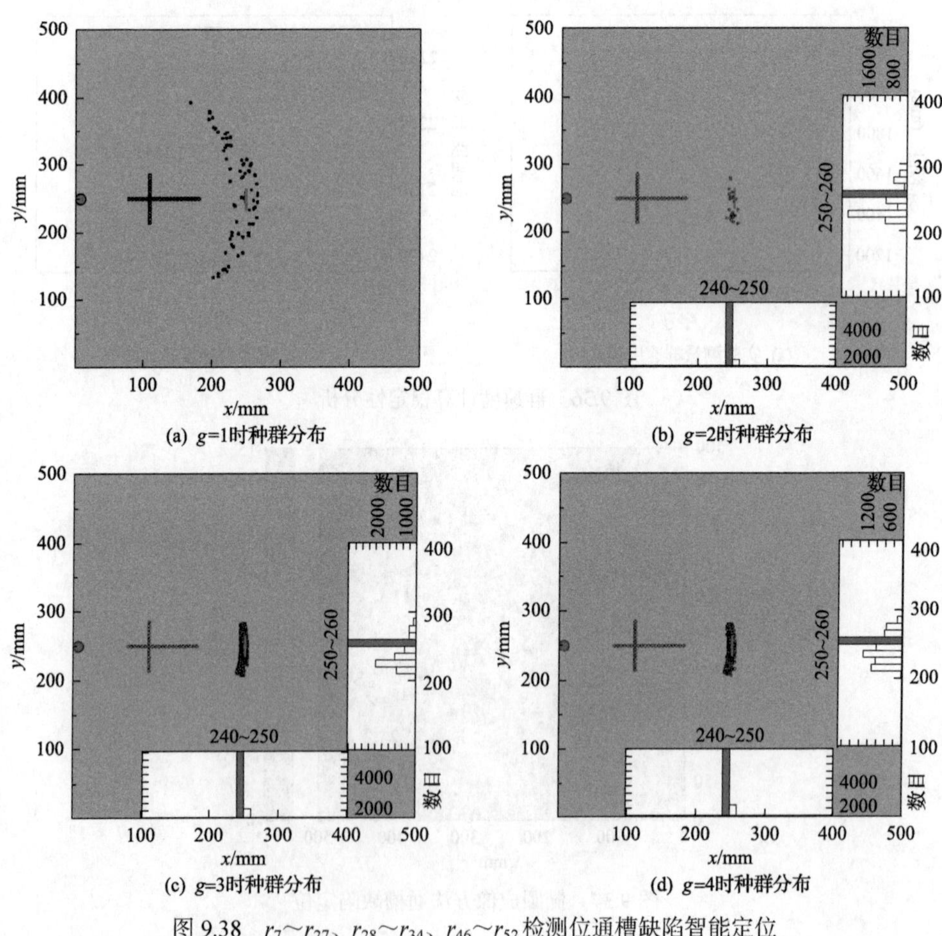

图 9.38　r_7～r_{27}、r_{28}～r_{34}、r_{46}～r_{52} 检测位通槽缺陷智能定位

3. 参数设置对检测的影响

采用所提算法对 r_7～r_{19}、r_{28}～r_{31}、r_{46}～r_{49} 检测位检测信号进行处理，分析筛选阈值设置对检测的影响，结果如图 9.39 所示。图 9.39(a)为 δ_e=50mm、δ_h=20mm 第 6 代保留个体分布图，图 9.39(b)为 δ_e=50mm、δ_h=15mm 时第 5 代保留个体分布图。δ_h=15mm 时保留个体与缺陷位置吻合得较好，而 δ_h=20mm 时存在大量偏离缺陷位置的个体，δ_h 取值大小对算法分析效果有较大的影响。图 9.39(c)和(d)为 δ_h= 15mm、δ_e 分别为 25mm 和 15mm 时通槽缺陷参数化检测结果。δ_h 为 15mm 时个体在 y 轴方向被限制在缺陷附近，分布区域和缺陷位置吻合较好；而 δ_e 为

15mm 时的个体较 25mm 时个体在 x 轴方向的分布更集中于缺陷位置。

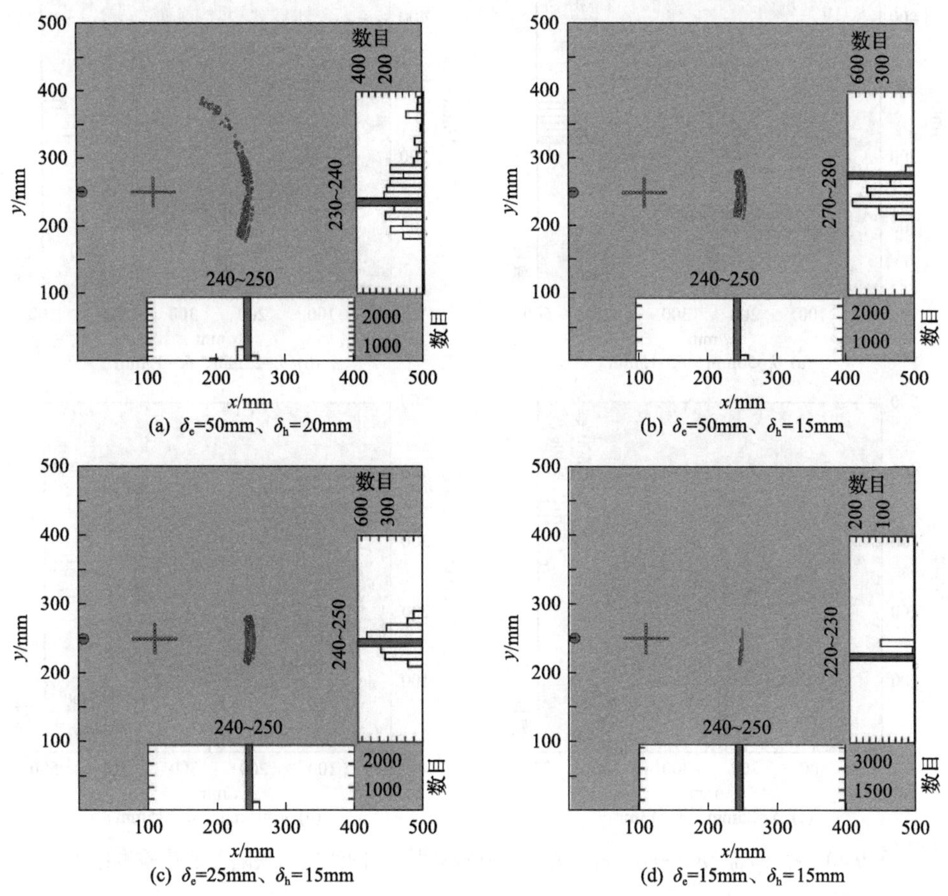

(a) δ_e=50mm、δ_h=20mm (b) δ_e=50mm、δ_h=15mm

(c) δ_e=25mm、δ_h=15mm (d) δ_e=15mm、δ_h=15mm

图 9.39 $r_7 \sim r_{19}$、$r_{28} \sim r_{31}$、$r_{46} \sim r_{49}$ 检测位不同筛选阈值通槽缺陷参数化检测

采用所提算法对 $r_{13} \sim r_{19}$、$r_{28} \sim r_{31}$、$r_{46} \sim r_{49}$ 检测位检测信号进行处理，分析筛选阈值设置对检测的影响，结果如图 9.40 所示。图 9.40(a)、(b) 中保留个体在 x 轴的统计分布很好地收敛在 240～250mm 内，在 y 轴方向的统计分布与缺陷空间分布重合。图 9.40(d) 中种群的分布特性与图 9.40(b) 相似，缺陷几何特性和种群分布形式具有很好的一致性。综合图 9.40(a)、(b) 和 (d)，可知 δ_h =15mm 时，随着 δ_e 取值的降低，种群分布越来越集中于缺陷位置。对比图 9.40(b) 和 (c) 可知，在 δ_e =25mm、δ_h =13mm 时保留种群分布偏离了缺陷位置。说明 δ_h 取值对缺陷检测的影响较大。

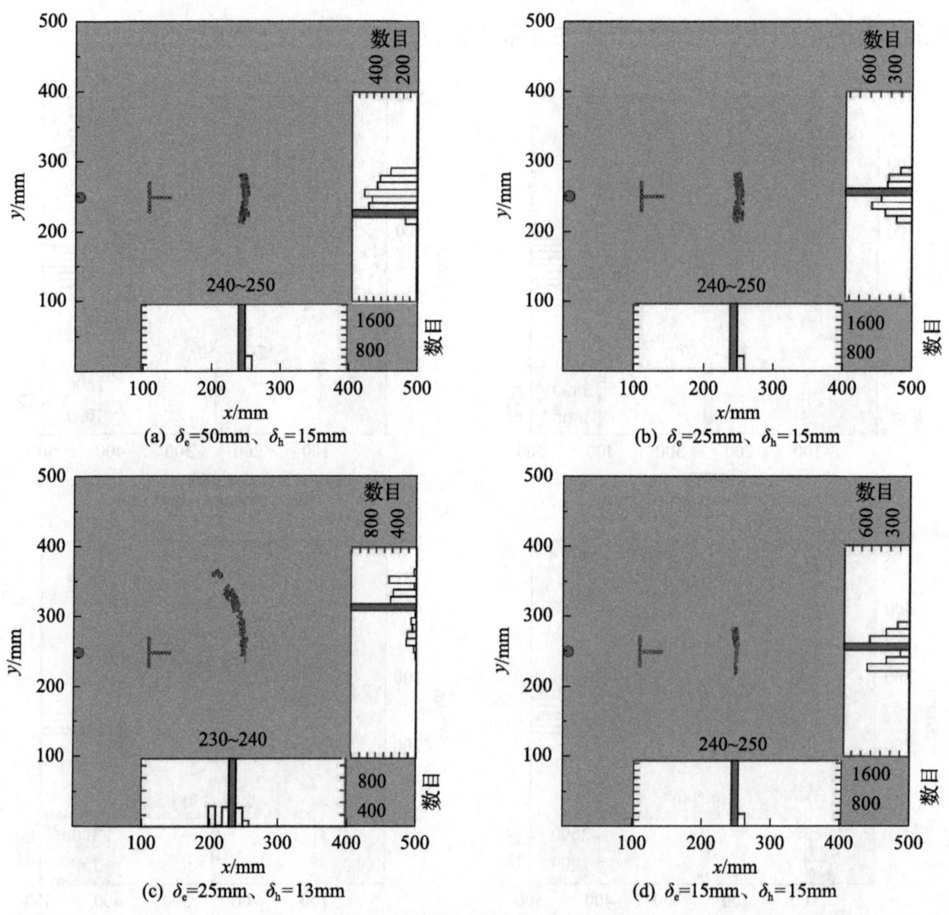

图 9.40 $r_{13}\sim r_{19}$、$r_{28}\sim r_{31}$、$r_{46}\sim r_{49}$ 检测位不同筛选阈值通槽缺陷参数化检测结果

9.3 基于符号相干因子的搜索成像

本节提出一种基于 SCF 的搜索算法[3]对激光产生的兰姆波信号进行缺陷定位研究。该算法通过对单个散射体的自适应搜索来识别缺陷位置。本节分析基于密集阵列的激光兰姆波[4-6]缺陷定位的统计性、多样性以及时空映射轨迹的横向效应。通过将信号的SCF与时域全聚焦结合设计个体散射体的数学模型和搜索算法。将进化策略与 *K*-means 聚类算法相结合，开发成像区域内个体的搜索算法。

9.3.1 基于符号相干因子的搜索成像算法原理

1. 密集阵列缺陷定位的特性

对于全聚焦算法(total focusing method, TFM)[7-9]和 SCF 算法，检测区域中每

个离散网格的像素值分别由式(9.13)和式(9.14)计算：

$$\boldsymbol{p}_{\mathrm{TFM}}(x,y)=\left|\gamma\sum_{i=1}^{N}\sum_{j=1}^{N}s_{ij(i\neq j)}\left(\boldsymbol{\tau}_{ij}(x,y)\right)\right| \tag{9.13}$$

$$\boldsymbol{p}_{\mathrm{SCF}}(x,y)=\left|1-\sqrt{1-\left(\gamma\sum_{i=1}^{N}\sum_{j=1}^{N}b_{ij(i\neq j)}\left(\boldsymbol{\tau}_{ij}(x,y)\right)\right)^{2}}\right| \tag{9.14}$$

$$b_{ij}=\begin{cases}1, & s_{ij}(\boldsymbol{\tau})>0\\ -1, & s_{ij}(\boldsymbol{\tau})<0\end{cases} \tag{9.15}$$

式中：s_{ij}——第 i 个激励器、第 j 个接收器接收的时域信号；

b_{ij}——$s_{ij(i\neq j)}$ 的极性符号；

$\boldsymbol{\tau}_{ij}$——第 i 个激励器经过离散网格 (x,y) 到第 j 个接收器的波包渡越时间；

N——激励器和接收器的数量；

$\gamma=1/N^2$——缩放因子，在本节中设为 1。

$\boldsymbol{p}_{\mathrm{TFM}}$ 和 $\boldsymbol{p}_{\mathrm{SCF}}$ 分别是由 TFM 和 SCF 算法计算得到的像素值。在缺陷周围的像素值高于其他区域，因此在成像中突出显示缺陷位置。

图 9.41 展示了基于密集阵列的兰姆波检测中的统计性、多样性和时空映射轨迹(temporal-spatial mapping trajectory, TSMT)的横向效应。利用 4×4 的正方形阵列和兰姆波检测到两个缺陷，分别标记为 d_1 和 d_2。缺陷和传感器分别用三角形和圆圈标记。兰姆波由传感器 e_1 产生，缺陷回波部分被传感器接收。由于波包相互作用、入射角度、传播路径衰减和噪声等因素的干扰，传感器对缺陷回波的敏感度各不相同。回波的可检测路径用实线箭头和点线箭头表示，分别对应于 d_1 和 d_2；这些路径的时空映射轨迹用虚线表示。在缺陷周围的时空映射轨迹比其他区域更多，这显示了检测中时空映射轨迹的统计性。同时，d_1 和 d_2 周围的时空映射轨迹数量不同，分别为 9 个和 6 个，这显示了检测中时空映射轨迹的多样性。图 9.41 中虚线大矩形框显示了时空映射轨迹在缺陷周围的横向效应。值得注意的是，时空映射轨迹的横向效应不存在于超声导波稀疏阵列智能成像检测中。图 9.41 中表示潜在散射体的个体在成像区域中是随机分布的，保留个体和去除个体分别用实线和虚线小矩形标记。保留个体分布在缺陷周围，与去除个体相比，保留个体具有更多的时空映射轨迹。通过搜索保留个体可以实现缺陷定位。

充分考虑密集阵列兰姆波检测中的统计性、多样性和时空映射轨迹横向效应，基于式(9.13)、式(9.14)和式(9.15)建立个体的数学模型。该模型描述了散射个体

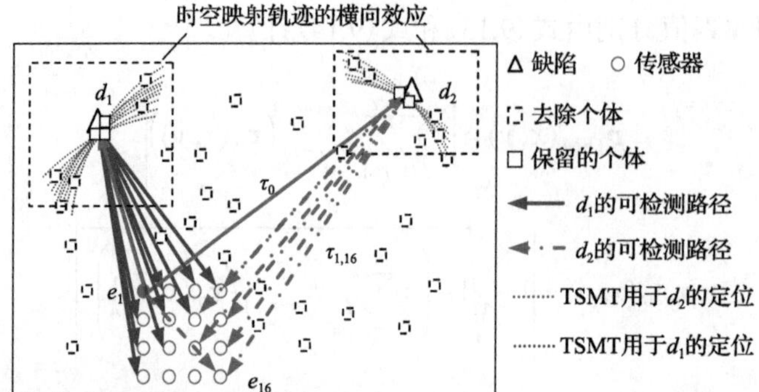

图 9.41 基于密集阵列的兰姆波检测中的统计性、多样性和时空映射轨迹的横向效应

与时空映射轨迹和检测对之间的关系，并能够消除横向效应对检测的影响。在理想条件下，若个体值 SCF 等于 7，则对应 7 个检测对接收到的缺陷回波将被映射到个体位置(x, y)上；个体与相同数量的检测对相关。通过搜索 SCF 较高的个体，可以实现缺陷定位。在个体搜索过程中，应考虑个体的多样性，以避免缺陷误检测。

受激光兰姆波非平稳性和宽带特性的影响，缺陷定位首先必须提取特定频率下激光兰姆波信号的幅值和符号。采用 CWT 提取信号的窄带分量s_n，CWT 由式(9.16)和式(9.17)表示：

$$s_{\mathrm{n}}(t)=\int s_{\mathrm{LGLW}}(t)\frac{1}{\sqrt{a}}\psi^{*}\left(\frac{t-b}{a}\right)\mathrm{d}t \tag{9.16}$$

$$\begin{cases} s_{\mathrm{TFM}}=s_{\mathrm{n}}(t)+\dfrac{1}{\pi}\displaystyle\int\frac{s_{\mathrm{n}}(\tau)}{t-\tau}\mathrm{d}\tau \\ s_{\mathrm{e}}=\left|s_{\mathrm{TFM}}\right| \\ s_{\mathrm{SCF}}=b_{\mathrm{n}}(t)+\dfrac{1}{\pi}\displaystyle\int\frac{b_{\mathrm{n}}(\tau)}{t-\tau}\mathrm{d}\tau \end{cases} \tag{9.17}$$

式中：ψ——母小波；

a——ψ的膨胀参数；

b——ψ的平移参数；

ψ^{*}——ψ的复共轭；

s_{LGLW}——激光产生的兰姆波信号；

s_{n}——提取的窄带信号，表示小波和激光兰姆波信号之间的相似度；

s_{TFM}——提取的窄带信号及其希尔伯特变换结果的求和；

s_{e}——信号包络，只含有信号振幅信息；

s_{SCF}——信号符号及其希尔伯特变换结果的求和，其中未考虑振幅偏差，用于评估信号符号对成像的影响。

2. 基于符号相干因子的搜索算法

在基于SCF的搜索算法的设计中，有两个核心点：个体散射的数学模型和个体的搜索算法。由于缺陷定位是在二维空间(x, y)中进行的，散射个体的数学模型由式(9.13)和式(9.15)构建，个体的基因组通过像素坐标$\boldsymbol{\theta}=(x, y)$进行编码。基因精度等于成像区域离散网格的大小。如果在x和y方向上的离散网格大小为1mm×1mm，基因精度（x和y）设置为1。将进化策略与K-means聚类算法相结合来设计搜索算法。该算法强调个体层面上的行为变化，通过将每个父代基因添加到均匀分布或高斯分布的随机变量中来更新生成子代向量。用简单的方法搜索单个散射点进行缺陷定位，包括初始化、种群筛选、截止准则和种群更新[4,5]。本节主要通过将每个父代基因添加到多个均匀分布的随机变量，生成不同数量的子代个体，并在成像区域中的父代个体周围重新产生个体。在子代个体的生成中，定义了释放个体的数量来控制子代个体的数量，定义释放个体的距离来控制子代个体与父代个体之间的差异。K-means聚类算法用于实现自适应种群更新，有助于控制个体的多样性，并避免缺陷误检测。基于对激光兰姆波的多频分量分析，采用基于符号相干因子搜索算法识别个体，并用于实现缺陷成像。

图9.42展示了基于SCF的搜索算法流程图。首先，根据检测任务初始化算法参数，包括个体基因组$\boldsymbol{\theta}$、最大个体释放距离和数量（r_f和n_f），以及每代最大保留个体数量n_k。成像区域大小为400mm×400mm，参数x和y的范围设置为[1,400]mm。表9.1为基于SCF的搜索算法的初始化参数。采用激光兰姆波进行缺陷定位的5个步骤包括窄带分量分析、基于SCF的种群筛选、种群更新、截止准则和缺陷定位分析。5个步骤的详细执行过程如下。

表9.1　基于SCF的搜索算法的初始化参数

类别	参数	定义	类别	参数	定义
检测控制类	$\boldsymbol{\theta}$	个体基因组	截止标准类	g_m	最大迭代代数
	m_f	初始化个体数		ε_g	种群适应度
	$\boldsymbol{\tau}$	渡越时间		ε_t	截止阈值
种群更新类	K	聚类数	种群筛选类	n_k	最大保留个体数量
	n_f	最大个体释放数量		p_v	个体相关像素值
	r_f	最大个体释放距离		k_p	种群筛选阈值
	$\boldsymbol{p}_{g,c}$	后代		$\boldsymbol{p}_{g,p}$	父代/保留个体

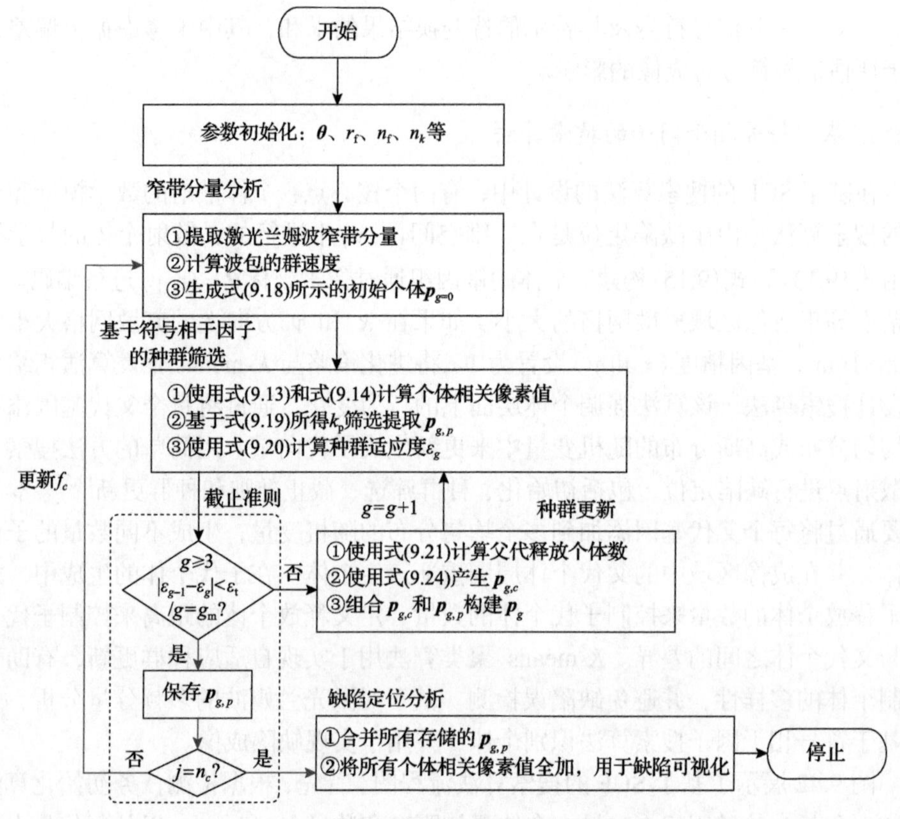

图 9.42　基于 SCF 的搜索算法流程图

1) 窄带分量分析

利用连续小波变换提取激光兰姆波的窄带分量$\left\{f_{c_1},f_{c_2},\cdots,f_{c_n}\right\}$。通过将激励器到接收器的距离差除以第一个到达波的时间，计算相关分量的群速度$\left(\left\{c_{g,c_1},c_{g,c_2},\cdots,c_{g,c_n}\right\}\right)$。所有计算得到的群速度的中值被用作检测中的群速度。然后，使用式(9.18)生成初始个体，初始个体在检测区域内随机分布：

$$\boldsymbol{p}_{g=0}(\boldsymbol{\theta})=\mathrm{round}(\boldsymbol{\theta}_\mathrm{L}+\mathrm{rand}(1,m_\mathrm{p})(\boldsymbol{\theta}_\mathrm{U}-\boldsymbol{\theta}_\mathrm{L})) \tag{9.18}$$

式中：$\boldsymbol{p}_{g=0}$——初始个体；

m_p——最大初始个体$\boldsymbol{p}_{g=0}$的数量；

U 、L——上限和下限符号。

rand(·)——均匀分布函数，在区间(0,1)内生成数据；

round(·)——将数据四舍五入为最接近整数的函数。

2) 基于 SCF 的种群筛选

基于个体相关像素值的最大值，提出了一种自适应的种群筛选策略。个体相关像素值 p_{v} 是通过式(9.13)和式(9.14)计算得到的。只分析个体所在的网格可以减少基于 SCF 的搜索算法的执行时间。根据最大 p_{v} 计算自适应个体筛选阈值 k_{p}。考虑到检测中的多样性，筛选阈值设置为 p_{v} 的 75%[5]。大于 p_{v} 的 75%的值可能导致缺陷误检测。然而，较小的值可能导致许多干扰个体被保留在分析中，降低图像对比度。k_{p} 由式(9.19)表示：

$$k_{\mathrm{p}} = \mathrm{floor}\left(0.75\max\left(p_{\mathrm{v}}\right)\right) \tag{9.19}$$

式中：floor(·)——每个元素四舍五入到小于或等于该元素的最接近整数的函数。

保留其相关像素值 p_{v} 大于 k_{p} 的个体作为父代。如果保留的个体数量大于 n_k，则随机选择 n_k 个个体作为父代。最后，根据式(9.20)计算父代像素值的均值，并将其作为当前代的种群适应度 ε_g：

$$\varepsilon_g = \frac{\sum_{m=1}^{n_{\mathrm{p}}} p_{\mathrm{v},m}^{k}}{n_{\mathrm{p}}} \tag{9.20}$$

式中：n_{p}——当前代父代的数量；

m——父代数量的下标编号。

3) 种群更新

考虑到检测中的多样性，使用自适应种群更新策略来平衡缺陷周围的子代数量。首先，通过 K-means 聚类算法将父代聚类为 K 组。根据释放数量 n_r 和预定义的聚类种群规模 n_i^{cluster} 计算后代的释放数量 n_{f}。$r_{\mathrm{cluster}} r_{\mathrm{p}} n_{\mathrm{f}}$ 的值可能接近于零。因此，为了生成足够多的后代，将最小个体释放数量设置为 4。n_r 由式(9.21)表示[5]：

$$n_r = \begin{cases} 4, & \mathrm{floor}\left(r_{\mathrm{cluster}} r_{\mathrm{p}} n_{\mathrm{f}}\right) \leqslant 4 \\ \mathrm{floor}\left(r_{\mathrm{cluster}} r_{\mathrm{p}} n_{\mathrm{f}}\right), & \mathrm{floor}\left(r_{\mathrm{cluster}} r_{\mathrm{p}} n_{\mathrm{f}}\right) > 4 \end{cases} \tag{9.21}$$

$$r_{\mathrm{cluster}} = 1 - n_i^{\mathrm{cluster}} \Big/ \sum_{i=1}^{K} n_i^{\mathrm{cluster}} \tag{9.22}$$

$$r_{\mathrm{p}} = p_{\mathrm{v}} / \max\left(p_{\mathrm{v}}\right) \tag{9.23}$$

式中：r_{cluster}——基于聚类种群规模 n_i^{cluster} 计算的聚类系数；

r_{p}——个体相关 SCF 的比值。

其次，根据计算的释放数量n_r和预定义的最大个体释放距离r_f更新所有父代的基因，生成子代。由式(9.24)表示：

$$\boldsymbol{p}_{g,c} = \text{round}\left(\boldsymbol{p}_{g,p} + \text{sgn}\left(\text{rand}\left(1,n_r\right) - 0.5\right) r_f \text{rand}\left(1,n_r\right)\right) \tag{9.24}$$

式中：$\boldsymbol{p}_{g,c}$——子代；

$\boldsymbol{p}_{g,p}$——父代。

根据式(9.24)生成n_r个子代，子代与父代之间的差异为$r_f\ \text{rand}\left(1,n_r\right)$，后代的释放方向由$\text{sgn}\left(\text{rand}\left(1,n_r\right)-0.5\right)$决定。

最后，通过将子代和父代结合起来生成下一代的分析个体。返回基于 SCF 的种群筛选。在这个过程中，较大聚类中的个体将释放少量子代；相反，则产生更多的子代。这将有助于不同缺陷周围生成几乎相同数量的子代，以减少多样性对检测的影响。

4)截止准则

为了实现激光兰姆波信号不同窄带分量的检测，截止准则中定义了 3 个截止参数，包括种群适应度ε_g、迭代代数g和激光兰姆波窄带分量的数量n_c。首先，如果迭代代数等于g_m或$g \geqslant 3$并且ε_g的梯度变化小于ε_t，则保存父代。如果所有的激光兰姆波窄带分量$\left(\left\{f_{c_1}, f_{c_2}, \cdots, f_{c_n}\right\}\right)$都已经分析完成，则执行缺陷定位分析；否则，更新频率并返回基于 SCF 的窄带分量分析。其次，如果ε_g的梯度变化大于等于ε_t并且迭代代数小于 3，则更新代数并执行种群更新。第三代被定义为关键代，关键代可以确保足够的个体被保留在检测中。

5)缺陷定位分析

采用复合分析技术改善缺陷的成像对比度，并减少频率对检测的影响。在截止准则中存储的所有父代$\boldsymbol{p}_{g,p}$都会进行缺陷可视化分析。然后，通过观察个体相关像素值的全加结果来确定缺陷位置。全加公式如下：

$$P(x,y) = \sum p_{\mathrm{v},i}(x,y) \tag{9.25}$$

式中：P——离散网格(x,y)处的像素值；

$p_{\mathrm{v},i}$——父代的 SCF，i是父代的数量。

9.3.2 实验验证

1. 实验设置

为了评估基于 SCF 的搜索算法的性能，使用完整的激光超声检测系统[6-8]设置两个实验：一个实验中设置一个缺陷 c_1，另一个实验中设置两个缺陷 c_1 和 c_2。激光超声检测技术系统如图 9.33 所示。图 9.43 为用于检测铝板模拟缺陷的检测点阵列分布。板的几何尺寸为 1000mm×1000mm×0.8mm。原点 O 位于板的内部，其距离板的上边缘和左边缘分别为 310mm 和 270mm。图像区域用虚线矩形标记，大小为 400mm×400mm。在板的不同侧面分别采用两对磁铁来模拟缺陷（c_1 和 c_2）。c_1 和 c_2 的坐标分别为(180,115) mm 和(350,220) mm。磁铁的直径和厚度分别为 25mm 和 20mm。在面 A 和面 B 上设计了两个方形阵列，用于指导激光兰姆波的激励和接收位置的设置。本节的阵列为 4×4 的方形矩阵，每个阵列点间隔 10mm。由序号 1～16 标记，并且具有相同序号的阵列点在 x-y 平面上具有相同的坐标；点 4 的坐标为(210,200) mm。当激光束在面 A 的一个阵列点产生激励信号时，激光超声检测系统则会在面 B(注：面 A 的背面为面 B) 上的其余 15 个阵列点接收信号。每个实验共采集 240 组信号。

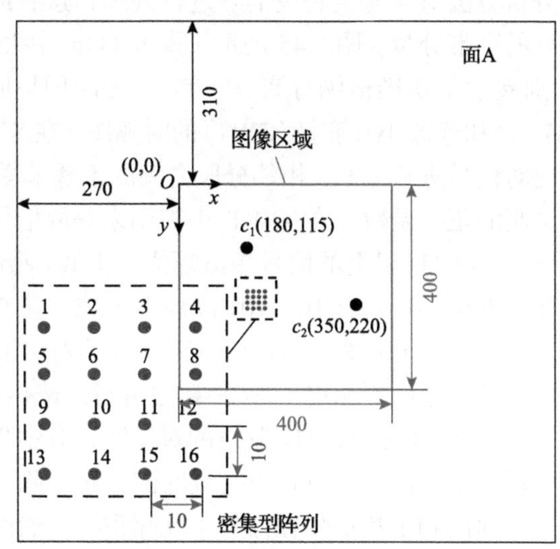

图 9.43　用于检测铝板模拟缺陷的检测点阵列分布(单位：mm)

2. 实验验证

1) 信号参数对检测的影响

图 9.44 展示了检测对 P_1-P_{16} 检测两个模拟缺陷时接收的激光兰姆波时域波形和频谱图，图 9.44(a) 为原始信号和去噪结果的时域波形对比图。原始信号及去噪结果分别用实线和虚线表示。采用 Daubechies40 对原始信号进行第 5 级小波分解得到去噪结果；在此过程中采用了基于水平相关估计的通用阈值和软阈值。通过对信号包络峰值进行分析，无法直接确定不同窄带分量的渡越时间。图 9.44(b)

为原始信号和去噪结果的频谱对比图。如图 9.44(b)所示，激光兰姆波具有宽频带特性，主要分量频率低于 100kHz。

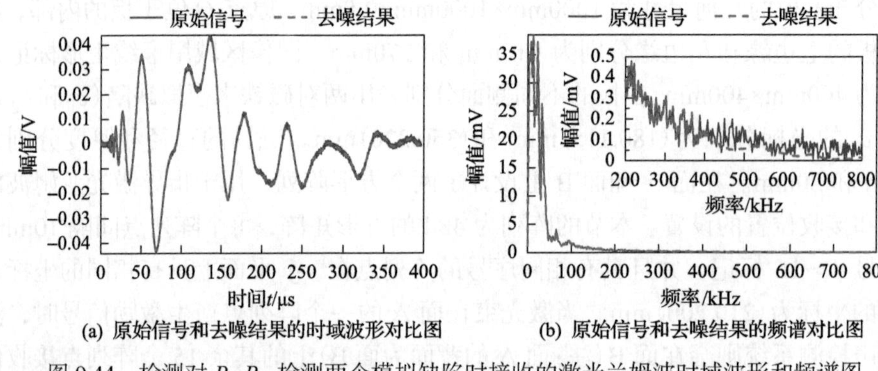

(a) 原始信号和去噪结果的时域波形对比图　(b) 原始信号和去噪结果的频谱对比图

图 9.44　检测对 P_1-P_{16} 检测两个模拟缺陷时接收的激光兰姆波时域波形和频谱图

采用不同时频分析方法对激光兰姆波信号进行处理，这有助于选择适合的时频分析方法提取信号的窄带分量。图 9.45 展示了图 9.44(a)中去噪结果的时频图。图 9.45(a)～(c)分别展示了伪维格纳分布(WVD)、短时傅里叶变换(short time Fourier transform, STFT)和连续小波变换(CWT)的时频图。在 STFT 中，使用序列长度为 500 的汉宁窗对信号进行分割；相邻分段之间的重叠采样数为 498。Morlet 小波是由高斯函数调制的正弦函数。在 CWT 中被用来获取信号良好的时频分辨率。如图 9.44(b)所示，100kHz 以上的信号频谱幅值非常低。将超过 100kHz 的信号时频图重新绘制在图 9.45(a)～(c)中。图中高像素区域均在 0～0.1，以清晰显示出信号特征。图 9.45(c)具有比图 9.45(a)和(b)更高的对比度。在进一步分析中，可以发现 250kHz 以下分量不能用于 SCF 算法进行缺陷定位。图 9.45(d)展示了 WVD、STFT 和 CWT 提取 350kHz 分量的对比图，其中相关信号分别用虚线、点虚线和实线表示。实线波形的直达波持续时间最短。除了虚线外，直达波后还有许多波包。缺陷回波和干扰信号在信号中互相重叠。然而，实线波形比点虚线波形具有更高的时间分辨率。以上分析验证了 CWT 更适用于提取激光兰姆波信号的窄带分量。

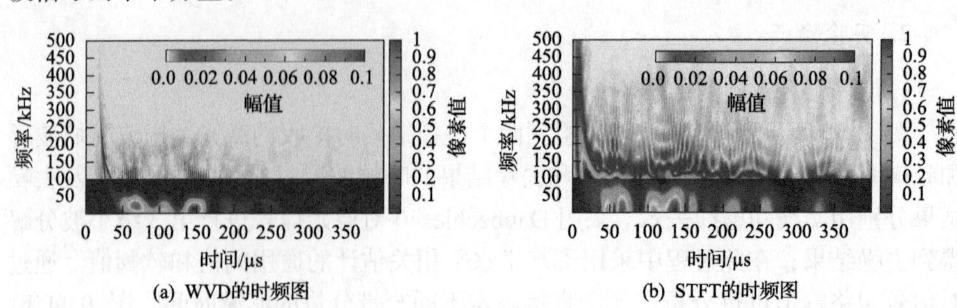

(a) WVD的时频图　(b) STFT的时频图

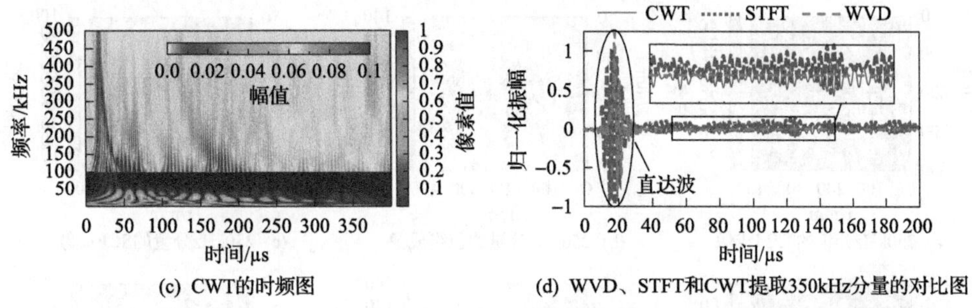

(c) CWT的时频图　　(d) WVD、STFT和CWT提取350kHz分量的对比图

图 9.45　去噪结果的时频图

为了避免直达波对成像结果的影响，将其从去噪后提取的窄带分量中去除，并分析信号信息对缺陷定位的影响。本节中所有图中的离散网格大小均为 1mm×1mm。图 9.46 绘制了不同去噪信号窄带分量的模拟缺陷成像结果。信号的主要分量是 A_0 模态。图 9.46(a)～(c)展示了 250kHz 分量的 s_{TFM}、s_e 和 s_{SCF} 成像结果。这里计算得到的群速度为 2280m/s。在图 9.46(a)中，两个模拟缺陷无法定位。在图 9.46(b)中，c_1 和 c_2 周围的像素值高于其他区域；时空映射轨迹的横向效应降低了成像分辨率，然而，验证了计算得到的群速度是正确的。图 9.46(c)中的 250kHz 分量的 SCF 成像结果与图 9.46(a)出现类似的情况，缺陷定位失败。图 9.46(d)～(f)展示了 350kHz 分量的 s_{TFM}、s_e 和 s_{SCF} 成像结果，在 350kHz 时计算得到的群速度为 2530m/s。在图 9.46(d)中，缺陷位置处的像素值高于其他区域，缺陷定位成功。然而，受信号衰减的影响，c_2 周围的像素值低于 c_1 周围的像素值，显示了检测中的多样性。图 9.46(e)绘制了 350kHz 分量包络成像结果。图中突出显示了缺陷的位置，c_1 周围的像素值也高于 c_2 周围的像素值。然而，图像的横向分辨率远低于图 9.46(d)。图 9.46(f)绘制了 350kHz 分量的 SCF 成像结果。高像素值区域的位置与缺陷位置一致。因此，缺陷定位成功。与图 9.46(d)相比，在图 9.46(f)中，c_1 周围的像素值与 c_2 周围的像素值几乎相同。图 9.46(f)在一定程度上消除了信号幅值对成像结果的影响。通过以上分析可知，图 9.46(b)和(e)中的成像结果证明提取的激光兰姆波信号窄带分量中包含缺陷回波。基于 Morlet 小波的 CWT 适用于激光兰姆波信号的处理。信号的幅值和符号对成像有独立的影响。图 9.46(b)和(e)中信号包络成像结果具有较好的缺陷定位性能，但时空映射轨迹的横向效应，导致其空间分辨率较低。图 9.46(c)和(f)的成像结果具有高对比度，但对频率敏感。

综合上述分析，图 9.46 中的成像结果较差可能由两个原因引起。一是提取的窄带分量中存在相关噪声，无法通过 CWT 进行滤波。二是阵列设置对检测波束的形成和指向特性的影响。因此，应进一步分析信号信息(幅度、符号)和密集阵列配置对图像分辨率的影响。

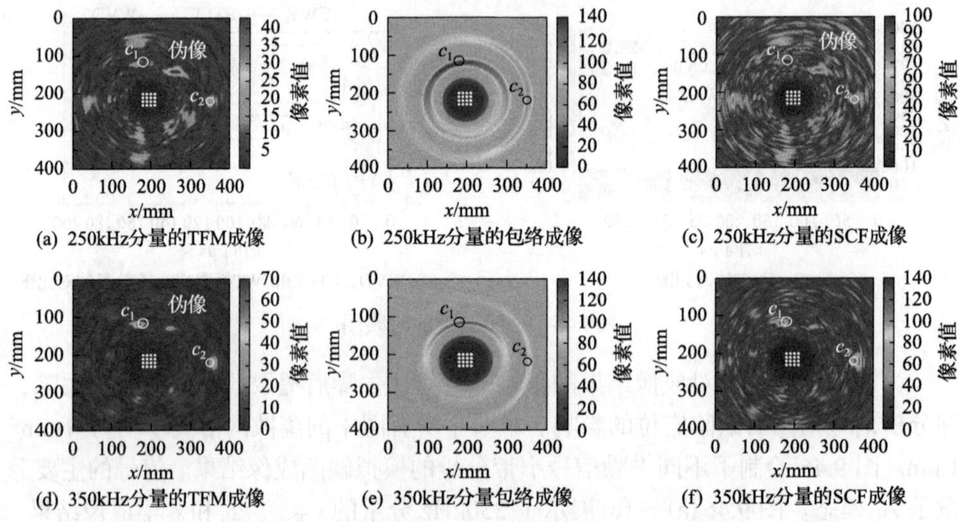

(a) 250kHz分量的TFM成像　(b) 250kHz分量的包络成像　(c) 250kHz分量的SCF成像

(d) 350kHz分量的TFM成像　(e) 350kHz分量包络成像　(f) 350kHz分量的SCF成像

图 9.46　不同去噪信号窄带分量的模拟缺陷成像结果

2) 基于 SCF 的搜索算法的缺陷定位

采用基于 SCF 的搜索算法对两个模拟缺陷进行定位分析。根据 Chen 等[5]针对参数值对检测结果的影响，截止阈值、最小释放个体数量和最大保留个体数量（ε_t、n_f 和 n_k）对缺陷定位的影响较小；但是聚类数 K 应大于缺陷的个数。基于 SCF 的搜索算法的初始参数值如表 9.2 所示。根据图 9.43 中成像区域的大小，个体基因的范围（x 和 y）被设置为[1,400]mm。个体基因的精度等于图 9.46 中离散网格的大小，即 1mm×1mm。

表 9.2　基于 SCF 的搜索算法的初始参数值

参数	g_m	m_f	n_k	n_f	r_f /mm	x /mm	y /mm	ε_t	K
数值	10	5000	200	20	5	[1,400]	[1,400]	2	4

通过对激光兰姆波 350kHz 频率分量的缺陷进行定位分析，验证基于 SCF 的搜索算法的收敛性。图 9.47 绘制了基于 SCF 的搜索算法的收敛曲线。图 9.47(a) 为种群适应度收敛曲线，种群适应度 ε_g 随着迭代代数的增加而增加，图 9.47(b) 为种群适应度梯度变化曲线，梯度逐渐变小。说明随着迭代代数的增加，分析趋于稳定。在图 9.47(b) 中，第 4 代的种群适应度的梯度变化为 0.75，小于 2，这意味着保留个体已经集中在空间域中，因此算法停止，并将保留父代个体存储在分析中。基于 SCF 的搜索算法的执行时间约为 0.7s，信号预处理的执行时间约为 0.1s，运算过程在计算机(CPU 为 i7-10700，内存为 16GB)和 MATLAB 2017b 软件上进行。

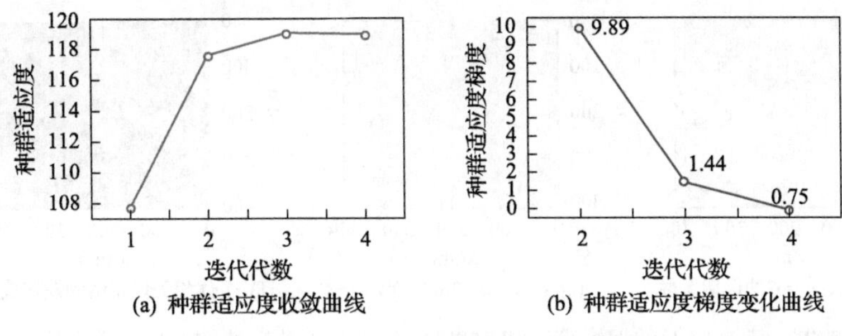

(a) 种群适应度收敛曲线 (b) 种群适应度梯度变化曲线

图 9.47 基于 SCF 的搜索算法的收敛曲线

以下为基于 SCF 的搜索算法的个体搜索过程。图 9.48 为基于 SCF 的搜索算法和 350kHz 分量激光兰姆波的典型代数个体分布。模拟缺陷用圆圈标记，个体用小圆点标记。在本节后续部分将沿用这些标记方法。图 9.48(a)展示了初始个体 $\boldsymbol{p}_{g=0}$，5000 个个体随机分布在检测区域，个体经过基于 SCF 的搜索算法的种群筛选处理。得到第 1 代保留个体如图 9.48(b)所示。13 个个体分布在 c_1 和 c_2 附近，而分布在 c_1 附近的个体数量大于分布在 c_2 附近的个体数量。将图 9.48(b)中的个体经过种群更新处理，得到其后代如图 9.48(c)所示。由于基于 SCF 的搜索算法中种群更新的多样性控制策略，分布在 c_1 和 c_2 附近的后代个体数量相似，用于避免缺陷误检。图 9.48(d)显示了第 2 代中的保留个体。保留个体数量比图 9.48(b)中的保留个体数量多。第 4 代中保留个体和与其相关的像素值缺陷成像结果分别在图 9.48(e)和(f)中给出。图 9.48(e)中的个体分布区域与图 9.46(f)中的高像素值区域非常相似，图 9.48(f)中的个体相关像素值缺陷成像结果比图 9.46 中的结果具有更高的信噪比。在图 9.48(b)、(d)和(e)中，第 1、2 和 4 代中的个体分布特性几乎相同，围绕着两个模拟缺陷 c_1 和 c_2 分布。在第 4 代中，保留个体为 200 个；种群适应度的梯度变化为 0.75，小于 2，个体已集中在缺陷周围。这意味着在第 4 代成功地定位了缺陷。如果将关键代数设置为一个较大的值，则需要在检测中执行更多的步骤。因此，基于 SCF 的搜索算法，将关键代数设置为 3 是合理的。

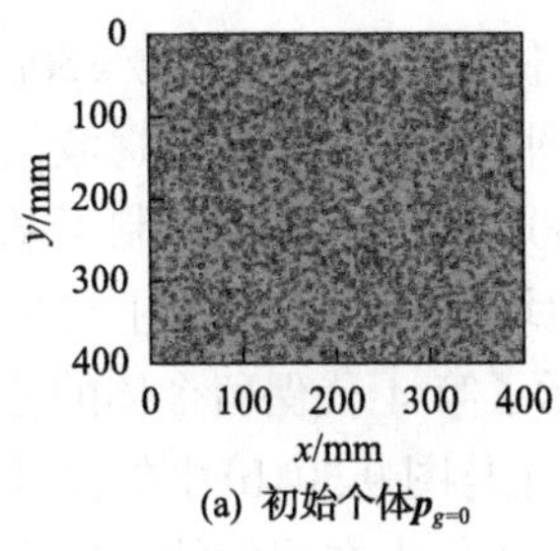

(a) 初始个体 $\boldsymbol{p}_{g=0}$

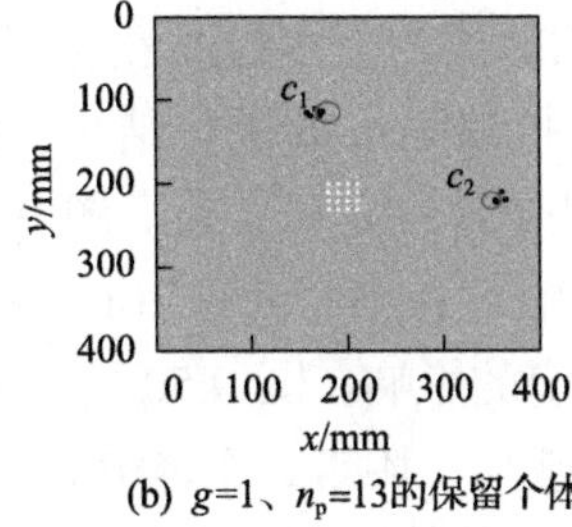

(b) g=1、n_p=13的保留个体

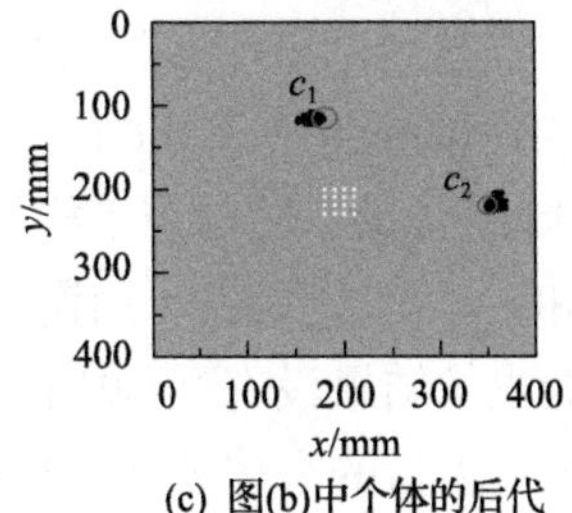

(c) 图(b)中个体的后代

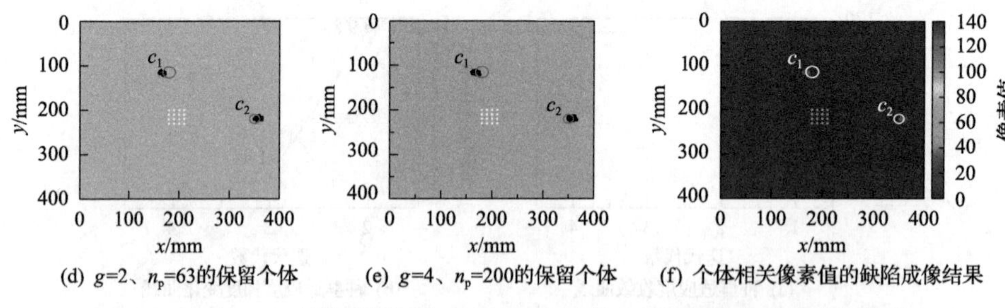

(d) g=2、n_p=63的保留个体　(e) g=4、n_p=200的保留个体　(f) 个体相关像素值的缺陷成像结果

图 9.48　基于 SCF 的搜索算法和 350kHz 分量激光兰姆波的典型代数个体分布

将不同窄带分量的成像结果进行全加融合，以减少频率对检测的影响。图 9.49 绘制了两个模拟缺陷采用不同算法和激光兰姆波窄带分量的全加定位结果，其中信号频率为 200～700kHz，以 50kHz 为间隔。图 9.49(a)绘制了 SCF 算法的全加结果。c_1 和 c_2 周围的像素值高于其他区域。虽然两个缺陷都成功定位，但图中出现了明显的伪像。图 9.49(b)显示了所有父代的分布，图中出现大量的干扰个体，降低了图像的信噪比。图 9.49(c)显示了与所有父代相关像素值的全加结果，缺陷的位置被突出显示，图中没有出现伪像，验证了基于 SCF 的搜索算法可以降低激光兰姆波和密集阵列成像结果中的伪像，提高成像分辨率。

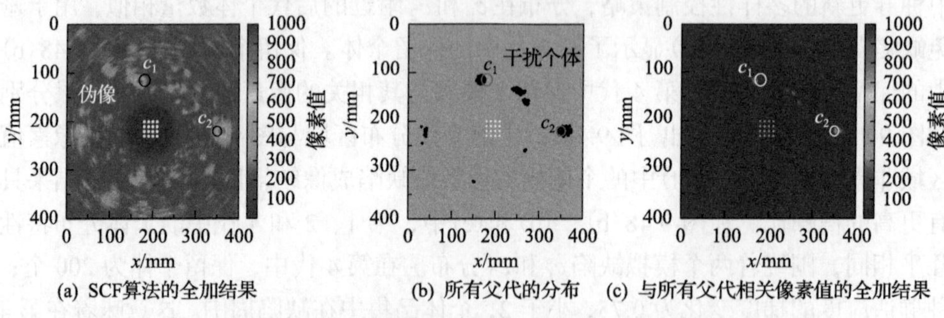

(a) SCF算法的全加结果　(b) 所有父代的分布　(c) 与所有父代相关像素值的全加结果

图 9.49　两个模拟缺陷采用不同算法和激光兰姆波窄带分量的全加定位结果

9.3.3　成像分辨率及算法执行效率讨论

本节讨论基于 SCF 的搜索算法的更多检测性能，分析激光兰姆波信号 350kHz 窄带分量的包络和 SCF 对模拟缺陷 c_1 的定位结果。图 9.50 为激光兰姆波信号 350kHz 分量不同信息下模拟缺陷 c_1 的定位结果。图 9.50(a)和(b)分别绘制了基于 s_e 和 s_{SCF} 的定位结果。模拟缺陷 c_1 在图 9.50(a)和(b)中均被成功定位，图 9.50(b)中的成像结果没有受到横向效应的影响。图 9.50(c)显示了第 4 代保留个体的分布情况。大量的个体分布在模拟缺陷 c_1 附近，个体分布区域与图 9.50(b)中的高像素值区域一致。再次验证了基于 SCF 的搜索算法的保留个体集中在图像的高像素值区域。

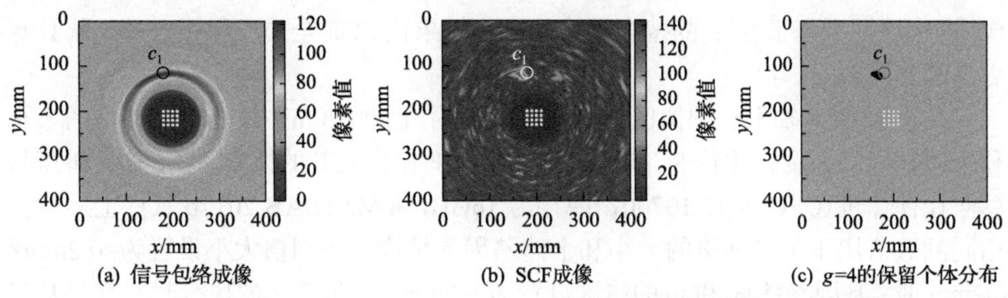

图 9.50　激光兰姆波信号 350kHz 分量不同信息下模拟缺陷 c_1 的定位结果

图 9.51 显示了模拟缺陷 c_1 采用 SCF 全加成像算法和基于 SCF 的搜索算法的全加成像算法定位结果。其中信号频率为 200～700kHz，以 50kHz 为间隔。在图 9.51 中，模拟缺陷 c_1 的位置被准确地确定，采用基于 SCF 的搜索算法的全加成像结果比图 9.51(a)中的 SCF 全加成像结果具有更高的对比度。

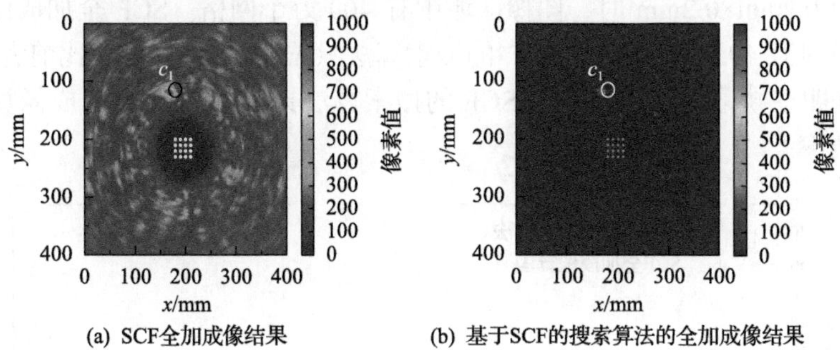

图 9.51　模拟缺陷 c_1 采用 SCF 全加成像算法与基于 SCF 的搜索算法的全加成像算法定位结果

图 9.52 展示了两个模拟缺陷采用 SCF 全加成像算法和基于 SCF 的搜索算法的全加成像算法定位结果，其中信号频率为 100～700kHz，以 25kHz 为间隔。在图 9.52(a)中，采用 SCF 全加成像结果成功地定位了 c_1 和 c_2，但图中出现了明显的伪像。在图 9.52(b)中，两个缺陷都被成功定位，并且消除了图 9.52(a)中的伪

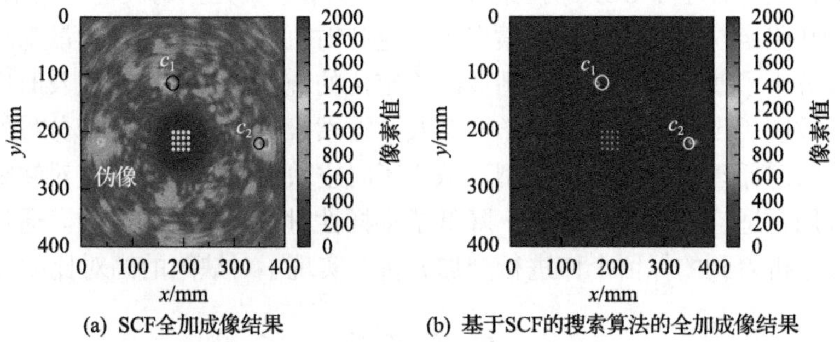

图 9.52　两个模拟缺陷采用 SCF 全加成像算法与基于 SCF 的搜索算法的全加成像算法定位结果

像。再次验证了基于 SCF 的搜索算法的成像结果比 SCF 全加成像算法的结果具有更高的分辨率。

在 x 轴和 y 轴上，图像区域的范围固定为[1,400]mm，改变离散网格的大小和个体基因的精度，比较 SCF 全加成像算法和基于 SCF 的搜索算法的执行时间。算法在计算机(CPU 为 i7-10700，内存为 16GB)和 MATLAB 2017b 软件上运行。相同的数值用于定义网格的大小和个体基因的精度。当网格大小设置为 0.2mm×0.2mm 时，基因参数(x 和 y)的精度设置为 0.2mm。两种算法的执行时间都是基于激光兰姆波信号 350kHz 分量的缺陷定位。在分析中使用了 5 种不同大小的离散网格：2mm×2mm、1mm×1mm、0.5mm×0.5mm、0.2mm×0.2mm 和 0.1mm×0.1mm。图 9.53 绘制了 SCF 全加成像算法和基于 SCF 的搜索算法在定位两个模拟缺陷时的执行时间曲线。SCF 全加成像算法的执行时间随着离散网格数量的增加呈线性增加，而基于 SCF 的搜索算法的执行时间受个体基因精度的影响较小。当网格大小设置为 0.2mm×0.2mm 时，图像区域中有 400 万个网格。SCF 全加成像算法的执行时间约为 19.5s，而基于 SCF 的搜索算法只需约 0.43s。后者比前者快约 44 倍。这证明在缺陷定位中，基于 SCF 的搜索算法具有比 SCF 全加成像算法更快的执行效率。

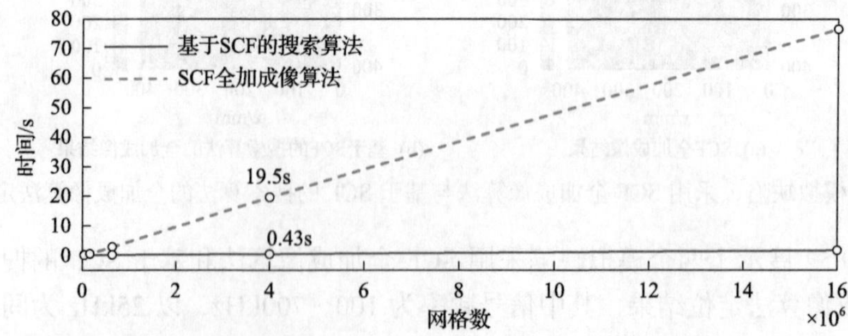

图 9.53　SCF 全加成像算法和基于 SCF 的搜索算法在定位两个模拟缺陷时的执行时间曲线

本节提出一种基于 SCF 的搜索算法，用于多窄带激光兰姆波信号的缺陷定位。该算法的缺陷定位过程是通过搜索多个时空映射轨迹横截面周围的散射体来实现的。本节分析了基于密集阵列兰姆波缺陷定位的统计性、多样性以及时空映射轨迹的横向效应。设计了散射体数学模型及其搜索策略，并基于窄带分量的极性符号和时空映射原理建立了定位模型。减小了时空映射轨迹横向效应对缺陷定位的影响。采用自适应个体搜索策略，降低了多样性对缺陷检测的影响。通过对不同频率信号分析得到的保留个体进行全加分析，实现了对缺陷的高对比度成像。

参考文献

[1] 陈洪磊, 刘增华, 吴斌, 等. 基于密集阵列的参数化 Lamb 波检测技术研究. 机械工程学报,

2021, 57(20): 20-28.

[2] 陈洪磊. 参数化兰姆波检测信号处理与缺陷定位算法研究. 北京: 北京工业大学, 2020.

[3] Chen H L, Xu K L, Liu Z H, et al. Sign coherence factor-based search algorithm for defect localization with laser generated Lamb waves. Mechanical Systems and Signal Processing, 2022, 173: 109010.

[4] Chen H L, Liu Z H, Wu B, et al. An intelligent algorithm based on evolutionary strategy and clustering algorithm for Lamb wave defect location. Structural Health Monitoring, 2021, 20(4): 2088-2109.

[5] Chen H L, Liu Z H, Yu G, et al. Evolutionary strategy-based location algorithm for high-resolution Lamb wave defect detection with sparse array. IEEE Transactions on Ultrasonics, Ferroelectrics, and Frequency Control, 2020, (68): 2277-2293.

[6] 刘增华, 冯雪健, 陈洪磊, 等. 基于波数分析的激光 Lamb 波缺陷检测试验研究. 机械工程学报, 2018, 54(18): 23-32.

[7] Liu Z H, Chen H L, Sun K M, et al. Full non-contact laser-based Lamb waves phased array inspection of aluminum plate. Journal of Visualization, 2018, 21(5): 751-761.

[8] Liu Z H, Feng X J, He C F, et al. Quantitative rectangular notch detection of laser-induced Lamb waves in aluminium plates with wavenumber analysis. Transactions of Nanjing University of Aeronautics and Astronautics, 2018, 35(2): 244-255.

[9] Liu Z H, Sun K M, Song G R, et al. Damage localization in aluminum plate with compact rectangular phased piezoelectric transducer array. Mechanical Systems and Signal Processing, 2016, 70-71: 625-636.

2021(4): 20-28.

[2] [illegible], 2020.

[3] Chen H, Xu K L, Liu Z H, et al. Sign coherence factor-based search algorithm for defect localization with laser generated Lamb waves. Mechanical Systems and Signal Processing, 2022, 173: 109010.

[4] Chen H, Liu Z H, Wu B, et al. An intelligent algorithm based on evolutionary strategy and clustering algorithm for Lamb wave defect location. Structural Health Monitoring, 2021, 20(4): 2088-2109.

[5] Chen H, Liu Z H, Wu B, et al. Evolutionary strategy-based location algorithm for high-resolution Lamb wave defect detection with sparse array. IEEE Transactions on Ultrasonics, Ferroelectrics and Frequency Control, 2020, 68(6): 2277-2293.

[6] [illegible] Lamb [illegible]. [illegible], 2018, 54(18): 23-32.

[7] Liu Z H, Chen H L, Sun K M, et al. Full non-contact laser-based Lamb waves phased array inspection of aluminum plate. Journal of Visualization, 2018, 21(5): 751-761.

[8] Liu Z H, Feng X J, He C F, et al. Quantitative rectangular notch detection of laser-induced Lamb waves in aluminium plates with wavenumber analysis. Transactions of Nanjing University of Aeronautics and Astronautics, 2018, 35(2): 244-255.

[9] Liu Z H, Sun K M, Song G R, et al. Damage localization in aluminum plate with compact rectangular phased piezoelectric transducer array. Mechanical Systems and Signal Processing, 2016, 70-71: 625-636.